装备科技译著出版基金

状态估计和关联的实践应用

Applied State Estimation and Association

[美]Chaw – Bing Chang
[美]Keh – Ping Dunn 著
乔向东 范晋祥 刘嘉 译

国防工业出版社
·北京·

著作权合同登记　图字:军-2016-138号

图书在版编目（CIP）数据

状态估计和关联的实践应用/(美)张召斌
(Chaw-Bing Chang)，(美)邓克平(Keh-Ping Dunn)著;
乔向东,范晋祥,刘嘉译.—北京:国防工业出版社,
2019.9

书名原文:Applied State Estimation and
Association

ISBN 978-7-118-11869-8

Ⅰ.①状…　Ⅱ.①张…　②邓…　③乔…　④范…　⑤刘
…　Ⅲ.①传感器—研究　Ⅳ.①TP212

中国版本图书馆CIP数据核字（2019）第115859号

※

国防工业出版社出版发行
(北京市海淀区紫竹院南路23号　邮政编码100048)
三河市腾飞印务有限公司印刷
新华书店经售

*

开本710×1000　1/16　印张22　插页3　字数400千字
2019年9月第1版第1次印刷　印数1—2000册　定价188.00元

(本书如有印装错误,我社负责调换)

国防书店:(010)88540777　　发行邮购:(010)88540776
发行传真:(010)88540755　　发行业务:(010)88540717

前　言

本书致力于向读者提供有关状态估计和关联技术在理论和应用层面的严谨介绍,书中所讲授的技能将为学生今后解决该领域的实际问题做好准备。

对于宇航、电子和国防工业行业的从业工程师而言,有关状态估计和关联的实践是其工作的一个重要领域。本书的一个突出特征就是采用统一的方式来描述问题和解决问题,这一方式有助于学生建立扎实的理论基础并掌握实际应用所需的技能和工具。基于作者在该领域数十年的经验,书中的多数技术主题和示例不仅与从事状态估计和关联技术工作的工程师密切相关而且是非常重要的。据此,本书可作为开设该领域课程的工科院校的教材,也可作为对该技术工程应用和解决实际问题感兴趣的学生选修课程时的参考书。对于该领域的从业工程师,本书可作为自学或在职课程的教材。本书还可作为行业其他人员的自学用书。

本书的技术水平相当于控制或系统工程专业研究生一年级或二年级的课程。学生需要熟悉系统的状态变量表示和概率论的基本知识(包括随机变量和随机过程)。本书内容主要包括 10 章,第 1 ~6 章主要讨论单个传感器量测、单个目标场景下的状态估计问题,第 7 章将问题从单传感器扩展到多传感器,第 8 ~10 章进一步将研究内容扩展到多个目标,着重研究量测 – 航迹关联问题和航迹 – 航迹相关问题。本书的引言部分依次简要介绍了各章内容,最后对全书内容进行了总结和评述。

我们写作本书的目的在于,学生能够通过学习书中介绍的内容得出问题的解决方案,或者在需要时引导其开展进一步的研究。

作者简介

Chaw - Bing Chang 获得了我国台湾成功大学电子工程学士学位、美国布法罗纽约州立大学电子工程硕士和博士学位。他于 1974 年加入林肯实验室，第一个项目是弹道导弹防御的雷达信号处理和弹道估计开展研究。1984 年，他成为研究组组长助理，负责美国海军的防空技术研发项目。1998 年，他被任命为防空和传感器技术研究组组长，负责海军机载监视雷达系统的技术研发，在此期间，为支持美国海军的山顶项目，他牵头负责了多年数据采集和实验工作。作为海军防空项目的一部分，他为水面舰艇和机载雷达系统的算法研发和性能评估做出了贡献。2004 年，他重回林肯实验室的弹道导弹防御项目，参与了雷达和光学传感器的先进算法开发和现象研究，并领导针对弹道导弹防御的一项机载光学传感器技术项目。他发表了超过 70 篇的期刊、会议论文以及林肯实验室报告。他目前是弹道导弹防御系统集成组的高级研发人员。

Keh - Ping Dunn 先后在我国台湾交通大学获得控制系统工程学士学位，在美国密苏里州圣路易斯的华盛顿大学获得系统科学的硕士学位和数学专业博士学位。1976 年加入林肯实验室之前，他在美国麻省理工学院的电子系统实验室负责美国宇航局（NASA）的 F - 8C 飞机多模型自适应控制系统项目。在林肯实验室，他在弹道导弹防御的多个领域开展了研究工作。1992 年，他成为系统测试和分析组组长，负责完成了战区弹道导弹防御关键测量项目的头两次试验，该项目在 90 年代在太平洋进行了一系列实弹试验。由于在该项目中的工作，他于 2010 年获得了导弹防御局年度技术成就奖。其后，为完成导弹防御局的研究项目，他先后负责了战区弹道导弹防御小组（1999—2003）、先进概念和技术小组（2003—2008）和导弹防御要素小组（2008—2010）工作。80 年代后期，他领导了战略防御倡议组织的战略防御倡议（SDI）跟踪评判组的跟踪参数评判小组。他参加了林肯实验室的各种弹道导弹防御传感器（光学和雷达）系统的多目标多传感器跟踪、目标识别和传感器融合与决策架构等方面的工作。他目前是弹道导弹防御系统集成组的高级研发人员。

致　谢

感谢林肯实验室的诸多同事,感谢他们在估计和关联领域研究的协作精神和技术贡献。这里不可能列出所有人的名字,如果疏漏了某位,敬请原谅。特别感谢 John Tabaczynski 博士,他对我们在林肯实验室多年工作中给予了指导,他详细地审阅了本书的文稿并给出了许多建议、修改和改进。感谢 Steve Weiner 博士,他对我们在林肯实验室的研究工作给予了积极鼓励和支持,并在早期评审了我们的许多论文和报告。感谢美国麻省理工学院的教授 Michael Athans 博士,他在许多涉及估计和关联的项目中给予我们讲授、指导和协作。感谢 Dan O'Connor 博士,他一直是我们的朋友和同事,对本书的写作给予了支持,并给我们讲授了有关状态空间建模和估计的课程。感谢 Mike Gruber 博士和 Robert Whiting 博士在我们初到林肯实验室时和我们进行了令人激动的讨论和协作。感谢 Robert Miller 博士,他是我们早期职业生涯的专业导师,为我们讲授了雷达信号处理、状态估计和系统分析领域的许多技术。感谢 Dieter Willner 博士,他和我们在估计和控制问题上有所协作。感谢 Lenny Youens,他是一位天才的科学程序编程人员,他的热情和奉献精神帮助我们得到了发表论文中的许多数值结果。感谢 Richard Holmes 博士,他是一位严谨的数学家,他为线性算子理论在估计领域的应用起到了重要的作用。感谢 Lou Bellaire 博士、Kathy Rink 博士和 Kevin Brady 博士,他们在林肯实验室的初期就与我们一起从事估计和跟踪问题研究,并在后来创立了有关估计方面的课程。感谢 Steve Moore 博士,他是一位优秀的物理学家和数学家,将估计技术应用于战术系统。感谢 Ziming Qiu,他帮助实现了求解一些非常困难问题的算法。感谢 Brian Corwin,针对空间目标轨迹问题,他和我们合作研究了偏差和状态联合估计。感谢 Hody Lambert,他是一位令人激动的同事,他提出了针对多传感器系统估计和关联的数条新思路。感谢 Martin Tobias,他在算法研究上有所贡献。感谢 Justin Goodwin,他将本书中的许多技术应用于涉及雷达的估计问题上。感谢 Steve Vogl,他和我们协作进行了针对被动光学传感器的估计问题研究。感谢 Fannie Rogal,他给出了基于 Nassi - Shneiderman 图表实现多假设跟踪算法的数值示例和实现方法。感谢 Jason Cookson,他代表着林肯实验室在估计和关联领域的新一代的专业能力,他开发了许多用于空中和空间应用的估计、关联工具和模型,不仅提供了本书许多示例的数值结果,还与我们进行了令人激动的讨论。最后,感谢 Allison Loftin、Donna Mctague 和 Chery Nunes 在准备和校阅文稿方面的耐心和专业精神。

引　言

本书致力于向读者提供有关状态估计和关联技术的理论和应用的严谨介绍,书中所讲授的技能将为学生今后能够解决该领域的实际问题而做好准备。

估计和关联涉及从有噪声的量测中提取出信息,应用实例包括信号处理、跟踪、导航等领域[1-3]。从信号中提取参数值以便估计信号到达时间和传感器瞄准角等属性称为参数估计。传感器信号可能来自运动目标,确定运动目标的动力学参数被称为状态估计。在多目标环境中将量测与状态估计关联就是一个联合的估计和关联问题,也称为跟踪[2-5],应用实例包括应用于空中交通管制的传感器监测系统、对飞向某个星体的空间飞行器进行制导、提取一个多自由度运动目标的信息等。

在过去 40 年中,本书作者和同事将估计和关联的理论和方法应用于解决现实问题。他们为林肯实验室中需要利用该项技能和解决自有问题的工作人员讲授有关课程。本书的内容代表了作者在估计和关联技术应用领域的经验总结。本书的技术水平相当于控制或系统工程专业研究生一年级或二年级课程。学生需要熟悉系统的状态变量表示包括随机变量和随机过程在内的概率论基础知识。本书也可用于状态估计和关联领域从业人员的自学用书。

本书所研究的理论和技术是针对离散时间系统的。尽管所有物理系统均是时间连续的,然而量测是在离散时间获得,计算系统也以时间离散的方式处理量测。更进一步,导出和实现等价于连续时间系统的唯一离散时间系统也很容易。采用离散时间模型不仅使我们能够解决问题,而且无须借助更抽象的数学方法,如测度论和 Ito 积分[6]。每章结尾都留有课后习题,其目的:①培养学生在推导技能方面的信心,使其能够解决新的问题;②建立计算机模型,使其能够建立用于解决问题的有效工具集。

数十年来,估计理论和应用一直是一个成果丰富的研究领域。卡尔曼发表了里程碑式的论文[4],卡尔曼与布希提出了系统和量测噪声过程服从高斯分布条件下的线性系统状态估计的最优解[5]。基于状态空间建模的卡尔曼滤波算法也适于数字计算机实现,卡尔曼的论文也为线性系统可观性的概念及其与无偏状态估计器的 Fisher 信息矩阵和 Cramer - Rao 界值的关系奠定了基础[1]。据此也引起了许多行业工程师的极大兴趣。然而,大多数实际应用问题是非线性的。在卡尔曼的论文发表之后,大量的工作被投入到寻找非线性系统的最优滤波器(线性系统卡尔曼滤波器的非线性系统对应物)[6]。所有研究得出了相同的结论:最优滤波器的解需要一个无限维度表示,因此实际上无法构造。因此,后续工作重点就放在寻找次优但实际可行的解方面。

本书所采用的方法有两个特征:①将估计问题表征为一个利用量测数据和系统先验知识的优化问题;②为涉及的每种估计问题推导了 Cramer - Rao 界值。第一个特征强调估计问题的解是对量测数据、系统模型和先验知识的最优拟合,后续证明大多数估计问题的求解算法可以采用这种方式得到。Cramer - Rao界值在估计信号所含参数的信号处理领域已广为人知[1],并已在林肯实验室开展的大量状态估计问题上得到应用[7]。为了保持第二个特征,在示例中包括了针对参数和状态估计问题的 Cramer - Rao 界值的推导,或者作为课后习题的一部分。

在许多工程应用中,会得到某些未知变量的有噪声量测。感兴趣的变量可以整体表示为一个向量。量测可被组织为一个量测向量或一组量测向量。在感兴趣的向量是常量或随机的情形下,这称为参数向量。当感兴趣的向量是时变的且遵从一组针对连续时间系统的微分方程或一组针对离散系统的差分方程的情形下,该向量即为状态向量。参数向量是状态向量的一种特殊情形。状态向量的概念与控制系统状态空间表示中使用的状态向量相同[8]。一个状态向量可以是确定的或随机的,取决于系统是确定性的还是由随机过程驱动。

估计问题就是利用量测和关于所关注的向量的知识得到未知向量的解。假设估计器中所利用的量测来自单一目标或动态系统。当传感器量测包含多个空间密集分布的目标时,该假设可能就不再成立。状态关联问题是确定一个量测或一组量测是否源于同一目标。

本书的主要内容包括 10 章,第 1 ~6 章着重解决单传感器观测单目标情形下的估计问题,第 7 章将讨论从单传感器扩展到多传感器,第 8 ~10 章着重解决将问题扩展至多目标、多传感器情形下的关联问题。本书最后给出了总结和 3 个附录。以下分别简要介绍各部分内容。

第 1 章:参数估计

本书中,参数向量可以是一个恒定的向量或具有已知的分布的随机向量,但不是一个随机过程。通过求解参数估计问题最容易理解估计的基础。给定包含有噪声的量测,通过选择一个使得某一性能标准或代价函数最优的向量,即可得到未知向量的估计。本章介绍了 6 个性能标准,即最小二乘、加权最小二乘、极大似然、最大后验概率、条件期望和线性最小二乘,且均可表示为量测的函数[1,4]。本章推导了量测噪声服从高斯分布条件下针对线性量测系统的显式估计解,并讨论了 6 种估计器的等价性,并证明了无论量测是线性的还是非线性的,基于量测获得的参数向量的后验概率密度函数包含了关于参数向量估计的所有信息,且条件期望是参数空间中的最小范数解。针对线性量测关系,可以得到闭式解。在非线性量测情形下,也导出了加权最小二乘估计器的数值解。本章还推导给出了各种估计器的 Cramer - Rao 界值。附录给出了加权最小二乘估计器、最小方差估计器和条件期望估计器的直接关系。

第 2 章:线性系统的状态估计

一个状态向量是一个连续系统所对应的一阶向量微分方程或一个离散系统所对应的一阶向量差分方程的解[8]。当初始条件为一个随机变量和(或)系统由一个随机系统噪声过程驱动时,状态向量可由一个随机过程表示。对于系统噪声和量测噪声均为高斯噪声的线性系统,基于量测获得的状态的后验概率密度仍然服从高斯分布。因此,状态估计可由估计的条件期望和误差协方差完全描述。该结果为卡尔曼滤波器[4]。第 1 章中推导参数估计器所用的技术在本章中被扩展用于线性系统的卡尔曼滤波估计器的推导,包括条件期望、加权最小二乘以及后验概率密度函数的贝叶斯递归演化。本章还介绍了平滑的概念,最后推导给出了所有感兴趣情形下的 Cramer - Rao 界值。

第 3 章:非线性系统的状态估计

许多物理系统和测量设施是非线性的。如前所述,条件期望是最小范数估计,基于量测的状态后验概率密度函数包含了估计所需的所有信息。对于噪声服从高斯分布的线性系统,后验概率密度仍然服从高斯分布。然而,对于非线性系统该特性不再成立,即便系统和量测噪声均服从高斯分布。在卡尔曼滤波器发表几年后,主导任意非线性系统状态后验概率密度随时间演变的递归贝叶斯关系的成果虽然得以发表[9-10],但仍然无法得到估计的精确解。由此,仅有非线性估计问题的近似解得以应用。近似解包括利用一阶泰勒级数展开(扩展卡尔曼滤波器)和添加泰勒级数展开的二阶项(二阶滤波器)[11]。这两种滤波器可提供状态估计条件期望和误差协方差的近似解。本章所给出的其他非线性估计技术包括将第 1 章中非线性量测条件下估计随机参数向量的数值求解方法扩展至求解第 3 章中的问题,以得到扩展卡尔曼滤波器状态更新计算的一阶迭代解。当系统是确定性的时,会出现非线性估计的一种特例。针对确定性非线性系统的状态估计,本章推导出了一种利用所有量测的加权迭代最小二乘估计算法。文献[12]中的数值示例表明该算法的协方差达到了 Cramer - Rao 界值。

当用非线性系统的 Jacobian 矩阵代替线性系统的系统和量测矩阵时,卡尔曼滤波器就变成了扩展卡尔曼滤波器。由于与卡尔曼滤波器存在简单而直接的关系,扩展卡尔曼滤波器得到了领域专业人员的极大关注。扩展卡尔曼滤波器也不能解决所有非线性估计问题。即便其工作时,也不能给出最好的估计解。扩展卡尔曼滤波器有与卡尔曼滤波器相似的形式,这使得很多关于卡尔曼滤波器的分析可以扩展到扩展卡尔曼滤波器。由于此原因,本书主要讨论线性系统的状态估计,例外情形将被予以标注。本章最后给出了非线性状态估计的 Cramer - Rao 界值。

第 4 章:卡尔曼滤波器设计的实际考量

前面 3 章给出了基本的估计工具:问题描述、求解推导、求解算法。本章讨论滤波器设计面临的现实问题。滤波器的构建是以所关注物理过程的数学表示为基础的。对于大部分工程问题,不能精确表示实际物理过程的数学模型会导致滤波性能无法实现最优。在系统方程、量测方程、系统输入、量测噪声等方面均可能存在模型差异[13]。本章从讨论估计器性能监测工具入手,包括Cramer - Rao界值、滤波器残差过程的统计行为测度以及关于实际的和计算的估计误差协方差的滤波器一致性测度。本章的其余部分详细讨论了系统模型失配问题、量测误差不确定性和系统输入不确定性问题。对于每个问题,建议采用滤波器补偿方法。系统输入不确定问题与跟踪具有未知或非预期的机动目标有关。针对输入突变的系统,本章推导给出了一种极大似然估计器及其对应的广义似然比检验算法[14],并讨论了该方法的优点和局限性。对该方法的一种扩展是通过假设状态可由数种模型(如机动和非机动模型)中的一种产生,这会将讨论引入下一章,即多模型估计算法。

第 5 章:多模型估计算法

当潜在的实际系统模型可以是几种不同模型之一时,估计解是一组卡尔曼滤波器,其中每个滤波器与模型集中的一个特定模型匹配①。针对每个滤波器,该滤波器代表真实系统的概率(也称为假设概率)可由滤波残差计算获得。具有最高假设概率的滤波器即被认为代表真实的情况(如机动的或非机动的目标)。可以证明,其条件均值估计是所有滤波器的输出估计的加权和(对于状态和协方差),而权重系数就是假设概率。对于线性系统,当真实模型与滤波器组所采用的某一模型一致时,也称为模型恒定的情形,所得解是最优的[15]。现实问题中,实际系统可能在不同的模型之间切换。例如,一个目标在不同时刻可能在机动和非机动之间来回切换,这称为模型切换情形。针对模型切换情形的解的数量是无约束的,即实际的系统可在不同时刻切换至不同模型,这使得各种可能情况的数目呈指数性增长[16]。对于模型切换历史记忆有限的情形,例如对马尔可夫过程,可以推导出近似解。对该问题的求解方法包括广义伪贝叶斯(GBP)算法和交互式多模型(IMM)算法[16,17]。IMM 算法是 GBP 算法的近似,但实现更为简单,在几种应用中,由于 GBP 算法相对 IMM 算法的性能增益较小,对这两种算法的权衡结果更倾向于 IMM 算法。本章对所有这些情况进行了推导,并给出了一些数值示例。

第 6 章:状态估计的采样方法

针对非线性估计问题,第 3 章基于近似的条件期望和误差协方差计算给出

---

① 与雷达信号处理中的多普勒滤波器组概念相同。

了数种求解方法。如前所述,基于量测所获状态估计的后验概率密度函数包含了估计的所有信息。本章给出了计算状态估计后验概率密度函数的几种数值计算方法[18-20]。首先介绍了两种确定性采样方法。基于栅格的质点滤波器是在1969年提出的[18],虽然符合直觉但计算量大。第二种方法采用针对高斯噪声的无迹变换,也称为无迹卡尔曼滤波器(UKF)[19],该滤波器在计算上更有效,在20世纪90年代后期开始流行。本章还介绍了基于蒙特卡罗采样的随机采样方法,也被统称为粒子滤波方法[20]。粒子滤波方法致力寻找后验概率密度函数的数值近似,从而可利用蒙特卡罗积分计算条件期望(均值)。序贯蒙特卡罗采样的概念是基于估计问题所涉及的概率密度函数的质点(或粒子)近似而提出的。尽管该方法的概念在1950年就已首次提出,但直至1990年能够采用高速计算机使得该算法现实可行才逐渐流行起来。然而,由于计算量较大,序贯蒙特卡罗采样方法并未用于解决常规的跟踪或滤波问题,但仍可被用于具有较小维度的问题和非常规的问题,例如当感兴趣目标的运动分析量较小时如跟踪手的运动、跟踪在一个迷宫中运动的目标或者量测方程是非线性和非解析的(如硬限制、迟滞等)。对这些问题中可以采用几种蒙特卡罗采样方法,如抑制采样、重要性采样和马尔可夫链蒙特卡罗方法等。本章的讨论重点是有关重要性采样的方法。序贯蒙特卡罗采样方法是当前研究的热点领域,本章中也介绍了其他方法[21-22]。

第7章:基于多传感器系统的状态估计

第1~6章所强调的问题主要考虑的是单传感器观测单个目标的情形。本书其余各章的讨论重点将扩展至多传感器、多目标的情形。第7章介绍了利用多传感器的状态估计问题。采用多传感器有许多优势,例如分布在宽泛地理区域的传感器可以提供不同的观察几何,由于观测角度不同而能改进估计精度。多传感器的一个例子是利用由一个通信系统所集成的多部雷达的空中交通管制系统。多传感器系统中的数据必须融合以便取得可能的收益。多传感器架构的一个例子是将所有传感器的量测送到一个集中式的处理器进行处理[23],这被称为量测融合,采用这种方式获得的状态估计被认为是全局性的,因为它包含了对目标的所有量测信息。另一种可能的架构是使每个传感器独立处理其数据,以便获得目标状态的局部估计,之所以称其为局部估计,是因为仅利用本地传感器获得的量测数据。所有局部估计将被送到一个集中式处理器以得到目标状态的联合估计,这被称为状态融合[24]。当无须经常传输局部估计时,状态估计架构的可能通信需求较小。本章给出并讨论了这些融合算法。附录证明了联合估计的精度较全局估计要差。

第8章:量测来源不确定条件下的估计和关联

第1~7章给出了估计问题的基本理论和算法。在所有的情况下,采用估计器来处理一组量测向量时均假设所有量测源自同一目标。当多个目标的空间间距较小时，将量测分派给状态可能会变得模糊起来。文献中讨论了求解该问题的各种方法，从利用单次扫描数据到多次扫描的数据、独立或联合处理每个航迹、当作一个分配问题做出量测—航迹关联的决策、概率组合所有量测并更新航迹等。一种求解该问题的方法是在每个量测时刻穷举所有的解（包括考虑漏检测和虚警的概率），这种方法称为多假设跟踪器（MHT），也是本书第9章讨论的主题。本章的重点是介绍一些与MHT不同的方法，给出跨多个扫描周期的量测—航迹分配的数学表示，并给出了基于多帧量测数据的航迹起始以及后续航迹维持的实用求解方法[25-26]。本章给出了针对基于单帧量测数据求解量测分派决策问题（称为立即判定）的算法，求解的分配问题的算法，并描述了针对基于多帧量测数据求解量测分派决策问题（称为延迟判定）的算法，通过数值示例对采用单帧决策和多帧决策的结果进行了比较。附录给出了一种航迹起始算法，算法采用了碟型雷达天线坐标系，状态向量通过以雷达为中心的笛尔儿坐标系来表示。

第9章：多假设跟踪算法

本章描述了针对多目标跟踪问题的MHT算法[27-29]。在MHT算法中，每当将一个新量测分配给航迹时，总需考虑以下各种可能：①新量测是已有航迹的延续；②新量测是新航迹的起始；③新量测是一个虚警。基于这些考虑，没有量测更新的航迹延续总是可能航迹中的一个。一个航迹是跨多个扫描周期获得的多个量测组成的序列。来自给定扫描周期的一个量测可被多个航迹使用。这是由于新量测可能源于多个目标且由于传感器分辨力有限而无法辨别量测实际源自哪个目标，一个量测可被看作一个已有航迹的延续，也可被看作在同一时刻新起始的一个新航迹。MHT算法中的一个假设由一组航迹组成，且一个量测仅能被该假设中的一个航迹使用。MHT算法中的航迹数目可能呈组合式增长，因此有必要采用裁剪技术限制航迹和假设数量的增长。为了进行裁剪，本章提出了一种用于航迹和假设评分方法，并讨论了航迹和假设评分的数值示例。

第10章：有偏量测条件下的多传感器相关和融合

第7章介绍了多传感器系统的两种融合架构，即量测融合和状态融合。多传感器系统实现效益的能力取决于：①处理航迹模糊性的能力；②处理传感器偏差的能力。本章致力于给出量测存在偏差条件下的多传感器相关和估计方法。本章前半部分重点讨论针对量测融合架构的、基于状态扩维的偏差估计方法，并通过空间目标跟踪示例展示了结果[30]，该示例假设关联问题已得到解决。针对状态融合架构，联合求解状态-状态相关和偏差估计问题的方法是本章下半部分讨论的主题[31-32]，首先将问题表示为一个联合数学优化问题，然后给出了几种求解算法。

结束语

纵观本书的讨论内容，在估计和关联领域显然还有一些问题没有得到解决，其中一些在最后一章中讨论。

3 个附录：矩阵求逆引理（MIL）、符号和变量表、跟踪领域专业术语

附录 A：矩阵求逆引理给出了用于特定形式矩阵求逆运算的周知特性，为了便于参考，本附录给出了相关推导。

附录 B：本书包括标量、向量、矩阵、概率密度函数、条件概率密度函数、用均值和协方差表示的统计期望、假设、假设概率、多传感器和目标的索引标号等。为便于读者快速查询，本附录给出了符号和变量表。

附录 C：附录中定义了在目标跟踪领域常用的术语，便于读者交叉参考。

参考文献

[1] H. L. Van Trees, *Detection, Estimation, and Modulation Theory*, Part 1. New York: Wiley, 1968.

[2] C. B. Chang and J. A. Tabaczynski, "Application of State Estimation to Target Tracking," *IEEE Trans actions on Automa tic Control*, vol. AC – 29, pp. 98 – 109, 1984.

[3] Y. Bar – Shalom, X. Rong Li, and T. Kirubarajan, *Estimation with Applications to Tracking and Navigation*. New York: Wiley, 2001.

[4] R. E. Kalman, "A New Approach to Linear Filtering and Prediction Problems," *Trans actions of the ASME*, vol. 82, ser. D, pp. 35 – 45, 1960.

[5] R. E. Kalman and R. S. Bucy, "New Results in Linear Filtering and Prediction Theory," *Trans actions of the ASME*, vol. 83, ser. D, pp. 95 – 108, 1961.

[6] A. H. Jazwinski, *Stochastic Processes and Filtering Theory*. New York: Academic Press, 1970.

[7] C. B. Chang, "Two Lower Bounds on the Covariance for Nonlinear Estimation," *IEEE Trans actions on Automat ic Control*, vol. AC – 26, pp. 1294 – 1297, 1981.

[8] P. M. DeRusso, R. J. Roy, C. M. Close, A. A. Desrochers, *State Variables for Engineers*, 2nd ed. New York: Wiley, 1998.

[9] Y. C. Ho and R. C. K. Lee, "A Bayesian Approach to Problems in Stochastic Estimation and Control," *IEEE Trans actions on Automatic Control*, vol. AC – 9, pp. 333 – 339, 1964.

[10] R. S. Bucy, "Nonlinear Filtering Theory," *IEEE Trans actions on Automatic Control*, vol. AC – 10, p. 198, 1965.

[11] R. P. Wishner, J. A. Tabaczynski, and M. Athans, "A Comparison of Three Nonlinear Filters," *Automatic*, vol. 5, pp. 487 – 496, 1969.

[12] C. B. Chang "Ballistic Trajectory Estimation with Angle – Only Measurements," *IEEE Trans actions on Automat ic Control*, vol. AC – 25, pp. 474 – 480, 1980.

[13] C. B. Chang and K. P. Dunn, "Kalman Filter Compensation for a Special Class of Systems," *IEEE Trans actions on Aerospace and Electronic Systems*, vol. AES – 13, pp. 700 – 706, 1977.

[14] C. B. Chang and K. P. Dunn, "On GLR Detection and Estimation of Unexpected Inputs in Linear Discrete Systems," *IEEE Trans actions on Automatic Control*, vol. AC – 24. pp. 499 – 501, 1979.

[15] D. T. Magill, "Optimal Adaptive Estimation of Sampled Stochastic Processes," *IEEE Trans actions on Auto-*

matic Control, vol. AC – 10, pp. 434 – 439, 1965.

[16] C. B. Chang and M. Athans, "State Estimation for Discrete Systems with Switching Parameters," *IEEE Trans actions on Aerospace and Electronic Systems*, vol. AES – 14, pp. 418 – 424, 1978.

[17] H. A. P. Blom and Y. Bar – Shalom, "The Interacting Multiple Model Algorithm for Systems with Markovian Switching Coefficients," *IEEE Trans actions on Automatic Control*, vol. AC – 33, pp. 780 – 783, 1988.

[18] R. S. Bucy. "Bayes Theorem and Digital Realization for Nonlinear Filters," *Journal of Astronautical Science*, vol. 17, pp. 80 – 94, 1969.

[19] S. Julier, J. Uhlmann, and H. F. Durrant – Whyte, "A New Method for the Nonlinear Transformation of Means and Covariances in Filters and Estimators," *IEEE Trans actions on Automatic Control*, vol. AC – 45, pp. 477 – 482, 2000.

[20] S. Arulampalam, S. R. Maskell, N. J. Gordon, and T. Clapp, "A Tutorial on Particle Filters for On – line Nonlinear/Non – Gaussian Bayesian Tracking," *IEEE Trans actions on Signal Processing*, vol. 50, pp. 174 – 188, 2002.

[21] B. Ristic, S. Arulampalam, and N. Gordon, *Beyond the Kalman Filter – Particle Filters for Tracking Applications*. London: Artech House, 2004.

[22] S. Challa, M. R. Morelande, D. Musicki, and R. J. Evans, *Fundamentals of Object Tracking*. Cambridge, UK: Cambridge University Press, 2011.

[23] D. Willner, C. B. Chang, and K. P. Dunn, "Kalman Filter Algorithms for a Multi – Sensor System," in *Proceedings of* 1976 *IEEE Conference on Decision and Control*, pp. 570 – 574, Dec. 1976.

[24] C. Y. Chong, S. Mori, W. Parker, and K. C. Chang, "Architecture and Algorithm for Track Association and Fusion," *IEEE AES Systems Magazine*, Jan. 2000.

[25] C. B. Chang, K. P. Dunn, and L. C. Youens, "A Tracking Algorithm for Dense Target Environment," in *Proceedings of the* 1984 *American Control Conference*, pp. 613 – 618, June 1984.

[26] C. B. Chang and L. C. Youens, "An Algorithm for Multiple Target Tracking and Data Association," MIT Lincoln Laboratory Technical Report TR – 643, 13 June 1983.

[27] D. B. Reid, "An Algorithm for Tracking Multiple Targets," *IEEE Trans actions on Automatic Control*, vol. AC – 24, pp. 843 – 854, 1979.

[28] S. S. Blackman, "Multiple Hypothesis Tracking for Multiple Target Tracking," *IEEE Trans actions on A&E Systems*, vol. 19, pp. 5 – 18, 2004.

[29] T. Kurien, "Issues in the Design of Practical Multi – target Tracking Algorithms," in *Multitarget Multisensor Tracking: Advanced Applications*, Y. Bar – Shalom, Ed. , pp. 43 – 83, London: Artech House, 1990.

[30] B. Corwin, D. Choi, K. P. Dunn, and C. B. Chang, "Sensor to Sensor Correlation and Fusion with Biased Measurements," in *Proceedings of MSS National Symposium on Sensor and Data Fusion*, May 2005.

[31] A. B. Poore, "Multidimensional Assignment Formulation of Data Association Problems Arising from Multi – Target and Multi – Sensor Tracking," *Computational Optimization and Applications*, vol. 3, pp. 27 – 57, 1994.

[32] C. J. Humke, "Bias Removal Techniques for the Target – Object Mapping Problem," MIT Lincoln Laboratory Technical Report 1060, 9 July 2002.

目　录

第 1 章 参数估计

1.1 引言

参数估计被定义为基于带有噪声的量测集合对未知向量(标记为参数向量)进行估计。未知的向量可以是常量,也可以是服从已知、非时变概率分布的变量。1.2 节给出了参数估计问题的有关定义。1.3 节定义了针对特定性能指标或代价函数的估计算法。对于参数为随机向量的情形,本章针对两类随机向量介绍了一个非常重要的概率关系,即贝叶斯定理。有兴趣的读者可以查阅本章参考文献以获得更多有关概率和随机变量[1-6]、向量空间、状态变量及控制系统的信息[7-9]。本章也介绍了基于偏差误差和误差协方差矩阵的估计算法性能度量标准。1.4 节和 1.5 节给出了量测向量和参数向量线性相关以及量测噪声和随机参数向量的先验分布均服从高斯分布两种情形下的结果。1.4 节重点讨论了参数向量为未知常量下的估计问题。1.5 节则给出了适用于未知向量为服从已知分布随机向量情形下的估计算法,此种情形下将未知参数的分布情况被以先验知识或存在于参数向量空间的加性噪声量测的形式纳入到估计算法中。当代表先验知识的项被移除后,1.5 节与 1.4 节的算法结果完全匹配。各节的评述部分讨论了各种估计算法之间的关系。1.6 节将 1.5 节的研究进一步扩展到了非线性量测的情形,给出了加权最小二乘估计算法的推导过程,并采用一阶泰勒级数展开式来近似描述这种非线性关系。为获得更小的估计误差,该节还推导给出了一个迭代求解流程。针对本章讨论的参数估计问题,1.7 节给出了无偏估计误差协方差的 Cramer - Rao 界值。当量测噪声和先验分布均为高斯分布时,线性估计的误差协方差与其 Cramer - Rao 界值相同。1.8 节给出了一个数值示例,以说明估计算法的构建并比较估计性能与 Cramer - Rao 界值之间的差异。针对有兴趣的读者,附录 1A 和附录 1B 给出一些有关的重要数学推导过程。除参考文献之外,本章还给出了一些课后习题,这些习题将使读者更加了解参数估计问题,并补充有关估计算法推导的一些细节信息。

1.2 问题描述

令 $x \in \mathbb{R}^n$ 标识一个由 n 个分量组成的未知参数向量。借助由已知关系

$\boldsymbol{h}(\cdot):\mathbb{R}^n\to\mathbb{R}^m$ 建模的量测设备,可以获得关于 $\boldsymbol{x}$ 的由 m 个线性无关的量测组成的量测集合。量测向量 $\boldsymbol{y}$ 可表示为

$$\boldsymbol{y}=\boldsymbol{h}(\boldsymbol{x})+\boldsymbol{v} \tag{1.2-1}$$

式中:$\boldsymbol{y}\in\mathbb{R}^m$,$\boldsymbol{v}\in\mathbb{R}^m$,量测噪声 $\boldsymbol{v}$ 是概率密度函数已知的随机向量。未知的参数向量 $\boldsymbol{x}$ 可为常量或随机变量,且与具有已知概率密度函数的量测噪声 $\boldsymbol{v}$ 统计独立。

参数估计的问题

在给定 $\boldsymbol{y}$ 的条件下,关于 $\boldsymbol{x}$ 的估计由 $\hat{\boldsymbol{x}}$ 标识,$\hat{\boldsymbol{x}}$ 是有关 $\boldsymbol{y}$ 的一个函数。根据估计问题的目的,存在三类不同的估计算法。在式(1.2-1)给出的 $\boldsymbol{x}$ 和 $\boldsymbol{y}$ 的关系及 $\boldsymbol{v}$ 和 $\boldsymbol{x}$ 的统计特性已知的前提下,绝大多数估计算法是通过对特定性能准则的优化推导得出的。正如本章稍后详细讨论的那样,由不同的性能准则得到的估计算法也会不同。

1.3 估计器的定义

估计器是关于 $\boldsymbol{y}$ 的一个函数,可依据一个已定义的性能指标或代价函数推导得出。在最小化一个已定义的性能指标的目标下,存在两类估计器,一类是针对 $\boldsymbol{x}$ 为未知常量的估计问题,另一类则是针对 $\boldsymbol{x}$ 为概率密度函数已知的随机变量的估计问题。依据 $\boldsymbol{x}$ 是常量还是随机变量,对其的数学处理也是不同的;当 $\boldsymbol{x}$ 为随机变量时,需要定义关于 $\boldsymbol{x}$ 和 $\boldsymbol{y}$ 的联合概率密度函数。本节给出了有关通用估计算法的全部定义,而它们之间的关系则会在随后各节推导估计算法时进行讨论。

1.3.1 常参数的估计

当未知参数为常向量 $\boldsymbol{x}$ 时,可由已知概率密度函数 $p(\boldsymbol{v})$ 以及由式(1.2-1)描述的关系推导得出概率密度函数 $p(\boldsymbol{y})$。对于每一个 $\boldsymbol{Y}=\boldsymbol{y}$,$p(\boldsymbol{y})$ 变为关于 $\boldsymbol{x}$ 和 $\boldsymbol{Y}=\boldsymbol{y}$ 时的似然函数的函数,似然函数被标记为 $p(\boldsymbol{y};\boldsymbol{x})$。

下面讨论给定 $\boldsymbol{y}$ 时,对 $\boldsymbol{x}$ 进行估计的三类常用的估计器:最小二乘估计器(Least Squares Estimator, LS),加权最小二乘估计器(Weighted Least Squares, Estimator WLS)和极大似然估计器(Maximum Likelihood, Estimator ML)。

最小二乘估计器

给定 $\boldsymbol{y}$,对 $\boldsymbol{x}$ 的最小二乘估计 $\hat{\boldsymbol{x}}_{\mathrm{LS}}:\mathbb{R}^m\to\mathbb{R}^n$ 将使得在 $\mathbb{R}^m$ 空间中的 $\boldsymbol{y}$ 和 $\boldsymbol{h}(\cdot)$ 之间范数的平方最小,换句话就是使如下性能指标最小:

$$J=\|\boldsymbol{y}-\boldsymbol{h}(\boldsymbol{x})\|^2 \tag{1.3-1}$$

其中:$\|\boldsymbol{r}\|^2\triangleq\langle\boldsymbol{r},\boldsymbol{r}\rangle\triangleq\boldsymbol{r}^{\mathrm{T}}\boldsymbol{r}$, $\forall\boldsymbol{r}\in\mathbb{R}^m$,从而有

$$\hat{\boldsymbol{x}}_{\mathrm{LS}} = \arg\min_{\boldsymbol{x}} \| \boldsymbol{y} - \boldsymbol{h}(\boldsymbol{x}) \|^2, \quad \forall \boldsymbol{Y} = \boldsymbol{y}$$

加权最小二乘估计器

给定 $\boldsymbol{y}$，对 $\boldsymbol{x}$ 的加权最小二乘估计 $\hat{\boldsymbol{x}}_{\mathrm{WLS}}: \mathbb{R}^m \to \mathbb{R}^n$ 将使得在 $\mathbb{R}^m$ 空间中的 $\boldsymbol{y}$ 和 $\boldsymbol{h}(.)$ 之间加权范数的平方最小，其性能指标如下：

$$J = \| \boldsymbol{y} - \boldsymbol{h}(\boldsymbol{x}) \|^2_{\boldsymbol{A}^{-1}} \tag{1.3-2}$$

式中：$\| \boldsymbol{r} \|^2_{\mathrm{A}^{-1}} \triangleq \langle \boldsymbol{r}, \boldsymbol{A}^{-1}\boldsymbol{r} \rangle \triangleq \boldsymbol{r}^{\mathrm{T}} \boldsymbol{A}^{-1} \boldsymbol{r}, \forall \boldsymbol{r} \in \mathbb{R}^m$，且 $\boldsymbol{A}$ 可为任一 $m \times m$ 的正定矩阵，但通常会选择量测噪声向量 $\boldsymbol{v}$ 的误差协方差矩阵 $\boldsymbol{R}$ 作为 $\boldsymbol{A}$，从而有

$$\hat{\boldsymbol{x}}_{\mathrm{WLS}} = \arg\min_{\boldsymbol{x}} \| \boldsymbol{y} - \boldsymbol{h}(\boldsymbol{x}) \|^2_{\boldsymbol{A}^{-1}}, \quad \forall \boldsymbol{Y} = \boldsymbol{y}$$

极大似然估计器

给定 $\boldsymbol{y}$，对 $\boldsymbol{x}$ 的极大似然估计 $\hat{\boldsymbol{x}}_{\mathrm{ML}}: \mathbb{R}^m \to \mathbb{R}^n$，将使得对于 $\forall \boldsymbol{Y} = \boldsymbol{y}$，有如下似然函数最大化：

$$J = p(\boldsymbol{y}; \boldsymbol{x}) \tag{1.3-3}$$

从而有

$$\hat{\boldsymbol{x}}_{\mathrm{ML}} = \arg\max_{\boldsymbol{x}} p(\boldsymbol{y}; \boldsymbol{x}), \quad \forall \boldsymbol{Y} = \boldsymbol{y}$$

评注

(1) 术语“估计器(算法)”用于表示一个关于量测 $\boldsymbol{y}$ 的函数，而“估计”是用于表示针对给定量测 $\boldsymbol{Y} = \boldsymbol{y}$ 的估计值。鉴于估计算法是关于随机向量 $\boldsymbol{y}$ 的函数，因而估计器也是 $\mathbb{R}^n$ 空间的一个随机向量。对于每一个 $\boldsymbol{Y} = \boldsymbol{y}$，可以通过逐点求解由式(1.3-1)~式(1.3-3)定义的优化问题来构建估计器。

(2) 除了式(1.3-2)定义于不同的内积空间外，有关 WLS 估计器的几何意义解释与 LS 估计器相同，因此不能期望有 $\hat{\boldsymbol{x}}_{\mathrm{WLS}} = \hat{\boldsymbol{x}}_{\mathrm{LS}}$。LS 估计器主要适用于量测噪声不能很好定义或未知的情形，而 WLS 估计器则适用于量测噪声向量 $\boldsymbol{v}$ 是均值为零、协方差为 $\boldsymbol{R}$ 的高斯噪声的情形，且 $\boldsymbol{R}$ 被用作为式(1.3-2)中的 $\boldsymbol{A}$。可以证明(参见附录 1A 和课后习题 2)，通过在量测空间选择适当的线性变换 $\boldsymbol{L}$，转换后的量测向量的噪声向量 $\boldsymbol{Lv}$ 的协方差矩阵为单位阵，即 $\boldsymbol{L}^{\mathrm{T}}\boldsymbol{RL} = \boldsymbol{I}$。当相对于转换后的量测向量 $\boldsymbol{Lv}$ 进行最小化求解时，所有转换后的量测的权重是相等的。

1.3.2 随机参数的估计

当未知参数 $\boldsymbol{x}$ 是服从已知概率分布的随机向量时，需要修改性能指标，以体现关于 $\boldsymbol{x}$ 的已知随机特性。当 $\boldsymbol{x}$ 和 $\boldsymbol{y}$ 均为随机向量时，概率论的知识将贯穿全书，因而在定义第二类估计器之前，有必要回顾概率理论的基本知识。

条件概率密度函数和贝叶斯定理

贝叶斯定理对于随机参数的估计起着十分重要的作用。以 $\boldsymbol{x} \in \mathbb{R}^n$ 和 $\boldsymbol{y} \in$

$\mathbb{R}^m$ 标识概率密度函数分别为 $p(\boldsymbol{x})$ 和 $p(\boldsymbol{y})$ 的两个随机向量，两个随机向量的联合分布的概率密度函数被标识为 $p(\boldsymbol{x},\boldsymbol{y})$。联合概率密度函数 $p(\boldsymbol{x},\boldsymbol{y})$ 与单个随机向量概率密度函数之间的关系可分别通过条件概率密度函数 $p(\boldsymbol{x}|\boldsymbol{y})$ 和 $p(\boldsymbol{y}|\boldsymbol{x})$ 来描述，即

$$p(\boldsymbol{x},\boldsymbol{y}) \triangleq p(\boldsymbol{y}|\boldsymbol{x})p(\boldsymbol{x})$$

和

$$p(\boldsymbol{x},\boldsymbol{y}) \triangleq p(\boldsymbol{x}|\boldsymbol{y})p(\boldsymbol{y}) \tag{1.3-4}$$

概率的贝叶斯定理可由上述关系推导得出，即

$$p(\boldsymbol{x}|\boldsymbol{y}) = \frac{p(\boldsymbol{x},\boldsymbol{y})}{p(\boldsymbol{y})} = \frac{p(\boldsymbol{y}|\boldsymbol{x})}{p(\boldsymbol{y})}p(\boldsymbol{x}) \tag{1.3-5}$$

式中：$p(\boldsymbol{x})$ 为 $\boldsymbol{x}$ 的先验概率密度函数；$p(\boldsymbol{y}|\boldsymbol{x})$ 为给定 $\boldsymbol{x}$ 时 $\boldsymbol{y}$ 的条件概率密度函数，是关于 $\boldsymbol{x}$ 的函数，也称为 $\boldsymbol{x}$ 的似然密度函数；$p(\boldsymbol{x}|\boldsymbol{y})$ 为给定 $\boldsymbol{y}$ 时 $\boldsymbol{x}$ 的条件概率密度函数，是关于 $\boldsymbol{y}$ 的函数，也称为给定 $\boldsymbol{y}$ 后 $\boldsymbol{x}$ 的后验概率密度函数。

当 $\boldsymbol{x}$ 和 $\boldsymbol{y}$ 相互独立时，有

$$p(\boldsymbol{x},\boldsymbol{y}) = p(\boldsymbol{x})p(\boldsymbol{y})$$

这也表明 $p(\boldsymbol{y}|\boldsymbol{x}) = p(\boldsymbol{y})$ 及 $p(\boldsymbol{x}|\boldsymbol{y}) = p(\boldsymbol{x})$。

给定 $\boldsymbol{y}$ 时，$\boldsymbol{x}$ 的条件期望可定义为

$$E\{\boldsymbol{x}|\boldsymbol{y}\} = \int \boldsymbol{x}p(\boldsymbol{x}|\boldsymbol{y})\mathrm{d}\boldsymbol{x} \tag{1.3-6}$$

若 $\boldsymbol{x}$ 和 $\boldsymbol{y}$ 相互独立，由式(1.3-5)和式(1.3-6)可得

$$E\{\boldsymbol{x}|\boldsymbol{y}\} = E\{\boldsymbol{x}\}$$

更进一步，对于任何 $\boldsymbol{y}$ 的函数 $\mathrm{g}(\boldsymbol{y})$，有

$$E\{\mathrm{g}(\boldsymbol{y})|\boldsymbol{y}\} = \mathrm{g}(\boldsymbol{y})$$

评注

(1) 通过上述积分式的定义，可以看出 $E\{\boldsymbol{x}|\boldsymbol{y}\}$ 是关于 $\boldsymbol{y}$ 的函数，也是给定 $\boldsymbol{y}$ 条件下对 $\boldsymbol{x}$ 的估计，且通常下是关于 $\boldsymbol{y}$ 的非线性函数。有关该估计器的许多重要特性及其与这里定义的其他估计器的关系将在本章后续部分讨论。

(2) 由式(1.3-6)所给积分式定义的 $E\{\cdot|\boldsymbol{y}\}$ 是任一随机向量的线性算子，值得指出的是，通常情况下 $E\{\boldsymbol{h}(\boldsymbol{x})|\boldsymbol{y}\} \neq \boldsymbol{h}(E\{\boldsymbol{x}|\boldsymbol{y}\})$。

最小二乘估计器

给定 $\boldsymbol{y}$ 条件下，关于 $\boldsymbol{x}$ 的最小二乘估计器是 $\boldsymbol{y}$ 的函数，其估计 $\hat{\boldsymbol{x}}_{\mathrm{LS}}:\mathbb{R}^m \to \mathbb{R}^n$ 将使得 $\boldsymbol{y}$ 和 $\boldsymbol{h}(\cdot)$($\mathbb{R}^m$ 空间)之间的范数平方与 $\bar{\boldsymbol{x}}_0$ 和 $\boldsymbol{x}$($\mathbb{R}^n$ 空间)之间的范数平方和最小，有

$$J = \|\boldsymbol{y} - \boldsymbol{h}(\boldsymbol{x})\|^2 + \|\bar{\boldsymbol{x}}_0 - \boldsymbol{x}\|^2 \tag{1.3-7}$$

式中：$\bar{\boldsymbol{x}}_0$ 为 $\boldsymbol{x}$ 的期望值(均值)，有

$$\hat{\boldsymbol{x}}_{\mathrm{LS}}=\arg\min_{\boldsymbol{x}}\{\|\boldsymbol{y}-\boldsymbol{h}(\boldsymbol{x})\|^2+\|\bar{\boldsymbol{x}}_0-\boldsymbol{x}\|^2\},\quad \forall \boldsymbol{Y}=\boldsymbol{y}$$

加权最小二乘估计器

给定 $\boldsymbol{y}$ 条件下，关于 $\boldsymbol{x}$ 的加权最小二乘估计器是 $\boldsymbol{y}$ 的函数，其估计 $\hat{\boldsymbol{x}}_{\mathrm{WLS}}$：$\mathbb{R}^m\to\mathbb{R}^n$ 将使得 $\boldsymbol{y}$ 和 $\boldsymbol{h}(\cdot)$（$\mathbb{R}^m$ 空间）之间的加权范数平方与 $\bar{\boldsymbol{x}}_0$ 和 $\boldsymbol{x}$（$\mathbb{R}^n$ 空间）之间的加权范数平方和最小，有

$$J=\|\boldsymbol{y}-\boldsymbol{h}(\boldsymbol{x})\|^2_{\boldsymbol{A}^{-1}}+\|\bar{\boldsymbol{x}}_0-\boldsymbol{x}\|^2_{\boldsymbol{B}^{-1}}\tag{1.3-8}$$

式中：$\bar{\boldsymbol{x}}_0$ 为 $\boldsymbol{x}$ 的期望值（均值）；$\boldsymbol{A}$ 和 $\boldsymbol{B}$ 可为任意正定矩阵，但通常分别会选择噪声向量 $\boldsymbol{v}$ 的协方差矩阵 $\boldsymbol{R}$ 作为 $\boldsymbol{A}$；选择 $\boldsymbol{x}$ 的协方差矩阵 $\boldsymbol{P}_0$ 作为 $\boldsymbol{B}$，有

$$\hat{\boldsymbol{x}}_{\mathrm{WLS}}=\arg\min_{\boldsymbol{x}}\{\|\boldsymbol{y}-\boldsymbol{h}(\boldsymbol{x})\|^2_{\boldsymbol{A}^{-1}}+\|\bar{\boldsymbol{x}}_0-\boldsymbol{x}\|^2_{\boldsymbol{B}^{-1}}\},\quad \forall \boldsymbol{Y}=\boldsymbol{y}$$

极大似然估计器

给定 $\boldsymbol{y}$ 条件下，关于 $\boldsymbol{x}$ 的极大似然估计器是 $\mathbb{R}^m\to\mathbb{R}^n$ 上的一个函数 $\hat{\boldsymbol{x}}_{\mathrm{ML}}$，该函数将使得如下似然密度函数值最大，即

$$J=p(\boldsymbol{y}|\boldsymbol{x})\tag{1.3-9}$$

于是有

$$\hat{\boldsymbol{x}}_{\mathrm{ML}}=\arg\max_{\boldsymbol{x}}p(\boldsymbol{y}|\boldsymbol{x}),\quad \forall \boldsymbol{Y}=\boldsymbol{y}$$

最大后验概率估计器

给定 $\boldsymbol{y}$ 条件下，关于 $\boldsymbol{x}$ 的最大后验概率估计器（Maximum A Posteriori，MAP）是 $\mathbb{R}^m\to\mathbb{R}^n$ 上的一个函数 $\hat{\boldsymbol{x}}_{\mathrm{MAP}}$，该函数将使得后验概率最大化，即

$$J=p(\boldsymbol{x}|\boldsymbol{y})\tag{1.3-10}$$

于是有

$$\hat{\boldsymbol{x}}_{\mathrm{MAP}}=\arg\max_{\boldsymbol{x}}p(\boldsymbol{x}|\boldsymbol{y}),\quad \forall \boldsymbol{Y}=\boldsymbol{y}$$

评注

(1) 上述每一种估计器（算法）都有其自身的意义。对于常参数估计的情况而言，当噪声的概率密度函数未知或部分已知时，绝大多数情况下采用 LS 估计器或 WLS 估计器解决实际问题。若能清晰获知噪声概率密度函数，则通常采用 ML 估计器。

(2) 正如其后所证明的那样，当量测噪声向量 $\boldsymbol{v}$ 与 $\boldsymbol{x}$ 的先验概率密度函数之间统计独立，且均服从协方差已知的高斯分布时，则 WLS、ML 和 MAP 三个估计算法是相同的。当噪声协方差矩阵 $\boldsymbol{R}$ 和 $\boldsymbol{P}_0$ 均具有常数（且该常数对于 $\boldsymbol{R}$ 和 $\boldsymbol{P}_0$ 相同）乘积单位矩阵的形式时，则 LS、WLS、ML 和 MAP4 个估计算法相同。

1.3.3 估计器的特性

以 $\hat{\boldsymbol{x}}$ 标识给定 $\boldsymbol{y}$ 条件下对 $\boldsymbol{x}$ 的估计，那么就有估计误差 $\tilde{\boldsymbol{x}}$ 为

$$\tilde{\boldsymbol{x}} \triangleq \boldsymbol{x} - \hat{\boldsymbol{x}}$$

且 $\tilde{\boldsymbol{x}}$ 的均值和协方差分别为

$$E\{\tilde{\boldsymbol{x}}\} = E\{\boldsymbol{x}\} - E\{\hat{\boldsymbol{x}}\} \quad (1.3-11)$$

$$\mathrm{Cov}\{\tilde{\boldsymbol{x}}\} = E\{(\boldsymbol{x}-\hat{\boldsymbol{x}})(\boldsymbol{x}-\hat{\boldsymbol{x}})^{\mathrm{T}}\} \quad (1.3-12)$$

本书的后续部分将给出有关每种估计算法的特性的清晰推导过程，并对这些特性进行讨论。当 $E\{\tilde{\boldsymbol{x}}\}=0$ 时，称这种算法是无偏的，即 $\hat{\boldsymbol{x}}$ 是给定 $\boldsymbol{y}$ 条件下对 $\boldsymbol{x}$ 的无偏估计。关于估计算法性能的一个重要测度就是非负定的误差协方差 $\mathrm{Cov}\{\tilde{\boldsymbol{x}}\}$。Cramer－Rao 界值(Cramer－Rao Bound，CRB)是关于 $\boldsymbol{x}$ 的任一无偏估计的误差协方差的下界值。任何一个能够实现误差协方差 $\mathrm{Cov}\{\tilde{\boldsymbol{x}}\}$ 达到 CRB 界值的估计算法均是效率很高的算法。Van Trees 以实际应用为例对 CRB 进行了非常好的讨论，并给出了 CRB 的定义[1]。文献[10－12]给出了 Cramer、Rao 以及 Fisher 3 人有关 CRB 的推导。作为估计算法的一种性能测度，Cramer－Rao 界值已被用于解决许多问题[13]。如本书所阐释的，对于许多问题而言，CRB 非常重要。本章将给出针对参数估计问题的 CRB 的推导及演化，后续章节则将重点讨论状态估计问题的 CRB。

在 1.3.2 节中，条件均值 $E\{\boldsymbol{x}|\boldsymbol{y}\}$ 被看作是给定 $\boldsymbol{y}$ 条件下对 $\boldsymbol{x}$ 的一种估计器。该估计器的两个重要变种就是条件均值估计器(Conditional Mean，CM)和线性最小二乘估计器(Linear Least Square，LLS)。

条件均值估计器

给定 $\boldsymbol{y}$ 条件下，$\boldsymbol{x}$ 的条件均值是 $\mathbb{R}^n$ 空间关于 $\boldsymbol{y}$ 的函数，且被定义为如下积分式：

$$\hat{\boldsymbol{x}}_{\mathrm{CM}} \triangleq E\{\boldsymbol{x}|\boldsymbol{y}\} = \int \boldsymbol{x} p(\boldsymbol{x}|\boldsymbol{y})\,\mathrm{d}\boldsymbol{x}$$

条件均值估计器具有如下性质：

(1) $\hat{\boldsymbol{x}}_{\mathrm{CM}} \in \mathbb{R}^n$ 是给定 $\boldsymbol{y}$ 条件下关于 $\boldsymbol{x}$ 的最小方差估计器，将使得如下性能指标最小化，即

$$J = E\{\|\boldsymbol{x}-\hat{\boldsymbol{x}}\|^2\} = E\{(\boldsymbol{x}-\hat{\boldsymbol{x}})(\boldsymbol{x}-\hat{\boldsymbol{x}})^{\mathrm{T}}\} = \mathrm{Cov}\{\tilde{\boldsymbol{x}}\} \quad (1.3-13)$$

从而有

$$\hat{\boldsymbol{x}}_{\mathrm{CM}} = \arg\min_{\hat{\boldsymbol{x}}} E\{\|\boldsymbol{x}-\hat{\boldsymbol{x}}\|^2\}$$

(2) $\hat{\boldsymbol{x}}_{\mathrm{CM}}$ 是无偏的，有

$$E\{\boldsymbol{x}-\hat{\boldsymbol{x}}_{\mathrm{CM}}\} = \boldsymbol{0} \quad (1.3-14)$$

(3) 令 $\tilde{\boldsymbol{x}}_{\mathrm{CM}} = \boldsymbol{x}-\hat{\boldsymbol{x}}_{\mathrm{CM}}$，则 $\tilde{\boldsymbol{x}}_{\mathrm{CM}}$ 与任何关于 $\boldsymbol{y}$ 的函数 $\boldsymbol{g}:\mathbb{R}^m \to \mathbb{R}^n$ 均不相关，即

$$E\{\boldsymbol{g}(\boldsymbol{y})\tilde{\boldsymbol{x}}_{\mathrm{CM}}\} = \boldsymbol{0} \quad (1.3-15)$$

附录 1B 及参考文献[14]给出了上述性质的证明过程。

线性最小二乘估计器

给定 $\boldsymbol{y}$ 条件下，关于 $\boldsymbol{x}$ 的线性最小二乘估计器 $\hat{\boldsymbol{x}}_{\text{LLS}} \in \mathbb{R}^n$ 是 $\boldsymbol{y}$ 的线性函数 $\boldsymbol{L}$：$\mathbb{R}^m \rightarrow \mathbb{R}^n$，且将使得如下性能指标最小化，即

$$J = E\{ \| \boldsymbol{x} - \boldsymbol{L}(\boldsymbol{y}) \|^2 \} \tag{1.3-16}$$

从而有

$$\hat{\boldsymbol{x}}_{\text{LLS}} = \arg\min_{\hat{x}} E\{ \| \boldsymbol{x} - \boldsymbol{L}(\boldsymbol{y}) \|^2 \}$$

下面将探讨线性最小二乘估计器的一些重要特性。

线性最小二乘估计器的性质

线性最小二乘估计 $\hat{\boldsymbol{x}}_{\text{LLS}}$ 仅依赖于随机向量 $\boldsymbol{x}$、$\boldsymbol{y}$ 的一阶、二阶统计矩，而非完整概率密度函数，有

$$\hat{\boldsymbol{x}}_{\text{LLS}} = \bar{\boldsymbol{x}} + \boldsymbol{P}_{xy}\boldsymbol{P}_{yy}^{-1}(\boldsymbol{y} - \bar{\boldsymbol{y}}) \tag{1.3-17}$$

$$\text{Cov}\{\tilde{\boldsymbol{x}}_{\text{LLS}}\} = \boldsymbol{P}_{xx} - \boldsymbol{P}_{xy}\boldsymbol{P}_{yy}^{-1}\boldsymbol{P}_{yx} \tag{1.3-18}$$

其中

$$\bar{\boldsymbol{x}} = E\{\boldsymbol{x}\}, \quad \bar{\boldsymbol{y}} = E\{\boldsymbol{y}\}$$

$$\tilde{\boldsymbol{x}}_{\text{LLS}} = \boldsymbol{x} - \hat{\boldsymbol{x}}_{\text{LLS}}$$

$$\boldsymbol{P}_{ab} = \text{Cov}\{\boldsymbol{a}, \boldsymbol{b}\}$$

这里：$\hat{\boldsymbol{x}}_{\text{LLS}}$ 为线性估计；$\hat{\boldsymbol{x}}_{\text{LLS}}$ 估计是无偏的；当随机向量 $\boldsymbol{x}$ 和 $\boldsymbol{y}$ 服从联合高斯分布时，$\hat{\boldsymbol{x}}_{\text{LLS}} = \hat{\boldsymbol{x}}_{\text{CM}}$。

有关 $\hat{\boldsymbol{x}}_{\text{LLS}}$ 上述特性的证明参见附录1B或文献[14]。

评注

(1) 值得指出的重要一点是针对式(1.3-13)给出的 $\mathbb{R}^n$ 空间性能指标，$\hat{\boldsymbol{x}}_{\text{CM}}$ 对于所有 $\boldsymbol{x}$ 和 $\boldsymbol{y}$ 均为最小方差(最小二乘)估计，但与由式(1.3-2)给出的 $\mathbb{R}^m$ 空间性能的最小范数(最小二乘)估计并不相同。在实践中，条件概率密度函数 $p(\boldsymbol{x}|\boldsymbol{y})$ 一般不可计算，式(1.3-6)中积分式也不可计算。为此，后续章节将讨论 $p(\boldsymbol{x}|\boldsymbol{y})$ 和 $\hat{\boldsymbol{x}}_{\text{CM}}$ 的近似方法。

(2) 关于 $\hat{\boldsymbol{x}}_{\text{CM}}$ 的性质3是一个很重要的结果，因为它给出了估计误差 $\tilde{\boldsymbol{x}}_{\text{CM}}$ 与 $\mathbb{R}^n$ 空间有关 $\boldsymbol{y}$ 的任何函数之间的正交关系。在本章的后续章节中，我们将利用这一性质以建立 $\hat{\boldsymbol{x}}_{\text{CM}}$ 与 $\hat{\boldsymbol{x}}_{\text{LS}}$ 之间的关系。

(3) 当估计对象为随机参数时，$p(\boldsymbol{x}|\boldsymbol{y})$ 包含了给定 $\boldsymbol{y}$ 条件下关于 $\boldsymbol{x}$ 的全部统计信息。$E\{\boldsymbol{x}|\boldsymbol{y}\}$ 则是式(1.3-13)对于所有 $\boldsymbol{x}$ 和 $\boldsymbol{y}$ 的最小方差(二乘)解。但在通常情况下，最大后验概率估计与条件均值估计并不相等，如图1.1所示。对于无法求解或精确计算 $p(\boldsymbol{x}|\boldsymbol{y})$ 的情形，研究人员针对 $p(\boldsymbol{x}|\boldsymbol{y})$ 和 $\hat{\boldsymbol{x}}_{\text{CM}}$ 给出了多种近似求解方法，本书后续将对其中的一些方法进行讨论。

(4) 在推导得出各估计器的显式表达式之前,采用表 1.1。归纳一下各估计器的定义及其相关性能指标很有益处。注意,取决于 $\boldsymbol{x}$ 是一个未知常量还是具有已知分布的随机向量,各估计器的性能指标也各不相同。

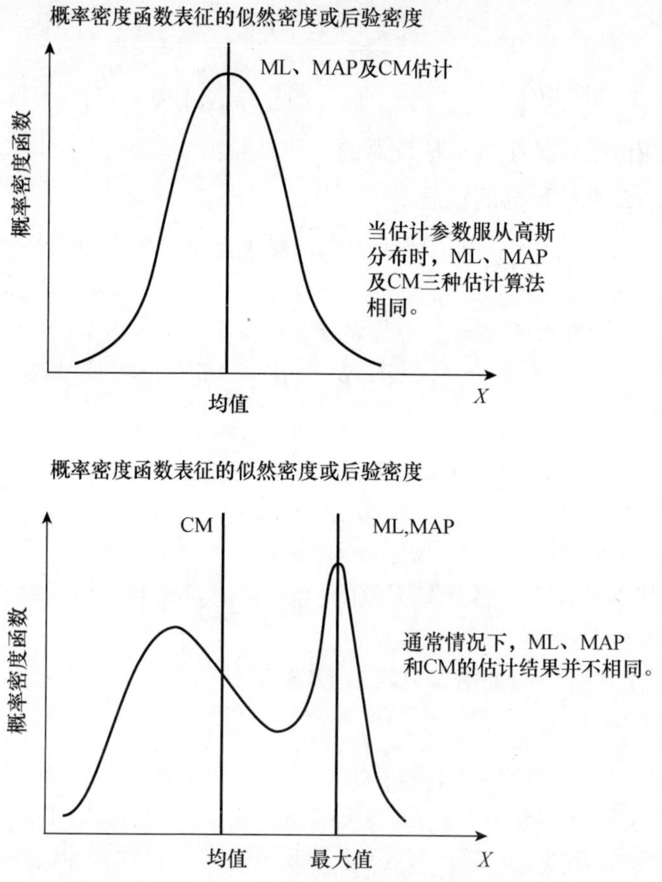

图 1.1 估计器图示说明:高斯分布和非高斯分布

表 1.1 各种估计器定义小结

	性能指标	
估计器类型	$\boldsymbol{x}$ 为未知常量	$\boldsymbol{x}$ 为随机变量
LS	最小化:$J=\Vert \boldsymbol{y}-\boldsymbol{h}(\boldsymbol{x})\Vert^2$	最小化:$J=\Vert \boldsymbol{y}-\boldsymbol{h}(\boldsymbol{x})\Vert^2+\Vert \bar{\boldsymbol{x}}_0-\boldsymbol{x}\Vert^2$
WLS	最小化:$J=\Vert \boldsymbol{y}-\boldsymbol{h}(\boldsymbol{x})\Vert^2_{\boldsymbol{R}^{-1}}$	最小化:$J=\Vert \boldsymbol{y}-\boldsymbol{h}(\boldsymbol{x})\Vert^2_{\boldsymbol{R}^{-1}}+\Vert \bar{\boldsymbol{x}}_0-\boldsymbol{x}\Vert^2_{\boldsymbol{P}_0^{-1}}$
ML	最大化:$J=p(\boldsymbol{y};\boldsymbol{x})$	最大化:$J=p(\boldsymbol{y}\vert\boldsymbol{x})$
MAP	不适用	最大化:$J=p(\boldsymbol{x}\vert\boldsymbol{y})$
CM	不适用	最小化:$J=E\{\Vert \boldsymbol{x}-\hat{\boldsymbol{x}}\Vert^2\}$
LLS	不适用	最小化:$J=E\{\Vert \boldsymbol{x}-\hat{\boldsymbol{x}}\Vert^2\}$,线性估计器

1.3.4 估计器性能测度:估计误差

估计 $\hat{\boldsymbol{x}}$ 的估计误差 $\tilde{\boldsymbol{x}}$ 的均值和协方差分别由式(1.3-11)和式(1.3-12)给出,然而这只是一种理论表述。在估计实践中,我们又该如何判断估计结果是无偏和有效的呢?为此,我们需要通过实验,以一定量级的置信度来证明估计器具备这些特质。以下一些问题可以帮助我们对此有更加具体的认识:①如何设计一个实验,使得生成的样本能够代表所研究随机向量的统计特性?②在已生成随机向量的样本的前提下,如何提取估计器的统计特性(如 $\hat{\boldsymbol{x}}$ 的均值和协方差)?③在获得实验的全部统计特征后,如何将这些数据与置信概率关联起来?

为了解决第一个问题,就必须能够生成随机变量的独立同分布样本集合,假设该随机变量的累计分布函数(Cumulative Distribution Function, CDF)为 $F(s)$,有

$$F(s)=\text{Prob}\{x\leqslant s\}$$

可以首先从在[0,1][①]区间具有均匀分布的均匀分布数产生器得到独立同分布的随机样本序列 $\{r_i;i=1,2,\cdots,M\}$,然后令

$$x_i=F^{-1}(r_i) \tag{1.3-19}$$

可以证明样本序列 $\{x_i;i=1,2,\cdots,M\}$ 就是累计分布函数为 $F(s)$ 的随机变量的独立同分布样本序列。在课后习题1~3中,要求读者通过其他方法生成具有不同统计特性的随机变量。假设随机向量的每个分量服从联合累计分布函数 $F(s)$,则可以很容易地将上述流程推广到随机向量 $\boldsymbol{x}$ 的构建过程(参见课后习题2)。

给定随机向量 $\boldsymbol{x}$ 的独立同分布样本集合 $\{\boldsymbol{x}_i;i=1,2,\cdots,M\}$,$\boldsymbol{x}$ 的期望(均)值 $E\{\boldsymbol{x}\}$ 可由下式(1.3-20)近似获得[②],即

$$E\{\boldsymbol{x}\}=\frac{1}{M}\sum_{i=1}^{M}\boldsymbol{x}_i=\bar{\boldsymbol{x}} \tag{1.3-20}$$

式中:$\bar{\boldsymbol{x}}$ 为 $\boldsymbol{x}$ 的样本期望(均)值。类似地,$\boldsymbol{x}$ 的协方差可由下式近似获得,即

$$\boldsymbol{P}=\text{Cov}\{\boldsymbol{x}\}=\frac{1}{M}\sum_{i=1}^{M}(\boldsymbol{x}-\boldsymbol{x}_i)(\boldsymbol{x}-\boldsymbol{x}_i)^{\text{T}}=\bar{\boldsymbol{P}} \tag{1.3-21}$$

式中:$\bar{\boldsymbol{P}}$ 为 $\boldsymbol{x}$ 的样本均方误差。随着样本数目的增加,即 $M\to\infty$,可以期待 $\bar{\boldsymbol{x}}\to E\{\boldsymbol{x}\}$ 及 $\bar{\boldsymbol{P}}\to\text{Cov}\{\boldsymbol{x}\}$。最后,为了解决最后一个问题,必须认识到随机样本 $\boldsymbol{x}_i$ 的统计特征与 $\boldsymbol{x}$ 相同。如果 $\boldsymbol{x}$ 服从高斯分布,且 $\{\boldsymbol{x}_i;i=1,2,\cdots,M\}$ 由 $\boldsymbol{x}$ 生成,那

① 有许多得到很好测试的均匀数生成算法能够实现这一目的,如 MATLAB 中的 RAND。

② 感兴趣的读者可以从任何有关概率、随机过程的教材中(如参考文献[4-5])获得有关这一议题的更多信息。

么 $\bar{\boldsymbol{x}}$ 也服从高斯分布,且

$$\chi^2 = \frac{1}{M}\sum_{i=1}^{M}(\boldsymbol{x}-\boldsymbol{x}_i)\boldsymbol{P}^{-1}(\boldsymbol{x}-\boldsymbol{x}_i)^{\mathrm{T}}$$

服从自由度为 nM 的 χ^2 分布,其中 n 为参数向量 $\boldsymbol{x}$ 的维度。利用著名的 χ^2 检验方法[1-5,16],如果样本序列 $\{\boldsymbol{x}_i; i=1,2,\cdots,M\}$ 由 $\boldsymbol{x}$ 生成的假设成立,则 χ^2 值约束于 (r_1,r_2) 的概率不超过 $1-\alpha$,即

$$\mathrm{Prob}\{r_1 \leqslant \chi^2 \leqslant r_2\} \leqslant 1-\alpha$$

式中:r_1 和 r_2 的值由 χ^2 分布的自由度和 α 的值决定。χ^2 检验对于估计器性能测试是非常有用的工具。这里介绍了仅是使用依据此方法所获误差的有关概念,4.2 节将给出进一步的深度讨论。

1.4 估计器的推导:线性高斯,常参数

考虑状态向量 $\boldsymbol{x}$ 与量测向量 $\boldsymbol{y}$ 线性相关的情形,即有 $\boldsymbol{h}(\boldsymbol{x})=\boldsymbol{Hx}$,且

$$\boldsymbol{y}=\boldsymbol{Hx}+\boldsymbol{v}$$

$\boldsymbol{x}\in\mathbb{R}^n$,$\boldsymbol{y},\boldsymbol{v}\in\mathbb{R}^m$,$\boldsymbol{H}$ 为 $m\times n$ 的矩阵①。本节中,$\boldsymbol{x}$ 被视为未知的常向量。而量测噪声向量 $\boldsymbol{v}$ 服从均值为零、协方差矩阵为 $\boldsymbol{R}$ 的高斯分布,即

$$\boldsymbol{v}: \sim N(\boldsymbol{0},\boldsymbol{R})$$

一种较为简单的情形就是状态向量 $\boldsymbol{x}$ 与量测向量 $\boldsymbol{y}$ 的维度相同,即有 $m=n$,如果量测矩阵 $\boldsymbol{H}$ 是非奇异的,此求解 $\boldsymbol{x}$ 就等同于求解一个线性方程,即

$$\hat{\boldsymbol{x}}=\boldsymbol{H}^{-1}\boldsymbol{y}$$

读者可在课后证明 $\hat{\boldsymbol{x}}$ 是 $\boldsymbol{x}$ 的无偏估计且估计误差协方差为 $\boldsymbol{H}^{-1}\boldsymbol{R}\boldsymbol{H}^{-\mathrm{T}}$②。有关这一简单情形的讨论到此为止,今后不再讨论。

1.4.1 最小二乘估计器

最小二乘估计器的性能指标为

$$J=\|\boldsymbol{y}-\boldsymbol{h}(\boldsymbol{x})\|^2=(\boldsymbol{y}-\boldsymbol{Hx})^{\mathrm{T}}(\boldsymbol{y}-\boldsymbol{Hx}) \tag{1.4-1}$$

估计的目标就是寻找能够使得 J 最小化的 $\boldsymbol{x}$。存在这样一个 $\boldsymbol{x}$ 的必要条件是它必须满足如下条件,即

$$\frac{\partial J}{\partial \boldsymbol{x}}=-2\boldsymbol{H}^{\mathrm{T}}(\boldsymbol{y}-\boldsymbol{Hx})=0$$

或者

$$\boldsymbol{H}^{\mathrm{T}}\boldsymbol{Hx}=\boldsymbol{H}^{\mathrm{T}}\boldsymbol{y} \tag{1.4-2}$$

---

① 全书假设矩阵 $\boldsymbol{H}$ 的秩为 m,即全部 m 行之间是线性独立的。

② $\boldsymbol{H}^{-\mathrm{T}}$ 代表矩阵 $\boldsymbol{H}^{-1}$ 的转置。

现在考虑 $m \geqslant n$ 和 $m < n$ 两种情形:

(1) 当 $m \geqslant n$ 时,就存在比未知量数目更多的方程,这种情况也被成为超定(Overdetermined)问题,如果$\boldsymbol{H}^{\mathrm{T}}\boldsymbol{H}$ 是可逆的(一般情况下并非如此①),则 $\hat{\boldsymbol{x}}$ 的精确解为

$$\hat{\boldsymbol{x}}_{\mathrm{LS}} = [\boldsymbol{H}^{\mathrm{T}}\boldsymbol{H}]^{-1}\boldsymbol{H}^{\mathrm{T}}\boldsymbol{y} \tag{1.4-3}$$

式中:$\hat{\boldsymbol{x}}_{\mathrm{LS}}$是给定 $\boldsymbol{y}$ 条件下 $\boldsymbol{x}$ 的最小二乘估计。有关$\hat{\boldsymbol{x}}_{\mathrm{LS}}$为无偏估计且其估计误差协方差为

$$\boldsymbol{P}_{\mathrm{LS}} = [\boldsymbol{H}^{\mathrm{T}}\boldsymbol{H}]^{-1}[\boldsymbol{H}^{\mathrm{T}}\boldsymbol{R}\boldsymbol{H}][\boldsymbol{H}^{\mathrm{T}}\boldsymbol{H}]^{-1} \tag{1.4-4}$$

的证明留给读者(参见课后习题4)。

(2) 当 $m < n$ 时,$\boldsymbol{H}^{\mathrm{T}}\boldsymbol{H}$ 的逆不存在,方程数目会少于未知量的数目,这种情况也称为欠定(Underdetermined)问题。存在无数满足必要条件的解。满足式(1.4-2)所给必要条件的一个解为

$$\hat{\boldsymbol{x}}_{\mathrm{PI}} = \boldsymbol{H}^{\mathrm{T}}[\boldsymbol{H}^{\mathrm{T}}\boldsymbol{H}]^{-1}\boldsymbol{y} \tag{1.4-5}$$

式中:$\hat{\boldsymbol{x}}_{\mathrm{PI}}$ 为给定 $\boldsymbol{y}$ 条件下 $\boldsymbol{x}$ 的伪逆估计。这一结果可简单地通过将式(1.4-5)代入式(1.4-2)而得到证明。后续评注部分将给出该结果的几何解释。遗憾的是,伪逆估计$\hat{\boldsymbol{x}}_{\mathrm{PI}}$是有偏的。课后习题5要求读者证明估计偏差为

$$E\{\tilde{\boldsymbol{x}}_{\mathrm{PI}}\} = E\{\boldsymbol{x} - \hat{\boldsymbol{x}}_{\mathrm{PI}}\} = [\boldsymbol{I} - \boldsymbol{H}^{\mathrm{T}}[\boldsymbol{H}\boldsymbol{H}^{\mathrm{T}}]^{-1}\boldsymbol{H}]\boldsymbol{x} \tag{1.4-6}$$

而估计的误差协方差为

$$\begin{aligned}\boldsymbol{P}_{\mathrm{PI}} = &[\boldsymbol{I} - \boldsymbol{H}^{\mathrm{T}}[\boldsymbol{H}\boldsymbol{H}^{\mathrm{T}}]^{-1}\boldsymbol{H}]\boldsymbol{x}\boldsymbol{x}^{\mathrm{T}}[\boldsymbol{I} - \boldsymbol{H}^{\mathrm{T}}[\boldsymbol{H}\boldsymbol{H}^{\mathrm{T}}]^{-1}\boldsymbol{H}]^{\mathrm{T}} \\ &+ \boldsymbol{H}^{\mathrm{T}}[\boldsymbol{H}^{\mathrm{T}}\boldsymbol{H}]^{-1}\boldsymbol{R}[\boldsymbol{H}\boldsymbol{H}^{\mathrm{T}}]^{-\mathrm{T}}\boldsymbol{H}\end{aligned} \tag{1.4-7}$$

值的注意,这里的估计偏差和协方差均依赖于未知状态的 $\boldsymbol{x}$ 真实值。

评注

这里主要探讨最小二乘估计器的几何解释。

(1) 如图1.2所示,$\mathbb{R}^n$ 空间的未知参数 $\boldsymbol{x}$ 由线性函数 $\boldsymbol{H}\boldsymbol{x}$ 映射进$\mathbb{R}^m$ 空间中由 $\mathcal{R}(\boldsymbol{H}) \triangleq \{\boldsymbol{r}:\boldsymbol{r} = \boldsymbol{H}\boldsymbol{x}, \forall \boldsymbol{x} \in \mathbb{R}^n\}$ 定义的、一个关于 $\boldsymbol{H}$ 的距离空间,该距离空间是$\mathbb{R}^m$ 空间的一个子空间,并可由二维表示、图1.2右半边的蓝色直线所描述。$\mathcal{R}(\boldsymbol{H})$在$\mathbb{R}^m$ 空间中的正交子空间定义如下:

$$\mathcal{R}^{\perp}(\boldsymbol{H}) \triangleq \{\boldsymbol{r}^{\perp}:\langle \boldsymbol{r}^{\perp}, \boldsymbol{r}\rangle = \boldsymbol{0}, \forall \boldsymbol{r} \in \mathcal{R}(\boldsymbol{H}), \forall \boldsymbol{r}^{\perp} \in \mathbb{R}^m\}$$

在图1.2中,用一个蓝色的垂直线段描述正交子空间。量测噪声 $\boldsymbol{v}$ 是$\mathbb{R}^m$ 空间的随机向量,量测向量 $\boldsymbol{y}$ 被描述为 $\boldsymbol{v}$ 和 $\boldsymbol{H}\boldsymbol{x}$ 的向量和。

(2) 在另一方面,$\mathbb{R}^n$ 空间也能被分解为关于 $\boldsymbol{H}$ 的两个子空间,这两个子空间可由二维表示、图1.2左半边的两条蓝色直线描述。首先,$\mathbb{R}^n$ 空间中 $\boldsymbol{H}$ 的零

① 对于 $m \geqslant n$ 的情形,每当量测向量的各分量之间线性独立时,$\boldsymbol{H}^{\mathrm{T}}\boldsymbol{H}$ 就是可逆的。

空间被定义为 $\mathcal{N}(\boldsymbol{H}) \triangleq \{\boldsymbol{x}^0 : \boldsymbol{H}\boldsymbol{x}^0 = 0, \forall \boldsymbol{x}^0 \in \mathbb{R}^n\}$；其次，$\mathbb{R}^n$ 空间中 $\mathcal{N}(\boldsymbol{H})$ 的正交子空间定义如下：

$$\mathcal{N}^{\perp}(\boldsymbol{H}) \triangleq \{\boldsymbol{x}^{\perp} : \langle \boldsymbol{x}^{\perp}, \boldsymbol{x}^0 \rangle = \boldsymbol{0}, \forall \boldsymbol{x}^0 \in \mathcal{N}(\boldsymbol{H}), \forall \boldsymbol{x}^{\perp} \in \mathbb{R}^n\}$$

(3) 基于欧几里得空间 $\mathbb{R}^m$ 和 $\mathbb{R}^n$ 的特性[7]，可以证明有 $\mathbb{R}^n = \mathcal{N}(\boldsymbol{H}) \oplus \mathcal{N}^{\perp}(\boldsymbol{H})$ 及 $\mathbb{R}^m = \mathcal{R}(\boldsymbol{H}) \oplus \mathrm{R}^{\perp}(\boldsymbol{H})$ 成立，这里 $\boldsymbol{X} = \boldsymbol{M} \oplus \boldsymbol{N}$ 的含义为，对于每一个 $\boldsymbol{x} \in \boldsymbol{X}$，都有唯一的 $\boldsymbol{x} = \boldsymbol{m} + \boldsymbol{n}$ 表现形式存在，其中 $\boldsymbol{m} \in \boldsymbol{M}, \boldsymbol{n} \in \boldsymbol{N}$。因此，任何 $\boldsymbol{x}^0 \in \mathcal{N}(\boldsymbol{H})$ 将被映射为 $\mathbb{R}^m$ 的 $\{\boldsymbol{0}\}$ 向量，并且线性流形 $\boldsymbol{x} + \mathcal{N}(\boldsymbol{H}) \triangleq \{\boldsymbol{x}^* : \boldsymbol{x}^* = \boldsymbol{x} + \boldsymbol{x}^0 = 0, \forall \boldsymbol{x}^0 \in \mathcal{N}(\boldsymbol{H})\}$（在图 1.2 中被描绘为平行于 $\mathcal{N}(\boldsymbol{H})$ 的蓝色线段）中的任何向量 $\boldsymbol{x}^*$ 都将满足式(1.4-2)给出的必要条件。尽管有无穷多个解，但在 $\mathcal{N}^{\perp}(\boldsymbol{H})$ 子空间中具有最小范数的解只有一个，其后将给出该解的定义。

(4) 在欧几里得范数空间中能够完成从 $\mathbb{R}^m$ 空间到 $\mathbb{R}^n$ 空间映射、$\boldsymbol{H}$ 的伴随算子 $\boldsymbol{H}^{\mathrm{T}}$，$\boldsymbol{H}^{\mathrm{T}}[\boldsymbol{H}\boldsymbol{H}^{\mathrm{T}}]^{-1}$ 也被称为 $\boldsymbol{H}$ 的伪逆算子，从而有 $\mathcal{N}^{\perp}(\boldsymbol{H}) = \mathcal{R}(\boldsymbol{H}^{\mathrm{T}}[\boldsymbol{H}\boldsymbol{H}^{\mathrm{T}}]^{-1})$[7]。因此，$\hat{\boldsymbol{x}}_{\mathrm{PI}}$（红颜色标绘的）是唯一的且正交于 $\boldsymbol{H}$ 的零空间 $\mathcal{N}(\boldsymbol{H})$，同时对于所有 $\boldsymbol{x} \in \mathbb{R}^n$，$\hat{\boldsymbol{x}}_{\mathrm{PI}}$ 也是具有最小范数的解，且满足式(1.4-2)给出的必要条件。重要且值得指出的是，当 $\mathcal{N}(\boldsymbol{H}) = \{\boldsymbol{0}\}$ 或者等价于 $\boldsymbol{H}$ 为满秩矩阵时，$\hat{\boldsymbol{x}}_{\mathrm{LS}}$ 具有唯一解的必要条件与估计问题的可观测性条件密切相关，本书后续章节将对该问题进行广泛的讨论。

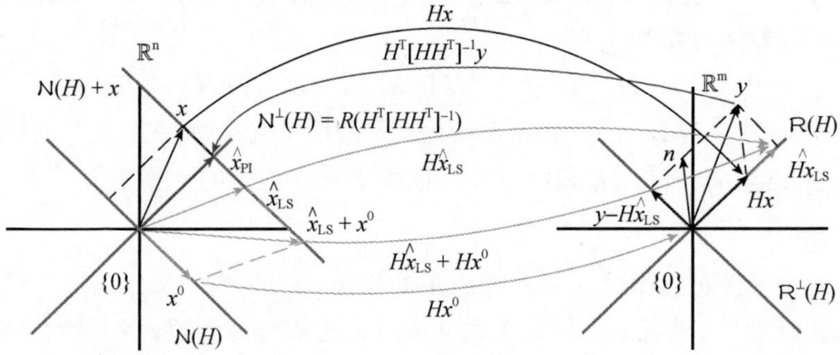

图 1.2 关于线性算子和伪逆的图示说明（见彩插）

1.4.2 加权最小二乘估计器

对于加权最小二乘估计，式(1.4-1)所给的性能指标更改为

$$J = \|\boldsymbol{y} - \boldsymbol{h}(\boldsymbol{x})\|^2_{\boldsymbol{R}^{-1}} = (\boldsymbol{y} - \boldsymbol{H}\boldsymbol{x})^{\mathrm{T}} \boldsymbol{R}^{-1} (\boldsymbol{y} - \boldsymbol{H}\boldsymbol{x}) \tag{1.4-8}$$

类似地，存在能够使得式(1.4-8)最小化的 $\boldsymbol{x}$ 的必要条件是

$$\boldsymbol{H}^{\mathrm{T}} \boldsymbol{R}^{-1} \boldsymbol{H}\boldsymbol{x} = \boldsymbol{H}^{\mathrm{T}} \boldsymbol{R}^{-1} \boldsymbol{y} \tag{1.4-9}$$

与最小二乘估计器相似，也是考虑 $m \geqslant n$ 和 $m < n$ 两种情形。

(1) 当 $m \geqslant n$ 且 $\boldsymbol{H}^{\mathrm{T}}\boldsymbol{R}^{-1}\boldsymbol{H}$ 是可逆的时，算 $\hat{\boldsymbol{x}}$ 的精确解为

$$\hat{\boldsymbol{x}}_{\mathrm{WLS}} = [\boldsymbol{H}^{\mathrm{T}}\boldsymbol{R}^{-1}\boldsymbol{H}]^{-1}\boldsymbol{H}^{\mathrm{T}}\boldsymbol{R}^{-1}\boldsymbol{y} \tag{1.4-10}$$

式中：下标 WLS 表明 $\hat{\boldsymbol{x}}_{\mathrm{WLS}}$ 是给定 $\boldsymbol{y}$ 条件下关于 $\boldsymbol{x}$ 的最小二乘估计。可以证明 $\hat{\boldsymbol{x}}_{\mathrm{WLS}}$ 是给定 $\boldsymbol{y}$ 条件下关于 $\boldsymbol{x}$ 的无偏估计（参见课后习题 6），且估计误差协方差为

$$\boldsymbol{P}_{\mathrm{WLS}} = [\boldsymbol{H}^{\mathrm{T}}\boldsymbol{R}^{-1}\boldsymbol{H}]^{1} \tag{1.4-11}$$

(2) 当 $m < n$ 时，$\boldsymbol{H}^{\mathrm{T}}\boldsymbol{R}^{-1}\boldsymbol{H}$ 不可逆，存在无穷多满足必要条件的解。因此，针对由性能指标式(1.4-8)提出的问题，将并不存在唯一解。可以证明：在量测空间中选择适当的线性变换 $\boldsymbol{L}$，使得 $\boldsymbol{L}\boldsymbol{L}^{\mathrm{T}} = \boldsymbol{R}$ 成立；对于变换过的量测 $\boldsymbol{L}\boldsymbol{y}$，可由式(1.4-5)得

$$\hat{\boldsymbol{x}}_{\mathrm{WPI}} = \boldsymbol{H}^{\mathrm{T}}[\boldsymbol{H}\boldsymbol{H}^{\mathrm{T}}]^{-1}\boldsymbol{y} \tag{1.4-12}$$

式(1.4-12)与式(1.4-5)所给的非加权最小二乘的情形相同，也是满足式(1.4-9)给出的必要条件。下标 WPI 表明 $\hat{\boldsymbol{x}}_{\mathrm{WPI}}$ 是给定 $\boldsymbol{y}$ 条件下关于 $\boldsymbol{x}$ 的加权伪逆估计。有关式(1.4-5)的评注同样适用于这里，如式(1.4-6)和式(1.4-7)所示，$\hat{\boldsymbol{x}}_{\mathrm{WPI}}$ 估计是有偏的且其估计偏差和协方差依赖于 $\boldsymbol{x}$ 的真实值。

评注

(1) 正如其后所证明的，针对线性量测情形的最小二乘估计器和加权最小二乘估计器为推导得出针对更一般的、非线性情形的近似解奠定了基础。对于超定情形而言，这类解尽管看似简单，却广泛用于解决实际工程问题。

(2) 最小二乘估计适用于以下两种情形之一：①量测噪声具有恒定的协方差，即量测误差协方差矩阵 $\boldsymbol{R} = \sigma^2\boldsymbol{I}$；②量测噪声的统计特征未知或者无法获得 $\boldsymbol{R}$ 时。对于前者情形，最小二乘估计和加权最小二乘估计相同；对于后者而言，可能的解也变得高度不确定，且选择正确的估计器总是取决于对应的问题。

(3) 对于参数估计问题，矩阵 $\boldsymbol{H}^{\mathrm{T}}\boldsymbol{H}$ 和 $\boldsymbol{H}^{\mathrm{T}}\boldsymbol{R}^{-1}\boldsymbol{H}$ 的可逆性如同状态估计问题中的可观测性，第 2 章将就此给出证明。

对于欠定问题，尽管伪逆在数学上是唯一的解，但正如图 1.2 所示的那样，对于式(1.4-1)和式(1.4-8)所给问题而言，解并非唯一，因而结果并不令人满意。对于本书读者感兴趣的绝大多数应用，通过更多地采用和处理相互独立的量测可以使得解演变为超定的（必要条件），由此可以找到唯一解。

存在多个量测情形下的推导过程将由本节后续部分给出。对于信号处理问题，由于不能获得足够的独立量测，因而欠定问题的情形有时也难以避免。如在系统辨识或线性系统的输入估计过程中，当以有限数目的样本进行逆卷积时就会发生欠定的情况[16]。本书后续部分将不再讨论此类估计器。

具有多个量测向量的加权最小二乘估计器

在一般的情况下，可获得关于 $\boldsymbol{x}$ 的多个量测，即

$$\boldsymbol{y}_i=\boldsymbol{H}_i\boldsymbol{x}+\boldsymbol{v}_i \tag{1.4-13}$$

对于 $i=1,\cdots,I,\boldsymbol{x}\in\mathbb{R}^n,\boldsymbol{y}_i\in\mathbb{R}^{m_i},\boldsymbol{v}_i\in\mathbb{R}^{m_i},\boldsymbol{H}_i$ 是一个 $m_i\times n$ 的矩阵，$m_s=\sum_1^I m_i$，量测噪声 $\boldsymbol{v}_i$ 的协方差矩阵为$\boldsymbol{R}_i$。可由以下几种方式获得关于 $\boldsymbol{x}$ 的加权最小二乘估计器。首先考虑以级联方式直接应用加权最小二乘估计器的式(1.4-9)，即以如下方式扩展 $\boldsymbol{y}$、$\boldsymbol{v}$ 向量以及对应的量测矩阵，即

$$\boldsymbol{y}=[\boldsymbol{y}_1^{\mathrm{T}},\boldsymbol{y}_2^{\mathrm{T}},\cdots,\boldsymbol{y}_I^{\mathrm{T}}]^{\mathrm{T}}$$

$$\boldsymbol{v}=[\boldsymbol{v}_1^{\mathrm{T}},\boldsymbol{v}_2^{\mathrm{T}},\cdots,\boldsymbol{v}_I^{\mathrm{T}}]^{\mathrm{T}}$$

$$\boldsymbol{H}=[\boldsymbol{H}_1^{\mathrm{T}},\boldsymbol{H}_2^{\mathrm{T}},\cdots,\boldsymbol{H}_I^{\mathrm{T}}]^{\mathrm{T}}$$

从而有

$$\boldsymbol{y}=\boldsymbol{H}\boldsymbol{x}+\boldsymbol{v} \tag{1.4-14}$$

式中：$\boldsymbol{x}\in\mathbb{R}^n$，$\boldsymbol{y}$、$\boldsymbol{v}\in\mathbb{R}^{m_s}$，$\boldsymbol{H}$ 为 $m_s\times n$ 的矩阵，$m_s=\sum_1^I m_i$。量测噪声 $\boldsymbol{v}$ 的协方差矩阵 $\boldsymbol{R}$ 为子阵为$\boldsymbol{R}_i$ 的块对角矩阵，$\boldsymbol{0}$ 则代表具有适当维度的元素值全部为零的矩阵。

$$\boldsymbol{R}=\begin{bmatrix}\boldsymbol{R}_1 & \boldsymbol{0} & \cdots & \boldsymbol{0}\\ \boldsymbol{0} & \boldsymbol{R}_2 & \cdots & \boldsymbol{0}\\ \vdots & \vdots & \ddots & \vdots\\ \boldsymbol{0} & \boldsymbol{0} & \cdots & \boldsymbol{R}_I\end{bmatrix}$$

由此，$\boldsymbol{x}$ 的加权最小二乘估计为

$$\hat{\boldsymbol{x}}_{\mathrm{WLS}}=[\boldsymbol{H}^{\mathrm{T}}\boldsymbol{R}^{-1}\boldsymbol{H}]^{-1}\boldsymbol{H}^{\mathrm{T}}\boldsymbol{R}^{-1}\boldsymbol{y} \tag{1.4-15}$$

估计误差的协方差为

$$\boldsymbol{P}_{\mathrm{WLS}}=[\boldsymbol{H}^{\mathrm{T}}\boldsymbol{R}^{-1}\boldsymbol{H}]^{-1} \tag{1.4-16}$$

与前述有关加权最小二乘估计器的讨论相似，上述结果也仅在 $\boldsymbol{H}^{\mathrm{T}}\boldsymbol{R}^{-1}\boldsymbol{H}$ 可逆或 $m_s>n$ 时成立，而这一必要条件在多数应用实践中可以得到满足。

另外一种方法是，当$\boldsymbol{H}^{\mathrm{T}}\boldsymbol{R}^{-1}\boldsymbol{H}$ 的相关子阵可逆时，一次处理过程仅处理量测向量的一个子块，单个量测向量$\boldsymbol{y}_i$ 就是最小的数据块。处理过程中会遇到两种情况：①$\boldsymbol{H}_i^{\mathrm{T}}\boldsymbol{R}_i^{-1}\boldsymbol{H}_i$ 可逆；②$\boldsymbol{H}_i^{\mathrm{T}}\boldsymbol{R}_i^{-1}\boldsymbol{H}_i$ 不可逆或者当$\boldsymbol{y}_i$ 的维数小于 $\boldsymbol{x}$ 的维数时。

(1) 当对于所有 i 均有$\boldsymbol{H}_i^{\mathrm{T}}\boldsymbol{R}_i^{-1}\boldsymbol{H}_i$ 可逆时，可以推导获得计算$\hat{\boldsymbol{x}}_{\mathrm{WLS}}$和$\boldsymbol{P}_{\mathrm{WLS}}$的另一种形式(一种并行处理架构)。以$\hat{\boldsymbol{x}}_{\mathrm{WLS}}^i$标识基于量测子块$\boldsymbol{y}_i$ 获得的 $\boldsymbol{x}$ 的最小二乘估计，估计的误差协方差为$\boldsymbol{P}_{\mathrm{WLS}}^i$。利用式(1.4-10)和式(1.4-11)，有

$$\hat{\boldsymbol{x}}_{\mathrm{WLS}}^i=[\boldsymbol{H}_i^{\mathrm{T}}\boldsymbol{R}_i^{-1}\boldsymbol{H}_i]^{-1}\boldsymbol{H}_i^{\mathrm{T}}\boldsymbol{R}_i^{-1}\boldsymbol{y}_i \tag{1.4-17}$$

$$\boldsymbol{P}_{\mathrm{WLS}}^i=[\boldsymbol{H}_i^{\mathrm{T}}\boldsymbol{R}_i^{-1}\boldsymbol{H}_i]^{-1} \tag{1.4-18}$$

可以证明，最终的估计$\hat{\boldsymbol{x}}_{\mathrm{WLS}}$及其协方差$\boldsymbol{P}_{\mathrm{WLS}}$可表示为

$$\hat{\boldsymbol{x}}_{\mathrm{WLS}}=\left[\sum_{i=1}^{I}\boldsymbol{P}_{\mathrm{WLS}}^{i\ -1}\right]^{-1}\left(\sum_{i=1}^{I}\boldsymbol{P}_{\mathrm{WLS}}^{i\ -1}\hat{\boldsymbol{x}}_{\mathrm{WLS}}^i\right) \tag{1.4-19}$$

$$\boldsymbol{P}_{\text{WLS}}=\left[\sum_{i=1}^{I}\boldsymbol{P}_{\text{WLS}}^{i}{}^{-1}\right]^{-1} \tag{1.4-20}$$

（2）当$\boldsymbol{H}_i^{\mathrm{T}}\boldsymbol{R}_i^{-1}\boldsymbol{H}_i$不可逆或者$\boldsymbol{y}_i$的维数小于$\boldsymbol{x}$的维数时，一个数据子块可能包含多个$\boldsymbol{y}_i$且具有$\boldsymbol{H}^{\mathrm{T}}\boldsymbol{R}^{-1}\boldsymbol{H}$形式的相关子块矩阵是可逆的。此时，首先采用最小二乘估计算法处理这些数据子块，然后由式(1.4-19)和式(1.4-20)获得最终的估计。由于在绝大多数的实践应用中单个量测向量$\boldsymbol{y}_i$的维数要小于$\boldsymbol{x}$，因此这也是一种很重要的情形。首先，向量和矩阵级联为基于数据子块获得相关估计提供了方法；其次，通过处理由数据子块获得的估计结果即可获得最终的估计值，利用式(1.4-19)和式(1.4-20)获得最终估计。这些数据子块的维度大小取决于具体应用。这一思想也将用于本书第7章有关多传感器目标跟踪的数据压缩问题。

在课后习题7中，要求读者基于式(1.4-17)和式(1.4-18)推导出式(1.4-19)和式(1.4-20)。

1.4.3 极大似然估计器

给定$\boldsymbol{y}$条件下，关于$\boldsymbol{x}$的极大似然估计就是使得如下似然密度函数最大化：

$$J=p(\boldsymbol{y}|\boldsymbol{x}) \tag{1.4-21}$$

在假设其服从高斯分布的前提下，该似然函数的具体形式如下①：

$$p(\boldsymbol{y}|\boldsymbol{x})=\frac{1}{(2\pi)^{m/2}|\boldsymbol{R}|^{1/2}}\exp\left[-\frac{1}{2}(\boldsymbol{y}-\boldsymbol{H}\boldsymbol{x})^{\mathrm{T}}\boldsymbol{R}^{-1}(\boldsymbol{y}-\boldsymbol{H}\boldsymbol{x})\right]$$

对J取自然对数，并定义J^*为

$$J^*=-\ln(p(\boldsymbol{y}|\boldsymbol{x}))$$

有

$$J^*=\frac{1}{2}(\boldsymbol{y}-\boldsymbol{H}\boldsymbol{x})^{\mathrm{T}}\boldsymbol{R}^{-1}(\boldsymbol{y}-\boldsymbol{H}\boldsymbol{x})+\frac{m}{2}\ln(2\pi)+\frac{1}{2}\ln(|\boldsymbol{R}|)$$

注意到最大化J等价于最小化J^*，由于上式中J^*的后两项与$\boldsymbol{x}$无关，$\boldsymbol{x}$的极大似然估计与给定$\boldsymbol{y}$条件下$\boldsymbol{x}$的加权最小二乘估计相同，有

$$\hat{\boldsymbol{x}}_{\text{ML}}=\hat{\boldsymbol{x}}_{\text{WLS}}=[\boldsymbol{H}^{\mathrm{T}}\boldsymbol{R}^{-1}\boldsymbol{H}]^{-1}\boldsymbol{H}^{\mathrm{T}}\boldsymbol{R}^{-1}\boldsymbol{y} \tag{1.4-22}$$

且具有相同的估计误差协方差，即

$$\boldsymbol{P}_{\text{ML}}=\boldsymbol{P}_{\text{WLS}}=[\boldsymbol{H}^{\mathrm{T}}\boldsymbol{R}^{-1}\boldsymbol{H}]^{-1} \tag{1.4-23}$$

式中：下标ML代表极大似然估计。

评注

由于量测噪声服从高斯分布，加权最小二乘估计与极大似然估计相同。当

① $|\boldsymbol{R}|$代表矩阵$\boldsymbol{R}$的行列式值。

量测噪声不服从高斯分布时,两者也不相同。最小二乘估计和加权最小二乘估计并未对估计目标的分布函数做出任何假设,因而对目标(过程、量测)模型的依赖度较低,由此一般认为它们解决实际问题的能力更加顽健。

表 1.2 估计算法小结:线性高斯条件下常参数

线性高斯条件下的常参数估计算法 问题描述: 对一个未知的常向量 $\boldsymbol{x}$ 进行估计,量测模型为 $$\boldsymbol{y}=\boldsymbol{Hx}+\boldsymbol{v}$$ 式中:$\boldsymbol{x}\in\mathbb{R}^n,\boldsymbol{y}\in\mathbb{R}^m,\boldsymbol{v}\in\mathbb{R}^m,\boldsymbol{v}:\sim N(\boldsymbol{0},\boldsymbol{R})$。 最小二乘估计器,即 $$\hat{\boldsymbol{x}}_{\mathrm{LS}}=[\boldsymbol{H}^{\mathrm{T}}\boldsymbol{H}]^{-1}\boldsymbol{H}^{\mathrm{T}}\boldsymbol{y}$$ $$\boldsymbol{P}_{\mathrm{LS}}=[\boldsymbol{H}^{\mathrm{T}}\boldsymbol{H}]^{-1}[\boldsymbol{H}^{\mathrm{T}}\boldsymbol{RH}][\boldsymbol{H}^{\mathrm{T}}\boldsymbol{H}]^{-1}$$ 加权最小二乘估计器和极大似然估计器: $$\hat{\boldsymbol{x}}_{\mathrm{ML}}=\hat{\boldsymbol{x}}_{\mathrm{WLS}}=[\boldsymbol{H}^{\mathrm{T}}\boldsymbol{R}^{-1}\boldsymbol{H}]^{-1}\boldsymbol{H}^{\mathrm{T}}\boldsymbol{R}^{-1}\boldsymbol{y}$$ $$\boldsymbol{P}_{\mathrm{ML}}=\boldsymbol{P}_{\mathrm{WLS}}=[\boldsymbol{H}^{\mathrm{T}}\boldsymbol{R}^{-1}\boldsymbol{H}]^{-1}$$

表 1.2 小结了本节推导得出的基本估计算法,该小结并不包含针对多个量测向量的算法扩展内容。

1.5 估计器的推导:线性高斯,随机参数

现在考虑被估计参数随机变化的情形,除去能够获得随机参数的有噪声量测外,有关随机参数的先验知识也是已知的。假设 $\boldsymbol{x}$ 为服从高斯分布的随机向量,其均值和协方差分别为$\bar{\boldsymbol{x}}_0$ 和$\boldsymbol{P}_0$,有

$$\boldsymbol{x}:\sim N(\bar{\boldsymbol{x}}_0,\boldsymbol{P}_0)$$

并且进一步假设 $\boldsymbol{x}$ 与量测噪声 $\boldsymbol{v}$ 统计独立。由于增加了关于 $\boldsymbol{x}$ 的先验知识,加之$\boldsymbol{P}_0$ 是正定的且方程数目总是大于未知量的数目,因此该估计问题永远不会成为欠定问题。开始时,通过将关于 $\boldsymbol{x}$ 的先验条件纳入性能指标来推导获得 $\boldsymbol{x}$ 的估计;其后,可以证明这一处理方法与将先验条件视为 $\boldsymbol{x}$ 的初始估计并将关于 $\boldsymbol{x}$ 的、具有 $\boldsymbol{y}=\boldsymbol{Hx}+\boldsymbol{v}$ 形式的量测视为有关 $\boldsymbol{x}$ 的新信息的处理方法两者所得估计结果相同。像以前一样,以下逐个讨论所有的估计算法,附录 1B 中给出了另一种由式(1.3-13)得出估计算法的推导过程。

1.5.1 最小二乘估计器

在具有额外关于 $\boldsymbol{x}$ 的先验知识的前提下,最小二乘估计器的性能指标的具体形式如下:

$$J=(\boldsymbol{y}-\boldsymbol{H}\boldsymbol{x})^{\mathrm{T}}(\boldsymbol{y}-\boldsymbol{H}\boldsymbol{x})+(\boldsymbol{x}-\bar{\boldsymbol{x}}_0)^{\mathrm{T}}(\boldsymbol{x}-\bar{\boldsymbol{x}}_0) \tag{1.5-1}$$

估计器的目标就在于找到能够使得 J 最小化的 $\boldsymbol{x}$。对 J 求关于 $\boldsymbol{x}$ 的导数,将求导结果设置为 $\mathbf{0}$,即可得到寻找 $\boldsymbol{x}$ 的必要条件,有

$$\frac{\partial J}{\partial \boldsymbol{x}}=-\boldsymbol{H}^{\mathrm{T}}(\boldsymbol{y}-\boldsymbol{H}\boldsymbol{x})-(\boldsymbol{x}-\bar{\boldsymbol{x}}_0)=\mathbf{0}$$

或者

$$[\boldsymbol{H}^{\mathrm{T}}\boldsymbol{H}+\boldsymbol{I}]\boldsymbol{x}=\boldsymbol{H}^{\mathrm{T}}\boldsymbol{y}+\bar{\boldsymbol{x}}_0$$

注意到,由于增加了单位阵 $\boldsymbol{I}$,此种情形下的 $[\boldsymbol{H}^{\mathrm{T}}\boldsymbol{H}+\boldsymbol{I}]$ 是非奇异的。由此,关于 $\boldsymbol{x}$ 的最小二乘估计为

$$\hat{\boldsymbol{x}}_{\mathrm{LS}}=[\boldsymbol{H}^{\mathrm{T}}\boldsymbol{H}+\boldsymbol{I}]^{-1}(\boldsymbol{H}^{\mathrm{T}}\boldsymbol{y}+\bar{\boldsymbol{x}}_0) \tag{1.5-2}$$

式中:下标 LS 表示 $\hat{\boldsymbol{x}}_{\mathrm{LS}}$ 为最小二乘估计。上述表示具有非常直观的形式,即 $\boldsymbol{x}$ 的最小二乘估计可由两类信息 $\boldsymbol{y}$ 和 $\bar{\boldsymbol{x}}_0$ 的平均值获得。通过采用 $\boldsymbol{H}^{\mathrm{T}}$ 对 $\boldsymbol{y}$ 进行变换,这种平均是在 $\boldsymbol{x}$ 空间进行的。矩阵 $[\boldsymbol{H}^{\mathrm{T}}\boldsymbol{H}+\boldsymbol{I}]^{-1}$ 为归一化因子,其作用就与将所有量测之和除以样本总数的平均操作一样。另一种形式的最小二乘估计器则是将 $\boldsymbol{y}$ 作为新信息来修正先验信息 $\bar{\boldsymbol{x}}_0$,其一般形式如下:

$$\hat{\boldsymbol{x}}=\bar{\boldsymbol{x}}_0+\boldsymbol{K}(\boldsymbol{y}-\boldsymbol{H}\bar{\boldsymbol{x}}_0)$$

式中:矩阵 $\boldsymbol{K}$ 通常称为滤波增益,而 $(\boldsymbol{y}-\boldsymbol{H}\bar{\boldsymbol{x}}_0)$ 项则被称为量测残差,也即由量测提供的新信息。对于滤波过程而言,残差的概念十分重要,并将在第 2 章有关状态估计过程的部分详细讨论。可以证明式(1.5-3)是成立的(参见课后习题 8),即

$$\hat{\boldsymbol{x}}_{\mathrm{LS}}=\bar{\boldsymbol{x}}_0+[\boldsymbol{H}^{\mathrm{T}}\boldsymbol{H}+\boldsymbol{I}]^{-1}\boldsymbol{H}^{\mathrm{T}}(\boldsymbol{y}-\boldsymbol{H}\bar{\boldsymbol{x}}_0) \tag{1.5-3}$$

由此,最小二乘估计器的滤波增益 $\boldsymbol{K}_{\mathrm{LS}}$ 可表示为

$$\boldsymbol{K}_{\mathrm{LS}}=[\boldsymbol{H}^{\mathrm{T}}\boldsymbol{H}+\boldsymbol{I}]^{-1}\boldsymbol{H}^{\mathrm{T}}$$

更进一步说明,最小二乘估计 $\hat{\boldsymbol{x}}_{\mathrm{LS}}$ 是无偏的,其估计误差协方差为

$$\boldsymbol{P}_{\mathrm{LS}}=[\boldsymbol{I}-\boldsymbol{K}_{\mathrm{LS}}\boldsymbol{H}]\boldsymbol{P}_0[\boldsymbol{I}-\boldsymbol{K}_{\mathrm{LS}}\boldsymbol{H}]^{\mathrm{T}}+\boldsymbol{K}_{\mathrm{LS}}\boldsymbol{R}\boldsymbol{K}_{\mathrm{LS}}^{\mathrm{T}} \tag{1.5-4}$$

1.5.2 加权最小二乘估计器

对于加权最小二乘估计器而言,在掌握关于 $\boldsymbol{x}$ 的先验知识时,由式(1.4-8)表征的性能指标可被修正为

$$J=(\boldsymbol{y}-\boldsymbol{H}\boldsymbol{x})^{\mathrm{T}}\boldsymbol{R}^{-1}(\boldsymbol{y}-\boldsymbol{H}\boldsymbol{x})+(\boldsymbol{x}-\bar{\boldsymbol{x}}_0)^{\mathrm{T}}\boldsymbol{P}_0^{-1}(\boldsymbol{x}-\bar{\boldsymbol{x}}_0) \tag{1.5-5}$$

关于 $\boldsymbol{x}$ 对 J 求导数,并将求导结果置为 $\mathbf{0}$,就可得到修正后的求得 $\boldsymbol{x}$ 的最小二乘估计的必要条件,即

$$[\boldsymbol{H}^{\mathrm{T}}\boldsymbol{R}^{-1}\boldsymbol{H}+\boldsymbol{P}_0^{-1}]\boldsymbol{x}=\boldsymbol{H}^{\mathrm{T}}\boldsymbol{R}^{-1}\boldsymbol{y}+\boldsymbol{P}_0^{-1}\bar{\boldsymbol{x}}_0$$

而 $\boldsymbol{x}$ 的最小二乘估计就为

$$\hat{\boldsymbol{x}}_{\mathrm{WLS}}=[\boldsymbol{H}^{\mathrm{T}}\boldsymbol{R}^{-1}\boldsymbol{H}+\boldsymbol{P}_0^{-1}]^{-1}(\boldsymbol{H}^{\mathrm{T}}\boldsymbol{R}^{-1}\boldsymbol{y}+\boldsymbol{P}_0^{-1}\bar{\boldsymbol{x}}_0) \tag{1.5-6}$$

如前所述,对最小二乘估计器所做的观察,以下对加权最小二乘估计器进

行类似的观察。上述表示给人的直观印象是，所得估计是 $\boldsymbol{y}$ 和 $\boldsymbol{x}$ 这两类信息的加权和，而权重矩阵则是经过适当坐标变换的对应协方差矩阵（见 1.3.1 节中的评注 2，由于矩阵 $\boldsymbol{L}$ 和 $\boldsymbol{G}$ 非奇异，因此有 $\boldsymbol{R}=\boldsymbol{L}\boldsymbol{L}^{\mathrm{T}}$ 及 $\boldsymbol{P}_0=\boldsymbol{G}\boldsymbol{G}^{\mathrm{T}}$ 成立）。矩阵 $[\boldsymbol{H}^{\mathrm{T}}\boldsymbol{R}^{-1}\boldsymbol{H}+\boldsymbol{P}_0^{-1}]$ 是加权求和的归一化因子。与最小二乘估计器的情形类似，加权最小二乘估计器也存在另外一种形式，将量测信息 $\boldsymbol{y}$ 作为新信息来修正先验信息 $\bar{\boldsymbol{x}}_0$，即

$$\hat{\boldsymbol{x}}=\bar{\boldsymbol{x}}_0+\boldsymbol{K}(\boldsymbol{y}-\boldsymbol{H}\bar{\boldsymbol{x}}_0) \tag{1.5-7}$$

式中：$\boldsymbol{K}$ 通常称为滤波增益。可以证明加权最小二乘估计（课后习题）为

$$\hat{\boldsymbol{x}}_{\mathrm{WLS}}=\bar{\boldsymbol{x}}_0+\boldsymbol{P}_0\boldsymbol{H}^{\mathrm{T}}[\boldsymbol{H}\boldsymbol{P}_0\boldsymbol{H}^{\mathrm{T}}+\boldsymbol{R}]^{-1}(\boldsymbol{y}-\boldsymbol{H}\bar{\boldsymbol{x}}_0) \tag{1.5-8}$$

且 $\hat{\boldsymbol{x}}_{\mathrm{WLS}}$ 估计是无偏的，其估计误差协方差为

$$\boldsymbol{P}_{\mathrm{WLS}}=\boldsymbol{P}_0-\boldsymbol{P}_0\boldsymbol{H}^{\mathrm{T}}[\boldsymbol{H}\boldsymbol{P}_0\boldsymbol{H}^{\mathrm{T}}+\boldsymbol{R}]^{-1}\boldsymbol{H}\boldsymbol{P}_0=[\boldsymbol{H}^{\mathrm{T}}\boldsymbol{R}^{-1}\boldsymbol{H}+\boldsymbol{P}_0^{-1}]^{-1} \tag{1.5-9}$$

最后一个等式可利用矩阵求逆引理（参见附录 A）推导获得。有关协方差矩阵计算过程中方程的选择通常取决于求逆矩阵的维度。

评注

(1) 在本节内容中，有关 $\boldsymbol{x}$ 的先验知识（$\bar{\boldsymbol{x}}_0$ 和 $\boldsymbol{P}_0$）被用于最小二乘估计和加权最小二乘估计的求解中。新的估计（无论是最小二乘估计，还是加权最小二乘估计）是关于先验知识和量测的函数，可被表示为 $\boldsymbol{x}$ 的先验知识 $\bar{\boldsymbol{x}}_0$ 与加权的、包含新量测 $\boldsymbol{y}$ 的修正项 $\boldsymbol{y}-\boldsymbol{H}\bar{\boldsymbol{x}}_0$ 的和。

(2) 最小二乘估计器和加权最小二乘估计器的推导过程中采用了修正项（残差和滤波增益），而这对于 $\boldsymbol{x}$ 为随机过程的状态估计而言是根本和基础。本书第 2 章将证明离散卡尔曼滤波器就是针对随机过程变量 $\boldsymbol{x}$ 的加权最小二乘估计器。有关滤波器和协方差算式的全部相关推导可以很容易地扩展为 $\boldsymbol{x}$ 为随机过程变量情形下的状态估计。

(3) 与 $\boldsymbol{x}$ 为未知向量的情形相似，在这里最小二乘估计器主要用于以下两种情形之一：量测噪声协方差和先验估计协方差是相同的已知常量；量测噪声协方差和先验估计协方差均未知。满足前一个条件，则有最小二乘估计器与加权最小二乘估计器是等价的。后一个条件代表一种非常不理想的条件，即承认不知道和新量测有关的先验知识的值。鉴于这种情形也是应致力解决的实际问题，其可能的解也是高度揣测的，取决于具体问题。

(4) 由于正半定矩阵 $\boldsymbol{H}^{\mathrm{T}}\boldsymbol{H}$ 及 $\boldsymbol{H}^{\mathrm{T}}\boldsymbol{R}^{-1}\boldsymbol{H}$ 与正定矩阵 $\boldsymbol{I}$ 及 $\boldsymbol{P}_0$ 分别求和后得到的总是正定矩阵，因此 $\boldsymbol{H}^{\mathrm{T}}\boldsymbol{H}+\boldsymbol{I}$ 和 $\boldsymbol{H}^{\mathrm{T}}\boldsymbol{R}^{-1}\boldsymbol{H}+\boldsymbol{P}_0^{-1}$ 的可逆性并不是一个问题。本章后续部分将证明 $\boldsymbol{H}^{\mathrm{T}}\boldsymbol{R}^{-1}\boldsymbol{H}$ 和 $\boldsymbol{H}^{\mathrm{T}}\boldsymbol{R}^{-1}\boldsymbol{H}+\boldsymbol{P}_0^{-1}$ 分别是无、有先验知识条件下关于 $\boldsymbol{x}$ 的 Fisher 信息矩阵，它们的逆矩阵为对应估计误差协方差的 Cramer - Rao 界值。

具有多个量测向量的递归加权最小二乘估计器

与 1.5.2 节中的推导类似,考虑如下的情形:

$$\boldsymbol{y}_i = \boldsymbol{H}_i\boldsymbol{x} + \boldsymbol{v}_i$$

对于 $i=1,\cdots,I$,$\boldsymbol{x}\in\mathbb{R}^n$,$\boldsymbol{y}_i\in\mathbb{R}^{m_i}$、$\boldsymbol{v}_i\in\mathbb{R}^{m_i}$,$\boldsymbol{H}_i\in m_i\times n$ 的矩阵,$m_s = \sum_1^I m_i$,$\boldsymbol{x}$ 的先验分布已知且有 $\boldsymbol{x}:\sim N(\bar{\boldsymbol{x}}_0,\boldsymbol{P}_0)$,量测噪声 $\boldsymbol{v}_i:\sim N(\boldsymbol{0},\boldsymbol{R}_i)$,而且 $\boldsymbol{x}$ 和 $\boldsymbol{v}_i$ 之间相互统计独立。以$\hat{\boldsymbol{x}}_{\mathrm{WLS}}^1$标记是基于量测$\boldsymbol{y}_1$ 获得的加权最小二乘估计,其估计误差协方差为$\boldsymbol{P}_{\mathrm{WLS}}^1$。利用关于加权最小二乘估计器的式(1.5-8)和式(1.5-9),可得

$$\hat{\boldsymbol{x}}_{\mathrm{WLS}}^1 = \bar{\boldsymbol{x}}_0 + \boldsymbol{P}_0\boldsymbol{H}_1^{\mathrm{T}}[\boldsymbol{H}_1\boldsymbol{P}_0\boldsymbol{H}_1^{\mathrm{T}} + \boldsymbol{R}_1]^{-1}(\boldsymbol{y}_1 - \boldsymbol{H}_1\bar{\boldsymbol{x}}_0) \qquad (1.5-10)$$

和

$$\boldsymbol{P}_{\mathrm{WLS}}^1 = \boldsymbol{P}_0 - \boldsymbol{P}_0\boldsymbol{H}_1^{\mathrm{T}}[\boldsymbol{H}_1\boldsymbol{P}_0\boldsymbol{H}_1^{\mathrm{T}} + \boldsymbol{R}_1]^{-1}\boldsymbol{H}_1\boldsymbol{P}_0 \qquad (1.5-11)$$

式(1.5-10)和式(1.5-11)可进一步扩展为如下递归算法,对于 $i=1,\cdots,I$,有

$$\hat{\boldsymbol{x}}_{\mathrm{WLS}}^i = \bar{\boldsymbol{x}}_{\mathrm{WLS}}^{i-1} + \boldsymbol{P}_{\mathrm{WLS}}^{i-1}\boldsymbol{H}_i^{\mathrm{T}}[\boldsymbol{H}_i\boldsymbol{P}_{\mathrm{WLS}}^{i-1}\boldsymbol{H}_i^{\mathrm{T}} + \boldsymbol{R}_i]^{-1}(\boldsymbol{y}_i - \boldsymbol{H}_i\bar{\boldsymbol{x}}_{\mathrm{WLS}}^{i-1}) \qquad (1.5-12)$$

和

$$\boldsymbol{P}_{\mathrm{WLS}}^i = \boldsymbol{P}_{\mathrm{WLS}}^{i-1} - \boldsymbol{P}_{\mathrm{WLS}}^{i-1}\boldsymbol{H}_i^{\mathrm{T}}[\boldsymbol{H}_i\boldsymbol{P}_{\mathrm{WLS}}^{i-1}\boldsymbol{H}_i^{\mathrm{T}} + \boldsymbol{R}_i]^{-1}\boldsymbol{H}_i\boldsymbol{P}_{\mathrm{WLS}}^{i-1} \qquad (1.5-13)$$

其中初始条件为$\bar{\boldsymbol{x}}_{\mathrm{WLS}}^0 = \bar{\boldsymbol{x}}_0$ 和$\boldsymbol{P}_{\mathrm{WLS}}^0 = \boldsymbol{P}_0$,而最终估计为$\hat{\boldsymbol{x}}_{\mathrm{WLS}} = \bar{\boldsymbol{x}}_{\mathrm{WLS}}^I$和$\boldsymbol{P}_{\mathrm{WLS}} = \boldsymbol{P}_{\mathrm{WLS}}^I$。

回到 1.4.2 节的内容,考虑由最小的数据子块获得初始加权最小二乘估计的情形,则其他的量测数据向量可由本节推导的递归更新算法依序处理(参见课后习题 10)。

1.5.3 最大后验概率估计器

最大后验概率估计就是使得性能指标 $J=p(\boldsymbol{x}|\boldsymbol{y})$ 最大化的 $\boldsymbol{x}$。依据贝叶斯定理,有

$$p(\boldsymbol{x}|\boldsymbol{y}) = \frac{p(\boldsymbol{y}|\boldsymbol{x})}{p(\boldsymbol{y})}p(\boldsymbol{x})$$

对其取自然对数,定义 J^* 为

$$J^* = -\ln(p(\boldsymbol{x}|\boldsymbol{y})) = -\ln(p(\boldsymbol{y}|\boldsymbol{x})) - \ln(p(\boldsymbol{x})) + \ln(p(\boldsymbol{y}))$$

在相关分布服从高斯分布的假设下,上式右边所涉及的随机分布函数具体如下:

$$p(\boldsymbol{y}|\boldsymbol{x}) = \frac{1}{(2\pi)^{m/2}|\boldsymbol{R}|^{1/2}}\exp\left[-\frac{1}{2}(\boldsymbol{y}-\boldsymbol{H}\boldsymbol{x})^{\mathrm{T}}\boldsymbol{R}^{-1}(\boldsymbol{y}-\boldsymbol{H}\boldsymbol{x})\right] \qquad (1.5-14)$$

$$p(\boldsymbol{x}) = \frac{1}{(2\pi)^{n/2}|\boldsymbol{P}_0|^{1/2}}\exp\left[-\frac{1}{2}(\boldsymbol{x}-\bar{\boldsymbol{x}}_0)^{\mathrm{T}}\boldsymbol{P}_0^{-1}(\boldsymbol{x}-\bar{\boldsymbol{x}}_0)\right] \qquad (1.5-15)$$

$$p(\boldsymbol{y})=\frac{1}{(2\pi)^{m/2}|\boldsymbol{H}\boldsymbol{P}_0\boldsymbol{H}^{\mathrm{T}}+\boldsymbol{R}|^{1/2}}\exp\left\{-\frac{1}{2}(\boldsymbol{y}-\boldsymbol{H}\bar{\boldsymbol{x}}_0)^{\mathrm{T}}[\boldsymbol{H}\boldsymbol{P}_0\boldsymbol{H}^{\mathrm{T}}+\boldsymbol{R}]^{-1}(\boldsymbol{y}-\boldsymbol{H}\bar{\boldsymbol{x}}_0)\right\} \tag{1.5-16}$$

将式(1.5-14)~式(1.5-16)代入 J^*,有

$$J^*=\frac{1}{2}(\boldsymbol{y}-\boldsymbol{H}\boldsymbol{x})^{\mathrm{T}}\boldsymbol{R}^{-1}(\boldsymbol{y}-\boldsymbol{H}\boldsymbol{x})+\frac{1}{2}(\boldsymbol{x}-\bar{\boldsymbol{x}}_0)^{\mathrm{T}}\boldsymbol{P}_0^{-1}(\boldsymbol{x}-\bar{\boldsymbol{x}}_0)+\text{常量}$$

式中:常量代表所有独立于 $\boldsymbol{x}$ 的项。最大化 J 等价于最小化 J^*,由于上式中的常量项独立于 $\boldsymbol{x}$,$\boldsymbol{x}$ 的最大后验概率估计与加权最小二乘估计相同,有

$$\begin{aligned}\hat{\boldsymbol{x}}_{\mathrm{MAP}}=\hat{\boldsymbol{x}}_{\mathrm{WLS}}&=[\boldsymbol{H}^{\mathrm{T}}\boldsymbol{R}^{-1}\boldsymbol{H}+\boldsymbol{P}_0^{-1}]^{-1}(\boldsymbol{H}^{\mathrm{T}}\boldsymbol{R}^{-1}\boldsymbol{y}+\boldsymbol{P}_0^{-1}\bar{\boldsymbol{x}}_0)\\&=\bar{\boldsymbol{x}}_0+\boldsymbol{P}_0\boldsymbol{H}^{\mathrm{T}}[\boldsymbol{H}\boldsymbol{P}_0\boldsymbol{H}^{\mathrm{T}}+\boldsymbol{R}]^{-1}(\boldsymbol{y}-\boldsymbol{H}\bar{\boldsymbol{x}}_0)\end{aligned} \tag{1.5-17}$$

相应地,二者的估计误差协方差也相同,即

$$\begin{aligned}\boldsymbol{P}_{\mathrm{MAP}}=\boldsymbol{P}_{\mathrm{WLS}}&=\boldsymbol{P}_0-\boldsymbol{P}_0\boldsymbol{H}^{\mathrm{T}}[\boldsymbol{H}\boldsymbol{P}_0\boldsymbol{H}^{\mathrm{T}}+\boldsymbol{R}]^{-1}\boldsymbol{H}\boldsymbol{P}_0\\&=[\boldsymbol{H}^{\mathrm{T}}\boldsymbol{R}^{-1}\boldsymbol{H}+\boldsymbol{P}_0^{-1}]^{-1}\end{aligned} \tag{1.5-18}$$

式(1.5-17)和式(1.5-18)中的下标 MAP 代表最大后验概率估计。

评注

(1)此处加权最小二乘估计与最大后验概率估计相同的原因在于,状态变量 $\boldsymbol{x}$ 和量测噪声 $\boldsymbol{v}$ 是相互独立的、服从高斯分布的随机向量,并且量测函数是线性的。当量测函数为非线性函数时,一般而言,加权最小二乘估计与最大后验概率估计不再相同。

(2)当状态变量并不服从高斯分布时,由于需要对后验概率密度函数 $p(\boldsymbol{x}|\boldsymbol{y})$ 进行积分运算,上述估计算法中的均值和误差协方差并不容易获得。为此,研究人员在文献中提出了各种数值求解技术,为获得后验概率密度函数 $p(\boldsymbol{x}|\boldsymbol{y})$ 的近似解并据此计算估计均值和误差协方差,本书后续章节将对这些技术进行讨论。尽管早在50年代研究人员就提出了关于条件概率密度函数 $p(\boldsymbol{x}|\boldsymbol{y})$ 积分运算的蒙特卡罗仿真方法[17],$p(\boldsymbol{x}|\boldsymbol{y})$ 是关于 $\boldsymbol{y}$ 的函数,而 $\boldsymbol{y}$ 则是随机向量,但直到90年代,由于高速计算机的普及以及针对状态估计的粒子滤波技术的发展[18],这些技术才获得广泛流行。在讨论状态估计的贝叶斯方法之后,本书第6章将聚焦蒙特卡罗仿真技术(即粒子滤波)。

1.5.4 条件期望估计器

条件期望(Conditional Mean,CM)估计器是给定 $\boldsymbol{y}$ 条件下随机状态变量 $\boldsymbol{x}$ 的条件概率密度函数的统计期望值(均值),即

$$\hat{\boldsymbol{x}}_{\mathrm{CM}}=E\{\boldsymbol{x}|\boldsymbol{y}\}=\int\boldsymbol{x}p(\boldsymbol{x}|\boldsymbol{y})\mathrm{d}\boldsymbol{x}$$

根据1.3.3节所给有关 $\hat{\boldsymbol{x}}_{\mathrm{CM}}$ 的特性,$\hat{\boldsymbol{x}}_{\mathrm{CM}}$ 是在 $\mathbb{R}^n$ 空间能够使得式(1.3-13)

最小化的最小方差(最小二乘)估计,且估计是无偏的。令函数 $\boldsymbol{g}(\boldsymbol{y}) \in \mathbb{R}^n$ 是给定 $\boldsymbol{y}$ 条件下的、关于 $\boldsymbol{x}$ 的线性估计器,有

$$\boldsymbol{g}(\boldsymbol{y}) = \boldsymbol{A}\boldsymbol{y} + \boldsymbol{b}$$

式中:$\boldsymbol{A}$ 为 $n \times m$ 维的常量矩阵;$\boldsymbol{b}$ 为$\mathbb{R}^n$ 空间的常向量。依据线性最小二乘估计器$\hat{\boldsymbol{x}}_{\mathrm{LLS}}$的性质3(参见1.3.3节),当 $\boldsymbol{x}$ 和 $\boldsymbol{y}$ 服从联合高斯分布时,可以得出$\hat{\boldsymbol{x}}_{\mathrm{LLS}} = \hat{\boldsymbol{x}}_{\mathrm{CM}}$的结论。更进一步,基于 $\boldsymbol{A}$ 和 $\boldsymbol{b}$ 的最优解,可以得到如下结果(参见附录1B):

$$\hat{\boldsymbol{x}}_{\mathrm{CM}} = \hat{\boldsymbol{x}}_{\mathrm{LLS}} = \bar{\boldsymbol{x}} + \boldsymbol{P}_{xy}\boldsymbol{P}_{yy}^{-1}(\boldsymbol{y} - \bar{\boldsymbol{y}}) \tag{1.5-19}$$

和

$$\boldsymbol{P}_{\mathrm{CM}} = \boldsymbol{P}_{\mathrm{LLS}} = \mathrm{Cov}\{\bar{\boldsymbol{x}}_{\mathrm{LLS}}\} = \boldsymbol{P}_{xx} - \boldsymbol{P}_{xy}\boldsymbol{P}_{yy}^{-1}\boldsymbol{P}_{yx} \tag{1.5-20}$$

其中

$$\bar{\boldsymbol{x}} = E\{\boldsymbol{x}\} = \bar{\boldsymbol{x}}_0$$
$$\bar{\boldsymbol{y}} = E\{\boldsymbol{y}\} = \boldsymbol{H}\bar{\boldsymbol{x}}_0$$
$$\boldsymbol{P}_{yy} = \mathrm{Cov}\{\boldsymbol{y},\boldsymbol{y}\} = \boldsymbol{H}\boldsymbol{P}_0\boldsymbol{H}^{\mathrm{T}} + \boldsymbol{R}$$
$$\boldsymbol{P}_{xy} = \mathrm{Cov}\{\boldsymbol{x},\boldsymbol{y}\} = \boldsymbol{P}_0\boldsymbol{H}^{\mathrm{T}}$$

将其代入式(1.5-19) 和式(1.5-20),有

$$\begin{aligned}\hat{\boldsymbol{x}}_{\mathrm{CM}} = \hat{\boldsymbol{x}}_{\mathrm{LLS}} &= \bar{\boldsymbol{x}}_0 + \boldsymbol{P}_0\boldsymbol{H}^{\mathrm{T}}[\boldsymbol{H}\boldsymbol{P}_0\boldsymbol{H}^{\mathrm{T}} + \boldsymbol{R}]^{-1}(\boldsymbol{y} - \boldsymbol{H}\bar{\boldsymbol{x}}_0)\\ &= [\boldsymbol{H}^{\mathrm{T}}\boldsymbol{R}^{-1}\boldsymbol{H} + \boldsymbol{P}_0^{-1}]^{-1}(\boldsymbol{H}^{\mathrm{T}}\boldsymbol{R}^{-1}\boldsymbol{y} + \boldsymbol{P}_0^{-1}\bar{\boldsymbol{x}}_0)\end{aligned} \tag{1.5-21}$$

及

$$\begin{aligned}\boldsymbol{P}_{\mathrm{CM}} = \boldsymbol{P}_{\mathrm{LLS}} &= \boldsymbol{P}_0 - \boldsymbol{P}_0\boldsymbol{H}^{\mathrm{T}}[\boldsymbol{H}\boldsymbol{P}_0\boldsymbol{H}^{\mathrm{T}} + \boldsymbol{R}]^{-1}\boldsymbol{H}\boldsymbol{P}_0\\ &= [\boldsymbol{H}^{\mathrm{T}}\boldsymbol{R}^{-1}\boldsymbol{H} + \boldsymbol{P}_0^{-1}]^{-1}\end{aligned} \tag{1.5-22}$$

因此,将式(1.5-17)和式(1.5-18)与式(1.5-21)和式(1.5-22)相比较,就能发现存在如下关系:

$$\hat{\boldsymbol{x}}_{\mathrm{CM}} = \hat{\boldsymbol{x}}_{\mathrm{LLS}} = \hat{\boldsymbol{x}}_{\mathrm{WLS}} = \hat{\boldsymbol{x}}_{\mathrm{MAP}}$$

评注

(1)当线性和高斯假设不再成立时,上述估计的解也将不相同。利用本章所介绍的方法,可对具有非线性和/或非高斯特性的估计问题进行近似求解。针对具有非线性量测的加权最小二乘估计问题,1.6节将介绍一种迭代求解算法。有时也可采用数值近期求解方法,借鉴蒙特卡罗仿真的思想,粒子滤波器[17-18]就是这样一种技术。

(2)如果不存在关于随机向量 $\boldsymbol{x}$ 的先验知识,则这等同于$\boldsymbol{P}_0^{-1} = \boldsymbol{0}$(即没有信息),还是可以获得与1.4节中相同的公式。

针对线性量测条件下的高斯参数向量估计问题,表1.3对各类基本估计算法进行了总结。由于有关多量测情形下的扩展算法已在1.5.2节中给出,这就不再重复。

表 1.3 参数估计算法小结：线性高斯条件下的随机参数

线性高斯条件下的随机参数估计算法 问题描述： 对一个未知的随机向量 $\boldsymbol{x}$ 进行估计，量测模型为 $$\boldsymbol{y}=\boldsymbol{H}\boldsymbol{x}+\boldsymbol{v}$$ 式中：$\boldsymbol{x}\in\mathbb{R}^n,\boldsymbol{y},\boldsymbol{v}\in\mathbb{R}^m,\boldsymbol{v}:\sim N(0,\boldsymbol{R}),\boldsymbol{x}:\sim N(\bar{\boldsymbol{x}}_0,\boldsymbol{P}_0)$，且 $\boldsymbol{x}$ 与 $\boldsymbol{v}$ 是相互统计独立的。 最小二乘估计器： $$\hat{\boldsymbol{x}}_{\mathrm{LS}}=\bar{\boldsymbol{x}}_0+[\boldsymbol{H}^{\mathrm{T}}\boldsymbol{H}+\boldsymbol{I}]^{-1}\boldsymbol{H}^{\mathrm{T}}(\boldsymbol{y}-\boldsymbol{H}\bar{\boldsymbol{x}}_0)$$ $$\boldsymbol{P}_{\mathrm{LS}}=[\boldsymbol{I}-\boldsymbol{K}_{\mathrm{LS}}\boldsymbol{H}]\boldsymbol{P}_0[\boldsymbol{I}-\boldsymbol{K}_{\mathrm{LS}}\boldsymbol{H}]^{\mathrm{T}}+\boldsymbol{K}_{\mathrm{LS}}\boldsymbol{R}\boldsymbol{K}_{\mathrm{LS}}^{\mathrm{T}}$$ $$\boldsymbol{K}_{\mathrm{LS}}=[\boldsymbol{H}^{\mathrm{T}}\boldsymbol{H}+\boldsymbol{I}]^{-1}\boldsymbol{H}^{\mathrm{T}}$$ 加权最小二乘估计器、最大后验概率估计器以及条件期望估计器： $$\hat{\boldsymbol{x}}=\hat{\boldsymbol{x}}_{\mathrm{CM}}=\hat{\boldsymbol{x}}_{\mathrm{MAP}}=\hat{\boldsymbol{x}}_{\mathrm{WLS}}=[\boldsymbol{H}^{\mathrm{T}}\boldsymbol{R}^{-1}\boldsymbol{H}+\boldsymbol{P}_0^{-1}]^{-1}(\boldsymbol{H}^{\mathrm{T}}\boldsymbol{R}^{-1}\boldsymbol{y}+\boldsymbol{P}_0^{-1}\bar{\boldsymbol{x}}_0)$$ $$\boldsymbol{P}=\boldsymbol{P}_{\mathrm{CM}}=\boldsymbol{P}_{\mathrm{MAP}}=\boldsymbol{P}_{\mathrm{WLS}}=[\boldsymbol{H}^{\mathrm{T}}\boldsymbol{R}^{-1}\boldsymbol{H}+\boldsymbol{P}_0^{-1}]^{-1}$$ 加权最小二乘估计器、最大后验概率估计器以及条件期望估计器的另一种形式： $$\hat{\boldsymbol{x}}=\bar{\boldsymbol{x}}_0+\boldsymbol{P}_0\boldsymbol{H}^{\mathrm{T}}[\boldsymbol{H}\boldsymbol{P}_0\boldsymbol{H}^{\mathrm{T}}+\boldsymbol{R}]^{-1}(\boldsymbol{y}-\boldsymbol{H}\bar{\boldsymbol{x}}_0)$$ $$\boldsymbol{P}=\boldsymbol{P}_0-\boldsymbol{P}_0\boldsymbol{H}^{\mathrm{T}}[\boldsymbol{H}\boldsymbol{P}_0\boldsymbol{H}^{\mathrm{T}}+\boldsymbol{R}]^{-1}\boldsymbol{H}\boldsymbol{P}_0$$

1.6 噪声和随机参数服从联合高斯分布的非线性量测

现在考虑随机向量 $\boldsymbol{x}$ 和量测向量 $\boldsymbol{y}$ 服从如下已知非线性关系式的情形，有

$$\boldsymbol{y}=\boldsymbol{h}(\boldsymbol{x})+\boldsymbol{v}$$

这种情形下，这里仅考虑采用加权最小二乘估计器，并不涉及其他估计器的算法扩展，有兴趣的读者可利用前述展示求解。考虑如下需要最小化的性能指标，即

$$J=(\boldsymbol{y}-\boldsymbol{h}(\boldsymbol{x}))^{\mathrm{T}}\boldsymbol{R}^{-1}(\boldsymbol{y}-\boldsymbol{h}(\boldsymbol{x}))+(\boldsymbol{x}-\bar{\boldsymbol{x}}_0)^{\mathrm{T}}\boldsymbol{P}_0^{-1}(\boldsymbol{x}-\bar{\boldsymbol{x}}_0) \tag{1.6-1}$$

对 J 求关于 $\boldsymbol{x}$ 的导数，并将求导结果置为 $\mathbf{0}$，即可获得估计结果需满足的必要条件，即

$$-\frac{\partial J}{\partial \boldsymbol{x}}=2\left\{\left[\frac{\partial \boldsymbol{h}(\boldsymbol{x})}{\partial \boldsymbol{x}}\right]_{\boldsymbol{x}}^{\mathrm{T}}\boldsymbol{R}^{-1}(\boldsymbol{y}-\boldsymbol{h}(\boldsymbol{x}))-\boldsymbol{P}_0^{-1}(\boldsymbol{x}-\bar{\boldsymbol{x}}_0)\right\}=\boldsymbol{0} \tag{1.6-2}$$

评估 $\boldsymbol{h}(\boldsymbol{x})$ 的雅可比矩阵在 $\boldsymbol{x}$ 处的值即可获知 $\left[\frac{\partial \boldsymbol{h}(\boldsymbol{x})}{\partial \boldsymbol{x}}\right]_{\boldsymbol{x}}$，其计算过程如下：

$$\left[\frac{\partial \boldsymbol{h}(\boldsymbol{x})}{\partial \boldsymbol{x}}\right]_{\boldsymbol{x}}=\begin{bmatrix}\frac{\partial \boldsymbol{h}_1}{\partial \boldsymbol{x}_1} & \cdots & \frac{\partial \boldsymbol{h}_1}{\partial \boldsymbol{x}_n}\\ \vdots & \ddots & \vdots\\ \frac{\partial \boldsymbol{h}_m}{\partial \boldsymbol{x}_1} & \cdots & \frac{\partial \boldsymbol{h}_m}{\partial \boldsymbol{x}_n}\end{bmatrix}$$

这里采用如下传统方式来定义列向量 $\boldsymbol{x}$ 和 $\boldsymbol{h}$，有

$$\boldsymbol{x}=(x_1,x_2,\cdots,x_n)^{\mathrm{T}}$$

$$\boldsymbol{h}=(h_1,h_2,\cdots,h_m)^{\mathrm{T}}$$

采用$\boldsymbol{H}_x$来标记 $\boldsymbol{h}$ 的雅可比矩阵后，上述标注可以进一步简化，$\boldsymbol{H}_x$是矩阵 $\boldsymbol{h}$ 关于 $\boldsymbol{x}$ 的偏导矩阵，即

$$\boldsymbol{H}_x=\left[\frac{\partial \boldsymbol{h}(\boldsymbol{x})}{\partial \boldsymbol{x}}\right]_x \tag{1.6-3}$$

式中：下标 $\boldsymbol{x}$ 表示矩阵由 $\boldsymbol{x}$ 的值计算获得。显然，除非能够更好地明确函数 $\boldsymbol{h}(\boldsymbol{x})$，否则不可能显式地求解 $\boldsymbol{x}$。通常情况下，会采用 $\boldsymbol{h}(\boldsymbol{x})$ 的一阶泰勒级数展开式在 $\boldsymbol{x}$ 的先验知识处，即$\bar{\boldsymbol{x}}_0$ 的值作为其近似值，有

$$\boldsymbol{h}(\boldsymbol{x})=\boldsymbol{h}(\bar{\boldsymbol{x}}_0)+\left[\frac{\partial \boldsymbol{h}(\boldsymbol{x})}{\partial \boldsymbol{x}}\right]_{\bar{x}_0}(\boldsymbol{x}-\bar{\boldsymbol{x}}_0) \tag{1.6-4}$$

将式(1.6-4)代入由式(1.6-2)表述的必要条件，有

$$\boldsymbol{H}_{\bar{x}_0}^{\mathrm{T}}[\boldsymbol{R}^{-1}(\boldsymbol{y}-\boldsymbol{h}(\bar{\boldsymbol{x}}_0)+\boldsymbol{H}_{\bar{x}_0}(\boldsymbol{x}-\bar{\boldsymbol{x}}_0))]-\boldsymbol{P}_0^{-1}(\boldsymbol{x}-\bar{\boldsymbol{x}}_0)\approx\boldsymbol{0} \tag{1.6-5}$$

式(1.6-5)整理后，有

$$[\boldsymbol{H}_{\bar{x}_0}^{\mathrm{T}}\boldsymbol{R}^{-1}\boldsymbol{H}_{\bar{x}_0}+\boldsymbol{P}_0^{-1}]\boldsymbol{x}\approx[\boldsymbol{H}_{\bar{x}_0}^{\mathrm{T}}\boldsymbol{R}^{-1}\boldsymbol{H}_{\bar{x}_0}+\boldsymbol{P}_0^{-1}]\bar{\boldsymbol{x}}_0+\boldsymbol{H}_{\bar{x}_0}^{\mathrm{T}}\boldsymbol{R}^{-1}(\boldsymbol{y}-\boldsymbol{h}(\bar{\boldsymbol{x}}_0))$$

因此，可使得式(1.6-1)最小化，式(1.6-2)的近似解 $\hat{\boldsymbol{x}}$ 为

$$\hat{\boldsymbol{x}}=\bar{\boldsymbol{x}}_0+[\boldsymbol{H}_{\bar{x}_0}^{\mathrm{T}}\boldsymbol{R}^{-1}\boldsymbol{H}_{\bar{x}_0}+\boldsymbol{P}_0^{-1}]^{-1}\boldsymbol{H}_{\bar{x}_0}^{\mathrm{T}}\boldsymbol{R}^{-1}(\boldsymbol{y}-\boldsymbol{h}(\bar{\boldsymbol{x}}_0)) \tag{1.6-6}$$

利用矩阵求逆引理，即可得到如下等价滤波算式：

$$\hat{\boldsymbol{x}}=\bar{\boldsymbol{x}}_0+\boldsymbol{P}_0\boldsymbol{H}_{\bar{x}_0}^{\mathrm{T}}[\boldsymbol{H}_{\bar{x}_0}\boldsymbol{P}_0\boldsymbol{H}_{\bar{x}_0}^{\mathrm{T}}+\boldsymbol{R}]^{-1}(\boldsymbol{y}-\boldsymbol{h}(\bar{\boldsymbol{x}}_0)) \tag{1.6-7}$$

由式(1.6-7)所得的 $\hat{\boldsymbol{x}}$ 仅为利用一阶泰勒级数展开式得到的近似解，因此可通过进一步迭代获得更为精确的解。以刚刚获得状态估计值$\hat{\boldsymbol{x}}^0$ 为初始猜测再次进行泰勒级数扩展（虽然仍可采用$\bar{\boldsymbol{x}}_0$ 标记，但为与先验知识有所区别而采用$\hat{\boldsymbol{x}}^0$ 标记），有

$$\boldsymbol{h}(\boldsymbol{x})=\boldsymbol{h}(\hat{\boldsymbol{x}}^0)+\left[\frac{\partial \boldsymbol{h}(\boldsymbol{x})}{\partial \boldsymbol{x}}\right]_{\hat{x}^0}(\boldsymbol{x}-\hat{\boldsymbol{x}}^0) \tag{1.6-8}$$

将式(1.6-8)代入式(1.6-2)，有

$$[\boldsymbol{H}_{\hat{x}^0}^{\mathrm{T}}\boldsymbol{R}^{-1}\boldsymbol{H}_{\hat{x}^0}+\boldsymbol{P}_0^{-1}]\boldsymbol{x}=\boldsymbol{H}_{\hat{x}^0}^{\mathrm{T}}\boldsymbol{R}^{-1}\boldsymbol{H}_{\hat{x}^0}\hat{\boldsymbol{x}}^0+\boldsymbol{P}_0^{-1}\bar{\boldsymbol{x}}_0+\boldsymbol{H}_{\hat{x}^0}^{\mathrm{T}}\boldsymbol{R}^{-1}(\boldsymbol{y}-\boldsymbol{h}(\hat{\boldsymbol{x}}^0))$$

有如下解：

$$\begin{aligned}\hat{\boldsymbol{x}}^1=&[\boldsymbol{H}_{\hat{x}^0}^{\mathrm{T}}\boldsymbol{R}^{-1}\boldsymbol{H}_{\hat{x}^0}+\boldsymbol{P}_0^{-1}]^{-1}(\boldsymbol{H}_{\hat{x}^0}^{\mathrm{T}}\boldsymbol{R}^{-1}\boldsymbol{H}_{\hat{x}^0}\hat{\boldsymbol{x}}^0+\boldsymbol{P}_0^{-1}\bar{\boldsymbol{x}}_0)\\&+[\boldsymbol{H}_{\hat{x}^0}^{\mathrm{T}}\boldsymbol{R}^{-1}\boldsymbol{H}_{\hat{x}^0}+\boldsymbol{P}_0^{-1}]^{-1}\boldsymbol{H}_{\hat{x}^0}^{\mathrm{T}}\boldsymbol{R}^{-1}(\boldsymbol{y}-\boldsymbol{h}(\hat{\boldsymbol{x}}^0))\end{aligned}$$

从而就有迭代解的具体形式如下：

$$\begin{aligned}\hat{\boldsymbol{x}}^{i+1}=&[\boldsymbol{H}_{\hat{x}^i}^{\mathrm{T}}\boldsymbol{R}^{-1}\boldsymbol{H}_{\hat{x}^i}+\boldsymbol{P}_0^{-1}]^{-1}(\boldsymbol{H}_{\hat{x}^i}^{\mathrm{T}}\boldsymbol{R}^{-1}\boldsymbol{H}_{\hat{x}^i}\hat{\boldsymbol{x}}^i+\boldsymbol{P}_0^{-1}\bar{\boldsymbol{x}}_0)\\&+[\boldsymbol{H}_{\hat{x}^i}^{\mathrm{T}}\boldsymbol{R}^{-1}\boldsymbol{H}_{\hat{x}^i}+\boldsymbol{P}_0^{-1}]^{-1}\boldsymbol{H}_{\hat{x}^i}^{\mathrm{T}}\boldsymbol{R}^{-1}(\boldsymbol{y}-\boldsymbol{h}(\hat{\boldsymbol{x}}^i))\end{aligned} \tag{1.6-9}$$

或者可以有另一种传统形式，即

$$\hat{\boldsymbol{x}}^{i+1}=\hat{\boldsymbol{x}}^{i}+[\boldsymbol{H}_{\hat{x}^i}^{\mathrm{T}}\boldsymbol{R}^{-1}\boldsymbol{H}_{\hat{x}^i}+\boldsymbol{P}_0^{-1}]^{-1}(\boldsymbol{H}_{\hat{x}^i}^{\mathrm{T}}\boldsymbol{R}^{-1}(\boldsymbol{y}-\boldsymbol{h}(\hat{\boldsymbol{x}}^{i}))+\boldsymbol{P}_0^{-1}(\bar{\boldsymbol{x}}_0-\hat{\boldsymbol{x}}^{i}))\tag{1.6-10}$$

当$\hat{\boldsymbol{x}}^{i+1}$和$\hat{\boldsymbol{x}}^{i}$之间的差异非常小时，就可停止迭代。将最后得到的解标记为$\hat{\boldsymbol{x}}$，则估计的近似误差协方差为

$$\boldsymbol{P}=[\boldsymbol{H}_{\hat{x}}^{\mathrm{T}}\boldsymbol{R}^{-1}\boldsymbol{H}_{\hat{x}}+\boldsymbol{P}_0^{-1}]^{-1}\tag{1.6-11}$$

式(1.6－11)利用了最终的状态估计$\hat{\boldsymbol{x}}$来评估估计的误差协方差。

评注

(1)尽管式(1.6－6)和式(1.6－7)是针对参数估计问题的，但本书第3章将表明它们与用于非线性状态估计的扩展卡尔曼滤波器是相同的，而式(1.6－10)则是同一问题的多轮迭代解。

(2)$\hat{\boldsymbol{x}}$的误差协方差计算式(1.6－11)在函数形式上与常参数估计的Cramer－Rao界值(Cramer－Rao Bound，CRB)相同，二者的等价性将在1.7节得到证明。

表1.4总结了非线性参数估计算法。

表1.4 量测方程为非线性方程时的加权迭代算法小结

针对非线性量测的一种加权迭代最小二乘算法
问题描述：
针对具有非线性量测的未知随机向量$\boldsymbol{x}$进行估计，量测模型为
$\boldsymbol{y}=\boldsymbol{h}(\boldsymbol{x})+\boldsymbol{v}$
式中：$\boldsymbol{x}\in\mathbb{R}^n$，$\boldsymbol{y},\boldsymbol{v}\in\mathbb{R}^m$，$\boldsymbol{v}:\sim N(\boldsymbol{0},\boldsymbol{R})$，$\boldsymbol{x}:\sim N(\bar{\boldsymbol{x}}_0,\boldsymbol{P}_0)$，且$\boldsymbol{x}$与$\boldsymbol{v}$是相互统计独立的。
加权迭代最小二乘估计器：
$\hat{\boldsymbol{x}}^{i+1}=[\boldsymbol{H}_{\hat{x}^i}^{\mathrm{T}}\boldsymbol{R}^{-1}\boldsymbol{H}_{\hat{x}^i}+\boldsymbol{P}_0^{-1}]^{-1}(\boldsymbol{H}_{\hat{x}^i}^{\mathrm{T}}\boldsymbol{R}^{-1}\boldsymbol{H}_{\hat{x}^i}\hat{\boldsymbol{x}}^{i}+\boldsymbol{P}_0^{-1}\bar{\boldsymbol{x}}_0)+[\boldsymbol{H}_{\hat{x}^i}^{\mathrm{T}}\boldsymbol{R}^{-1}\boldsymbol{H}_{\hat{x}^i}+\boldsymbol{P}_0^{-1}]^{-1}\boldsymbol{H}_{\hat{x}^i}^{\mathrm{T}}\boldsymbol{R}^{-1}(\boldsymbol{y}-\boldsymbol{h}(\hat{\boldsymbol{x}}^{i}))$
式中：$\boldsymbol{H}_{\hat{x}^i}=\left[\dfrac{\partial\boldsymbol{h}(\boldsymbol{x})}{\partial\boldsymbol{x}}\right]_{\hat{x}^i}$，当$\Vert\hat{\boldsymbol{x}}^{i+1}-\hat{\boldsymbol{x}}^{i}\Vert$很小时，有$\hat{\boldsymbol{x}}=\hat{\boldsymbol{x}}^{i+1}$。
算法的另一种形式如下：
$\hat{\boldsymbol{x}}^{i+1}=\hat{\boldsymbol{x}}^{i}+[\boldsymbol{H}_{\hat{x}^i}^{\mathrm{T}}\boldsymbol{R}^{-1}\boldsymbol{H}_{\hat{x}^i}+\boldsymbol{P}_0^{-1}]^{-1}(\boldsymbol{H}_{\hat{x}^i}^{\mathrm{T}}\boldsymbol{R}^{-1}(\boldsymbol{y}-\boldsymbol{h}(\hat{\boldsymbol{x}}^{i}))+\boldsymbol{P}_0^{-1}(\bar{\boldsymbol{x}}_0-\hat{\boldsymbol{x}}^{i}))$
估计的误差协方差为
$\boldsymbol{P}=[\boldsymbol{H}_{\hat{x}}^{\mathrm{T}}\boldsymbol{R}^{-1}\boldsymbol{H}_{\hat{x}}+\boldsymbol{P}_0^{-1}]^{-1}$

1.7 Cramer－Rao界值

对于基于如下量测$\boldsymbol{y}$对$\boldsymbol{x}$进行估计的任何无偏估计器而言，CRB是其估计误差协方差的下界值：

$$\boldsymbol{y}=\boldsymbol{h}(\boldsymbol{x})+\boldsymbol{v}\tag{1.7-1}$$

式中：$\boldsymbol{x}\in\mathbb{R}^n$，$\boldsymbol{y},\boldsymbol{v}\in\mathbb{R}^m$ [1,9－13]。

存在两种情形,一种是 $\boldsymbol{x}$ 为未知常向量的情形,另一种是 $\boldsymbol{x}$ 为具有已知先验分布的随机向量的情形。

(1) $\boldsymbol{x}$ 为未知常向量时,可利用如下对数似然函数计算 CRB,即

$$\mathrm{Cov}\{\hat{\boldsymbol{x}}\} \geqslant \left[E\left\{\left[\frac{\partial \ln p(\boldsymbol{y}|\boldsymbol{x})}{\partial \boldsymbol{x}}\right]\left[\frac{\partial \ln p(\boldsymbol{y}|\boldsymbol{x})}{\partial \boldsymbol{x}}\right]^{\mathrm{T}}\right\}\right]^{-1} \tag{1.7-2}$$

(2) 当 $\boldsymbol{x}$ 为具有已知先验分布的随机向量时,采用似然(或者等价的后验)联合概率密度函数计算 CRB,有

$$\mathrm{Cov}\{\hat{\boldsymbol{x}}\} \geqslant \left[E\left\{\left[\frac{\partial \ln p(\boldsymbol{y},\boldsymbol{x})}{\partial \boldsymbol{x}}\right]\left[\frac{\partial \ln p(\boldsymbol{y},\boldsymbol{x})}{\partial \boldsymbol{x}}\right]^{\mathrm{T}}\right\}\right]^{-1} \tag{1.7-3}$$

上述定义适用于 $\boldsymbol{x}$ 和 $\boldsymbol{v}$ 的任何概率密度函数以及任何无偏估计器。当一个无偏估计器的误差协方差与 CRB 相同时,该估计器被认为是有效的。如果一个无偏估计器的误差协方差趋近于 CRB 时(如当量测误差减小或量测数目增加时),则该估计器被称为渐进有效。

我们首先针对第一种情形,即被估计参数为常向量、量测方程是非线性且具有加性高斯噪声 $\boldsymbol{v}$,推导对应的 CRB。对 $\ln p(\boldsymbol{y}|\boldsymbol{x})$ 相对于 $\boldsymbol{x}$ 求偏导,有

$$\frac{\partial \ln p(\boldsymbol{y}|\boldsymbol{x})}{\partial \boldsymbol{x}} = -\left[\frac{\partial \boldsymbol{h}(\boldsymbol{x})}{\partial \boldsymbol{x}}\right]^{\mathrm{T}} \boldsymbol{R}^{-1}(\boldsymbol{y}-\boldsymbol{h}(\boldsymbol{x})) \tag{1.7-4}$$

接下来,对$\frac{\partial \ln p(\boldsymbol{y}|\boldsymbol{x})}{\partial \boldsymbol{x}}$乘以其转置并采用式(1.6-3)给出的简写标记$\boldsymbol{H}_x$,得

$$\left[\frac{\partial \ln p(\boldsymbol{y}|\boldsymbol{x})}{\partial \boldsymbol{x}}\right]\left[\frac{\partial \ln p(\boldsymbol{y}|\boldsymbol{x})}{\partial \boldsymbol{x}}\right]^{\mathrm{T}} = (\boldsymbol{H}_x^{\mathrm{T}}\boldsymbol{R}^{-1}(\boldsymbol{y}-\boldsymbol{h}(\boldsymbol{x})))(\boldsymbol{H}_x^{\mathrm{T}}\boldsymbol{R}^{-1}(\boldsymbol{y}-\boldsymbol{h}(\boldsymbol{x})))^{\mathrm{T}} \tag{1.7-5}$$

由于$\boldsymbol{y}-\boldsymbol{h}(\boldsymbol{x})$就等于量测噪声,则式(1.7-5)的期望值为

$$E\left\{\left[\frac{\partial \ln p(\boldsymbol{y}|\boldsymbol{x})}{\partial \boldsymbol{x}}\right]\left[\frac{\partial \ln p(\boldsymbol{y}|\boldsymbol{x})}{\partial \boldsymbol{x}}\right]^{\mathrm{T}}\right\} = \boldsymbol{H}_x^{\mathrm{T}}\boldsymbol{R}^{-1}\boldsymbol{H}_x$$

这一表示式也称为 Fisher 信息矩阵[10],并用 $\mathcal{F}$ 来标注,有

$$\mathcal{F} = \boldsymbol{H}_x^{\mathrm{T}}\boldsymbol{R}^{-1}\boldsymbol{H}_x$$

由此,对 Fisher 信息矩阵求逆可得到 Cramer-Rao 界值,即

$$\mathrm{Cov}\{\hat{\boldsymbol{x}}\} \geqslant \mathcal{F}^{-1} = [\boldsymbol{H}_x^{\mathrm{T}}\boldsymbol{R}^{-1}\boldsymbol{H}_x]^{-1} \tag{1.7-6}$$

除了对概率密度函数随机 $p(\boldsymbol{y},\boldsymbol{x})$ 相对向量 $\boldsymbol{x}$ 求偏导外,对于非线性量测条件下随机参数向量估计的 CRB 的推导类似于式(1.7-6)。对于任一给定的 $\boldsymbol{x}$,首先可得

$$\left[\frac{\partial \ln p(\boldsymbol{y},\boldsymbol{x})}{\partial \boldsymbol{x}}\right]_x = -\left[\frac{\partial \boldsymbol{h}(\boldsymbol{x})}{\partial \boldsymbol{x}}\right]_x^{\mathrm{T}} \boldsymbol{R}^{-1}(\boldsymbol{y}-\boldsymbol{h}(\boldsymbol{x})) + \boldsymbol{P}_0^{-1}(\boldsymbol{x}-\bar{\boldsymbol{x}}_0) \tag{1.7-7}$$

由于 $\boldsymbol{y}-\boldsymbol{h}(\boldsymbol{x})$ 即为量测噪声,且与初始估计不确定性 $\boldsymbol{x}-\bar{\boldsymbol{x}}_0$ 统计独立,则式(1.7-3)中期望值为

$$E\left\{\left[\frac{\partial \ln p(\boldsymbol{y},\boldsymbol{x})}{\partial \boldsymbol{x}}\right]_x\left[\frac{\partial \ln p(\boldsymbol{y},\boldsymbol{x})}{\partial \boldsymbol{x}}\right]_x^{\mathrm{T}}\right\} = E\{\boldsymbol{H}_x^{\mathrm{T}}\boldsymbol{R}^{-1}\boldsymbol{H}_x + \boldsymbol{P}_0^{-1}\}$$

而估计的 Cramer-Rao 界值为

$$\mathrm{Cov}\{\hat{\boldsymbol{x}}\} \geqslant \mathcal{F}^{-1} = [E\{\boldsymbol{H}_x^{\mathrm{T}}\boldsymbol{R}^{-1}\boldsymbol{H}_x + \boldsymbol{P}_0^{-1}\}]^{-1} \tag{1.7-8}$$

式(1.7－8)在函数形式上与式(1.6－11)给出的一种非线性估计器的误差协方差很相似，两者的不同之处在于，式(1.6－11)由随机向量 $\boldsymbol{x}$ 的估计值 $\hat{\boldsymbol{x}}$ 计算得出，而由式(1.7－8)给出的 Cramer－Rao 界值则由相对于随机向量 $\boldsymbol{x}$ 求期望值计算得出。

至此，针对量测方程为非线性的且随机参数向量 $\boldsymbol{x}$ 与量测噪声 $\boldsymbol{v}$ 均服从高斯分布且二者相互统计独立情形下，有关随机参数向量 $\boldsymbol{x}$ 的任意无偏估计器的估计误差协方差的 Cramer－Rao 界值推导完毕。为了获得关于任意概率密度函数的对应解，必须回过头来重新审视由式(1.7－3)给出的一般定义。

考虑 3 种特殊情形。

(1) 第 1 种情形是当量测方程为线性方程时，有 $\boldsymbol{y} = \boldsymbol{H}\boldsymbol{x} + \boldsymbol{v}$ 成立，很明显 $\boldsymbol{H}_x = \boldsymbol{H}$。这是一个很重要的结论，因为它表明此前推导的加权最小二乘估计器、最大后验概率估计器和条件期望估计器均为有效估计器，其估计误差协方差已经是可能取得的最小值。

(2) 1.6 节已经证明，迭代加权最小二乘估计算法的误差协方差计算式与 Cramer－Rao 界值的表示相同。

(3) 当不存在有关估计对象的先验知识时，即当初始信息不存在时(没有信息，$\boldsymbol{P}_0^{-1}=0$)，上述 CRB 会简化为针对未知常参数向量估计的误差协方差方程。

在第 2 章中，有关 CRB 的研究将从针对参数估计问题扩展至针对状态估计问题。

1.8 数值示例

举一个经典的例子，即在噪声环境下对一个正弦信号进行估计。后续会陆续介绍更多估计的方法，这个例子也将在本书中出现多次。该例中，采样后的带噪声量测提取自正弦信号，有

$$y_k = a\sin(\omega t_k + \varphi) + v_k$$

式中：y_k 是 t_k 时步获得的带噪声量测；v_k 是 t_k 时步的量测白噪声。在给定 $y_{1:N} = \{y_1, y_2, y_3, \cdots, y_N\}$ 条件下，需要估计的 3 个未知参数为 (a, ω, φ)。由于 (ω, φ) 与信号和量测之间存在非线性关系，因此采用非线性加权最小二乘估计算法。未知的参数向量 $\boldsymbol{x}$ 为

$$\boldsymbol{x} = [a, \omega, \varphi]^{\mathrm{T}}$$

量测向量 $\boldsymbol{y} = [y_1, y_2, y_3, \cdots, y_N]^{\mathrm{T}}$，噪声向量 $\boldsymbol{v} = [v_1, v_2, v_3, \cdots, v_N]^{\mathrm{T}}$，二者之间有如下关系：

$$y = h(x) + v$$

式中：$h(x)$的元素源自正弦信号的采样，有

$$h(x) = [a\sin(\omega t_1 + \varphi), a\sin(\omega t_2 + \varphi), \cdots, a\sin(\omega t_N + \varphi)]^T \quad (1.8-1)$$

评注

① 简单起见，假设采样数据在空间上服从均匀分布，即有 $t_i = t_1 + (i-1)\Delta, i = 1, \cdots N, \Delta$ 为采样周期。显然，对于所有的 $\varphi_j = 2j\pi + \varphi, j = 0, \pm 1, \cdots, \pm\infty$ 以及所有的 $\omega_n = 2n\pi/\Delta + \omega, n = 0, \pm 1, \cdots, \pm\infty$ 而言，式(1.8-1)中的 $h(x)$ 的值是相同的。因此，为确保估计结果的唯一性，必须限制 ω 和 φ 的参数空间。显然，频率估计应被限制为正值，即 $\omega \geqslant 0$，而假设相位角取值小于 2π，即 $0 \leqslant \varphi < 2\pi$，是合理的，否则将导致估计结果的模糊性。

② 频率估计的模糊性，如 $\omega_n = 2n\pi/\Delta + \omega$，可以通过选择合适的采样率 $1/\Delta$ 来避免，这样可使得未知的频率被限制在 $0 \leqslant \omega \leqslant \pi/\Delta$ 的范围。这也就是采样理论中著名的 Nyquist 采样率[19]。

这里采用由式(1.6-9)~式(1.6-11)给出的针对非线性量测的迭代加权最小二乘估计算法解决该问题，估计结果由后续多个图片描绘给出。在上述评注之后，我们将求解范围限制于 $0 \leqslant \varphi < 2\pi$ 和 $0 \leqslant \omega \leqslant \pi/\Delta$，同时假设不存在有关估计对象的先验知识（即 $P_0^{-1} = 0$）。该例中参数的真实值分别为 $a = 1, \omega = 2\pi, \varphi = \pi/6$，噪声的误差协方差为 $\sigma_v^2 = 0.0225$，这等价于电压信噪比（Signal-to-Noise Ratio，SNR）$a/\sigma_v = 6.667$。

首先考察 ω 已知的情形，待估计的参数只有 $x = [a, \varphi]^T$，在量测数据窗时长为 3s 且数据采样率为 0.1s 采样 1 次的前提下，图 1.3 给出了 1 次蒙特卡罗仿真运行的估计结果。对于每一时间步，全部已获得的量测 $y_{1:k} = \{y_1, y_2, y_3, \cdots, y_k\}$ 都被用于目标参数估计，估计结果被用来计算在 t_k 时间步的正弦信号（也称为更新的位置，Updated Position），而其导数（余弦信号，也称为更新的速度，Updated Velocity）则由绿色方框符号标注。在每一时间步，关于目标参数的初始估计 $\hat{x}^0$ 可任意选择。在本例中，算法自动选择前一时间步的收敛估计作为下一时间步的初始估计，以加速收敛过程。这一策略在本例中较为有效，但在通常情况下，建议采用随机初始估计以避免算法收敛至局部最小值处。在算法处理新得到的量测之前，已获得的上一时间步 t_k 的估计结果会被用于计算下一时间步 t_{k+1} 的正弦信号（在图 1.3 中也被称为位置预测和速度预测，用蓝色圆形符号标注）。根据式(1.6-10)和式(1.6-10)所给估计算法，将基于从初始时刻至 t_k 时间步获得的全部量测（采用批处理方法）来计算 t_k 时间步的参数估计值。通常情况下，在经过 3 次迭代后算法所得估计就会收敛，一些个别情况下会迭代 5 次才收敛且有 $\varepsilon = 10^{-6}$。由于存在两个未知参数估计算法需要至少两个连续的量测数据（$k = 2$）。正是由于这个原因，首先获得的是 $t = 0.1$s 时刻

的参数估计。图 1.3 中给出了待估计正弦波形在每一时间步的量测值(红色交叉型符号)、预测值(蓝色圆形符号)和更新估计值(绿色方框符号)。在经历 8 个时间步之后,预测和更新的正弦波形值将收敛至真实值;就此例而言,其后更多的量测对估计算法输出并无太多贡献。

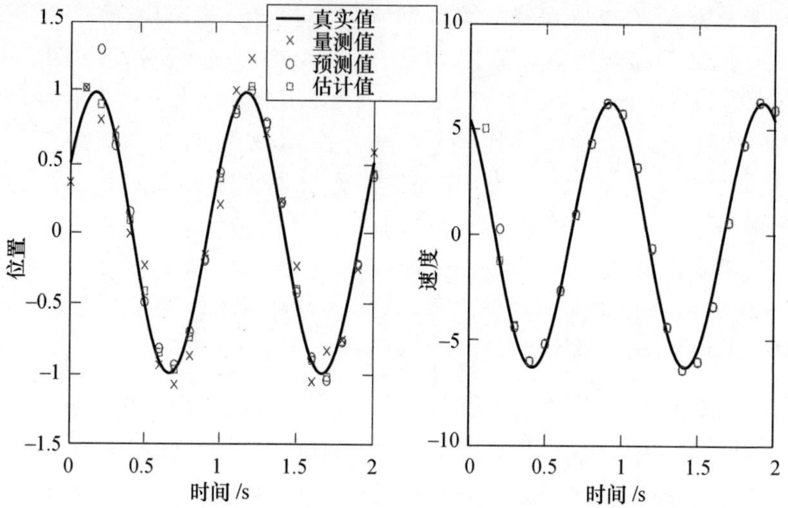

图 1.3 真实的正弦波与估计结果的比较,其中信号幅度和相位角估计基于单次蒙特卡罗仿真获得(见彩插)

图 1.3 给出一次蒙特卡罗仿真运行前提下估计算法在量测空间的性能表现。下一个要解决的问题就是如何刻画估计误差的统计特征。分别依据式(1.3-20)和式(1.3-21)的定义,图 1.4 给出了 1000 次蒙特卡罗仿真运行后的估计误差的样本期望值和均方根误差(Root Mean Square Error, RMSE)。图 1.4 通过比较估计的样本期望值和参数真实值得到了估计误差的样本期望值,可以看出在经历少许时间步后估计结果就已经是近乎无偏的了。图 1.4 也标绘了每个参数的 RMSE(蓝色曲线)和由式(1.7-6)得出的对应参数估计 CRB 的平方根(红色曲线)。可以看出,仅在少许时间步后,就已经难以区分参数估计的 RMSE 和其 CRB 的平方根了。

当 3 个参数均未知时,有 $\boldsymbol{x}=[a,\omega,\varphi]^{\mathrm{T}}$,问题就变得高度模糊。采用迭代最小二乘算法的求解过程很容易陷入局部最小值处或是在高值稳定段附近徘徊,无法收敛至参数真实值。与仅有两个未知参数的情形相似,图 1.5 给出了一次蒙特卡罗仿真运行的结果。此例中,随着样本时间窗的增加,参数估计误差似乎有着显著的下降。但是,仅在 2~3s 后,估计值就不再追随量测值,估计误差开始增大。其原因在于,一个较长的数据观测窗口冲刷掉了正弦信号,而"零值"解反而能更好地与性能绩效索引的一个模糊峰值(或谷底)相匹配。当将样本期望误差和 RMSE(黑色线段)与估计 CRB 分别标绘在图 1.6 中时,这一点也就变得更加清楚。从图中可以看出,估计结果此时是有偏的且每个参数的 RMSE 比对应的 CRB(平方根)值都高。我们鼓励读者进一步探索这个问题,即通过绘制性能绩效索引与未知参数之间关系以展示性能绩效函数的模糊本质。伴随着其他新的估计算法的介绍,我们将继续研究这个信号参数估计示例。

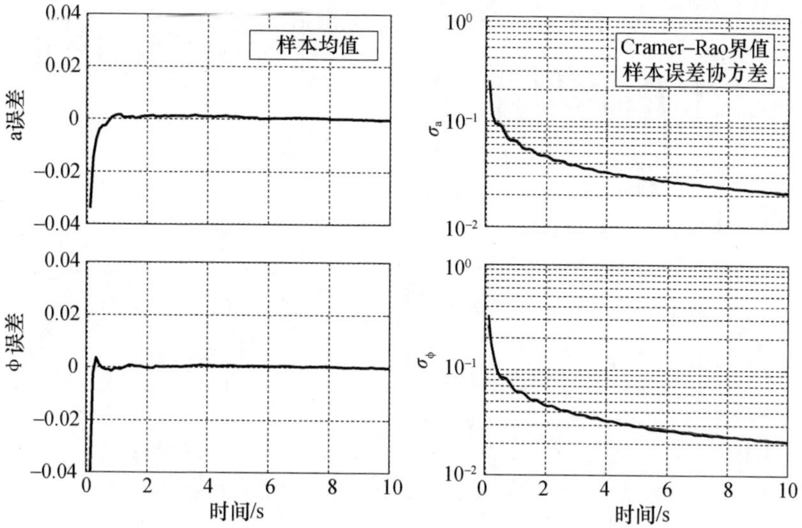

图 1.4 信号幅度与相位角估计的样本期望误差以及均方根误差与估计 CRB 平方根的对比情况

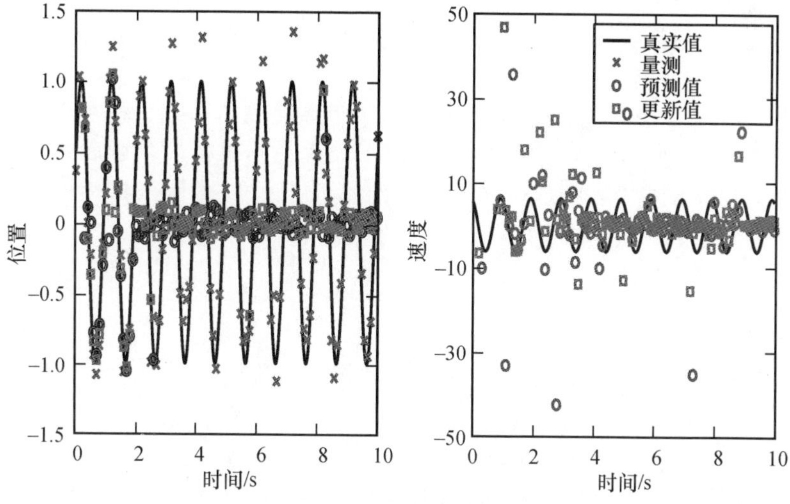

图 1.5 基于单次蒙特卡罗仿真运行的估计结果与真实信号的信号幅度、相位与频率比较

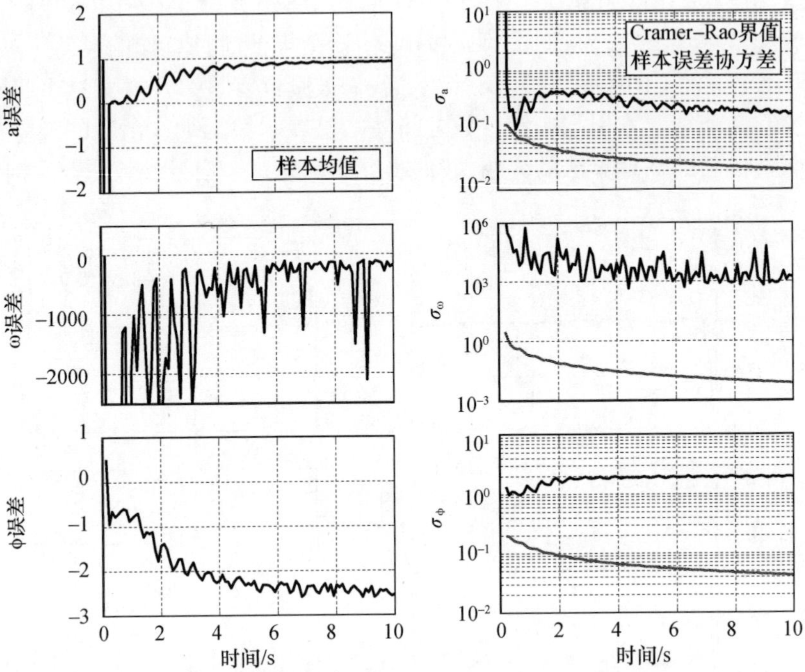

图 1.6 信号幅度、相位及频率估计值的样本期望误差及均方根误差与估计 CRB 平方根的对比情况

附录 1A 给定误差协方差矩阵条件下相关随机向量的仿真

在实践中,经常会遇到生成对应已知概率密度函数的随机样本的问题。本章的课后习题 1 促使读者要掌握这一技术,而课后习题 2 要求读者生成一个对应已知误差协方差矩阵的随机向量。针对课后习题 2,本附录提供了一些相关的矩阵基础知识,在许多有关控制系统的教材中,如参考文献[7,8],可以找到更多有关这方面的内容。

基础概念

这里包括矩阵特征值、特征向量、正交变换以及相似变换。假设 $\boldsymbol{P}$ 和 $\boldsymbol{L}$ 是两个 $n \times n$ 的正定矩阵,且两矩阵之间存在如下关系:

$$\boldsymbol{L}^{-1}\boldsymbol{P}\boldsymbol{L} = \boldsymbol{\Lambda}\text{(矩阵的相似变换)} \tag{1A-1}$$

式中:$\boldsymbol{\Lambda}$ 为对角线元素为 λ_i 的对角线矩阵。可以证明,λ_i 是矩阵 $\boldsymbol{P}$ 的特征值,而矩阵 $\boldsymbol{L}$ 的列向量则是对应的归一化特征向量。

式(1A-1)等价于

$$PL = L\Lambda$$

以 ℓ_i 标注矩阵 L 的各列，有

$$L = [\ell_1, \ell_2, \cdots, \ell_n]$$

因此，有

$$L\Lambda = [\lambda_1 \ell_1, \lambda_2 \ell_2, \cdots, \lambda_n \ell_n]$$

那么对于所有 i，有

$$P\ell_i = \lambda_i \ell_i$$

或者

$$[P - \lambda_i I]\ell_i = 0$$

从而，λ_i 为式(1A－2)的解，即

$$|P - \lambda I| = 0 \tag{1A-2}$$

也即矩阵 P 的特征值。由于矩阵 L 能够实现矩阵 P 的对角化，每个列向量 ℓ_i 都是具有对应特征值 λ_i 的归一化特征向量。全体列向量 ℓ_i 构成一个正交基，有

$$\langle \ell_i, \ell_j \rangle = 1, \forall i = j$$
$$\langle \ell_i, \ell_j \rangle = 0, \forall i \neq j$$

因此有

$$L^{\mathrm{T}} = L^{-1}\text{（正交变化）}$$

式(1A－1)也可改为

$$L^{\mathrm{T}} P L = \Lambda \tag{1A-3}$$

数值实验

假设 x 是 n 维随机向量，且有 $x: \sim N(\mathbf{0}, P_x)$，同时假设 L 是由 P_x 的归一化特征向量组成的矩阵，且 $u = L^{\mathrm{T}} x$。那么有

$$u\, u^{\mathrm{T}} = L^{\mathrm{T}} x\, x^{\mathrm{T}} L$$

及

$$P_u = L^{\mathrm{T}} P_x L$$

式中：P_u 是对角线元素为 λ_i 的对角矩阵，$u = (u_1, u_2, \cdots, u_n)^{\mathrm{T}}$ 中的元素 $u_i: \sim N(0, \lambda_i)$，且 $\{u_i\}$ 各元素之间统计独立。

给定 P_x，可采用 MATLAB 函数求得其特征值和对应的归一化特征向量，继而得到 L 和 P_u。对于 $i = 1, 2, \cdots, n$，利用高斯随机数生成器生成服从 $N(0, \lambda_i)$ 分布的随机数，以此作为仿真生成的随机向量 u 的组成元素。将这一过程重复 M 次，将第 j 次获得的随机向量标注为 u_j，那么与之对应的向量 $x_j = L u_j$。通过理论解析或数值实验均可证明，当重复次数 M 很大时，x 的样本误差协方差矩阵 $\widetilde{P}_x$ 将趋近于 P_x，有

$$\widetilde{P}_x = \frac{1}{M} \sum_{j=1}^{M} x_j\, x_j^{\mathrm{T}} \to P_x$$

附录1B 最小二乘估计器的其他特性

最小二乘估计器的另一种定义：考虑两个服从联合分布的随机向量 $\boldsymbol{x}$ 和 $\boldsymbol{y}$，其联合分布的概率密度函数为 $p(\boldsymbol{x},\boldsymbol{y})$。给定 $\boldsymbol{y}$ 的条件下，关于 $\boldsymbol{x}$ 的最小二乘估计器 $\hat{\boldsymbol{x}}$ 是一个映射函数 $\boldsymbol{g}:\mathbb{R}^m \to \mathbb{R}^n$，且有

$$\hat{\boldsymbol{x}} = \text{ArgMin}_g E\{\|\boldsymbol{x}-\boldsymbol{g}(\boldsymbol{y})\|^2\} \tag{1B-1}$$

命题1：给定 $\boldsymbol{y}$ 的条件下，关于 $\boldsymbol{x}$ 的条件期望估计 $\hat{\boldsymbol{x}}_{\text{CM}}$ 是满足式(1B-1)的最小二乘估计，也就是给定 $\boldsymbol{y}$ 的条件下 $\boldsymbol{x}$ 的条件期望值，有

$$\hat{\boldsymbol{x}}_{\text{CM}} = E\{\boldsymbol{x}|\boldsymbol{y}\} \tag{1B-2}$$

对应的最小均方误差就是协方差 $E\{\|\boldsymbol{x}-E\{\boldsymbol{x}|\boldsymbol{y}\}\|^2\}$。

证明：对于每个 $p(\boldsymbol{y}=\boldsymbol{y})>0$ 的 $\boldsymbol{y}=\boldsymbol{y}$①，可在 $\mathbb{R}^n$ 空间定义一个随机变量，即

$$\hat{\boldsymbol{x}}_{\text{CM}}(\boldsymbol{y}) = E\{\boldsymbol{x}|\boldsymbol{y}=\boldsymbol{y}\} = \int \boldsymbol{x}\frac{p(\boldsymbol{y}=\boldsymbol{y}|\boldsymbol{x}=\boldsymbol{x})}{p(\boldsymbol{y}=\boldsymbol{y})}p(\boldsymbol{x}=\boldsymbol{x})\,\mathrm{d}\boldsymbol{x} \tag{1B-3}$$

且对于任意向量 $\boldsymbol{z}\in\mathbb{R}^n$，有

$$\begin{aligned}E\{\|\boldsymbol{x}-\boldsymbol{z}\|^2|\boldsymbol{y}=\boldsymbol{y}\} &= E\{\boldsymbol{x}^{\text{T}}\boldsymbol{x}-2\boldsymbol{z}^{\text{T}}\boldsymbol{x}+\boldsymbol{z}^{\text{T}}\boldsymbol{z}|\boldsymbol{y}=\boldsymbol{y}\}\\ &= E\{\boldsymbol{x}^{\text{T}}\boldsymbol{x}|\boldsymbol{y}=\boldsymbol{y}\}-2\boldsymbol{z}^{\text{T}}E\{\boldsymbol{x}|\boldsymbol{y}=\boldsymbol{y}\}+\boldsymbol{z}^{\text{T}}\boldsymbol{z}\\ &= E\{\boldsymbol{x}^{\text{T}}\boldsymbol{x}|\boldsymbol{y}=\boldsymbol{y}\}-\|E\{\boldsymbol{x}|\boldsymbol{y}=\boldsymbol{y}\}\|^2+\\ &\quad E\{\|\boldsymbol{z}-E\{\boldsymbol{x}|\boldsymbol{y}=\boldsymbol{y}\}\|^2|\boldsymbol{y}=\boldsymbol{y}\}\end{aligned} \tag{1B-4}$$

在式(1B-4)中唯一依赖于 $\boldsymbol{z}$ 的是最后一项，而 $E\{\|\boldsymbol{x}-\boldsymbol{z}\|^2|\boldsymbol{y}=\boldsymbol{y}\}$ 仅当存在如下设置时才能取得最小值，即

$$\boldsymbol{z}=\hat{\boldsymbol{x}}_{\text{CM}}(\boldsymbol{y}) = E\{\boldsymbol{x}|\boldsymbol{y}=\boldsymbol{y}\} \tag{1B-5}$$

式(1B-4)的最小值就是前两项的和，为

$$E\{\|\boldsymbol{x}-\hat{\boldsymbol{x}}_{\text{CM}}(\boldsymbol{y})\|^2\boldsymbol{y}=\boldsymbol{y}\} = E\{\boldsymbol{x}^{\text{T}}\boldsymbol{x}|\boldsymbol{y}=\boldsymbol{y}\}-\|\hat{\boldsymbol{x}}_{\text{CM}}(\boldsymbol{y})\|^2 \tag{1B-6}$$

如果 $\boldsymbol{g}$ 是任意从 $\mathbb{R}^m$ 空间到 $\mathbb{R}^n$ 空间的映射，从我们对于每一个 $p(\boldsymbol{y}=\boldsymbol{y})>0$ 的 $\boldsymbol{y}=\boldsymbol{y}$ 构建 $\hat{\boldsymbol{x}}_{\text{CM}}(\boldsymbol{y})$ 的方式就可以十分清楚地看出存在如下关系：

$$E\{\|\boldsymbol{x}-\hat{\boldsymbol{x}}_{\text{CM}}(\boldsymbol{y})\|^2|\boldsymbol{y}=\boldsymbol{y}\} \leqslant E\{\|\boldsymbol{x}-\boldsymbol{g}(\boldsymbol{y})\|^2|\boldsymbol{y}=\boldsymbol{y}\}$$

该式右边的期望计算是相对于 $\boldsymbol{y}$ 的，有

$$E\{E\{\|\boldsymbol{x}-\boldsymbol{g}(\boldsymbol{y})\|^2|\boldsymbol{y}=\boldsymbol{y}\}\} = E\{\|\boldsymbol{x}-\boldsymbol{g}(\boldsymbol{y})\|^2\}$$

因此对于每个 $p(\boldsymbol{y}=\boldsymbol{y})>0$ 的 $\boldsymbol{y}=\boldsymbol{y}$，有

$$E\{\|\boldsymbol{x}-\hat{\boldsymbol{x}}_{\text{CM}}(\boldsymbol{y})\|^2\} \leqslant E\{\|\boldsymbol{x}-\boldsymbol{g}(\boldsymbol{y})\|^2\}$$

当 $p(\boldsymbol{y}=\boldsymbol{y})=0$ 时，对于一些函数 $\boldsymbol{g}$ 和 y 值而言，有可能存在如下情形：

$$E\{\|\boldsymbol{x}-\hat{\boldsymbol{x}}_{\text{CM}}(\boldsymbol{y})\|^2|\boldsymbol{y}=\boldsymbol{y}\} \geqslant E\{\boldsymbol{x}-\boldsymbol{g}(\boldsymbol{y})^2|\boldsymbol{y}=\boldsymbol{y}\}$$

---

① 在本书中，随机变量用小写字符标注，用小写斜体字符标注随机变量的一个实现，粗体字符用于标注向量，非粗体字符用于标注标量。

但是,就式(1B-1)而言,$\hat{\boldsymbol{x}}_{\mathrm{CM}}$在平均意义下是最好的解。因此,对式(1B-1)两边取期望值,可得式(1B-1)的最小值为

$$\mathrm{Min}_g E\{\|\boldsymbol{x}-\boldsymbol{g}(\boldsymbol{y})\|^2\}=E\{\|\boldsymbol{x}-E\{\boldsymbol{x}|\boldsymbol{y}\}\|^2\}$$

证毕。

命题2(最小二乘估计器的特性):最小二乘估计$\hat{\boldsymbol{x}}_{\mathrm{CM}}=E\{\boldsymbol{x}|\boldsymbol{y}\}$具有如下特性:

(1) 估计是线性的,对于具有适当维度的任意确定矩阵$\boldsymbol{A}$和确定向量$\boldsymbol{b}$,有

$$(\widehat{\boldsymbol{Ax}+\boldsymbol{b}})_{\mathrm{CM}}=E\{\boldsymbol{Ax}+\boldsymbol{b}|\boldsymbol{y}\}=\boldsymbol{A}E\{\boldsymbol{x}|\boldsymbol{y}\}+\boldsymbol{b}=\boldsymbol{A}\hat{\boldsymbol{x}}+\boldsymbol{b}$$

且如果$\boldsymbol{x}$和z是具有相同维度的随机向量,有

$$(\widehat{\boldsymbol{x}+z})_{\mathrm{CM}}=E\{\boldsymbol{x}+z|\boldsymbol{y}\}=E\{\boldsymbol{x}|\boldsymbol{y}\}+E\{z|\boldsymbol{y}\}=\hat{\boldsymbol{x}}_{\mathrm{CM}}+\hat{z}_{\mathrm{CM}}$$

(2) 估计是无偏的,有

$$E\{\boldsymbol{x}-\hat{\boldsymbol{x}}_{\mathrm{CM}}\}=E\{\boldsymbol{x}\}-E\{E\{\boldsymbol{x}|\boldsymbol{y}\}\}=E\{\boldsymbol{x}\}-E\{\boldsymbol{x}\}=0$$

事实上,还存在另一种更为强有力的表述,即

$$E\{\boldsymbol{x}-\hat{\boldsymbol{x}}_{\mathrm{CM}}|\boldsymbol{y}\}=E\{\boldsymbol{x}|\boldsymbol{y}\}-E\{E\{\boldsymbol{x}|\boldsymbol{y}\}|\boldsymbol{y}\}=\hat{\boldsymbol{x}}_{\mathrm{CM}}-\hat{\boldsymbol{x}}_{\mathrm{CM}}=0$$

(3) 令$\tilde{\boldsymbol{x}}_{\mathrm{CM}}=\boldsymbol{x}-\hat{\boldsymbol{x}}_{\mathrm{CM}}$,则$\tilde{\boldsymbol{x}}_{\mathrm{CM}}$与任意关于$\boldsymbol{y}$的函数$\boldsymbol{g}(\cdot)$无关,有

$$E\{\boldsymbol{g}(\boldsymbol{y})\tilde{\boldsymbol{x}}_{\mathrm{CM}}^{\mathrm{T}}\}=0$$

事实上,$E\{\boldsymbol{g}(\boldsymbol{y})\tilde{\boldsymbol{x}}_{\mathrm{CM}}^{\mathrm{T}}|\boldsymbol{y}\}=0$成立。

证明:利用数学期望的线性特性,可以很容易地证明属性1和属性2。对于每一个有$p(\boldsymbol{y}=\boldsymbol{y})>0$的$\boldsymbol{y}=\boldsymbol{y}$而言,有

$$\begin{aligned}E\{\boldsymbol{g}(\boldsymbol{y})\tilde{\boldsymbol{x}}_{\mathrm{CM}}{}^{\mathrm{T}}|\boldsymbol{y}\}&=E\{\boldsymbol{g}(\boldsymbol{y})(\boldsymbol{x}-\hat{\boldsymbol{x}}_{\mathrm{CM}}(\boldsymbol{y}))^{\mathrm{T}}|\boldsymbol{y}=\boldsymbol{y}\}\\&=\boldsymbol{g}(\boldsymbol{y})E\{(\boldsymbol{x}-\hat{\boldsymbol{x}}_{\mathrm{CM}}(\boldsymbol{y}))^{\mathrm{T}}|\boldsymbol{y}=\boldsymbol{y}\}\\&=\boldsymbol{g}(\boldsymbol{y})(\hat{\boldsymbol{x}}_{\mathrm{CM}}(\boldsymbol{y})-\hat{\boldsymbol{x}}_{\mathrm{CM}}(\boldsymbol{y}))^{\mathrm{T}}=\boldsymbol{0}\end{aligned}$$

证毕。

评注

$\boldsymbol{x}$的CM算子,$E\{\boldsymbol{x}|\boldsymbol{y}\}$是将$\boldsymbol{y}$映射进$\boldsymbol{x}$所在空间的函数。我们已经证明了该算子是关于$\boldsymbol{x}$的线性计算,但其自身却不必要是关于$\boldsymbol{y}$的线性函数。在命题3中,我们将介绍关于$\boldsymbol{y}$的线性函数的估计器。

线性最小二乘估计器的定义:考虑联合概率密度函数为$p(\boldsymbol{x},\boldsymbol{y})$的两个联合分布的随机向量$\boldsymbol{x}$和$\boldsymbol{y}$,给定$\boldsymbol{y}$条件下$\boldsymbol{x}$的线性最小二乘估计器$\hat{\boldsymbol{x}}_{\mathrm{LLS}}$是$\mathbb{R}^m\to\mathbb{R}^n$的线性函数L($\cdot$),且有

$$\mathrm{Min}_{\mathrm{L}}E\{\|\boldsymbol{x}-L(\boldsymbol{y})\|^2\}\tag{1B-7}$$

命题3(线性最小二乘估计器的特性):线性最小二乘估计$\hat{\boldsymbol{x}}_{\mathrm{LLS}}$仅仅取决于随机向量$\boldsymbol{x}$和$\boldsymbol{y}$的一阶统计矩($\bar{\boldsymbol{x}},\bar{\boldsymbol{y}}$)和二阶统计矩($\boldsymbol{P}_{xx},\boldsymbol{P}_{xy},\boldsymbol{P}_{yy}$),而不是其完

整的概率密度函数，有

$$\hat{\boldsymbol{x}}_{\text{LLS}} = \bar{\boldsymbol{x}} + \boldsymbol{P}_{xy}\boldsymbol{P}_{yy}^{-1}(\boldsymbol{y} - \bar{\boldsymbol{y}}) \tag{1B-8}$$

及

$$\text{Cov}\{\tilde{\boldsymbol{x}}_{\text{LLS}}, \tilde{\boldsymbol{x}}_{\text{LLS}}\} = \boldsymbol{P}_{xx} - \boldsymbol{P}_{xy}\boldsymbol{P}_{yy}^{-1}\boldsymbol{P}_{yx} \tag{1B-9}$$

式中：$\tilde{\boldsymbol{x}}_{\text{LLS}} = \boldsymbol{x} - \hat{\boldsymbol{x}}_{\text{LLS}}$，且有

$$\boldsymbol{P}_{ab} = \text{Cov}\{\boldsymbol{a}, \boldsymbol{b}\}$$

由此，可得到如下结论：

(1) $\hat{\boldsymbol{x}}_{\text{LLS}}$估计是线性的。

(2) $\hat{\boldsymbol{x}}_{\text{LLS}}$估计是无偏的。

(3) $\boldsymbol{x}$ 和 $\boldsymbol{y}$ 服从联合高斯分布时，就有$\hat{\boldsymbol{x}}_{\text{LLS}} = \hat{\boldsymbol{x}}_{\text{CM}}$。

证明：假设随机向量 $\boldsymbol{x}$ 和 $\boldsymbol{y}$ 的均值为零，定义关于 $\boldsymbol{y}$ 的线性函数 $L(\boldsymbol{y})$ 为

$$L(\boldsymbol{y}) = \boldsymbol{A}\boldsymbol{y} + \boldsymbol{b}$$

式中：$\boldsymbol{A}$ 为 $n \times m$ 的矩阵；$\boldsymbol{b}$ 为 n 维向量。最小二乘估计$\hat{\boldsymbol{x}}_{\text{LLS}}$是关于 $\boldsymbol{y}$ 的线性函数，有

$$\hat{\boldsymbol{x}}_{\text{LLS}} = \boldsymbol{A}\boldsymbol{y} + \boldsymbol{b}$$

并使得式(1B-7)最小化，其另一种等价形式为

$$\text{Min}_{\boldsymbol{A},\boldsymbol{b}} E\{\|\boldsymbol{x} - (\boldsymbol{A}\boldsymbol{y} + \boldsymbol{b})\|^2\} \tag{1B-10}$$

利用有关矩阵迹 $\text{tr}[\boldsymbol{AB}] = \text{tr}[\boldsymbol{BA}]$的特性[20]加之期望运算的线性特性及其与迹运算的可交换性，可得

$$\begin{aligned} E\{\|\boldsymbol{x} - (\boldsymbol{A}\boldsymbol{y} + \boldsymbol{b})\|^2\} &= E\{(\boldsymbol{x} - (\boldsymbol{A}\boldsymbol{y} + \boldsymbol{b}))^{\text{T}}(\boldsymbol{x} - (\boldsymbol{A}\boldsymbol{y} + \boldsymbol{b}))\} \\ &= \text{tr}E\{(\boldsymbol{x} - (\boldsymbol{A}\boldsymbol{y} + \boldsymbol{b}))(\boldsymbol{x} - (\boldsymbol{A}\boldsymbol{y} + \boldsymbol{b}))^{\text{T}}\} \\ &= \text{tr}[E\{\boldsymbol{x}\boldsymbol{x}^{\text{T}}\} - \boldsymbol{A}E\{\boldsymbol{y}\boldsymbol{x}^{\text{T}}\} - E\{\boldsymbol{x}\boldsymbol{y}^{\text{T}}\}\boldsymbol{A}^{\text{T}} + \boldsymbol{A}E\{\boldsymbol{y}\boldsymbol{y}^{\text{T}}\}\boldsymbol{A}^{\text{T}} + \boldsymbol{b}\boldsymbol{b}^{\text{T}}] \\ &= \text{tr}[\boldsymbol{P}_{xx} - \boldsymbol{A}\boldsymbol{P}_{yx} - \boldsymbol{P}_{xy}\boldsymbol{A}^{\text{T}} + \boldsymbol{A}\boldsymbol{P}_{yy}\boldsymbol{A} + \boldsymbol{b}\boldsymbol{b}^{\text{T}}] \end{aligned} \tag{1B-11}$$

将式(1. B-11)分别对 $\boldsymbol{A}$ 和 $\boldsymbol{b}$ 取偏导[20]，可得

$$\frac{\partial}{\partial \boldsymbol{b}} E\{\|\boldsymbol{x} - (\boldsymbol{A}\boldsymbol{y} + \boldsymbol{b})\|^2\} = \boldsymbol{0} = 2\boldsymbol{b}$$

$$\frac{\partial}{\partial \boldsymbol{A}} E\{\|\boldsymbol{x} - (\boldsymbol{A}\boldsymbol{y} + \boldsymbol{b})\|^2\} = \boldsymbol{0} = \boldsymbol{A}\boldsymbol{P}_{yy} + \boldsymbol{A}\boldsymbol{P}_{yy}^{\text{T}} - \boldsymbol{P}_{yx} - \boldsymbol{P}_{xy}^{\text{T}}$$

从而有

$$\hat{\boldsymbol{x}}_{\text{LLS}} = \boldsymbol{P}_{xy}\boldsymbol{P}_{yy}^{-1}\boldsymbol{y}$$

相应估计误差$\tilde{\boldsymbol{x}}_{\text{LLS}} = \boldsymbol{x} - \hat{\boldsymbol{x}}_{\text{LLS}}$的方差的最小值为

$$E\{\|\tilde{\boldsymbol{x}}_{\text{LLS}}\|^2\} = \text{tr}[\boldsymbol{P}_{xx} - \boldsymbol{P}_{xy}\boldsymbol{P}_{yy}^{-1}\boldsymbol{P}_{yx}]$$

其等价的表示方式为

$$\text{Cov}\{\tilde{\boldsymbol{x}}_{\text{LLS}}, \tilde{\boldsymbol{x}}_{\text{LLS}}\} = \boldsymbol{P}_{xx} - \boldsymbol{P}_{xy}\boldsymbol{P}_{yy}^{-1}\boldsymbol{P}_{yx}$$

对于随机向量 $\boldsymbol{x}$ 和 $\boldsymbol{y}$ 的均值 $\bar{\boldsymbol{x}}$ 和 $\bar{\boldsymbol{y}}$ 非零的情形，就有

$$(\widehat{x-\bar{x}})_{\mathrm{LLS}} = \boldsymbol{P}_{xy}\boldsymbol{P}_{yy}^{-1}(\boldsymbol{y}-\bar{\boldsymbol{y}})$$

其等价形式为

$$\hat{\boldsymbol{x}}_{\mathrm{LLS}} = \bar{\boldsymbol{x}} + \boldsymbol{P}_{xy}\boldsymbol{P}_{yy}^{-1}(\boldsymbol{y}-\bar{\boldsymbol{y}})$$

有关最小二乘估计的三个特性则很容易证明[14]。

证毕。

课后习题

随机变量和分布

(1) (a)假设 x 是在[−0.5,0.5]区间服从均匀分布的标量型随机变量，请利用MATLAB(或者其他自选程序语言)的均匀分布随机数生成器生成100个 x 的独立同分布样本，并画出分布图。

(b) 对于上述生成的 x 的独立同分布样本，请计算 $y = \frac{1}{n}\sum_{i=1}^{n} x_i$ 并画出 y 的分布，最后请证明 y 的高斯分布收敛特性。

(c) 假设 $u = \frac{1}{\lambda}\mathrm{e}^{-\lambda Z}$，当 z 在[−0.5,0.5]区间服从均匀分布时，利用数值方法表明 u 的概率密度。当 z 服从高斯分布 $N(0,\sigma^2)$，请利用MATLAB(或者其他自选程序语言)的高斯分布随机数生成器生成 z 的样本，并利用数值方法表明 u 的概率密度。

(2) 假设 $\boldsymbol{x}$ 是 $\mathbb{R}^n$ 空间服从高斯分布 $N(0,\boldsymbol{P})$ 的随机向量，选择一个 n 值(如3)和一个满足协方差矩阵特性的正定矩阵 $\boldsymbol{P}$。利用高斯随机数生成器生产多个 $\boldsymbol{x}$ 的样本，并通过实验证明 $\boldsymbol{x}$ 的分布接近于 $N(0,\boldsymbol{P})$(提示：找到可实现矩阵 $\boldsymbol{P}$ 对角化的变换，并基于该对角阵独立生成随机向量的各单元，各单元对应的方差为矩阵 $\boldsymbol{P}$ 的特征值，最后采用逆变换将生成的随机向量转换回 $\boldsymbol{x}$ 所在空间)。

估计器

(3) (a)假设 $y_i = a + v_i$，其中 a 是未知常量，y_i 是关于 a 的重复量测，量测过程具有独立的量测噪声 v_i，请分别在以下3种情形下利用最小二乘估计算法、加权最小二乘估计算法和极大似然算法获得 a 的估计值 $\hat{a}$：①$v_i = N(0,\sigma^2)$，其中 σ 值对所有量测保持不变；②$v_i = N(0,\sigma_i^2)$；③$v_i = U[-0.5,0.5]$。

(b) 当 a 为服从随机变量时①$a = N(0,\sigma_\alpha^2)$ 和②$a = U[b_1,b_2]$ 时，请分别利用最小二乘估计算法、加权最小二乘估计算法和极大似然算法获得 a 的估计值 $\hat{a}$。

(c) 对于上述两种情况，推导得出 i 增加情形下的递推估计算法。

4. 请证明式(1.4-3)给出的最小二乘估计是无偏的,且其估计误差协方差为式(1.4-4)(提示:利用误差和误差协方差的定义,$E\{\tilde{\boldsymbol{x}}_{LS}\}=E\{\boldsymbol{x}\}-E\{\hat{\boldsymbol{x}}_{LS}\}$ 和 $\boldsymbol{P}_{LS}=E\{(\boldsymbol{x}-\hat{\boldsymbol{x}}_{LS})(\boldsymbol{x}-\hat{\boldsymbol{x}}_{LS})^{T}\}$)。

5. 请推导由式(1.4-5)和式(1.4-7)给出的伪逆估计的期望值和误差协方差。

6. 请推导由式(1.4-10)给出的加权最小二乘估计的误差协方差。

7. 请推导由式(1.4-19)和式(1.4-20)给出的具有多个量测向量的加权最小二乘估计均值及其误差协方差(提示:将利用初始量测向量获得的估计结果作为利用新的量测向量进行估计时的先验估计)。

8. 请推导由式(1.5-3)和式(1.5-4)给出的具有先验估计的线性最小二乘估计器。

9. 请推导由式(1.5-6)~式(1.5-9)给出的具有先验估计的加权最小二乘估计器。

10. 类似于式(1.4-19)和(1.4-20)的推导,请推导由式(1.5-12)和式(1.5-13)给出的可处理多个量测向量的递推加权最小二乘估计器。

11. 请推导由式(1.5-21)和式(1.5-22)给出的条件期望(线性最小二乘)估计器。

12. 请推导量测噪声服从均匀分布条件下的估计算法。

13. 假设一个雷达系统所发射的基带波形信号 $s(t)$ 完全已知,从被探测的点目标返回的信号是具有未知时延和经过复值幅度调制的(部分是由目标的反射特性、大气造成的信号衰减以及调制、解调过程引起)原始信号的自我复制,并被标记为 $y(t)=as(t-\tau)$。噪声环境下,关于 $y(t)$ 的离散时间量测集合被标记为 $z(t_k)=y(t_k)+\xi_k, k=1,\cdots,N$,其中 ξ_k 是非相关、动态零均值高斯噪声序列,其高斯分布为 $N(0,\sigma_k^2)$。

(a) 请推导关于 τ 的估计算法(提示:对数似然函数为

$$\ln(p(z\mid\tau,a)) = -\sum_{k=1}^{N}\frac{1}{2\sigma_k^2}\left|z(t_k)-as(t_k-\tau)\right|^2-\text{const}$$

其中,a 可被视为多余参数,或者将其与 τ 一起估计)。

(b) 请推导关于 τ 的估计误差的 CRB。类似地,a 可被视为多余参数,或者将其与 τ 一起估计①。

14. 对于两个空间上相距很近分布的目标(或散射体),返回信号为 $y(t)=a_1s(t-\tau_1)+a_2s(t-\tau_2)$,其中 a_1 和 a_2 均为复数,且有 a_1 的相位服从均匀分布,而 a_2 相对 a_1 的相位是 $\Delta\theta=\dfrac{4\pi}{\lambda}(\tau_2-\tau_1)$。

① 额外参数的估计见参考文献[1,8]。

(1) 请推导得出 τ_1 和 τ_2 的估计算法。可以将 a_1 和 a_2 的相位均视为服从均匀分布的随机变量，从而即可看作多余的参数。事实上，相位差反映了相对的时间延迟，包含了有关信息。一种更为有用的方法是利用相位差来估计信号到达时间差。

(2) 请推导关于 τ_1 和 τ_2 的估计误差的 CRB。类似地，可将相位视为多余参数或作为估计参数进行估计。请解释为什么将相位视为多余参数获得的 CRB 要比将相位视为额外未知参数并联合估计得到 CRB 要低。

15. 考虑一个关于时间变量 t 的多项式的集合 $\{f_0(t), f_1(t), \cdots, f_k(t)\}$，假设该多项式集合可以线性加权和的形式充分表征函数 $y(t)$，即 $y(t) = \sum_{k=0}^{K} a_k f_k(t)$。噪声环境下，关于 $y(t)$ 的离散时间量测序列为 $z(t_n) = y(t_n) + \xi_n, n = 1, \cdots, N$，其中 ξ_n 为非相关、动态、均值为零和方差为 σ_n^2 的噪声序列。问题的目标在于，发现能够最好表征函数 $y(t)$ 的权重系数集合 $\{a_k\}$。

(1) 请推导得出针对权重系数 a_k 的加权最小二乘估计器，包括估计误差协方差。

(2) 针对 $f_0(t) = 1, f_1(t) = t, \cdots, f_k(t) = t^K/K!$ 的特殊情形，推导估计器和估计误差协方差。

(3) 针对 $K = 2$ 且 $\sigma_n^2 = \sigma^2$ 为常数的情况，进一步简化所得结果。值得注意的是，在这种情况下，如果将观测时间窗的中心置于 $t = 0$ 处，将大大简化最终结果。

(4) 针对 $K = 1$ 且 $\sigma_n^2 = \sigma^2$ 为常数的情况，完成相关推导。

参考文献

[1] H. L. Van Trees, *Detection, Estimation, and Modulation Theory*, Part 1. New York: Wiley, 1968.

[2] R. Deutsch, *Estimation Theory*. Englewood Cliff s, NJ: Prentice Hall, 1965.

[3] H. Sorenson, *Parameter Estimation*. New York: Marcel Dekker, 1980.

[4] J. Gubner, *Probability and Random Processes for Electrical and Computer Engineers*. Cambridge, UK: Cambridge University Press, 2006.

[5] A. Papoulis and S. U. Pillai, *Probability, Random Variables, and Stochastic Processes*, 4th ed. New York: McGraw – Hill, 2002.

[6] W. B. Davenport and W. L. Root, *Random Signals and Noise*. New York: McGraw – Hill, 1958.

[7] D. G. Luenberger, *Optimization by Vector Space Methods*. New York: Wiley, 1969.

[8] P. M. DeRusso, R. J. Roy, C. M. Close, and A. A. Desrochers, *State Variables for Engineers*, 2nd ed. New York: Wiley, 1998.

[9] W. L. Brogan, *Modern Control Theory*. Englewood Cliff s, NJ: Prentice Hall, 1990.

[10] H. Cramer, *Mathematical Methods of Statistics*. Princeton, NJ: Princeton University Press, 1946.

[11] R. Rao, "Information and the Accuracy Attainable in the Estimation of Statistical Parameters," *Bulletin of the Calcutta Mathematical Society*, no. 37, pp. 81 – 89, 1945.

[12] R. A. Fisher, "On the Mathematical Foundations of Theoretical Statistics," *Philosophical Transactions of the Royal Society of London*, *ser.* A, vol. 222, pp. 309 – 368, 1922.

[13] R. W. Miller and C. B. Chang, "A Modified Cramer – Rao Bound and its Applications," *IEEE Transactions on Information Theory*, vol. IT – 24, pp. 398 – 400, May 1978.

[14] B. Rhodes, "A Tutorial Introduction to Estimation and Filtering," *IEEE Transactions on Automatic Control*, vol. AC – 16, pp. 688 – 706, Dec. 1971.

[15] Y. Bar – Shalom, X. Rong Li, and T. Kirubarajan, *Estimation with Applications to Tracking and Navigation.* New York: Wiley, 2001.

[16] C. B. Chang and R. B. Homes, "Non – parametric Identifi cation of Continuous Systems with Discrete Measurements," in *Proceedings of the 23rd Conference on Decision and Control*, pp. 944 – 950, 1984.

[17] J. M. Hammersley and K. W. Morton, "Poor Man' s Monte Carlo," *Journal of the Royal Statistical Society B*, vol. 16, pp. 23 – 38, 1954.

[18] S. Arulampalam, S. R. Maskell, N. J. Gordon, and T. Clapp, "A Tutorial on Particle Filters for On – line Nonlinear/Non – Gaussian Bayesian Tracking," *IEEE Transactions on Signal Processing*, vol. 50, pp. 174 – 188, 2002.

[19] A. V. Oppenheim and R. W. Schafer, *Digital Signal Processing.* Englewood Cliffs, N. J.: Prentice – Hall, 1978.

[20] M. Athans, "Th e Matrix Minimum Principle," *Information and Control*, vol. 11, pp. 592 – 606, 1968.

第2章 线性系统的状态估计

2.1 引言

状态估计被定义为依据一个包含噪声的量测序列,对一个动态系统在某一特定时刻的状态向量进行估计。状态向量的定义方式与控制系统状态空间的表示方式相同(如参考文献[1-5])。状态轨迹经常是由一个噪声过程(称为系统噪声或过程噪声)所驱动,从而也就演化为一个随机过程。为便于参考查阅,附录2.A列出了随机过程相关的定义和术语。想要更深入地理解这一主题的读者可参考该领域的教科书(如参考文献[6])。本章将讨论不存在过程噪声条件下的状态估计问题,此时状态向量的演变为确定性。

本章的研究重点是具有线性状态方程和量测方程条件下的状态估计问题,参考文献[6-13]对这一问题进行了全面阐述。2.2节首先定义了状态方程和量测方程所采用的标记符号,简单起见(避免复杂的数学推导),且大多数应用问题采用采样数据,因此采用离散时间系统。2.2节简述了连续时间系统和离散时间系统之间的关系。依据滤波、平滑和预测,2.3节给出了估计器的定义。关于估计的一个重要概念是可观性,该节推导给出了可观性标准。一般估计问题的解就是一个关于状态后验概率密度函数的演变关系,体现在2.4节介绍的状态估计的贝叶斯方法中。滤波器方程可采用类似于第1章中所介绍的贝叶斯概率定理的方法推导得出。当初始状态、系统噪声和量测噪声均服从高斯分布时,线性估计问题的解是著名的卡尔曼滤波器(KF)[1]。2.5节对卡尔曼滤波进行了一般性的讨论。2.6节和2.7节给出了两种不同的卡尔曼滤波器的推导方法。2.8节回顾了卡尔曼的原始论文中对估计器特性的基本讨论和解释[1]。2.9节给出了平滑算法,2.10节给出了状态估计的Cramer-Rao界值。2.11节介绍了卡尔曼滤波器在1.8节所给正弦信号参数估计问题的应用(正弦波的频率已知),当频率已知时,正弦噪声问题可表示为一个线性状态估计问题。本章最后为课后习题和参考文献。

2.2 状态方程和量测方程

学习本书的先决条件是控制系统的状态空间表示。本节的目的是建立一些基本的关系和标记。因此,从连续时间系统快速地导出了对应的离散时间系统。关于这个问题,读者可阅读该领域的教科书(如参考文献[2,3,6])。

许多潜在的物理过程(系统状态方程)都可由连续时间函数描述。状态向量的连续时间演变可由如下线性随机微分方程表示①:

$$\dot{\boldsymbol{x}}_t = \boldsymbol{A}_t \boldsymbol{x}_t + \boldsymbol{B}_t \xi_t \tag{2.2-1}$$

式中:$\boldsymbol{x}_t \in \mathbb{R}^n$;$\boldsymbol{A}_t$ 是系统矩阵;$\boldsymbol{B}_t$ 是系统噪声 ξ_t 的分布矩阵。假设两个矩阵都是确定性的,则 ξ_t 是一个噪声过程,通常称为系统噪声,是系统的一个驱动函数。实践中,常用来表示在系统中存在的随机扰动,或者表示未知或未建模的系统状态。就数学而言,它应当被规范地定义为零均值、高斯白噪声过程,即

$$E\{\xi_t\} = 0$$

且

$$E\{\xi_t \xi_s^{\mathrm{T}}\} = \sum{}_t \delta(t-s)\ \forall t,s$$

式中:$\delta(t)$是一个 Dirac delta 函数。

离散时刻获取的关于$\boldsymbol{x}_t$ 的量测被标记为

$$\boldsymbol{y}_k = \boldsymbol{H}_k \boldsymbol{x}_k + \boldsymbol{\nu}_k \tag{2.2-2}$$

式中:$\boldsymbol{y}_k, \boldsymbol{\nu}_k \in \mathbb{R}^m$,$\boldsymbol{\nu}_k$ 是与 $\xi_t\ \forall t,k$ 独立的一个零均值,且协方差为$\boldsymbol{R}_k$ 的高斯噪声过程,即

$$\boldsymbol{\nu}_k: \sim N(\boldsymbol{0}, \boldsymbol{R}_k)$$

连续时间系统的离散时间等价形式②,即式(2.2-1),是由状态转移矩阵$\boldsymbol{\Phi}_{k,k-1}$定义的,即

$$\boldsymbol{x}_k = \boldsymbol{\Phi}_{k,k-1} \boldsymbol{x}_{k-1} + \mu_{k-1} \tag{2.2-3}$$

状态转移矩阵$\boldsymbol{\Phi}_{t,t0}$的一般形式代表式(2.2-1)中的外部驱动力$\xi_t = 0$ 的条件下状态向量从$\boldsymbol{x}_{t_0}$到 $\boldsymbol{x}$ 的演变,即

$$\boldsymbol{x}_t = \boldsymbol{\Phi}_{t,t_0} \boldsymbol{x}_{t_0} \tag{2.2-4}$$

这是线性微分方程式(2.2-1)在$\xi_t = \boldsymbol{0}$ 条件下的齐次解。对式(2.2-4)相对于 t 求导,得

$$\boldsymbol{\Phi}_{t,t_0} \boldsymbol{x}_{t_0} = \dot{\boldsymbol{x}}_t = \boldsymbol{A}_t \boldsymbol{x}_t = \boldsymbol{A}_t \boldsymbol{\Phi}_{t,t_0} \boldsymbol{x}_{t_0}$$

由此,关于$\boldsymbol{\Phi}_{t,t_0}$的矩阵微分方程变为

$$\dot{\boldsymbol{\Phi}}_{t,t_0} = \boldsymbol{A}_t \boldsymbol{\Phi}_{t,t_0} \tag{2.2-5}$$

当$\boldsymbol{A}_t$ 是一个恒定矩阵 $\boldsymbol{A}$ 时,可将状态转移矩阵简化为一个以 $\boldsymbol{A}(t-t_0)$ 为

① 关于连续时间随机过程的更严格推导,应采用方程(2.2-1)的维纳积分表示形式以及为推导本节所示结果而采用伊藤随机积分方法,参见本书第 4 章的参考文献[6]。

② 为了简化,在本书的其余部分,当涉及一个系统或一个过程时,将用“离散”当作“离散时间”,“连续”当作“连续时间”。

矩阵指数的形式,即

$$\boldsymbol{\Phi}_{t,t_0}=\boldsymbol{e}^{\boldsymbol{A}(t-t_0)} \tag{2.2-6}$$

基于泰勒级数展开的近似解常被用来计算$\boldsymbol{\Phi}_{t,t_0}$,即

$$\boldsymbol{\Phi}_{t,t_0}=\boldsymbol{I}+\boldsymbol{A}(t-t_0)+\text{HOT}$$

式中:HOT 表示级数展开的高阶项。即便对于时变的,当时间间隔 $t-t_0$ 较小时,可以采用相同的近似。

以下阐述了关于$\boldsymbol{\Phi}_{t_1,t_2}$的一些重要的性质,未推导。有兴趣的读者可以参阅状态变量和控制系统教科书中的有关推导(如参考文献[2,3])。

$$\begin{cases}\boldsymbol{\Phi}_{t_1,t_2}\boldsymbol{\Phi}_{t_2,t_3}=\boldsymbol{\Phi}_{t_1,t_3}\\ \boldsymbol{\Phi}_{t_1,t_2}^{-1}=\boldsymbol{\Phi}_{t_2,t_1}\\ \boldsymbol{\Phi}_{t,t_1}\boldsymbol{\Phi}_{t_1,t}=\boldsymbol{\Phi}_{t,t}=I\end{cases} \tag{2.2-7}$$

接下来将给出式(2.2-1)和式(2.2-3)(具有离散过程噪声$\boldsymbol{\mu}_k$)之间的关系。将ξ_t 当作一个确定性函数,并采用常数公式和式(2.2-5)的变形,可以证明下式是式(2.2-1)的非齐次解参考文献[2.3]。

$$\boldsymbol{x}_t=\boldsymbol{\Phi}_{t,t_0}\boldsymbol{x}_{t_0}+\int_{t_0}^{t}\boldsymbol{\Phi}_{t,\tau}\boldsymbol{B}_\tau\,\xi_\tau \mathrm{d}\tau \tag{2.2-8}$$

证明:对式(2.2-8)的两边相对于 t 求导,得

$$\dot{\boldsymbol{x}}_t=\dot{\boldsymbol{\Phi}}_{t,t_0}\boldsymbol{x}_{t_0}+\int_{t_0}^{t}\dot{\boldsymbol{\Phi}}_{t,\tau}\boldsymbol{B}_\tau\,\xi_\tau \mathrm{d}\tau+\boldsymbol{\Phi}_{t,t}\boldsymbol{B}_t\,\xi_t$$

利用式(2.2.5)和式(2.2.7)中有关$\boldsymbol{\Phi}_{t,t_0}$的性质,得

$$\begin{aligned}\dot{\boldsymbol{x}}_t&=\boldsymbol{A}_t\,\dot{\boldsymbol{\Phi}}_{t,t_0}\boldsymbol{x}_{t_0}+\int_{t_0}^{t}\boldsymbol{A}_t\,\boldsymbol{\Phi}_{t,\tau}\boldsymbol{B}_\tau\,\xi_\tau \mathrm{d}\tau+\boldsymbol{B}_t\,\xi_t\\&=\boldsymbol{A}_t\Big[\boldsymbol{\Phi}_{t,t_0}\boldsymbol{x}_{t_0}+\int_{t_0}^{t}\boldsymbol{\Phi}_{t,\tau}\boldsymbol{B}_\tau\,\xi_\tau \mathrm{d}\tau\Big]+\boldsymbol{B}_t\,\xi_t=\boldsymbol{A}_t\,\boldsymbol{x}_t+\boldsymbol{B}_t\,\xi_t\end{aligned}$$

证明完毕。

给定式(2.2-8),离散系统噪声$\boldsymbol{\mu}_{k-1}$与连续系统噪声的形式化关系为①

$$\boldsymbol{\mu}_{k-1}=\int_{t_{k-1}}^{t_k}\boldsymbol{\Phi}_{t,\tau}\boldsymbol{B}_\tau\,\xi_\tau \mathrm{d}\tau$$

令$\boldsymbol{Q}_{k-1}$为$\boldsymbol{\mu}_{k-1}$的误差协方差,则可以证明$\boldsymbol{Q}_{k-1}$和 $\sum_t$有如下关系②:

$$\boldsymbol{Q}_{\mathrm{k-1}}=\int_{\mathrm{t_{k-1}}}^{t}\boldsymbol{\Phi}_{t,\tau}\,\boldsymbol{B}_\tau\sum\nolimits_\tau\boldsymbol{B}_\tau^{\mathrm{T}}\,\boldsymbol{\Phi}_{t,\tau}^{\mathrm{T}}\mathrm{d}\tau \tag{2.2-9}$$

假设 ξ_t 是一个连续时间零均值和高斯白噪声,则$\boldsymbol{\Sigma}_t$ 是一个零均值白高斯噪声序列,有

---

① 严格地说,这一积分应当是一个维纳积分,ξ_t 是一个维纳过程的导数(如第 4 章的参考文献[6])。

② 方程(2.2-9)的时间积分表达式可以采用 Ito 积分严格地推导如本章参考文献[6]。

$$\boldsymbol{\mu}_{k-1}:\sim N(0,\boldsymbol{Q}_{k-1})$$

初始状态向量用$\boldsymbol{x}_0$表示，其中$\boldsymbol{x}_0$和$\boldsymbol{\mu}_{k-1}\in\mathbb{R}^n$是相互独立的($\forall k$)，并可由一个高斯密度函数对其建模，有

$$\boldsymbol{x}_0:\sim N(\overline{\boldsymbol{x}}_0,\boldsymbol{P}_0)$$

示例

令x表示一个沿着直线运动物体的位置。如果该物体以恒定速度运动，则该运动的微分方程是$\ddot{x}=0$，有时称为匀速(CV)模型，该物体的运动状态方程可以表示为

$$\dot{\boldsymbol{x}}_t=\boldsymbol{A}_t\boldsymbol{x}_t$$

而运动状态向量为$\boldsymbol{x}_t=[x_1,x_2]^{\mathrm{T}}$，$x_1=x$，$x_2=\dot{x}$，且系统矩阵$\boldsymbol{A}_t$为

$$\boldsymbol{A}_t=\begin{bmatrix}0&1\\0&0\end{bmatrix}$$

对于给定初始条件$\boldsymbol{x}_0$，上式的解给出了一个沿着直线运动目标的轨迹。然而，实际运动很少是直线，这种运动的不确定性是由系统噪声或过程噪声(如式(2.2. -1)中的$\boldsymbol{\xi}_t$)建模，因此系统方程修正为

$$\dot{\boldsymbol{x}}_t=\boldsymbol{A}_t\boldsymbol{x}_t+\boldsymbol{B}_t\xi_t$$

式中：输入矩阵$\boldsymbol{B}_t$为

$$\boldsymbol{B}_t=\begin{bmatrix}0\\1\end{bmatrix}$$

这表明系统的不确定性作为$\ddot{x}$的一个驱动因素，仅出现于加速度层级。注意ξ_t是一个标量，采用m、kg和s的度量约定，$\boldsymbol{\xi}_t$的量刚为$\mathrm{m/s^2}$，该连续系统对应的等价离散时间系统采用状态转移矩阵表示。如式(2.2 -3)所示，离散可表示为

$$\boldsymbol{x}_k=\boldsymbol{\Phi}_{k,k-1}+\boldsymbol{x}_{k-1}+\boldsymbol{\mu}_{k-1}$$

式中：采样之间的时间为一个恒量T。利用式(2.2 -6)所给状态转移矩阵的定义，得

$$\boldsymbol{\Phi}_{k,k-1}=\boldsymbol{\Phi}_T=\begin{bmatrix}1&\mathrm{T}\\0&1\end{bmatrix}\forall k$$

假设$\boldsymbol{\xi}_t$的方差是一个值为σ_ξ^2的常量，利用式(2.2 -9)，可以证明μ_{k-1}的误差协方差为

$$Q_{k-1}=Q=\sigma_\xi^2\begin{bmatrix}\frac{1}{3}T^3&\frac{1}{2}T^2\\\frac{1}{2}T^2&T\end{bmatrix}\forall k$$

采用相同的方法，可以证明对一个沿着一条直线运动且加速度恒定的目标，目标的状态向量为$\boldsymbol{x}_t=[X_1,X_2,X_3]$，$X_1=X$，$x_2=\dot{x}$，$x_3=\ddot{x}$，系统矩阵$\boldsymbol{A}_t$为

$$A_t = \begin{bmatrix} 0 & 1 & 0 \\ 0 & 0 & 1 \\ 0 & 0 & 0 \end{bmatrix}$$

状态转移矩阵为

$$\boldsymbol{\Phi}_{k,k-1} = \boldsymbol{\Phi}_T = \begin{bmatrix} 1 & T & 0 \\ 0 & 1 & T \\ 0 & 0 & 1 \end{bmatrix}$$

离散过程噪声的误差协方差为

$$\boldsymbol{Q}_{k-1} = \boldsymbol{Q} = \sigma_\xi^2 \begin{bmatrix} 0 & 0 & 0 \\ 0 & \frac{1}{3}T^3 & \frac{1}{2}T^2 \\ 0 & \frac{1}{2}T^2 & T \end{bmatrix} \forall k$$

评注：

(1)重要的是要注意到$\boldsymbol{x}_k$和$\boldsymbol{y}_k$均为高斯过程，因为一个高斯过程的任何线性变换仍是一个高斯过程。

(2)正如其后将证明的那样，如果实际的过程与建模的相同，且噪声为是零均值、协方差已知的高斯随机过程，则上述针对状态和量测系统的估计器就是最优的。实际应用通常难以满足这样的要求。为了精细地对滤波器设计进行调优，通常需要对过程噪声协方差矩阵$\boldsymbol{Q}_k$进行调整以减少滤波器性能方面的问题(见第4章)。

(3)尽管潜在实际过程是连续的，但在上述状态估计应用中，仅有离散的采样数据被作为量测。可以采用已知的线性连续系统方程，并由上述建立的状态转移矩阵计算离散量测时刻的状态向量。但是，这样一来问题就演变成了一个离散状态估计问题。我们很好地理解了线性系统的连续表示和离散表示之间的关系。建议没有控制系统学习背景的读者参考中级或一年级研究生水平的控制系统教科书(如参考文献[2,3])。

2.3 状态估计的定义

这里对状态估计问题做如下重申，由一个含噪量测的集合计算$k=1,\cdots,K$时刻的状态向量$\boldsymbol{x}_k$，其中，状态向量的演化服从一个已知的随机过程。清楚起见，状态方程和量测方程如下：

$$\boldsymbol{x}_k = \boldsymbol{\Phi}_{k,k-1}\boldsymbol{x}_{k-1} + \boldsymbol{\mu}_{k-1} \tag{2.3-1}$$

$$\boldsymbol{y}_k = \boldsymbol{H}_k \boldsymbol{x}_k + \boldsymbol{\nu}_k \tag{2.3-2}$$

式中：$\boldsymbol{x}_k,\boldsymbol{x}_0,\boldsymbol{\mu}_{k-1}\in\mathbb{R}^n$，$\boldsymbol{y}_k,\boldsymbol{\nu}_k\in\mathbb{R}^m$，$\boldsymbol{\Phi}_{k,k-1}$和$\boldsymbol{H}_k$为已知矩阵，$\boldsymbol{x}_0,\boldsymbol{\mu}_{k-1}$和$\boldsymbol{\nu}_k$是相互独立的高斯随机向量，$\boldsymbol{x}_0$：$\sim N(\bar{\boldsymbol{x}}_0,\boldsymbol{P}_0)$，$\boldsymbol{\mu}_k$：$\sim N(0,\boldsymbol{Q}_k)$和$\boldsymbol{\nu}_k$：$\sim N(0,\boldsymbol{R}_k)$。

各变量的定义如下：

$\boldsymbol{y}_{1:j}$：$1,2,\cdots,j$时刻的量测集，有$\boldsymbol{y}_{1:j}=\{\boldsymbol{y}_1,\boldsymbol{y}_2,\cdots,\boldsymbol{y}_j\}$。

$\hat{\boldsymbol{x}}_{i|j}$：在给定量测$\boldsymbol{y}_{1:j}$条件下对$\boldsymbol{x}_i$的估计。

(1) 当$i=j$时，$\hat{\boldsymbol{x}}_{i|j}$为$\boldsymbol{x}_i$的滤波估计；

(2) 当$i>j$时，$\hat{\boldsymbol{x}}_{i|j}$为$\boldsymbol{x}_i$的预测估计；

(3) 当$i<j$时，$\hat{\boldsymbol{x}}_{i|j}$为$\boldsymbol{x}_i$的平滑估计。

可以进一步推断出，最优的状态估计器是基于量测获得的状态向量的统计期望，有

$$\hat{\boldsymbol{x}}_{i|j}=E\{\boldsymbol{x}_i|\boldsymbol{y}_{1:j}\} \tag{2.3-3}$$

2.3.1 可观性

根据上述定义，很显然，状态估计问题是一个逆映射问题。类似于由一组线性方程求解一个未知向量的问题，要确保解的存在性和唯一性，就必须满足一些条件。这些条件也被称为问题的可观性，基于这些条件可由一组量测获得唯一的状态向量估计。这里首先研究确定性的情形，对于$\forall k$，$\boldsymbol{\mu}_k$和$\boldsymbol{\nu}_k$均为零。该问题等价于求解服从一个已知的微分方程的$\boldsymbol{x}_0$，即

$$\boldsymbol{x}_k=\boldsymbol{\Phi}_{k,k-1}\boldsymbol{x}_{k-1} \tag{2.3-4}$$

而给定的一组量测服从如下量测方程：

$$\boldsymbol{y}_i=\boldsymbol{H}_i\,\boldsymbol{x}_i\quad i=1,\cdots,k$$

式中：k为一个整数时间索引。为了求解$\boldsymbol{x}_0$，所有的量测可表示为

$$\boldsymbol{y}_1=\boldsymbol{H}_1\,\boldsymbol{\Phi}_{1,0}\boldsymbol{x}_0,$$
$$\boldsymbol{y}_2=\boldsymbol{H}_2\,\boldsymbol{\Phi}_{2,0}\boldsymbol{x}_0,$$
$$\boldsymbol{y}_k=\boldsymbol{H}_k\,\boldsymbol{\Phi}_{k,0}\boldsymbol{x}_0$$

如下定义一个向量和一个矩阵：

$$\boldsymbol{y}_{1:k}=(\boldsymbol{y}_1^{\mathrm{T}},\boldsymbol{y}_2^{\mathrm{T}},\cdots,\boldsymbol{y}_k^{\mathrm{T}})^{\mathrm{T}}$$
$$\boldsymbol{H}_{1:k}=[[\boldsymbol{H}_1\,\boldsymbol{\Phi}_{1,0}]^{\mathrm{T}},[\boldsymbol{H}_2\,\boldsymbol{\Phi}_{2,0}]^{\mathrm{T}},\cdots,[\boldsymbol{H}_k\,\boldsymbol{\Phi}_{k,0}]^{\mathrm{T}}]^{\mathrm{T}}$$

从而有

$$\boldsymbol{y}_{1:k}=\boldsymbol{H}_{1:k}\boldsymbol{x}_0$$

式中：$\boldsymbol{y}_{1:k}$是一个$(k*m)\times 1$的向量；$\boldsymbol{H}_{1:k}$是一个$(k*m)\times n$的矩阵；$\boldsymbol{x}_0$是一个$n\times 1$的向量。注意$(k*m)$被用来表示k乘以m，同时假设$(k*m)$至少大于或等于n且矩阵$\boldsymbol{H}_{1:k}$的秩为n，则可计算得到唯一的$\boldsymbol{x}_0$，即

$$\boldsymbol{x}_0=[\boldsymbol{H}_{1:k}^{\mathrm{T}}\boldsymbol{H}_{1:k}]^{-1}\boldsymbol{H}_{1:k}^{\mathrm{T}}\boldsymbol{y}_{1:k}$$

因此，对于所考虑的线性离散系统，当秩$\{\boldsymbol{H}_{1:k}^{\mathrm{T}}\boldsymbol{H}_{1:k}\}=n$时，系统是能观的[2-5]。

$[\boldsymbol{H}_{1:k}^{\mathrm{T}}\boldsymbol{H}_{1:k}]$可表示为

$$[\boldsymbol{H}_{1:k}^{\mathrm{T}}\boldsymbol{H}_{1:k}] = \sum_{i=1}^{k} \boldsymbol{\Phi}_{i,0}^{\mathrm{T}}\boldsymbol{H}_{i}^{\mathrm{T}}\boldsymbol{H}_{i}\boldsymbol{\Phi}_{i,0} \tag{2.3-6}$$

表2.1归纳给出了线性系统的可观性条件。

表2.1 可观性条件小结

可观性条件 给定一个确定性的线性系统,即 $\boldsymbol{x}_k = \boldsymbol{\Phi}_{k,k-1}\boldsymbol{x}_{k-1}$ (2.3-4) $\boldsymbol{y}_k = \boldsymbol{H}_k\boldsymbol{x}_k$ (2.3-5) 当且仅当对于一个有限的 k 值;当且仅当矩阵 $\sum_{i=1}^{k}\boldsymbol{\Phi}_{i,0}^{\mathrm{T}}\boldsymbol{H}_i^{\mathrm{T}}\boldsymbol{H}_i\boldsymbol{\Phi}_{i,0}$ 为非奇异矩阵时,系统是能观的。

评注:

在3.10节将证明,对于式(2.3-1)和式(2.3-2)给出的一个随机线性系统,当式(2.3-6)被修正为

$$\sum_{i=1}^{k} \boldsymbol{\Phi}_{i,0}^{\mathrm{T}}\boldsymbol{H}_{i}^{\mathrm{T}}\boldsymbol{R}_{i}^{-1}\boldsymbol{H}_{i}\boldsymbol{\Phi}_{i,0} \tag{2.3-7}$$

该式就变成关于$\boldsymbol{x}_0$的估计的Cramer-Rao界值的逆,由此建立起了可观性标准和估计精度之间的联系。如果对于所有的k,$[\boldsymbol{H}_{1:k}^{\mathrm{T}}\boldsymbol{H}_{1:k}]$均是奇异的,则系统是不能观的,也就不存在具有有限协方差的关于$\boldsymbol{x}_0$的无偏估计器。

2.3.2 估计误差

1.4节描述了有关参数估计的估计误差的定义,可被扩展至状态估计领域。正如2.3节所定义的,令$\hat{\boldsymbol{x}}_{i|j}$标识基于截止时刻$j$所获得所有量测$\boldsymbol{y}_{1:j}$所得的$\boldsymbol{x}_i$的估计。简单起见,讨论限定在滤波问题,即$i=j=k$的情况。估计误差$\tilde{\boldsymbol{x}}_{k|k}$为

$$\tilde{\boldsymbol{x}}_{k|k} = \boldsymbol{x}_k - \hat{\boldsymbol{x}}_{k|k}$$

对于线性高斯情况,$\boldsymbol{x}_k$和$\hat{\boldsymbol{x}}_{k|k}$是高斯型,因此$\tilde{\boldsymbol{x}}_{k|k}$是高斯型且可由其均值和协方差完全地描述。在一般的情况下,会需要$\hat{\boldsymbol{x}}_{k|1:k}$,$\hat{\boldsymbol{x}}_{k|k}$的均值和协方差的定义为

$$E\{\tilde{\boldsymbol{x}}_{k|k}\} = E\{\boldsymbol{x}_k\} - E\{\hat{\boldsymbol{x}}_{k|k}\} \tag{2.3-8}$$

而估计误差协方差为

$$\mathrm{Cov}\{\tilde{\boldsymbol{x}}_{k|k}\} = E\{(\boldsymbol{x}-\hat{\boldsymbol{x}}_{k|k})(\boldsymbol{x}-\hat{\boldsymbol{x}}_{k|k})^{\mathrm{T}}\} \tag{2.3-9}$$

当$E\{\tilde{\boldsymbol{x}}_{k|k}\}=\boldsymbol{0}$时,$\hat{\boldsymbol{x}}_{k|k}$为无偏估计。类似于参数估计的情形,关于估计误差协方差质量的一个重要测度是CRB,CRB为任何关于$\boldsymbol{x}_k$的无偏估计的误差协

方差的下界。任何估计误差协方差达到CRB 界值的无偏估计$\hat{\boldsymbol{x}}_{k|k}$均为$\boldsymbol{x}_k$ 的有效估计。作为估计算法性能的一种测度，Cramer - Rao 界已被用于多种问题。本章后续部分将把 1.7 节中关于参数估计的 CRB 扩展至状态估计。

2.4 状态估计的贝叶斯方法

本章将频繁采用如下条件概率的等价表示式：

$$p(\boldsymbol{x}_k|\boldsymbol{y}_{1:k}) = p(\boldsymbol{x}_k|\boldsymbol{y}_k, \boldsymbol{y}_{1:k-1})$$

基于上式并利用式(1.3 - 5)给出的贝叶斯概率定理，可得先验概率密度函数与后验概率密度函数的关系式为

$$p(\boldsymbol{x}_k|\boldsymbol{y}_{1:k}) = \frac{p(\boldsymbol{y}_k|\boldsymbol{x}_k)}{p(\boldsymbol{y}_k|\boldsymbol{y}_{1:k-1})} p(\boldsymbol{x}_k|\boldsymbol{y}_{1:k-1}) \tag{2.4-1}$$

式中：$p(\boldsymbol{y}_k|\boldsymbol{x}_k, \boldsymbol{y}_{1:k-1}) = p(\boldsymbol{y}_k|\boldsymbol{x}_k)$，且概率密度$p(\boldsymbol{x}_k|\boldsymbol{y}_{k-1})$可表示为

$$p(\boldsymbol{x}_k|\boldsymbol{y}_{1:k-1}) = \int p(\boldsymbol{x}_k|\boldsymbol{x}_{k-1}) p(\boldsymbol{x}_{k-1}|\boldsymbol{y}_{1:k-1}) \mathrm{d}\boldsymbol{x}_{k-1} \tag{2.4-2}$$

式(2.4 - 1)和式(2.4 - 2)联立得

$$p(\boldsymbol{x}_k|\boldsymbol{y}_{1:k}) = \frac{p(\boldsymbol{y}_k|\boldsymbol{x}_k)}{p(\boldsymbol{y}_k|\boldsymbol{y}_{1:k-1})} \int p(\boldsymbol{x}_k|\boldsymbol{x}_{k-1}) p(\boldsymbol{x}_k|\boldsymbol{y}_{1:k-1}) \mathrm{d}\boldsymbol{x}_{k-1} \tag{2.4-3}$$

评注

① $p(\boldsymbol{x}_k|\boldsymbol{y}_{1:k})$是给定离散时刻 1 ~ k 所获量测$\boldsymbol{y}_{1:k}$条件下$\boldsymbol{x}_k$ 的后验概率密度，$p(\boldsymbol{x}_k|\boldsymbol{y}_{1:k-1})$是给定从离散时刻 1 ~ k 所获量测$\boldsymbol{y}_{1:k}$条件下$\boldsymbol{x}_k$ 的先验概率密度。

② $p(\boldsymbol{x}_k|\boldsymbol{x}_{k-1})$是由状态方程式(2.3.1)所决定的、随机过程$\boldsymbol{x}_k$ 的状态转移概率，因此假设$\boldsymbol{x}_0$ 和 $\boldsymbol{\mu}_{k-1}$相互独立性，且假设$\boldsymbol{x}_k$ 是一个马尔可夫过程。

③ $p(\boldsymbol{x}_{k-1}|\boldsymbol{y}_{1:k-1})$是给定离散时刻 1 ~ k - 1 所获量测$\boldsymbol{y}_{1:k-1}$条件下$\boldsymbol{x}_{k-1}$的后验概率密度，主要用于如式(2.4 - 2)所示、$\boldsymbol{x}_k$ 的先验密度计算。

④ 式(2.4 - 3)源于 Bucy 的一篇论文，即参考文献[14]，该论文以连续量测来处理连续系统的状态估计问题，以上是由 Ho 和 Lee 首先提出的参考文献[15]、针对离散系统的版本。该关系具有足够的通用性，可以表示线性和非线性估计问题。应当强调的是，给定截止 k 时刻所获的测量所得到的后验概率密度函数$p(\boldsymbol{x}_k|\boldsymbol{y}_{1:k})$具有关于状态向量$\boldsymbol{x}_k$ 的估计$\hat{\boldsymbol{x}}_{k|k}$的完全统计特性。

⑤ 对于线性高斯系统，式(2.4 - 3)中的所有概率密度均为高斯概率密度函数的。由给定$\boldsymbol{y}_{1:k}$条件下关于$\boldsymbol{x}_k$ 的条件均值和估计误差协方差可以完全表示$p(\boldsymbol{x}_k|\boldsymbol{y}_{1:k})$，2.5 节证明这一结论，而其解就是卡尔曼滤波器。对于非线性及高斯系统，仅能得到数值解或近似解，在后续章节将进一步讨论诸如扩展卡尔曼滤波、无迹卡尔曼滤波和粒子滤波器等多种方法。

2.5 状态估计的卡尔曼滤波器

2.3 节中,关于如式(2.3-1)和式(2.3-2)所示线性系统的状态估计问题的求解,在卡尔曼所发表的里程碑式的论文[1]中给出了答案。基于状态向量演变的递归特性,重新阐述状态估计问题如下:

状态估计问题,是在给定一个新的量测向量$\boldsymbol{y}_k$及其量测误差协方差$\boldsymbol{P}_{k|k}$和前一个离散时刻的$\boldsymbol{x}_{k-1}$最优估计$\hat{\boldsymbol{x}}_{k-1|k-1}$及其估计误差协方差$\boldsymbol{P}_{k-1|k-1}$的条件下,寻求关于$\boldsymbol{x}_k$的最优估计$\hat{\boldsymbol{x}}_{k|k}$。

依据$k=1,2,\cdots,k$的$\boldsymbol{y}_k$,$\hat{\boldsymbol{x}}_{k-1|k-1}$和$\boldsymbol{P}_{k-1|k-1}$,卡尔曼滤波给出了计算$\hat{\boldsymbol{x}}_{k|k}$及其估计误差协方差$\boldsymbol{P}_{k|k}$的递归算法。当满足以下条件时,卡尔曼滤波器是最优的(在加权最小二乘和最大后验概率意义上):

(1) 系统方程和量测方程是线性的。

(2) $\boldsymbol{\Phi}_{k,k-1}$(或$\boldsymbol{A}_t$)和$\boldsymbol{H}_k$是完全已知的。

(3) 初始状态的统计特征与系统(过程)噪声与量测噪声的白噪声。

过程的统计特征是相互独立的,且均服从具有已知均值和协方差的高斯过程,有

$$\boldsymbol{x}_0: \sim N(\bar{\boldsymbol{x}}_0,\boldsymbol{P}_0),\boldsymbol{\mu}_k: \sim N(\boldsymbol{0},\boldsymbol{Q}_k),\boldsymbol{\nu}_k: \sim N(\boldsymbol{0},\boldsymbol{R}_k)。$$

(4) 系统是能观的(具备以有限的协方差估计状态的能力)。

感兴趣的读者,若希望更多地了解能控性和可观性,可参阅控制系统的有关教科书如本章参考文献[2-4]。在后续有关状态估计 CRB 的推导过程中,也将再次讨论 2.3.1 节推导的可观性标准,并将证明:(1)由式(2.3-1)和式(2.3-2)描述的线性系统方程存在 CRB,且与系统的可观性完全彼此对应。(2)CRB 给出了任何无偏估计算法能够希望实现的最小协方差。

以下几节中,给出了两种最优状态估计器的推导方法,两种方法均能推导得出卡尔曼滤波方程。最简单的推导是将 1.5.2 节中用于参数估计的加权最小二乘估计器扩展到多个时间步,2.6 节给出相关讨论。第二种方法是将贝叶斯递归算式应用于线性系统状态估计问题,在第 3 章将证明这是一种求解普遍的这类问题的方法;也将回顾卡尔曼的原始论文,以引入正交投影的概念及其与条件均值估计器的关系。

2.6 卡尔曼滤波器的推导:对加权最小二乘参数估计器的扩展

回顾这样一个事实,用于参数估计的最小二乘估计器(见 1.6.2 节)曾考虑利用其均值$\bar{\boldsymbol{x}}_0$和协方差$\boldsymbol{P}_0$来表示未知参数$\boldsymbol{x}$的先验知识的情形。给定$\boldsymbol{y}$条件

下 $\boldsymbol{x}$ 的最优估计由量测向量 $\boldsymbol{y}$ 和式(1.5-8)与式(1.5-9)中的$\bar{\boldsymbol{x}}_0$ 的加权平均得到。利用数学推导,这种方法也可用于随时间演变的目标状态的估计中。

两个中间项$\hat{\boldsymbol{x}}_{k|k-1}$和$\boldsymbol{P}_{k|k-1}$定义如下:

式中:$\hat{\boldsymbol{x}}_{k|k-1}$为给定 $1\sim k-1$ 时刻的所有量测$\boldsymbol{y}_i$($\boldsymbol{y}_{1:k-1}$)条件下$\boldsymbol{x}_k$ 的一步预测估计;$\boldsymbol{P}_{k|k-1}$为$\hat{\boldsymbol{x}}_{k|k-1}$的误差协方差。

假设在离散 $k-1$ 时刻,关于$\boldsymbol{x}_{k-1}$的 WLS 估计已知且由条件均值$\hat{\boldsymbol{x}}_{k|k-1}$和协方差$\boldsymbol{P}_{k-1|k-1}$表示。假设$\boldsymbol{x}_k$ 是经由式(2.3-1)得到的关于$\boldsymbol{x}_{k-1}$和$\boldsymbol{\mu}_{k-1}$的线性映射,且$\boldsymbol{\mu}_1,\boldsymbol{\mu}_2,\cdots,\boldsymbol{\mu}_{k-1}$相互独立,那么给定$\boldsymbol{y}_{1:k-1}$条件下关于$\boldsymbol{x}_k$ 的 WLS 估计$\hat{\boldsymbol{x}}_{k|k-1}$是条件均值 $E\{\boldsymbol{x}_k|\boldsymbol{y}_{1:k-1}\}$(见附录 1. B 引理 1 和引理 2),由此可得

$$\hat{\boldsymbol{x}}_{k|k-1}=\boldsymbol{\Phi}_{k|k-1}\hat{\boldsymbol{x}}_{k-1|k-1} \tag{2.6-1}$$

$$\boldsymbol{P}_{k|k-1}=\boldsymbol{\Phi}_{k,k-1}\boldsymbol{P}_{k-1|k-1}\boldsymbol{\Phi}_{k,k-1}^{\mathrm{T}}+\boldsymbol{Q}_{k-1} \tag{2.6-2}$$

k 时刻所得新的量测$\boldsymbol{y}_k$ 被用于计算$\hat{\boldsymbol{x}}_{k|k-1}$,可以通过选择使以下性能指标最小的$\boldsymbol{x}_k$ 来实现,有

$$\boldsymbol{J}=(\boldsymbol{y}_k-\boldsymbol{H}_k\boldsymbol{x}_k)^{\mathrm{T}}\boldsymbol{R}_k^{-1}(\boldsymbol{y}_k-\boldsymbol{H}_k\boldsymbol{x}_k)+(\boldsymbol{x}_k-\hat{\boldsymbol{x}}_{k|k-1})^{\mathrm{T}}\boldsymbol{P}_{k|k-1}^{-1}(\boldsymbol{x}_k-\hat{\boldsymbol{x}}_{k|k-1})$$

注意上式与参数估计中的式(1.5-5)相同。$\hat{\boldsymbol{x}}_{k|k-1}$被当作给定$\boldsymbol{y}_{1:k-1}$条件下,$\boldsymbol{x}_k:\sim N(\hat{\boldsymbol{x}}_{k|k-1},\boldsymbol{P}_{k|k-1})$的先验知识,因此通过 WLS 估计引入了新的量测$\boldsymbol{y}_k$。沿用 1.5.2 节的推导并忽略中间步骤,得

$$\hat{\boldsymbol{x}}_{k|k}=[\boldsymbol{H}_k^{\mathrm{T}}\boldsymbol{R}_k^{-1}\boldsymbol{H}_k+\boldsymbol{P}_{k|k-1}^{-1}]^{-1}(\boldsymbol{H}_k^{\mathrm{T}}\boldsymbol{R}_k^{-1}\boldsymbol{y}_k+\boldsymbol{P}_{k|k-1}^{-1}\hat{\boldsymbol{x}}_{k|k-1}) \tag{2.6-3}$$

$$\boldsymbol{P}_{k|k}=[\boldsymbol{H}_k^{\mathrm{T}}\boldsymbol{R}_k^{-1}\boldsymbol{H}_k+\boldsymbol{P}_{k|k-1}^{-1}]^{-1} \tag{2.6-4}$$

式(2.6-3)和式(2.6-4)等价于式(1.5.6)和式(1.5.9)。再次沿用 1.5.2 节中的推导,可得到形式更加熟悉的卡尔曼滤波器更新方程,新的量测$\boldsymbol{y}_k$作为一个修正项被引入预测估计$\hat{\boldsymbol{x}}_{k|k-1}$中,有

$$\hat{\boldsymbol{x}}_{k|k}=\hat{\boldsymbol{x}}_{k|k-1}+\boldsymbol{P}_{k|k-1}\boldsymbol{H}_k^{\mathrm{T}}[\boldsymbol{H}_k\boldsymbol{P}_{k|k-1}\boldsymbol{H}_k^{\mathrm{T}}+\boldsymbol{R}_k]^{-1}(\boldsymbol{y}_k-\boldsymbol{H}_k\hat{\boldsymbol{x}}_{k|k-1}) \tag{2.6-5}$$

$$\boldsymbol{P}_{k|k}=\boldsymbol{P}_{k|k-1}-\boldsymbol{P}_{k|k-1}\boldsymbol{H}_k^{\mathrm{T}}[\boldsymbol{H}_k\boldsymbol{P}_{k|k-1}\boldsymbol{H}_k^{\mathrm{T}}+\boldsymbol{R}_k]^{-1}\boldsymbol{H}_k\boldsymbol{P}_{k|k-1} \tag{2.6-6}$$

这些公式等价于式(1.5-8)和式(1.5-9)。

滤波器的误差协方差计算公式,式(2.6-2)和式(2.6-6)被统称为离散 Riccati 方程(等价于连续卡尔曼滤波器的协方差算式中的对应项)。这里还利用了 3 类滤波器增益计算公式的等价性,并应用在式(2.6-5)中,有

$$\left.\begin{aligned}\boldsymbol{K}_k&=\boldsymbol{P}_{k|k-1}\boldsymbol{H}_k^{\mathrm{T}}[\boldsymbol{H}_k\boldsymbol{P}_{k|k-1}\boldsymbol{H}_k^{\mathrm{T}}+\boldsymbol{R}_k]^{-1}\\ \boldsymbol{K}_k&=\boldsymbol{P}_{k|k}\boldsymbol{H}_k^{\mathrm{T}}\boldsymbol{R}_k^{-1}\\ \boldsymbol{K}_k&=[\boldsymbol{H}_k^{\mathrm{T}}\boldsymbol{R}_k^{-1}\boldsymbol{H}_k+\boldsymbol{P}_{k|k-1}^{-1}]^{-1}\boldsymbol{H}_k^{\mathrm{T}}\boldsymbol{R}_k^{-1}\end{aligned}\right\} \tag{2.6-7}$$

根据式(2.6-7)所给滤波器增益的定义,可以得到另一种计算$\boldsymbol{P}_{k|k}$的形式,并确保其为一个半正定矩阵,即

$$\boldsymbol{P}_{k|k}=(\boldsymbol{I}-\boldsymbol{K}_k\boldsymbol{H}_k)\boldsymbol{P}_{k|k-1}(\boldsymbol{I}-\boldsymbol{K}_k\boldsymbol{H}_k)^{\mathrm{T}}+\boldsymbol{K}_k\boldsymbol{R}_k\boldsymbol{K}_k^{\mathrm{T}}$$

信息滤波器

可以采用对应的由 1.7 节定义用于参数估计的 Fisher 信息矩阵来代替

式(2.5-5)~式(2.6-7)所给递归算法。令 $\mathcal{F}_{k|k}=\boldsymbol{P}_{k|k}^{-1}$ 及 $\mathcal{F}_{k|k-1}=\boldsymbol{P}_{k|k-1}^{-1}$，由式(2.6-4)，得

$$\mathcal{F}_{k|k}=\boldsymbol{H}_k^{\mathrm{T}}\boldsymbol{R}_k^{-1}\boldsymbol{H}_k+\mathcal{F}_{k|k-1} \tag{2.6-8}$$

由式(2.6-2)，可得预测的信息矩阵，即

$$\mathcal{F}_{k|k-1}=[\boldsymbol{\Phi}_{k,k-1}\mathcal{F}_{k=1|k-1}^{-1}\boldsymbol{\Phi}_{k-1}]^{-1}$$

利用附录A所给矩阵求逆引理的扩展一(式(A.2))，得

$$\mathcal{F}_{k|k-1}=\boldsymbol{Q}_{k-1}^{-1}-\boldsymbol{Q}_{k-1}^{-1}\boldsymbol{\Phi}_{k|k-1}[\mathcal{F}_{k-1|k-1}+\boldsymbol{\Phi}_{k|k-1}^{\mathrm{T}}\boldsymbol{Q}_{k-1}^{-1}\boldsymbol{\Phi}_{k|k-1}]^{-1}\boldsymbol{\Phi}_{k|k-1}^{\mathrm{T}}\boldsymbol{Q}_{k-1}^{-1} \tag{2.6-9}$$

尽管此时状态预测方程不变，但状态更新方程会变为

$$\hat{\boldsymbol{x}}_{k|k}=\mathcal{F}_{k|k}^{-1}(\boldsymbol{H}_k^{\mathrm{T}}\boldsymbol{R}_k^{-1}\boldsymbol{y}_k+\mathcal{F}_{k|k-1}\hat{\boldsymbol{x}}_{k|k-1}) \tag{2.6-10}$$

基于式(2.6-7)，利用信息矩阵可将卡尔曼滤波增益写为

$$\boldsymbol{K}_k=\mathcal{F}_{k|k}^{-1}\boldsymbol{H}_k^{\mathrm{T}}\boldsymbol{R}_k^{-1}$$

采用信息滤波算法实现卡尔曼滤波器的一个优点是滤波器的初始化无须任何初始条件，上述算法可以从 $\mathcal{F}_{0|0}=\boldsymbol{0}$ 开始，这对于后向滤波器的固定间隔平滑器实现是非常有用的(见2.9.1节)。

表2.2对离散卡尔曼滤波算法进行了总结。

表2.2　离散卡尔曼滤波方程小结

离散卡尔曼滤波器
状态和量测方程
$x_k=\Phi_{k,k-1}x_{k-1}+\mu_{k-1}$
$\boldsymbol{y}_k=\boldsymbol{H}_k\boldsymbol{x}_k+\nu_k$
式中：$x\in\mathbb{R}^n,y\in\mathbb{R}^m,x_0:\sim N(\bar{x}_0,\boldsymbol{P}_0),\mu_k:\sim N(0,\boldsymbol{Q}_k),\nu_k:\sim N(0,\boldsymbol{R}_k)$是相互独立的，$\Phi_{k,k-1}$和$\boldsymbol{H}_k$被完全定义。
问题的描述：
采用所有的量测$y_{1:k}=\{y_1,y_2,\cdots,y_k\}$得到$x_k$的估计，用$\hat{x}_{k|k}$表示。得到$\hat{x}_{k|k}$的协方差，用$\boldsymbol{P}_{k|k}$表示。
求解过程
给定$\hat{x}_{k-1|k-1}$和$\boldsymbol{P}_{k-1|k-1}$，在$k=1$时刻的初始条件为$\hat{x}_{00}=\bar{x}_0$和$\boldsymbol{P}_{0|0}=\boldsymbol{P}_0$。
预测：采用条件均值公式，使用$\hat{x}_{k-1|k-1}$和$\boldsymbol{P}_{k-1|k-1}$，计算$\hat{\boldsymbol{x}}_{k|k-1}$和$\boldsymbol{P}_{k|k-1}$。
更新：采用WLS公式，使用$\hat{\boldsymbol{x}}_{k-1|k-1}$和$\boldsymbol{P}_{k-1|k-1}$以及新量测向量$\boldsymbol{y}_k$，计算$\hat{\boldsymbol{x}}_{k|k}$和$\boldsymbol{P}_{k|k}$。
求解方程
令$k=1$，并设定$\hat{\boldsymbol{x}}_{00}=\bar{\boldsymbol{x}}_0$和$\boldsymbol{P}_{0|0}=\boldsymbol{P}_0$
预测：
$\hat{x}_{k|k-1}=\Phi_{k,k-1}\hat{x}_{k|k-1}$
$\boldsymbol{P}_{k|k-1}=\boldsymbol{\Phi}_{k,k-1}\boldsymbol{P}_{k-1|k-1}\boldsymbol{\Phi}_{k,k-1}^{\mathrm{T}}+\boldsymbol{Q}_{k-1}$
更新：
$\hat{\boldsymbol{x}}_{k|k}=\hat{\boldsymbol{x}}_{k|k-1}+\boldsymbol{P}_{k|k-1}\boldsymbol{H}_k^{\mathrm{T}}[\boldsymbol{H}_k\boldsymbol{P}_{k|k-1}\boldsymbol{H}_k^{\mathrm{T}}+\boldsymbol{R}_k]^{-1}(\boldsymbol{y}_k-\boldsymbol{H}_k\hat{\boldsymbol{x}}_{k|k-1})$
$\boldsymbol{P}_{k|k}=\boldsymbol{P}_{k|k-1}-\boldsymbol{P}_{k|k-1}\boldsymbol{H}_k^{\mathrm{T}}[\boldsymbol{H}_k\boldsymbol{P}_{k|k-1}\boldsymbol{H}_k^{\mathrm{T}}+\boldsymbol{R}_k]^{-1}\boldsymbol{H}_k\boldsymbol{P}_{k|k-1}$

续表

其他的更新方程：

$$\hat{\boldsymbol{x}}_{k|k}=[\boldsymbol{H}_k^{\mathrm{T}}\boldsymbol{R}_k^{-1}\boldsymbol{H}_k+\boldsymbol{P}_{k|k-1}^{-1}]^{-1}(\boldsymbol{H}_k^{\mathrm{T}}\boldsymbol{R}_k^{-1}\boldsymbol{y}_k+\boldsymbol{P}_{k|k-1}^{-1}\hat{\boldsymbol{x}}_{k|k-1})\boldsymbol{P}_{k|k}=[\boldsymbol{H}_k\boldsymbol{R}_k^{-1}\boldsymbol{H}_k+\boldsymbol{P}_{k|k-1}^{-1}]^{-1}$$

卡尔曼增益方程：

$$\boldsymbol{K}_k=\boldsymbol{P}_{k|k-1}\boldsymbol{H}_k^{\mathrm{T}}[\boldsymbol{H}_k\boldsymbol{P}_{k|k-1}\boldsymbol{H}_k^{\mathrm{T}}+\boldsymbol{R}_k]^{-1}=\boldsymbol{P}_{k|k-1}\boldsymbol{H}_k^{\mathrm{T}}\boldsymbol{R}_k^{-1}=[\boldsymbol{H}_k^{\mathrm{T}}\boldsymbol{R}_k^{-1}\boldsymbol{H}_k+\boldsymbol{P}_{k|k-1}^{-1}]\boldsymbol{H}_k^{\mathrm{T}}\boldsymbol{R}_k^{-1}$$

采用信息方程的求解方法

令 $k=1$，并设定 $\hat{\boldsymbol{x}}_{00}=\bar{\boldsymbol{x}}_0$ 和 $\mathcal{F}_{0|0}=\boldsymbol{P}_0^{-1}$

预测：

$$\hat{\boldsymbol{x}}_{k|k-1}=\boldsymbol{\Phi}_{k,k-1}\hat{\boldsymbol{x}}_{k-1|k-1}$$

$$\mathcal{F}_{k|k-1}=\boldsymbol{Q}_{k-1}^{-1}-\boldsymbol{Q}_{k-1}^{-1}\boldsymbol{\Phi}_{k|k-1}[\mathcal{F}_{k-1|k-1}+\boldsymbol{\Phi}_{k|k-1}^{\mathrm{T}}\boldsymbol{Q}_{k-1}^{-1}\boldsymbol{\Phi}_{k|k-1}]^{-1}\boldsymbol{\Phi}_{k|k-1}^{\mathrm{T}}\boldsymbol{Q}_{k-1}^{-1}$$

更新：

$$\hat{\boldsymbol{x}}_{k|k}=\mathcal{F}_{k|k}^{-1}(\boldsymbol{H}_k^{\mathrm{T}}\boldsymbol{R}_k^{-1}\boldsymbol{y}_k+\mathcal{F}_{k|k-1}\hat{\boldsymbol{x}}_{k|k-1})=\hat{\boldsymbol{x}}_{k|k-1}+\boldsymbol{K}_k(\boldsymbol{y}_k-\boldsymbol{H}_k\hat{\boldsymbol{x}}_{k|k-1})$$

$$\mathcal{F}_{k|k}=\boldsymbol{H}_k^{\mathrm{T}}\boldsymbol{R}_k^{-1}\boldsymbol{H}_k+\mathcal{F}_{k|k-1}$$

卡尔曼增益方程：

$$\boldsymbol{K}_k=\mathcal{F}_{k|k}^{-1}\boldsymbol{H}_k^{\mathrm{T}}\boldsymbol{R}_k^{-1}$$

评注：

① 这里略去了式(2.6－5)～式(2.6－7)的详细推导。对推导不清楚的读者可参阅前面的章节和相关课后习题。

② 式(2.6－1)、式(2.6－2)、式(2.6－5)和式(2.6－6)为卡尔曼滤波算法；前两个被称为状态和协方差预测方程，后两个称为状态和协方差更新方程。1.6.2 节中推导的算法与上述算法是等价的，1.6.2 节中推导方程属于单阶段更新，属于卡尔曼滤波器的一种特殊情况。图 2.1 说明了卡尔曼滤波器预测－修正过程的递归特性。

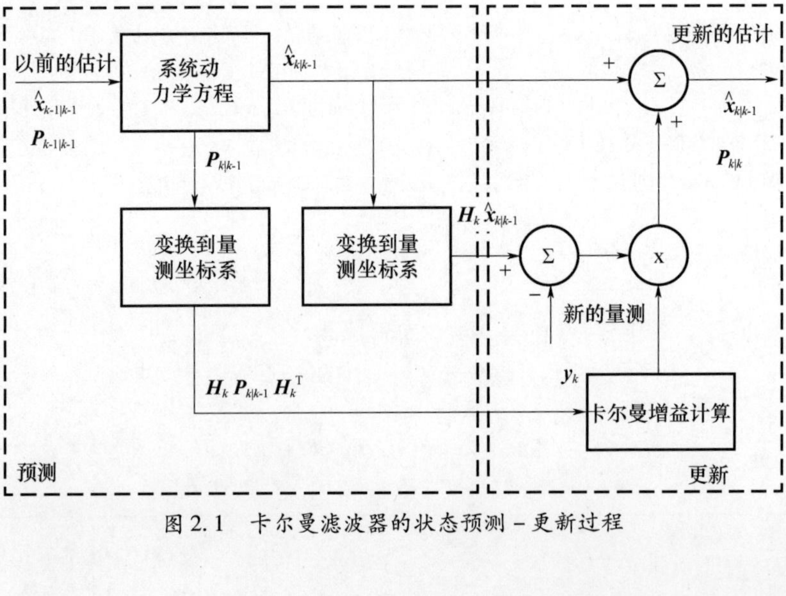

图 2.1　卡尔曼滤波器的状态预测－更新过程

③ 式(2.6-5)中的($\boldsymbol{y}_k-\boldsymbol{H}_k\hat{\boldsymbol{x}}_{k|k-1}$)项是 k 时刻的实际量测$\boldsymbol{y}_k$ 和量测预测$\boldsymbol{H}_k\hat{\boldsymbol{x}}_{k|k-1}$之间的差异,也被称为滤波残差或新息过程,参见 Kailath[12,16]。当卡尔曼滤波算法实现最优化的条件均得到满足[16],新息过程为零均值且协方差为$\boldsymbol{H}_k\boldsymbol{P}_{k|k-1}\boldsymbol{H}_k^{\mathrm{T}}+\boldsymbol{R}_k$ 的白噪声过程。当未知的系统行为被建模为由过程噪声产生的扰动的一部分时,Mehra[17]提出了一种基于新息过程行为自适应调整$\boldsymbol{Q}_k$ 的方法,第 3 章将讨论该算法。

2.7 卡尔曼滤波器的推导:采用递归贝叶斯定理

本节采用贝叶斯递归计算公式(2.4-1)来推导卡尔曼滤波算法。为便于引用,贝叶斯递归计算公式如下:

$$p(\boldsymbol{x}_k|\boldsymbol{y}_{1:k})=\frac{(p\,\boldsymbol{y}_k|\boldsymbol{x}_k)}{p\,\boldsymbol{y}_k|\boldsymbol{y}_{1:k-1}})p(\boldsymbol{x}_k|\boldsymbol{y}_{1:k-1}) \tag{2.7-1}$$

对于线性高斯的情形而言,推导过程中了利用了所有有关(高斯)概率密度函数的条件均值和协方差的定义和关系,并将其代入式(2.7-1)的左边和右边。本节中的推导与 1.6.5 节中的推导非常接近。式(2.7-1)右边的全体(高斯)概率密度函数的条件均值和协方差为

1. $p(\boldsymbol{x}_k|\boldsymbol{y}_{1:k-1})$

$$E\{\boldsymbol{x}_k|\boldsymbol{y}_{1:k-1}\}\triangleq\hat{\boldsymbol{x}}_{k|k-1}=\boldsymbol{\Phi}_{k,k-1}\hat{\boldsymbol{x}}_{k-1|k-1}$$

$$\mathrm{Cov}\{\boldsymbol{x}_k|\boldsymbol{y}_{1:k-1}\}\triangleq\boldsymbol{P}_{k|k-1}=\boldsymbol{\Phi}_{k|k-1}\boldsymbol{P}_{k-1|k-1}\boldsymbol{\Phi}_{k,k-1}^{\mathrm{T}}+\boldsymbol{Q}_{k-1}$$

2. $p(\boldsymbol{y}_k|\boldsymbol{x}_k)$

$$E\{\boldsymbol{y}_k|\boldsymbol{x}_k\}=\boldsymbol{H}_k\boldsymbol{x}_k$$

$$\mathrm{Cov}\{\boldsymbol{y}_k|\boldsymbol{x}_k\}=\boldsymbol{R}_k$$

3. $p(\boldsymbol{y}_k|\boldsymbol{y}_{1:k-1})$

$$E\{\boldsymbol{y}_k|\boldsymbol{y}_{1:k-1}\}=\boldsymbol{H}_k\hat{\boldsymbol{x}}_{k|k-1}$$

$$\mathrm{Cov}\{\boldsymbol{y}_k|\boldsymbol{y}_{k:k=1}\}=\boldsymbol{H}_k\boldsymbol{P}_{k|k-1}\boldsymbol{H}_k^{\mathrm{T}}+\boldsymbol{R}_k$$

式(2.7-1)左边的条件概率密度函数,$p(\boldsymbol{x}_k|\boldsymbol{y}_{1:k})$的条件均值和协方差为

4. $p(\boldsymbol{x}_k|\boldsymbol{y}_{1:k})$

$$E\{\boldsymbol{x}_k|\boldsymbol{y}_{1:k}\}\triangleq\hat{\boldsymbol{x}}_{k|k}$$

$$\mathrm{Cov}\{\boldsymbol{x}_k|\boldsymbol{y}_{1:k}\}\triangleq\boldsymbol{P}_{k|k}$$

采用与第 1 章课后习题 10 相同的方法,得

$$\boldsymbol{P}_{k|k}^{-1}=\boldsymbol{P}_{k|k-1}^{-1}+\boldsymbol{H}_k^{\mathrm{T}}\boldsymbol{R}_k^{-1}\boldsymbol{H}_k \tag{2.7-2}$$

或

$$\boldsymbol{P}_{k|k}=[\boldsymbol{P}_{k|k-1}^{-1}+\boldsymbol{H}_k^{\mathrm{T}}\boldsymbol{R}_k^{-1}\boldsymbol{H}_k]^{-1}$$

及

$$\hat{\boldsymbol{x}}_{k|k}=\boldsymbol{P}_{k|k}(\boldsymbol{P}_{k|k-1}^{-1}\hat{\boldsymbol{x}}_{k|k-1}+\boldsymbol{H}_k^{\mathrm{T}}\boldsymbol{R}_k^{-1}\boldsymbol{y}_k) \tag{2.7-3}$$

简单地利用矩阵求逆引理(见附录A),可将式(2.7-2)和式(2.7-3)改写为更熟悉的形式,从而得到与式(2.6-5)和式(2.6-6)相同的量测更新算法,即

$$\hat{\boldsymbol{x}}_{k|k}=\hat{\boldsymbol{x}}_{k|k-1}+\boldsymbol{P}_{k|k-1}\boldsymbol{H}_k^{\mathrm{T}}[\boldsymbol{H}_k\boldsymbol{P}_{k|k-1}\boldsymbol{H}_k^{\mathrm{T}}+\boldsymbol{R}_k]^{-1}(\boldsymbol{y}_k-\boldsymbol{H}_k\hat{\boldsymbol{x}}_{k|k-1}) \tag{2.7-4}$$

$$\boldsymbol{P}_{k|k}=\boldsymbol{P}_{k|k-1}-\boldsymbol{P}_{k|k-1}\boldsymbol{H}_k^{\mathrm{T}}[\boldsymbol{H}_k\boldsymbol{P}_{k|k-1}\boldsymbol{H}_k^{\mathrm{T}}+\boldsymbol{R}_k]\boldsymbol{H}_k\boldsymbol{P}_{k|k-1} \tag{2.7-5}$$

至此,以条件均值估计作为状态估计,利用贝叶斯方法重新推导了卡尔曼滤波算法(见习题4)。这些结果与WLS估计器多阶段扩展得到的结果相同。

2.8 对卡尔曼滤波器原始文献中确定估计特性的回顾

这里不再给出有关卡尔曼滤波器的原始论文中的推导[1](文献[18]对含噪量测的状态估计更新算法进行了推导),归纳了论文中的几个要点,它们代表着有关线性向量空间状态估计的重要概念。首先将介绍线性向量空间中正交投影的概念。

1) 正交投影

令$\{Z_1,Z_2,\cdots,Z_j\}$代表$\mathbb{R}^n$中的一组随机向量,且由$\{Z_1,Z_2,\cdots,Z_j\}$跨越的向量空间由$\mathbb{Z}_j=Span\{Z_1,Z_2,\cdots,Z_j\}$表示。此外,对每个$Z\in\mathbb{Z}_j$存在一组系数$\{a_1,a_,\cdots,a_j\}$,得

$$Z=\sum_{i=1}^{j}a_i Z_i$$

如果内积计算满足以下条件,则随机向量$\boldsymbol{x}$正交于$\mathbb{Z}_j$,

$$\langle \boldsymbol{X},\boldsymbol{Z}_i\rangle\triangleq E\{\boldsymbol{X}^{\mathrm{T}}\boldsymbol{Z}_i\}=0,\ \forall i$$

也就是说$\boldsymbol{x}$与$\mathbb{Z}_j$中的任何向量的内积结果为0。这样,对于任意随机向量$\boldsymbol{x}_t$,均可表示为$\boldsymbol{X}_t=\hat{\boldsymbol{X}}+\tilde{\boldsymbol{X}}$,其中$\hat{\boldsymbol{X}}$是$\boldsymbol{X}_t$在$\mathbb{Z}_j$上的正交投影,且有$\langle\tilde{\boldsymbol{X}},\hat{\boldsymbol{X}}\rangle=0$。此外,如图2.2所示,$\tilde{\boldsymbol{X}}$也正交于$\{\boldsymbol{Z}_1,\boldsymbol{Z}_2,\cdots,\boldsymbol{Z}_j\}$的任意线性组合。

2) 条件均值估计

令$L(\cdot)$是一个值为标量的、非递减且对称的损失函数(或代价函数),且$L(0)=0$。假设$g(y)$是给定y条件下对x的估计,ε是估计误差,有$\varepsilon=\boldsymbol{x}-\hat{\boldsymbol{x}}$,则在使平均损失函数$E\{L(\varepsilon)\}$最小意义下的最优估计就是条件期望,有

$$\hat{\boldsymbol{x}}=E\{\boldsymbol{x}|\boldsymbol{y}\} \tag{2.8-1}$$

典型的损失函数可以是方差$\|\varepsilon\|^2$,对于所有随机向量$\boldsymbol{x},z\in\mathbb{R}^n$,相关的内积式为

$$\langle\boldsymbol{x},\boldsymbol{z}\rangle\triangleq E\{\boldsymbol{x}^{\mathrm{T}}\boldsymbol{z}\} \tag{2.8-2}$$

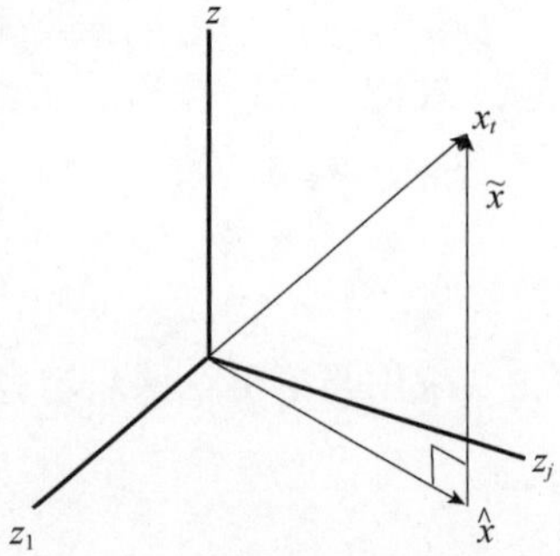

x_t在$\{z_1,z_2,\cdots,z_j\}$空间上的投影

图2.2 正交投影示例

对式(2.8－1)的证明为附录1.B给出的使 $E\{\|\varepsilon\|^2\}$ 最小化的 $g(y)$ 的解。

评注：

条件均值估计器 $\tilde{\boldsymbol{y}}_{k+1|k} \triangleq \boldsymbol{y}_{k+1} - E\{\boldsymbol{y}_{k+1} | \mathbb{Y}_k\}$ 的性质3(见1.3.3节和附录1.B中的引理2)可被用于证明 $\varepsilon = x - \hat{x}$ 正交于映射到 $\mathbb{R}^n$ 中的所有 $g(y)$。如果 $g(y)$ 被限制为线性的，图2.2说明 $\varepsilon = \tilde{x}$ 和由 y 的线性映射向量跨越张成的 $\mathbb{Z}_j$，或者等价于给定条件 y 下对 z 的所有线性估计器之间的关系。但如1.3.1节中提到的那样，条件均值估计器一般与WLS估计器并不相同。

现在在截止 k 时刻的量测空间 $\{y_1, y_2, \cdots, y_k\}$ 和相关线性向量空间 $\mathbb{Y}_k = \mathrm{Span}\{y_1, y_2, \cdots, y_k\}$ 中利用相同的正交性。对于 $k+1$ 时刻 $\mathbb{R}^m$ 内的一个新的量测向量 y_{k+1}，可以证明如果 $\tilde{y}_{k+1|k} \triangleq y_{k+1} - E\{y_{k+1} | \mathbb{Y}_k\}$，那么按照1.3.3节的条件均值估计器的性质3，有

$$\tilde{\boldsymbol{y}}_{k+1|k} \perp \mathbb{Y}_k \tag{2.8-3}$$

随机向量 $\tilde{\boldsymbol{y}}_{k+1|k}$ 是由新量测 $\tilde{\boldsymbol{y}}_{k+1}$ 携带的附加信息[1]，被Kailath称为新息过程[16]。对于式(2.2－2)所示情形，条件期望 $E\{y_{k+1} | \mathbb{Y}_k\}$ 一般不能计算。

$$\begin{aligned} E\{y_{k+1} | \mathbb{Y}_k\} &= E\{H_{k+1} x_{k+1} + \boldsymbol{\nu}_{k+1} | \mathbb{Y}_k\} \\ &= H_{k+1} E\{x_{k+1} | \mathbb{Y}_k\} + E\{\boldsymbol{\nu}_{k+1} | \mathbb{Y}_k\} \\ &= H_{k+1} E\{x_{k+1} | \mathbb{Y}_k\} \end{aligned}$$

最后一个等式源于式(2.2－1)和式(2.2－2)中关于 $\mathcal{V}_{k+1}$ 的独立性假设。

正交投影和条件均值估计器

对于任意随机向量 $\boldsymbol{x}_k$、$\boldsymbol{y}_{1:k}$ 和 $L(\varepsilon) \triangleq \langle \varepsilon, \varepsilon \rangle$，则正交投影估计就是条件期望 $\hat{\boldsymbol{x}} = E\{\boldsymbol{x}_k | \boldsymbol{y}_{1:k}\}$。

对 $\boldsymbol{x}_k$ 和 $\boldsymbol{y}_{1:k}$ 之间没有任何限制时上述性质是成立的(见附录B的引理1)，因而计算估计的实际算法是没有意义的。然而，如果 $\boldsymbol{x}_k$ 和 $\boldsymbol{y}_k$ 之间的关系如线性方程式(2.2－1)和式(2.2－2)所定义的那样，且均由高斯白噪声驱动，则可推导出卡尔曼滤波算法，下面将给出推导的第一步。

利用条件均值的定义，有

$$\hat{\boldsymbol{x}}_{i|j} = E\{\boldsymbol{x}_i | y_{1:j}\} = E\{\boldsymbol{x}_i | \boldsymbol{y}_j, \boldsymbol{y}_{1,j-1}\} = E\{\boldsymbol{x}_i | \boldsymbol{y}_{1:j-1}\} + E\{\boldsymbol{x}_i | \tilde{y}_j\} \tag{2.8-4}$$

式中，最右侧的等式是根据条件均值特性和关于量测空间 $\boldsymbol{y}_{1:j-1}$ 的式(2.8－3)的正交投影特性导出。由于 $\boldsymbol{x}_i$ 和 $\boldsymbol{y}_{1:j-1}$ 是高斯随机向量，且式(2.2－1)和式(2.2－2)是线性的，有

$$\begin{aligned} \hat{x}_{i|j} &= \boldsymbol{\Phi}_{i,j-1} E\{x_{i-1} | y_{i:j-1}\} + E\{x_i | \tilde{y}_j\} \\ &= \boldsymbol{\Phi}_{i,i-1} \hat{x}_{i-1|j-1} + E\{x_i | \tilde{y}_j\} \end{aligned}$$

$$= \hat{x}_{i|j-1} + E\{x_i | \tilde{y}_j\}$$

上式具有与卡尔曼滤波器类似的结构，其中$\hat{\boldsymbol{x}}_{i|j-1}$是一步预测估计，$E\{\boldsymbol{x}_i | \tilde{y}_j\}$是利用新量测$\boldsymbol{y}_j$更新$\boldsymbol{x}_i$估计的修正项。这里省略了推导细节，有兴趣的读者可以参阅文献[1,16,18]。注意，时间标识没有任何限制，可自由选择为i和j。这意味着相同的结构可以适用于平滑和预测(参见2.3节中的定义)。

2.9 平滑器

目前，本章的讨论聚焦于利用从t_1时刻至当前时刻t_k所获量测寻求关于状态向量$\boldsymbol{x}_k$的最优估计。这中间有可能会利用截止时刻t_k(超出了感兴趣的时刻t_i($t_k > t_i$))所获的量测序列$\boldsymbol{y}_{1:k}$，以得到改进的$\boldsymbol{x}_i$估计，称为平滑。正如在2.3节中所定义的，$\hat{\boldsymbol{x}}_{i|k}$是基于截止时刻$t_k$的量测序列$\boldsymbol{y}_{1:k}$获得的关于$\boldsymbol{x}_i$的估计，其中$k$可以大于$i$。本节讨论了3类各自目标不同平滑算法，即固定间隔平滑(FIS)、固定点平滑(FPS)和固定延迟平滑(FLS)。

固定间隔平滑

给定总的数据间隔为$[1,\cdots,K]$，计算获得$\hat{\boldsymbol{x}}_{k|k}$，其中$1 \leqslant k \leqslant K$。

固定点平滑

获得固定时刻t_k的目标状态估计，尽管数据间隔的终点k增大，在k不断增加的条件下获得状态估计$\hat{\boldsymbol{x}}_{k|k}$，而$k$则保持恒定。

固定延迟平滑

在数据间隔的终点$k+K$时刻获得的延迟固定的K时刻的状态估计，即获得$\hat{\boldsymbol{x}}_{k|k+K}$，$K$保持恒定。

在这3种平滑算法中，FIS经常用作根据一次飞行测试完成后所获得的目标数据来获得目标航迹最优佳估计的工具，即飞行任务后分析，以获得最接近于真实的目标状态轨迹的估计，其算法复杂度是最低的。FPS和FLS均可基于FIS的基本算法获得实现，尽管这不是最有效的方式。以下对FIS算法进行了推导，其中关于FPS算法和FLS算法的部分示例结果未给出推导过程。由于利用了所关注时刻之后的量测数据，以下给出相关的新标识。

2.9.1 标识和定义

令$[1,\cdots,K]$是获取数据序列$\boldsymbol{y}_{1:k}$的总时间区间，则关于$\boldsymbol{x}_k$的平滑估计($k < K$)为

($k<K$)时的$\boldsymbol{x}_k$的平滑估计

$$\hat{\boldsymbol{x}}_{k|1:K} = E\{\boldsymbol{x}_k | \boldsymbol{y}_{1:K}\}，其估计误差协方差为\boldsymbol{P}_{k|1:K} \tag{2.9-1}$$

进一步，定义两组新的状态估计和协方差，一个取决于过去（截止目前）的量测数据，另一个取决于此后的量测数据。

给定$\boldsymbol{y}_{1:K}$条件下$\boldsymbol{x}_k$的前向滤波估计

$$\hat{\boldsymbol{x}}_{k|1:K}=E\{\boldsymbol{x}_k|\boldsymbol{y}_{1:K}\}\text{，其估计误差协方差为}\boldsymbol{P}_{k|1:K} \tag{2.9-2}$$

给定$\boldsymbol{y}_{K+1:K}$条件下$\boldsymbol{x}_k$的后向滤波估计

$$\hat{\boldsymbol{x}}_{K+1|k+1:K}=E\{\boldsymbol{x}_{k+1}|\boldsymbol{y}_{k+1:K}\}\text{，其估计误差协方差为}\boldsymbol{P}_{k+1|k+1:K} \tag{2.9-3}$$

式中：$\boldsymbol{x}_k$的一步后向预测估计为

$$\hat{\boldsymbol{x}}_{k|k+1:K}=\boldsymbol{\Phi}_{k,k+1}\hat{\boldsymbol{x}}_{k+1|k+1:K} \tag{2.9-4}$$

其估计误差协方差为

$$\boldsymbol{P}_{k|k+1:K}=\boldsymbol{\Phi}_{k,k+1}\boldsymbol{P}_{k+1|k+1:K}\boldsymbol{\Phi}_{k,k+1}^{\mathrm{T}}+\boldsymbol{Q}_{k+1} \tag{2.9-5}$$

这些定义之间的关系如图2.3所示。

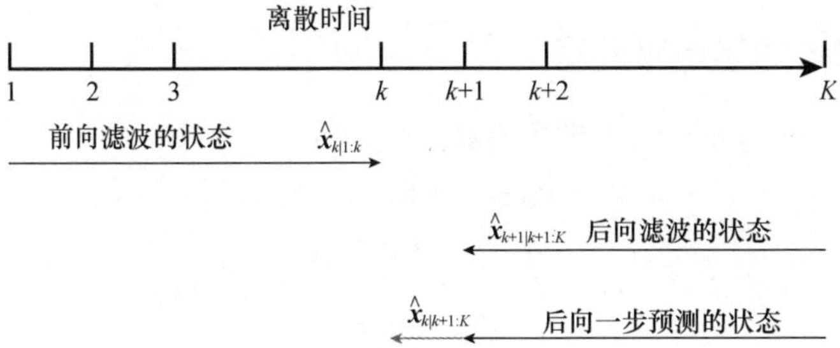

图2.3 前向和后向估计的示例

2.9.2 固定区间平滑器

对于FIS算法，平滑估计通过组合前向滤波和后向滤波估计推导得出。利用2.6节的WLS估计算法，最优平滑估计$\hat{\boldsymbol{x}}_{k|1:K}$是使下式值最小的$\boldsymbol{x}_k$：

$$J=(\boldsymbol{x}_k-\hat{\boldsymbol{x}}_{k|1:k})^{\mathrm{T}}\boldsymbol{P}_{k|1:k}^{-1}(\boldsymbol{x}_k-\hat{\boldsymbol{x}}_{k|1:k})+(\boldsymbol{x}_k-\hat{\boldsymbol{x}}_{k|k+1:K})^{\mathrm{T}}\boldsymbol{P}_{k|k+1:K}^{-1}(\boldsymbol{x}_k-\hat{\boldsymbol{x}}_{k|k+1:K})$$

这里再次利用了熟知的最小化的二次形式；其结果由下式给出，未加推导，即

$$\hat{\boldsymbol{x}}_{k|1:K}=[\boldsymbol{P}_{k|1:k}^{-1}+\boldsymbol{P}_{k|k+1:K}^{-1}]^{-1}(\boldsymbol{P}_{k|1:k}^{-1}\hat{\boldsymbol{x}}_{k|1:k}+\boldsymbol{P}_{k|k+1:K}^{-1}\hat{\boldsymbol{x}}_{k|k+1:K}) \tag{2.9-6}$$

$$\boldsymbol{P}_{k|1:K}=[\boldsymbol{P}_{k|1:k}^{-1}+\boldsymbol{P}_{k|k+1:K}^{-1}]^{-1} \tag{2.9-7}$$

利用IF算法，上述算法可写为

$$\hat{\boldsymbol{x}}_{k|1:K}=[\mathcal{F}_{k|1:K}]^{-1}(\mathcal{F}_{k|1:k}\hat{\boldsymbol{x}}_{k|1:k}+\boldsymbol{F}_{k|k+1:K}\hat{\boldsymbol{x}}_{k|k+1:K})$$

$$\mathcal{F}_{k|1:K}=\boldsymbol{F}_{k|1:k}+\mathcal{F}_{k|k+1:K}$$

式中：$\mathcal{F}_{K|K:K}=0$，$\hat{\boldsymbol{x}}_{K|K:K}$可为任意值，因为不具备任何信息，通常将其设为0。

类似于卡尔曼滤波器的两种形式，可以采用矩阵求逆引理获得另一种形式的FIS算法，即

$$\hat{\boldsymbol{x}}_{k|1:K} = \hat{\boldsymbol{x}}_{k|1:k} + \boldsymbol{P}_{k|1:K}\boldsymbol{P}_{k|k+1:K}^{-1}(\hat{\boldsymbol{x}}_{k|k+1:K} - \hat{\boldsymbol{x}}_{k|1:k}) \tag{2.9-8}$$

$$\boldsymbol{P}_{k|1:K} = \boldsymbol{P}_{k|1:k} - \boldsymbol{P}_{k|1:k}[\boldsymbol{P}_{k|1:k} + \boldsymbol{P}_{k|k+1:K}]^{-1}\boldsymbol{P}_{k|1:k} \tag{2.9-9}$$

由于其简单性,式(2.9-8)和式(2.9-9)是最常使用的 FIS 实现。

基于相同的系统方程和量测方程,后向滤波估计$\hat{\boldsymbol{x}}_{k+1|k+1:K}$是从时间间隔终点 K 开始后向运行卡尔曼滤波得到。类似于没有先验知识的参数估计,后向滤波器的初始条件不具有任何信息。FIS 滤波器是由 Rauch、Tung 和 Striebel 首先提出的[19],不含推导过程,原始算法具体如下:

$$\hat{\boldsymbol{x}}_{k|1:K} = \hat{\boldsymbol{x}}_{k|1:k} + \boldsymbol{A}_k(\hat{\boldsymbol{x}}_{k+1|1:K} - \hat{\boldsymbol{x}}_{k+1|1:K})$$

$$\boldsymbol{A}_k = \boldsymbol{P}_{k|1:k}\boldsymbol{\Phi}_{k+1,k}^{\mathrm{T}}\boldsymbol{P}_{k+1|1:k}^{-1}$$

$$\boldsymbol{P}_{k|1:K} = \boldsymbol{P}_{k|1:k} + \boldsymbol{A}_k[\boldsymbol{P}_{k+1|1:K} - \boldsymbol{P}_{k+1|1:K}]\boldsymbol{A}_k^{\mathrm{T}}$$

注意,就像利用$\hat{\boldsymbol{x}}_{k+1|1:K}$获得$\hat{\boldsymbol{x}}_{k|1:K}$一样,这一形式的 FIS 算法在时间上可回溯。

2.9.3 固定点平滑器

以下不加推导地给出 FPS 平滑算法[7],有

$$\hat{\boldsymbol{x}}_{k|1:K} = \hat{\boldsymbol{x}}_{k|1:K-1} + \boldsymbol{B}_{K|1:K} - \hat{\boldsymbol{x}}_{K|1:K-1})$$

$$\boldsymbol{B}_{K-1} = \prod_{i=k}^{K-1}\boldsymbol{A}_i$$

$$\boldsymbol{A}_i = \boldsymbol{P}_{i|1:i}\boldsymbol{\Phi}_{i+1}^{\mathrm{T}}\boldsymbol{P}_{i+1|1:i}^{-1}$$

$$\boldsymbol{P}_{k|1:K} = \boldsymbol{P}_{k|1:K-1} + \boldsymbol{B}_{K-1}[\boldsymbol{P}_{k|1:K} - \boldsymbol{P}_{k|1:K-1}]\boldsymbol{B}_{K-1}^{\mathrm{T}}$$

2.9.4 固定延迟平滑器

以下不加推导地给出 FLS 平滑算法[7],有

$$\begin{aligned}\hat{\boldsymbol{x}}_{k|1:K+k} = {} & \boldsymbol{\Phi}_{k|k-1}\hat{\boldsymbol{x}}_{k|1:K+k-1} + \boldsymbol{Q}_{k-1}\boldsymbol{\Phi}_{k-1,k}^{\mathrm{T}}\boldsymbol{P}_{k-1|1:k-1}^{-1}(\hat{\boldsymbol{x}}_{k-1|1:K+k-1} - \hat{\boldsymbol{x}}_{k-1|1:k-1}) \\ & + \boldsymbol{B}_{K+k-1}\boldsymbol{K}_{K+k-1}(\boldsymbol{y}_{K+k} - \boldsymbol{H}_k\boldsymbol{\Phi}_{K+k,K+k-1}\hat{\boldsymbol{x}}_{K+k-1|1:K+k-1})\end{aligned}$$

$$\boldsymbol{B}_{K+k-1} = \prod_{i=k}^{K+k-1}\boldsymbol{A}_i$$

$$\boldsymbol{A}_i = \boldsymbol{P}_{i|1:i}\boldsymbol{\Phi}_{i+1,i}^{\mathrm{T}}\boldsymbol{P}_{i+1|1:i}^{-1}$$

$$\begin{aligned}\boldsymbol{P}_{k|1:K+k} = {} & \boldsymbol{P}_{k|1:k-1} + \boldsymbol{B}_{K+k-1}\boldsymbol{K}_{K+k-1}\boldsymbol{H}_{K+k-1}\boldsymbol{P}_{K+k|1:K+k-1}\boldsymbol{B}_{K+k-1}^{\mathrm{T}} - \\ & \boldsymbol{A}_{k-1}^{-1}[\boldsymbol{P}_{k-1|1:k-1} - \boldsymbol{P}_{K+k|1:K+k-1}]\boldsymbol{A}_{k-1}^{-\mathrm{T}}\end{aligned}$$

应当强调的是,FPS 和 FLS 平滑估计可以通过重复地运用 FIS 算法获得,这在实现上是简单且不易出错。所以给出上述算法,是为了保证阐述的完整性。

2.9.5 噪声量测环境下确定性系统的固定间隔平滑估计

对于确定性系统,所有 k 时刻的过程噪声项$\boldsymbol{\mu}_k$ 均为零。现实世界中存在大量这样的例子,例如一个在空间中飞行的弹道目标(如一颗卫星)就属于一个确

定性系统。这里仅考虑线性系统,后续章节将扩展到对非线性系统的讨论。对于由状态空间微分方程表示的确定性系统且方程的解是唯一的时,通过确定任一时刻沿着目标轨迹的状态向量可以确定整个目标轨迹。为了保持一般性,在给定数据采集时间间隔为[1,…,K]的条件下,选择特定时刻 t_k 的状态。这与寻求使得下式值最小的$\boldsymbol{x}_k$ 相同,有

$$J = \sum_{i=1}^{K} (\boldsymbol{y}_i - \boldsymbol{H}_i \boldsymbol{x}_i)^{\mathrm{T}} \boldsymbol{R}_i^{-1} (\boldsymbol{y}_i - \boldsymbol{H}_i \boldsymbol{x}_i) + (\boldsymbol{x}_0 - \hat{\boldsymbol{x}}_0)^{\mathrm{T}} \boldsymbol{P}_0^{-1} (\boldsymbol{x}_0 - \hat{\boldsymbol{x}}_0)$$

对 J 相对于$\boldsymbol{x}_k$ 取导数,并将求导结果设置为0,可得解的必要条件:

$$\frac{\partial J}{\partial \boldsymbol{x}_k} = -\sum_{i=1}^{K} \left[\boldsymbol{H}_i \left[\frac{\partial \boldsymbol{x}_i}{\partial \boldsymbol{x}_k}\right]\right]^{\mathrm{T}} \boldsymbol{R}_i^{-1} (\boldsymbol{y}_i - \boldsymbol{H}_i \boldsymbol{x}_i) + \left[\frac{\partial \boldsymbol{x}_0}{\partial \boldsymbol{x}_k}\right]^{\mathrm{T}} \boldsymbol{P}_0^{-1} (\boldsymbol{x}_0 - \hat{\boldsymbol{x}}_0) = 0 \tag{2.9-10}$$

我们将说明$\frac{\partial \boldsymbol{x}_i}{\partial \boldsymbol{x}_k}$是如何计算的,其答案将导致关于$\frac{\partial \boldsymbol{x}_0}{\partial \boldsymbol{x}_k}$的计算。$\frac{\partial \boldsymbol{x}_i}{\partial \boldsymbol{x}_k}$的计算公式如下:

$$\frac{\partial \boldsymbol{x}_k}{\partial \boldsymbol{x}_i} = \boldsymbol{\Phi}_{k,k-1} \frac{\partial \boldsymbol{x}_{k-1}}{\partial \boldsymbol{x}_i} = \boldsymbol{\Phi}_{k,k-1} \boldsymbol{\Phi}_{k,k-2} \frac{\partial \boldsymbol{x}_{k-2}}{\partial \boldsymbol{x}_i} = \cdots = \boldsymbol{\Phi}_{k,k-1} \boldsymbol{\Phi}_{k,k-2} \cdots \boldsymbol{\Phi}_{i+1,i} = \boldsymbol{\Phi}_{k,i}$$

回顾式(2.2-3)和式(2.2-5),$\boldsymbol{\Phi}_{j,j-1}$是式中定义的$\boldsymbol{x}_{j-1}$到$\boldsymbol{x}_j$ 的状态转移矩阵。按照2.2节中所述$\boldsymbol{\Phi}_{k,j}$的特性,时刻 t_j 可比 t_k 大或小。基于该定义,$\frac{\partial \boldsymbol{x}_i}{\partial \boldsymbol{x}_k}$可写为

$$\frac{\partial \boldsymbol{x}_i}{\partial \boldsymbol{x}_k} = \boldsymbol{\Phi}_{i,i+1} \cdots \boldsymbol{\Phi}_{k-1,k-1} \boldsymbol{\Phi}_{k-1,k} = \boldsymbol{\Phi}_{i,k} \tag{2.9-11}$$

将式(2.9-11)代入式(2.9-10),得

$$-\sum_{i=1}^{K} \boldsymbol{\Phi}_{i,k}^{\mathrm{T}} \boldsymbol{H}_i^{\mathrm{T}} \boldsymbol{R}_i^{-1} (\boldsymbol{y}_i - \boldsymbol{H}_i \boldsymbol{\Phi}_{i,k} \boldsymbol{x}_k) + \boldsymbol{\Phi}_{0,k}^{\mathrm{T}} \boldsymbol{P}_0^{-1} (\boldsymbol{\Phi}_{0,k} \boldsymbol{x}_k - \hat{\boldsymbol{x}}_0) = 0 \tag{2.9-12}$$

采用2.9.2中所定义的标识,式(2.9-12)的解由$\hat{\boldsymbol{x}}_{k|1:k}$标识,有

$$\begin{aligned}\hat{\boldsymbol{x}}_{k|1:K} = &\left[\sum_{i=1}^{K} \boldsymbol{\Phi}_{i,k}^{\mathrm{T}} \boldsymbol{H}^{\mathrm{T}} \boldsymbol{R}_i^{-1} \boldsymbol{H} \boldsymbol{\Phi}_{i,k} + \boldsymbol{\Phi}_{0,k}^{\mathrm{T}} \boldsymbol{P}_0^{-1} \boldsymbol{\Phi}_{0,k}\right]^{-1} \\ &\times \left(\sum_{i=1}^{K} \boldsymbol{\Phi}_{i,k}^{\mathrm{T}} \boldsymbol{H}_i^{\mathrm{T}} \boldsymbol{R}_i^{-1} \boldsymbol{y}_i + \boldsymbol{\Phi}_{0,k}^{\mathrm{T}} \boldsymbol{P}_0^{-1} \hat{\boldsymbol{x}}_0\right)\end{aligned} \tag{2.9-13}$$

这一解采用了我们较为熟悉的形式,即对$\boldsymbol{x}_0$ 处的初始条件和量测$\boldsymbol{y}_i$,$i \in [1, 2, \cdots, K]$,进行加权求和。注意,为了获得关于$\boldsymbol{x}_k$ 的解,所有的向量(量测和初始状态)被转换至 t_k 时刻。$\hat{\boldsymbol{x}}_{k|1:K}$的估计误差协方差为

$$\boldsymbol{P}_{k|1:K} = \left[\sum_{i=1}^{K} \boldsymbol{\Phi}_{i,k}^{\mathrm{T}} \boldsymbol{H}^{\mathrm{T}} \boldsymbol{R}_i^{-1} \boldsymbol{H} \boldsymbol{\Phi}_{i,k} + \boldsymbol{\Phi}_{0,k}^{\mathrm{T}} \boldsymbol{P}_0^{-1} \boldsymbol{\Phi}_{0,k}\right]^{-1} \tag{2.9-14}$$

可以通过将针对随机系统的FIS算法中的过程噪声协方差 $\boldsymbol{Q}$ 设置为0,来导出针对确定性系统的FIS算法,这将留做课后习题(习题6)。

该算法经常被用于利用较短的数据序列生成一个状态估计,有时称为航迹片段(tracklet)。进行数据压缩的优点是可以降低多传感器系统的数据传输率。

第 7 章多传感器估计算法的有关内容将就此进行讨论。表 2.3 总结了随机和确定系统的固定间隔平滑算法。

表 2.3　固定间隔平滑算法小结

固定间隔平滑器算法

对于总的数据区间$[1,\cdots,k]$,$1\leqslant k\leqslant K$,定义$\hat{\boldsymbol{x}}_{k|1:K}=E\{\boldsymbol{x}_k|\boldsymbol{y}_{1:K}\}$,协方差$\boldsymbol{P}_{k|1:K}$。

对于随机系统,采用前向和后向滤波器实现,有

$$\hat{\boldsymbol{x}}_{k|1:K}=[\boldsymbol{P}_{k|1:k}^{-1}+\boldsymbol{P}_{k|k+1:K}^{-1}]^{-1}(\boldsymbol{P}_{k|1:k}^{-1}\hat{\boldsymbol{x}}_{k|1:k}+\boldsymbol{P}_{k|k+1:K}^{-1}\hat{\boldsymbol{x}}_{k|k+1:K})$$

$$\boldsymbol{P}_{k|1:K}=[\boldsymbol{P}_{k|1:k}^{-1}+\boldsymbol{P}_{k|k+1:K}^{-1}]^{-1}$$

我们强调后向滤波器在初始化不需要先验信息。

其他的形式

$$\hat{\boldsymbol{x}}_{k|1:K}=\hat{\boldsymbol{x}}_{k|1:k}+\boldsymbol{P}_{k|1:K}\boldsymbol{P}_{k|k+1:K}^{-1}(\hat{\boldsymbol{x}}_{k|k+1:K}-\hat{\boldsymbol{x}}_{k|1:k})$$

$$\boldsymbol{P}_{k|1:K}=\boldsymbol{P}_{k|1:k}-\boldsymbol{P}_{k|1:k}[\boldsymbol{P}_{k|1:k}+\boldsymbol{P}_{k|k1:K}]^{-1}\boldsymbol{P}_{k|1:k}$$

对于确定系统,采用批滤波器概念,有

$$\hat{\boldsymbol{x}}_{k|1:K}=\left[\sum_{i=1}^{k}\boldsymbol{\Phi}_{i,k}^{\mathrm{T}}\boldsymbol{H}_i^{-1}\boldsymbol{R}_i^{-1}\boldsymbol{\Phi}_{i,k}+\boldsymbol{\Phi}_{0,k}^{\mathrm{T}}\boldsymbol{P}_0^{-1}\boldsymbol{\Phi}_{0,k}\right]^{-1}\times\left(\sum_{i=1}^{k}\boldsymbol{\Phi}_{i,k}^{\mathrm{T}}\boldsymbol{H}_i^{\mathrm{T}}\boldsymbol{R}_i^{-1}\boldsymbol{y}_i+\boldsymbol{\Phi}_{0,k}^{\mathrm{T}}\boldsymbol{P}_0^{-1}\hat{\boldsymbol{x}}_0\right)$$

评注:

如上所述,FIS 算法可以采用两个卡尔曼滤波器实现,一个在时间上前向运行,另一个后向运行。给定时刻的平滑估计是前向滤波的估计和后向一步预测估计的加权和。由于 FIS 算法利用了过去的数据和今后的数据,算法所得的估计利用了时间段内所有可以得到的信息,因而能实现最佳的估计精度。在某些应用中,这称为最优的轨迹估计。最优的轨迹估计是在获取完整量测数据后得到的,因而可作为"实际真实情况"。在系统是非线性的情况下,可以采用两个扩展卡尔曼滤波器①来代替两个卡尔曼滤波器。4.8 节通过采用基于扩展卡尔曼滤波器的 FIS 算法对噪声中的正弦信号进行估计,展示了 FIS 算法对估计精度的改善。针对高度非线性的系统的滤波器和平滑器感有兴趣的读者可以参阅文献[20,21]。

2.9.6　固定间隔平滑估计在卡尔曼滤波器初始条件计算中的应用

这里首先根据卡尔曼滤波器的推导过程重申离散线性系统方程,

$$x_k=\boldsymbol{\Phi}_{k,k-1}x_{k-1}+\boldsymbol{\mu}_{k-1}$$

$$y_k=H_k\,x_k+\boldsymbol{\nu}_k$$

式中:$x\in\mathbb{R}^n$;$y\in\mathbb{R}^m$;$\boldsymbol{\Phi}_{k,k-1}$和$\boldsymbol{H}_k$是已知的矩阵。其中,$\boldsymbol{x}_0$,$\boldsymbol{\mu}_{k-1}$和$\boldsymbol{\nu}_k$是相互独立的,$\boldsymbol{x}_0$: $\sim N(\bar{\boldsymbol{x}}_0,\boldsymbol{P}_0)$,$\boldsymbol{\mu}_k$: $\sim N(0,\boldsymbol{Q}_k)$,$\boldsymbol{\nu}_k$: $\sim N(0,\boldsymbol{R}_k)$。

---

① 扩展卡尔曼滤波器是第 3 章"非线性估计"讨论的主题

在大多数实际的问题中，要么初始状态的先验知识不存在，要么$\bar{x}_0$和$\boldsymbol{P}_0$不存在，需要利用量测序列$y_k,k=1,\cdots,K$对其进行计算。考虑2.6.5节中针对确定性系统的FIS算法，算法描述了一个针对无噪声系统的WLS估计算法。当WLS采用的数据窗口较短时，系统确定性的假设仍成立。利用式(2.9-13)和式(2.9-14)，并设定$\boldsymbol{P}_0^{-1}=\boldsymbol{0}$(即没有任何先验信息)，得

$$\hat{\boldsymbol{x}}_{k|1:K}=\left[\sum_{i=1}^{K}\boldsymbol{\Phi}_{i,k}^{\mathrm{T}}\boldsymbol{H}_i^{\mathrm{T}}\boldsymbol{R}_i^{-1}\boldsymbol{H}\boldsymbol{\Phi}_{i,k}\right]^{-1}\left(\sum_{i=1}^{K}\boldsymbol{\Phi}_{i,k}^{\mathrm{T}}\boldsymbol{H}_i^{\mathrm{T}}\boldsymbol{R}_i^{-1}y_i\right)\tag{2.9-15}$$

协方差为

$$\boldsymbol{P}_{k|1:K}=\left[\sum_{i=1}^{K}\boldsymbol{\Phi}_{i,k}^{\mathrm{T}}\boldsymbol{H}_i^{\mathrm{T}}\boldsymbol{R}_i^{-1}\boldsymbol{H}\boldsymbol{\Phi}_{i,k}\right]^{-1}\tag{2.9-16}$$

数据窗口的长度K应当取的尽可能小，以便使确定性系统假设接近成立。例如，对于$\boldsymbol{x}\in\mathbb{R}^n$和$\boldsymbol{y}=\mathbb{R}^m$，$K$可以为$\mathrm{int}(n/m)+1$，其中$\mathrm{int}(n/m)$表示对$n/m$的取整运算，这也是一个可观测系统以最小的$K$值造就非奇异信息矩阵$\left[\sum_{i=1}^{K}\boldsymbol{\Phi}_{i,k}^{\mathrm{T}}\boldsymbol{H}_i^{\mathrm{T}}\boldsymbol{R}_i^{-1}\boldsymbol{H}\boldsymbol{\Phi}_{i,k}\right]$的条件。所得$\hat{\boldsymbol{x}}_{k|1:K}$和$\boldsymbol{P}_{k|1:K}$就构成了卡尔曼滤波器在$K$时刻的初始条件。

这里所介绍的确定系统FIS算法是针对线性系统的。正如在第3章中所说，推广到扩展卡尔曼滤波器仅仅是简单地由非线性系统的系统矩阵和量测矩阵的Jacobian矩阵(一阶导数)替代线性系统的系统矩阵和量测矩阵。基于FIS算法的滤波器初始化也可以扩展到非线性系统。如果想要获得更精确的初始估计，可以采用第3章非线性估计中所介绍的非线性系统的迭代求解方式。

第8章的附录给出了一个基于多项式轨迹模型雷达量测计算滤波器初始条件的具体示例。

2.10 状态估计的Cramer-Rao界值

1.7节所介绍的针对参数估计的Cramer-Rao界可以扩展到状态估计领域。回顾随机参数向量$\boldsymbol{x}$估计的Cramer-Rao界，有

$$\mathrm{Cov}\{\hat{\boldsymbol{x}}\}\geqslant\left[E\left\{\left[\frac{\partial\ln p(\boldsymbol{y},\boldsymbol{x})}{\partial\boldsymbol{x}}\right]\left[\frac{\partial\ln p(\boldsymbol{y},\boldsymbol{x})}{\partial\boldsymbol{x}}\right]^{\mathrm{T}}\right\}\right]^{-1}$$

对于状态估计，状态向量$\boldsymbol{x}$着时间不断变化，$\boldsymbol{y}$代表在不同时间对$\boldsymbol{x}$的多个量测，线性系统的状态和量测方程分别由式(2.2-1)和式(2.2-2)给出。由于式(2.2-1)中的过程噪声项μ_{k-1}，对x_k的估计不再像参数估计那样的静态问题，对t_k时刻x_k的状态估计取决于时刻x的状态估计结果。针对状态估计的、扩展的Cramer-Rao界的定义如下：

$$\mathrm{Cov}\{\hat{\boldsymbol{x}}_{1:k|1:k}\}\geqslant\mathrm{CRB}(\boldsymbol{x}_{1:k}|\boldsymbol{y}_{1:k})=\left[E\left\{\left[\frac{\partial\ln p(\boldsymbol{y},\boldsymbol{x})}{\partial\boldsymbol{x}}\right]\left[\frac{\partial\ln p(\boldsymbol{y},\boldsymbol{x})}{\partial\boldsymbol{x}}\right]^{\mathrm{T}}\right\}\right]^{-1}\tag{2.10-1}$$

式中：针对x_k 估计的 Fisher 信息矩阵为一个 $nk \times nk$ 的矩阵（在上述求逆括号的内侧示出），即

$$\mathcal{F}(\hat{\boldsymbol{x}}_{1:k|1:k}) \triangleq \left[E\left\{ \left[\frac{\partial \ln p(\boldsymbol{x}_{1:k}:\boldsymbol{y}_{1:k})}{\partial \boldsymbol{x}_{1:k}} \right] \right\} \left[\frac{\partial \ln p(\boldsymbol{x}_{1:k}:\boldsymbol{y}_{1:k})}{\partial \boldsymbol{x}_{1:k}} \right]^{\mathrm{T}} \right]$$

注意，标识$\boldsymbol{y}_{1:k}$和$\boldsymbol{x}_{1:k}$分别代表从时刻 1 到时刻 k 的量测序列和状态向量序列。随着 k 的增加，Fisher 信息矩阵也相应地逐渐扩张，如要采用式（2.10-1）直接计算 Cramer-Rao 界，则所涉及的矩阵求逆运算不可行。一种特殊的情形是首先考虑系统为确定性系统的情况，此时状态估计问题变成了参数估计问题，因此不存在矩阵维数扩张的问题。针对线性随机系统状态估计问题的 Cramer-Rao界只是非线性随机系统状态估计 Cramer-Rao 界的一个特例，3.10 节将就此展开全面讨论。

要强调的是，由于卡尔曼滤波器属于最小方差估计器且其误差协方差方程是准确的，因而讨论协方差界也是无意义的。讨论线性系统估计的 Cramer-Rao 界的目的在于说明卡尔曼滤波器的估计误差协方差算式与 Cramer-Rao 界计算式完全相同。

2.10.1 确定性系统

对于确定性系统，所有 k 时刻的过程噪声项 μ_k 均为 0。类似于 2.8.5 节所介绍的针对确定性系统的 FIS 算法，一旦确定了任一时刻状态估计的 Cramer-Rao 界也就确定了整个轨迹估计的 Cramer-Rao 界。令 k 为当前时刻，可通过下式定义确定$\boldsymbol{x}_k$ 估计误差协方差的 Cramer-Rao 界，即

$$\mathrm{Cov}\{\hat{\boldsymbol{x}}_{k|k}\} \geqslant \left[E_{\nu_{1:k};x_0}\left\{ \left[\frac{\partial \ln p(\boldsymbol{y}_{1:k},\boldsymbol{x}_0:\boldsymbol{x}_k)}{\partial \boldsymbol{x}_k} \right] \left[\frac{\partial \ln p(\boldsymbol{y}_{1:k},\boldsymbol{x}_0:\boldsymbol{x}_k)}{\partial \boldsymbol{x}_k} \right]^{\mathrm{T}} \right\} \right]^{-1} \tag{2.10-2}$$

注意算子 $E_r\{\cdot\}$的下标 r 表示随机变量，代表相对于它取统计期望。假设量测噪声与初始条件$\boldsymbol{x}_0$ 相互独立且均服从高斯分布，在忽略加性和乘性常量后，概率密度函数的对数为

$$J = \sum_{i=1}^{k} (\boldsymbol{y}_i - \boldsymbol{H}_i\boldsymbol{x}_i)^{\mathrm{T}} \boldsymbol{R}_i^{-1} (\boldsymbol{y}_i - \boldsymbol{H}_i\boldsymbol{x}_i) + (\boldsymbol{x}_0 - \bar{\boldsymbol{x}}_0)^{\mathrm{T}} \boldsymbol{P}_0^{-1} (\boldsymbol{x}_0 - \bar{\boldsymbol{x}}_0) \tag{2.10-3}$$

对 J 相对于$\boldsymbol{x}_k$ 求导数，得

$$\frac{\partial J}{\partial \boldsymbol{x}_k} = \sum_{i=1}^{k} \left[\boldsymbol{H}_i \left[\frac{\partial \boldsymbol{x}_i}{\partial \boldsymbol{x}_k} \right] \right]^{\mathrm{T}} \boldsymbol{R}_i^{-1} (\boldsymbol{y}_i - \boldsymbol{H}_i\boldsymbol{x}_i) + \left[\frac{\partial \boldsymbol{x}_0}{\partial \boldsymbol{x}_k} \right]^{\mathrm{T}} \boldsymbol{P}_0^{-1} (\boldsymbol{x}_0 - \bar{\boldsymbol{x}}_0)$$

将$\dfrac{\partial J}{\partial x_k}$乘以其转置，再相对于 $\nu_{1:k}$和x_0 取统计期望，得

$$E_{\nu 1:k;x_0}\left\{ \left(\frac{\partial \mathrm{J}}{\partial \boldsymbol{x}_k} \right) \left(\frac{\partial J}{\partial \boldsymbol{x}_k} \right)^{\mathrm{T}} \right\} = \sum_{i=1}^{k} \left[\boldsymbol{H}_i \left[\frac{\partial \boldsymbol{x}_i}{\partial \boldsymbol{x}_k} \right] \right]^{\mathrm{T}} \boldsymbol{R}_i^{-1} \left[\boldsymbol{H}_i \left[\frac{\partial \boldsymbol{x}_i}{\partial \boldsymbol{x}_k} \right] \right] + \left[\frac{\partial \boldsymbol{x}_0}{\partial \boldsymbol{x}_k} \right]^{\mathrm{T}} \boldsymbol{P}_0^{-1} \left[\frac{\partial \boldsymbol{x}_0}{\partial \boldsymbol{x}_k} \right]$$

上述表示式为$\boldsymbol{x}_k$估计的 Fisher 信息矩阵，并由$\mathcal{F}_{\hat{x}_{k|k}}$标识该矩阵，则$\boldsymbol{x}_k$估计的 CRB 为

$$\begin{aligned}&\mathrm{Cov}\{\hat{\boldsymbol{x}}_{k|k}\} \geqslant \mathrm{CRB}(\boldsymbol{x}_k|\boldsymbol{y}_{1:k}) = [\mathcal{F}_{\hat{\boldsymbol{x}}_{k|k}}]^{-1}\\ &= \left[\sum_{i=1}^{k}\left[\boldsymbol{H}_i\left[\frac{\partial \boldsymbol{x}_i}{\partial \boldsymbol{x}_k}\right]\right]^{\mathrm{T}}\boldsymbol{R}_i^{-1}\left[\boldsymbol{H}_i\left[\frac{\partial \boldsymbol{x}_i}{\partial \boldsymbol{x}_k}\right]\right] + \left[\frac{\partial \boldsymbol{x}_0}{\partial \boldsymbol{x}_k}\right]^{\mathrm{T}}\boldsymbol{P}_0^{-1}\left[\frac{\partial \boldsymbol{x}_0}{\partial \boldsymbol{x}_k}\right]\right]^{-1}\end{aligned} \tag{2.10-4}$$

式(2.10－4)是基本结果，仍有两种特殊情况需要考虑：(1) CRB 与系统可观性标准的关系；(2) 计算 Fisher 信息矩阵的递归算法，或者反过来，计算 CRB 的递归算法。

与可观性准则的关系

对于所要估计的状态向量为初始状态$\boldsymbol{x}_0$的情形，重新推导式(2.10－4)，有

$$\begin{aligned}&\mathrm{Cov}\{\hat{\boldsymbol{x}}_{0|k}\} \geqslant \mathrm{CRB}(\boldsymbol{x}_0|\boldsymbol{y}_{1:k}) = [\mathcal{F}_{\hat{\boldsymbol{x}}_{0|k}}]^{-1}\\ &= \left[\sum_{i=1}^{k}\left[\boldsymbol{H}_i\left[\frac{\partial \boldsymbol{x}_i}{\partial \boldsymbol{x}_0}\right]\right]^{\mathrm{T}}\boldsymbol{R}_i^{-1}\left[\boldsymbol{H}_i\left[\frac{\partial \boldsymbol{x}_i}{\partial \boldsymbol{x}_0}\right]\right] + \boldsymbol{P}_0^{-1}\right]^{-1}\end{aligned} \tag{2.10-5}$$

式中：$\left[\frac{\partial \boldsymbol{x}_0}{\partial \boldsymbol{x}_0}\right] = \boldsymbol{I}$，关于$\frac{\partial \boldsymbol{x}_i}{\partial \boldsymbol{x}_0}$和$\frac{\partial \boldsymbol{x}_k}{\partial \boldsymbol{x}_i}$的计算与 2.9.5 节中定义的相同，这里不再重复。

式(2.10－5)的意义如下：当不存在关于$\boldsymbol{x}_0$的先验知识时，有$\boldsymbol{P}_0^{-1} = \boldsymbol{0}$，式(2.10－5)变为

$$\begin{aligned}&\mathrm{Cov}\{\hat{\boldsymbol{x}}_{0|k}\} \geqslant \mathrm{CRB}(\boldsymbol{x}_0|\boldsymbol{y}_{1:k}) = [\mathcal{F}_{\hat{\boldsymbol{x}}_{0|k}}]^{-1}\\ &= \left[\sum_{i=1}^{k}\left[\boldsymbol{H}_i\left[\frac{\partial \boldsymbol{x}_i}{\partial \boldsymbol{x}_0}\right]\right]^{\mathrm{T}}\boldsymbol{R}_i^{-1}\left[\boldsymbol{H}_i\left[\frac{\partial \boldsymbol{x}_i}{\partial \boldsymbol{x}_0}\right]\right]\right]^{-1}\end{aligned} \tag{2.10-6}$$

给定$\frac{\partial \boldsymbol{x}_i}{\partial \boldsymbol{x}_0} = \boldsymbol{\Phi}_{i,0}$，当$\boldsymbol{R}_i = \boldsymbol{I}$时，则式(2.10－6)与式(2.3－6)中可观性条件$\sum_{i=1}^{k}\boldsymbol{\Phi}_{i,0}^{\mathrm{T}}\boldsymbol{H}_i^{\mathrm{T}}\boldsymbol{H}_i\boldsymbol{\Phi}_{i,0}$相同。因此，可以得出如下结论：当系统是能观时，任何无偏状态估计算法的估计误差协方差均存在。因此，CRB 是试图构建一个无偏估计器之前要走的第一步。

计算 Cramer－Rao 界的一种递归算法

利用递归算法可显著简化式(2.10－4)关于$\mathrm{CRB}(\boldsymbol{x}_k|\boldsymbol{y}_{1:k})$的计算。以下采用数学推导得出该递归算法。

令$k=1$，则i只能等于 1。利用关于 Fisher 信息矩阵标记方法，有

$$\mathcal{F}_{\hat{\boldsymbol{x}}_{1|1}} = \boldsymbol{H}_1^{\mathrm{T}}\boldsymbol{R}_1^{-1}\boldsymbol{H}_1 + \boldsymbol{\Phi}_{0,1}^{\mathrm{T}}\boldsymbol{P}_0^{-1}\boldsymbol{\Phi}_{0,1}$$

令$k=2$，则有$i=1$和$i=2$两种情况。

对于$i=1$，有

$$\boldsymbol{\Phi}_{1,2}^{\mathrm{T}}\boldsymbol{H}_1^{\mathrm{T}}\boldsymbol{R}_1^{-1}\boldsymbol{H}_1\boldsymbol{\Phi}_{1,2} + \boldsymbol{\Phi}_{1,2}^{\mathrm{T}}\boldsymbol{\Phi}_{0,1}^{\mathrm{T}}\boldsymbol{P}_0^{-1}\boldsymbol{\Phi}_{0,1}\boldsymbol{\Phi}_{1,2} = \boldsymbol{\Phi}_{1,2}^{\mathrm{T}}[\mathcal{F}_{\hat{\boldsymbol{x}}_{1|1}}]\boldsymbol{\Phi}_{12}$$

对于$i=2$，有

$$H_2^{\mathrm{T}} R_2^{-1} H_2$$

将上述二式组合在一起,可得

$$F_{\hat{x}_{2|2}} = \Phi_{1,2}^{\mathrm{T}} F_{\hat{x}_{1|1}} \Phi_{1,2} + H_2^{\mathrm{T}} R_2^{-1} H_2$$

可以很容易地将上述结果扩展到一般情形,

$$F_{\hat{x}_{k|k}} = \Phi_{k-1,k}^{\mathrm{T}} F_{\hat{x}_{k-1|k-1}} \Phi_{k-1,k} + H_k^{\mathrm{T}} R_k^{-1} H_k \tag{2.10-7}$$

上式给出了 Fisher 信息的递归演进,其逆为 Cramer－Rao 界值,即

$$\mathrm{CRB}(x_k | y_{1:k}) = [F_{\hat{x}_{k|k}}]^{-1} = [\Phi_{k-1,k}^{\mathrm{T}} FV_{\hat{x}_{k-1|k-1}} \Phi_{k-1,k} + H_k^{\mathrm{T}} R_k^{-1} H_k]^{-1} \tag{2.10-8}$$

式(2.10－7)和式(2.10－8)给出的算法意味着可递归地计算 Fisher 信息矩阵,并在需要时对其求逆得到 Cramer 界值。注意,对于较小 k 值(即量测数量较少时),$F_{\hat{x}_{k|k}}$是奇异的。如果 $F_{\hat{x}_{k|k}}$总是奇异的,则系统是非能观的。这样的话,就不存在具有有限估计误差协方差的无偏估计器。当 $F_{\hat{x}_{k|k}}$变为非奇异矩阵时,$\mathrm{CRB}(x_k | y_{1|k})$也就可以实现递归计算。采用$P_{k|k} = \mathrm{CRB}(x_k | y_{1|k})$和$P_{k|k-1} = \mathrm{CRB}(x_k | y_{1|k-1})$标记方法,以下给出递归算法,其推导过程留待读者完成

$$P_{k|k} = [P_{k|k-1}^{-1} + H_k^{\mathrm{T}} R_k^{-1} H_k]^{-1} = P_{k|k-1} - P_{k|k-1} H_k^{\mathrm{T}} [H_k P_{k|k-1} H_k^{T} + R_k]^{-1} H_k P_{k|k-1} \tag{2.10-9}$$

式中,

$$P_{k|k-1} = \Phi_{k|k-1} P_{k-1|k-1} \Phi_{k,k-1}^{\mathrm{T}} \tag{2.10-10}$$

注意,当过程噪声为零时,式(2.10－9)和式(2.10－10)与卡尔曼滤波器的协方差计算式相同。

2.10.2 线性随机系统

由 Tichavsky 提出的非线性离散系统的后验 CRB 是式(2.10－1)的解的精准形式。对于一个非线性系统,统计期望可能需要以近似方式(如蒙特卡罗仿真)获得;但对于线性系统,简化为卡尔曼滤波器的估计误差协方差计算式。这种方法将在第 3 章的 3.10 节全面地描述,这里不再涉及。表 2.4 对线性系统的 CRB 进行了归纳总结。

表 2.4 线性系统 Cramer－Rao 界的总结

线性状态估计的 Cramer－Rao 界

Cramer－Rao 界的定义

$$\mathrm{Cov}\{\hat{x}_{1:k|1:k}\} \geqslant \left[E\left\{ \left[\frac{\partial \ln p(y_{1:k}:x_{1:k})}{\partial x_{1:k}} \right] a \right\} \left[\frac{\partial \ln p(y_{1:k}:x_{1:k})}{\partial x_{1:k}} \right]^{\mathrm{T}} \right]^{-1}$$

线性确定系统的 Cramer－Rao 界

$$\mathrm{Cov}\{\hat{x}_{k|k}\} \geqslant \mathrm{CRB}(x_k | y_{1:k}) = [\mathcal{F}]^{-1}$$

$$= \left[\sum_{i=1}^{k} \left[H_i \left[\frac{\partial x_i}{\partial x_k} \right] \right]^{\mathrm{T}} R_i^{-1} \left[H_i \left[\frac{\partial x_i}{\partial x_k} \right] \right] + \left[\frac{\partial x_0}{\partial x_k} \right]^{\mathrm{T}} P_0^{-1} \left[\frac{\partial x_0}{\partial x_k} \right] \right]^{-1}$$

续表

以上可以与确定系统的卡尔曼滤波器协方差方程相同的方式递归地计算。 **线性随机系统在 Cramer – Rao 界** $$\boldsymbol{P}_{k\mid k-1}=\boldsymbol{\Phi}_{k\mid k-1}\boldsymbol{P}_{k-1\mid k-1}\boldsymbol{\Phi}_{k,k-1}^{\mathrm{T}}+\boldsymbol{Q}_{k-1}$$ $$\boldsymbol{P}_{k\mid k}=\boldsymbol{P}_{k\mid k}-\boldsymbol{P}_{k\mid k-1}\boldsymbol{H}_k^{\mathrm{T}}\left[\boldsymbol{H}_k\boldsymbol{P}_{k\mid k-1}\boldsymbol{H}_k^{\mathrm{T}}+\boldsymbol{R}_k\right]^{-1}\boldsymbol{H}_k\boldsymbol{P}_{k\mid k-1}$$ 这与随机系统的卡尔曼滤波器协方差方程是相同的,推导见 3.10.2 节。

2.11 卡尔曼滤波器示例

以下将再次使用 1.19 节给出的噪声中正弦信号的例子。考虑以下差分方程:

$$\ddot{x}=-\omega^2x \tag{2.11-1}$$

式中:ω 和初始条件x_0 已知。众所周知,该方程的解为

$$x=a\sin(\omega t+\varphi)$$

式中:$x_0=a\sin\varphi$。

式(2.11-1)可以采用状态向量形式改写为

$$\dot{x}=\begin{bmatrix}0 & 1\\ -\omega^2 & 0\end{bmatrix}x \tag{2.11-2}$$

式中:$x=[x_1,x_2]^{\mathrm{T}},x_1=x,x_2=\dot{x}$。尽管这里没有指定系统噪声,但在实践中一个好的卡尔曼滤波器设计师总会在协方差计算式中增加系统噪声,这可以避免滤波器发散(见第 4 章中的实际考虑)。在这种情况下,考虑如下修正的系统方程:

$$\dot{x}=Ax+B\xi \tag{2.11-3}$$

式中:$\boldsymbol{A}=\begin{bmatrix}0 & 1\\ -\omega^2 & 0\end{bmatrix};\boldsymbol{B}=\begin{bmatrix}0\\1\end{bmatrix}$。系统噪声项 ξ 是一个标量,仅影响状态方程的较高阶导数项,在这种情况下是 $\dot{x}_2$,其协方差为 σ_q^2。式(2.11-3)是一个连续系统,而滤波算法是针对离散系统导出的。连续系统对应的等价离散系统可通过式(2.2-6)定义的状态变换矩阵 $\boldsymbol{\Phi}_{t_k,t_{k-1}}=e^{A(t_k-t_{k-1})}$ 来获得。对于上述系统,存在如下关于 $\boldsymbol{\Phi}_{t_k,t_{k-1}}$ 的闭式解:

$$\boldsymbol{\Phi}_{t_k,t_{k-1}}=\begin{bmatrix}\cos(\omega t) & \dfrac{\sin(\omega\Delta t)}{\omega}\\ -\omega\sin(\omega\Delta t) & \cos(\omega\Delta t)\end{bmatrix} \tag{2.11-4}$$

式中:$\Delta t=t_k-t_{k-1}$。可通过式(2.2-9)如下获得针对离散系统的等价噪声协方差,

$$Q_{k-1}=\sigma_q^2\Delta t\begin{bmatrix}\dfrac{2\omega\Delta t-\sin(2\omega\Delta t)}{4\omega^3} & \dfrac{\sin^2(\omega\Delta t)}{2\omega^2}\\ \dfrac{\sin^2(\omega\Delta t)}{2\omega^2} & \dfrac{\Delta t}{2}+\dfrac{\sin(2\omega\Delta t)}{4\omega}\end{bmatrix}$$

对 $\boldsymbol{x}$ 第一个分量$\boldsymbol{x}_1$ 取采样测量，有

$$\boldsymbol{y}_k=\boldsymbol{H}\,\boldsymbol{x}_k+\boldsymbol{\nu}_k \tag{2.11-5}$$

式中：$\boldsymbol{H}=[1\quad 0]$；$\nu_k$ 是服从 $\mathrm{N}(0,\sigma_\nu^2)$ 分布的量测白噪声。令$\hat{\boldsymbol{x}}_{0|0}$标识初始状态 $\boldsymbol{x}_0$ 的均值，其协方差为$\boldsymbol{P}_{0|0}$。对$\{\hat{\boldsymbol{x}}_{0|0},\boldsymbol{P}_{0|0}\}$的适当选择将决定滤波器状态估计$\hat{\boldsymbol{x}}_{k|k}$的瞬态特性，但不会改变其稳态特性。实践中，可以利用在滤波开始前的若干离散时刻获取的几个量测计算得到$\{\hat{\boldsymbol{x}}_{0|0},\boldsymbol{P}_{0|0}\}$。对于此例，至少需要两个量测$y_1$ 和y_2。利用y_1 和y_2 推导$\hat{x}_{0|0}$和$P_{0|0}$留作课后作业。在滤波器状态更新时不应再次使用量测y_1 和y_2。在给定$y_{1:k}=\{y_1,y_2,\cdots,y_k\}$的前提下，现在准备构建一个卡尔曼滤波器对$x_k$ 进行估计。利用离散卡尔曼滤波器的两步实现，即预测和更新。可得以下结论。

预测：预测的状态向量是以$\hat{x}_{k-1|k-1}$作为初始条件，对式(2.11-2)从 $k-1$ 时刻到 k 时刻进行积分得到，由于式(2.11-2)所描述系统是线性的，因而存在转移矩阵方程，即式(2.11-4)，其确切解可以通过计算从状态估计$\hat{x}_{k-1|k-1}$到$\hat{x}_{k|k-1}$演变可得

$$\hat{x}_{k|k-1}=\boldsymbol{\Phi}_{t_k,t_{k-1}}\hat{x}_{k-1|k-1}$$

预测误差协方差可以相同的方式计算，有

$$P_{k|k-1}=\boldsymbol{\Phi}_{k,k-1}P_{k-1|k-1}\boldsymbol{\Phi}_{k,k-1}^{\mathrm{T}}+Q_{k-1}$$

更新：更新过程直接利用如下算法，即

$$\hat{x}_{k|k}=\hat{x}_{k|k-1}+\boldsymbol{P}_{k|k-1}\boldsymbol{H}^{\mathrm{T}}(y_k-\boldsymbol{H}\,\hat{x}_{k|k-1})/(\boldsymbol{H}\,\boldsymbol{P}_{k|k-1}\boldsymbol{H}^{\mathrm{T}}+\sigma_\nu^2)$$
$$\boldsymbol{P}_{k|k}=\boldsymbol{P}_{k|k-1}-\boldsymbol{P}_{k|k-1}\boldsymbol{H}^{\mathrm{T}}\boldsymbol{H}\,\boldsymbol{P}_{k|k-1}/(\boldsymbol{H}\,\boldsymbol{P}_{k|k-1}\boldsymbol{H}^{\mathrm{T}}+\sigma_\nu^2)$$

注意，在此例中，$(\boldsymbol{H}\,\boldsymbol{P}_{k|k-1}\boldsymbol{H}^{\mathrm{T}}+\sigma_\nu^2)$为标量，且有

$$\boldsymbol{H}^{\mathrm{T}}\boldsymbol{H}=\begin{bmatrix}1&0\\0&0\end{bmatrix}$$

图2.4～图2.8给出了该例的数值计算结果。所有这些结果在量测信噪比为6.667(等价于量测噪声协方差 $\sigma_\nu^2=0.0225$)，且利用与1.8节中相同的量测的情形下得到。正弦波的参数值为 $a=1,\omega=2\pi$，且 $\psi=\pi/6$。图2.4给出了采样率为10Hz条件下2s观测时长的蒙特卡罗仿真结果，其间过程噪声方差 σ_q^2 被设定为0，与无噪声的系统相匹配。图中，实线曲线代表是真实值，数据点分别为量测数据为红色十字符号，预测估计为蓝色圆圈符号，更新估计为绿色方框符号。

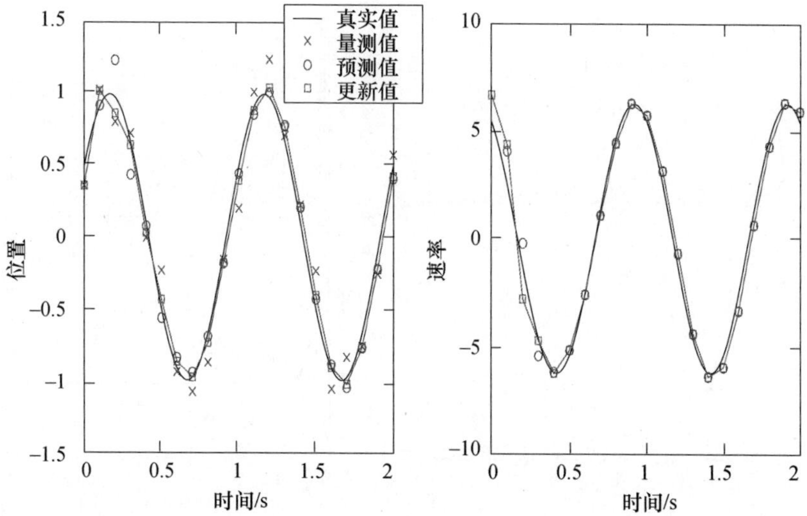

图 2.4 式(2.11-1)的位置(x)和速率($\dot{x}$)估计,$\sigma_q^2=0$(见彩图)

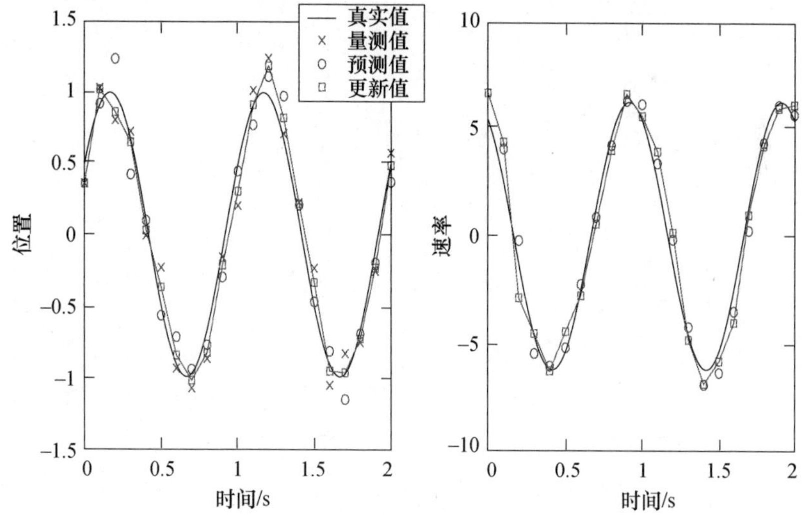

图 2.5 式(2.11-1)的位置(x)和速率($\dot{x}$)估计,$\sigma_q^2=100$(见彩图)

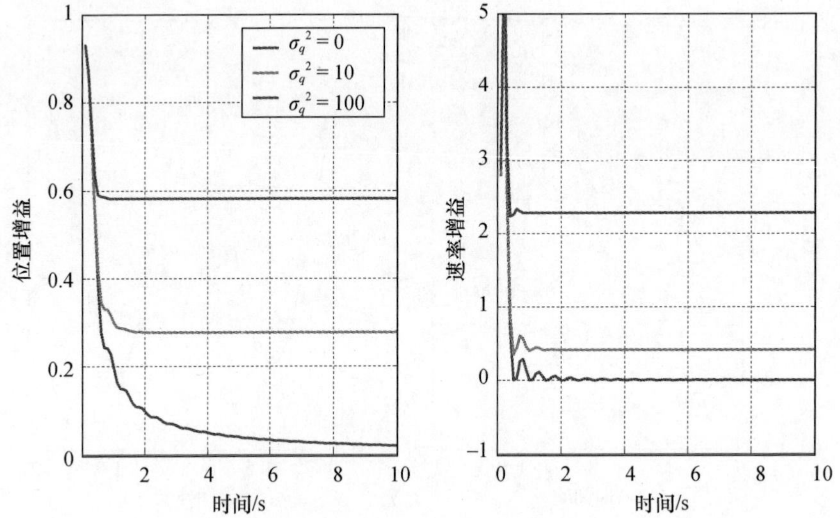

图 2.6　3 种过程噪声协方差级别下滤波器的位置和速率滤波增益的比较(见彩图)

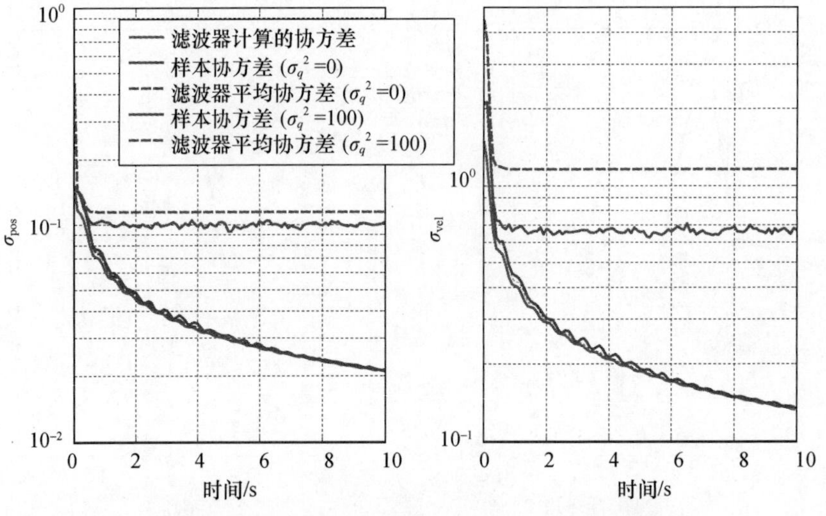

图 2.7　不同过程噪声 $\sigma_q^2=0$ 和 100 时，滤波器位置估计和速率估计的蒙特卡罗 RMS 误差(红/蓝实线)和滤波器计算的平均标准差(红/蓝虚线)的比较(见彩图)

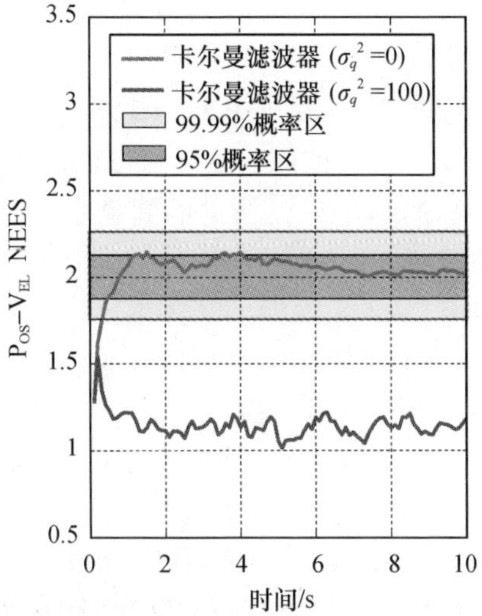

图 2.8 采用滤波器的平均归一化估计误差(NEES)对估计误差协方差的一致性进行检查,滤波器的过程噪声协方差分别为 $\sigma_q^2=0$ 和 $\sigma_q^2=100$(见彩图)

由图 2.4 可以明显观察到两点:(1)更新估计是在量测和预测之间做出的(仅对位置估计是而言是这样对的,因为式(2.11-4)中位置可直接测量)];(2)大约 1s 后,预测估计和更新估计近乎相同。由于滤波器解决的是与参数估计问题完全相同的问题,因而图 2.4 与图 1.3 是相同的。由于过程噪声方差 σ_q^2 被设置为零,位置和速率的滤波增益将在数个采样周期后收敛为一个较小值且渐进接近于零(图 2.6 中蓝色曲线),这也使得更新估计对此后新的量测不太敏感,因而预测和更新估计的收敛性是可期待的。图 2.5 给出了系统噪声方差 $\sigma_q^2=100$ 时估计结果。注意,由于过程噪声使滤波器增益增大(图 2.6 中的红色曲线),滤波器对新量测更加敏感,从而使得更新估计更加接近于量测。为了相互比较,图 2.6 还给出了系统噪声方差 $\sigma_q^2=10$ 情形下的滤波增益。较高的系统噪声方差,需要以更高的滤波增益设计滤波器。4.4 节中将讨论在滤波器设计中如何变换系统噪声方差以补偿失配的系统模型,这一技术称为滤波器调优。

图 2.7 对滤波器计算的估计误差协方差、CRB 以及采用蒙特卡罗仿真获得的误差统计特征进行了比较。所计算获得的是不同过程噪声方差 σ_q^2 下滤波器位置和速率估计的均方根误差。数据窗口时长为 10s,蒙特卡罗仿真次数为 1000 次。注意,当过程噪声方差 σ_q^2 被设定为零时,均方根误差和由滤波算法计算的标准差近乎相同,均呈指数下降趋势,代表着滤波模型与真实情况相匹配的情形。对于较大的噪声方差 $\sigma_q^2=100$,滤波估计均方根误差将收敛到一个稳

态值,该稳态值大于 $\sigma_q^2=0$ 时的滤波估计均方根误差。这与图 2.6 所示是相符的,图 2.6 中 $\sigma_q^2=100$ 时的滤波增益恒定地高于 $\sigma_q^2=0$ 时的滤波增益,因此 $\sigma_q^2=100$ 时的滤波器带宽更高,以允许更多的噪声通过。$\sigma_q^2=100$ 时滤波估计的均方根误差应当大于 $\sigma_q^2=0$ 时的滤波估计均方根误差。

滤波器设计人员面临的一个显而易见的问题是,哪个滤波器更好? $\sigma_q^2=0$ 的滤波器更好吗? 如果这样,为什么? 哪个滤波器计算的代表滤波器输出统计特征的标准差更为精确? 图 2.8 给出了计算得出的两种滤波器的平均归一化估计误差平方(NEES)。平均 NEES 的定义将在 4.4 节给出,这是一个非常有用的测度,用于度量滤波器计算的估计误差协方差与样本均方误差的一致性。需要注意的是,对于 $\sigma_q^2=0$,滤波器设计中实际上采用了与之相匹配的系统过程噪声,即无过程噪声。图 2.7 表明,在这种情况下,基于样本计算得出的误差统计特征,即由滤波器计算的标准差的平均值,与 CRB 完全相同。图 2.8 中,NEES 的平均值分别被限定于该图区域的 95% 和 99.99%;因此在 χ^2 统计意义下,计算得出的平均协方差和均方误差是一致的。然而,$\sigma_q^2=100$ 的滤波器过于悲观,所计算的标准差大于 RMS 误差(图 2.8)。上述结果展示了一个相对简单的、具有已知的系统参数(在这种情况下是 ω)线性系统的卡尔曼滤波器的特性。

评注

与 1.8 节的数值示例结果相比,可以看出,由于在每个时间步的预测和更新估计实际上就是卡尔曼滤波器,因而针对具有已知 ω 的 WLS 估计器具有相同的位置和速率估计误差。需要强调的是,由于主导系统动力学的函数是完全已知的,该 WLS 估计也是最优的。未知的是系统参数(此时有 3 个:a,ω,ψ),也是待估计的参数。然而,在系统函数并非确切已知时,卡尔曼滤波器表现的更为顽健,此时卡尔曼滤波器的过程噪声协方差起着关键的作用。后续章节将对这一专题开展更深入的探讨。

附录 2A　随机过程

一个统计(随机)过程 $\{x_t,t\in T\}$ 是由在集合 T 中的时间参数索引的一族随机向量①。在本书所考虑的大部分情况下,x_t 是 $\mathbb{R}^n$ 中的一个连续值向量,但在某些特殊的情况下 x_t 也可是离散值。时间参数集合 T 可以是离散取值的,如一个整数集,或是一个连续区间(如 $[0,\infty)$)。在这一附录中将定义常用的术语。

随机序列:如果 T 是一个离散值的集合,则一个连续值的 $\{x_t,t\in T\}$ 被称为

① 在本书中,小写字母用于随机变量,小写斜体字母用于它们的实现,粗体字母用于向量,非粗体字母用于标量。

一个随机序列，也称为离散时间随机过程。这是本书中最常用的统计（随机）过程。

随机过程或随机函数：如果 T 为一个连续区间，则一个连续取值的 $\{x_t, t \in T\}$ 称为一个统计（随机）过程或随机函数。这也是描述大多数自然现象的统计（随机）过程。不像随机序列是以随机向量集合作为一个样本，随机过程是以一个连续时间函数作为一个样本。这就是为什么采用随机函数来定义的原因。

随机过程的概率定理：令 $\{x_t, t \in T\}$ 是一个随机过程。对于任何有限集合 $\{t_1, \cdots, t_n, \forall t_i \in T, i = 1, \cdots, n\}$，随机向量$x_{t_1}, \cdots, x_{t_n}$的联合分布函数是在有限时间集 $\{t_1, \cdots, t_n\}$ 处估计的随机过程 $\{x_t, t \in T\}$ 的 n 阶分布。随机过程可以通过规定有限维的分布来刻画和描述：$F(x_{t_1}, \cdots, x_{t_n}) = \text{Prob}\{x_{t_1} \leqslant x_{t_1}, \cdots, x_{t_n} \leqslant x_{t_1}\}$，对于所有在有限集 $\{t_1, \cdots, t_n\} \subseteq T$

等价地，随机过程也可通过规定其 n 阶联合密度函数来描述：

$$p(x_{t_1}, \cdots, x_{t_n}), \text{对所有的有限集} \{t_1, \cdots, t_n\} \subseteq T$$

令 $\{x_t, t \in T\}$ 是一个随机过程，以下是与其相关的重要时间函数，即均值、相关和协方差函数：

$$m_x(t) = E(x_t) \qquad (\{x_t, t \in T\} \text{的均值向量})$$

$$\gamma_x(t, \tau) = E\{(x_t)(x_t)^{\mathrm{T}}\} \qquad (\{x_t, t \in T\} \text{的相关矩阵})$$

$$\begin{aligned} \sum\nolimits_x (t, \tau) &= E\{(x_t - m_x(t))(x_t - m_x(t))^{\mathrm{T}}\} \\ &= \gamma_x(t, \tau) - m_x(t) m_x^{\mathrm{T}}(\tau) \quad (\{x_t, t \in T\} \text{的协方差}) \end{aligned}$$

两个随机过程的独立和条件：令 $\{x_t, t \in T\}$ 和 $\{x_t, t \in T\}$ 是两个随机过程，如果对于所有的有限集 $\{t_1, \cdots, t_n\} \subseteq T$，随机向量 $(x_{t_1}^{\mathrm{T}}, \cdots, x_{t_n}^{\mathrm{T}})^{\mathrm{T}}, (y_{t_1}^{\mathrm{T}}, \cdots, y_{t_n}^{\mathrm{T}})^{\mathrm{T}}$ 是独立的，则两个随机过程也是独立的。

根据 1.3.2 节，条件概率密度的定义为，对于所有的有限集 $\{t_1, \cdots, t_n\} \subseteq T$，有

$$\begin{aligned} p((x_{t_1}^{\mathrm{T}}, \cdots, x_{t_1}^{\mathrm{T}})^{\mathrm{T}} \mid (y_{t_1}^{\mathrm{T}}, \cdots, y_{t_1}^{\mathrm{T}})^{\mathrm{T}}) &= \frac{p((x_{t_1}^{\mathrm{T}}, \cdots, x_{t_1}^{\mathrm{T}})^{\mathrm{T}}, (y_{t_1}^{\mathrm{T}}, \cdots, y_{t_1}^{\mathrm{T}})^{\mathrm{T}})}{p((y_{t_1}^{\mathrm{T}}, \cdots, y_{t_1}^{\mathrm{T}})^{\mathrm{T}})} \\ &= \frac{p((y_{t_1}^{\mathrm{T}}, \cdots, y_{t_1}^{\mathrm{T}})^{\mathrm{T}} \mid (x_{t_1}^{\mathrm{T}}, \cdots, x_{t_1}^{\mathrm{T}})^{\mathrm{T}})}{p((y_{t_1}^{\mathrm{T}}, \cdots, y_{t_1}^{\mathrm{T}})^{\mathrm{T}})} p((x_{t_1}^{\mathrm{T}}, \cdots, x_{t_1}^{\mathrm{T}})^{\mathrm{T}}) \end{aligned}$$

具有独立增量的连续时间随机过程：如果对于所有的有限集 $\{t_1 < t_2 <, \cdots, < t_n\} \subseteq T$ 随机向量$\boldsymbol{X}_{t_1} - \boldsymbol{X}_{t_2}, \boldsymbol{X}_{t_2} - \boldsymbol{X}_{t_3}, \cdots, \boldsymbol{X}_{t_{n-1}} - \boldsymbol{X}_{t_n}$是独立的，则称连续时间随机过程 $\{x_t, t \in T\}$ 具有独立的增量。根据 2.3.2 节，其联合密度函数为

$$p(x_{t_1} - x_{t_2}, x_{t_2} - x_{t_3}, x_{t_{n-1}} - x_{t_n}) = p(x_{t_1} - x_{t_2}) p(x_{t_2} - x_{t_3}) \cdots p(x_{t_{n-1}} - x_{t_n})$$

如果$x_{t+\tau} - x_{s+\tau}$具有与$x_t - x_s$ 相同的分布（对于每个 $t > s \in T$）和 $\tau, t + \tau, s + \tau \in T$，则过程 $\{x_t, t \in T\}$ 具有平稳的独立增量。

布朗运动（维纳）过程：一个连续时间标量随机过程 $\{W_t, t \in T\}$ 如满足下列

条件，则称为一个布朗运动过程：

(1) $\{W_t, t\in T\}$ 具有平稳、独立的增量。

(2) 对于所有的 $t\geqslant 0$，W_t 服从正态分布。

(3) 对所有 $t\geqslant 0$，$E\{W_t\}=0$。

(4) $\text{Prob}\{w_0=0\}=1$。

高斯过程：如果一个随机过程 $\{W_t, t\in T\}$ 的联合密度是高斯的，则称该随机过程是一个高斯(或正态)过程。布朗运动就是一个高斯过程。

马尔可夫过程：如果对于任何有限参数集 $\{t_i : t_i < t_{i+1}\}\in T$ 和每个 $r\in\mathbb{R}^n$，有

$$\text{Prob}\{x_{t_n}\leqslant r\mid x_{t_1},\cdots,x_{t_{n-1}}\}=\text{Prob}\{x_{t_n}\leqslant r\mid x_{t_{n-1}}\}$$

则称该随机过程 $\{x_t, t\in T\}$ 为一个马尔可夫过程。

上述特性的概率密度函数形式为

$$p(x_{t_n}\mid x_{t_1},\cdots,x_{t_{n-1}})=p(x_{t_n}\mid x_{t_{n-1}})$$

其中，$t_1<t_2<\cdots<t_n$。更进一步，重复利用贝叶斯定理，有

$$p(x_{t_1},\cdots,x_{t_n})=p(x_{t_n}\mid x_{t_{n-1}})p(x_{t_{n-1}}\mid x_{t_{n-2}})\cdots p(x_{t_2}\mid x_{t_1})p(x_{t_1})$$

因此，马尔可夫过程的概率定理可以由所有的 $t>s\in T$ 的 $p(x_{t_1})$ 和 $p(x_t\mid x_s)$ 来指定。条件密度 $p(x_t\mid x_s)$ 称为马尔可夫过程的转移概率密度。布朗运动也是一个马尔可夫过程。

Chapman – Kolmogorov 方程：令 $\{x_t, t\in T\}$ 是一个马尔可夫过程，则 Chapman – Kolmogorov 方程 $p(x_{t_n}\mid x_{t_{n-2}})=\int p(x_{t_n}\mid x_{t_{n-1}})p(x_{t_{n-1}}\mid x_{t_{n-2}})d\,x_{t_{n-1}}$ 可由 $\{x_t, t\in T\}$ 的边缘概率密度和马尔可夫过程的特性来得出，即

$$p(x_{t_n}\mid x_{t_{n-2}})=\int p(x_{t_n}, x_{t_{n-1}}\mid x_{t_{n-2}})\mathrm{d}\,x_{t_{n-1}}$$

白噪声：如果随机序列 $\{\xi_n, n=1,2,\cdots\}$ 是一个马尔可夫序列，而且对于所有的 $k>j$，$p(\xi_k\mid\xi_j)=p(\xi_k)$，即所有的 ξ_k 是相互独立的，则称该随机序列为一个白随机序列。如果 ξ_k 是正态分布的，则称该序列为白高斯随机序列。一个零均值的白高斯噪声序列是一个均值具有以下概率特性的随机过程：

$$E(\xi_k)=0, k\geqslant 1$$

且其协方差矩阵为

$$E\{(\xi_i-E\{\xi_i\})(\xi_i-E\{\xi_i\})^{\mathrm{T}}\}=\boldsymbol{Q}_k\delta_{i,k}, j,k\geqslant 1$$

式中：

$$\delta_{jk}=\begin{cases}1, j=k\\0, j\neq k\end{cases}$$

为 Kronecker delta 函数，$\boldsymbol{Q}_k$ 是一个半正定矩阵。

连续动力系统中的连续时间白噪声的标识方法更加复杂，其严格定义超出了本书的范围，这里仅给出该过程的某些重要特性：

(1) 一个白噪声过程 $\{\xi_t, t\in T\}$ 是一个对于所有 $t>s\in T$ 都有 $p(\xi_t\mid\xi_s)=$

$p(\xi_t)$成立的一个马尔可夫过程；且如果对于每个 $t \in T$,ξ_t 服从正态分布，则该过程是一个白高斯过程。

此外，它是一个高斯过程，且有

$$E\{(\xi_t - E\{\xi_t\})(\xi_t - E\{\xi_t\})^{\mathrm{T}}\} = \boldsymbol{Q}_t\delta(t-s)$$

式中：$\boldsymbol{Q}_t$ 是一个半正定协方差矩阵；$\delta(t-s)$是 Kronecker delta 函数。

(2) 一个标量白高斯过程可由一个相关函数如下的零均值平稳高斯过程来近似：

$$\gamma(t+\tau,t) = (\rho/2)\sigma^2 \mathrm{e}^{-\rho|\tau|}$$

对于$\rho \to \infty$，有

$$\gamma^{\infty} = \sigma^2\delta(\tau)$$

(3) 一个随机过程的功率谱密度函数被定义为相关函数的傅里叶变换，即

$$f(\omega) = \int_{-\infty}^{\infty} \mathrm{e}^{-\mathrm{i}\omega\tau}\gamma(t+\tau,t)\mathrm{d}\tau$$

对于(2)中的高斯过程，其功率谱密度函数为

$$f^{\rho}(\omega) = \frac{\sigma^2}{1+(\overline{\omega}/\rho)^2}$$

当$\rho \to \infty$,$f^{\infty}(\omega) = \sigma^2$，对所有的 ω，这是一个正常量，这也是采用“白色”一词描述该随机过程的原因，就如同用“白色”形容光线一样。

课后习题

1. 令 x 标识沿一直线运动的一个目标的位置，微分方程 $\ddot{x}=0$ 意味着该目标运动为匀速运动，该目标运动的状态方程如下：

$$\dot{x}_t = A_t x_t$$

给定的初始条件x_0 的前提下，上式的解为一个沿直线运动的目标的轨迹。状态向量为

$$x_t = [X_1, X_2]^{\mathrm{T}}, X_1 = X, x_2 = \dot{x}，系统状态转移矩阵为A_t$$

$$A_t = \begin{bmatrix} 0 & 1 \\ 0 & 0 \end{bmatrix}$$

(1) 令采样区间为 T，推导等价的系统离散方程。

(2) 对 $\dddot{x}=0$ 的情形(对应于匀加速度模型)，重复上述推导。

(3) 令(x,y,z)代表直角坐标系的 3 个坐标轴，对于一个匀速运动的目标，状态向量可定义为$x_t = (x,y,z,\dot{x},\dot{y},\dot{z})^{\mathrm{T}}$。如果沿着各轴的运动相互独立，则状态方程只是简单地将上述 3 个 2 维模型叠加至一个 6 维的状态空间。类似地，对于 CA 模型，将扩展至一个 9 维的状态空间。

(4) 假设量测变量分别为 x,y,z，且每个量测包含加性白噪声 $N(0,\sigma^2)$，推

导并计算估计x_t的CRB，其中t可为0或沿着轨迹的任何时刻。证明无论选择什么时刻，协方差传播方程推进至任何其它时刻都具有相同的结果。可以选择任何初始条件x_0来显示结果。

（5）注意到本题中所采用的动力学模型与2.2节和第1章课后习题15中的模型相同，证明结果是相同的。

2. 上述模型，无论是CV还是CA模型，并不适用于真实世界。例如，飞行员总会做出小的修正控制以将飞机保持在飞行航线上。风的扰动及其它因素会导致真实轨迹在一个直线附近变化。当严格基于CV模型构建一个卡尔曼滤波器时，由于滤波增益会变得太小，从而使得最近的量测被忽略，滤波器最终会发散。在采用构建的模型进行实验时，你将看到可以利用过程噪声协方差$\boldsymbol{Q}_k$来修正这种情况。

（1）利用你的计算机构建一个具有较小正弦驱动函数的CV轨迹模型。轨迹模型可在100km之外以150m/s的速率启动，速率的方向可以是朝向传感器（传感器位置坐标为(0,0)）或者有一定的角度。可以利用变化的轨迹来比较由于地理位置差异造成的估计精度间的差异。在速率上增加一些驱动噪声以模拟随机扰动。将实验结果以图形化的方式予以显示。假设目标的运动高度保持不变，因而仅需要在二维直角坐标系(x,y)中显示轨迹。增加高斯噪声以模拟量测，可将σ设定为从1~100m的任意值。

（2）利用卡尔曼滤波器估计所建立目标轨迹的状态。以包括零值在内的不同$\boldsymbol{Q}_k$值进行实验。实验中向速率或位置状态、或者两者同时添加过程噪声协方差（正如在(a)部分中一样）显示并观察实验结果。解释你看到了什么，并看看你是否可以得出如何选择$\boldsymbol{Q}_k$的结论。以蒙特卡罗的方式重复运行，并计算估计误差及协方差的样本统计特征。

（3）构建一个分段的轨迹模型，即从CV模型开始，然后切换到CA模型，经历一段时间后再切换回CV模型。轨迹的CA部分代表着目标的有意机动，例如飞行员改变一架飞机的航向，如从向东飞行转到向北飞行。在二维状态空间(x,y)显示所构建的目标轨迹。

（4）应用基于CV模型的卡尔曼滤波器估计(3)中构建轨迹的状态。采用不同$\boldsymbol{Q}_k$进行实验，以降低轨迹切换时滤波误差。

（5）构建一个基于CA模型的卡尔曼滤波器，重复(2)和(4)中的实验项目，解释在模型切换时看到的现象。

（6）针对分别基于CV和CA模型的卡尔曼滤波器，在不存在和存在$\boldsymbol{Q}_k$的情况下计算CRB，并与样本的协方差进行比较。

3. 多项式模型（第1章的课后习题15）可以基于没有过程噪声的CV或CA模型进行重写。由于其简化性及估计和误差协方差的闭式表达形式，多项式模型还是非常有用的。当窗口较短使得过程噪声是可忽略的时，多项式模型是一个有效的模型。该模型已被用于基于 3 个坐标雷达量测的初始批量测对目标初始状态和协方差进行估计，以获得位置和速度向量估计及其估计误差协方差。因此，该模型适用于推导滤波器初始条件。根据多项式模型推导得出递归的系统方程，并开展上述的实验。

4. 完成式(2.7－2)～式(2.7－5)的推导，即基于 Bayesian 方法的卡尔曼滤波器。

5. 对于 2.1.1 节的示例，证明可由在离散时刻 t_1 和 t_2 获得的 2 个量测 y_1 和 y_2 得到初始状态估计 $\hat{x}_{0|0}$（估计误差协方差为 $\boldsymbol{P}_{0|0}$）。

6. 利用针对确定性系统的固定间隔平滑算法（FIS），式(2.9－13)和式(2.9－14)：

（1）针对无初始条件或者 $\boldsymbol{P}_0^{-1}=\boldsymbol{0}$ 的特殊情况进行推导。

（2）针对 k 位于初始时间 0 或终端时间 K 的特例进行推导。

（3）当对所有 i 过程噪声协方差设定 $\boldsymbol{Q}_i=\boldsymbol{0}$，证明针对随机系统的 FIS 的等价性。

7. Singer[24] 提出了一种代表有人驾驶飞机机动的机动目标模型。令 x_t 是沿直线运动目标的状态向量，Singer 模型是为 $\dot{x}_t = A_t\, x_t + G\, a_t$，其中 A_t 与课后习题 1 中相同，$G=\begin{bmatrix}0\\1\end{bmatrix}$，$a_t$ 是由时间相关函数为 $r_\tau = E\{a_t a_{t+\tau}\} = \sigma_m^2 e^{-\alpha|\tau|}$ 的随机过程所代表的目标加速度，σ_m^2 为机动的幅度，$1/\alpha$ 为机动时间常数。例如，当 $1/\alpha \cong 60$，它代表较缓慢的转弯机动，当 $1/\alpha \cong 20$，则代表规避机动。

（1）在采样间隔为 T 的前提下，推导系统方程的等价离散方程。

（2）为 σ_m^2 和 α 设定一些值，利用该模型二维直角坐标中仿真目标轨迹（见课后习题 1）

（3）与在课后习题 2.1 所得结果比较，找到使两个模型彼此接近的参数。

参考文献

[1] R. E. Kalman, "A New Approach to Linear Filtering and Prediction Problems," *Transactions of the ASME*, vol. 82, ser. D, pp. 35－45, Mar. 1960.

[2] P. M. DeRusso, R. J. Roy, C. M. Close, and A. A. Desrochers, *State Variables for Engineers*, 2nd ed. New York: Wiley, 1998.

[3] W. L. Brogan, *Modern Control Theory*. Englewood Cliffs, NJ: Prentice Hall, 1990.

[4] A. P. Sage, *Optimum Systems Control*. Englewood Cliffs, NJ: Prentice Hall, 1968.

[5] M. Athans and P. Falb, *Optimal Control*. New York: McGraw－Hill, 1966.

[6] A. H. Jazwinski, *Stochastic Processes and Filtering Theory*. New York: Academic Press, 1970.

[7] A. Gelb (Ed.), *Applied Optimal Estimation*. Cambridge, MA: MIT Press, 1974.

[8] F. L. Lewis, *Optimal Estimation*. New York: Wiley, 1986.

[9] D. Simon, *Optimal State Estimation*. New York: Wiley, 2006.

[10] A. Sage and J. Melsa, *Estimation Th eory with Applications to Communications and Control*. New York: McGraw – Hill, 1971.

[11] P. Maybeck, *Stochastic Models, Estimation, and Control*, Vol. 1. New York: Academic Press, 1979.

[12] T. Kailath, A. H. Sayed, and Babak Hassibi, *Linear Estimation*. Englewood Cliff s, NJ: Prentice Hall, 2000.

[13] M. Athans, "Th e Role and Use of the Stochastic Linear – Quadratic – Gaussian Control Problem in System Design," *IEEE Transactions on Automatic Control*, vol. AC – 16, pp. 529 – 552, Dec. 1971.

[14] R. S. Bucy, "Nonlinear Filtering Th eory," *IEEE Transactions on Automatic Control*, vol. AC – 10, pp. 198 – 206, Jan. 1965.

[15] Y. C. Ho and R. C. K. Lee, "A Bayesian Approach to Problems in Stochastic Estimation and Control," *IEEE Transactions on Automatic Control*, vol. AC – 9, pp. 333 – 339, Oct. 1964.

[16] T. Kailath, "An Innovations Approach to Least – Squares Estimation; Part I: Linear Filtering in Additive White Noise," *IEEE Transactions on Automatic Control*, vol. AC – 13, pp. 688 – 706, Dec. 1968.

[17] R. Mehra, "On the Identifi cation of Variances and Adaptive Kalman Filtering," *IEEE Transactions on Automatic Control*, vol. AC – 15, pp. 175 – 184, Apr. 1970.

[18] I. B. Rhodes, "A Tutorial Introduction to Estimation and Filtering," *IEEE Transactions on Automatic Control*, vol. AC – 16, pp. 688 – 706, Dec. 1971.

[19] H. E. Rauch, F. Tung, and C. T. Striebel, "Maximum Likelihood Estimates of Linear Dynamic Systems," *AIAA Journal*, vol. 3, pp. 1445 – 1450, Aug. 1965.

[20] C. B. Chang, R. H. Whiting, L. Youens, and M. Athans, "Application of Fixed – Interval – Smoother to Maneuvering Trajectory Estimation," *IEEE Transactions on Automatic Control*, vol. AC – 22, pp. 876 – 879, Oct. 1977.

[21] C. B. Chang, R. H. Whiting, and M. Athans, "On the State and Parameter Estimation for Maneuvering Reentry Vehicles," *IEEE Transactions on Automatic Control*, vol. AC – 22, pp. 99 – 105, Feb. 1977.

[22] P. Tichavsky, C. H. Muravchik, and A. Nehorai, "Posterior Cramer – Rao Bounds for Discrete – Time Nonlinear Filtering," *IEEE Transactions on Signal Processing*, vol. SP – 46, pp. 1386 – 1396, May 1998.

[23] Y. Bar – Shalom, X. Rong Li, and T. Kirubarajan, *Estimation with Applications to Tracking and Navigation*. New York: Wiley, 2001.

[24] R. Singer, "Estimating Optimal Tracking Filter Performance for Manned Maneuvering Targets," *IEEE Transactions on Aerospace and Electronic Systems*, vol. AES – 6, pp. 473 – 483, July 1970.

第3章 非线性系统的状态估计

3.1 引言

绝大多数实际问题属于非线性问题,即系统动力学状态由非线性微分(或差分)方程表示,并且(或者)量测变量与状态变量之间的关系也可由非线性方程来描述。迄今,本书所讨论的均是目标状态方程和量测方程为线性方程情况下的状态估计问题。唯一例外是,1.6节针对量测方程为非线性方程情况下的参数估计问题,介绍了一种迭代估计算法。之所以在研究初始首先提出针对线性系统的状态估计算法,存在以下原因:①解决线性估计问题所采用的理论是严谨的;②通过分别利用状态方程和量测方程的雅可比矩阵替代状态转移矩阵和量测矩阵,绝大多数针对线性系统状态估计提出的算法也可用于解决非线性估计问题(近似解)。由此所得的滤波器是著名的扩展卡尔曼滤波器(Extended Kalman Filter, EKF)。推导EKF所采用的技术称为线性化,即用一阶泰勒级数展开项来近似非线性项。

有关非线性估计问题的数学意义下严谨研究起源于上世纪六、七十年代,参见文献[1-7]。无论系统是线性的还是非线性的,状态估计问题的解均由一个后验概率密度函数给出[1-3]。对于连续系统而言,系统状态概率密度函数在时间上的演变可由一个微分方程表示。文献[4-6]的研究结果表明,针对实际问题的该类微分方程的解无法获得。针对此类问题,一些研究人员已经提出了后验概率密度函数的近似求解方法[5-10]。对于离散时间系统,研究关注的目标则是,在截止 k 时刻所得量测序列$\boldsymbol{y}_{1:k}=\{\boldsymbol{y}_1,y_2,\cdots,\boldsymbol{y}_k\}$已知的条件下,系统 k 时刻状态$\boldsymbol{x}_k$ 的概率密度函数。2.4节已经阐释了该概率密度函数能够以递归的方式刻画和描述,无论是线性估计问题还是非线性估计问题[2,3]。对于初始状态、过程噪声和量测噪声均服从高斯分布的线性系统而言,系统状态在所有 k 时刻的后验概率密度函数均服从高斯分布。因此,由条件期望(均值)和误差协方差就足以表征状态估计的后验概率密度函数,计算条件期望和误差协方差的算法实际是卡尔曼滤波器(Kalman Filter, KF)。而对于非线性系统而言,有关高斯分布的假设不再成立,也就只能获得近似解。本章主要讨论针对离散时间系统的状态估计算法,所得研究结果均为条件期望和误差协方差的近似解。对于工程问题而言,期望估计及其误差协方差包含着特殊的物理含义。条件期望是描述感兴趣系统动态变化过程的状态向量的估计值,误差协方差则是一种性能测度,代表着状态估计的精度。也正是因为这个原因,工程师们始终在寻求期望估计和估计误差协方差的解,即使也可能只是近似解。求解过程中,泰勒级数展开被应用于系统状态方程和量测方程,状态估计和估计误差协方差的近似解仅通过一阶泰勒级数展开获得,这就是所称的 EKF 滤波器。当泰勒级数展开的二阶项也被用于估计算法时,所得滤波器称为二阶滤波器[10]。对滤波器应用感兴趣的读者可参阅文献[7,11]。本章对所有这些滤波器进行了讨论,本章 3.7 节就非线性状态估计的 CRB 进行了专题研究。有关非线性状态估计实践应用在本章课后习题有所涵盖。与本章讨论的非线性状态估计的解析类算法并行发展的另一类算法是采样算法,本书第六章将讨论该类算法,具体包括以下内容:一是 1969 年提出的质点滤波器(Point Mass Filter,PMF)[12];二是 20 世纪 90 年代后期针对具有加性高斯噪声的非线性系统状态估计提出的采用无迹变换的确定性采样框架[13-16];三是新近针对后验概率密度函数求解而提出的蒙特卡罗采样技术,也称为粒子滤波器[17]。

3.2 问题描述

假设系统状态向量 $\boldsymbol{x}$ 随时间变化的规律服从如下已知的、非线性的、离散时间的统计关系:

$$\boldsymbol{x}_k = \boldsymbol{f}(\boldsymbol{x}_{k-1}) + \boldsymbol{\mu}_{k-1}, k = 1,2,\cdots,K \tag{3.2-1}$$

式中:K 为任意截止时间。噪声驱动项 $\boldsymbol{\mu}_{k-1}$ 是服从已知分布的时间不相关的随机序列。系统初始状态 $\boldsymbol{x}_0$ 是服从已知分布的随机变量,且与噪声 $\boldsymbol{\mu}_{k-1}$ 统计无关。与线性系统估计的情形类似,系统状态的演变通常是一个时间连续过程,可由一个状态微分方程描述。因此,式(3.2-1)是该过程的一种时间采样表示。式(3.2-1)所代表的模型并不失一般性,这是因为估计算法通常由计算机程序实现,且量测也通常是在离散时间获取,从而有

$$\boldsymbol{y}_k = \boldsymbol{h}(\boldsymbol{x}_k) + \boldsymbol{\nu}_k \tag{3.2-2}$$

假设量测噪声序列 $\boldsymbol{\nu}_k$ 是与时间无关的且其随机分布已知。对于所有 k 时刻而言,3 个随机向量 $\boldsymbol{x}_0$、$\boldsymbol{\mu}_{k-1}$ 和 $\boldsymbol{\nu}_k$ 之间是统计独立的。式(3.2-1)和式(3.2-2)定义了本章所要研究的非线性系统。估计问题的目标就是,对于式(3.2-1)和式(3.2-2)描述的非线性系统,在给定所有量测 $\boldsymbol{y}_{1:k} = \{\boldsymbol{y}_1, \boldsymbol{y}_2, \cdots, \boldsymbol{y}_k\}$ 的条件下,计算出 $\boldsymbol{x}_k$ 的值。

以下回顾针对后验概率密度函数计算的递归贝叶斯算式。

3.3 状态估计的贝叶斯方法

清楚起见,以下再次给出 2.4 节曾介绍过的条件概率密度函数的等价表示。

$$p(\boldsymbol{x}_k|\boldsymbol{y}_{1:k}) = p(\boldsymbol{x}_k|\boldsymbol{y}_k, \boldsymbol{y}_{1:k-1}) \tag{3.3-1}$$

利用贝叶斯概率定理将先验与后验概率密度函数联系起来,得

$$p(\boldsymbol{x}_k|\boldsymbol{y}_{1:k}) = \frac{p(\boldsymbol{y}_k|\boldsymbol{x}_k)}{p(\boldsymbol{y}_k|\boldsymbol{y}_{1:k-1})} p(\boldsymbol{x}_k|\boldsymbol{y}_{1:k-1}) \tag{3.3-2}$$

其中,概率密度函数 $p(\boldsymbol{x}_k|\boldsymbol{y}_{1:k-1})$ 为

$$p(\boldsymbol{x}_k|\boldsymbol{y}_{1:k-1}) = \int p(\boldsymbol{x}_k|\boldsymbol{x}_{k-1}) p(\boldsymbol{x}_{k-1}|\boldsymbol{y}_{1:k-1}) d\boldsymbol{x}_{k-1} \tag{3.3-3}$$

合并式(3.2-2)和式(3.3-3)后有

$$p(\boldsymbol{x}_k|\boldsymbol{y}_{1:k}) = \frac{p(\boldsymbol{y}_k|\boldsymbol{x}_k)}{p(\boldsymbol{y}_k|\boldsymbol{y}_{1:k-1})} \int p(\boldsymbol{x}_k|\boldsymbol{x}_{k-1}) p(\boldsymbol{x}_{k-1}|\boldsymbol{y}_{1:k-1}) d\boldsymbol{x}_{k-1} \tag{3.3-4}$$

式(3.3-4)给出的后验概率密度函数的演进关系适用于线性和非线性系统。2.4 节中有关概率项的定义和所建立的关系同样适用于非线性系统,上述关系的应用过程如下。在 k 时刻给定前一时刻的概率密度 $p(\boldsymbol{x}_{k-1}|\boldsymbol{y}_{1:k-1})$,由于在初始 $k=1$ 时刻 $p(\boldsymbol{x}_0)$ 已知,这是完全可行的。由此开始计算获得 $p(\boldsymbol{x}_1|\boldsymbol{y}_{1:1})$,并持续递归计算。位于式(3.3-2)右边的 $p(\boldsymbol{x}_k|\boldsymbol{y}_{1:k-1})$ 是一步预测概率密度。理论上,式(3.3-3)给出了一种计算 $p(\boldsymbol{x}_k|\boldsymbol{y}_{1:k-1})$ 的方法。一旦获得新的量测向量$\boldsymbol{y}_k$,即可利用式(3.3-4)完成计算。该式中的分母项 $p(\boldsymbol{y}_k|\boldsymbol{y}_{1:k-1})$ 为归一化因子。一旦计算得到 $p(\boldsymbol{x}_k|\boldsymbol{y}_{1:k})$,即可将其作为计算 $k+1$ 时刻概率密度函数的先验知识。对于状态初始估计、过程噪声及量测噪声序列均服从高斯分布的线性系统而言,目标状态的后验概率密度函数总是服从高斯分布,并可由期望值和误差协方差完整表示。事实上,正如 2.7 节中所表明的,利用上述关系式可以推导得出 KF。

对于非线性系统而言,即便初始状态估计、过程和量测噪声序列均服从高斯分布,后验概率密度函数 $p(\boldsymbol{x}_k|\boldsymbol{y}_{1:k})$ 在经过第一次递归后也不再是高斯的,也不再能精确地计算期望估计和误差协方差。更进一步,期望估计和误差协方差也不再能完全刻画后验概率密度函数。为尝试解决非线性估计问题,即获得式(3.3-4)的解,研究人员多年来提出了数种方法。多数所提方法都尝试以近似方式求得(3.3-4)的解,例如基于时间或基于正交级数系数的级数展开,当然也存在其他的一些策略[6-8]。不幸的是,在早期提出的获取后验概率密度函数近似解的方法中,我们得不到任何可实现的具备解决实际问题能力的算法。本章的后续部分将重点推导和讨论利用泰勒级数展开来近似状态方程和量测方程的多种经典算法。

3.4 扩展卡尔曼滤波器的推导:作为一个加权最小二乘估计器

我们将采用在第 1 章中用于条件期望和加权最小二乘估计器的方法来推导非线性滤波器,这与第 2 章中推导 KF 滤波器很相似。为了获得清晰的解,我

们将利用泰勒级数来扩展系统状态方程和量测方程,并且只保留一阶项,由此即可得到 EKF 滤波器。

3.4.1 一步预测方程

在给定$\hat{\boldsymbol{x}}_{k-1|k-1}$和$\boldsymbol{P}_{k-1|k-1}$的条件下,一步预测方程可用于计算$\hat{\boldsymbol{x}}_{k|k-1}$和$\boldsymbol{P}_{k|k-1}$。在进行状态预测之前,首先利用泰勒级数将系统状态在$\hat{\boldsymbol{x}}_{k-1|k-1}$处展开,有

$$\boldsymbol{x}_k = \boldsymbol{f}(\hat{\boldsymbol{x}}_{k-1|k-1}) + [\boldsymbol{F}_{\hat{\boldsymbol{x}}_{k-1|k-1}}](\boldsymbol{x}_{k-1} - \hat{\boldsymbol{x}}_{k-1|k-1}) + \boldsymbol{\mu}_{k-1} + \mathrm{HOT} \tag{3.4-1}$$

式中:HOT 代表高阶项;$\boldsymbol{F}_{\hat{\boldsymbol{x}}_{k-1|k-1}}$是$\boldsymbol{f}(\cdot)$在$\hat{\boldsymbol{x}}_{k-1|k-1}$处的雅可比矩阵,有

$$\boldsymbol{F}_{\hat{\boldsymbol{x}}_{k-1|k-1}} = \left[\frac{\partial \boldsymbol{f}(\boldsymbol{x})}{\partial \boldsymbol{x}}\right]_{\hat{\boldsymbol{x}}_{k-1|k-1}}$$

注意,简单起见,这里假设过程噪声$\boldsymbol{\mu}_{k-1}$是加性的。类似于 KF 滤波器的推导,一步预测估计是一个条件期望估计器,有$\hat{\boldsymbol{x}}_{k|k-1} = E\{\boldsymbol{x}_k | \boldsymbol{y}_{1:k-1}\}$。将条件期望算子应用于式(3.4-1),得

$$\hat{\boldsymbol{x}}_{k|k-1} = E\{\boldsymbol{f}(\boldsymbol{x}_k) | \boldsymbol{y}_{1:k-1}\} \approx \boldsymbol{f}(\hat{\boldsymbol{x}}_{k-1|k-1}) \tag{3.4-2}$$

上式是基于如下假设,即$\hat{\boldsymbol{x}}_{k-1|k-1}$是$\boldsymbol{x}_{k-1}$的无偏估计,且$\boldsymbol{\mu}_{k-1}$与$\boldsymbol{y}_{1:k-1}$统计无关,高阶项是可忽略的。同理,根据误差协方差的定义并忽略泰勒技术展开的高阶项,可得到$\boldsymbol{P}_{k|k-1}$的近似表示。

$$\begin{aligned}\boldsymbol{P}_{k|k-1} \approx & E\{(\boldsymbol{f}(\hat{\boldsymbol{x}}_{k-1|k-1}) + [\boldsymbol{F}_{\hat{\boldsymbol{x}}_{k-1|k-1}}](\boldsymbol{x}_{k-1} - \hat{\boldsymbol{x}}_{k-1|k-1}) + \boldsymbol{\mu}_{k-1} - \boldsymbol{f}(\hat{\boldsymbol{x}}_{k-1|k-1}))\\ & (\boldsymbol{f}(\hat{\boldsymbol{x}}_{k-1|k-1}) + [\boldsymbol{F}_{\hat{\boldsymbol{x}}_{k-1|k-1}}](\boldsymbol{x}_{k-1} - \hat{\boldsymbol{x}}_{k-1|k-1}) + \boldsymbol{\mu}_{k-1} - \boldsymbol{f}(\hat{\boldsymbol{x}}_{k-1|k-1}))^{\mathrm{T}}\}\\ = & \boldsymbol{F}_{\hat{\boldsymbol{x}}_{k-1|k-1}} \boldsymbol{P}_{k-1|k-1} \boldsymbol{F}^{\mathrm{T}}_{\hat{\boldsymbol{x}}_{k-1|k-1}} + \boldsymbol{Q}_{k-1}\end{aligned} \tag{3.4-3}$$

至此,完成了一步预测方程的推导。

3.4.2 状态更新方程

基于$\hat{\boldsymbol{x}}_{k|k-1}$、$\boldsymbol{P}_{k|k-1}$以及新获得的量测$\boldsymbol{y}_k$,以下利用加权最小二乘的推导方法得到状态更新方程。更新的状态估计$\hat{\boldsymbol{x}}_{k|k}$就是能够使得如下加权最小二乘性能指标最小化的$\boldsymbol{x}_k$:

$$\boldsymbol{J} = (\boldsymbol{y}_k - \boldsymbol{h}(\boldsymbol{x}_k))^{\mathrm{T}} \boldsymbol{R}_k^{-1} (\boldsymbol{y}_k - \boldsymbol{h}(\boldsymbol{x}_k)) + (\boldsymbol{x}_k - \hat{\boldsymbol{x}}_{k|k-1})^{\mathrm{T}} \boldsymbol{P}_{k|k-1}^{-1} (\boldsymbol{x}_k - \hat{\boldsymbol{x}}_{k|k-1}) \tag{3.4-4}$$

对 J 相对$\boldsymbol{x}_k$ 取偏导,并将偏导结果设为 0,从而得出实现 J 最小化的必要条件为

$$-\frac{\partial J}{\partial \boldsymbol{x}_k} = 2\left\{\left[\frac{\partial \boldsymbol{h}(\boldsymbol{x}_k)}{\partial \boldsymbol{x}_k}\right]^{\mathrm{T}} [\boldsymbol{R}_k^{-1}(\boldsymbol{y}_k - \boldsymbol{h}(\boldsymbol{x}_k))] - \boldsymbol{P}_{k|k-1}^{-1}(\boldsymbol{x}_k - \hat{\boldsymbol{x}}_{k|k-1})\right\} = 0 \tag{3.4-5}$$

为了获得关于$\boldsymbol{x}_k$ 的清晰解,对 $\boldsymbol{h}(\boldsymbol{x}_k)$在$\hat{\boldsymbol{x}}_{k-1|k-1}$处进行泰勒级数展开并去除展开后的高阶项,可得到如下近似结果:

$$\boldsymbol{h}(\boldsymbol{x}_k) \approx \boldsymbol{h}(\hat{\boldsymbol{x}}_{k|k-1}) + \left[\frac{\partial \boldsymbol{h}(\boldsymbol{x}_k)}{\partial \boldsymbol{x}_k}\right]_{\hat{\boldsymbol{x}}_{k|k-1}} (\boldsymbol{x}_k - \hat{\boldsymbol{x}}_{k|k-1}) \tag{3.4-6}$$

对于$\left[\frac{\partial \boldsymbol{h}(\boldsymbol{x}_k)}{\partial \boldsymbol{x}_k}\right]_{\hat{\boldsymbol{x}}_{k|k-1}}$,采用与$\boldsymbol{F}_{\hat{\boldsymbol{x}}_{k-1|k-1}}$相同的标注方法,有

$$\boldsymbol{H}_{\hat{\boldsymbol{x}}_{k|k-1}} = \left[\frac{\partial \boldsymbol{h}(\boldsymbol{x}_k)}{\partial \boldsymbol{x}_k}\right]_{\hat{\boldsymbol{x}}_{k|k-1}}$$

这也是 $\boldsymbol{h}(\boldsymbol{x}_k)$的雅可比矩阵。$\hat{\boldsymbol{x}}_{k|k}$的解的必要条件是使得式(3.4-4)最小化的$\boldsymbol{x}_k$,即

$$\boldsymbol{H}^{\mathrm{T}}_{\hat{\boldsymbol{x}}_{k|k-1}}\boldsymbol{R}_k^{-1}(\boldsymbol{y}_k - \boldsymbol{h}(\hat{\boldsymbol{x}}_{k|k-1}) - \boldsymbol{H}_{\hat{\boldsymbol{x}}_{k|k-1}}(\boldsymbol{x}_k - \hat{\boldsymbol{x}}_{k|k-1})) - \boldsymbol{P}^{-1}_{k|k-1}(\boldsymbol{x}_k - \hat{\boldsymbol{x}}_{k|k-1}) = \boldsymbol{0} \tag{3.4-7}$$

从而可得如下更新估计$\hat{\boldsymbol{x}}_{k|k}$:

$$\hat{\boldsymbol{x}}_{k|k} = \hat{\boldsymbol{x}}_{k|k-1} + [\boldsymbol{P}^{-1}_{k|k-1} + \boldsymbol{H}_{\hat{\boldsymbol{x}}_{k|k-1}}\boldsymbol{R}_k^{-1}\boldsymbol{H}_{\hat{\boldsymbol{x}}_{k|k-1}}]^{-1}\boldsymbol{H}^{\mathrm{T}}_{\hat{\boldsymbol{x}}_{k|k-1}}\boldsymbol{R}_k^{-1}(\boldsymbol{y}_k - \boldsymbol{h}(\hat{\boldsymbol{x}}_{k|k-1})) \tag{3.4-8}$$

$\hat{\boldsymbol{x}}_{k|k}$的估计误差协方差为

$$\begin{aligned}\boldsymbol{P}_{k|k} &= [\boldsymbol{P}^{-1}_{k|k-1} + \boldsymbol{H}^{\mathrm{T}}_{\hat{\boldsymbol{x}}_{k|k-1}}\boldsymbol{R}_k^{-1}\boldsymbol{H}_{\hat{\boldsymbol{x}}_{k|k-1}}]^{-1} \\ &= \boldsymbol{P}_{k|k-1} - \boldsymbol{P}_{k|k-1}\boldsymbol{H}^{\mathrm{T}}_{\hat{\boldsymbol{x}}_{k|k-1}}[\boldsymbol{H}_{\hat{\boldsymbol{x}}_{k|k-1}}\boldsymbol{P}_{k|k-1}\boldsymbol{H}^{\mathrm{T}}_{\hat{\boldsymbol{x}}_{k|k-1}} + \boldsymbol{R}_k]^{-1}\boldsymbol{H}_{\hat{\boldsymbol{x}}_{k|k-1}}\boldsymbol{P}_{k|k-1}\end{aligned} \tag{3.4-9}$$

至此,就完成了 EKF 滤波器的推导。表 3.1 总结了 EKF 滤波器算法。

评注

(1)EKF 滤波器在算法形式上与 KF 滤波器很相似,只不过使用非线性系统状态方程和量测方程的一阶偏导所对应的雅可比矩阵替代了线性系统的状态转移矩阵和量测矩阵。

(2)在式(3.4-8)中出现的$\boldsymbol{y}_k - \boldsymbol{h}(\hat{\boldsymbol{x}}_{k|k-1})$项代表着 k 时刻的真实量测$\boldsymbol{y}_k$ 与近似获得的量测预测 $\boldsymbol{h}(\hat{\boldsymbol{x}}_{k|k-1})$之间的差异。这一差异与 2.6 节和 2.8 节中定义的滤波残差或新息过程有着一个相似的特性。这唯一的相似性是建立在如下基础上:EKF 滤波器是非线性估计问题的一阶解决方法,其(指滤波残差)误差协方差$\boldsymbol{H}_{\hat{\boldsymbol{x}}_{k|k-1}}\boldsymbol{P}_{k|k-1}\boldsymbol{H}^{\mathrm{T}}_{\hat{\boldsymbol{x}}_{k|k-1}} + \boldsymbol{R}_k$ 为近似得出,而状态转移矩阵和量测矩阵分别由非线性的状态方程和量测方程的雅可比矩阵近似。依据作者的经验,在求解多数实际问题时,将 EKF 滤波器的残差过程近似看作均值为 0,协方差为$\boldsymbol{H}_{\hat{\boldsymbol{x}}_{k|k-1}}\boldsymbol{P}_{k|k-1}\boldsymbol{H}^{\mathrm{T}}_{\hat{\boldsymbol{x}}_{k|k-1}} + \boldsymbol{R}_k$ 的白噪声是个不错的假设。由此,根据新息过程的变化特点自适应调整$\boldsymbol{Q}_k$ 的技术也就得以适用了。

(3)利用 KF 滤波算法,在给定量测序列$\boldsymbol{y}_{1:k}$的条件下可得出$\boldsymbol{x}_k$ 的条件期望估计和估计误差协方差。对于具有高斯统计特征的线性估计问题而言,这两个统计量合起来完全能够描述估计对象的后验概率密度函数。当系统是非线性

的时，即便初始状态估计和噪声过程服从高斯分布，后验概率密度函数也不再是高斯的。那么，一阶和二阶中心矩，即条件期望和误差协方差，不能再完全描述被估计随机向量的后验分布。更进一步，EKF 滤波器所得的期望估计和误差协方差也仅是在一阶和二阶中心矩处的近似而已。

(4)尽管由 EKF 滤波算法不能得到被估计随机向量的后验分布，但它还是可以为我们提供期望估计和估计误差的协方差，而这对解决实际问题而言十分关键。当 EKF 滤波器调试得当时，所得估计误差的协方差通常会与真实误差相一致。基于其简单性和适用于解决多数实际问题的事实，我们仍将 EKF 滤波器作为首选的非线性估计算法。

(5)EKF 滤波器仅仅通过采用一阶泰勒级数展开来近似描述一个非线性系统。当数据采样率较高时，该滤波算法对于绝大多数非线性系统而言效果良好。当数据采样率较低并且一阶泰勒级数展开不能很好地近似一个非线性系统时，例如真实的二阶中心矩不再为椭圆体形状时，EKF 滤波算法的性能就会变得较差。改善滤波性能的方法包括：①利用数值方法寻找一个离性能性能指标最小值处距离更近的解(单级迭代)；②采用二阶泰勒级数展开(二阶滤波器)；③对期望估计和误差协方差采用采样近似方法(无迹卡尔曼滤波器)。前两种方法将在本章后续部分进行讨论，而第 3 种方法将在第 6 章中讨论。

表 3.1 EKF 滤波算法小结

离散扩展卡尔曼滤波器(EKF)

状态方程和量测方程

$$\boldsymbol{x}_k = \boldsymbol{f}(\boldsymbol{x}_{k-1}) + \boldsymbol{\mu}_{k-1}$$

$$\boldsymbol{y}_k = \boldsymbol{h}(\boldsymbol{x}_k) + \boldsymbol{\nu}_k$$

式中：$\boldsymbol{x}_k \in \mathbb{R}^n$，$\boldsymbol{y}_k \in \mathbb{R}^m$，$\boldsymbol{x}_0: \sim N(\hat{\boldsymbol{x}}_0, \boldsymbol{P}_0)$，$\boldsymbol{\mu}_k: \sim N(0, \boldsymbol{Q}_k)$，$\boldsymbol{\nu}_k: \sim N(0, \boldsymbol{R}_k)$，$\boldsymbol{f}(\cdot)$ 和 $\boldsymbol{h}(\cdot)$ 均为已知函数。

求解过程

给定$\hat{\boldsymbol{x}}_{k-1|k-1}$和$\boldsymbol{P}_{k-1|k-1}$，当 $k=1$ 时，即为初始估计(条件)$\hat{\boldsymbol{x}}_{0|0}$和$\boldsymbol{P}_{0|0}$。

状态预测：利用以一阶泰勒级数展开式近似$\boldsymbol{f}(\boldsymbol{x}_{k-1})$的条件期望算式计算$\hat{\boldsymbol{x}}_{k|k-1}$和$\boldsymbol{P}_{k|k-1}$。

状态更新：利用新的量测向量$\boldsymbol{y}_k$ 计算$\hat{\boldsymbol{x}}_{k|k}$和$\boldsymbol{P}_{k|k}$，计算过程中采用了以一阶泰勒级数展开式来近似 $\boldsymbol{h}(\boldsymbol{x}_k)$的加权最小二乘估计算式。

一阶泰勒级数展开式对应的雅可比矩阵

$$\boldsymbol{F}_{\hat{\boldsymbol{x}}_{k-1|k-1}} = \left[\frac{\partial \boldsymbol{f}(\boldsymbol{x})}{\partial \boldsymbol{x}}\right]_{\hat{\boldsymbol{x}}_{k-1|k-1}}$$

$$\boldsymbol{H}_{\hat{\boldsymbol{x}}_{k|k-1}} = \left[\frac{\partial \boldsymbol{h}(\boldsymbol{x}_k)}{\partial \boldsymbol{x}_k}\right]_{\hat{\boldsymbol{x}}_{k|k-1}}$$

求解算法

状态预测：

$$\hat{\boldsymbol{x}}_{k|k-1} = \boldsymbol{f}(\hat{\boldsymbol{x}}_{k-1|k-1})$$

续表

$$P_{k\mid k-1}=F_{\hat{x}_{k-1\mid k-1}}P_{k-1\mid k-1}F^{\mathrm{T}}_{\hat{x}_{k-1\mid k-1}}+Q_{k-1}$$
如果系统状态演变有着连续时间表示形式,则可用从 $k-1$ 至 k 时刻的数值积分运算替代。
状态更新:
$$\hat{x}_{k\mid k}=\hat{x}_{k\mid k-1}+P_{k\mid k-1}H^{\mathrm{T}}_{\hat{x}_{k\mid k-1}}[H_{\hat{x}_{k\mid k-1}}P_{k\mid k-1}H^{\mathrm{T}}_{\hat{x}_{k\mid k-1}}+R_k]^{-1}(y_k-h(\hat{x}_{k\mid k-1}))$$ $$P_{k\mid k}=P_{k\mid k-1}-P_{k\mid k-1}H^{\mathrm{T}}_{\hat{x}_{k\mid k-1}}[H_{\hat{x}_{k\mid k-1}}P_{k\mid k-1}H^{\mathrm{T}}_{\hat{x}_{k\mid k-1}}+R_k]^{-1}H_{\hat{x}_{k\mid k-1}}P_{k\mid k-1}$$

3.5 单级迭代的扩展卡尔曼滤波器

单级迭代的扩展卡尔曼滤波器(Iterative Extended Kalman Filter,IEKF)的推导类似于1.6节中的推导,推导一种迭代算法的目的在于改善量测更新步骤中的泰勒级数展开,并为得到较之 EKF 滤波估计更为精准的估计结果提供了可能。1.6节与本节的区别在于,1.6节中采用的先验状态估计和误差协方差,而本节中则采用一步预测状态$\hat{x}_{k+1\mid k}$及其误差协方差$P_{k+1\mid k}$。虽然所需最小化的性能指标保持不变,仍然为式(3.4-4),但是式(3.4-6)中泰勒级数展开所使用的状态向量则变为$\hat{x}_{k\mid k}$估计的初始猜测值,即$\hat{x}^0_{k\mid k}$。以$\hat{x}^0_{k\mid k}$作为$\hat{x}_{k\mid k-1}$的逻辑初始猜测值,有

$$h(x_k)\approx h(\hat{x}^0_{k\mid k})+\left[\frac{\partial h(x_k)}{\partial x_k}\right]_{\hat{x}^0_{k\mid k}}(x_k-\hat{x}^0_{k\mid k}) \tag{3.5-1}$$

将式(3.5-1)代入式(3.4-5),求解$\hat{x}_{k\mid k}$后可得

$$\hat{x}^1_{k\mid k}=P^0_{k\mid k}((H^{\mathrm{T}}_{\hat{x}^0_{k\mid k}}R_k^{-1}H_{\hat{x}^0_{k\mid k}}\hat{x}^0_{k\mid k}+P^{-1}_{k\mid k-1}\hat{x}_{k\mid k-1})+H^{\mathrm{T}}_{\hat{x}^0_{k\mid k}}R_k^{-1}(y_k-h(\hat{x}^0_{k\mid k}))) \tag{3.5-2}$$

$$P^0_{k\mid k}=[H^{\mathrm{T}}_{\hat{x}^0_{k\mid k}}R_k^{-1}H_{\hat{x}^0_{k\mid k}}+P^{-1}_{k\mid k-1}]^{-1} \tag{3.5-3}$$

式中:$\hat{x}^1_{k\mid k}$是第1次迭代的解,由式(3.5-2)和式(3.5-3)可得

$$\hat{x}^{i+1}_{k\mid k}=P^i_{k\mid k}((H^{\mathrm{T}}_{\hat{x}^i_{k\mid k}}R_k^{-1}H_{\hat{x}^i_{k\mid k}}\hat{x}^i_{k\mid k}+P^{-1}_{k\mid k-1}\hat{x}_{k\mid k-1})+H^{\mathrm{T}}_{\hat{x}^i_{k\mid k}}R_k^{-1}(y_k-h(\hat{x}^i_{k\mid k}))) \tag{3.5-4}$$

$$P^i_{k\mid k}=[H^{\mathrm{T}}_{\hat{x}^i_{k\mid k}}R_k^{-1}H_{\hat{x}^i_{k\mid k}}+P^{-1}_{k\mid k-1}]^{-1} \tag{3.5-5}$$

或一种更为传统的算法形式,即

$$\hat{x}^{i+1}_{k\mid k}=\hat{x}^i_{k\mid k}+P^i_{k\mid k}(H^{\mathrm{T}}_{\hat{x}^i_{k\mid k}}R_k^{-1}(y_k-h(\hat{x}^i_{k\mid k}))+P^{-1}_{k\mid k-1}(\hat{x}_{k\mid k-1}-\hat{x}^i_{k\mid k})) \tag{3.5-6}$$

当$\hat{x}^{i+1}_{k\mid k}$和$\hat{x}^i_{k\mid k}$之间的差异足够小时,可停止上述迭代过程。以$\hat{x}_{k\mid k}$标识最后的解,则其误差协方差近似为

$$P_{k\mid k}=[H^{\mathrm{T}}_{\hat{x}_{k\mid k}}R_k^{-1}H_{\hat{x}_{k\mid k}}+P^{-1}_{k\mid k-1}]^{-1} \tag{3.5-7}$$

表3.2给出了该算法的小结。

表 3.2 单级迭代扩展卡尔曼滤波算法小结

单级迭代扩展卡尔曼滤波器(IEKF)

迭代过程仅用于量测更新步骤,其中,$\hat{\boldsymbol{x}}_{k|k}^{0}=\hat{\boldsymbol{x}}_{k|k-1}$

$$\hat{\boldsymbol{x}}_{k|k}^{i+1}=\hat{\boldsymbol{x}}_{k|k}^{i}+\boldsymbol{P}_{k|k}^{i}(\boldsymbol{H}_{\hat{\boldsymbol{x}}_{k|k}^{i}}^{\mathrm{T}}\boldsymbol{R}_{k}^{-1}(\boldsymbol{y}_{k}-\boldsymbol{h}(\hat{\boldsymbol{x}}_{k|k}^{i}))+\boldsymbol{P}_{k|k-1}^{-1}(\hat{\boldsymbol{x}}_{k|k-1}-\hat{\boldsymbol{x}}_{k|k}^{i}))$$

$$\boldsymbol{P}_{k|k}^{i}=[\boldsymbol{H}_{\hat{\boldsymbol{x}}_{k|k}^{i}}^{\mathrm{T}}\boldsymbol{R}_{k}^{-1}\boldsymbol{H}_{\hat{\boldsymbol{x}}_{k|k}^{i}}+\boldsymbol{P}_{k|k-1}^{-1}]^{-1}$$

直至 $\|\hat{\boldsymbol{x}}_{k|k}^{i+1}-\hat{\boldsymbol{x}}_{k|k}^{i}\|$ 足够小时停止上述迭代过程。有

$$\hat{\boldsymbol{x}}_{k|k}=\hat{\boldsymbol{x}}_{k|k}^{i+1}$$

$$\boldsymbol{P}_{k|k}=[\boldsymbol{H}_{\hat{\boldsymbol{x}}_{k|k}}^{\mathrm{T}}\boldsymbol{R}_{k}^{-1}\boldsymbol{H}_{\hat{\boldsymbol{x}}_{k|k}}+\boldsymbol{P}_{k|k-1}^{-1}]^{-1}$$

3.6 利用贝叶斯方法推导扩展卡尔曼滤波器

类似于 KF 滤波算法推导,也可以采用式(3.3-2)给出的贝叶斯递归算法推导 EKF 滤波算法。不同之处在于,对于线性估计问题条件期望和误差协方差足以表征被估计随机向量的后验概率密度函数;而对于非线性估计问题,条件期望和误差协方差只能代表一种近似解。更进一步讲,在非线性情形下,单单条件期望和误差协方差并不足以代表后验概率密度。如前所述,对于实际问题的求解,条件期望和误差协方差仍然代表着足够多的含义,因此它们还是估计算法设计追求的主要目标。类似地,在后验概率密度函数近似服从高斯分布的假设下,对系统状态方程和量测方程进行一阶泰勒级数展开。对于式(3.3-2)中的 4 个概率密度函数,$p(\boldsymbol{y}_k|\boldsymbol{y}_{1:k-1})$ 为归一化因子,因此仅需定义剩下的 3 个概率密度函数。按照 3.4 节中的推导,有

1. $p(\boldsymbol{y}_k|\boldsymbol{y}_{1:k-1})$

$$E\{\boldsymbol{x}_k|\boldsymbol{y}_{1:k-1}\}=\hat{\boldsymbol{x}}_{k|k-1}\approx\boldsymbol{f}(\hat{\boldsymbol{x}}_{k-1|k-1})$$

$$\mathrm{Cov}\{\boldsymbol{x}_k|\boldsymbol{y}_{1:k-1}\}=\boldsymbol{P}_{k|k-1}\approx\boldsymbol{F}_{\hat{\boldsymbol{x}}_{k-1|k-1}}\boldsymbol{P}_{k-1|k-1}\boldsymbol{F}_{\hat{\boldsymbol{x}}_{k-1|k-1}}^{\mathrm{T}}+\boldsymbol{Q}_{k-1}$$

注意,该概率密度函数定义了 EKF 滤波器的一步预测算式。

2. $p(\boldsymbol{y}_k|\boldsymbol{x}_k)$

$$E\{\boldsymbol{y}_k|\boldsymbol{x}_k\}=\boldsymbol{h}(\boldsymbol{x}_k)$$

$$\mathrm{Cov}\{\boldsymbol{y}_k|\boldsymbol{x}_k\}=\boldsymbol{R}_k$$

式(3.4-3)(原著此处有误,似应为式(3.3-4))右边的概率密度函数定义了估计和估计误差协方差。

3. $p(\boldsymbol{x}_k|\boldsymbol{y}_{1:k})$

$$E\{\boldsymbol{x}_k|\boldsymbol{y}_{1:k}\}=\hat{\boldsymbol{x}}_{k|k}$$

$$\mathrm{Cov}\{\boldsymbol{x}_k|\boldsymbol{y}_{1:k}\}=\boldsymbol{P}_{k|k}$$

对 $p(x_k|y_{1:k})$ 的指数项进行展开,有

$$(\boldsymbol{x}_k-\hat{\boldsymbol{x}}_{k|k})^{\mathrm{T}}\boldsymbol{P}_{k|k}^{-1}(\boldsymbol{x}_k-\hat{\boldsymbol{x}}_{k|k})=\boldsymbol{x}_k^{\mathrm{T}}\boldsymbol{P}_{k|k}^{-1}\boldsymbol{x}_k+\hat{\boldsymbol{x}}_{k|k}^{\mathrm{T}}\boldsymbol{P}_{k|k}^{-1}\hat{\boldsymbol{x}}_{k|k}-\boldsymbol{x}_k^{\mathrm{T}}\boldsymbol{P}_{k|k}^{-1}\hat{\boldsymbol{x}}_{k|k}-\hat{\boldsymbol{x}}_{k|k}^{\mathrm{T}}\boldsymbol{P}_{k|k}^{-1}\boldsymbol{x}_k$$

对上式右边的指数项进行展开，并将概率密度保留在常量分母中，得

$$\begin{aligned}&(\boldsymbol{x}_k-\hat{\boldsymbol{x}}_{k|k-1})^{\mathrm{T}}\boldsymbol{P}_{k|k-1}^{-1}(\boldsymbol{x}_k-\hat{\boldsymbol{x}}_{k|k})+(\boldsymbol{y}_k-\boldsymbol{h}(\boldsymbol{x}_k))^{\mathrm{T}}\boldsymbol{R}_k^{-1}(\boldsymbol{y}_k-\boldsymbol{h}(\boldsymbol{x}_k))-\mathrm{const}\\=&\boldsymbol{x}_k^{\mathrm{T}}\boldsymbol{P}_{k|k-1}^{-1}\boldsymbol{x}_k+\hat{\boldsymbol{x}}_{k|k-1}^{\mathrm{T}}\boldsymbol{P}_{k|k-1}^{-1}\hat{\boldsymbol{x}}_{k|k-1}-\boldsymbol{x}_k^{\mathrm{T}}\boldsymbol{P}_{k|k-1}^{-1}\hat{\boldsymbol{x}}_{k|k-1}-\hat{\boldsymbol{x}}_{k|k-1}^{\mathrm{T}}\boldsymbol{P}_{k|k-1}^{-1}\boldsymbol{x}_k+\boldsymbol{y}_k^{\mathrm{T}}\boldsymbol{R}_k^{-1}\boldsymbol{y}_k\\&+\boldsymbol{h}(\boldsymbol{x}_k)^{\mathrm{T}}\boldsymbol{R}_k^{-1}\boldsymbol{h}(\boldsymbol{x}_k)-\boldsymbol{y}_k^{\mathrm{T}}\boldsymbol{R}_k^{-1}\boldsymbol{h}(\boldsymbol{x}_k)-\boldsymbol{h}(\boldsymbol{x}_k)^{\mathrm{T}}\boldsymbol{R}_k^{-1}\boldsymbol{y}_k-\mathrm{const}\end{aligned}$$

在预测估计$\hat{\boldsymbol{x}}_{k|k-1}$处对$\boldsymbol{h}(\boldsymbol{x}_k)$进行泰勒级数展开（略去细节），整理$\boldsymbol{x}_k^{\mathrm{T}}(\ \cdot\ )\boldsymbol{x}_k$括号中各项，可得

$$\boldsymbol{P}_{k|k}^{-1}=\boldsymbol{P}_{k|k-1}^{-1}+\boldsymbol{H}_{\hat{\boldsymbol{x}}_{k|k-1}}^{\mathrm{T}}\boldsymbol{R}_k^{-1}\boldsymbol{H}_{\hat{\boldsymbol{x}}_{k|k-1}}$$

上式的另一种等价形式为

$$\boldsymbol{P}_{k|k}=\boldsymbol{P}_{k|k-1}-\boldsymbol{P}_{k|k-1}\boldsymbol{H}_{\hat{\boldsymbol{x}}_{k|k-1}}^{\mathrm{T}}[\boldsymbol{H}_{\hat{\boldsymbol{x}}_{k|k-1}}\boldsymbol{P}_{k|k-1}\boldsymbol{H}_{\hat{\boldsymbol{x}}_{k|k-1}}^{\mathrm{T}}+\boldsymbol{R}_k]^{-1}\boldsymbol{H}_{\hat{\boldsymbol{x}}_{k|k-1}}\boldsymbol{P}_{k|k-1}\tag{3.6-1}$$

同理，由$\boldsymbol{x}_k^{\mathrm{T}}(\ \cdot\ )\hat{\boldsymbol{x}}_{k|k-1}$括号中的各项可得

$$\boldsymbol{P}_{k|k}^{-1}\hat{\boldsymbol{x}}_{k|k}=\boldsymbol{P}_{k|k-1}^{-1}\hat{\boldsymbol{x}}_{k|k-1}+\boldsymbol{H}_{\hat{\boldsymbol{x}}_{k|k-1}}^{\mathrm{T}}\boldsymbol{R}_k^{-1}\boldsymbol{y}_k$$

在经过一系列标准操作后，有

$$\hat{\boldsymbol{x}}_{k|k}=\hat{\boldsymbol{x}}_{k|k-1}+\boldsymbol{P}_{k|k-1}\boldsymbol{H}_{\hat{\boldsymbol{x}}_{k|k-1}}^{\mathrm{T}}[\boldsymbol{H}_{\hat{\boldsymbol{x}}_{k|k-1}}\boldsymbol{P}_{k|k-1}\boldsymbol{H}_{\hat{\boldsymbol{x}}_{k|k-1}}^{\mathrm{T}}+\boldsymbol{R}_k]^{-1}(\boldsymbol{y}_k-\boldsymbol{h}(\hat{\boldsymbol{x}}_{k|k-1}))\tag{3.6-2}$$

式(3.6-1)和式(3.6-2)为 EKF 滤波算法的状态更新方程。

3.7 基于二阶泰勒级数展开保留项的非线性滤波

为改善 EKF 的性能，一种直觉上的合理方法就是在泰勒级数展开过程中保留部分高阶项。通过保留阶数最高为二阶项导出的滤波器也被称为二阶滤波器(Second Order Filter，SOF)。基于这一思想，研究人员推导出了多种滤波器，尤其是 Athans、Wishner 和 Bertonili[9] 以及 Wishner、Tabaczynski 和 and Athans[10]。本节也推导了一种 SOF 滤波器，推导结果与文献[10]所得结果高度吻合。

首先考虑系统状态方程。对式(3.4-1)在$\hat{\boldsymbol{x}}_{k-1|k-1}$处进行泰勒级数展开，并保留二阶项，有

$$\begin{aligned}\boldsymbol{x}_k=&\boldsymbol{f}(\hat{\boldsymbol{x}}_{k-1|k-1})+\boldsymbol{F}_{\hat{\boldsymbol{x}}_{k-1|k-1}}(\boldsymbol{x}_{k-1}-\hat{\boldsymbol{x}}_{k-1|k-1})\\&+\frac{1}{2}\sum_{i=1}^{n}\phi_i(\boldsymbol{x}_{k-1}-\hat{\boldsymbol{x}}_{k-1|k-1})^{\mathrm{T}}\boldsymbol{I}_{i,\hat{\boldsymbol{x}}_{k-1|k-1}}(\boldsymbol{x}_{k-1}-\hat{\boldsymbol{x}}_{k-1|k-1})\\&+\boldsymbol{\mu}_{k-1}+\mathrm{HOT}\end{aligned}\tag{3.7-1}$$

式中：ϕ_i 是除去第 i 个元素为 1 外，其他元素均为 0 的 n 维列向量；n 是状态向量的维数；$\boldsymbol{I}_{i,\hat{\boldsymbol{x}}_{k-1|k-1}}$是$\boldsymbol{f}(\boldsymbol{x}_{k-1})$的第 i 个元素在$\hat{\boldsymbol{x}}_{k-1|k-1}$处的二阶偏导矩阵(也称 Hessian 矩阵)。$\boldsymbol{I}_{i,\hat{\boldsymbol{x}}_{k-1|k-1}}$的第$(q,r)$个元素为

$$[\boldsymbol{I}_{i,\hat{x}_{k-1|k-1}}]_{q,r}=\left[\frac{\partial^2 f_i(\boldsymbol{x})}{\partial x_q \partial x_r}\right]_{\hat{x}_{k-1|k-1}}$$

式中：x_q 和 x_r 分别为$\boldsymbol{x}_{k-1}$的第 q 个和第 r 个元素。

同理，对量测方程进行二阶泰勒级数展开，有

$$\boldsymbol{h}(\boldsymbol{x}_k)=\boldsymbol{h}(\hat{\boldsymbol{x}}_{k|k-1})+\left[\frac{\partial \boldsymbol{h}(\boldsymbol{x}_k)}{\partial \boldsymbol{x}_k}\right]_{\hat{x}_{k|k-1}}(\boldsymbol{x}_k-\hat{\boldsymbol{x}}_{k|k-1})$$
$$+\frac{1}{2}\sum_{i=1}^{m}\phi_i(\boldsymbol{x}_k-\hat{\boldsymbol{x}}_{k|k-1})^{\mathrm{T}}\boldsymbol{J}_{i,\hat{x}_{k|k-1}}(\boldsymbol{x}_k-\hat{\boldsymbol{x}}_{k|k-1})+\mathrm{HOT} \quad (3.7-2)$$

式中：ϕ_i 是除去第 i 个元素为 1 外，其他元素均为 0 的 m 维列向量；m 是量测向量的维数；$\boldsymbol{J}_{i,\hat{x}_{k|k-1}}$是 $\boldsymbol{h}(\boldsymbol{x}_k)$ 的第 i 个元素在$\hat{\boldsymbol{x}}_{k|k-1}$处的二阶偏导矩阵（也称 Hessian 矩阵）。$\boldsymbol{J}_{i,\hat{x}_{k|k-1}}$的第$(q,r)$个元素为

$$[\boldsymbol{J}_{i,\hat{x}_{k|k-1}}]_{q,r}=\left[\frac{\partial^2 h_i(\boldsymbol{x})}{\partial x_q \partial x_r}\right]_{\hat{x}_{k|k-1}}$$

式中：x_q 和 x_r 分别是x_k 的第 q 个和第 r 个元素。

3.7.1 一步预测

首先给出关于矩阵的两个特性，这些特性将在其后的推导过程中用到。

矩阵特性

(a) $\boldsymbol{x}^{\mathrm{T}}\boldsymbol{A}\boldsymbol{x}=\mathrm{tr}[\boldsymbol{A}\boldsymbol{x}\boldsymbol{x}^{\mathrm{T}}]$及 $E\{\boldsymbol{x}^{\mathrm{T}}\boldsymbol{A}\boldsymbol{x}\}=\mathrm{tr}[\boldsymbol{A}\boldsymbol{\Sigma}]$

(b) $E\{\mathrm{tr}[\boldsymbol{A}\boldsymbol{x}\boldsymbol{x}^{\mathrm{T}}\boldsymbol{B}\boldsymbol{x}\boldsymbol{x}^{\mathrm{T}}]\}=E\{\mathrm{tr}[\boldsymbol{A}\boldsymbol{x}\boldsymbol{x}^{\mathrm{T}}]\mathrm{tr}[\boldsymbol{B}\boldsymbol{x}\boldsymbol{x}^{\mathrm{T}}]\}$
$=2\mathrm{tr}[\boldsymbol{A}\boldsymbol{\Sigma}\boldsymbol{B}\boldsymbol{\Sigma}]+\mathrm{tr}[\boldsymbol{A}\boldsymbol{\Sigma}]\mathrm{tr}[\boldsymbol{B}\boldsymbol{\Sigma}]$

式中：$\mathrm{tr}[\boldsymbol{M}]$代表封闭矩阵 $\boldsymbol{M}$ 的迹；$\boldsymbol{\Sigma}=E\{\boldsymbol{x}\boldsymbol{x}^{\mathrm{T}}\}$。

通过冗长乏味但却直接的操作可以证明这两个属性成立。有关推导将被作为一道课后习题留给读者。根据$\hat{\boldsymbol{x}}_{k|k-1}=E\{\boldsymbol{x}_k|\boldsymbol{y}_{1:k-1}\}$的定义，并对式(3.7-1)进行条件期望运算，可得

$$\hat{\boldsymbol{x}}_{k|k-1}=\boldsymbol{f}(\hat{\boldsymbol{x}}_{k-1|k-1})+E\left\{\frac{1}{2}\sum_{i=1}^{n}\boldsymbol{\phi}_i(\boldsymbol{x}_{k-1}-\hat{\boldsymbol{x}}_{k-1|k-1})^{\mathrm{T}}\boldsymbol{I}_{i,\hat{x}_{k-1|k-1}}(\boldsymbol{x}_{k-1}-\hat{\boldsymbol{x}}_{k-1|k-1})|\boldsymbol{y}_{1:k-1}\right\} \quad (3.7-3)$$

将前述矩阵属性(a)用于式(3.7-3)，可得二阶滤波器的状态预测方程为

$$\hat{\boldsymbol{x}}_{k|k-1}=\boldsymbol{f}(\hat{\boldsymbol{x}}_{k-1|k-1})+\frac{1}{2}\sum_{i=1}^{n}\boldsymbol{\phi}_i\mathrm{tr}[\boldsymbol{I}_{i,\hat{x}_{k-1|k-1}}\boldsymbol{P}_{k-1|k-1}] \quad (3.7-4)$$

接下来，推导一步预测估计的误差协方差计算方程。根据误差协方差的定义，并利用式(3.7-1)，可得

$$\boldsymbol{P}_{k|k-1}=\boldsymbol{F}_{\hat{x}_{k-1|k-1}}\boldsymbol{P}_{k-1|k-1}\boldsymbol{F}_{\hat{x}k-1|k-1}^{\mathrm{T}}+\boldsymbol{Q}_{k-1}$$
$$+\frac{1}{4}\sum_{i=1}^{n}\sum_{j=1}^{n}\boldsymbol{\phi}_i\boldsymbol{\phi}_j^{\mathrm{T}}E\{(\Delta\boldsymbol{x}_{k-1}{}^{\mathrm{T}}\boldsymbol{I}_{i,\hat{x}_{k-1|k-1}}\Delta\boldsymbol{x}_{k-1})$$

$$(\Delta \boldsymbol{x}_{k-1}{}^{\mathrm{T}} \boldsymbol{I}_{j,\hat{x}_{k-1|k-1}} \Delta \boldsymbol{x}_{k-1}) | \boldsymbol{y}_{1:k-1}\} \tag{3.7-5}$$

注意,上式采用简化标识 $\Delta \boldsymbol{x}_{k-1}$ 来表示 $\boldsymbol{x}_{k-1} - \hat{\boldsymbol{x}}_{k-1|k-1}$。令矩阵 $\boldsymbol{K}_{\hat{x}_{k-1|k-1}}$ 的第(i,j)个元素为式(3.7-5)中的带有期望运算算子的项,有

$$[\boldsymbol{K}_{\hat{x}_{k-1|k-1}}]_{i,j} = E\{(\Delta \boldsymbol{x}_{k-1}{}^{\mathrm{T}} \boldsymbol{I}_{i,\hat{x}_{k-1|k-1}} \Delta \boldsymbol{x}_{k-1})(\Delta \boldsymbol{x}_{k-1}{}^{\mathrm{T}} \boldsymbol{I}_{j,\hat{x}_{k-1|k-1}} \Delta \boldsymbol{x}_{k-1}) | \boldsymbol{y}_{1:k-1}\}$$

那么有

$$\boldsymbol{K}_{\hat{x}_{k-1|k-1}} = \sum_{i=1}^{n} \sum_{j=1}^{n} \boldsymbol{\phi}_i \boldsymbol{\phi}_j^{\mathrm{T}} [\boldsymbol{K}_{\hat{x}_{k-1|k-1}}]_{i,j}$$

根据前述矩阵的属性,可得

$$\begin{aligned}[\boldsymbol{K}_{\hat{x}_{k-1|k-1}}]_{i,j} = & 2\mathrm{tr}[\boldsymbol{I}_{i,\hat{x}_{k-1|k-1}} \boldsymbol{P}_{k-1|k-1} \boldsymbol{I}_{j,\hat{x}_{k-1|k-1}} \boldsymbol{P}_{k-1|k-1}] \\ & + \mathrm{tr}[\boldsymbol{I}_{i,\hat{x}_{k-1|k-1}} \boldsymbol{P}_{k-1|k-1}] \mathrm{tr}[\boldsymbol{I}_{j,\hat{x}_{k-1|k-1}} \boldsymbol{P}_{k-1|k-1}]\end{aligned} \tag{3.7-6}$$

利用 $\boldsymbol{K}_{\hat{x}_{k-1|k-1}}$,式(3.7-5)可写为

$$\boldsymbol{P}_{k|k-1} = \boldsymbol{F}_{\hat{x}_{k-1|k-1}} \boldsymbol{P}_{k-1|k-1} \boldsymbol{F}_{\hat{x}_{k-1|k-1}}^{\mathrm{T}} + \boldsymbol{Q}_{k-1} + \frac{1}{4} \boldsymbol{K}_{\hat{x}_{k-1|k-1}} \tag{3.7-7}$$

式(3.7-4)、式(3.7-6)及式(3.7-7)就构成了二阶滤波器的一步预测算法。

3.7.2 更新方程

通常情况下采用加权最小二乘法推导得出状态更新方程。然而不幸的是,当泰勒级数展开过程中的二阶项被保留后,实现加权均方误差最小化的充分条件是关于 $\boldsymbol{x}_k$ 的二次方程,从而使得获得闭式解较为困难。这里采用的一种替代方法是采用状态更新估计是一步预测估计和残差(新息)向量的加权和的思路,有

$$\hat{\boldsymbol{x}}_{k|k} = \boldsymbol{P}_{k|k}(\boldsymbol{P}_{k|k-1}^{-1} \hat{\boldsymbol{x}}_{k|k-1} + \boldsymbol{P}_{\gamma,k|k-1}^{-1} \boldsymbol{\gamma}_k) \tag{3.7-8}$$

式中:$\boldsymbol{\gamma}_k$ 为滤波残差过程,其误差协方差为 $\boldsymbol{P}_{\gamma,k|k-1}$。对量测方程进行二阶泰勒级数展开,并采用与获得前述一步预测方程类似的推导过程,可得

$$\boldsymbol{\gamma}_k = \boldsymbol{y}_k - E\{\boldsymbol{y}_k | \boldsymbol{y}_{1:k-1}\} = \boldsymbol{y}_k - \left(\boldsymbol{h}(\hat{\boldsymbol{x}}_{k|k-1}) + \frac{1}{2} \sum_{i=1}^{m} \boldsymbol{\phi}_i \mathrm{tr}[\boldsymbol{J}_{i,\hat{x}_{k|k-1}} \boldsymbol{P}_{k|k-1}]\right) \tag{3.7-9}$$

$\boldsymbol{\gamma}_k$ 的误差协方差为

$$\boldsymbol{P}_{\gamma,k|k-1} = \boldsymbol{H}_{\hat{x}_{k|k-1}} \boldsymbol{P}_{k|k-1} \boldsymbol{H}_{\hat{x}_{k|k-1}}^{\mathrm{T}} + \boldsymbol{R}_k + \frac{1}{4} \boldsymbol{L}_{\hat{x}_{k|k-1}} \tag{3.7-10}$$

式中

$$\boldsymbol{L}_{\hat{x}_{k|k-1}} = \sum_{i=1}^{n} \sum_{j=1}^{n} \boldsymbol{\phi}_i \boldsymbol{\phi}_j^{\mathrm{T}} E\{(\Delta \boldsymbol{x}_k^{\mathrm{T}} \boldsymbol{J}_{i,\hat{x}_{k|k-1}} \Delta \boldsymbol{x}_k)(\Delta \boldsymbol{x}_{\mathrm{k}}^{\mathrm{T}} \boldsymbol{J}_{j,\hat{x}_{k|k-1}} \Delta \boldsymbol{x}_k) | \boldsymbol{y}_{1:k-1}\} \tag{3.7-11}$$

这里,$\Delta \boldsymbol{x}_k = \boldsymbol{x}_k - \hat{\boldsymbol{x}}_{k|k-1}$。依据相同的矩阵属性,可得 $\boldsymbol{L}_{\hat{x}_{k|k-1}}$ 的第(i,j)个元素为

$$[\boldsymbol{L}_{\hat{x}_{k|k-1}}]_{i,j} = 2\mathrm{tr}[\boldsymbol{J}_{i,\hat{x}_{k|k-1}} \boldsymbol{P}_{k|k-1} \boldsymbol{J}_{j,\hat{x}_{k|k-1}} \boldsymbol{P}_{k|k-1}] + \mathrm{tr}[\boldsymbol{J}_{i,\hat{x}_{k|k-1}} \boldsymbol{P}_{k|k-1}] \mathrm{tr}[\boldsymbol{J}_{j,\hat{x}_{k|k-1}} \boldsymbol{P}_{k|k-1}] \tag{3.7-12}$$

经过一些代数运算，可得二阶滤波器的状态更新方程为

$$\hat{\boldsymbol{x}}_{k|k}=\hat{\boldsymbol{x}}_{k|k-1}+\boldsymbol{G}_k(\boldsymbol{y}_k-\boldsymbol{h}(\hat{\boldsymbol{x}}_{k|k-1})-\frac{1}{2}\sum_{i=1}^{m}\boldsymbol{\phi}_i\mathrm{tr}[\boldsymbol{J}_{i,\hat{\boldsymbol{x}}_{k|k-1}}\boldsymbol{P}_{k|k-1}]) \quad (3.7-13)$$

式中：G_k 为滤波增益矩阵，即

$$\boldsymbol{G}_k=\boldsymbol{P}_{k|k-1}\boldsymbol{H}^{\mathrm{T}}_{\hat{\boldsymbol{x}}_{k|k-1}}[\boldsymbol{H}_{\hat{\boldsymbol{x}}_{k|k-1}}\boldsymbol{P}_{k|k-1}\boldsymbol{H}^{\mathrm{T}}_{\hat{\boldsymbol{x}}_{k|k-1}}+\boldsymbol{R}_k+\frac{1}{4}\boldsymbol{L}_{\hat{\boldsymbol{x}}_{k|k-1}}] \quad (3.7-14)$$

而估计误差协方差$\boldsymbol{P}_{k|k}$为

$$\boldsymbol{P}_{k|k}=\boldsymbol{P}_{k|k-1}-\boldsymbol{P}_{k|k-1}\boldsymbol{H}^{\mathrm{T}}_{\hat{\boldsymbol{x}}_{k|k-1}}[\boldsymbol{H}_{\hat{\boldsymbol{x}}_{k|k-1}}\boldsymbol{P}_{k|k-1}\boldsymbol{H}^{\mathrm{T}}_{\hat{\boldsymbol{x}}_{k|k-1}}+\boldsymbol{R}_k+\frac{1}{4}\boldsymbol{L}_{\hat{\boldsymbol{x}}_{k|k-1}}]\boldsymbol{H}_{\hat{\boldsymbol{x}}_{k|k-1}}\boldsymbol{P}_{k|k-1}$$

(3.7-15)

式(3.7-13)~式(3.7-15)构成了二阶滤波器的状态更新算法。注意，如果去除从状态预测及状态更新方程中的二阶项，则算法也就是 EKF 滤波算法。

表 3.3 对二阶滤波器算法进行了小结。

表 3.3 二阶非线性滤波算法小结

二阶非线性滤波器

状态方程及量测方程

$$\boldsymbol{x}_k=\boldsymbol{f}(\boldsymbol{x}_{k-1})+\boldsymbol{\mu}_{k-1}$$

$$\boldsymbol{y}_k=\boldsymbol{h}(\boldsymbol{x}_k)+\boldsymbol{v}_k$$

式中：$\boldsymbol{x}_k\in\mathbb{R}^n$，$\boldsymbol{y}_k\in\mathbb{R}^m$，$\boldsymbol{x}_0$：$\sim N(\hat{\boldsymbol{x}}_0,\boldsymbol{P}_0)$，$\boldsymbol{\mu}_k$：$\sim N(0,\boldsymbol{Q}_k)$，$\boldsymbol{v}_k$：$\sim N(0,\boldsymbol{R}_k)$，$\boldsymbol{f}(\cdot)$和$\boldsymbol{h}(\cdot)$均为已知函数。

求解过程

状态预测：利用以二阶泰勒级数展开式近似$\boldsymbol{f}(\boldsymbol{x}_{k-1})$的条件期望算式，由$\hat{\boldsymbol{x}}_{k-1|k-1}$和$\boldsymbol{P}_{k-1|k-1}$计算$\hat{\boldsymbol{x}}_{k|k-1}$和$\boldsymbol{P}_{k|k-1}$。

状态更新：利用新的量测向量$\boldsymbol{y}_k$计算$\hat{\boldsymbol{x}}_{k|k}$和$\boldsymbol{P}_{k|k}$，计算过程中利用了加权最小二乘估计算式、新息过程的特性及由二阶泰勒级数展开式近似的$\boldsymbol{h}(\boldsymbol{x}_k)$。

二阶泰勒级数展开的雅可比矩阵和 Hessian 矩阵

$$\boldsymbol{F}_{\hat{\boldsymbol{x}}_{k-1|k-1}}=\left[\frac{\partial \boldsymbol{f}(\boldsymbol{x})}{\partial \boldsymbol{x}}\right]_{\hat{\boldsymbol{x}}_{k-1|k-1}}$$

$$[\boldsymbol{I}_{i,\hat{\boldsymbol{x}}_{k-1|k-1}}]_{q,r}=\left[\frac{\partial^2 f_i(\boldsymbol{x})}{\partial x_q\partial x_r}\right]_{\hat{\boldsymbol{x}}_{k-1|k-1}}$$（x_q 和 x_r 分别为$\boldsymbol{x}_{k-1}$的第 q 个和第 r 个元素）

$$\boldsymbol{H}_{\hat{\boldsymbol{x}}_{k|k-1}}=\left[\frac{\partial \boldsymbol{h}(\boldsymbol{x}_k)}{\partial \boldsymbol{x}_k}\right]_{\hat{\boldsymbol{x}}_{k|k-1}}$$

$$[\boldsymbol{J}_{i,\hat{\boldsymbol{x}}_{k|k-1}}]_{q,r}=\left[\frac{\partial^2 h_i(\boldsymbol{x})}{\partial x_q\partial x_r}\right]_{\hat{\boldsymbol{x}}_{k|k-1}}$$（x_q 和 x_r 分别为$\boldsymbol{x}_k$ 的第 q 个和第 r 个元素）

求解方程

状态预测：

$$\hat{\boldsymbol{x}}_{k|k-1}=f(\hat{\boldsymbol{x}}_{k-1|k-1})+\frac{1}{2}\sum_{i=1}^{n}\boldsymbol{\phi}_i\mathrm{tr}[\boldsymbol{I}_{i,\hat{\boldsymbol{x}}_{k-1|k-1}}\boldsymbol{P}_{k-1|k-1}]$$

$$\boldsymbol{P}_{k|k-1}=\boldsymbol{F}_{\hat{\boldsymbol{x}}_{k-1|k-1}}\boldsymbol{P}_{k-1|k-1}\boldsymbol{F}^{\mathrm{T}}_{\hat{\boldsymbol{x}}_{k-1|k-1}}+\boldsymbol{Q}_{k-1}+\frac{1}{4}\boldsymbol{K}_{\hat{\boldsymbol{x}}_{k-1|k-1}}$$

续表

$$K_{\hat{x}_{k-1|k-1}} = \sum_{i=1}^{n} \sum_{j=1}^{n} \boldsymbol{\phi}_i \boldsymbol{\phi}_j^{\mathrm{T}} [K_{\hat{x}_{k-1|k-1}}]_{i,j}$$

$$[K_{\hat{x}_{k-1|k-1}}]_{i,j} = 2\mathrm{tr}[I_{i,\hat{x}_{k-1|k-1}} P_{k-1|k-1} I_{j,\hat{x}_{k-1|k-1}} P_{k-1|k-1}] + \mathrm{tr}[I_{i,\hat{x}_{k-1|k-1}} P_{k-1|k-1}] \mathrm{tr}[I_{j,\hat{x}_{k-1|k-1}} P_{k-1|k-1}]$$

式中:$\boldsymbol{\phi}_i$ 为除去第 i 个元素为 1 外其他元素均为 0 的列向量。如果系统状态演变有着连续时间表示形式,则可用从 $k-1$ 至 k 时刻的数值积分运算替代。

状态更新:

$$\hat{x}_{k|k} = \hat{x}_{k|k-1} + G_k(y_k - h(\hat{x}_{k|k-1}) - \frac{1}{2}\sum_{i=1}^{m} \boldsymbol{\phi}_i \mathrm{tr}[J_{i,\hat{x}_{k|k-1}} P_{k|k-1}])$$

$$G_k = P_{k|k-1} H_{\hat{x}_{k|k-1}}^{\mathrm{T}} [H_{\hat{x}_{k|k-1}} P_{k|k-1} H_{\hat{x}_{k|k-1}}^{\mathrm{T}} + R_k + \frac{1}{4} L_{\hat{x}_{k|k-1}}]$$

$$P_{k|k} = P_{k|k-1} - P_{k|k-1} H_{\hat{x}_{k|k-1}}^{\mathrm{T}} [H_{\hat{x}_{k|k-1}} P_{k|k-1} H_{\hat{x}_{k|k-1}}^{\mathrm{T}} + R_k + \frac{1}{4} L_{\hat{x}_{k|k-1}}] H_{\hat{x}_{k|k-1}} P_{k|k-1}$$

$$[L_{\hat{x}_{k|k-1}}]_{i,j} = 2\mathrm{tr}[J_{i,\hat{x}_{k|k-1}} P_{k|k-1} J_{j,\hat{x}_{k|k-1}} P_{k|k-1}] + \mathrm{tr}[J_{i,\hat{x}_{k|k-1}} P_{k|k-1}] \mathrm{tr}[J_{j,\hat{x}_{k|k-1}} P_{k|k-1}]$$

3.7.3 数值示例

本小节将采用文献[9,10]公开的一个数值示例来比较本章前面介绍的 3 种非线性滤波器。如图 3.1 所示,在该示例中一个穿越大气层的坠落球体可由一组非线性微分方程来描述,该目标由一部雷达观测,雷达的海拔高度为 RA,雷达与目标坠落轨迹之间的最近距离为 RD,雷达仅仅量测其距目标之间的距离。目标状态向量由 3 个状态变量组成,即目标海拔高度 x_1、由大气阻力引起的目标高度变化率 x_2 和弹道系数的倒数 x_3,相关状态方程为

$$\dot{x}_1(t) = -x_2(t)$$

$$\dot{x}_2(t) = -K_1 \mathrm{e}^{-K_2 x_1(t)} x_2^2(t) x_3(t)$$

$$\dot{x}_3(t) = 0$$

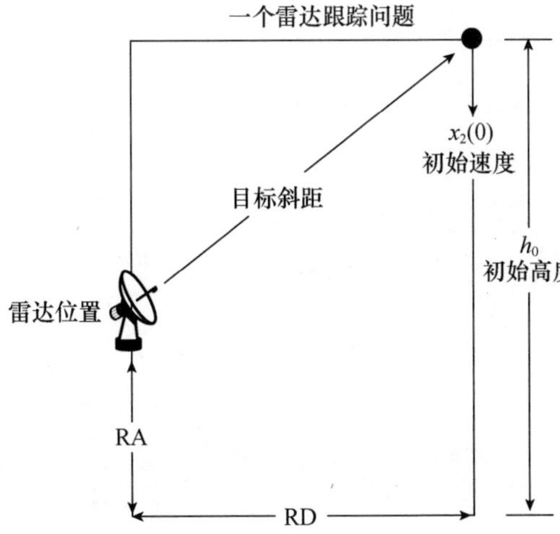

图 3.1 雷达目标跟踪问题的几何图示

式中：$x_3(t) \triangleq \alpha$ 为需要估计的未知常量，且有 $\alpha = 1/\beta$，而 β 为弹道系数。K_1 和 K_2 是与大气层相关的已知常量。注意，这里忽略了重力项。由图 3.1 可知，这一简化并不会对滤波器性能比较和相关结论得出产生影响。雷达至目标距离的量测与第一个状态变量、雷达的海拔高度以及雷达至目标坠落轨迹的最近距离存在如下非线性关系：

$$h_k(\boldsymbol{x}_k) = \sqrt{(x_1(t_k) - \mathrm{RA})^2 + \mathrm{RD}^2}$$

图 3.1 给出了问题的几何图示。

对于组成目标状态向量的每个分量，定义其估计的均方根误差如下：

$$\text{RMS Error}_i = \sqrt{\frac{1}{N}\sum_{n=1}^{N}((x(t_k))_i - (\hat{x}_{k|k}^n)_i)^2}, i = 1,2,3$$

图 3.2 和图 3.3 给出了目标高度、速度和 α 估计值的均方根误差。图中还给出了目标真实状态和估计状态的初始条件。仿真过程中的量测数据更新率为 1 秒和蒙特卡罗仿真运行次数为 100 次。

从这个特定示例中，可以观察到几点：

（1）与其他滤波器相比，EKF 的 3 种状态变量的估计(误差)性能最差。

（2）单级迭代 EKF 滤波器的表现最好，但其计算量是 EKF 滤波器的 2 倍。

（3）二阶滤波器的性能介乎于 EKF 滤波器和单级迭代 EKF 滤波器之间，但其算法更加复杂，所需的计算量也更大。

在该示例中，文献[9,10]给出了更多的研究结果，如线性和非线性条件下的期望估计和均方根误差，有兴趣的读者可参阅这两篇文献获得更多细节。

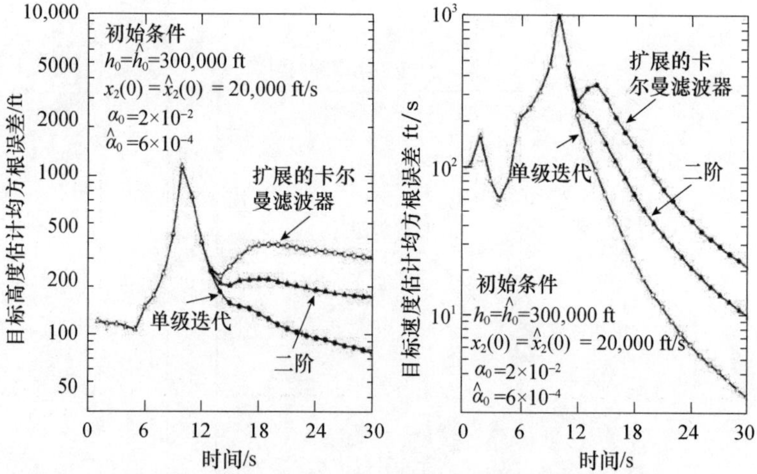

图 3.2　三种非线性滤波器的高度和速度估计误差比较

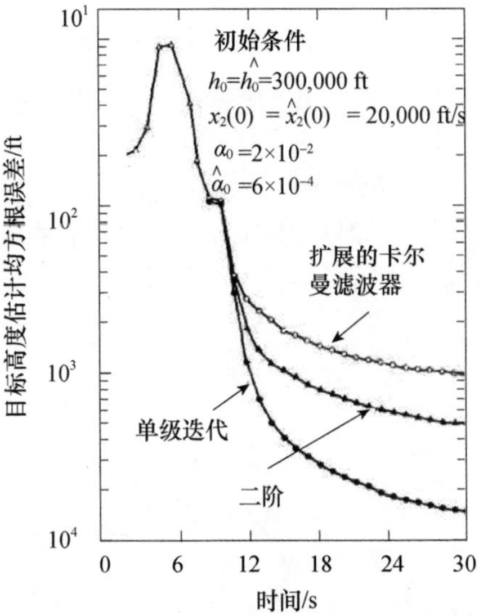

图 3.3 三种非线性滤波器的 α(弹道系数的倒数)估计误差比较

3.8 非线性且目标状态呈现确定性变化的情形

考虑具有非线性量测方程的非线性确定性系统的情形,有

$$\boldsymbol{x}_k=\boldsymbol{f}(\boldsymbol{x}_{k-1}) \tag{3.8-1}$$

$$\boldsymbol{y}_k=\boldsymbol{h}(\boldsymbol{x}_k)+\boldsymbol{v}_k \tag{3.8-2}$$

由于系统是确定性的,因此一旦获得任一时刻的状态估计后,就可得到关于目标完整轨迹的估计。为了标注简单起见,考虑对初始时刻的状态向量进行估计,给定全部量测$\boldsymbol{y}_k$,$k=1,\cdots,K$ 的条件下对$\boldsymbol{x}_0$ 进行估计。$\boldsymbol{x}_0$ 的估计值是使得如下性能指标最小化的状态向量,有

$$J=\sum_{k=1}^{K}(\boldsymbol{y}_k-\boldsymbol{h}(\boldsymbol{x}_k))^{\mathrm{T}}\boldsymbol{R}_k^{-1}(\boldsymbol{y}_k-\boldsymbol{h}(\boldsymbol{x}_k))+(\boldsymbol{x}_0-\bar{\boldsymbol{x}}_0)^{\mathrm{T}}\boldsymbol{P}_0^{-1}(\boldsymbol{x}_0-\bar{\boldsymbol{x}}_0) \tag{3.8-3}$$

式中:$\bar{\boldsymbol{x}}_0$ 是式(3.8-1)的初始条件,其误差协方差为 $\boldsymbol{P}_0$,并被视为有助于估计 $\boldsymbol{x}_0$ 的先验知识。对 J 相对$\boldsymbol{x}_0$ 取偏导,即可得到最小化 J 的必要条件。

$$\frac{\partial J}{\partial \boldsymbol{x}_k}=2\left\{\sum_{k=1}^{K}\left[\frac{\partial \boldsymbol{h}(\boldsymbol{x}_k)}{\partial \boldsymbol{x}_0}\right]^{\mathrm{T}}\boldsymbol{R}_k^{-1}(\boldsymbol{y}_k-\boldsymbol{h}(\boldsymbol{x}_k))+\boldsymbol{P}_0^{-1}(\boldsymbol{x}_0-\bar{\boldsymbol{x}}_0)\right\}=0 \tag{3.8-4}$$

对于线性系统而言,可以精确求解式(3.8-4);而对于非线性系统来讲,建议采用如下推导给出的迭代算法。

一种迭代最小二乘算法

首先,对 $\boldsymbol{h}(\boldsymbol{x}_k)$ 在$\hat{\boldsymbol{x}}_k^0$ 处进行泰勒级数展开并以此来近似 $\boldsymbol{h}(\boldsymbol{x}_k)$,其中$\hat{\boldsymbol{x}}_k^0$ 是

关于$\boldsymbol{x}_k$估计的初始猜测，也被用作迭代算法的起点。

$$\boldsymbol{h}(\boldsymbol{x}_k) \approx \boldsymbol{h}(\hat{\boldsymbol{x}}_k^0) + \boldsymbol{H}_{\hat{x}_k^0}(\boldsymbol{x}_k - \hat{\boldsymbol{x}}_k^0) \tag{3.8-5}$$

注意，上式中已采用$\left[\dfrac{\partial \boldsymbol{h}(\boldsymbol{x}_k)}{\partial \boldsymbol{x}_k}\right]_{\hat{x}_k^0} = \boldsymbol{H}_{\hat{x}_k^0}$的标识方法。由于系统是确定性的，因而可以重复应用式(3.8-1)以获得如下关系式：

$$\boldsymbol{x}_k = \boldsymbol{f}(\boldsymbol{f}(\boldsymbol{f}(\cdots \boldsymbol{f}(\boldsymbol{x}_0)\cdots))) = \boldsymbol{f}_{k,0}(\boldsymbol{x}_0) \tag{3.8-6}$$

$\boldsymbol{f}_{k,0}(\boldsymbol{x}_0)$的标识方法是为了表示函数$\boldsymbol{f}(\cdot)$的重复应用。对上式在$\hat{\boldsymbol{x}}_0^0$处进行一阶泰勒级数展开，可得

$$\boldsymbol{x}_k \approx \boldsymbol{f}_{k,0}(\hat{\boldsymbol{x}}_0^0) + \left[\frac{\partial \boldsymbol{f}_{k,0}}{\partial \boldsymbol{x}_0}\right]_{\hat{x}_0^0}(\boldsymbol{x}_0 - \hat{\boldsymbol{x}}_0^0) \tag{3.8-7}$$

式中

$$\left[\frac{\partial f_{k,0}}{\partial \boldsymbol{x}_0}\right] = \frac{\partial \boldsymbol{x}_k}{\partial \boldsymbol{x}_0} = \frac{\partial \boldsymbol{f}(\boldsymbol{x}_{k-1})}{\partial \boldsymbol{x}_{k-1}}\frac{\partial \boldsymbol{f}(\boldsymbol{x}_{k-2})}{\partial \boldsymbol{x}_{k-2}}\cdots\frac{\partial \boldsymbol{f}(\boldsymbol{x}_0)}{\partial \boldsymbol{x}_0} = \boldsymbol{F}_{x_{k-1}}\boldsymbol{F}_{x_{k-2}}\cdots\boldsymbol{F}_{x_0}$$

注意，对于线性系统而言，$\boldsymbol{F}_{x_{k-1}}$就是系统状态转移矩阵，因而这里采用$\boldsymbol{F}_{x_{k-1}} = \boldsymbol{\Phi}_{k,k-1}$和$\boldsymbol{F}_{x_{k-1}}\boldsymbol{F}_{x_{k-2}}\cdots\boldsymbol{F}_{x_0} = \boldsymbol{\Phi}_{k,0}$的标识，并进一步明确$\boldsymbol{\Phi}_{k,0}^0$是在初始猜测值$\hat{\boldsymbol{x}}_0^0$处对$\boldsymbol{\Phi}_{k,0}$的评估值。将上述近似应用于式(3.8-4)，经过一些代数运算步骤后，可得

$$\begin{aligned}&\sum_{k=1}^{K} \boldsymbol{\Phi}_{k,0}^{0\,\mathrm{T}} \boldsymbol{H}_{\hat{x}_k^0}^{\mathrm{T}} \boldsymbol{R}_k^{-1}(\boldsymbol{y}_k - \boldsymbol{h}(\hat{\boldsymbol{x}}_k^0) - \boldsymbol{h}_{\hat{x}_k^0}(\boldsymbol{f}_{k,0}(\hat{\boldsymbol{x}}_0^0) + \\ &\quad \boldsymbol{\Phi}_{k,0}^0(\boldsymbol{x}_0 - \hat{\boldsymbol{x}}_0^0) - \hat{\boldsymbol{x}}_k^0)) + \boldsymbol{P}_0^{-1}(\bar{\boldsymbol{x}}_0 - \boldsymbol{x}_0) = \boldsymbol{0}\end{aligned} \tag{3.8-8}$$

采用$\boldsymbol{P}_{0|K}^1$标识$\hat{\boldsymbol{x}}_0^1$的误差协方差，$\hat{\boldsymbol{x}}_0^1$为第一次迭代后对$\boldsymbol{x}_0$的估计，有

$$\boldsymbol{P}_{0|K}^1 = \left[\sum_{k=1}^{K} \boldsymbol{\Phi}_{k,0}^{0\,\mathrm{T}} \boldsymbol{H}_{\hat{x}_k^0}^{\mathrm{T}} \boldsymbol{R}_k^{-1} \boldsymbol{H}_{\hat{x}_k^0} \boldsymbol{\Phi}_{k,0}^0 + \boldsymbol{P}_0^{-1}\right]^{-1} \tag{3.8-9}$$

接着有

$$\begin{aligned}\hat{\boldsymbol{x}}_0^1 = &\boldsymbol{P}_{0|K}^1\left(\sum_{k=1}^{K} \boldsymbol{\Phi}_{k,0}^{0\,\mathrm{T}} \boldsymbol{H}_{\hat{x}_k^0}^{\mathrm{T}} \boldsymbol{R}_k^{-1} \boldsymbol{H}_{\hat{x}_k^0} \boldsymbol{\Phi}_{k,0}^0 \hat{\boldsymbol{x}}_0^0 + \boldsymbol{P}_0^{-1}\bar{\boldsymbol{x}}_0\right) + \\ &\boldsymbol{P}_{0|K}^1\left(\sum_{k=1}^{K} \boldsymbol{\Phi}_{k,0}^{0\,\mathrm{T}} \boldsymbol{H}_{\hat{x}_k^0}^{\mathrm{T}} \boldsymbol{R}_k^{-1}[\boldsymbol{y}_k - \boldsymbol{h}(\hat{\boldsymbol{x}}_k^0))\right)\end{aligned} \tag{3.8-10}$$

最后，得到估计问题迭代求解过程中第$i+1$次迭代的迭代算法，有

$$\begin{aligned}\hat{\boldsymbol{x}}_0^{i+1} = &\boldsymbol{P}_{0|K}^1\left(\sum_{k=1}^{K} \boldsymbol{\Phi}_{k,0}^{i\,\mathrm{T}} \boldsymbol{H}_{\hat{x}_k^i}^{\mathrm{T}} \boldsymbol{R}_k^{-1} \boldsymbol{H}_{\hat{x}_k^i} \boldsymbol{\Phi}_{k,0}^i \hat{\boldsymbol{x}}_0^i + \boldsymbol{P}_0^{-1}\bar{\boldsymbol{x}}_0\right) + \\ &\boldsymbol{P}_{0|K}^{i+1}\left(\sum_{k=1}^{K} \boldsymbol{\Phi}_{k,0}^{i\,\mathrm{T}} \boldsymbol{H}_{\hat{x}_k^i}^{\mathrm{T}} \boldsymbol{R}_k^{-1}[\boldsymbol{y}_k - \boldsymbol{h}(\hat{\boldsymbol{x}}_k^i))\right)\end{aligned} \tag{3.8-11}$$

也可以是另一种更为传统的形式，即

$$\begin{aligned}\hat{\boldsymbol{x}}_0^{i+1} = &\hat{\boldsymbol{x}}_0^i + \boldsymbol{P}_{0|K}^{i+1}\left(\sum_{k=1}^{K} \boldsymbol{\Phi}_{k,0}^{i\,\mathrm{T}} \boldsymbol{H}_{\hat{x}_k^i}^{\mathrm{T}} \boldsymbol{R}_k^{-1}(\boldsymbol{y}_k - \boldsymbol{h}(\hat{\boldsymbol{x}}_k^i))\right. \\ &\left.+ \boldsymbol{P}_0^{-1}(\bar{\boldsymbol{x}}_0 - \hat{\boldsymbol{x}}_0^i)\right)\end{aligned} \tag{3.8-12}$$

其误差协方差为

$$\boldsymbol{P}_{0|K}^{i+1} = \left[\sum_{k=1}^{K} \boldsymbol{\Phi}_{k,0}^{i\,\mathrm{T}} \boldsymbol{H}_{\hat{x}_k^i}^{\mathrm{T}} \boldsymbol{R}_k^{-1} \boldsymbol{H}_{\hat{x}_k^i} \boldsymbol{\Phi}_{k,0}^i + \boldsymbol{P}_0^{-1}\right]^{-1} \tag{3.8-13}$$

注意到 $\sum_{k=1}^{K}\boldsymbol{\Phi}_{k,0}^{i}{}^{\mathrm{T}}\boldsymbol{H}_{\hat{x}_k^i}{}^{\mathrm{T}}\boldsymbol{R}_k^{-1}\boldsymbol{H}_{\hat{x}_k^i}\boldsymbol{\Phi}_{k,0}^{i}+\boldsymbol{P}_0^{-1}$ 在数学形式上与 Fisher 信息矩阵相同,作为其逆矩阵,式(3.8－13)在功能上与 CRB 相同。不同之处在于,Fisher 信息矩阵和 CRB 是由真实状态评估得来,式(3.8－13)则是由收敛的状态估计评估得到。针对非线性确定性系统的 CRB 将在 3.9.1 节推导给出。当 Fisher 信息矩阵是非奇异(可逆)矩阵时,存在 CRB,系统是可观测的,且估计结果也是渐进有效的。

当不存在关于初始估计的先验知识时,这等价于$\boldsymbol{P}_0^{-1}=\boldsymbol{0}$(不存在信息),此时就可获得更为熟悉的状态估计和协方差算式,即

$$\hat{\boldsymbol{x}}_0^{i+1}=\hat{\boldsymbol{x}}_0^{i}+\boldsymbol{P}_{0|K}^{i+1}\left(\sum_{k=1}^{K}\boldsymbol{\Phi}_{k,0}^{i}{}^{\mathrm{T}}\boldsymbol{H}_{\hat{x}_k^i}{}^{\mathrm{T}}\boldsymbol{R}_k^{-1}(\boldsymbol{y}_k-\boldsymbol{h}(\hat{\boldsymbol{x}}_k^{i}))\right) \quad (3.8-14)$$

$$\boldsymbol{P}_{0|K}^{i+1}=\left[\sum_{k=1}^{K}\boldsymbol{\Phi}_{k,0}^{i}{}^{\mathrm{T}}\boldsymbol{H}_{\hat{x}_k^i}{}^{\mathrm{T}}\boldsymbol{R}_k^{-1}\boldsymbol{H}_{\hat{x}_k^i}\boldsymbol{\Phi}_{k,0}^{i}\right]^{-1} \quad (3.8-15)$$

表 3.4 对算法进行了小结。

表 3.4　针对确定性系统的迭代最小二乘估计算法小结

针对确定性系统的迭代最小二乘估计算法(一个批处理滤波器)

问题描述

在给定由下式确定的全部量测$\boldsymbol{y}_k,k=1,\cdots,K$ 的条件下,获得关于状态向量$\boldsymbol{x}_j$ 的最小二乘估计,即

$$\boldsymbol{x}_k=\boldsymbol{f}(\boldsymbol{x}_{k-1})$$

$$\boldsymbol{y}_k=\boldsymbol{h}(\boldsymbol{x}_k)+\boldsymbol{v}_k$$

式中:$\boldsymbol{x}_k\in\mathbb{R}^n,\boldsymbol{y}_k\in\mathbb{R}^m,\boldsymbol{x}_0:\sim N(\hat{\boldsymbol{x}}_0,\boldsymbol{P}_0),\boldsymbol{\mu}_k:\sim N(0,\boldsymbol{Q}_k),\boldsymbol{v}_k:\sim N(0,\boldsymbol{R}_k)$,$\boldsymbol{f}(\cdot)$和 $\boldsymbol{h}(\cdot)$均为已知函数。

获得初始时刻目标状态向量$\boldsymbol{x}_0$ 的最优解的算法

$$\hat{\boldsymbol{x}}_0^{i+1}=\hat{\boldsymbol{x}}_0^{i}+\boldsymbol{P}_{0|K}^{i+1}\left(\sum_{k=1}^{K}\boldsymbol{\Phi}_{k,0}^{i}{}^{\mathrm{T}}\boldsymbol{H}_{\hat{x}_k^i}{}^{\mathrm{T}}\boldsymbol{R}_k^{-1}(\boldsymbol{y}_k-\boldsymbol{h}(\hat{\boldsymbol{x}}_k^{i}))+\boldsymbol{P}_0^{-1}(\bar{\boldsymbol{x}}_0-\hat{\boldsymbol{x}}_0^{i})\right)$$

$$\boldsymbol{P}_{0|K}^{i+1}=\left[\sum_{k=1}^{K}\boldsymbol{\Phi}_{k,0}^{i}{}^{\mathrm{T}}\boldsymbol{H}_{\hat{x}_k^i}{}^{\mathrm{T}}\boldsymbol{R}_k^{-1}\boldsymbol{H}_{\hat{x}_k^i}\boldsymbol{\Phi}_{k,0}^{i}+\boldsymbol{P}_0^{-1}\right]^{-1}$$

其中,$\hat{\boldsymbol{x}}_0^0=\bar{\boldsymbol{x}}_0,\boldsymbol{\Phi}_{k,0}=\boldsymbol{F}_{x_{k-1}}\boldsymbol{F}_{x_{k-2}}\cdots\boldsymbol{F}_{x_0}$,而$\boldsymbol{F}_{x_j}=\dfrac{\partial\boldsymbol{f}(\boldsymbol{x}_j)}{\partial\boldsymbol{x}_j}$。

由于系统是确定性的,获得任意j 时刻的状态$\boldsymbol{x}_j$ 的估计可完全确定目标的完整轨迹。为了简便起见,这里给出的针对$\hat{\boldsymbol{x}}_0$ 估计的算法,读者也可针对其他时刻的状态向量估计推导相关算法。

评注

(1)式(3.8－1)～式(3.8－3)提出的估计问题是建立在全部历史观测数据之上的一个优化问题,有时也被称为批处理滤波器。其在概念上与平滑器(固定间隔平滑器)类似,但在此处情形中系统是非线性的和确定性的。每当接收到一个新的量测数据向量时,就需要利用全部量测数据集计算新的目标状态估计,而不是像 KF 和 EKF 滤波器那样采用递归方式更新目标状态估计。

(2)式(3.8－11)～式(3.8－13)所给出的迭代算法是解决式(3.8－1)～式(3.8－3)所提的估计问题的一个建议实现方法。上述讨论并不涉及算法的收敛特性和解的唯一性,亦或获得初始猜测值方法的唯一性。根据特定应用问

题的具体特点,人们也可以选择或设计一个不同的算法以解决问题。

(3)本节所提算法已成功应用于仅有纯角量测条件下的弹道目标轨迹估计问题。

3.9 Cramer – Rao 界值

无论是线性系统还是非线性系统[19],状态估计 CRB 的基本定义不变,仍为式(2.10 – 1)。为了便于引用,这里再次给出该定义,即

$$\mathrm{Cov}\{\hat{\boldsymbol{x}}_{1:k|1:k}\} \geqslant \mathrm{CRB}(\boldsymbol{x}_{1:k}|\boldsymbol{y}_{1:k}) = \left[E\left\{\left[\frac{\partial \ln p(\boldsymbol{y}_{1:k};\boldsymbol{x}_{1:k})}{\partial \boldsymbol{x}_{1:k}}\right]\left[\frac{\partial \ln p(\boldsymbol{y}_{1:k};\boldsymbol{x}_{1:k})}{\partial \boldsymbol{x}_{1:k}}\right]^{\mathrm{T}}\right\}\right]^{-1} \quad (3.9-1)$$

式中:估计$\boldsymbol{x}_{1:k}$的 Fisher 信息矩阵为 $nk \times nk$ 的矩阵,具体如上式右边求逆括号中给出,有

$$\mathcal{F}(\hat{\boldsymbol{x}}_{1:k|1:k}) \triangleq \left[E\left\{\left[\frac{\partial \ln p(\boldsymbol{y}_{1:k};\boldsymbol{x}_{1:k})}{\partial \boldsymbol{x}_{1:k}}\right]\left[\frac{\partial \ln p(\boldsymbol{y}_{1:k};\boldsymbol{x}_{1:k})}{\partial \boldsymbol{x}_{1:k}}\right]^{\mathrm{T}}\right\}\right] \quad (3.9-2)$$

本节首先讨论针对确定性系统状态估计的 CRB,其次讨论对象扩展至随机系统状态估计的 CRB。

3.9.1 非线性确定性系统

当目标系统为非线性的且系统状态演变是确定性的时,则对于所有 $i=1,\cdots,k$,有$\boldsymbol{\mu}_i=\boldsymbol{0}$。CRB 的定义就变得与式(2.10 – 2)相同,有关 CRB 的推导步骤与 2.10.1 小节中的相同,通过分别采用非线性系统方程和量测方程的雅可比矩阵替代线性系统的状态转移矩阵和量测矩阵。对应于式(2.10 – 5)的结果如下:

$$\mathrm{Cov}\{\hat{\boldsymbol{x}}_{k|k}\} \geqslant \mathrm{CRB}(\boldsymbol{x}_k|\boldsymbol{y}_{1:k}) = [\mathcal{F}(\hat{\boldsymbol{x}}_{k|k})]^{-1} = \left[\sum_{i=1}^{k}\left[\frac{\partial \boldsymbol{h}(\boldsymbol{x}_i)}{\partial \boldsymbol{x}_k}\right]^{\mathrm{T}}\boldsymbol{R}_i^{-1}\left[\frac{\partial \boldsymbol{h}(\boldsymbol{x}_i)}{\partial \boldsymbol{x}_k}\right]+\left[\frac{\partial \boldsymbol{x}_0}{\partial \boldsymbol{x}_k}\right]^{\mathrm{T}}\boldsymbol{P}_0^{-1}\left[\frac{\partial \boldsymbol{x}_0}{\partial \boldsymbol{x}_k}\right]\right]^{-1} \quad (3.9-3)$$

现在利用导数的链式法则来推导$\frac{\partial \boldsymbol{x}_0}{\partial \boldsymbol{x}_k}$和$\frac{\partial \boldsymbol{h}(\boldsymbol{x}_i)}{\partial \boldsymbol{x}_k}$的解,并继续采用 3.8.1 节中给出的标记,有

$$\frac{\partial \boldsymbol{x}_k}{\partial \boldsymbol{x}_i} = \frac{\partial \boldsymbol{f}(\boldsymbol{x}_{k-1})}{\partial \boldsymbol{x}_{k-1}}\frac{\partial \boldsymbol{f}(\boldsymbol{x}_{k-2})}{\partial \boldsymbol{x}_{k-2}}\cdots\frac{\partial \boldsymbol{f}(\boldsymbol{x}_i)}{\partial \boldsymbol{x}_i} = \boldsymbol{F}_{\boldsymbol{x}_{k-1}}\boldsymbol{F}_{\boldsymbol{x}_{k-2}}\cdots\boldsymbol{F}_{\boldsymbol{x}_i} = \boldsymbol{F}_{\boldsymbol{x}_{k-1},\boldsymbol{x}_i}$$

那么有

$$\frac{\partial \boldsymbol{x}_i}{\partial \boldsymbol{x}_k} = \boldsymbol{F}_{\boldsymbol{x}_i}^{-1}\boldsymbol{F}_{\boldsymbol{x}_{i+1}}^{-1}\cdots\boldsymbol{F}_{\boldsymbol{x}_{k-1}}^{-1} = \boldsymbol{F}_{\boldsymbol{x}_{k-1},\boldsymbol{x}_i}^{-1}$$

式中：$\boldsymbol{F}_{\boldsymbol{x}_{k-1},\boldsymbol{x}_i}$表示从状态$\boldsymbol{x}_i$到状态$\boldsymbol{x}_{k-1}$的状态转移矩阵；$\boldsymbol{F}^{-1}_{\boldsymbol{x}_{k-1},\boldsymbol{x}_i}$为其逆矩阵，代表从状态$\boldsymbol{x}_{k-1}$到状态$\boldsymbol{x}_i$的反向转移。采用3.8节中的标记方式，$\boldsymbol{F}_{\boldsymbol{x}_{k-1},\boldsymbol{x}_i}$可由$\boldsymbol{\Phi}_{k,i}$替代，同样$\boldsymbol{F}^{-1}_{\boldsymbol{x}_{k-1},\boldsymbol{x}_i}$可由$\boldsymbol{\Phi}_{i,k}$替代。因此有

$$\frac{\partial \boldsymbol{x}_i}{\partial \boldsymbol{x}_k}=\boldsymbol{\Phi}_{i,k} \tag{3.9-4}$$

当$i=0$时，式(3.9-4)为$\frac{\partial \boldsymbol{x}_0}{\partial \boldsymbol{x}_k}$。同样，有

$$\frac{\partial \boldsymbol{h}(\boldsymbol{x}_i)}{\partial \boldsymbol{x}_k}=\frac{\partial \boldsymbol{h}(\boldsymbol{x}_i)}{\partial \boldsymbol{x}_i}\frac{\partial \boldsymbol{x}_i}{\partial \boldsymbol{x}_k}=\boldsymbol{H}_{\boldsymbol{x}_i}\boldsymbol{\Phi}_{i,k} \tag{3.9-5}$$

将式(3.9-4)和式(3.9-5)代入式(3.9-3)，可得关于非线性确定性系统状态估计CRB的最终表示式为

$$\begin{aligned}\mathrm{Cov}\{\hat{\boldsymbol{x}}_{k|k}\}&\geqslant \mathrm{CRB}(\boldsymbol{x}_k|\boldsymbol{y}_{1:k})=[\mathcal{F}(\hat{\boldsymbol{x}}_{k|k})]^{-1}\\&=\left[\sum_{i=1}^{k}[\boldsymbol{H}_{\boldsymbol{x}_i}\boldsymbol{\Phi}_{i,k}]^{\mathrm{T}}\boldsymbol{R}_i^{-1}\boldsymbol{H}_{\boldsymbol{x}_i}\boldsymbol{\Phi}_{i,k}+\boldsymbol{\Phi}_{0,k}^{\mathrm{T}}\boldsymbol{P}_0^{-1}\boldsymbol{\Phi}_{0,k}\right]^{-1}\end{aligned} \tag{3.9-6}$$

评注

(1) 与线性系统的情形相似，式(3.9-6)与系统可观测性有关。但是，对于非线性系统，式(3.9-6)不能保证解的唯一性，因而也只是获得解的必要而非充分条件(仅是求解的必要条件，但并不能保证一定能够得到解)。有关非线性系统可观测性的讨论详见文献[18,19]及其引用的文献。

(2) 正如在线性系统情形下，可以将式(3.9-6)改写为具有递归形式的算式，该递归形式的算式与没有过程噪声协方差项的EKF滤波算法中估计协方差计算式具有相同的形式。与1.7节中所做的评注相似，两者之间的主要区别在于线性化过程中使用的目标状态，EKF滤波算法估计协方差计算式中采用的是状态估计$\hat{\boldsymbol{x}}$，而CRB计算式中采用的是目标真实状态$\boldsymbol{x}$。这种差异在某些时候可能是很明显的。由于滤波算法所得的估计误差协方差仅为近似值，因而采用CRB评估滤波器性能将更具统计意义。

CRB对于非线性确定性系统而言非常有用，这首先由于CRB对该型系统性能的度量较为紧致(不像本章后续部分所讨论的、针对随机系统的情形)，其次也容易计算。J. H. Taylor在1979年首先提出了CRB[20]，其被用于解决工程实践问题也已经有些时日了[18,21]。

3.9.2 非线性随机系统

在应用由式(3.9-1)定义的CRB计算式时，有两处难点：一是针对非线性函数的统计期望值计算；二是需要对一个维数为nk、且维数不断增加的矩阵进行计算和求逆，其中n为状态向量维数，k为量测次数。

针对非线性函数统计期望值计算问题并不存在一个一般通用解。除非是

一些特定情形,关于非线性随机系统的 CRB 计算不存在任何闭式解或算法。解决这一问题的一种近似方法就是采用样本平均值,即由蒙特卡罗采样值计算统计期望。

为克服由增长的矩阵维数所带来的困难,以下讨论两种方法。第一种方法是将所有过程噪声序列作为多余参数进行处理,这样一来过程噪声的影响主要体现在统计期望计算过程中,而非 Fisher 信息矩阵所包含的信息。第二种方法称为后验 CRB(Posteriori CRB,PCRB),其中推导给出了针对具有固定维数$(n\times n)$的 Fisher 信息矩阵的递归算法。该方法得益于 Tichavsky 等研究人员的杰出工作[22]。两种方法均面临着计算统计期望值的相同困难。PCRB 的计算在数学上是精确的,而利用多余参数则是对信号处理方法的一种扩展。以下将分别给出这两种方法。

将过程噪声视为多余参数向量

对于一个随机系统,估计其在所有时刻的状态就等价于估计其在所有时刻的过程噪声向量,因为一旦确定了过程噪声向量,对应的状态向量也就确定了。文献[23]探讨了存在多余参数情形下状态估计的性能下界值,参考文献[24-26]提出了将过程噪声作为多余参数处理的状态估计性能下界值计算方法,该方法将全部过程噪声向量作为多余参数,这些参数被平均在统计期望值中。

以$\boldsymbol{x}_k$标识被估计的系统状态,同时假设系统在 k 时刻之前的过程噪声均已给定。可以改写联合概率密度函数以包含如下条件概率密度为

$$p(\boldsymbol{y}_{1:k},\boldsymbol{x}_0;\boldsymbol{x}_k|\boldsymbol{\mu}_{1:k-1})$$

式中:$\boldsymbol{x}_k$ 为被估计的系统状态;$\boldsymbol{y}_{1:k},\boldsymbol{x}_0$ 表示给定$\boldsymbol{\mu}_{1:k-1}$条件下全部关于$\boldsymbol{x}_k$ 的量测。则估计$\boldsymbol{x}_k$ 的 CRB 可被写为

$$\operatorname{Cov}\{\hat{\boldsymbol{x}}_{k|k}\}\geqslant\left[E_{\boldsymbol{\mu}_{1:k-1}}\left\{E_{\boldsymbol{\nu}_{1:k};\boldsymbol{x}_0}\left\{\left[\frac{\partial\ln p(\boldsymbol{y}_{1:k},\boldsymbol{x}_0;\boldsymbol{x}_k|\boldsymbol{\mu}_{1:k-1})}{\partial\boldsymbol{x}_{1:k}}\right]\left[\frac{\partial\ln p(\boldsymbol{y}_{1:k},\boldsymbol{x}_0;\boldsymbol{x}_k|\boldsymbol{\mu}_{1:k-1})}{\partial\boldsymbol{x}_{1:k}}\right]^{\mathrm{T}}\right\}\right\}\right]^{-1} \tag{3.9-7}$$

注意到算子 $E_r(\cdot)$ 中的下标 r 标识了统计期望计算所针对的随机变量。在量测噪声和初始条件$\boldsymbol{x}_0$ 服从高斯分布的假设下,对联合概率密度函数取对数操作,在去除加性和乘积性常数项后有

$$J=\sum_{i=1}^{k}(\boldsymbol{y}_i-\boldsymbol{h}(\boldsymbol{x}_i))^{\mathrm{T}}\boldsymbol{R}_i^{-1}(\boldsymbol{y}_i-\boldsymbol{h}(\boldsymbol{x}_i))+(\boldsymbol{x}_0-\hat{\boldsymbol{x}}_0)^{\mathrm{T}}\boldsymbol{P}_0^{-1}(\boldsymbol{x}_0-\hat{\boldsymbol{x}}_0)$$

类似于所有之前有关 CRB 的推导,上式也包含了初始估计的误差协方差$\boldsymbol{P}_0$,并假设 $\boldsymbol{P}_0$ 是非奇异的。如果只能获得有关个别状态分量的部分上述初始信息,也可推导出不包含$\boldsymbol{P}_0^{-1}$ 的对应 Fisher 信息矩阵。对 J 相对$\boldsymbol{x}_k$ 取偏导,可得

$$\frac{\partial J}{\partial\boldsymbol{x}_k}=\sum_{i=1}^{k}\left[\frac{\partial\boldsymbol{h}(\boldsymbol{x}_i)}{\partial\boldsymbol{x}_k}\right]^{\mathrm{T}}\boldsymbol{R}_i^{-1}(\boldsymbol{y}_i-\boldsymbol{h}(\boldsymbol{x}_i))+\frac{\partial\boldsymbol{x}_0}{\partial\boldsymbol{x}_k}\boldsymbol{P}_0^{-1}(\boldsymbol{x}_0-\hat{\boldsymbol{x}}_0)$$

将上式乘以$\dfrac{\partial J}{\partial\boldsymbol{x}_k}$的转置后,相对$\boldsymbol{y}_{1:k}$和$\boldsymbol{x}_0$ 做统计期望运算,有

$$E_{\boldsymbol{\nu}_{1:k};\boldsymbol{x}_0}\left\{\left[\frac{\partial J}{\partial \boldsymbol{x}_k}\right]\left[\frac{\partial J}{\partial \boldsymbol{x}_k}\right]^{\mathrm{T}}\right\}=E_{\boldsymbol{\nu}_{1:k};\boldsymbol{x}_0}\left\{\sum_{i=1}^{k}\left[\frac{\partial \boldsymbol{h}(\boldsymbol{x}_i)}{\partial \boldsymbol{x}_k}\right]^{\mathrm{T}}\boldsymbol{R}_i^{-1}\left[\frac{\partial \boldsymbol{h}(\boldsymbol{x}_i)}{\partial \boldsymbol{x}_k}\right]+\left[\frac{\partial \boldsymbol{x}_0}{\partial \boldsymbol{x}_k}\right]^{\mathrm{T}}\boldsymbol{P}_0^{-1}\left[\frac{\partial \boldsymbol{x}_0}{\partial \boldsymbol{x}_k}\right]\right\} \tag{3.9-8}$$

以 $\mathcal{F}_{\boldsymbol{x}_k|\boldsymbol{\mu}_{1:k-1}}$ 标识给定$\boldsymbol{\mu}_{1:k-1}$条件下关于$\boldsymbol{x}_k$ 估计的 Fisher 信息矩阵，有

$$\mathcal{F}_{\boldsymbol{x}_k|\boldsymbol{\mu}_{1:k-1}}=E_{\boldsymbol{\nu}_{1:k},\boldsymbol{x}_0}\left\{\left[\frac{\partial J}{\partial \boldsymbol{x}_k}\right]\left[\frac{\partial J}{\partial \boldsymbol{x}_k}\right]^{\mathrm{T}}\right\} \tag{3.9-9}$$

那么，有$\boldsymbol{x}_k$ 估计的 Fisher 信息矩阵为

$$\begin{aligned}\mathrm{Cov}\{\hat{\boldsymbol{x}}_{k|k}\}\geqslant \mathrm{CRB}(\boldsymbol{x}_k|\boldsymbol{y}_{1:k})&=E_{\boldsymbol{\mu}_{1:k-1}}\{[\mathcal{F}_{\boldsymbol{x}_k|\boldsymbol{\mu}_{1:k-1}}]^{-1}\}\\&=E_{\boldsymbol{\mu}_{1:k-1}}\left\{\left[\sum_{i=1}^{k}\left[\frac{\partial \boldsymbol{h}(\boldsymbol{x}_i)}{\partial \boldsymbol{x}_k}\right]^{\mathrm{T}}\boldsymbol{R}_i^{-1}\left[\frac{\partial \boldsymbol{h}(\boldsymbol{x}_i)}{\partial \boldsymbol{x}_k}\right]+\right.\right.\\&\left.\left.\left[\frac{\partial \boldsymbol{x}_0}{\partial \boldsymbol{x}_k}\right]^{\mathrm{T}}\boldsymbol{P}_0^{-1}\left[\frac{\partial \boldsymbol{x}_0}{\partial \boldsymbol{x}_k}\right]\right]^{-1}\right\}\end{aligned} \tag{3.9-10}$$

注意到当 $k=1$，$\boldsymbol{P}_0^{-1}=\boldsymbol{0}$ 且量测向量的维数小于状态向量的维数时，$\left[\frac{\partial \boldsymbol{h}(\boldsymbol{x}_i)}{\partial \boldsymbol{x}_k}\right]^{\mathrm{T}}\boldsymbol{R}_i^{-1}\left[\frac{\partial \boldsymbol{h}(\boldsymbol{x}_i)}{\partial \boldsymbol{x}_k}\right]$是奇异的。如果系统是可观测的，那么对某些 k 而言，$\sum_{i=1}^{k}\left[\frac{\partial \boldsymbol{h}(\boldsymbol{x}_i)}{\partial \boldsymbol{x}_k}\right]^{\mathrm{T}}\boldsymbol{R}_i^{-1}\left[\frac{\partial \boldsymbol{h}(\boldsymbol{x}_i)}{\partial \boldsymbol{x}_k}\right]$是非奇异的。

假定系统是非线性的，如果不是不可能的话，获得上述期望计算的闭式解或算法也是十分困难。文献[26]给出了可以得出解析解的一些特殊情形，但在一般情况下则无法做到。实现上述期望计算的一种替代方法就是利用蒙特卡罗仿真，通过仿真生成大量具有随机样本$\boldsymbol{\mu}_{1:k-1}$的随机目标轨迹，并据此计算对应每个样本轨迹的$[\mathcal{F}_{\boldsymbol{x}_k|\boldsymbol{\mu}_{1:k-1}}]^{-1}$样本值，然后对所有获得的$[\mathcal{F}_{\boldsymbol{x}_k|\boldsymbol{\mu}_{1:k-1}}]^{-1}$样本进行统计平均，这就是该替代方法的实质[25]。由该替代方法计算 CRB 需要大量样本，但鉴于当前计算机的计算能力，实现该计算很大程度上并非难事。

后验 Cramer－Rao 界值

本小节所讨论的内容源自 Tichavsky 等人的杰出工作[22]①。为了保持连续性，这里再次给出有关 CRB 的基本定义。

Cramer－Rao 界值

对于 3.1 节给出的非线性估计问题，估计$\hat{\boldsymbol{x}}_{1:k|1:k}\triangleq\{\hat{\boldsymbol{x}}_{1|1},\cdots,\hat{\boldsymbol{x}}_{k|k}\}$的误差协方差和 CRB 存在如下关系：

$$\begin{aligned}\mathrm{Cov}\{\hat{\boldsymbol{x}}_{1:k|1:k}\}&\geqslant \mathrm{CRB}(\boldsymbol{x}_{1:k}|\boldsymbol{y}_{1:k})\\&=\left[E\left\{\left[\frac{\partial \ln p(\boldsymbol{y}_{1:k};\boldsymbol{x}_{1:k})}{\partial \boldsymbol{x}_{1:k}}\right]\left[\frac{\partial \ln p(\boldsymbol{y}_{1:k};\boldsymbol{x}_{1:k})}{\partial \boldsymbol{x}_{1:k}}\right]^{\mathrm{T}}\right\}\right]^{-1}\end{aligned} \tag{3.9-11}$$

① 作者感激本书评阅者指出该项工作。

式中：估计$\boldsymbol{x}_{1:k}$的 Fisher 信息矩阵为 $nk \times nk$ 的矩阵，有

$$\mathcal{F}(\hat{\boldsymbol{x}}_{1:k|1:k}) \triangleq \left[E\left\{ \left[\frac{\partial \ln p(\boldsymbol{y}_{1:k};\boldsymbol{x}_{1:k})}{\partial \boldsymbol{x}_{1:k}} \right] \left[\frac{\partial \ln p(\boldsymbol{y}_{1:k};\boldsymbol{x}_{1:k})}{\partial \boldsymbol{x}_{1:k}} \right]^{\mathrm{T}} \right\} \right] \quad (3.9-12)$$

令 $\mathcal{F}_{\hat{x}_{k|k}}$为估计$\boldsymbol{x}_k$ 的 Fisher 信息矩阵，该矩阵的逆即为任意关于$\hat{\boldsymbol{x}}_{k|k}$的无偏估计器的估计误差协方差的 CRB。矩阵 $\mathcal{F}_{\hat{x}_{k|k}}$具有固定 $n \times n$ 的维数。一般情况下，在独立于估计$\boldsymbol{x}_k$ 的先验历史条件下是不能获得 $\mathcal{F}_{\hat{x}_{k|k}}$的。关于$\hat{\boldsymbol{x}}_{k|k}$估计误差协方差的 CRB 就是 $\mathcal{F}(\hat{\boldsymbol{x}}_{1:k|1:k})$矩阵求逆后的右下角块矩阵。但是，为了获取关于 $\mathrm{Cov}\{\hat{\boldsymbol{x}}_{k|k}\}$ 的 CRB，看上去似乎确需对一个矩阵维数会随着时间不断增加的 $nk \times nk$ 矩阵进行求逆。为了解决这一问题，文献[22]提出了一种递归算法，也被称为后验 CRB，即 PCRB。在推导 PCRB 之前，首先介绍几个相关的数学关系。

块矩阵求逆等式

令 $\boldsymbol{M}$ 为正定、对称矩阵，且具有如下块矩阵结构：

$$\boldsymbol{M} = \begin{bmatrix} \boldsymbol{M}_{11} & \boldsymbol{M}_{12} \\ \boldsymbol{M}_{21} & \boldsymbol{M}_{22} \end{bmatrix}$$

式中：$\boldsymbol{M}_{21} = \boldsymbol{M}_{12}^{\mathrm{T}}$。则矩阵 $\boldsymbol{M}$ 的逆矩阵可由其子块矩阵完全决定，具体如下：

$$\boldsymbol{M}^{-1} = \begin{bmatrix} [\boldsymbol{M}_{11} - \boldsymbol{M}_{12}\boldsymbol{M}_{22}^{-1}\boldsymbol{M}_{21}]^{-1} & -\boldsymbol{M}_{11}^{-1}\boldsymbol{M}_{12}[\boldsymbol{M}_{22} - \boldsymbol{M}_{21}\boldsymbol{M}_{11}^{-1}\boldsymbol{M}_{12}]^{-1} \\ -\boldsymbol{M}_{22}^{-1}\boldsymbol{M}_{21}[\boldsymbol{M}_{11} - \boldsymbol{M}_{12}\boldsymbol{M}_{22}^{-1}\boldsymbol{M}_{21}]^{-1} & [\boldsymbol{M}_{22} - \boldsymbol{M}_{21}\boldsymbol{M}_{11}^{-1}\boldsymbol{M}_{12}]^{-1} \end{bmatrix}$$

注意到$\boldsymbol{M}^{-1}$也是对称矩阵，因此有

$$-\boldsymbol{M}_{22}^{-1}\boldsymbol{M}_{21}[\boldsymbol{M}_{11} - \boldsymbol{M}_{12}\boldsymbol{M}_{22}^{-1}\boldsymbol{M}_{21}]^{-1} = [-\boldsymbol{M}_{11}^{-1}\boldsymbol{M}_{12}[\boldsymbol{M}_{22} - \boldsymbol{M}_{21}\boldsymbol{M}_{11}^{-1}\boldsymbol{M}_{12}]^{-1}]^{\mathrm{T}}$$

关于上述等式的证明，首先假设矩阵 $\boldsymbol{N}$ 是矩阵 $\boldsymbol{M}$ 的逆，继而可利用 $\boldsymbol{N} \times \boldsymbol{M} = \boldsymbol{I}$ 的关系求得矩阵 $\boldsymbol{N}$ 的各个子块矩阵，这里 $\boldsymbol{I}$ 为单位矩阵。在本节后续部分中，我们仅对$\boldsymbol{M}^{-1}$的子块矩阵 $-\boldsymbol{M}_{11}^{-1}\boldsymbol{M}_{12}[\boldsymbol{M}_{22} - \boldsymbol{M}_{21}\boldsymbol{M}_{11}^{-1}\boldsymbol{M}_{12}]^{-1}$感兴趣。

联合概率密度函数 $p(\boldsymbol{x}_{1:k};\boldsymbol{y}_{1:k})$

在系统状态$\boldsymbol{x}_k$ 跳变服从马尔可夫过程以及对于所有 k 均有$\boldsymbol{\mu}_k$ 和$\boldsymbol{\nu}_k$ 之间统计独立的假设下，$\boldsymbol{y}_{1:k}$和$\boldsymbol{x}_{1:k}$的联合概率密度函数可写为

$$p(\boldsymbol{x}_{1:k};\boldsymbol{y}_{1:k}) = p(\boldsymbol{x}_0) \prod_{i=1}^{k} p(\boldsymbol{y}_i | \boldsymbol{x}_i) \prod_{j=1}^{k} p(\boldsymbol{x}_j | \boldsymbol{x}_{j-1})$$

出于简化标记的目的，这里用 p_k 标识 $p(\boldsymbol{x}_{1:k};\boldsymbol{y}_{1:k})$。利用概率的链式法则和$\boldsymbol{x}_k$ 的马尔可夫过程特性，即可获得如下关于 p_k 的递归关系式：

$$p_k = p_{k-1} p(\boldsymbol{x}_k | \boldsymbol{x}_{k-1}) p(\boldsymbol{y}_k | \boldsymbol{x}_k)$$

一阶导数运算的标注

令 $\boldsymbol{\alpha}$ 和 $\boldsymbol{\beta}$ 为 2 个 n 维列向量，那么相对于 $\boldsymbol{\alpha}$ 或 $\boldsymbol{\beta}$ 的一阶导数运算符为

$$\nabla_{\gamma} = \left[\frac{\partial}{\partial \gamma_1}, \cdots, \frac{\partial}{\partial \gamma_n} \right]^{\mathrm{T}}$$

其中，γ 可为 $\boldsymbol{\alpha}$ 或 $\boldsymbol{\beta}$。∇_{α}和∇_{β}的外积可被写为

$$\Delta_{\beta}^{\alpha}=\nabla_{\beta}\nabla_{\alpha}^{\mathrm{T}}$$

PCRB 的推导

采用前述一阶导数运算的标注方法，Fisher 信息矩阵 $\mathcal{F}(\hat{\boldsymbol{x}}_{1:k|1:k})$ 可写为

$$\mathcal{F}(\hat{\boldsymbol{x}}_{1:k|1:k})=[E\{\Delta_{\boldsymbol{x}_{1:k}}^{\boldsymbol{x}_{1:k}}(\ln p_k)\}]$$

$\mathcal{F}(\hat{\boldsymbol{x}}_{1,k|1,k})$ 可表示为子阵形式，具体定义如下：

$$\mathcal{F}(\hat{\boldsymbol{x}}_{1:k|1:k})=\begin{bmatrix}E\{\Delta_{\boldsymbol{x}_{1:k-1}}^{\boldsymbol{x}_{1:k-1}}(\ln p_k)\} & E\{\Delta_{\boldsymbol{x}_{1:k-1}}^{\boldsymbol{x}_{1:k}}(\ln p_k)\}\\ E\{\Delta_{\boldsymbol{x}_{1:k}}^{\boldsymbol{x}_{1:k-1}}(\ln p_k)\} & E\{\Delta_{\boldsymbol{x}_k}^{\boldsymbol{x}_k}(\ln p_k)\}\end{bmatrix}$$

很显然，上述矩阵的左上角子阵为 $\mathcal{F}(\hat{\boldsymbol{x}}_{1:k-1|1:k-1})$。进一步定义给出如下简化标记形式，即

$$\mathcal{F}(\hat{\boldsymbol{x}}_{1:k|1:k})=\begin{bmatrix}\mathcal{F}(\hat{\boldsymbol{x}}_{1:k-1|1:k-1}) & \boldsymbol{B}_k\\ \boldsymbol{B}_k^{\mathrm{T}} & \boldsymbol{C}_k\end{bmatrix}$$

$\mathcal{F}(\hat{\boldsymbol{x}}_{1:k|1:k})$ 的逆矩阵给出了$\boldsymbol{x}_{1:k}$估计误差协方差的 CRB。而$[\mathcal{F}(\hat{\boldsymbol{x}}_{1:k|1:k})]^{-1}$右下角的子阵即为$\boldsymbol{x}_k$ 估计误差协方差的 CRB。利用块矩阵求逆等式，有

$$[\mathrm{CRB}(\boldsymbol{x}_k|\boldsymbol{y}_{1:k})]^{-1}=\mathcal{F}_{\hat{\boldsymbol{x}}_{k|k}}=\boldsymbol{C}_k-\boldsymbol{B}_k^{\mathrm{T}}\mathcal{F}(\hat{\mathrm{x}}_{1:k-1|1:k-1})\boldsymbol{B}_k \tag{3.9-13}$$

上式将 CRB 计算过程中的所需求逆矩阵的维数从 $\mathcal{F}(\hat{\boldsymbol{x}}_{1:k|1:k})$ 的 $nk\times nk$ 减小至 $\mathcal{F}(\hat{\boldsymbol{x}}_{1:k-1|1:k-1})$ 的 $n(k-1)\times n(k-1)$，而递归算法的目标则是只需对 $n\times n$ 的矩阵求逆。根据文献[22]中的推导，可通过应用如下递归概率关系，以将 $\mathcal{F}(\hat{\boldsymbol{x}}_{1:k|1:k})$ 扩展至 $k+1$ 时间步，即

$$p_{k+1}=p_k p(\boldsymbol{x}_{k+1}|\boldsymbol{x}_k)p(\boldsymbol{y}_{k+1}|\boldsymbol{x}_{k+1})$$

从而有

$$\mathcal{F}(\hat{\boldsymbol{x}}_{1:k+1|1:k+1})=\begin{bmatrix}\mathcal{F}(\hat{\boldsymbol{x}}_{1:k-1|1:k-1}) & \boldsymbol{B}_k & 0\\ \boldsymbol{B}_k^{\mathrm{T}} & \boldsymbol{C}_k+\boldsymbol{D}_k^{11} & \boldsymbol{D}_k^{12}\\ 0 & \boldsymbol{D}_k^{21} & \boldsymbol{D}_k^{22}\end{bmatrix}$$

上式中新增加的子块矩阵分比为

$$\boldsymbol{D}_k^{11}=E\{\Delta_{\boldsymbol{x}_k}^{\boldsymbol{x}_k}(\ln p(\boldsymbol{x}_{k+1}|\boldsymbol{x}_k))\}$$

$$\boldsymbol{D}_k^{12}=E\{\Delta_{\boldsymbol{x}_k}^{\boldsymbol{x}_{k+1}}(\ln p(\boldsymbol{x}_{k+1}|\boldsymbol{x}_k))\}$$

$$\boldsymbol{D}_k^{21}=E\{\Delta_{\boldsymbol{x}_{k+1}}^{\boldsymbol{x}_k}(\ln p(\boldsymbol{x}_{k+1}|\boldsymbol{x}_k))\}=[\boldsymbol{D}_k^{12}]^{\mathrm{T}}$$

$$\boldsymbol{D}_k^{22}=E\{\Delta_{\boldsymbol{x}_{k+1}}^{\boldsymbol{x}_{k+1}}(\ln p(\boldsymbol{x}_{k+1}|\boldsymbol{x}_k))\}+E\{\Delta_{\boldsymbol{x}_{k+1}}^{\boldsymbol{x}_{k+1}}(\ln p(\boldsymbol{y}_{k+1}|\boldsymbol{x}_k))\}$$

0 为零矩阵

关于这些子阵的推导较为容易，这里不再赘述。

$[\mathcal{F}(\hat{\boldsymbol{x}}_{1:k+1|1:k+1})]^{-1}$矩阵右下角的 $n\times n$ 矩阵是$\hat{\boldsymbol{x}}_{k+1|k+1}$估计误差协方差的 CRB，即 CRB 的逆就是$\boldsymbol{x}_{k+1}$估计的 Fisher 信息矩阵。将 $\mathcal{F}(\hat{\boldsymbol{x}}_{1:k+1|1:k+1})$左上角的 4 个子阵视为一个大的块阵，并运用块矩阵求逆等式，有

$$\mathcal{F}(\hat{\boldsymbol{x}}_{k+1|k+1}) = \boldsymbol{D}_k^{22} - [0 \quad \boldsymbol{D}_k^{21}] \begin{bmatrix} \mathcal{F}(\hat{\boldsymbol{x}}_{1:k-1|1:k-1}) & \boldsymbol{B}_k \\ \boldsymbol{B}_k^{\mathrm{T}} & \boldsymbol{C}_k + \boldsymbol{D}_k^{11} \end{bmatrix}^{-1} \begin{bmatrix} 0 \\ \boldsymbol{D}_k^{12} \end{bmatrix}$$

$$= \boldsymbol{D}_k^{22} - \boldsymbol{D}_k^{21} [\boldsymbol{C}_k + \boldsymbol{D}_k^{11} - \boldsymbol{B}_k^{\mathrm{T}} [\mathcal{F}(\hat{\boldsymbol{x}}_{1:k-1|1:k-1})]^{-1} \boldsymbol{B}_k]^{-1} \boldsymbol{D}_k^{12}$$

根据式(3.9－13)，$\mathcal{F}_{\hat{\boldsymbol{x}}_{k|k}} = \boldsymbol{C}_k - \boldsymbol{B}_k^{\mathrm{T}} \mathcal{F}(\hat{\boldsymbol{x}}_{1:k-1|1:k-1}) \boldsymbol{B}_k$，有

$$\mathcal{F}(\hat{\boldsymbol{x}}_{k+1|k+1}) = \boldsymbol{D}_k^{22} - \boldsymbol{D}_k^{21} [\boldsymbol{D}_k^{11} + \mathcal{F}(\hat{\boldsymbol{x}}_{k|k})]^{-1} \boldsymbol{D}_k^{12} \tag{3.9-14}$$

评注

① 当系统为线性系统时，可获得如下等式：

$$\boldsymbol{D}_k^{22} = \boldsymbol{Q}_k + \boldsymbol{H}_{k+1}^{\mathrm{T}} \boldsymbol{R}_{k+1}^{-1} \boldsymbol{H}_{k+1}$$

$$\boldsymbol{D}_k^{12} = \boldsymbol{\Phi}_{k,k+1}^{\mathrm{T}} \boldsymbol{Q}_k^{-1}$$

$$\boldsymbol{D}_k^{21} = \boldsymbol{Q}_k^{-1} \boldsymbol{\Phi}_{k,k+1}$$

$$\boldsymbol{D}_k^{11} = \boldsymbol{\Phi}_{k,k+1}^{\mathrm{T}} \boldsymbol{Q}_k^{-1} \boldsymbol{\Phi}_{k,k+1}$$

将这些项代入式(3.9－14)后可获得 KF 滤波器的估计误差协方差计算式。

② 这说明 KF 滤波器是能够实现 CRB 性能界值的有效滤波器。

③ 对于非线性系统，上述公式集的应用难点主要在于 $\mathrm{E}\{\Delta_\beta^\alpha \ln p(\alpha,\beta)\}$ 中的统计期望计算。一般情况下，获得解析解是不可能的。因此，可能不得不采用蒙特卡罗采样技术。特别是针对不同的应用，所得 CRB 界值的紧致程度需要逐一单独评估。

④ 针对一些特定情形，文献[22]给出了数种关于 PCRB 的扩展形式。本书鼓励有兴趣的读者针对自身遇到的应用问题，计算相应的 CRB 和 PCRB 界值，并检验界值的紧致程度。

表 3.5 小结了针对非线性系统的 CRB 计算方法。

表 3.5 非性系统 CRB 界值计算方法小结

针对非线性系统的 CRB 界值
CRB 界值的定义，包括其协方差形式和 Fisher 信息矩阵
$$\mathrm{CRB}(\boldsymbol{x}_{1:k} \mid \boldsymbol{y}_{1:k}) = \left[E\left\{ \left[\frac{\partial \ln p(\boldsymbol{y}_{1:k};\boldsymbol{x}_{1:k})}{\partial \boldsymbol{x}_{1:k}} \right] \left[\frac{\partial \ln p(\boldsymbol{y}_{1:k};\boldsymbol{x}_{1:k})}{\partial \boldsymbol{x}_{1:k}} \right]^{\mathrm{T}} \right\} \right]^{-1}$$
$$\mathcal{F}(\hat{\boldsymbol{x}}_{1:k|1:k}) \triangleq \left[E\left\{ \left[\frac{\partial \ln p(\boldsymbol{x}_{1:k};\boldsymbol{y}_{1:k})}{\partial \boldsymbol{x}_{1:k}} \right] \left[\frac{\partial \ln p(\boldsymbol{x}_{1:k};\boldsymbol{y}_{1:k})}{\partial \boldsymbol{x}_{1:k}} \right]^{\mathrm{T}} \right\} \right]$$
对于确定性系统
$$\mathrm{CRB}(\boldsymbol{x}_k \mid \boldsymbol{y}_{1:k}) = \left[\sum_{i=1}^{k} [\boldsymbol{H}_{\boldsymbol{x}_i} \boldsymbol{\Phi}_{i,k}]^{\mathrm{T}} \boldsymbol{R}_i^{-1} \boldsymbol{H}_{\boldsymbol{x}_i} \boldsymbol{\Phi}_{i,k} + \boldsymbol{\Phi}_{0,k}^{\mathrm{T}} \boldsymbol{P}_0^{-1} \boldsymbol{\Phi}_{0,k} \right]^{-1}$$
式中：$\boldsymbol{\Phi}_{i,k}$的定义方式与表 3.4 中的相同。
对于随机系统
(1) 当过程噪声被视为多余的参数向量时，有
$$\mathrm{CRB}(\boldsymbol{x}_k \mid \boldsymbol{y}_{1:k}) = [\mathcal{F}_{\hat{\boldsymbol{x}}_{k|k}}]^{-1}$$

续表

$$\mathcal{F}_{\hat{\boldsymbol{x}}_{k|k}} = E_{\boldsymbol{\mu}_{1:k-1}}\left\{\left[\sum_{i=1}^{k}\left[\frac{\partial \boldsymbol{h}(\boldsymbol{x}_i)}{\partial \boldsymbol{x}_k}\right]^{\mathrm{T}}\boldsymbol{R}_i^{-1}\left[\frac{\partial \boldsymbol{h}(\boldsymbol{x}_i)}{\partial \boldsymbol{x}_k}\right]+\left[\frac{\partial \boldsymbol{x}_0}{\partial \boldsymbol{x}_k}\right]^{\mathrm{T}}\boldsymbol{P}_0^{-1}\left[\frac{\partial \boldsymbol{x}_0}{\partial \boldsymbol{x}_k}\right]\right]\right\}$$

(2) 后验 CRB 界值

$$\mathcal{F}_{\hat{\boldsymbol{x}}_{k+1|k+1}} = \boldsymbol{D}_k^{22} - \boldsymbol{D}_k^{21}\left[\boldsymbol{D}_k^{11} + \mathcal{F}_{\hat{\boldsymbol{x}}_{k|k}}\right]^{-1}\boldsymbol{D}_k^{12}, \mathcal{F}_{\hat{\boldsymbol{x}}_{0|0}} = \boldsymbol{P}_0^{-1}$$

式中

$$\boldsymbol{D}_k^{11} = E\{\Delta_{\boldsymbol{x}_k}^{\boldsymbol{x}_k}(\ln p(\boldsymbol{x}_{k+1}|\boldsymbol{x}_k))\}$$

$$\boldsymbol{D}_k^{12} = E\{\Delta_{\boldsymbol{x}_k}^{\boldsymbol{x}_k+1}(\ln p(\boldsymbol{x}_{k+1}|\boldsymbol{x}_k))\}$$

$$\boldsymbol{D}_k^{21} = E\{\Delta_{\boldsymbol{x}_{k+1}}^{\boldsymbol{x}_k}(\ln p(\boldsymbol{x}_{k+1}|\boldsymbol{x}_k))\} = [\boldsymbol{D}_k^{12}]^{\mathrm{T}}$$

$$\boldsymbol{D}_k^{22} = E\{\Delta_{\boldsymbol{x}_{k+1}}^{\boldsymbol{x}_{k+1}}(\ln p(\boldsymbol{x}_{k+1}|\boldsymbol{x}_k))\} + E\{\Delta_{\boldsymbol{x}_{k+1}}^{\boldsymbol{x}_{k+1}}(\ln p(\boldsymbol{y}_{k+1}|\boldsymbol{x}_k))\}$$

3.10 仅有纯角量测的空间轨迹估计问题及其估计误差协方差与 Cramer – Rao 界值的比较

考虑一个在空中飞行的目标,其飞行轨迹可由一个以地球中心位置为原点的惯性笛卡儿坐标系内的一组微分方程来描述。简化后的运动方程组为

$$\ddot{x} = -g_0 x R_e^2/(x^2+y^2+z^2)^{3/2}$$

$$\ddot{y} = -g_0 y R_e^2/(x^2+y^2+z^2)^{3/2}$$

$$\ddot{z} = -g_0 z R_e^2/(x^2+y^2+z^2)^{3/2}$$

式中:g_0 为海平面处的地球重力;R_e 为地球半径。由于采用球状地球模型和惯性笛卡儿坐标系,上述运动方程是一组简化的运动方程。虽然还可采用许多更为复杂的模型,但本示例的研究目的和结论并未改变。示例中,传感器仅仅测量目标的到达角度,且该角度量测由目标相对传感器的方位角(A)和俯仰角(E)所决定,即

$$A = \tan^{-1}\left(\frac{x}{y}\right)$$

$$E = \tan^{-1}\left(\frac{z}{\sqrt{x^2+y^2}}\right)$$

空中目标通常由能够测量目标距离和角度信息的雷达进行跟踪,能够根据每个量测向量定位目标所在的空中位置。单一的角度信息无法提供目标位置。由上述微分方程组所描述的已知目标运动过程,有可能对三维空间目标的位置和速度进行估计。但是,一般预料关于目标距离的估计不确定性会较大。Gauss 在数百年前解决了仅由角度量测信息确定目标轨道的问题。本例中,将采用本章给出的算法工具,如 EKF 滤波器、迭代最小二乘估计器(3.9.1 小节)和 CRB 界值,重新探讨这个问题。相关结果源自文献[18,21],有兴趣的读者可参阅文献获取详细信息。本章的第 2 个课后习题允许读者在研究空间目标轨迹估计问题时构建这样一组有用的工具或算法。

示例考虑了 2 种情形：①如同空间目标一样，传感器做自由落体运动，例如卫星上的传感器；②传感器是静止的，例如地基或机载的传感器。针对传感器为自由落体的情形，图 3.4 在一个以传感器为原点的坐标系内描绘了目标与传感器之间的关系。相关变量定义及其之间关系也在图中给出。当传感器是静止的时，不会受到重力的影响，从而 g_{SR} 和 g_{SE} 均为零。文献 [18,21] 中给出了基于传感器坐标系的目标显式运动方程。

图 3.5 给出了 EKF 滤波器及 ILS 估计器的估计误差和与 CRB 界值的比较结果。图 3.6 很好地说明了先验知识是如何影响估计误差的。

$g_{TR} = -g_0 R_e^2 (R + R_S \sin(E))/R_T^3$
$g_{TE} = -g_0 R_e^2 (R \cos(E))/R_T^3$
$g_{SR} = -g_0 R_e^2 (\sin(E))/R_T^3$
$g_{SE} = -g_0 R_e^2 (\cos(E))/R_S^2$
$R_T^2 = R^2 + R_S^2 + 2RR_S \sin(E)$
$\ddot{R}_g = g_{TR} - g_{SR}$
$\ddot{E}_g = g_{TE} - g_{SE}$

where

g_0 = 海平面的引力常数
R_S = 地球半径
R_S 和 R_T 分别为地球到传感器和地球到目标的距离
E = 俯仰角
R = 目标距离

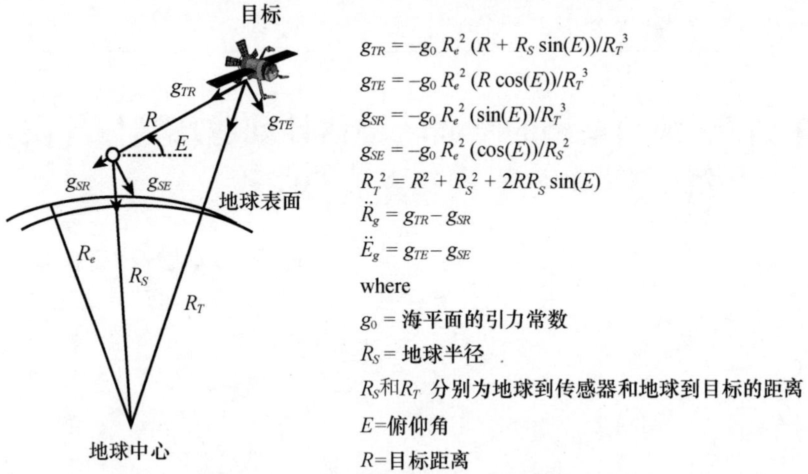

图 3.4 传感器为自由落体时，对基于传感器坐标系的目标运动方程的图示；传感器静止时，g_{SR} 和 g_{SE} 均为零

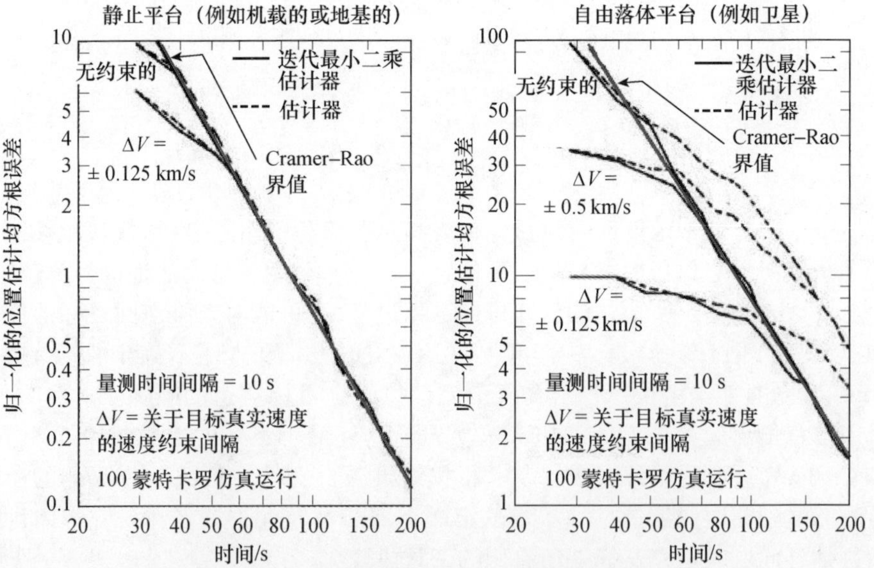

图 3.5 位置估计误差及其与 CRB 界值的比较

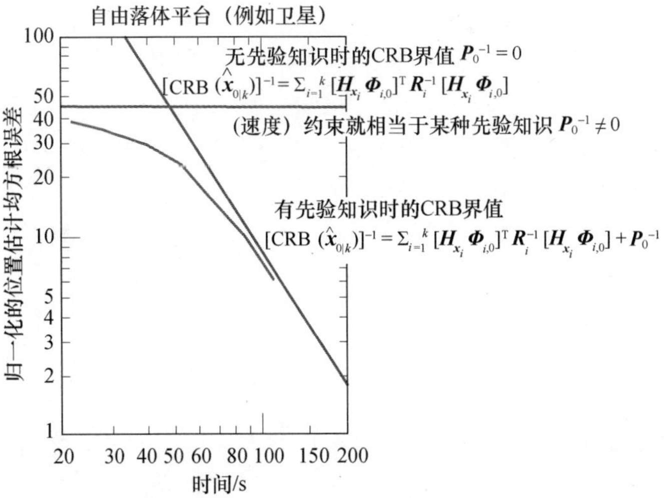

图 3.6　先验知识对估计误差的影响

评注

(1) 传感器位于静止平台上时的估计误差要远小于传感器位于自由落体平台上的估计误差。由于正是因为量测角度的变化才使得我们能够得以估计目标距离，因此上述结论在直觉上是正确的。自由落体平台与目标一起降落，导致量测角度变化相对较小。

(2) 当传感器位于静止平台时，EKF 滤波器和 ILS 估计器的估计性能均达到了 CRB 界值的水平。而当传感器位于自由落体平台时，仅有 ILS 估计器的估计性能能够达到 CRB 界值的水平，EKF 滤波器的估计结果则发散了。此时，估计误差较大的原因就在于系统的可观测性较弱，从而使得类似 EKF 滤波器这样的次优滤波器很难收敛。在另一方面，当估计结果收敛时，ILS 估计器就是最优的。

(3) 示例中对目标速度进行了多个不同量级的限制，这种限制等价于先验知识，详情参见文献[18,21]。直至量测数据能够提供比速度限制更多的信息之前，这种限制能够帮助估计器取得更为精确的估计结果。当先验知识被引入估计算法时，通常假设其为高斯分布的随机变量，这一点可由图 3.5 中的算式说明。

课后习题

1. 接着第 2 章的课后习题 1，请在以雷达所在位置为原点的笛卡儿坐标系中选取适当的状态变量，其中笛卡儿坐标系中的 x_1 轴指向东、x_2 轴指向北、x_3 轴指向上方（垂直于 (x_1x_2) 平面），基本的雷达量测信息包括目标距离和关于目

标位置两项角度信息组成，即距离、方位角和俯仰角。以 $\boldsymbol{y}$ 标识量测向量，有

$$y_1 = (x_1^2 + x_2^2 + x_3^2)^{1/2}，目标距离$$

$$y_2 = \operatorname{atan}(x_1/x_2)，方位角$$

$$y_3 = \operatorname{atan}(x_3/(x_1^2 + x_2^2)^{1/2})，俯仰角$$

(1) 以第 2 章中建立的 CV 模型作为目标轨迹模型并结合以上所定义的雷达量测变量，其中雷达的理论量测误差标准差为 $\sigma_r = 1\text{m}$、$\sigma_{az} = 1\text{mrad}$、$\sigma_{el} = 1\text{mrad}$，请计算 CRB 界值并显示计算结果。假设目标至雷达的距离为 100km、航行速度为 150m/s，航向可为任意选择的方向。

(2) 采用 EKF 滤波器估计目标状态，并将估计性能与 CRB 界值进行对比。

(3) 类似于第 2 章的课后习题 2，请采用 EKF 滤波器跟踪一个伴有湍流扰动的 CV 目标轨迹。

(4) 类似地，仿真实验中采用不匹配的状态模型（例如，真实目标状态模型为 CA 模型，而滤波器采用 CV 模型等）和不同的过程噪声方差 $\boldsymbol{Q}_k$。

(5) 同样和以前一样，请采用 EKF 滤波器（可以基于 CA 或 CV 运动模型）跟踪分阶段做 CA 和 CV 运动的目标轨迹，仿真实验中采用不同的过程噪声方差 $\boldsymbol{Q}_k$。

(6) 本问题和第 2 章问题的唯一不同之处在于量测方程。请回答两者之间有何关联、有何不同，并尝试给出相应的解释。

2. 考虑如下简化的弹道目标运动模型（忽略了地球自转偏向力），笛卡儿坐标系原点(0,0,0)选为地球中心位置，坐标系的 3 个坐标轴分别标注为 x,y,z，有

$$\ddot{x} = -g_0 \frac{xR_e^2}{\sqrt{x^2 + y^2 + z^2}}$$

$$\ddot{y} = -g_0 \frac{yR_e^2}{\sqrt{x^2 + y^2 + z^2}}$$

$$\ddot{z} = -g_0 \frac{zR_e^2}{\sqrt{x^2 + y^2 + z^2}}$$

式中：g_0 为海平面处的地球重力；R_e 为地球半径。雷达位于 (x_s, y_s, z_s) 坐标处，量测目标相对于雷达的距离、方位角和俯仰角信息。

(1) 为上述弹道目标构建轨迹，注意确保目标高度要大于 100km 以便消除大气层的影响。请以三维方式显示目标轨迹。

(2) 假设其中雷达的理论量测误差标准差为 $\sigma_r = 1\text{m}$、$\sigma_{az} = 1\text{mrad}$、$\sigma_{el} = 1\text{mrad}$，针对该轨迹估计问题计算 CRB 界值。

(3) 采用基于 EKF 滤波器的蒙特卡罗仿真实验方法，将实验所得 RMSE 误差分别与滤波器算法得到的估计误差协方差及 CRB 的平方根进行比较。

（4）理论上，由于空间目标的轨迹模型较易理解且其扰动幅度最小或为0，因而采用KF滤波算法时几乎无须过程噪声协方差项。那么请在滤波算法中引入过程噪声协方差$\boldsymbol{Q}_k$，观察实验结果是否有变化？如何变化？并给出相应解释。

通过将更为精确的重力模型以及椭圆形地球、地球自转偏向力、地心引力等因素引入目标轨迹模型，模型将会变得更加复杂。在此基础上，重复上述实验。同时，滤波器可采用不匹配的目标模型，类似于以CV模型替代CA模型。

3. 考虑如下弹道目标运动方程，等价于再入轨目标的轨迹[21,27,28]。类似于之前的问题，该运动方程是基于平坦地球模型并忽略地球自转偏向力、地心引力的前提下建立的，

$$\ddot{x} = -\frac{1}{2}\rho V\dot{x}\alpha_d - \frac{1}{2}\rho V^2\alpha_t\frac{\dot{y}}{V_p} - \frac{1}{2}\rho V\alpha_c\frac{\dot{x}\dot{z}}{V_p}$$

$$\ddot{y} = -\frac{1}{2}\rho V\dot{y}\alpha_d - \frac{1}{2}\rho V^2\alpha_t\frac{\dot{x}}{V_p} - \frac{1}{2}\rho V\alpha_c\frac{\dot{y}\dot{z}}{V_p}$$

$$\ddot{z} = -\frac{1}{2}\rho V\dot{z}\alpha\alpha_d + \frac{1}{2}\rho VV_p\alpha_c - g$$

式中：(x,y,z)为笛卡儿坐标系的坐标，x轴指向东方，y轴指向北方，z轴指向上方；$V=\sqrt{\dot{x}^2+\dot{y}^2+\dot{z}^2}$为目标速度的大小；$V_p=\sqrt{\dot{x}^2+\dot{y}^2}$为$xy$平面上的目标速度的大小；$\alpha_d$为阻力比例常数，其倒数即为弹道系数，并与速度的反方向处于同一方向；α_t和α_c分别为由垂直于速度向量方向的升力所确定的转弯参数和阻力参数；ρ为空气密度；g是随高度调整的引力常数。

图3.7给出了系统动力模型。

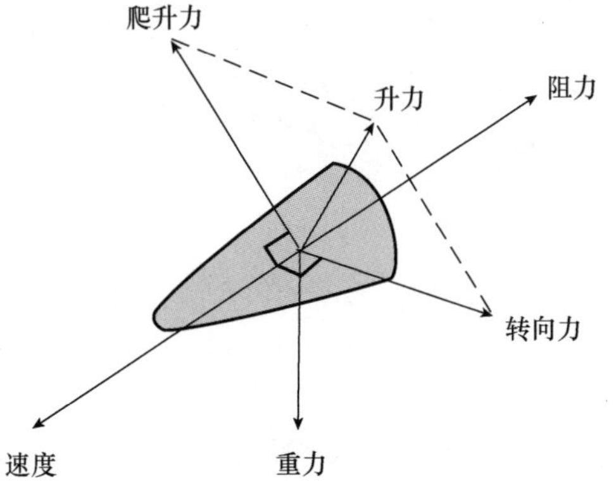

1.阻力方向与速度方向相反
2.升力方向垂直于阻力方向
3.升力由爬升力和转向力组成
4.转向力的方向同时垂直于阻力方向和重力方向

图3.7 阻力和升力的几何关系

（1）为上述再入轨弹道目标构建轨迹。读者可将目标的初始高度设置为100km，这也通常被认为是再入轨阶段的起点。目标的初始速度为 $Ma=7$、再入轨角度为25°。利用工程师所具备的共性知识来选择随高度或时间而变的3个参数，α_d、α_t 和 α_c。用三维图形或二维图形序列显示所构建的目标轨迹。

（2）由于 α_d、α_t 和 α_c 3个参数均是未知的，需要在估计目标运动状态的同时对这3个参数进行估计。一种典型的做法是将它们视为状态向量的组成部分，而其对应的状态模型分别为 $\dot{\alpha}_d=\mu_d$、$\dot{\alpha}_t=\mu_t$ 和 $\dot{\alpha}_c=\mu_c$。这些模型均为常参数模型（参数导数等于0），其中 μ_d、μ_t 和 μ_c 分别为表征模型不确定性的过程噪声项。仿真实验中，雷达的理论量测误差标准差分比为 $\sigma_r=1\mathrm{m}$、$\sigma_{az}=1\mathrm{mrad}$、$\sigma_{el}=1\mathrm{mrad}$，并据此生成目标轨迹的仿真量测数据；同时，为过程噪声项 μ_d、μ_t 和 μ_c 分别设定对应的量测误差 q_d、q_t 和 q_c。利用EKF滤波器对目标状态和未知参数进行估计，并采用多轮次的蒙特卡罗仿真实验方法以便获得估计结果的样本偏差和误差协方差，将所得误差协方差与滤波算法计算所得误差协方差进行对比。关于 q_d、q_t 和 q_c，请在实验过程中采用不同的参数集，以便滤波结果中包含不同的随机误差和偏差，并尝试从中选择出能够得到最佳性能的一组参数集。

（3）针对对应的目标轨迹计算出状态估计的CRB界值，并将其与问题（b）的研究结果进行比较。

（4）将EKF滤波器的估计性能与计算获得的CRB界值进行比较。

（5）当读者能够找到可使得CRB与由EKF滤波器获得的样本统计协方差十分接近的条件时，请给出通过给目标真实状态添加噪声样本来获得仿真的状态估计的方法。这里，噪声样本的协方差必须遵循CRB给定的协方差。

通过将更为精确的重力模型以及椭圆形地球、地球自转偏向力、地心引力等因素引入目标轨迹模型，模型将会变得更加复杂。在此基础上，重复上述实验。此刻，读者可以针对目标真实轨迹的运动模型与EKF滤波器所采用模型不同的情形开展实验研究。

4. 请证明3.7.1节中给出的、关于矩阵的如下属性：

（1）$\boldsymbol{x}^{\mathrm{T}}\boldsymbol{A}\boldsymbol{x}=\mathrm{tr}[\boldsymbol{A}\boldsymbol{x}\boldsymbol{x}^{\mathrm{T}}]$ 及 $E\{\boldsymbol{x}^{\mathrm{T}}\boldsymbol{A}\boldsymbol{x}\}=\mathrm{tr}[\boldsymbol{A}\boldsymbol{\Sigma}]$

（2）
$$E\{\mathrm{tr}[\boldsymbol{A}\boldsymbol{x}\boldsymbol{x}^{\mathrm{T}}\boldsymbol{B}\boldsymbol{x}\boldsymbol{x}^{\mathrm{T}}]\}=E\{\mathrm{tr}[\boldsymbol{A}\boldsymbol{x}\boldsymbol{x}^{\mathrm{T}}]\mathrm{tr}[\boldsymbol{B}\boldsymbol{x}\boldsymbol{x}^{\mathrm{T}}]\}$$
$$=2\mathrm{tr}[\boldsymbol{A}\boldsymbol{\Sigma}\boldsymbol{B}\boldsymbol{\Sigma}]+\mathrm{tr}[\boldsymbol{A}\boldsymbol{\Sigma}]\mathrm{tr}[\boldsymbol{B}\boldsymbol{\Sigma}]$$

式中：$\mathrm{tr}[\boldsymbol{M}]$ 代表封闭矩阵 $\boldsymbol{M}$ 的迹；$\boldsymbol{\Sigma}=E\{\boldsymbol{x}\boldsymbol{x}^{\mathrm{T}}\}$。

5. 考虑一个做圆周运动的目标，圆周半径为 $\boldsymbol{R}$，目标速度为 $\boldsymbol{v}$（参见图3.8）。目标的加速度的大小为 $|\alpha|=\boldsymbol{v}^2/\boldsymbol{R}$。在二维笛卡儿坐标系中，推导给出能够表征该目标运动过程的状态空间模型（提示，从建立坐标系和定义状态变量的角度出发来考虑图3.8）。

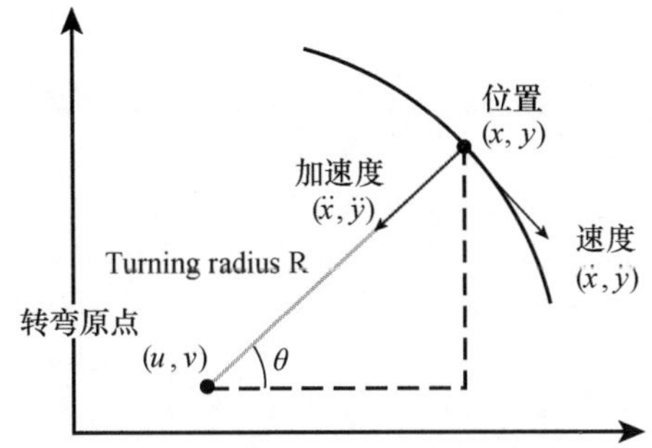

图 3.8 关于圆周运动目标的坐标系的图示

参考文献

[1] R. S. Bucy, "Nonlinear Filtering Theory," *IEEE Transactions on Automatic Control*, vol. AC – 10, pp. 198 – 206, Jan. 1965.

[2] R. C. K. Lee, *Optimal Estimation, Identification, and Control*. Cambridge, MA: MIT Press, 1964.

[3] Y. C. Ho and R. C. K. Lee, "A Bayesian Approach to Problems in Stochastic Estimation and Control," *IEEE Transactions on Automatic Control*, vol. AC – 9, pp. 333 – 339, Oct. 1964.

[4] H. J. Kushner, "On the Differential Equations Satisfied by Conditional Probability Densities of Markov Processes, with Applications," *Journal of SIAM on Control*, vol. 2, pp. 106 – 119, 1964.

[5] H. J. Kushner, "Nonlinear Filtering: The Exact Dynamical Equations Satisfied by the Conditional Mode," *IEEE Transactions on Automatic Control*, vol. AC – 12, pp. 262 – 267, Jun. 1967.

[6] H. J. Kushner, "Approximations to Optimal Nonlinear Filters," *IEEE Transactions on Automatic Control*, vol. AC – 12, pp. 546 – 556, Oct. 1967.

[7] A. H. Jazwinski, *Stochastic Processes and Filtering Theory*. New York: Academic Press, 1970.

[8] H. W. Sorenson and A. R. Stubberud, "Nonlinear Filtering by Approximation of the a Posteriori Density," *International Journal of Control*, vol. 9, pp. 33 – 51, 1969.

[9] M. Athans, R. P. Wishner, and A. Bertolini, "Suboptimal State Estimation for Continuous – Time Nonlinear Systems from Discrete Noisy Measurements," *IEEE Transactions on Automatic Control*, vol. AC – 13, pp. 504 – 514, Oct. 1969.

[10] R. P. Wishner, J. A. Tabaczynski, and M. Athans, "A Comparison of Th ree Nonlinear Filters," *Automatica*, vol. 5, pp. 497 – 496, 1969.

[11] A. Gelb (Ed.), *Applied Optimal Estimation*. Cambridge, MA: MIT Press, 1974.

[12] R. S. Bucy, "Bayes Theorem and Digital Realization for Nonlinear Filters," *Journal of Astronautical Sciences*, vol. 17, pp. 80 – 94, 1969.

[13] S. J. Julier and J. K. Uhlmann, "A New Extension of the Kalman Filter to Nonlinear Systems," *AeroSense: 11th International Symposium on Aerospace/Defense Sensing, Simulation and Controls*, pp. 182 – 193, 1997.

[14] S. Julier, J. Uhlmann, and H. F. Durrant – Whyte, "A New Method for the Nonlinear Transformation of Means and Covariances in Filters and Estimators," *IEEE Transactions on Automatic Control*, vol. AC – 45, pp. 477 – 482, Mar. 2000.

[15] A. Wan and R. van der Merwe, "The Unscented Kalman Filter for Nonlinear Estimation," in *Proceedings of*

2000 *AS – SPCC*, pp. 153 – 158, Alberta, Canada, Oct. 2000.

[16] D. Simon, *Optimal State Estimation*. New York: Wiley, 2006.

[17] B. Ristic, S. Arulampalam, and N. Gordan, *Beyond the Kalman Filter*. Norwood, MA: Artech House, 2004.

[18] C. B. Chang, "Ballistic Trajectory Estimation with Angle – Only Measurements," *IEEE Transactions on Automatic Control*, vol. AC – 25, pp. 474 – 480, Jun. 1980.

[19] T. S. Lee, K. P. Dunn, and C. B. Chang, "On Observability and Unbiased Estimation of Nonlinear Systems," *System Modeling and Optimization*, *Lecture Notes in Control and Information Sciences*, vol. 39, pp. 259 – 266, New York: Springer, 1982.

[20] J. H. Taylor, "The Cramer – Rao Estimation Error Lower Bound Computation for Deterministic Nonlinear Systems," *IEEE Transactions on Automatic Control*, vol. AC – 24, pp. 343 – 344, Apr. 1979.

[21] C. B. Chang, "Optimal State Estimation of Ballistic Trajectories with Angle Only Measurements," MIT Lincoln Laboratory Report TN – 1979 – 1, Jan. 24, 1979.

[22] P. Tichavsky, C. H. Muravchik, and A. Nehorai, "Posterior Cramer – Rao Bounds for Discrete – Time Nonlinear Filtering," *IEEE Transactions on Signal Processing*, vol. SP – 46, pp. 1386 – 1396, May 1998.

[23] R. W. Miller and C. B. Chang, "A Modified Cramer – Rao Bound and Its Applications," *IEEE Transactions on Information Theory*, vol. IT – 24, pp. 399 – 400, May1979.

[24] C. B. Chang, "Two Lower Bounds on the Covariance for Nonlinear Estimation Problems," *IEEE Transactions on Automatic Control*, vol. AC – 26, pp. 1294 – 1297, Dec. 1981.

[25] C. B. Chang, K. P. Dunn, and N. R. Sandell, Jr., "A Cramer – Rao Bound for Nonlinear Filtering Problems with Additive Gaussian Measurement Noise," in *Proceedings of the 19th IEEE Conference on Decision & Control*, pp. 511 – 512, Dec. 1979.

[26] C. B. Chang, "Two Lower Bounds on the Covariance for Nonlinear Filtering Problems," in *Proceedings of the 19th IEEE Conference on Decision & Control*, pp. 374 – 379, Dec. 1980.

[27] C. B. Chang, R. H. Whiting, and M. Athans, "On the State and Parameter Estimation for Maneuvering Reentry Vehicles," *IEEE Transactions on Automatic Control*, vol. AC – 22, pp. 99 – 105, Feb. 1977.

[28] C. B. Chang, R. H. Whiting, L. Youens, and M. Athans, "Application of Fixed Interval – Smoother to Maneuvering Trajectory Estimation," *IEEE Transactions on Automatic Control*, vol. AC – 22, pp. 876 – 879, Oct. 1977.

第 4 章　卡尔曼滤波器设计的实际考量

4.1　模型不确定性

仅当满足一定的条件时[1]，卡尔曼滤波器才是最优的，第 2 章曾对这些条件进行了讨论，这里再次重申这些条件如下：

(1) $\boldsymbol{\Phi}_{k,k-1}$(或$\boldsymbol{A}_i$)和$\boldsymbol{H}_k$ 是完全已知的。

(2) 初始状态、系统过程噪声和量测噪声过程均为彼此在时间上不相关、协方差已知、零均值高斯过程，有

$$x_0: \sim N(\hat{\boldsymbol{x}}_0, \boldsymbol{P}_0), \mu_k: \sim N(\boldsymbol{0}, \boldsymbol{Q}_k), \nu_k: \sim N(\boldsymbol{0}, \boldsymbol{R}_k)。$$

(3) 在感兴趣的状态空间内，系统完全能观①。

在绝大多数实际问题中，这些条件并不能完全得到满足。当不能满足上述前两个条件时，所得滤波器是次优的，也被称为失配的卡尔曼滤波器。理解实践中存在这些问题，对于更好地设计卡尔曼滤波器、评估滤波器性能并避免滤波发散，是非常重要的。以下进一步讨论滤波器的失配条件：

(1) 在系统(状态转移)矩阵 $\boldsymbol{\Phi}_{k,k-1}$和/或量测矩阵$\boldsymbol{H}_k$ 中存在未知的参数。

(2) 系统矩阵和/或量测矩阵不能充分地描述真实系统。

(3) 系统方程存在未知或未建模的驱动函数。

(4) 量测方程存在未知或未建模的偏差(可能是时变的)。

(5) 系统噪声未知或不适当建模。

(6) 量测噪声未知或不适当建模。

本章讨论了特定类型的模型不确定性，并给出了处理这些不确定性的方法。在开始讨论模型误差和滤波器补偿方法之前，4.2 节介绍了几种滤波器性能预测和监控方法，以支撑后续研究。4.3 节给出了包含模型误差的滤波器误差计算式。4.3.2 节给出了真实系统是滤波器实现所用模型的一个子系统或者相反情形时的特殊情形。滤波器设计期间可以采取各种步骤以补偿实际系统与滤波器不匹配所产生的效应。4.4 节介绍了关于滤波器补偿的一般概念。4.5 节讨论了量测误差问题。4.6 节详细讨论了具有未知系统输入和量测偏差

---

① 当空间中的所有状态可以是独特地定义的给定的量测(是可观测的)时，一个系统在感兴趣的空间内是可观测的，对于线性系统的完全可观测条件，见 2.3.1 节。

的系统。4.7 节给出了一类特殊的状态估计问题,即系统驱动函数可能会有突发且不可预测的变化,如系统故障。本章介绍了一种结合故障检测和状态估计的算法。4.8 节给出了针对由状态协方差计算中的病态条件和扩展卡尔曼滤波应用被称为“虚假可观性”条件造成滤波发散的一种处理方法。借助经典的噪声环境下的正弦信号估计问题和具有未知恒定量测偏差的滤波器,4.9 节通过一个数值示例实际滤波器设计进行了说明。

4.2 滤波器性能评估

在设计滤波器之前,确定系统是否能观十分关键。如果答案是肯定的,就必须进行协方差分析以评估一个滤波器可能实现的估计精度。本节介绍了归一化新息平方(NIS)和归一化估计误差平方两种方法。第一种方法为 NIS 方法,适用于真实状态未知情形下的滤波器性能实时监控。第二种方法为 NEES 方法,更适于真实状态已知情形下的滤波器性能离线评估。

4.2.1 可实现的性能:Ceamer – Rao 界值

Ceamer – Rao 界(CRB)给出了一个无偏状态估计器可能达到的性能目标。确定性系统初始状态估计的 CRB,即式(2.10 – 6)。在功能上与系统可观性条件,即式(2.3.6)和式(2.3.7)相同。对于线性系统,CRB 的存在回答了系统是否能观的问题。如果即便量测数目增加,Fisher 信息矩阵仍然是奇异的,则系统是不能观的,也就不存在具有有限估计误差协方差的无偏估计。如果存在关于非奇异$\boldsymbol{P}_0$ 的系统先验知识,起始时是可以计算无偏状态估计,但不能保证随着量测数目的增加,估计误差协方差将减小(收敛)。

对于非线性系统,CRB 更加复杂,参见 3.9 节。然而,对于非线性的确定性系统,可以通过利用 Jacobian 矩阵替代线性系统矩阵和量测矩阵的方法计算 CRB,此时的 CRB 计算式具有和非线性可观性的必要条件相同的功能形式(3.9.1 节)。非线性系统的可观性超出了本书的讨论范围,有兴趣的读者可以参阅文献[2]及其中引用的参考文献。

需要重点注意的是,对于确定性系统,最大似然估计的误差协方差渐进收敛到 CRB[3,4]。当求解实际的问题时,“渐进收敛”意味着较高的信噪比和(或)增加的量测数目。例如,由 CRB 推导得出的雷达距离和角度量测误差会随着信噪比的增大而减小;已证明对于适当信号处理条件下的真实数据,这一点成立。在利用一定时间窗口内的量测之后,用于轨道确定的最大似然估计的误差协方差会接近于 CRB,参见 3.10 节的示例。依据作者的经验,针对确定性系统的 CRB 是一个有意义的滤波器性能测度,无论系统是线性还是非线性。

4.2.2 残差过程

在式(2.6－5)给出的卡尔曼滤波器状态更新方程中出现的$\boldsymbol{y}_k - \boldsymbol{H}_k \hat{x}_{k|k-1}$项是实际量测$\boldsymbol{y}_k$和$k$时刻的量测预测$\boldsymbol{H}_k \hat{x}_{k|k-1}$之间的差。这些差值的序列被称为滤波残差或新息过程[5]。当卡尔曼滤波器最优化所需的所有条件均满足时，新息过程是一个均值为零、协方差为$\boldsymbol{H}_k \boldsymbol{P}_{k|k-1} \boldsymbol{H}_k^{\mathrm{T}} + \boldsymbol{R}_k$的白噪声过程。令$\boldsymbol{\gamma}_k = \boldsymbol{y}_k - \boldsymbol{H}_k \hat{\boldsymbol{x}}_{k|k-1}$，可以通过证明对于所有$k$有$E(\boldsymbol{\gamma}_k) = 0$成立及对于所有$k \neq l$有$E(\boldsymbol{\gamma}_k \boldsymbol{\gamma}_l^{\mathrm{T}}) = 0$成立来证明新息的特性。基于该特性，将$\chi^2$统计方法应用于新息过程就可监控滤波器是否工作正常。令

$$\varepsilon_{\gamma_k}^2 = \boldsymbol{\gamma}_k^{\mathrm{T}} \left[\boldsymbol{H}_k \boldsymbol{P}_{k|k-1} \boldsymbol{H}_k^{\mathrm{T}} + \boldsymbol{R}_k \right]^{-1} \boldsymbol{\gamma}_k \tag{4.2-1}$$

则$\varepsilon_{\gamma_k}^2$应当服从自由度为m的χ^2分布，其中m是量测向量的维度。Bar－Shalom将$\varepsilon_{\gamma_k}^2$称为NIS[6]。

当观测到$\varepsilon_{\gamma_k}^2$序列满足χ^2分布时，可以得出滤波残差过程不存在明显的统计不一致性的结论。NIS是滤波器性能必要但不充分的指示器。在实际应用中发现，虽然NIS正常，但滤波器中仍累积存在较大偏差误差的情况。但由于其实时性，NIS仍是一个有用的测度，也通常是实际系统中滤波性能监控唯一可获得的测度。当真实状态已知时，该检验也可采用M次蒙特卡罗试验(数据)来实施($M>1$)。

一种基于NIS的性能监控方法是设定一个用于假设检验的接受区间(概率集中区域)，有

$$\mathrm{Prob}\{ \bar{\varepsilon}_{\gamma_k}^2 \in [r_1, r_2] \} = 1 - \alpha \tag{4.2-2}$$

式中

$$\bar{\varepsilon}_{\gamma_k}^2 = \frac{1}{M} \sum_{i=1}^{M} \varepsilon_{\gamma_k}^2 \tag{4.2-3}$$

是M次蒙特卡罗试验在k时刻的平均NIS或者$M=1$时的实时数据。如果一致，则$M\bar{\varepsilon}_{\gamma_k}^2$服从自由度为$mM$($m$是量测向量的维数)、均值为$mM$、方差为$2mM$的$\chi^2$分布。

r_1和r_2的值可以通过均值为mM和方差为$2mM$的χ^2分布来确定[6]。例如，对于$M=1$，$m=3$和$\alpha=0.05$，就有双边区间$r_1=0.22$和$r_2=9.35$；对于$M=50$，$m=3$和$\alpha=0.05$，就有双边区间$r_1=2.36$和$r_2=3.72$。图4.1给出了$M=1$时一个滤波器的典型NIS结果。

当γ_k序列均值非零和(或)$\varepsilon_{\gamma_k}^2$偏离χ^2分布时，显然滤波器不能依照预期运行。正如后续章节所表明，在某些情况下新息过程可以用于自适应滤波。

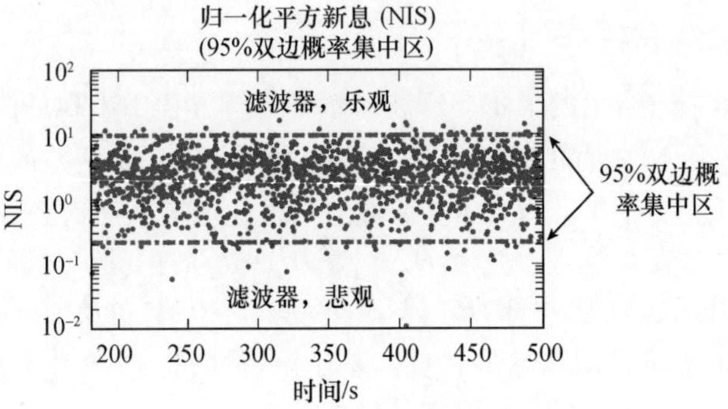

图 4.1 NIS 示意图

4.2.3 滤波器计算的误差协方差

当确定 Fisher 信息矩阵非奇异且 CRB 存在时，可着手针对特定应用进行状态估计器设计。卡尔曼滤波器的误差协方差方程代表着滤波器有关滤波器性能有多好的知识。当用于构建滤波器的模型与实际的运动方程和量测方程或相关的随机过程不同时，这一点也不再成立。一种判断是否存在模型失配的方法是借助仿真方法。可以通过利用所设计的滤波器处理模拟量测的方法开展蒙特卡罗分析。多次重复的蒙特卡罗运行能够使设计人员获得样本统计，并由此计算偏差和协方差。令$\tilde{x}^i_{k|k}$表示第 i 次试验的估计误差，即$\tilde{\boldsymbol{x}}^i_{k|k}=\boldsymbol{x}_k-\hat{\boldsymbol{x}}^i_{k|k}$，其中$\hat{\boldsymbol{x}}^i_{k|k}$是由第 i 次蒙特卡罗运行得到的估计结果。假设蒙特卡罗仿真运行的次数为 M，令$\tilde{x}_{k|k}$和$\tilde{\boldsymbol{P}}_{k|k}$分别标识$\tilde{\boldsymbol{x}}^i_{k|k}$的样本均值和样本均方误差，有

$$\tilde{\boldsymbol{x}}_{k|k}=\frac{1}{M}\sum_{i=1}^{M}\tilde{\boldsymbol{x}}^i_{k|k} \tag{4.2-4}$$

$$\tilde{\boldsymbol{P}}_{k|k}=\frac{1}{M}\sum_{i=1}^{M}(\tilde{\boldsymbol{x}}^i_{k|k})(\tilde{\boldsymbol{x}}^i_{k|k})^{\mathrm{T}} \tag{4.2-5}$$

$\boldsymbol{P}^{-1}_{k|k}$第 j 个对角元素的平方根被称为$\hat{\boldsymbol{x}}_{k|k}$估计的第 j 个分量的均方根误差。对于一个无偏估计器，可以期待当 $M\to\infty$时，$\tilde{\boldsymbol{x}}_{k|k}\to 0$。下一个问题是样本均方误差是否收敛到 CRB，即由 k 时刻的真实状态计算的$\boldsymbol{P}_{k|k}$，问题可表示为如果 $M\to\infty$，是否有$\tilde{\boldsymbol{P}}_{k|k}\to\boldsymbol{P}_{k|k}$成立。为了回答该问题，再次采用$\chi^2$统计，即

$${\boldsymbol{\chi}^i_{k|k}}^2=(\tilde{\boldsymbol{x}}^i_{k|k})^{\mathrm{T}}\boldsymbol{P}^{-1}_{k|k}(\tilde{\boldsymbol{x}}^i_{k|k}) \tag{4.2-6}$$

和

$$\bar{\chi}^2_{k|k}=\frac{1}{M}\sum_{i=1}^{M}{\chi^i_{k|k}}^2 \tag{4.2-7}$$

如果$\tilde{x}^i_{k|k}$是均值为零、协方差为$\boldsymbol{P}_{k|k}$的高斯随机变量，则${\chi^i_{k|k}}^2$ 服从自由度为 n

的χ^2分布，n 是状态向量$\boldsymbol{x}_k$ 的维度，$\bar{\chi}^2_{k|k}$服从各自由度为 nM、均值为 nM、方差为 $2nM$ 的χ^2分布。

例如，当$\bar{\chi}^2_{k|k}$在统计检验的界内时，当 $M=1$，$n=6$，$\alpha=0.05$ 时，双边区间为 $r_1=1.24$ 和 $r_2=14.45$；而当 $M=50$，$n=6$，$\alpha=0.05$ 时，双边区间为 $r_1=5.08$ 和 $r_2=7.0$。图 4.2 给出了 $M=1$ 时的典型滤波器性能。这种情况下，看起来滤波器性能与 CRB 预测的协方差一致，即$\boldsymbol{P}_{k|k}$能够代表估计误差。

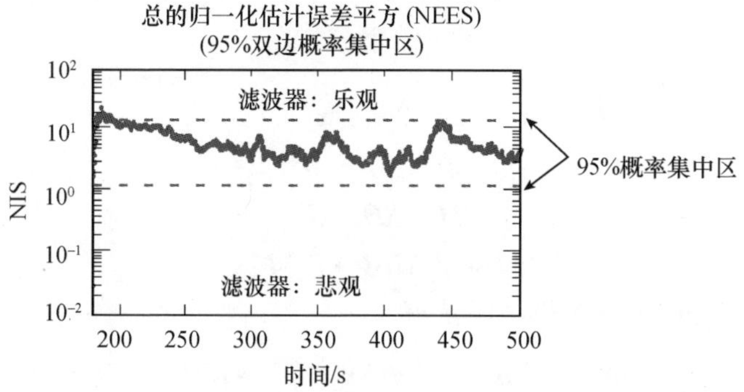

图 4.2 NEES 示意图

Bae – Shalom[6] 将$\bar{\chi}^2_{k|k}$称为平均 NEES。与式(4.2 – 1)给出的 NIS 相反，式(4.2 – 7)的 NEES 是采用真实(或最优估计的)状态计算的。当一个滤波器不能通过这一检验时，可以尝试后续章节所讨论的几种滤波补偿方法。在滤波器的设计开发阶段，NEES 是有用的，在该阶段采用真实状态$\boldsymbol{x}_k$ 预测滤波器的性能。然而，当用于仿真的模型与卡尔曼滤波器所采用的模型完全相同时，由于这是一种完美但是人为匹配的情况，因而利用 NEES 检验仿真结果是无用的。在某些应用中，当可以获得真实状态的独立量测时(称为 BET)，该方法是适用，也有采用复杂的高拟真度模型产生真实状态的情况，或者有时当实际硬件作为仿真的一部分(所谓的硬件在回路中仿真)时，这种方法也是适用的。

4.3 模型不确定性下的滤波误差

考虑真实系统 S 和该系统的模型 S_m，两者分别表示为

S(真实系统)：

$$\begin{cases}\boldsymbol{x}_k=\boldsymbol{\Phi}\,\boldsymbol{x}_{k-1}+\boldsymbol{\mu}_{k-1}\\ \boldsymbol{y}_k=\boldsymbol{H}\,\boldsymbol{x}_k+\nu_k\end{cases}\tag{4.3 – 1}$$

S_m(系统模型)：

$$\begin{cases}\boldsymbol{x}^m_k=\boldsymbol{\Phi}^m\,\boldsymbol{x}^m_{k-1}+\boldsymbol{\mu}_{k-1}\\ \boldsymbol{y}^k_m=\boldsymbol{H}^m\,\boldsymbol{x}^m_k+\boldsymbol{\nu}_k\end{cases}\tag{4.3 – 2}$$

简单起见,式(4.3-2)忽略了 $\boldsymbol{\Phi}$ 和 $\boldsymbol{H}$ 的时间变量。基于 S_m 模型构建的卡尔曼滤波器的状态更新方程为

$$\hat{\boldsymbol{x}}_{k|k}^{m}=\boldsymbol{\Phi}^{m}\hat{\boldsymbol{x}}_{k-1|k-1}^{m}+\boldsymbol{K}^{m}(\boldsymbol{y}_{k}-\boldsymbol{H}^{m}\boldsymbol{\Phi}^{m}\hat{\boldsymbol{x}}_{k-1|k-1}^{m}) \tag{4.3-3}$$

式中:$\boldsymbol{K}^m$ 是基于设计者对系统的认知,即 S_m 模型,得出的卡尔曼滤波增益。下面导出这种情况下的滤波误差。

4.3.1 偏差和协方差计算式

令

$$\tilde{\boldsymbol{x}}_{k|k}^{m}\triangleq\boldsymbol{x}_{k}-\hat{\boldsymbol{x}}_{k|k}^{m} \tag{4.3-4}$$

$$\boldsymbol{\Phi}\triangleq\Delta\boldsymbol{\Phi}+\boldsymbol{\Phi}^{m} \tag{4.3-5}$$

$$\boldsymbol{H}\triangleq\Delta\boldsymbol{H}+\boldsymbol{H}^{m} \tag{4.3-6}$$

$$\boldsymbol{H\Phi}\triangleq\Delta\boldsymbol{H\Phi}+\boldsymbol{H}^{m}\boldsymbol{\Phi}^{m} \tag{4.3-7}$$

式中:$\Delta\boldsymbol{\Phi}$,$\Delta\boldsymbol{H}$ 和 $\Delta\boldsymbol{H\Phi}$ 为模型误差,有

$$\tilde{\boldsymbol{x}}_{k|k}^{m}=\boldsymbol{x}_{k}-\hat{\boldsymbol{x}}_{k|k}^{m}=\boldsymbol{\Phi}\boldsymbol{x}_{k-1}+\mu_{k-1}-[\boldsymbol{\Phi}^{m}\hat{\boldsymbol{x}}_{k-1|k-1}^{m}+\boldsymbol{K}^{m}(\boldsymbol{y}_{k}-\boldsymbol{H}^{m}\boldsymbol{\Phi}^{m}\hat{\boldsymbol{x}}_{k-1|k-1}^{m})] \tag{4.3-8}$$

将新息过程项展开为

$$\boldsymbol{y}_{k}-\boldsymbol{H}^{m}\boldsymbol{\Phi}^{m}\hat{\boldsymbol{x}}_{k-1|k-1}^{m}=\boldsymbol{H}(\boldsymbol{\Phi}x_{k-1}+\mu_{k-1})+\nu_{k}-\boldsymbol{H}^{m}\boldsymbol{\Phi}^{m}\hat{\boldsymbol{x}}_{k-1|k-1}^{m} \tag{4.3-9}$$

将其重新带入式(4.3-8),得

$$\tilde{\boldsymbol{x}}_{k|k}^{m}=\boldsymbol{\Phi}\boldsymbol{x}_{k-1}+\mu_{k-1}-\boldsymbol{\Phi}^{m}\hat{\boldsymbol{x}}_{k-1|k-1}^{m}-\boldsymbol{K}^{m}(\boldsymbol{H\Phi}\boldsymbol{x}_{k-1}-\boldsymbol{H}^{m}\boldsymbol{\Phi}^{m}\hat{\boldsymbol{x}}_{k-1|k-1}^{m}+H\mu_{k-1}+\nu_{k}) \tag{4.3-10}$$

利用模型误差项 $\Delta\boldsymbol{\Phi}$ 和前述定义的 $\boldsymbol{\Phi}^m$,得

$$\begin{aligned}\tilde{\boldsymbol{x}}_{k|k}^{m}=&\Delta\boldsymbol{\Phi}x_{k-1}+\boldsymbol{\Phi}^{m}\tilde{\boldsymbol{x}}_{k-1|k-1}^{m}+\mu_{k-1}\\&-\boldsymbol{K}^{m}(\boldsymbol{H}\Delta\boldsymbol{\Phi}\boldsymbol{x}_{k-1}+\boldsymbol{H\Phi}^{m}\boldsymbol{x}_{k-1}-\boldsymbol{H}^{m}\boldsymbol{\Phi}^{m}\tilde{x}_{k-1|k-1}^{m}+\boldsymbol{H}\mu_{k-1}+\nu_{k})\end{aligned} \tag{4.3-11}$$

利用上述定义的量测矩阵误差项,有

$$\begin{aligned}\tilde{\boldsymbol{x}}_{k|k}^{m}=&[\boldsymbol{I}-\boldsymbol{K}^{m}\boldsymbol{H}^{m}]\boldsymbol{\Phi}^{m}\tilde{\boldsymbol{x}}_{k-1|k-1}^{m}+[\Delta\boldsymbol{\Phi}-\boldsymbol{K}^{m}[\boldsymbol{H}\Delta\boldsymbol{\Phi}+\Delta\boldsymbol{H\Phi}^{m}]]\boldsymbol{x}_{k-1}\\&+[\boldsymbol{I}-\boldsymbol{K}^{m}\boldsymbol{H}]\mu_{k-1}+\boldsymbol{K}^{m}\nu_{k}\end{aligned} \tag{4.3-12}$$

利用 $\boldsymbol{H}\Delta\boldsymbol{\Phi}+\Delta\boldsymbol{H\Phi}^{m}=\boldsymbol{H\Phi}-\boldsymbol{H}^{m}\boldsymbol{\Phi}^{m}=\Delta\boldsymbol{H\Phi}$ 的事实,得

$$\begin{aligned}\tilde{\boldsymbol{x}}_{k|k}^{m}=&[\boldsymbol{I}-\boldsymbol{K}^{m}\boldsymbol{H}^{m}]\boldsymbol{\Phi}^{m}\tilde{\boldsymbol{x}}_{k-1|k-1}^{m}+[\Delta\boldsymbol{\Phi}-\boldsymbol{K}^{m}\Delta\boldsymbol{H\Phi}]\boldsymbol{x}_{k-1}\\&+[\boldsymbol{I}-\boldsymbol{K}^{m}\boldsymbol{H}]\mu_{k-1}-\boldsymbol{K}^{m}\nu_{k}\end{aligned} \tag{4.3-13}$$

利用该表示式,可以推导出 $\tilde{\boldsymbol{x}}_{k|k}^{m}$ 的均值 $\bar{\tilde{\boldsymbol{x}}}_{k|k}^{m}$ 和协方差 $\tilde{\boldsymbol{P}}_{k|k}^{m}$,其结果如下,这里略去了推导过程。即

$$\widetilde{\boldsymbol{x}}_{k|k}^{m} = [\boldsymbol{I} - \boldsymbol{K}^{m}\boldsymbol{H}^{m}]\boldsymbol{\Phi}^{m}\widetilde{\boldsymbol{x}}_{k-1|k-1}^{m} + [\Delta\boldsymbol{\Phi} - \boldsymbol{K}^{m}\Delta\boldsymbol{H}\boldsymbol{\Phi}]\bar{\boldsymbol{x}}_{k-1} \quad (4.3-14)$$

$$\begin{aligned}\widetilde{\boldsymbol{P}}_{k|k}^{m} = & [\boldsymbol{I} - \boldsymbol{K}^{m}\boldsymbol{H}^{m}]\boldsymbol{\Phi}^{m}\widetilde{\boldsymbol{P}}_{k=1|k-1}^{m}\boldsymbol{\Phi}^{m\mathrm{T}}[\boldsymbol{I} - \boldsymbol{K}^{m}\boldsymbol{H}^{m}]^{\mathrm{T}} \\ & + [\boldsymbol{I} - \boldsymbol{K}^{m}\boldsymbol{H}]\boldsymbol{Q}_{k}[\boldsymbol{I} - \boldsymbol{K}^{m}\boldsymbol{H}]^{\mathrm{T}} + \boldsymbol{K}^{m}\boldsymbol{R}\boldsymbol{K}^{m\mathrm{T}} \\ & + [\Delta\boldsymbol{\Phi} - \boldsymbol{K}^{m}\Delta\boldsymbol{H}\boldsymbol{\Phi}]\boldsymbol{P}_{k-1|k-1}[\Delta\boldsymbol{\Phi} - \boldsymbol{K}^{m}\Delta\boldsymbol{H}\boldsymbol{\Phi}]^{\mathrm{T}} \\ & + [\boldsymbol{I} - \boldsymbol{K}^{m}\boldsymbol{H}^{m}]\boldsymbol{\Phi}^{m}\boldsymbol{P}_{k-1|k-1}^{c}[\Delta\boldsymbol{\Phi} - \boldsymbol{K}^{m}\Delta\boldsymbol{H}\boldsymbol{\Phi}]^{\mathrm{T}} \\ & + [\Delta\boldsymbol{\Phi} - \boldsymbol{K}^{m}\Delta\boldsymbol{H}\boldsymbol{\Phi}]\boldsymbol{P}_{k-1|k-1}^{c\ \mathrm{T}}\boldsymbol{\Phi}^{m\mathrm{T}}[\boldsymbol{I} - \boldsymbol{K}^{m}\boldsymbol{H}^{m}]^{\mathrm{T}} \end{aligned} \quad (4.3-15)$$

$$\begin{aligned}\boldsymbol{P}_{k|k}^{c} = & [\boldsymbol{I} - \boldsymbol{K}^{m}\boldsymbol{H}^{m}]\boldsymbol{\Phi}^{m}\boldsymbol{P}_{k-1|k-1}^{c}\boldsymbol{\Phi}^{\mathrm{T}} + [\Delta\boldsymbol{\Phi} - \boldsymbol{K}^{m}\Delta\boldsymbol{H}\boldsymbol{\Phi}]\boldsymbol{P}_{k-1|k-1}^{c}\boldsymbol{\Phi}^{\mathrm{T}} \\ & + [\boldsymbol{I} - \boldsymbol{K}^{m}\boldsymbol{H}]\boldsymbol{Q}_{k}\end{aligned} \quad (4.3-16)$$

$$\boldsymbol{P}_{k|k}^{x} = \boldsymbol{\Phi}\boldsymbol{P}_{k-1|k-1}^{x}\boldsymbol{\Phi}^{\mathrm{T}} + \boldsymbol{Q}_{k} \quad (4.3-17)$$

式中：$\widetilde{\boldsymbol{P}}_{k|k}^{m}$为$\widetilde{\boldsymbol{x}}_{k|k}^{m}$的协方差；$\boldsymbol{P}_{k|k}^{c}$为$\widetilde{\boldsymbol{x}}_{k|k}^{m}$和$\boldsymbol{x}_{k}$的互协方差；$\boldsymbol{P}_{k|k}^{x}$为$\boldsymbol{x}_{k}$的协方差。

上述公式具有足够一般性，但由于不能完全掌握真实系统的情况，所以不是非常有用。以下讨论系统设计人员了解关于模型误差的某些知识的情形。

4.3.2 建模过度和建模不足的情形

考虑存在如下关系的两个系统 S_1 和 S_2：

系统 S_1：

$$\boldsymbol{\Phi} = \begin{bmatrix} \boldsymbol{\Phi}^{11} & \mathbf{0} \\ \mathbf{0} & \mathbf{0} \end{bmatrix};x = \begin{bmatrix} x^{1} \\ \mathbf{0} \end{bmatrix};\boldsymbol{H} = [\boldsymbol{H}^{1} \quad \mathbf{0}]$$

系统 S_2：

$$\boldsymbol{\Phi} = \begin{bmatrix} \boldsymbol{\Phi}^{11} & \boldsymbol{\Phi}^{12} \\ \mathbf{0} & \boldsymbol{\Phi}^{22} \end{bmatrix};x = \begin{bmatrix} x^{1} \\ x^{2} \end{bmatrix};\boldsymbol{H} = [\boldsymbol{H}^{1} \quad \boldsymbol{H}^{2}]$$

注意，式中的上标是指在矩阵中的位置以及 S_1 和 S_2之间的关系。显然，S_1 是 S_2的子系统，x^2 是 S_1 的时变输入。如果 $\Phi^{22} = I$，则 x^2 是一个常向量。如果 $\Phi^{12} = 0$，则 x^1 和 x^2彼此独立。

实际应用会发生这样的情况。例如，一个目标可能以匀速或匀加速度运动，如果滤波器是针对匀速运动设计的，则当目标机动（加速）时，若无适当的补偿，滤波器将产生大的偏差误差。如果滤波器是针对匀加速运动的目标设计的，但目标却以匀速运动，则对实际运动过程过度建模的滤波器也将产生估计误差（对实际不存在的加速度进行估计）。上述概念的应用可由以下示例说明。

考虑如下 4 种情况：

情况 1：$S = S_1$；$S_m = S_1$；

情况 2：$S = S_1$；$S_m = S_2$；

情况 3：$S = S_2$；$S_m = S_2$；

情况 4：$S = S_2$；$S_m = S_1$。

注意到情况 1 和情况 3 都属于模型匹配的情况,实际过程和滤波模型相同。情况 2 是一种过度建模的情况,真实系统是滤波器设计模型的一个子系统。情况 4 是建模不足的情况,滤波器设计采用的模型为真实系统的一个子系统。当 $\boldsymbol{\Phi}^{12}$、$\boldsymbol{\Phi}^{22}$ 和 $\boldsymbol{H}^2$ 被设置为 0 时,情况 1 可以被当作情况 3 的一个子集。

性能排序

对于真实系统 S 为 S_i、滤波器模型 S_m 为 S_j 的情况,令 $\widetilde{\boldsymbol{P}}_{k|k}^m(S=S_i;S_m=S_j)$ 标识由式(4.3-15)给出的实际滤波协方差,则可得到如下性能排序[7]:

$$\widetilde{\boldsymbol{P}}_{k|k}^m(\boldsymbol{S}=\boldsymbol{S}_1;\boldsymbol{S}_m=\boldsymbol{S}_1)\leqslant\widetilde{\boldsymbol{P}}_{k|k}^m(\boldsymbol{S}=\boldsymbol{S}_1;\boldsymbol{S}_m=\boldsymbol{S}_2)$$
$$\leqslant\widetilde{\boldsymbol{P}}_{k|k}^m(\boldsymbol{S}=\boldsymbol{S}_2;\boldsymbol{S}_m=\boldsymbol{S}_1) \tag{4.3-18}$$

矩阵排序:当 $\boldsymbol{A}\geqslant\boldsymbol{B}$,则 $\boldsymbol{A}-\boldsymbol{B}$ 为半正定矩阵。对这一性能排序的解释是,当真实系统是滤波器所采用模型的一个子系统且至多等于模型时,则滤波协方差的上界即为匹配情形下的滤波协方差。例如,一个匹配的、匀速运动目标的估计误差协方差要小于假定目标加速运动(失匹配)的滤波器的估计误差协方差,进而也小于匹配的加速运动目标的估计误差协方差。

性能排序的推导过程较为简单直接,就作为课后习题留给读者完成。参考文献[7,8]对这一主题进行了讨论。以下针对过度建模和建模不足的情况,说明对这些方程的运用。

过度建模情况

基于上述情况 2 的假设,可以证明下式成立:

$$[\Delta\boldsymbol{\Phi}-\boldsymbol{K}^m\Delta\boldsymbol{H}\boldsymbol{\Phi}]\bar{x}_{k-1}=\boldsymbol{0} \tag{4.3-19}$$

$$[\Delta\boldsymbol{\Phi}-\boldsymbol{K}^m\Delta\boldsymbol{H}\boldsymbol{\Phi}]\boldsymbol{P}_{k-1|k-1}=\boldsymbol{0} \tag{4.3-20}$$

均值和协方差计算式可简化为

$$\bar{\tilde{\boldsymbol{x}}}_{k|k}^m=[\boldsymbol{I}=\boldsymbol{K}^m\ \boldsymbol{H}^m]\boldsymbol{\Phi}^m\ \bar{\tilde{\boldsymbol{x}}}_{k-1|k-1}^m \tag{4.3-21}$$

$$\widetilde{\boldsymbol{P}}_{k|k}^m=[\boldsymbol{I}-\boldsymbol{K}^m\ \boldsymbol{H}^m]\boldsymbol{\Phi}^m\ \widetilde{\boldsymbol{P}}_{k-1|k-1}^m\boldsymbol{\Phi}^{m\mathrm{T}}[\boldsymbol{I}-\boldsymbol{K}^m\ \boldsymbol{H}^m]^{\mathrm{T}}$$
$$+[\boldsymbol{I}-\boldsymbol{K}^m\boldsymbol{H}]Q_k[\boldsymbol{I}-\boldsymbol{K}^m\boldsymbol{H}]^{\mathrm{T}}+\boldsymbol{K}^m\boldsymbol{R}\boldsymbol{K}^{m\mathrm{T}} \tag{4.3-22}$$

因此,此种情况下不存在导致滤波发散的偏差问题,但由于较高的噪声或较大的协方差,将导致次优滤波问题。

建模不足的情况

$S=S_2;S_m=S_1$ 是情况 4,滤波器设计采纳的模型是真实系统的一个子系统。例如,采用基于匀速运动模型的滤波器来估计实际正在加速运动目标的状态就属于这种情形。式(4.3-14)和式(4.3-15)给出了偏差和协方差计算方法,且不能简化。如果不进行滤波补偿,将导致滤波发散。为避免滤波发散,可以尝试 4.4 节所描述的 3 种滤波补偿方法中的任意一种。可以利用目标加速度的幅度预先选择滤波器过程噪声的协方差。仿真研究需要利用不同级别的过程噪声协方差对滤波器进行调优,这是最终完成滤波器设计所必需。文献[9-11]结合应用对这一问题开展了进一步的讨论。

4.4 系统运动模型失配时的滤波器补偿方法

造成卡尔曼滤波器失配的最常见原因就是系统建模。正如前述所说明的,其原因可能是:一个运动目标的动力学模型服从确定阶数的自由度而滤波器模型则假定不同模型的事实;系统矩阵中特定参数是时变的,而滤波器设计人员不掌握具体的时变关系;存在驱动系统的某些未知输入。

失配的卡尔曼滤波器经常导致滤波发散,发散的具体形式包括偏差误差和(或)计算的滤波估计误差协方差与实际滤波性能不一致。滤波器发散有时可由4.2节定义的NEES和(或)NIS表明。

当系统方程和(或)量测方程中存在未知参数时,滤波可能会发散或者估计质量可能会下降(偏差和协方差会增大)。参数通常被作为附加状态包含在状态向量中,并和原始状态向量一起估计,这种方法被称为状态扩维。未知参数即可是常量,也可能是时变的,未知参数的这种不确定性可由系统输入噪声或过程噪声的协方差来建模。需要利用过程噪声以补偿任何未知和未建模的系统误差,滤波器是通过利用滤波增益正比于过程噪声协方差的事实实现滤波补偿的。较高的滤波增益可使滤波器给予新近量测更大的权重,从而避免了滤波发散。

在更为一般的情况下,系统模型和真实系统之间的差异没有已知的结构,从而难以应用状态扩维方法。在没有滤波补偿的情况下,这将导致滤波器由于偏差误差增加或协方差矩阵不一致而发散,即计算所得的误差协方差可能远小于真实的误差协方差。潜在解决这一问题的两种方法是:(1)通过过程噪声协方差增加系统的不确定性,很容易证明这将直接增大滤波增益(见本章末尾处的数值示例);(2)通过采用固定量测时间窗口或者对历史量测进行指数加权限制滤波器的记忆长度。

4.4.1 状态扩维

令 $\boldsymbol{p}$ 标识由系统矩阵和量测矩阵中所有未知参数组成的参数向量,扩维的状态向量为$x^a=[x^{\mathrm{T}},\boldsymbol{p}^{\mathrm{T}}]^{\mathrm{T}}$,而新的系统和量测方程分别为

$$\boldsymbol{x}_k^a=\begin{bmatrix}\boldsymbol{\Phi}_{k,k-1}(\boldsymbol{p}) & \boldsymbol{0}\\ \boldsymbol{0} & \boldsymbol{I}\end{bmatrix}\boldsymbol{x}_{k-1}^a+\boldsymbol{\mu}_{k-1}^a \tag{4.4-1}$$

$$\boldsymbol{y}_k=[\boldsymbol{H}_k(\boldsymbol{p})\boldsymbol{0}]\boldsymbol{x}_k^a+\boldsymbol{\nu}_k \tag{4.4-2}$$

式中:$\boldsymbol{\mu}_{k-1}^a=[\boldsymbol{\mu}_{k-1}^{\mathrm{T}},\boldsymbol{\mu}_{k-1}^{p\ \mathrm{T}}]^{\mathrm{T}}$ 是新的过程噪声,$\boldsymbol{\mu}_{k-1}^p$表示新增的、对应于参数向量的过程噪声。假设$\boldsymbol{\mu}$ 和$\boldsymbol{\mu}^p$ 是不相关的,$\boldsymbol{\mu}_k^a$ 的过程噪声协方差为

$$\boldsymbol{Q}_k^a=\begin{bmatrix}\boldsymbol{Q}_k & \boldsymbol{0}\\ \boldsymbol{0} & \boldsymbol{Q}_k^p\end{bmatrix} \tag{4.4-3}$$

式中,可以通过选择$\boldsymbol{Q}_k^p$来表示参数向量p的不确定性范围。在4.5节,讨论了一种基于对残差(新息)过程的观测来自适应调整过程噪声协方差的方法,这是一种适于实时实现的技术,也是一种广泛应用于状态和未知参数联合估计的技术,参见本章参考文献[9-12]。这种方法必然性地将线性估计问题转换为一个非线性问题;注意,相对于状态向量参数,p是增加的。前一章讨论了非线性滤波器的设计。

4.4.2 过程噪声的使用

调整过程噪声协方差以补偿在残差(新息)过程中所观察到的、明显的滤波器误差曾是1970年代早期流行的方法[13-17]。这些方法对于滤波器调优以使之很好地工作非常有用,尽管这一技术并非一门精确的科学[11]。Jazwinski提出了一种简单方法[17],他建议采用如下χ^2变量(NIS)来检查滤波器的规范性:

$$\varepsilon_{\gamma_k}^2=\boldsymbol{\gamma}_k^{\mathrm{T}}\left[\boldsymbol{H}_k\boldsymbol{P}_{k|k-1}\boldsymbol{H}_k^{\mathrm{T}}+\boldsymbol{R}_k\right]^{-1}\boldsymbol{\gamma}_k \tag{4.4-4}$$

一旦确定$\varepsilon_{\gamma_k}^2$超出界限时,就增加相应过程噪声的协方差$\boldsymbol{Q}_{k-1}$,从而使得一步预测协方差$\boldsymbol{P}_{k|k-1}$也通过下式得以增加,直至$\varepsilon_{\gamma_k}^2$处于在界限内。

$$\boldsymbol{P}_{k|k-1}=\boldsymbol{\Phi}_{\mathrm{k},k-1}\boldsymbol{P}_{k-1|k-1}\boldsymbol{\Phi}_{k,k-1}^{\mathrm{T}}+\boldsymbol{Q}_{k-1} \tag{4.4-5}$$

所需$\boldsymbol{Q}_{k-1}$的计算可以采取迭代方式,通过仿真研究或者利用先验知识。更多利用该方法的应用问题可参见文献[9,10,12]。

无须过分强调调整过程噪声协方差的有用性。有经验的滤波器设计人员几乎总是增加一些过程噪声以避免滤波发散并保持滤波器对新量测的响应。滤波器发散和使用过程噪声避免了对滤波器设计模型的过于自信,4.9节将通过一个数值示例对此进行说明。

4.4.3 有限记忆滤波器

有限记忆滤波器(FMF)是基于如下假设提出的,即滤波器设计所用模型在有限时间跨度内是真实航迹的一个好的近似。当时间跨度太长时,FMF将发散。时间跨度长度的选择确实是在偏差和随机误差之间的工程化权衡。FMF是仅利用一个时间窗口内的量测进行状态估计的窗口化估计的同义词。以下给出的FMF源于Jazwinski发表的参考文献[17] pp. 256-258。采用与固定间隔平滑器中相似的标记方法,令$\hat{\boldsymbol{x}}_{k|m:k}=E\{\boldsymbol{x}_k|\boldsymbol{y}_{m:k}\}$标识基于在时间间隔$[m,m+1,\cdots,k]$中所获全部数据对目标$k$时刻状态的估计,估计误差协方差为$\boldsymbol{P}_{k|m:k}$。基于此定义,时间窗口长度是$k-m$。经过一些运算后,可依据下式计算得到$\hat{\boldsymbol{x}}_{k|m:k}$和$\boldsymbol{P}_{k|m:k}$,即

$$\hat{\boldsymbol{x}}_{k|m:k}=\boldsymbol{P}_{k|m:k}(\boldsymbol{P}_{k|1:k}^{-1}\hat{\boldsymbol{x}}_{k|1:k}-\boldsymbol{P}_{k|1:m}^{-1}\hat{\boldsymbol{x}}_{k|1:m}) \tag{4.4-6}$$

$$\boldsymbol{P}_{k|m:k}^{-1}=\boldsymbol{P}_{k|1:k}^{-1}-\boldsymbol{P}_{k|1:m}^{-1} \tag{4.4-7}$$

式中：$\hat{\boldsymbol{x}}_{k|1:k}$是基于时间间隔[1,…,$k$]内的所有数据对$\boldsymbol{x}_k$的估计；$\hat{\boldsymbol{x}}_{k|1:m}$是基于时间间隔[1,…,m]内的所有数据对$\boldsymbol{x}_k$的预测估计；$\hat{\mathrm{x}}_{\mathrm{k|m:k}}$是基于时间间隔[$m$,…,$k$]内的数据对$\boldsymbol{x}_k$的估计。

式(4.4-6)和式(4.4-7)中减法过程直觉上是吸引人的。然而，因其涉及到多次矩阵求逆和两个正定矩阵的相减，容易受到数值误差的影响，即相减后的矩阵可能不再是正定的。可以推导出计算上有效且数值更顽健的算法[17]。习题15(第1章)和5(第2章)中采用基于有限时间窗口的多项式模型的滤波概念就是一种 *FMF*。3.8节所介绍的批滤波器概念也是一种广义的 *FMF*。

4.4.4 衰减记忆滤波器

衰减记忆滤波器(有时称为陈化滤波器)对近期数据的指数加权要比对过往数据的高。对该滤波算法的推导过程参见在文献[12,17-19]。该滤波算法首先是通过对量测协方差进行指数加权，得

$$\boldsymbol{R}_{k|}^{*}=\alpha^{k-i}\boldsymbol{R}_i,i=1,\cdots,k \tag{4.4-8}$$

式中：k为当前时刻；α是一个大于1的尺度标量，属于衰减记忆滤波器的设计参数。对卡尔曼滤波器应用上述表示式得到了一个简单的变型，即

$$\boldsymbol{P}_{k|k-1}^{*}=\alpha\boldsymbol{P}_{k|k-1} \tag{4.4-9}$$

式中：$\boldsymbol{P}_{k|k-1}^{*}$用于卡尔曼滤波的状态更新方程。

4.5 量测噪声不确定的模型

现在再次重新给出所考虑的离散线性系统，有

$$\boldsymbol{x}_k=\boldsymbol{\Phi}_{k,k-1}\boldsymbol{x}_{k-1}+\boldsymbol{\mu}_{k-1}$$
$$\boldsymbol{y}_k=\boldsymbol{H}_k\boldsymbol{x}_k+\boldsymbol{\nu}_k$$

在将卡尔曼滤波器用于上述系统时，过程噪声向量$\boldsymbol{\mu}_{k-1}$和量测噪声向量$\boldsymbol{\nu}_k$都是零均值的白噪声，且两者互不相关，并具有已知的协方差。本节讨论量测噪声向量存在不确定性的问题。4.6节讨论具有未知系统输入向量的问题。

4.5.1 未知的固定偏差

对于量测包含未知固定偏差的问题，考虑如下量测方程：

$$\boldsymbol{y}_k=\boldsymbol{H}_k\boldsymbol{x}_k+\boldsymbol{\nu}_k+\boldsymbol{b} \tag{4.5-1}$$

式中：$\boldsymbol{b}$为一个未知固定向量。类似于4.4.1节所讨论的方法，解决该问题的一种典型方法是对状态向量扩维以将$\boldsymbol{b}$包含其中，从而使得$\mathrm{x}^{\mathrm{a}}=[\boldsymbol{x}^{\mathrm{T}}\ \boldsymbol{p}^{\mathrm{T}}]^{\mathrm{T}}$。现在系统和量测方程被修正为

$$\boldsymbol{x}_k^a=\begin{bmatrix}\Phi_{k,k-1} & \boldsymbol{0}\\ \boldsymbol{0} & \boldsymbol{I}\end{bmatrix}x_{k-1}^a+\mu_{k-1}^a \tag{4.5-2}$$

$$\boldsymbol{y}_k = [\boldsymbol{H}_k \quad \boldsymbol{0}]\boldsymbol{x}_k^a + \nu_k \tag{4.5-3}$$

注意,在这种情况下,并不存在非线性的问题(与4.4节中问题相比)。针对扩维系统的卡尔曼滤波器求解较为简单、直接。然而,有必要分析问题的可观性条件。扩维状态向量中增加的部分 $\boldsymbol{b}$ 可能与原始状态向量 $\boldsymbol{x}$ 是不可分的。可采用可观性准则进行检查。正如前面所陈述的那样,计算 *CRB* 也将得出相同的结论。

4.5.2 先验分布已知的残余偏差

可以通过外部手段来估计偏差。例如,可以在使用前对传感器进行校正,通过传感器校正获得的偏差可用于对量测的修正。实际上,校正获得的偏差也还包含不确定性,这被称为残余偏差。在残余偏差服从已知统计特征的前提下,通常采用两种方法以解释残余偏差的存在:① 根据已知的残余偏差协方差来增大量测协方差;② 采用 *Schmidt* 提出的方法[20],即所称的 *Schmidt* 卡尔曼滤波器[17,21]。方法(1)在数学上很简单,然而,可以证明该方法并非总能满足协方差一致性的要求,因此这里不再讨论方法①。方法②将偏差作为一个多余参数包括在系统方程中。尽管该方法不能显式地估计残余偏差,但是考虑了其对协方差传播的影响。方法②源自实践经验[21],且4.9.2小节的示例表明该方法经常可使实际的估计误差(均方根误差)与滤波器计算所得的协方差一致。一般的 *Schmidt* 卡尔曼滤波算法同时考虑了系统和量测不确定性[17]pp:281-286。4.6节将给出完整的算法推导,以下给出的仅是针对量测偏差的 *Schmidt* 卡尔曼滤波方程。相关细节信息,读者可参阅文献[17]和本书4.6节的内容。

对于 *Schmidt* 卡尔曼滤波器算法,状态和量测方程被修正为

$$\boldsymbol{x}_k = \boldsymbol{\Phi}_{k,k-1}\boldsymbol{x}_{k-1} + \boldsymbol{\mu}_{k-1} \tag{4.5-4}$$

$$\boldsymbol{b}_k = \boldsymbol{b}_{k-1} \tag{4.5-5}$$

$$\boldsymbol{y}_k = \boldsymbol{H}_k\boldsymbol{x}_k + \boldsymbol{H}_k^b\boldsymbol{b}_k + \boldsymbol{\nu}_k \tag{4.5-6}$$

式中:$\boldsymbol{b}_k$ 是残余偏差,假设其是先验分布为$\boldsymbol{b}_k$: $\sim N(\boldsymbol{b},\boldsymbol{B})$的一个未知常量。在参考文献[21]中,$\boldsymbol{b}$ 被设置为0。$\boldsymbol{H}_k^b$ 定义了残余偏差和量测变量之间的关系。Schmidt 卡尔曼滤波器将$\boldsymbol{b}_k$ 当作一个多余参数,虽然不能估计,但考虑了协方差。估计算法如下给出,推导过程参见4.6节或文献[17]。

预测项由如下计算式给出:

$$\hat{\boldsymbol{x}}_{k|k-1} = \boldsymbol{\Phi}_{k,k-1}\hat{\boldsymbol{x}}_{k-1|k-1} \tag{4.5-7}$$

$$-\boldsymbol{P}_{k|k-1} = \boldsymbol{\Phi}_{k,k-1}\boldsymbol{P}_{k-1|k-1}\boldsymbol{\Phi}_{k,k-1}^{\mathrm{T}} + \boldsymbol{Q}_{k-1} \tag{4.5-8}$$

$$C_{k|k-1}^b = \boldsymbol{\Phi}_{k,k-1}C_{k-1|k-1}^b \tag{4.5-9}$$

更新项为

$$\hat{\boldsymbol{x}}_{k|k} = \hat{\boldsymbol{x}}_{k|k-1} + \boldsymbol{K}_k(\boldsymbol{y}_k - \boldsymbol{H}_k\hat{\boldsymbol{x}}_{k|k-1}) \tag{4.5-10}$$

$$\boldsymbol{K}_k = [\boldsymbol{P}_{k|k-1}\boldsymbol{H}_k^{\mathrm{T}} + \boldsymbol{C}_{k|k-1}^b \boldsymbol{H}_k^{b\mathrm{T}}] \sum\nolimits_k^{-1} \tag{4.5-11}$$

$$\sum\nolimits_k = \boldsymbol{H}_k \boldsymbol{P}_{k|k-1} \boldsymbol{H}_k^{\mathrm{T}} + \boldsymbol{R}_k + \boldsymbol{H}_k^b \boldsymbol{C}_{k|k-1}^{b\mathrm{T}} \boldsymbol{H}_k^{\mathrm{T}} + \boldsymbol{H}_k \boldsymbol{C}_{k|k-1}^{b\mathrm{T}} \boldsymbol{H}_k^{b\mathrm{T}} + \boldsymbol{H}_k^b \boldsymbol{B} \boldsymbol{H}_k^{b\mathrm{T}} \tag{4.5-12}$$

$$\boldsymbol{C}_{k|k}^b = \boldsymbol{C}_{k|k-1}^b - \boldsymbol{K}_k[\boldsymbol{H}_k \boldsymbol{C}_{k|k-1}^b + \boldsymbol{H}_k^b \boldsymbol{B}] \tag{4.5-13}$$

$$\boldsymbol{P}_{k|k} = [\boldsymbol{I} - \boldsymbol{K}_k \boldsymbol{H}_k]\boldsymbol{P}_{k|k-1}[\boldsymbol{I} - \boldsymbol{K}_k \boldsymbol{H}_k]^{\mathrm{T}} + \boldsymbol{K}_k \boldsymbol{R}_k \boldsymbol{K}_k^{\mathrm{T}} \tag{4.5-14}$$

注意$\boldsymbol{K}_k$ 为滤波增益，$\sum_k$是滤波残差过程的协方差，$\boldsymbol{C}_{k|k}^b$是$\boldsymbol{C}_{0|0}^b = 0$ 的状态和偏差互协方差，$\boldsymbol{P}_{k|k}$是$\hat{\boldsymbol{x}}_{k|k}$的协方差。

后续会将该算法作为4.6 节推导的完整 *Schmidt* 卡尔曼滤波器的一个特例给出。

4.5.3 有色量测噪声

有色噪声意味着噪声序列中不同时刻的噪声是相关的。考虑修正的量测方程，即

$$\boldsymbol{y}_k = \boldsymbol{H}_k \boldsymbol{x}_k + \boldsymbol{\varepsilon}_k \tag{4.5-15}$$

式中：ε_k 和 ε_{k-1}的时间相关性由如下关系描述，即

$$\varepsilon_k = \Psi_k \varepsilon_{k-1} + \nu_{k-1} \tag{4.5-16}$$

式中：ν_{k-1}和系统噪声 μ_{k-1}是相互独立的、不相关的时间序列，且服从均值为零、协方差已知的高斯分布。直觉上，求解该问题的一种方法就是利用状态扩维技术。

状态扩维

扩维后的系统方程和量测方程如下：

$$\boldsymbol{x}_k^a = \begin{bmatrix} \boldsymbol{\Phi}_{k,k-1} & \boldsymbol{0} \\ \boldsymbol{0} & \boldsymbol{\Psi}_k \end{bmatrix} \boldsymbol{x}_{k-1}^a + \boldsymbol{\mu}_{k-1}^a \tag{4.5-17}$$

$$\boldsymbol{y}_k = [\boldsymbol{H}_k \quad \boldsymbol{I}]\boldsymbol{x}_k^a \tag{4.5-18}$$

式中：$\boldsymbol{x}^a = [x^{\mathrm{T}} \boldsymbol{\varepsilon}^{\mathrm{T}}]^{\mathrm{T}}$；$\boldsymbol{\mu}_{k-1}^a = [\mu_{k-1}^{\mathrm{T}} \quad \nu_{k-1}^{\mathrm{T}}]^{\mathrm{T}}$。注意，原始量测噪声的白噪声分量现在被移至扩维的过程噪声中，这使得式(4.5-18)给出的扩维系统量测是无噪声的；因此也是一个病态情况。Bryson 和 Henrikson[22]将该问题比拟为在仅有 n 项线性约束条件下($x \in \mathbb{R}^n$)，求解 $n+m$ 维空间($x_k^a \in \mathbb{R}^{n+m}$)的状态估计问题，由此利用状态扩维方法并不能求解该问题。

Bryson 和 Henrikson 接着提出了一种量测差分方法，需要生成一个导出量测，即

$$\boldsymbol{y}_k^* = \boldsymbol{y}_{k+1} - \boldsymbol{\Psi}_k \boldsymbol{y}_k \tag{4.5-19}$$

导出量测$\boldsymbol{y}_k^*$ 的量测噪声在时间上不再相关，但它与过程噪声 μ_{k-1}是相关的。两位学者继续求解这一问题，因涉及同时求解一个一步平滑问题，他们的

方法相当繁杂。注意,导出量测包括此后和当前的量测。Lambert[23]给出了一种更精致且易于采用的求解方法,如下:

量测差分方法

为了重申估计问题,下面给出状态和量测方程,即

$$\boldsymbol{x}_k=\boldsymbol{\Phi}_{k+1,k}\boldsymbol{x}_{k-1}+\boldsymbol{\mu}_{k-1} \tag{4.5-20}$$

$$y_k=\boldsymbol{H}_k\, x_k+\boldsymbol{\varepsilon}_k \tag{4.5-21}$$

$$\boldsymbol{\varepsilon}_k=\boldsymbol{\Psi}_k\boldsymbol{\varepsilon}_k+\nu_{k-1} \tag{4.5-22}$$

导出量测$\boldsymbol{y}_k^*$ 被定义为

$$y_k^*=y_{k+1}-\boldsymbol{\Psi}_k\, y_k \tag{4.5-23}$$

为了使推导过程更加清晰,所有矩阵和向量的时间标记都被显著注出。将y_{k+}和y_k 用它们与x_k 和 $\boldsymbol{\varepsilon}_k$ 的关系代替,可得

$$y_k^*=[\boldsymbol{H}_{k+1}\boldsymbol{\Phi}_{k+1,k}-\boldsymbol{\Psi}_k\,\boldsymbol{H}_k]x_k+\boldsymbol{H}_{k+1}\mu_k+\nu_k \tag{4.5-24}$$

令

$$\boldsymbol{H}_k^*=\boldsymbol{H}_{k+1}\boldsymbol{\Phi}_{k+1,k}-\boldsymbol{\Psi}_k\,\boldsymbol{H}_k \tag{4.5-25}$$

$$\boldsymbol{\nu}_k^*=\boldsymbol{H}_{k+1}\boldsymbol{\mu}_k+\boldsymbol{\nu}_k \tag{4.5-26}$$

则导出的量测方程为

$$y_k^*=\boldsymbol{H}_k^*\, x_k+\boldsymbol{\nu}_k^* \tag{4.5-27}$$

其中,$\boldsymbol{\nu}_k^*:\sim N(0,R_k^*)$,且有

$$\boldsymbol{R}_k^*=\boldsymbol{H}_{k+1}\boldsymbol{Q}_k\,\boldsymbol{H}_{k+1}^{\mathrm{T}}+\boldsymbol{R}_k \tag{4.5-28}$$

注意,导出量测噪声向量 $\boldsymbol{\nu}_k^*$ 与过程噪声向量 $\boldsymbol{\mu}_k$ 是相关的,其相关关系如下:

$$E\{\boldsymbol{\mu}_k\boldsymbol{\nu}_k^{*\mathrm{T}}\}=\boldsymbol{Q}_k\,\boldsymbol{H}_{k+1}^{\mathrm{T}} \tag{4.5-29}$$

在此情况下不能直接利用卡尔曼滤波器方程,因此必须定义一个过程噪声与 $\boldsymbol{\nu}_k^*$ 不相关的导出系统方程。将系统方程重写为

$$x_{k+1}=\boldsymbol{\Phi}_{k+1,k}x_k+\boldsymbol{\mu}_k+\Lambda_k(y_k^*-\boldsymbol{H}_k^*\,x_k+\nu_k^*) \tag{4.5-30}$$

式中,由于括号中的向量等于$\mathbf{0}$,$\boldsymbol{\Lambda}_k$ 可是任何任意的 $n\times m$ 矩阵。重新编排上式,可得

$$x_{k+1}=[\boldsymbol{\Phi}_{k+1,k}-\boldsymbol{\Lambda}_k\boldsymbol{H}_k^*]x_k+\boldsymbol{\Lambda}_k\,y_k^*+\mu_k^* \tag{4.5-31}$$

式中:$\boldsymbol{\mu}_k^*=\boldsymbol{\mu}_k-\boldsymbol{\Lambda}_k\boldsymbol{\nu}_k^*$ 为新的过程噪声项。在导出$\boldsymbol{\mu}_k^*$ 的协方差$\boldsymbol{Q}_k^*$ 的表示式之前,卡尔曼滤波器假设$\boldsymbol{\mu}_k^*$ 和$\boldsymbol{\nu}_k^*$ 是不相关的。相关矩阵为

$$E\{\boldsymbol{\mu}_k^*\boldsymbol{\nu}_k^{*\mathrm{T}}\}=\boldsymbol{Q}_k\,\boldsymbol{H}_{k+1}^{\mathrm{T}}-\boldsymbol{\Lambda}_k\,\boldsymbol{R}_k^*=0$$

因此,有

$$\boldsymbol{\Lambda}_k=\boldsymbol{Q}_k\,\boldsymbol{H}_{k+1}^{\mathrm{T}}\boldsymbol{R}_k^{*-1} \tag{4.5-32}$$

现在推导$\boldsymbol{Q}_k^*$ 的表示式为

$$\boldsymbol{Q}_k^*=\mathrm{Cov}\{\boldsymbol{\mu}_k^*\}=\mathrm{Cov}\{\boldsymbol{\mu}_k-\boldsymbol{\Lambda}_k(\boldsymbol{H}_{k+1}\boldsymbol{\mu}_k+\boldsymbol{\nu}_k)\}=\boldsymbol{Q}_k+\boldsymbol{\Lambda}_k\,\boldsymbol{H}_{k+1}\boldsymbol{Q}_k\,\boldsymbol{H}_{k+1}^{\mathrm{T}}\boldsymbol{\Lambda}_k^{\mathrm{T}}$$

$$+\boldsymbol{\Lambda}_k \boldsymbol{R}_k \boldsymbol{\Lambda}_k^{\mathrm{T}} - \boldsymbol{\Lambda}_k \boldsymbol{H}_{k+1} \boldsymbol{Q}_k - \boldsymbol{\Lambda}_k \boldsymbol{H}_k^{\mathrm{T}} \boldsymbol{\Lambda}_k^T$$

注意到

$$\boldsymbol{\Lambda}_k \boldsymbol{H}_{k+1} \boldsymbol{Q}_k \boldsymbol{H}_{k+1}^{\mathrm{T}} \boldsymbol{\Lambda}_k^{\mathrm{T}} + \boldsymbol{\Lambda}_k \boldsymbol{R}_k \boldsymbol{\Lambda}_k^{\mathrm{T}} = \boldsymbol{\Lambda}_k \boldsymbol{R}_k^* \boldsymbol{\Lambda}_k^{\mathrm{T}}$$

从而有

$$\boldsymbol{Q}_k^* = \boldsymbol{Q}_k + \boldsymbol{\Lambda}_k \boldsymbol{R}_k^* \boldsymbol{\Lambda}_k^{\mathrm{T}} - \boldsymbol{\Lambda}_k \boldsymbol{H}_{k+1} \boldsymbol{Q}_k - \boldsymbol{Q}_k \boldsymbol{H}_{k+1}^{\mathrm{T}} \boldsymbol{\Lambda}_k^{\mathrm{T}} \tag{4.5-33}$$

类似地,根据$\boldsymbol{\Lambda}_k$的定义,$\boldsymbol{\Lambda}_k \boldsymbol{R}_k^* - \boldsymbol{Q}_k \boldsymbol{H}_{k+1}^{\mathrm{T}} = \boldsymbol{0}$,$\boldsymbol{Q}_k^*$的最终表示式为

$$\boldsymbol{Q}_k^* = \boldsymbol{Q}_k - \boldsymbol{\Lambda}_k \boldsymbol{H}_{k+1} \boldsymbol{Q}_k \tag{4.5-34}$$

有色量测噪声问题的系统和量测方程为

$$\boldsymbol{x}_{k+1} = [\boldsymbol{\Phi}_{k+1,k} - \boldsymbol{\Lambda}_k \boldsymbol{H}_k^*]\boldsymbol{x}_k + \boldsymbol{\Lambda}_k \boldsymbol{y}_k^* + \boldsymbol{\mu}_k^* \tag{4.5-35}$$

$$\boldsymbol{y}_{k+1}^* = \boldsymbol{H}_{k+1}^* \boldsymbol{x}_{k+1} + \boldsymbol{\nu}_{k+1}^* \tag{4.5-36}$$

式中:

$$\boldsymbol{\mu}_k^* : \sim N(\boldsymbol{0}, \boldsymbol{H}_{k+1} \boldsymbol{Q}_k \boldsymbol{H}_{k+1}^{\mathrm{T}} + \boldsymbol{R}_k) \tag{4.5-37}$$

$$\boldsymbol{\nu}_k^* : \sim N(\boldsymbol{0}, \boldsymbol{Q}_k - \boldsymbol{\Lambda}_k \boldsymbol{H}_{k+1} \boldsymbol{Q}_k) \tag{4.5-38}$$

而$\boldsymbol{\Lambda}_k$由式(4.5-32)定义。可以针对此种情况,构建卡尔曼滤波器,系统方程中的$\boldsymbol{y}_k^*$可被看作是预测过程(从k到$k+1$)中的一项输入。另外值得注意的一点是,由于$\boldsymbol{y}_k^*$包括两个相继的量测,因此卡尔曼滤波器初始化之前必须要等一个周期。

表4.1总结了推导的、适于卡尔曼滤波应用的系统和量测方程。

评注:

仍然有许多问题待解决,如有色噪声的未知相关性$\boldsymbol{\Psi}_k$及不确定的有色噪声结构,即当实际相关模型不是$\boldsymbol{\Psi}_k$时。

一定意义下,有色噪声是一个时变的偏差。多个传感器之间的偏差构成了多传感器融合中最难的问题之一。

表4.1 针对量测噪声时间相关时的卡尔曼滤波器实现推导的系统和量测方程

当量测噪声是一个相关的时间序列时针对卡尔曼滤波器应用推导的系统和量测方程 原始的系统和量测方程为 $\boldsymbol{x}_k = \boldsymbol{\Phi}_{k+1} \boldsymbol{x}_{k-1} + \boldsymbol{\mu}_{k-1}$ $\boldsymbol{y}_k = \boldsymbol{H}_k \boldsymbol{x}_k + \boldsymbol{\varepsilon}_k$ $\boldsymbol{\varepsilon}_k = \boldsymbol{\Psi}_k \boldsymbol{\varepsilon}_k + \boldsymbol{\nu}_{k-1}$ 式中:$\boldsymbol{\nu}_{k-1}$和$\boldsymbol{\mu}_{k-1}$是具有高斯密度、零均值和已知的协方差的相互独立的和不相关的时间序列。 针对卡尔曼滤波器实现推导的系统和量测方程 $\boldsymbol{x}_{k+1} = [\boldsymbol{\Phi}_{k+1,k} - \boldsymbol{\Lambda}_k \boldsymbol{H}_k^*]\boldsymbol{x}_k + \boldsymbol{\Lambda}_k \boldsymbol{y}_k^* + \boldsymbol{\mu}_k^*$ $\boldsymbol{y}_{k+1}^* = \boldsymbol{H}_{k+1}^* \boldsymbol{x}_{k+1} + \boldsymbol{\nu}_{k+1}^*$ 式中 $\boldsymbol{\mu}_k^* : \sim N(0, \boldsymbol{H}_{k+1} \boldsymbol{Q}_k \boldsymbol{H}_{k+1}^{\mathrm{T}} + \boldsymbol{R}_k)$,$\nu_k^* : \sim (0, \boldsymbol{Q}_k - \boldsymbol{\Lambda}_k \boldsymbol{H}_{k+1} \boldsymbol{Q}_k)$,$\boldsymbol{\Lambda}_k = \boldsymbol{Q}_k \boldsymbol{H}_{k+1}^{\mathrm{T}} \boldsymbol{R}_k^{*\,-1}$

4.6 系统输入和量测偏差均未知的系统

以下推导对未知系统输入和量测偏差均有考量的 Schmidt 卡尔曼滤波器。推导过程是基于文献[17]pp:281 - 286 给出的。对两种类型未知量均有考量的系统状态和量测方程的模型如下，

$$\boldsymbol{x}_k = \boldsymbol{\Phi}_{k,k-1}\boldsymbol{x}_{k-1} + \boldsymbol{\varphi}_{k,k-1}\boldsymbol{d}_{k-1} + \boldsymbol{\mu}_{k-1} \tag{4.6-1}$$

$$\boldsymbol{d}_k = \boldsymbol{d}_{k-1} \tag{4.6-2}$$

$$\boldsymbol{b}_k = \boldsymbol{b}_{k-1} \tag{4.6-3}$$

$$\boldsymbol{y}_k = \boldsymbol{H}_k \boldsymbol{x}_k + \boldsymbol{H}_k^b \boldsymbol{b}_k + \boldsymbol{\nu}_k \tag{4.6-4}$$

式中:$\boldsymbol{d}_k$ 为未知驱动向量,并假设其为一个具有先验分布$\boldsymbol{d}_9$: ~ $N(\boldsymbol{d},\boldsymbol{D})$的未知常量;$\boldsymbol{b}_k$ 为残余偏差,并假设其是先验分布为$\boldsymbol{b}_0$: ~ $N(\boldsymbol{b},\boldsymbol{B})$的一个未知常量。$\boldsymbol{\varphi}_{k,k-1}$定义了驱动向量与状态之间的关系,$\boldsymbol{H}_k^b$ 定义了残余偏差和量测向量之间的关系。不失一般性,驱动向量和量测偏差的均值被设为 0,即 $\boldsymbol{d}=0,\boldsymbol{b}=0$。为了求解估计问题,可以简单地通过卡尔曼滤波器对$\boldsymbol{x}_k$,$\boldsymbol{d}_k$ 和$\boldsymbol{b}_k$ 进行联合估计。通过状态扩维可以实现这一点,将扩维后的状态向量定义为$\boldsymbol{x}_k^a = [\boldsymbol{x}_k,\boldsymbol{d}_k,\boldsymbol{b}_k]^{\mathrm{T}}$,即得出如下状态和量测方程:

$$\boldsymbol{x}_k^a = \begin{bmatrix} \boldsymbol{\Phi}_{k,k-1} & \boldsymbol{\varphi}_{k,k-1} & \boldsymbol{0} \\ \boldsymbol{0} & \boldsymbol{I} & \boldsymbol{0} \\ \boldsymbol{0} & \boldsymbol{0} & \boldsymbol{I} \end{bmatrix} \boldsymbol{x}_{k-1}^a + \begin{bmatrix} \boldsymbol{\mu}_{k-1} \\ \boldsymbol{0} \\ \boldsymbol{0} \end{bmatrix} \tag{4.6-5}$$

$$\boldsymbol{y}_k = [\boldsymbol{H}_k,\boldsymbol{0},\boldsymbol{H}_k^b]\boldsymbol{x}_k^a + \boldsymbol{\nu}_k \tag{4.6-6}$$

式中:$\boldsymbol{I}$ 和 $\boldsymbol{0}$ 分别为具有适当维度的单位矩阵和零矩阵。可以针对该系统构建卡尔曼滤波器。根据先验知识,$\boldsymbol{d}_0$ 和$\boldsymbol{b}_0$ 初始估计的协方差被设为 D 和 B。这种方法在理论上很简单。如果选择采用这种方法,正如 4.4.2 节所强调的,应当给$\boldsymbol{d}_k$ 和$\boldsymbol{b}_k$ 增加一些过程噪声,以避免由于过于相信关于$\boldsymbol{d}_k$ 和$\boldsymbol{b}_k$ 的模型①而导致滤波发散。

考虑到由增加的状态维数所产生的额外计算负荷,最初由 Schmidt[20] 提出的一种替代方法,该方法考虑了不确定性对状态估计的不利影响,而未实际估计参数本身。可以通过设计关于$\hat{\boldsymbol{d}}_{k|k}^*$ 和$\hat{\boldsymbol{b}}_{k|k}^*$ 的次优估计器并忽略对$\boldsymbol{d}_k$ 和$\boldsymbol{b}_k$ 的估计来实现这一点,同时估计器仍需强制满足如下条件:

$$\hat{\boldsymbol{d}}_{k|k}^* \equiv \boldsymbol{0} \tag{4.6-7}$$

$$\hat{\boldsymbol{b}}_{k|k}^* \equiv \boldsymbol{0} \tag{4.6-8}$$

和

$$\mathrm{Cov}\{\hat{\boldsymbol{d}}_{k|k}^*\} \equiv \boldsymbol{D} \tag{4.6-9}$$

---

① 实际上,未知的参数并不总是保持为恒量。

$$\mathrm{Cov}\{\hat{\boldsymbol{b}}_{k|k}^*\} \equiv \boldsymbol{B} \tag{4.6-10}$$

给定上述对后验信息的约束,增广的状态向量的协方差为

$$\boldsymbol{P}_{k|k}^a = \begin{bmatrix} \boldsymbol{P}_{k|k} & \boldsymbol{C}_{k|k}^d & \boldsymbol{C}_{k|k}^b \\ \boldsymbol{C}_{k|k}^{d\mathrm{T}} & \boldsymbol{D} & \boldsymbol{0} \\ \boldsymbol{C}_{k|k}^{b\mathrm{T}} & \boldsymbol{0} & \boldsymbol{B} \end{bmatrix} \tag{4.6-11}$$

式中

$$\boldsymbol{C}_{k|k}^d = E\{[\boldsymbol{x}_k - \hat{\boldsymbol{x}}_{k|k}^*]\boldsymbol{d}_k^\mathrm{T}\} \tag{4.6-12}$$

$$\boldsymbol{C}_{k|k}^b = E\{[\boldsymbol{x}_k - \hat{\boldsymbol{x}}_{k|k}^*]\boldsymbol{b}_k^\mathrm{T}\} \tag{4.6-13}$$

$\hat{\boldsymbol{x}}_{k|k}^*$是在原有扩维滤波器中以$\hat{\boldsymbol{d}}_{k|k}^*$和$\hat{\boldsymbol{b}}_{k|k}^*$代替$\boldsymbol{d}_k$和$\boldsymbol{b}_k$的估计的次优状态估计算法。$\boldsymbol{P}_{k|k}^a$中的零矩阵源于$\boldsymbol{d}_k$和$\boldsymbol{b}_k$不相关的假设。此外,由于$\mathrm{Cov}\{\hat{\boldsymbol{d}}_{k|k}^*\}$和$\mathrm{Cov}\{\hat{\boldsymbol{b}}_{k|k}^*\}$被强制保持恒定的事实,仅有必要计算子矩阵$\boldsymbol{P}_{k|k}$,$\boldsymbol{C}_{k|k}^d$和$\boldsymbol{C}_{k|k}^b$的演化。

利用

$$\boldsymbol{P}_{k|k-1}^a = \begin{bmatrix} \boldsymbol{\Phi}_{k|k-1} & \boldsymbol{\varphi}_{k,k-1} & \boldsymbol{0} \\ \boldsymbol{0} & \boldsymbol{I} & \boldsymbol{0} \\ \boldsymbol{0} & \boldsymbol{0} & \boldsymbol{I} \end{bmatrix} \begin{bmatrix} \boldsymbol{P}_{k-1|k-1} & \boldsymbol{C}_{k-1|k-1}^d & \boldsymbol{C}_{k-1|k-1}^b \\ \boldsymbol{C}_{k-1|k-1}^{d\mathrm{T}} & \boldsymbol{D} & \boldsymbol{0} \\ \boldsymbol{C}_{k-1|k-1}^{b\mathrm{T}} & \boldsymbol{0} & \boldsymbol{B} \end{bmatrix} \begin{bmatrix} \boldsymbol{\Phi}_{k|k-1} & \boldsymbol{\varphi}_{k,k-1} & \boldsymbol{0} \\ \boldsymbol{0} & \boldsymbol{I} & \boldsymbol{0} \\ \boldsymbol{0} & \boldsymbol{0} & \boldsymbol{I} \end{bmatrix}^\mathrm{T} + \begin{bmatrix} \boldsymbol{Q}_{k-1} & \boldsymbol{0} & \boldsymbol{0} \\ \boldsymbol{0} & \boldsymbol{0} & \boldsymbol{0} \\ \boldsymbol{0} & \boldsymbol{0} & \boldsymbol{0} \end{bmatrix} \tag{4.6-14}$$

以及$\hat{\boldsymbol{d}}_{k|k}^*$和$\hat{\boldsymbol{b}}_{k|k}^*$被强制为零的事实,在经过一些运算后,可得

$$\hat{\boldsymbol{x}}_{k|k-1}^* = \boldsymbol{\Phi}_{k,k-1}\hat{\boldsymbol{x}}_{k-1|k-1}^* \tag{4.6-15}$$

$$\begin{aligned}\boldsymbol{P}_{k|k-1}^* = {} & \boldsymbol{\Phi}_{k,k-1}\boldsymbol{P}_{k|k-1}^*\boldsymbol{\Phi}_{k,k-1}^\mathrm{T} + \boldsymbol{Q}_{k-1} + \boldsymbol{\Phi}_{k,k-1}\boldsymbol{C}_{k-1|k-1}^d\boldsymbol{\varphi}_{k,k-1}^\mathrm{T} \\ & + \boldsymbol{\varphi}_{k,k-1}\boldsymbol{C}_{k-1|k-1}^d\boldsymbol{\Phi}_{k,k-1}^\mathrm{T} + \boldsymbol{\varphi}_{k,k-1}\boldsymbol{D}\boldsymbol{\varphi}_{k,k-1}^\mathrm{T}\end{aligned} \tag{4.6-16}$$

$$\boldsymbol{C}_{k|k-1}^d = \boldsymbol{\Phi}_{k,k-1}\boldsymbol{C}_{k-1|k-1}^d + \boldsymbol{\varphi}_{k,k-1}\boldsymbol{D} \tag{4.6-17}$$

$$\boldsymbol{C}_{k,k-1}^b = \boldsymbol{\Phi}_{k,k-1}\boldsymbol{C}_{k-1,k-1}^b \tag{4.6-18}$$

利用卡尔曼滤波器更新方程就可得到如下形式熟悉的状态更新方程:

$$\hat{\boldsymbol{x}}_{k|k}^* = \hat{\boldsymbol{x}}_{k|k-1}^* + \boldsymbol{K}_k^a(\boldsymbol{y}_k - \boldsymbol{H}_k\hat{\boldsymbol{x}}_{k|k-1}^*) \tag{4.6-19}$$

式中:$\boldsymbol{K}_k^a$为扩维系统的卡尔曼滤波增益,有

$$\boldsymbol{K}_k^a = \boldsymbol{P}_{k|k-1}^a\boldsymbol{H}_k^{a\mathrm{T}}[\boldsymbol{H}_k^a\boldsymbol{P}_{k|k-1}^a\boldsymbol{H}_k^{a\mathrm{T}} + \boldsymbol{R}_k]^{-1} \tag{4.6-20}$$

且$\boldsymbol{H}_k^a = [\boldsymbol{H}_k, \boldsymbol{0}, \boldsymbol{H}_k^b]$是扩维的量测矩阵。将关于$\boldsymbol{H}_k^a$的表达式代入上式,并利用$\boldsymbol{P}_{k|k-1}^a$的单独子矩阵,在经过一些代数运算后,即可得到如下滤波器状态更新方程组:

$$\boldsymbol{K}_k^a = [\boldsymbol{P}_{k|k-1}^*\boldsymbol{H}_k^\mathrm{T} + \boldsymbol{C}_{k|k-1}^b\boldsymbol{H}_k^{b\mathrm{T}}]\sum\nolimits_k^{-1} \tag{4.6-21}$$

$$\sum{}_k = \boldsymbol{H}_k \boldsymbol{P}^*_{k|k-1} \boldsymbol{H}_k^{\mathrm{T}} + \boldsymbol{R}_k + \boldsymbol{H}_k^b \boldsymbol{C}_{k|k-1}^{b^{\mathrm{T}}} \boldsymbol{H}_k^{\mathrm{T}} + \boldsymbol{H}_k \boldsymbol{C}_{k|k-1}^b \boldsymbol{H}_k^{b^{\mathrm{T}}} + \boldsymbol{H}_k^b \boldsymbol{B} \boldsymbol{H}_k^{b^{\mathrm{T}}} \tag{4.6-22}$$

$$\boldsymbol{C}_{k|k}^d = \boldsymbol{C}_{k|k-1}^d - \boldsymbol{K}_k^a \boldsymbol{H}_k \boldsymbol{C}_{k|k-1}^d \tag{4.6-23}$$

$$\boldsymbol{C}_{k|k}^b = \boldsymbol{C}_{k|k-1}^b - \boldsymbol{K}_k^a [\boldsymbol{H}_k \boldsymbol{C}_{k|k-1}^b + \boldsymbol{H}_k^b \boldsymbol{B}] \tag{4.6-24}$$

$$\boldsymbol{P}^*_{k|k} = [\boldsymbol{I} - \boldsymbol{K}_k^a \boldsymbol{H}_k] \boldsymbol{P}^*_{k|k-1} [\boldsymbol{I} - \boldsymbol{K}_k^a \boldsymbol{H}_k]^{\mathrm{T}} + \boldsymbol{K}_k^a \boldsymbol{R}_k \boldsymbol{K}_k^{a^{\mathrm{T}}} \tag{4.6-25}$$

式中：$\sum{}_k$ 是滤波残差过程的协方差。表 4.2 对上述推导出的 SKF 算法进行了归纳总结。

评注

(1)将 $\boldsymbol{\varphi}_{k,k-1}$ 和 $\boldsymbol{D}$ 设置为零，即可得到 4.5.2 节中针对残留偏差估计的 SKF。

(2)回想第 2 章课后习题 1 中所研究的目标模型，以及 4.3 节对失配系统的讨论。一个机动目标的轨迹可以采用匀加速(CA)模型建模，一个直线运动目标可以匀速(CV)模型建模。为使采用 CV 模型建模的卡尔曼滤波器对机动目标也有效，可采用以下两种方法：(1)选择一个能够代表目标机动水平的过程噪声协方差；(2)采用如上针对未知驱动的 SKF①。前一种方法(1)是几十年来实践人员者采用的一种众所周知的方法。后一种方法(2)尽管是文献[17,20,21]所给 SKF 的一个子情况，2004 年作为一种简化状态估计器又重新发表[24]。Urbano 等在 2012 年所发表的一篇论文[25]指出，通过滤波器调优，这两种方法在稳态运行时是等价的。

(3)当一个目标连续处于机动状态时，较之 CV 模型，采用 CA 模型构建的滤波器能更真实地表示实际的目标运动过程。采用 CV 模型且不估计未知驱动(在这种情况下是加速度)的 SKF，但可通过协方差降级来考虑机动造成的影响。尽管由于未估计未知参数而降低了计算量，但由于未估计未知参数，该算法仍是次优的。

(4)实际上，目标既不会总是匀速运动也会不总是匀加速运动。4.7 节讨论了一种当目标运动模式发生变化时能检测出变化、并能自适应调整跟踪的算法。分别基于 CV 和 CA 模型构建滤波器、并允许采用假设概率对各自滤波输出进行组合的方法，即多模型估计算法(MMEA)，则是下一章的内容。

① 通过设定量测偏差为零得到与上面相同的方程。

表 4.2 用于同时有系统和量测偏差的 Schmidt – Kalman 滤波器

Schmidt – Kalman 滤波器

系统和量测方程

$$\boldsymbol{x}_k = \boldsymbol{\Phi}_{k,k-1}\boldsymbol{x}_{k-1} + \boldsymbol{\varphi}_{k|k-1}\boldsymbol{d}_{k-1} + \boldsymbol{\mu}_{k-1}$$

$$\boldsymbol{d}_k = \boldsymbol{d}_{k-1}$$

$$\boldsymbol{b}_k = \boldsymbol{b}_{k-1}$$

$$\boldsymbol{y}_k = \boldsymbol{H}_k \boldsymbol{x}_k + \boldsymbol{H}_k^b \boldsymbol{b}_k + \boldsymbol{\nu}_k$$

式中:$\boldsymbol{d}_k$ 是一个$\boldsymbol{d}_0:\sim N(\boldsymbol{d},\boldsymbol{D})$的未知的常向量;$\boldsymbol{b}_k$ 是一个具有先验分布$\boldsymbol{b}_0:N(\boldsymbol{b},\boldsymbol{B})$的未知的恒定的残余偏差向量。不是一般性,$\boldsymbol{d}$ 和 $\boldsymbol{b}$ 被设定为 $\boldsymbol{0}$。

目标

在不计算增广状态向量(不必和状态向量一起估计$\boldsymbol{d}_k$ 和$\boldsymbol{b}_k$)的情况下估计$\boldsymbol{x}_k$,但在协方差矩阵中考虑$\boldsymbol{d}_k$ 和$\boldsymbol{b}_k$ 的影响。

估计算法

预测

$$\hat{\boldsymbol{x}}^*_{k|k-1} = \boldsymbol{\Phi}_{k|k-1}\hat{\boldsymbol{x}}^*_{k|k-1}$$

$$\boldsymbol{P}^*_{k|k-1} = \boldsymbol{\Phi}_{k,k-1}\boldsymbol{P}^*_{k-1|k-1}\boldsymbol{\Phi}^{\mathrm{T}}_{k,k-1} + \boldsymbol{Q}_{k-1} + \boldsymbol{\Phi}_{k,k-1}\boldsymbol{C}^{\mathrm{T}}_{k-1|k-1}\boldsymbol{\varphi}^{\mathrm{T}}_{k,k-1}$$

$$+\boldsymbol{\varphi}_{k,k-1}\boldsymbol{C}^{d\mathrm{T}}_{k-1|k-1}\boldsymbol{\Phi}^{\mathrm{T}}_{k,k-1} + \boldsymbol{\varphi}_{k,k-1}\boldsymbol{D}\boldsymbol{\varphi}^{\mathrm{T}}_{k,k-1}\boldsymbol{C}^d_{k|k-1} = \boldsymbol{\Phi}_{k|k-1}\boldsymbol{C}^d_{k-1|k-1} + \boldsymbol{\varphi}_{k,k-1}\boldsymbol{D}$$

$$\boldsymbol{C}^b_{k|k-1} = \boldsymbol{\Phi}_{k,k-1}\boldsymbol{C}^b_{k-1|k-1}$$

更新

$$\hat{\boldsymbol{x}}^*_{k|k} = \hat{\boldsymbol{x}}^*_{k|k-1} + \boldsymbol{K}^a_k(\boldsymbol{y}_k - \boldsymbol{H}_k\hat{\boldsymbol{x}}^*_{k|k-1})$$

$$\boldsymbol{K}^a_k = [\boldsymbol{P}^*_{k|k-1}\boldsymbol{H}^{\mathrm{T}}_k + \boldsymbol{C}^b_{k|k-1}\boldsymbol{H}^{b\mathrm{T}}_k]\sum\nolimits_k^{-1}$$

$$\sum\nolimits_k = \boldsymbol{H}_k\boldsymbol{P}^*_{k|k-1}\boldsymbol{H}^{\mathrm{T}}_k + \boldsymbol{R}_k + \boldsymbol{H}^b_k\boldsymbol{C}^{b\mathrm{T}}_{k|k-1}\boldsymbol{H}^{\mathrm{T}}_k + \boldsymbol{H}_k\boldsymbol{C}^b_{k|k-1}\boldsymbol{H}^{b\mathrm{T}}_k + \boldsymbol{H}^b_k\boldsymbol{B}\boldsymbol{H}^{b\mathrm{T}}_k$$

$$\boldsymbol{C}^d_{k|k} = \boldsymbol{C}^d_{k|k-1} - \boldsymbol{K}^a_k\boldsymbol{H}_k\boldsymbol{C}^d_{k|k-1}$$

$$\boldsymbol{C}^b_{k|k} = \boldsymbol{C}^b_{k|k-1} - \boldsymbol{K}^a_k[\boldsymbol{H}_k\boldsymbol{C}^b_{k|k-1} + \boldsymbol{H}^b_k\boldsymbol{B}]$$

$$\boldsymbol{P}^*_{k|k} = [\boldsymbol{I} - \boldsymbol{K}^a_k\boldsymbol{H}_k]\boldsymbol{P}^*_{k|k-1}[\boldsymbol{I} - \boldsymbol{K}^a_k\boldsymbol{H}_k]^{\mathrm{T}} + \boldsymbol{K}^a_k\boldsymbol{R}_k\boldsymbol{K}^{a\mathrm{T}}_k$$

其中符号$\hat{\boldsymbol{x}}^*_{k|k-1}$,$\boldsymbol{P}^*_{k|k-1}$,$\hat{\boldsymbol{x}}^*_{k|k}$和$\boldsymbol{P}^*_{k|k}$被用来说明它们是 SKF 估计和协方差。

4.7 输入突变的系统

有一类系统不确定性的表现形式为系统输入的突变。在实际应用中,这可能是由于一个突发的系统故障[26-30],或是由于目标未预期的机动[31-33]造成的,当然还有其他一些原因。当发生这样的变化时,系统设计人员希望能够检测变化和估计变化。似然比检验是一种常见的、针对未知的系统故障或变化(假设 H_1)和正常的条件(假设 H_0)的统计检验技术[27]。在检测到故障或变化后,可以基于检测后的量测对系统中的参数变化进行估计。具有被估计参数的似然函数被称为广义似然函数。广义似然比检测(GLR)的设计初衷是能同时求解检测和估计问题。如参考文献[26-33],GLR 被用于解决该问题。以下推导参考文献[32]中所给出的 GLR 算法。

为了便于参考,以下重新表述原始估计问题。考虑离散线性系统,有

$$\boldsymbol{x}_k = \boldsymbol{\Phi}_{k,k-1}\boldsymbol{x}_{k-1} + \boldsymbol{\mu}_{k-1}$$

$$\boldsymbol{y}_k = \boldsymbol{H}_k \boldsymbol{x}_k + \boldsymbol{\nu}_k$$

其中,$\boldsymbol{x}_0 : \sim N(\hat{\boldsymbol{x}}_0, \boldsymbol{P}_0)$,$\mu_k : N(0, \boldsymbol{Q}_k)$,$\nu_k : N(0, \boldsymbol{R}_k)$。

重新给出卡尔曼滤波算法如下:

$$\hat{\boldsymbol{x}}_{k|k-1} = \boldsymbol{\Phi}_{k,k-1} \hat{\boldsymbol{x}}_{k-1|k-1}$$

$$\hat{\boldsymbol{x}}_{k|k} = \hat{\boldsymbol{x}}_{k|k-1} + \boldsymbol{K}_k \gamma_k$$

$$\gamma_k = \boldsymbol{y}_k - \boldsymbol{H}_k \hat{\boldsymbol{x}}_{k|k-1}$$

式中

$$\boldsymbol{K}_k = \boldsymbol{P}_{k|k-1} \boldsymbol{H}_k^{\mathrm{T}} [\boldsymbol{H}_k \boldsymbol{P}_{k|k-1} \boldsymbol{H}_k^{\mathrm{T}} + \boldsymbol{R}_k]^{-1}$$

$$\boldsymbol{P}_{k|k-1} = \boldsymbol{\Phi}_{k,k-1} \boldsymbol{P}_{k-1|k-1} \boldsymbol{\Phi}_{k,k-1}^{\mathrm{T}} + \boldsymbol{Q}_{k-1}$$

$$\boldsymbol{P}_{k|k} = \boldsymbol{P}_{k|k-1} - \boldsymbol{P}_{k|k-1} \boldsymbol{H}_k^{\mathrm{T}} [\boldsymbol{H}_k \boldsymbol{P}_{k|k-1} \boldsymbol{H}_k^{\mathrm{T}} + \boldsymbol{R}_k]^{-1} \boldsymbol{H}_k \boldsymbol{P}_{k|k-1}$$

$$\Gamma_k = \mathrm{Cov}\{\gamma_k\} = \boldsymbol{H}_k \boldsymbol{P}_{k|k-1} \boldsymbol{H}_k^{\mathrm{T}} + \boldsymbol{R}_k$$

假设系统在 k_0 时刻发生变化,则残差过程不再是零均值,有

$$\tilde{\gamma}_k = \gamma_k + b_{k,k_0} \tag{4.7-1}$$

式中:$\tilde{\gamma}_k$ 是发生变化后的残差过程;b_{k,k_0}是残差过程中的偏差,且当 $k < k_0$ 时,$\boldsymbol{b}_{k,k_0} = 0$。参考文献[30]中考虑了 4 种类型的突变,包括对系统或量测设备的阶跃或脉冲输入。如考虑系统输入的突变,有

$$\boldsymbol{x}_k = \boldsymbol{\Phi}_{k,k-1} \boldsymbol{x}_{k-1} + \boldsymbol{\mu}_{k-1} + \boldsymbol{B}_k \boldsymbol{\delta}_{k,k_0} \tag{4.7-2}$$

式中:对于 $k < k_0$,有 $\delta_{k,k_0} = \boldsymbol{0}$;$\boldsymbol{B}_k$ 为已知的输入矩阵。文献[30]中考虑的全部 4 种类型系统变化均可用一般形式来表示,即

$$\boldsymbol{b}_{k,k_0} = \boldsymbol{G}_{k,k_0} \boldsymbol{\delta}_{k,k_0}$$

在文献[27-28]中给出了 4 种类型的系统变化G_{k,k_0}的具体表达式。GLR 算法将表述如下,对G_{k,k_0}没有特定的条件。考虑当 $k \geqslant k_0$ 时,δ_{k,k_0}变成了一个未知的恒定向量的情况。假设给定 k_0,则采用下式估计 δ_{k,k_0}(参见参考文献[32-33]):

$$\hat{\boldsymbol{\delta}}_{k,k_0} = \boldsymbol{S}_{k,k_0}^{-1} \boldsymbol{d}_{k,k_0} \tag{4.7-3}$$

和

$$\boldsymbol{S}_{k,k_0} = \sum_{n=k_0}^{k} \boldsymbol{G}_{n,k_0}^{\mathrm{T}} \Gamma_n^{-1} \boldsymbol{G}_{n,k_0} \tag{4.7-4}$$

$$\boldsymbol{d}_{k,k_0} = \sum_{n=k_0}^{k} \boldsymbol{G}_{n=k_0}^{\mathrm{T}} \Gamma_n^{-1} \tilde{\gamma}_n \tag{4.7-5}$$

式中:k_0 的估计 $\hat{k}_0$ 为使得如下对数似然比 l_{k,k_0}最大化的 k_0,即

$$l_{k,k_0} = \boldsymbol{d}_{k,k_0}^{\mathrm{T}} \boldsymbol{S}_{k,k_0}^{-1} \boldsymbol{d}_{k,k_0} = \boldsymbol{d}_{k,k_0}^{\mathrm{T}} \hat{\boldsymbol{\delta}}_{k,k_0} \tag{4.7-6}$$

GLR 检验的充分统计为 $l_{k,\hat{k}_0}$,其中 $\hat{k}_0$ 为通过选择使 l_{k,k_0}最大的 k_0 得到的。将 $l_{k,\hat{k}_0}$与阈值 λ 相比较,当 $l_{k,\hat{k}_0} > \lambda$ 时,判决在 $\hat{k}_0$ 时存在突变。阈值 λ 的选择需满足一定的检测和虚警要求。

评述

(1)上述输入估计问题假设未知输入向量$\boldsymbol{\delta}_{k,k_0}$是一个常量,即是一个具有未知幅度的阶跃函数。估计算法可以简化为以$\tilde{\boldsymbol{\gamma}}_k$为量测对常向量$\boldsymbol{\delta}_{k,k_0}$进行估计的卡尔曼滤波器。相关推导过程较为简单、直接,有兴趣的读者可以将其作为习题,可参阅文献[32-33]获取细节信息。

(2)输入向量是时变的并具有已知的转换矩阵,如,$\delta_{k,k_0}=\boldsymbol{\Phi}^{\delta}_{k,k-1}\delta_{k-1,k_0}$

(3)可证明对$\boldsymbol{\delta}_{k,k_0}$的估计仍是以$\tilde{\boldsymbol{\gamma}}_k$为量测的卡尔曼滤波器。

一旦判定发生了突变,为获得修正的状态估计,有两种方案供选择。

(1)利用$\boldsymbol{\delta}_{k,k_0}$对状态向量进行扩维,这将导致状态维数较大。当计算资源有限时,这是不希望发生的情况。

(2)继续如前那样估计$\hat{\boldsymbol{\delta}}_{k,k_0}$,且会利用$\hat{\boldsymbol{\delta}}_{k,k_0}$来校正有偏差的状态估计。不包含推导过程,该算法具体如下。有兴趣的读者可以参阅文献[32-33]获取相关细节信息。

$\hat{x}_{k|k}$标识修正的估计,$\tilde{x}_{k|k}$标识假设$\boldsymbol{\delta}_{k,k_0}$为零后得到的估计。

$$\hat{\boldsymbol{x}}_{k|k}=\tilde{\boldsymbol{x}}_{k|k}+\boldsymbol{A}_k\hat{\boldsymbol{\delta}}_{k-1,k_0} \tag{4.7-7}$$

$$\boldsymbol{A}_k=[\boldsymbol{I}-\boldsymbol{K}_k\boldsymbol{H}_k][\boldsymbol{\Phi}_{k,k-1}\boldsymbol{A}_{k-1}\boldsymbol{\Phi}^{\delta}_{k,k-1}{}^{-1}+\boldsymbol{B}_{k-1}] \tag{4.7-8}$$

$$\hat{\boldsymbol{\delta}}_{k,k_0}=\boldsymbol{\Phi}^{\delta}_{k,k-1}\hat{\boldsymbol{\delta}}_{k-1,k_0}+\boldsymbol{K}^{\delta}_k(\tilde{\boldsymbol{\gamma}}_k-\boldsymbol{G}_{k,k_0}\boldsymbol{\Phi}^{\delta}_{k,k-1}\hat{\boldsymbol{\delta}}_{k-1,k_0}) \tag{4.7-9}$$

$$\boldsymbol{K}^{\delta}_k=\boldsymbol{P}^{\delta}_{k|k-1}\boldsymbol{G}^{\mathrm{T}}_{k,k_0}[\boldsymbol{G}_{k,k_0}\boldsymbol{P}^{\delta}_{k|k-1}\boldsymbol{G}^{\mathrm{T}}_{k,k_0}+\boldsymbol{\Gamma}_k]^{-1} \tag{4.7-10}$$

$\hat{\boldsymbol{\delta}}_{k,k_0}$的协方差的演变关系为

$$\boldsymbol{P}^{\delta}_{k|k-1}=\boldsymbol{\Phi}^{\delta}_{k,k-1}\boldsymbol{P}^{\delta}_{k-1|k-1}\boldsymbol{\Phi}^{\delta}_{k,k-1}{}^{\mathrm{T}} \tag{4.7-11}$$

$$\boldsymbol{P}^{\delta}_{k|k}=\boldsymbol{P}^{\delta}_{k|k-1}-\boldsymbol{P}^{\delta}_{k|k-1}\boldsymbol{G}^{\mathrm{T}}_{k,k_0}[\boldsymbol{G}_{k,k_0}\boldsymbol{P}^{\delta}_{k|k-1}\boldsymbol{G}^{\mathrm{T}}_{k,k_0}+\boldsymbol{\Gamma}_k]^{-1}\boldsymbol{G}_{k,k_0}\boldsymbol{P}^{\delta}_{k|k-1} \tag{4.7-12}$$

$\hat{\boldsymbol{x}}_{k|k}$的协方差为

$$\boldsymbol{P}_{k|k}=\boldsymbol{P}_{k|k-1}-\boldsymbol{P}_{k|k-1}\boldsymbol{H}^{\mathrm{T}}_k[\boldsymbol{H}_k\boldsymbol{P}_{k|k-1}\boldsymbol{H}^{\mathrm{T}}_k+\boldsymbol{R}_k]^{-1}\boldsymbol{H}_k\boldsymbol{P}_{k|k-1}+\boldsymbol{A}_k\boldsymbol{P}^{\delta}_{k-1|k-1}\boldsymbol{A}^{\mathrm{T}}_k \tag{4.7-13}$$

上述算法将突变输入$\boldsymbol{\delta}_{k,k_0}$当作一个确定系统来处理。为阻止滤波器变得过于自信,有经验的算法设计人员总是会给$\boldsymbol{P}^{\delta}_{k|k-1}$算式增加一定的过程噪声协方差。对于大多数滤波器应用而言,增加一定量的过程噪声协方差是一种有效做法,这一点怎么强调都不会过分。

上述算法定义了两个级联的卡尔曼滤波器,其中原始状态向量估计器假设系统输入为零,而第二个滤波器是以第一个滤波器的滤波残差作为量测对突变进行估计。通过组合两个滤波器,以得到最终的修正的状态估计。

由于检测过程需要估计$\hat{k}_0$的事实,上述算法必须采用增大的滤波器组来实

现,计算量较大。由此也就产生了两种替代方法。

(1) 不论是否期望有偏差,总是试图估计输入偏差。这将导致系统过度建模(见第 10 章),整体估计结果会比没有为系统输入偏差建模时有更大的噪声。

(2) 采用多模型滤波器(MMF)以涵盖存在和不存在输入变化的情形,避免了关于显式检测过程的需求,也相应避免了检测后的明显瞬变。然而,这种方法对计算也有较高的要求。事实上,选择何种方法取决于具体应用和系统设计师的选择。多模型滤波器是下一章讨论的主题。

表 4.3 中总结了针对未知固定输入突变的检测和估计算法。

表 4.3 输入突变检测和估计算法

检测和估计突变的恒定输入的算法

系统和量测方程

$$\boldsymbol{x}_k = \boldsymbol{\Phi}_{k,k-1}\boldsymbol{x}_{k-1} + \boldsymbol{\mu}_{k-1} + \boldsymbol{B}_k\boldsymbol{\delta}_{k,k_0}$$

$$\boldsymbol{y}_k = \boldsymbol{H}_k\,\boldsymbol{x}_k + \boldsymbol{\nu}_k$$

其中x_0 : $\sim N(\hat{\mathrm{x}}_0, \mathbf{P}_0)$,μ_k : $\sim N(0, \boldsymbol{Q}_k)$,$\boldsymbol{\nu}_k$: $\sim N(0, \boldsymbol{R}_k)$,$\boldsymbol{\delta}_{k,k_0} = 0$(对于 $k < k_0$),而且当 $k \geqslant k_0$ 是一个未知的恒定向量。对 $k < k_0$ 运行一个卡尔曼滤波器。当 $k \geqslant k_0$ 时,状态估计变成了有偏的,在残余过程中的偏差为

$$\boldsymbol{\gamma}_k = (\boldsymbol{y}_k - \boldsymbol{H}_k\,\hat{\boldsymbol{x}}_{k|k-1}) + \boldsymbol{G}_{k,k_0}\boldsymbol{\delta}_{k,k_0}$$

式中:$\mathrm{Cov}\{\tilde{\gamma}_k\} = \boldsymbol{H}_k\,\boldsymbol{P}_{k|k-1}\boldsymbol{H}_k^{\mathrm{T}} + \boldsymbol{R}_k$ 和$\boldsymbol{G}_{k,k_0}$是输入向量与残差中的偏差联系起来的一个已知的变换。

问题描述

(1) 检测 $\boldsymbol{\delta}_{k,k_0}$的出现,和估计 k_0 一样。

(2) 估计 $\boldsymbol{\delta}_{k,k_0}$的幅度。

GLR 检测器

k_0 的估计 $\hat{k}_0$ 是通过选择使广义对数似然比 l_{k,k_0}最大的 k_0 得到。

$$l_{k,k_0} = \boldsymbol{d}_{k,k_0}^{\mathrm{T}}\boldsymbol{S}_{k,k_0}^{-1}\boldsymbol{d}_{k,k_0} = \boldsymbol{d}_{k,k_0}^{\mathrm{T}}\hat{\boldsymbol{\delta}}_{k,k_0}$$

式中,

$$\hat{\delta}_{k,k_0} = \boldsymbol{S}_{k,k_0}^{-1}\boldsymbol{d}_{k,k_0}$$

$$\boldsymbol{S}_{k,k_0} = \sum\nolimits_{n=k_0}^{k}\boldsymbol{G}_{n,k_0}^{\mathrm{T}}\boldsymbol{\Gamma}_n^{-1}\,\boldsymbol{G}_{n,k_0}$$

$$\boldsymbol{d}_{k,k_0} = \sum\nolimits_{n=k_0}^{k}\boldsymbol{G}_{n=k_0}^{\mathrm{T}}\boldsymbol{\Gamma}_n^{-1}\tilde{\gamma}_n$$

具有输入校正的状态估计器

假设$\tilde{x}\sim_{k|k}$是卡尔曼滤波器的输出、$\boldsymbol{\delta}_{k,k_0}$是 0 且$\hat{x}_{k|k}$是具有以下输入偏差校正的状态估计,有

$$\hat{\boldsymbol{x}}_{k|k} = \tilde{\boldsymbol{x}}_{k|k} + \boldsymbol{A}_k\hat{\boldsymbol{\delta}}_{k-1,k_0}$$

$$\hat{\boldsymbol{\delta}}_{k,k_0} = \boldsymbol{\Phi}_{k,k-1}^{\delta}\hat{\boldsymbol{\delta}}_{k-1,k_0} + \boldsymbol{K}_k^{\delta}(\tilde{\gamma}_k - \boldsymbol{G}_{k,k_0}\boldsymbol{\Phi}_{k,k-1}^{\delta}\hat{\boldsymbol{\delta}}_{k-1,k_0})$$

$$\boldsymbol{A}_k = [\boldsymbol{I} - \boldsymbol{K}_k\,\boldsymbol{H}_k][\boldsymbol{\Phi}_{k,k-1}\boldsymbol{A}_{k-1}\boldsymbol{\Phi}_{k,k-1}^{\delta}{}^{-1} + \boldsymbol{B}_{k-1}]$$

$$\boldsymbol{K}_k^{\delta} = \boldsymbol{P}_{k|k-1}^{\delta}\boldsymbol{G}_{k,k_0}^{\mathrm{T}}[\boldsymbol{G}_{k,k_0}\boldsymbol{P}_{k|k-1}^{\delta}\boldsymbol{G}_{k,k_0}^{\mathrm{T}} + \boldsymbol{\Gamma}_k]^{-1}$$

$\hat{\boldsymbol{\delta}}_{k,k_0}$的协方差为

$$\boldsymbol{P}_{k|k}^{\delta} = \boldsymbol{P}_{k|k-1}^{\delta} - \boldsymbol{P}_{k|k-1}^{\delta}\boldsymbol{G}_{k,k_0}^{\mathrm{T}}[\boldsymbol{G}_{k,k_0}\boldsymbol{P}_{k|k-1}^{\delta}\boldsymbol{G}_{k,k_0}^{\mathrm{T}} + \boldsymbol{\Gamma}_k]^{-1}\boldsymbol{G}_{k,k_0}\boldsymbol{P}_{k|k-1}^{\delta}$$

$$\boldsymbol{P}_{k|k-1}^{\delta} = \boldsymbol{\Phi}_{k,k-1}^{\delta}\boldsymbol{P}_{k-1|k-1}^{\delta}\boldsymbol{\Phi}_{k,k-1}^{\delta}{}^{\mathrm{T}}$$

$\hat{\boldsymbol{x}}_{k|k}$的协方差为

$$\boldsymbol{P}_{k|k} = \boldsymbol{P}_{k|k-1} - \boldsymbol{P}_{k|k-1}\boldsymbol{H}_k^{\mathrm{T}}[\boldsymbol{H}_k\,\boldsymbol{P}_{k|k-1}\boldsymbol{H}_k^{\mathrm{T}} + \boldsymbol{R}_k]^{-1}\boldsymbol{H}_k\,\boldsymbol{P}_{k|k-1} + A_k\,\boldsymbol{P}_{k-1|k-1}^{\delta}\boldsymbol{A}_k^{\mathrm{T}}$$

4.8 病态条件和虚假的可观性

数值问题是滤波器设计关注的主要问题。大部分情况下,计算获得的误差协方差会收敛(这似乎意味着系统是可观测的),但状态估计误差也会发散。这是因为状态更新方程

$$\hat{\boldsymbol{x}}_{k|k} = \hat{\boldsymbol{x}}_{k|k-1} + \boldsymbol{K}_k(\boldsymbol{y}_k - \boldsymbol{H}_k\hat{\boldsymbol{x}}_{k|k-1}) \tag{4.8-1}$$

式中:滤波器增益$\boldsymbol{K}_k = \boldsymbol{P}_{k|k-1}\boldsymbol{H}_k^{\mathrm{T}}[\boldsymbol{H}_k\boldsymbol{P}_{k|k-1}\boldsymbol{H}_k^{\mathrm{T}} + \boldsymbol{R}_k]^{-1}$正比于预测误差的协方差$\boldsymbol{P}_{k|k-1}$,若关于$\boldsymbol{P}_{k|k-1}$的计算存在诸如对病态矩阵求逆这样的数值求解困难,一个近乎奇异的矩阵$[\boldsymbol{H}_k^{\mathrm{T}}\boldsymbol{R}_k^{-1}\boldsymbol{H}_k + \boldsymbol{P}_{k|k-1}^{-1}]$是这样的例子,滤波增益将不能为状态更新提供关于残差的适当投影。

正如滤波算法推导中所表明,式(4.8-1)等价于从如下一组联立的线性方程中求解$\hat{x}_{k|k}$,即

$$[\boldsymbol{H}_k^{\mathrm{T}}\boldsymbol{R}^{-1}\boldsymbol{H}_k + \boldsymbol{P}_{k|k-1}^{-1}]\hat{\boldsymbol{x}}_{k|k} = \boldsymbol{H}_k^{\mathrm{T}}\boldsymbol{R}_k^{-1}\boldsymbol{y}_k + \boldsymbol{P}_{k|k-1}^{-1}\hat{\boldsymbol{x}}_{k|k-1} \tag{4.8-2}$$

就像由$Ax=b$求解x一样。如果$[\boldsymbol{H}_k^{\mathrm{T}}\boldsymbol{R}^{-1}\boldsymbol{H}_k + \boldsymbol{P}_{k|k-1}^{-1}]$求逆运算存在数值难度,式(4.8-2)的解将是不正确的。

评注

(1)式(4.8-1)中的能观性条件和式(4.8-2)中的病态条件相同。对于线性系统,一种常见的做法是将滤波增益计算中协方差矩阵中的可观测状态与不可观测状态解耦合,从而有助于式(4.8-1)对可观测状态的估计,而对不可观测状态则不进行量测更新。

(2)对于非线性系统,能观性条件取决于3.9.2小节推导出的真正状态。式(4.8-1)所理解的能观性条件通过EKF中使用的线性化矩阵而与状态估计直接相关。对于近似能观的系统,解耦思想可能不容易实现。针对雷达跟踪应用的不同解耦EKF,文献[34]给出了几种滤波器坐标体系,以避免病态的协方差矩阵。

4.8.1 雷达跟踪应用中的虚假可观性

有时,一个非线性系统的可观性条件不足以确保EKF收敛。文献[34]针对远程雷达跟踪应用描述了一种现象,并称其为虚假的横向距离可观性。这一效应的产生原因是对于一个可观性较弱的非线性系统,基于状态估计处的线性化矩阵,使得关于EKF协方差矩阵的计算过于乐观。因此,协方差矩阵的收敛速度要比正常情况要快,且EKF将使式(4.8-1)中的增益降低,导致滤波器无视量测残差的发散。过分乐观源于可观测状态(距离)和不可观测状态(横向距离)之间通过运动方程和量测方程而产生的耦合。由于EKF的初始状态可能

非常不准确，且据式(4.8 -1)Jacobian矩阵将产生不正确的滤波器增益，并将滤波器引导到状态更新的不正确方向，特别是目标动态状态近乎确定性时(即无过程噪声或过程噪声较低)，因而该效应在航迹起始阶段尤其麻烦。该滤波现象称为虚假可观性[34]。在其他滤波器设计中也能观察到类似现象，如第6章中粒子滤波器的过分自信或粒子坍塌。

接下来，利用文献[35]所给示例讨论虚假可观性问题，并针对雷达弹道目标跟踪应用提出了解决措施。该论文考虑了两个模拟弹道目标轨迹。如图4.3所示，给了一个非轨道弹道目标(如一枚导弹，代表较近的目标)和一个轨道弹道目标(如一颗卫星，代表较远的目标)的真实目标距离随时间变换的历史情况。

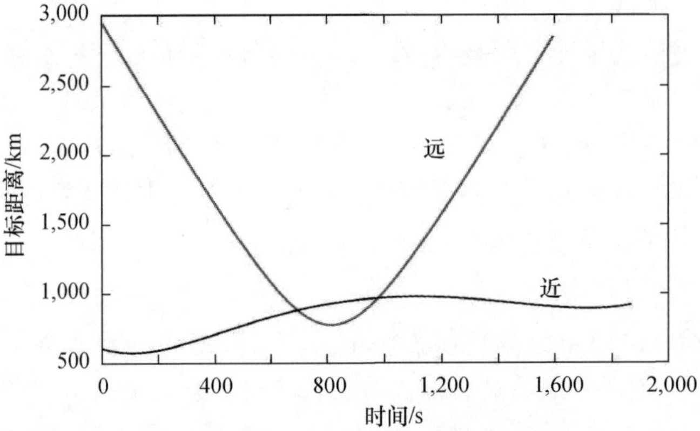

图4.3　一个导弹(近的物体)和一颗卫星(远的物体)的真实目标距离

通常，雷达关于目标的距离量测要比在角度(或横向距离)量测要精确很多。因此，远距离目标的横向距离量测要比近距离目标横向距离量测更差。EKF依据精确的距离量测序列对目标位置向量中的横向距离分量进行精确估计的能力，取决于由系统和量测方程所确定的距离和横向距离之间的已知关系及其导数。给定弹道轨迹约束的前提下，速率估计越好，可获得的横向距离估计就越精确。

不幸的是，在跟踪初期，当速率估计误差较大时，由于EKF中围绕轨迹估计状态的线性化，(位置和速率)估计误差协方差矩阵的距离和横向距离分量之间互耦合可使得人们产生对可观性产生错觉。这会导致一种方向错觉，导致过于乐观的横向距离估计(虚假的可观性)。因此，在多数EKF设计中[34]，会优先跟踪阶段早期对误差协方差计算中的距离和横向距离维进行解耦，以避免该效应。然而，EKF不再能从耦合效应中获益以便从精确距离量测序列估计横向距离维。随着时间的推移，由于假设的目标运动方程，距离和横向距离估计作为状态估计的一个函数，变得统计相关。然而，由于EKF是一种次优算法，忽略了系统状态方程和量测方程的泰勒级数展开的高阶项，由式(4.8－1)计算的卡尔曼增益趋向于过度解释位置和速率状态中的距离和横向距离分量之间的统计相关性。在位置量测误差椭圆的“平坦比”(定义为距离和横向距离量测误差标准差之间比率)变得较小时，该特殊的非线性效应会变得更为严重。如何在利用协方差和增加矩阵计算中的距离－横向距离耦合的同时避免跟踪初始阶段虚假的横向距离可观性效应，以及何时切换到全耦合的滤波器，是EKF设计中的有趣问题。

4.8.2 准解耦滤波器

文献[34]首先提出了一种消除虚假横向距离可观性的方法。当速率估计的不确定性变得过大时，该方法涵盖了对预测误差协方差矩阵中的距离和横向距离的准解耦。这里，修饰词“准”指预测误差协方差事实上是解耦的，即仅在依据式(4.8－1)计算卡尔曼增益 K_k 时将距离和横向距离的互协方差项设置为零，而协方差更新计算仍采用如下Joseph对称形式的完全耦合版[12]，有

$$\boldsymbol{P}_{k|k}=[\boldsymbol{I}-\boldsymbol{K}_k\boldsymbol{H}_k]\boldsymbol{P}_{k|k-1}[\boldsymbol{I}-\boldsymbol{K}_k\boldsymbol{H}_k]^{\mathrm{T}}+\boldsymbol{K}_k\boldsymbol{R}_k\boldsymbol{K}_k^{\mathrm{T}} \tag{4.8-3}$$

对于任何 $\boldsymbol{K}_k$ 而言，Joseph对称形式均是协方差更新计算的有效表示形式，可被用于避免数值不稳定性，而与式(3.4－9)不同，后者的卡尔曼增益计算采用的是全耦合协方差 $\boldsymbol{P}_{k|k-1}$。

重要的是，当速度估计的不确定性的确很大时，就会采用准解耦的方法。那么“很大”是多大呢？可以证明，当如下不等式成立时，应当采用准解耦的方法，即

$$\sqrt{\frac{\mathrm{tr}[P_{k|k-1}(4:6,4:6)]}{\|\hat{\boldsymbol{v}}_{k|k-1}\|^2-\hat{\dot{r}}_{k|k-1}^2}}\geqslant\frac{\sigma_r}{\hat{r}_{k|k-1}\sigma_\theta}$$

式中：$\mathrm{tr}[\boldsymbol{P}_{k|k-1}(4:6,4:6)]$ 代表预测误差协方差矩阵 $\boldsymbol{P}_{k|k-1}$ 的速度分量的迹；$\hat{\boldsymbol{v}}_{k|k-1}$ 是 k 时刻处的有效速度预测向量；$\hat{\boldsymbol{r}}_{k|k-1}$ 和 $\hat{\dot{\boldsymbol{r}}}_{k|k-1}^2$ 分别为 k 时刻的距离和距离变化率的有效预测估计；σ_r 和 σ_θ 分别为距离和角度量测标准差。

在文献[35]中，如图4.3所示的目标轨迹，图4.4给出了经过10次蒙特卡罗仿真结果计算所得的目标位置状态和速率状态估计的RMS误差。其中，距离量测标准差假设为3m，方位角和高低角测量标准差假设为2.5mrad。将采用上述准去耦算法的结果与由未考虑虚假横向距离可观性的EKF所得结果进行了比较。显然，无论是对于近目标(导弹)还是远目标(卫星)，估计误差均有显著降低。因此，采用准解耦的EKF算法提高了状态估计精度。注意，图中的纵轴采用了对数刻度，轨迹的全解耦部分不存在准解耦试验的切换效应，波动较少。

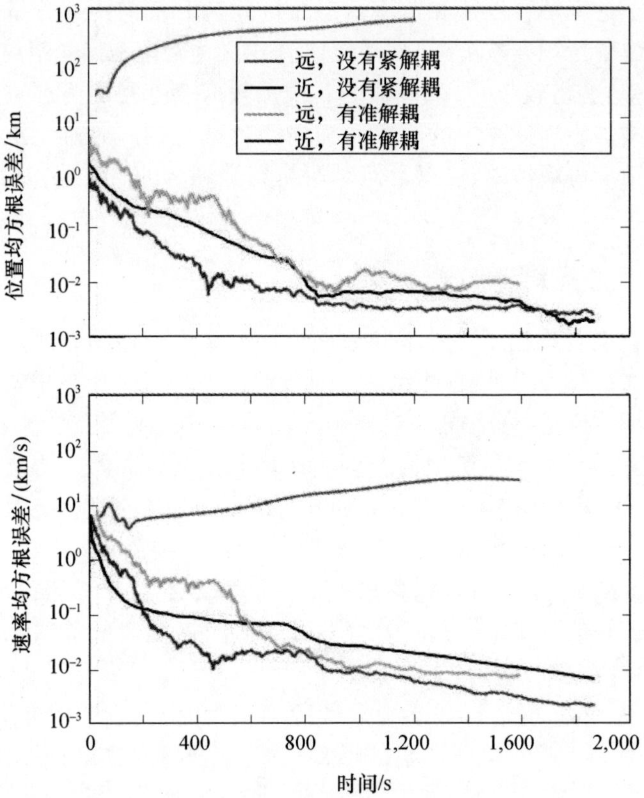

图 4.4 有和没有准解耦算法的 10 次蒙特卡罗试验的位置(上)和速率(下)估计的均方根误差的比较

通常采用 NEES 和 NIS 测度(见 4.2 节)来判定协方差一致性。对于此处所考虑的示例,其 NEES 和 NIS 随时间变化情况如图 4.5 所示。与图 4.4 类似,NEES 和 NIS 是由 10 次蒙特卡罗仿真结果的平均值而得。误差协方差一致的区域用灰色示出,对应于 χ^2 随机变量的 95%(双侧)概率区域。灰色区域以上的 NEES 和 NIS 值对应于状态协方差的乐观估计,而灰色区域以下的 NEES 和 NIS 值对应于状态协方差的悲观估计。采用准解耦算法使估计的状态协方差一致。当不采用准去耦算法时,虚假的横向距离可观性可能导致估计协方差过于乐观。这种效应对于远距离目标(此处以卫星为例)尤其不利,因为远距离目标的量测误差椭圆会变得更平坦。

为了获得最优的性能,在任何式(4.8-4)所给不等式成立的时候均应采用以上讨论的准去耦算法[34]。对于大部分应用,该不等式仅在前几次航迹更新中满足。相应地,无须对状态协方差解耦。这主要是由于如下事实,在跟踪早期,目标状态估计通常较差,特别是速率维。当然,确切的在何时无须再对初始航迹更新解耦取决于目标轨迹和观测地理位置。文献[35]对采用基于式(4.8-4)中不等式的准去耦算法的 EKF 和采用仅在前 6 次航迹更新进行准去耦算法(也被称为贪婪解耦)的 EKF 的性能进行了比较,具体如图 4.6 和图 4.7 所示。对于两个版本的 EKF,预期导弹(近目标)跟踪示例能表现出较卫星(远目标)跟踪示例更好的性能。对于两个轨迹,以对式(4.6-4)中不等式进行连续检查的方式运用准去耦算法时,性能更好。

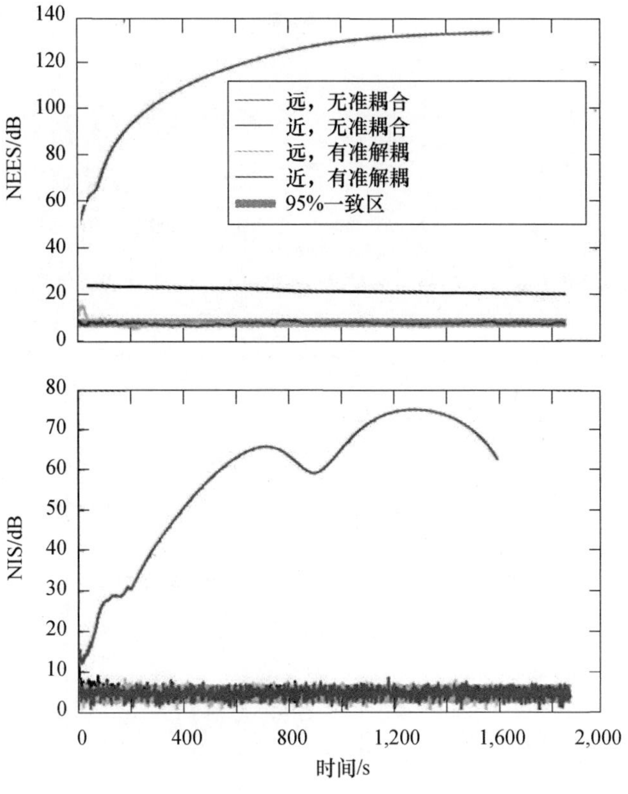

图 4.5 有和没有准解耦算法的 10 次蒙特卡罗试验的 NEES(上)和 NIS(下)估计的均方根误差的比较

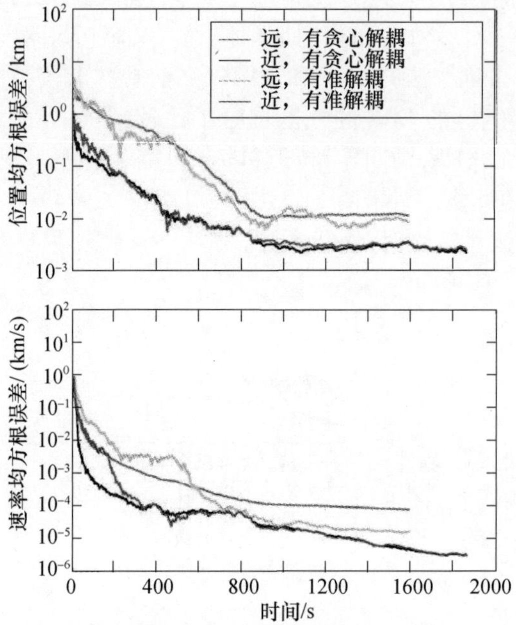

图 4.6 采用贪心解耦和准解耦算法的 10 次蒙特卡罗试验的位置(上)和速率(下)估计的均方根误差的比较

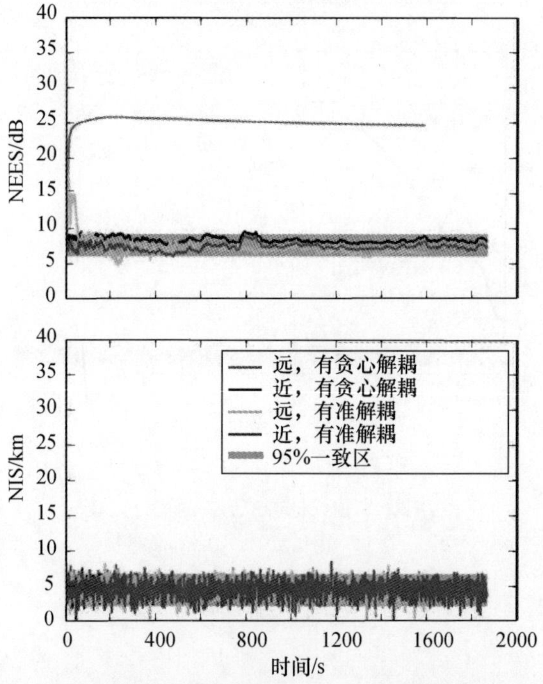

图 4.7 图 4.6 采用贪心解耦和准解耦算法的 10 次蒙特卡罗试验的 NEES(上)和 NIS(下)估计的均方根误差的比较

4.9 实用滤波器设计的数值示例

在本章的最后一部分,给出了两个数值示例。第一个是在1.8节和2.11节所给噪声环境下正弦信号估计示例的延续;第二个是对具有已知偏差统计特征的恒定量测偏差的3种处理方法的比较,这些示例的目的在于说明本章所描述的几种滤波器设计考量。

4.9.1 噪声环境下的正弦信号

众所周知,常微分方程为

$$\ddot{x} = -\omega^2$$

的解为正弦波信号,即

$$x = a\sin(\omega t + \varphi)$$

式中:相位角 φ 定义了初始条件$x_0 = a\sin\varphi$。上述微分方程可被改写为

$$\dot{x} = \begin{bmatrix} 0 & 1 \\ -\omega^2 & 0 \end{bmatrix} x$$

式中:$x = [x_1, x_2]^{\mathrm{T}}$,且有$x_1 = x, x_1 = \dot{x}$。注意,如果 ω 为已知常量,上述状态方程代表一个没有过程噪声的线性系统,可如2.11节所给方式,针对 $\sigma_q^2 = 0$ 的情形,构建卡尔曼滤波器。若 ω 未知,卡尔曼滤波器设计人员可以选择一个 ω 值(标识为 ω_0)。当 $\omega \neq \omega_0$ 时,基于假设的 ω_0 值构建的卡尔曼滤波器是一个如4.3节所讨论的失配滤波器。图4.8给出了 $\omega_0 = \pi$、过程噪声 $\sigma_q^2 = 0$ 的两状态卡尔曼滤波器的滤波

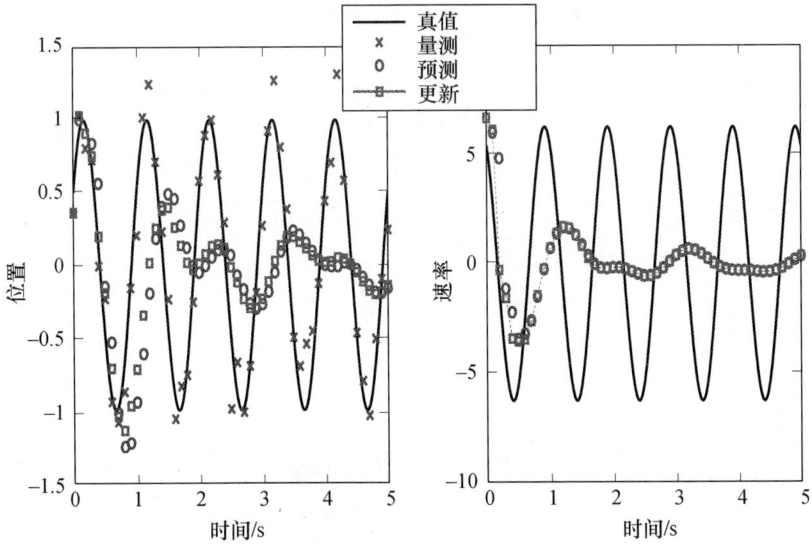

图4.8 失配卡尔曼滤波器($\sigma_q^2 = 0$)的位置(x)和速率($\dot{x}$)的估计

结果。回想1.8节中的示例,真正的频率是$\omega_0=\pi$。由于过程噪声被设置为零,滤波增益会如图2.6所示的那样收敛到一个非常小的值。在大约2s之后,滤波状态更新过程不再受新量测的影响。更新的状态与预测的状态非常接近,而预测是基于错误的假设频率得到。这通常被称为滤波发散或者过于自信。由模型失配所导致的滤波过于自信问题有时可通过在滤波预测过程中增加过程噪声协方差得到修正,因为这会阻止滤波增益收敛至零,如图2.6所示。在该示例中,加入了$\sigma_q^2=250$的过程噪声方差,其结果如图4.9所示。注意,此时滤波器的更新状态会受到量测的影响,且与真实状态相符。由于真正的参数值是未知的,如何准确地选取σ_q^2值是卡尔曼滤波器设计中的一门黑色艺术。

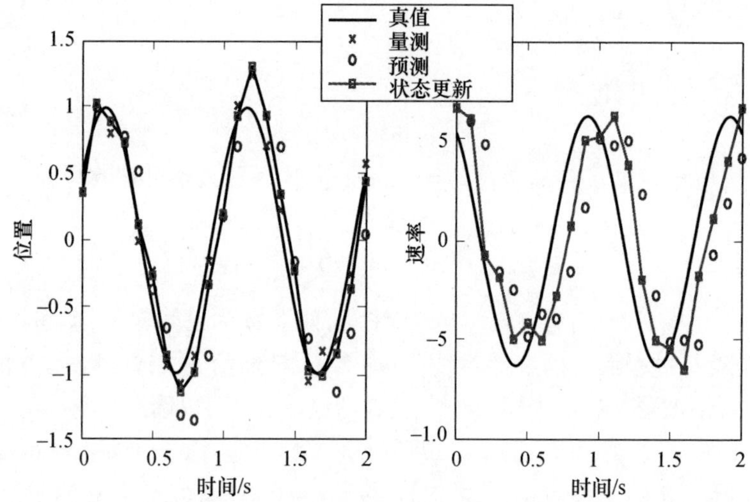

图4.9 失配卡尔曼滤波器($\sigma_q^2=250$)的位置(x)和速率($\dot{x}$)的估计

由于增加过程噪声协方差能改进滤波器性能,下一个符合逻辑的问题就是,是否还存在可以更大程度改进性能的某种机制。一种方法是估计ω的值,而非假设ω的值。正如在4.4.1中所建议的那样,可以通过利用ω对状态向量扩维实现这一点。简单起见,代表频率的新状态变量被定义为$x_3=\omega^2$。由式(2.11-2)扩维后的状态方程如下:

$$\dot{\boldsymbol{x}}=\begin{bmatrix}0 & 1 & 0\\ -x_3 & 0 & 0\\ 0 & 0 & 0\end{bmatrix}\boldsymbol{x} \tag{4.9-1}$$

其中$\boldsymbol{x}=[x,\dot{x},\omega^2]^{\mathrm{T}}$。

由于$\boldsymbol{x}_3$与状态向量$\boldsymbol{x}$是乘积关系,该问题显然是一个非线性估计问题。这种情况下,将采用EKF估计所有3个状态变量。式(4.9-1)代表一个无噪声系统。正如本章之前指出的那样,添加一定量的过程噪声协方差以避免滤波发

散(也称为滤波过于自信),对滤波器设计人员而言总是一种深谋远虑的做法。为此,式(4.9 -1)被修正为

$$\dot{\boldsymbol{x}} = \boldsymbol{A}\boldsymbol{x} + \boldsymbol{B}\xi \tag{4.9-2}$$

式中:$\boldsymbol{A} = \begin{bmatrix} 0 & 1 & 0 \\ -x_3 & 0 & 0 \\ 0 & 0 & 0 \end{bmatrix}$;$\boldsymbol{B} = \begin{bmatrix} 0 \\ 0 \\ 1 \end{bmatrix}$;$\xi$ 是针对 $\dot{x}_3$ 的加性过程噪声项。对于式(4.9 -2),存在关于 $\boldsymbol{\Phi}_{t_k,t_{k-1}}$ 的如下闭式解,即

$$\boldsymbol{\Phi}_{t_k,t_{k-1}} = \begin{bmatrix} \cos(\Delta t\sqrt{\hat{x}_3}) & \dfrac{\sin(\Delta t\sqrt{\hat{x}_3})}{\sqrt{\hat{x}_3}} & \dfrac{\hat{x}_1(\cos(\Delta t\sqrt{\hat{x}_3})-1)}{\hat{x}_3} \\ -\hat{x}_1\sin(\Delta t\sqrt{\hat{x}_3}) & \cos(\Delta t\sqrt{\hat{x}_3}) & \dfrac{-\hat{x}_1\sin(\Delta t\sqrt{\hat{x}_3})}{\sqrt{\hat{x}_3}} \\ 0 & 0 & 1 \end{bmatrix} \tag{4.9-3}$$

式中:$\Delta t = t_k - t_{k-1}$,$\hat{x}_1$,$\hat{x}_3$ 是在时间步 t_{k-1} 对 $\boldsymbol{x}_1$,$\boldsymbol{x}_3$ 的最后(状态)更新。对于离散系统,通过采用式(2.2 -9)计算获得其等价的过程噪声协方差,即

$$\boldsymbol{Q}_{k-1} = \sigma_q^2\Delta t\begin{bmatrix} \dfrac{\hat{x}_1^2(\sin(2\Delta t\sqrt{\hat{x}_3}) - 8\sin(\Delta t\sqrt{\hat{x}_3}) + 6\Delta t\sqrt{\hat{x}_3})}{4(\sqrt{\hat{x}_3})^5} & \dfrac{2\hat{x}_1^2\sin^4(\frac{\Delta t\sqrt{\hat{x}_3}}{2})}{\hat{x}_3^2} & \dfrac{\hat{x}_1(\sin(2\Delta t\sqrt{\hat{x}_3}))}{(\hat{x}_3)^3} \\ \dfrac{2\hat{x}_1^2\sin^4(\frac{\Delta t\sqrt{\hat{x}_3}}{2})}{\hat{x}_3^2} & \dfrac{\hat{x}_1^2(2\Delta t\sqrt{\hat{x}_3} - \sin(2\Delta t\sqrt{\hat{x}_3}))}{4(\sqrt{\hat{x}_3})^3} & \dfrac{\hat{x}_1(\cos(\Delta t\sqrt{\hat{x}_3})-1)}{\hat{x}_3} \\ \dfrac{\hat{x}_1(\sin(\Delta t\sqrt{\hat{x}_3}) - \Delta t\sqrt{\hat{x}_3})}{(\sqrt{\hat{x}_3})^3} & \dfrac{\hat{x}_1(\cos(\Delta t\sqrt{\hat{x}_3})-1)}{\hat{x}_3} & \Delta t \end{bmatrix} \tag{4.9-4}$$

量测采样取自 $\boldsymbol{x}$ 的第一个分量 x_1,有

$$\boldsymbol{y}_k = \boldsymbol{H}\boldsymbol{x}_k + \nu_k \tag{4.9-5}$$

式中:$\boldsymbol{H} = [1 \quad 0 \quad 0]$;$\nu_k$ 是服从 $N(0,\sigma_\nu^2)$ 分布的量测白噪声。由 3.4 节中表 3.1 给出的算式,可构建一个扩展卡尔曼滤波器。

针对该扩展卡尔曼滤波器设计,图 4.10 和图 4.11 给出了数值结果。所有结果是在信噪比(SNR)为 6.667(或等价地噪声方差 σ_ν^2)、利用与 1.8 节所用量测完全相同条件下获得。正弦波的参数值为 $a=1$,$\omega=2\pi$,$\varphi=\pi/6$。图 4.10 给出了采样率为 10Hz、过程噪声协方差 $\sigma_q^2=0.3$ 条件下、基于 2s 时长量测的单次蒙特卡罗仿真运行结果。其中,实曲线是真实值,数据点为量测(红色交叉符号)、预测估计(蓝色圆圈符号)和更新估计(绿色方框符号)估计。与图 4.9 相比,可以看出,对于假设的(在此情形下是不正确的)频率和较大的过程噪声,三状态扩展卡尔曼滤波器的性能要比两状态卡尔曼滤波器的好。对于仅存在非

常适中量级的、$\sigma_q^2=0.3$ 的过程噪声协方差，三状态卡尔曼滤波器对 ω 的估计值在大约 1s 后会收敛至非常接近于真实值的一个值。读者应当尝试不同量级的 σ_q^2，以观察滤波器对收敛速率和随机误差的权衡。

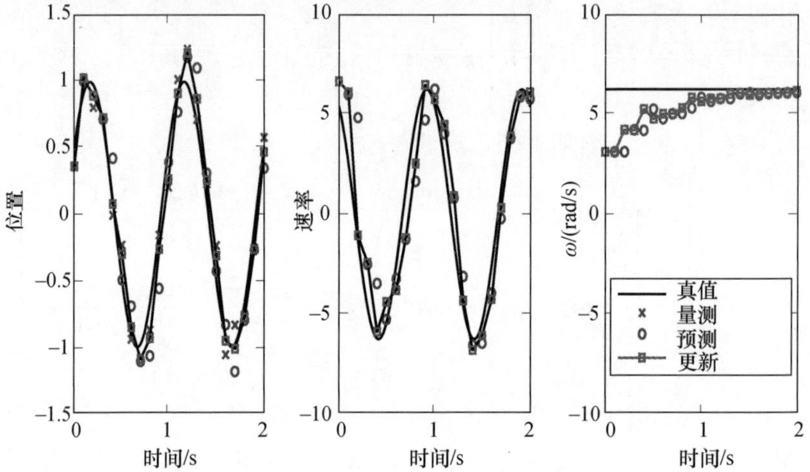

图 4.10 $\sigma_q^2=0.3$ 时方程(2.11-1)的位置(x)、速率($\dot{x}$)和频率(ω)的估计

图 4.11 示出了 $\sigma_q^2=250$ 情形下两状态卡尔曼滤波器(2.11 节)和 $\sigma_q^2=0.3$ 情形下三状态扩展卡尔曼滤波器(本节)的位置与速率滤波增益。注意，三状态扩展卡尔曼滤波器的滤波增益很快收敛至一个非常小的值，同时能提供具有较小偏差和随机误差的估计。

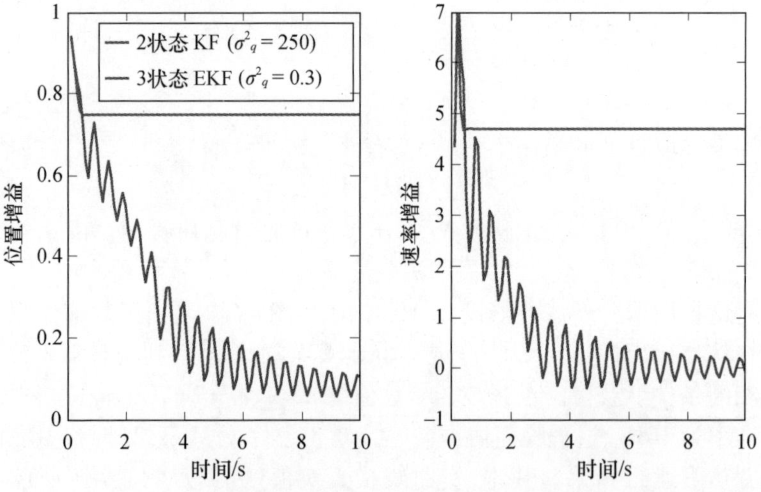

图 4.11 对 $\sigma_q^2=250$ 的两状态卡尔曼滤波器和 $\sigma_q^2=0.3$ 的三状态扩展卡尔曼滤波器的位置和速率增益的比较

针对两状态卡尔曼滤波器和三状态扩展卡尔曼滤波器，图 4.12 比较了由式(3.11-4)得到的三状态非线性系统的 CRB、由滤波算法计算获得的协方差平均值的平方根以及基于蒙特卡罗采样获得的 RMS 误差。实验结果源自对 10s 数据窗口的量测数据的 1000 次蒙特卡罗仿真运行结果。注意，由于在两种情形下频率 ω 都是未知的，两状态卡尔曼滤波器和三状态扩展卡尔曼滤波器的 CRB 是相同的。三状态扩展卡尔曼滤波器的蒙特卡罗 RMS 误差和由滤波算法计算的协方差非常接近于 CRB，且远低于具有较大过程噪声的两状态卡尔曼滤波器的对应结果。

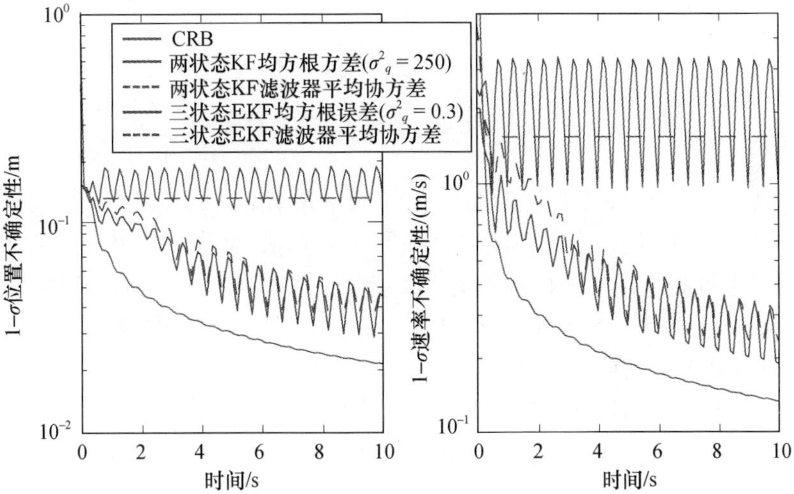

图 4.12 对两状态 KF 和三状态 EKF 的位置与速率的蒙特卡罗均方差误差(红/蓝实线)和计算的标准差(红/蓝虚线)的比较

利用平均 NEES 进一步分析了滤波器的一致性[16]。图 4.13 中给出了计算得出的两种滤波器的 NEES。如图 2.8 所示一样，95% 和 99.99% 区域均由不同颜色示出。两状态失配卡尔曼滤波器的 NEES 存在振荡现象且过于乐观①。三状态扩展卡尔曼滤波器的 NESS 通常位于 99.99% 区域内，但在初始和结束阶段略微悲观。其原因在于，包含了过程噪声协方差 σ_q^2，这使得滤波器计算的协方差较大。上述结果表明，估计频率的三状态扩展卡尔曼滤波器即便存在较大过程噪声，但也远比两状态卡尔曼滤波器准确和一致。

① 乐观指实际误差大于滤波器协方差，这可能导致漏检。悲观指实际的误差小于滤波器协方差，这可能导致由于噪声或干扰信号造成虚警。

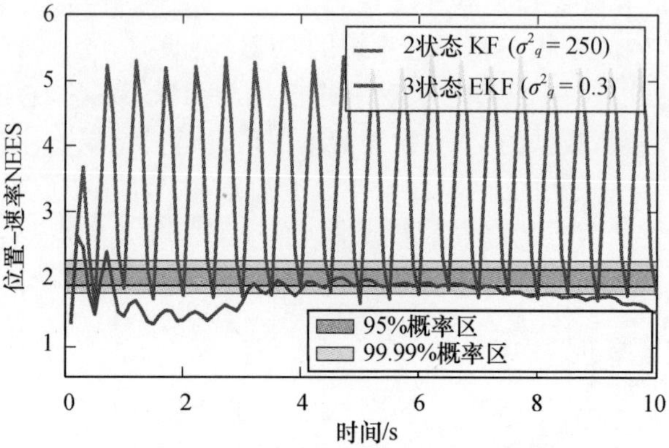

图 4.13 2 采用状态 KF 和三状态 EKF 的平均 NEES 进行协方差一致性检查

现在将 2.9.2 小节中给出的固定间隔平滑算法(FIS)应用于正弦问题,图4.14至图4.17 给出了具体结果。保罗参数真值、信噪比以及过程噪声方差在内运行条件与之前所考虑的扩展卡尔曼滤波器情况相同。对应于图4.10,单次蒙特卡罗仿真运行结果如图4.14 所示。对比图4.11 和图4.14,很显然,由FIS 可以得到更加精确的估计。这符合预期,因为平滑算法器的全部估计均是基于数据时间窗口中的所有数据获得。正如2.9.2 节所示,FIS 可由前向滤波和一步后向预测估计的加权和予以实现。FIS 的协方差是前向和后向估计器的估计误差协方差的逆的求和的逆,其结果较两者都小,具体如图4.15 所示。

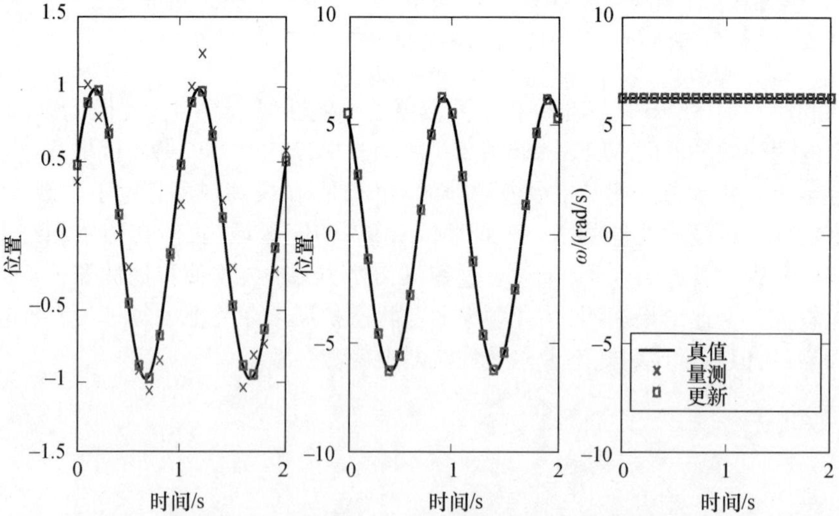

图 4.14 $\sigma_q^2=0.3$ 时采用式(2.11-1)的 EKF 得到的位置(x)、速率($\dot{x}$)和频率(ω)的估计

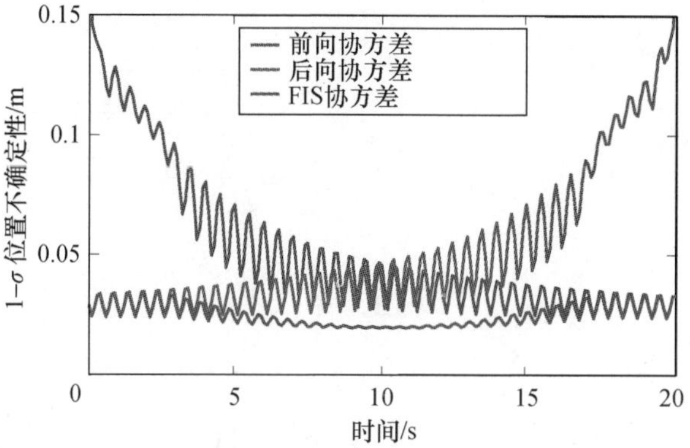

图 4.15 平滑器的协方差(与上面的协方差结合)作为前向和后向估计器的协方差的逆的累加和的逆的图示说明

图 4.16 对 CRB 的平方根、滤波器计算的协方差的平方根以及基于蒙特卡罗样本计算的 RMS 误差进行比较。为了达到比较的目的,图中也还给出了前向滤波器和平滑算法的对应结果。可以看出,正如预期的那样,平滑算法的估计结果较滤波器的估计结果更精确。平滑估计所具有的更好的精度是源自对其后量测数据的利用,而这对于时敏应用而言是奢侈的,通常得不到。平滑器经常用于生成所谓的 BET,BET 通常是在完成数据采集工作之后计算的,常作为参考用的真实值。

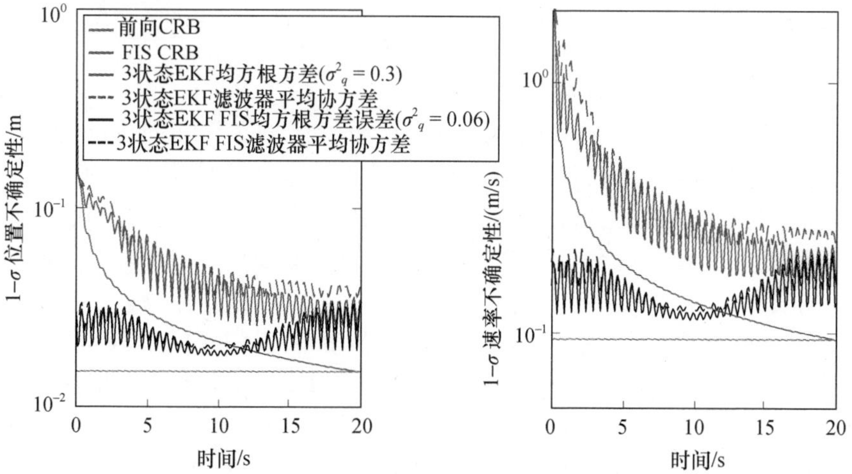

图 4.16 前向滤波器的蒙特卡罗均方根误差、滤波器计算的标准差和 CRB 以及位置和速率的 FIS 的 CRB 的比较,这都是针对三状态非线性系统的

图 4.17 给出了利用基于扩展卡尔曼滤波器的 FIS 对正弦波信号进行估计的 NEES。在大部分时间,NEES 曲线落在一致性界限内,而在数据时间窗口的起始处和结束处则略微悲观。

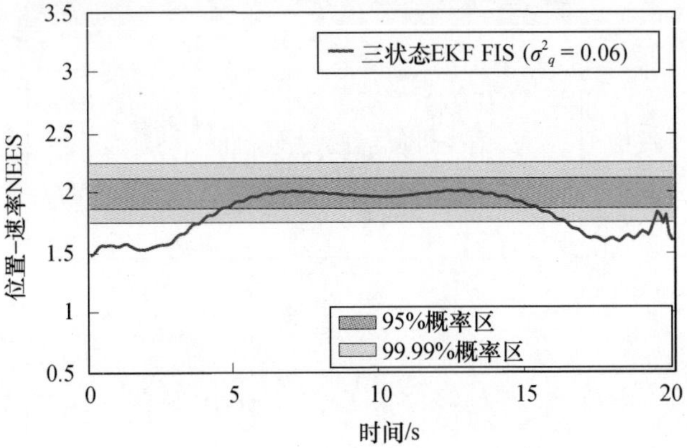

图 4.17 采用 EKF 的三状态 FIS 的平均 NEES 检查协方差一致性

正弦波估计研究的总结

针对基于噪声环境下所获量测对正弦波实施估计的问题,分别采用从本书第 1 章到第 4 章中所掌握的方法给出了问题求解示例。这里,正弦波定义为 $\boldsymbol{x}_k = a\sin(\omega t_k + \varphi)$,噪声环境下的采样量测$\boldsymbol{y}_k$ 为

$$\boldsymbol{y}_k = \boldsymbol{x}_k + \boldsymbol{v}_k = a\sin(\omega t_k + \varphi) + \boldsymbol{v}_k(k = 1,3,\cdots,N)$$

式中:$\boldsymbol{v}_k$ 是量测噪声。

为了求解该问题,介绍了 4 种方法,现总结如下:

1. 加权最小二乘估计器(第 1 章)

3 个未知的参数(a,ω,φ)均是常量,与量测的关系也都是非线性的。对于高斯量测噪声,加权最小二乘估计器在理论上是最优的。然而,由于估计器需最小化的性能指标存在多处局部最小值并导致无法找到全局最小值的事实,该估计器的估计结果高度不稳定。在 ω 已知的情况下,即未知参数仅限于(a,φ)时,基于该估计器的估计结果无偏且有效(接近 CRB),该估计器性能良好。该估计器的性能指标(量测空间中的加权范数)相对于 ω 和 ψ 均是周期性的。相位角 ψ 可能被约束在 2π 内,但 ω 不能。由于相对于 ω 的周期特性,也使得性能指标高度模糊。即便在可观性矩阵非奇异时,这种模糊性也会导致系统仅是局部可观测的,即性能指标的任何局部峰值能够满足最优化的必要条件。1.6 节所提迭代算法很容易导致产生局部最小解。当试图同时估计全部三个参数时,估计误差会变得非常大。

2. 卡尔曼滤波器(第2、4章)

给定的 ω 和 x_0时,其中$x_0 = a\sin\varphi$,正弦波是线性微分方程 $\ddot{x} = -\omega^2 x$ 的解。对于该微分方程,可以构建一个状态模型$\dot{\boldsymbol{x}} = \begin{bmatrix} 0 & 1 \\ -\omega^2 & 0 \end{bmatrix}\boldsymbol{x}$,其中 $\boldsymbol{x} = [x_1, x_2]^{\mathrm{T}}$,$x_1 = x, x_2 = \dot{x}$。$\omega$ 已知时,针对该系统构建的卡尔曼滤波器工作良好(第2章)。ω 未知时(第4章),卡尔曼滤波器不再与真实系统匹配,滤波发散。可以通过增加该滤波器的过程噪声协方差(这是一种常见的、避免滤波发散的方法)使其可以工作,但性能较差。

3. 扩展卡尔曼滤波器(第3章的扩展卡尔曼滤波器,示例在第4章)

在这种情况下,将 ω^2 扩维成第3个状态x_3,此时的状态方程为

$$\dot{\boldsymbol{x}} = \begin{bmatrix} 0 & 1 & 0 \\ -x_3 & 0 & 0 \\ 0 & 0 & 0 \end{bmatrix}\boldsymbol{x}$$

该滤波器的性能非常好,也比具有过程噪声的两状态卡尔曼滤波器要更加顽健。滤波估计误差接近于 CRB,估计器近乎达到一致性。

4. 具有固定间隔平滑器的扩展卡尔曼滤波器(第2章的扩展)

通过组合前向滤波估计和后向一步预测估计,可将固定间隔平滑器运用于扩展卡尔曼滤波器应用。业已证明,由这种方法得到的结果比单独采用扩展卡尔曼滤波器更加精确。由于 FIS 需要利用全部数据产生最优估计,所以其最适用于任务后分析,但不适合于实时应用。

一般的观察和结论:

基于上述系列研究,可以确保得到如下一般的结论:

(1) 批处理滤波器在理论上是最好的,但当性能指标模糊时,其实现取决于所选择的算法的顽健性。

(2) 无未知参数时,卡尔曼滤波器工作良好。当将构建卡尔曼滤波器的模型可能与真实系统失配时,人们应当小心。

(3) 将未知参数扩维至状态向量,并将其与状态向量一并估计,结果会更好,即便这会使得问题变为估计非线性问题。尽管扩展卡尔曼滤波器只能获得非线性估计问题的近似解,但正弦波估计示例已清楚地表明,采用扩展卡尔曼滤波器估计未知参数可以得到非常好的性能。

(4) 当并非用于实时应用时,FIS 是非常有用的。

正弦波估计的其他可能的研究

这里,至少有两种方法还没有探讨,留给读者作为课后习题。这些方法具体描述如下:

1. 采样方法

关于第 1 章所给的特定 WLS 估计算法的一个问题是搜索方向和步长可能导致后续的迭代跳过最优解，落入局部最小值处。一种避免这种陷落的方法是以非常精细划分的关于(a,ω,φ)的栅格对性能指标空间进行暴力采样，这是一种暴力计算方法。当信噪比足够高时，该方法工作的很好。此种情况下的充分性，意味着噪声样本不会使得性能指数的旁瓣小于最优解所驻留的主瓣。

2. 经典方法

对数据进行快速傅里叶变换，主瓣的全局最小值所在位置和幅度分别为 ω 和 a 的估计，对相位角 φ 的估计可通过频率采样的相位角拟合一个线性曲线来获得。关于采样滤波器的各种约束这里同样存在。由于受到了传感器更新率的限制，这种方法可能不像采样方法那样性能好，但计算更高效。

4.9.2 未知恒定偏差处理方法的比较

本节比较了 3 种处理传感器量测偏差的滤波器性能，偏差是具有已知协方差的一个未知常量。这 3 种滤波器是：①基于 CV 模型的忽略了量测偏差的卡尔曼滤波器；②采用相同的 KV，只是量测噪声协方差被夸大，夸大的量与偏差协方差相当；③SKF。

该示例利用了一个机动目标轨迹，该轨迹与第 5 章和第 7 章示例所用轨迹相同。图 4.18 给出了直角坐标系(x,y)中该目标轨迹的顶视图（想象一架飞行高度恒定的飞机），真实轨迹由黑色曲线所示。与第 3 章习题 1 所举得例子相同，此例中的传感器是一部在距离和角度空间实施量测的雷达。在二维情况

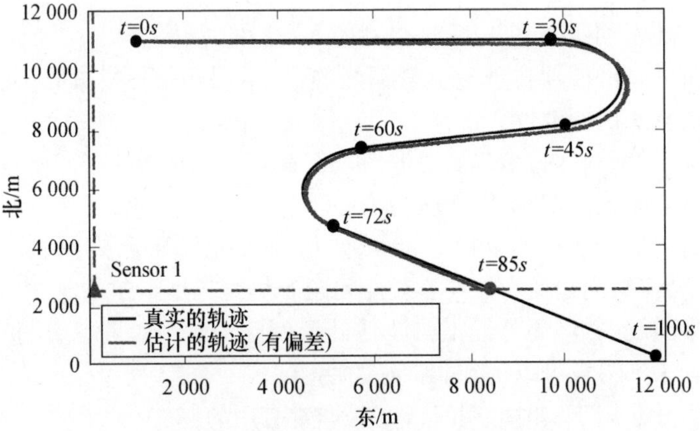

图 4.18 一个机动目标的真实的轨迹（黑色）和响应有偏的量测的轨迹（红色），在转弯时目标机动

下,雷达仅测量一种角度信息。由有1°量测偏差的雷达量测组成的目标轨迹如红色曲线所示。出于举例说明的目的,图中所示的量测轨迹仅包含角偏差误差。该目标进行了两次转弯,分别出现在 $t=30\sim45$s 和 $t=60\sim72$s 时间段。每次转弯的径向机动力是5g。对于一个空中运动的目标(即非弹道目标),机动可以用倾斜-转弯来模拟,或者由沿恒定半径圆形转弯的简化模型来模拟。对第3章习题5的解答给出了如何模拟一个圆形转弯目标的答案。在这两个时间段之外,目标做直线运动。传感器的位置和观测范围是已知的。注意,在85s之后目标运动出了传感器的观测区域。

传感器以10Hz的频率进行量测采样,量测噪声标准差分别为 $\sigma_r=5$m,$\sigma_\theta=1$mrad。注意,1°(17mrad)的角度量测偏差远大于量测噪声的标准差。选择较大的偏差值是为了演示和说明不同滤波方法的差异。尽管CV是直线运动模型,而目标会呈现机动运动,基于CV模型构建的卡尔曼滤波器是可以跟踪机动目标的。类似于4.9.1节给出的关于正弦信号滤波的研究,关键是过程噪声协方差的选择。对于跟踪做5g机动的目标的CV滤波器,过程噪声协方差被选择为噪声谱密度为6 000(m^2/s^3);对于0.1s的量测更新周期,这等价于离散时间过程噪声协方差为60 000(m^2/s^4)。更多关于采用各种滤波器对机动目标跟踪的比较分析将在第5章给出。这里仅讨论传感器量测偏差补偿问题。

图4.19和图4.20给出了3种滤波器的性能。由滤波算法计算得出的位置估计误差协方差如图4.19所示。1σ 位置误差是协方差矩阵中的位置部分的迹的平方根。回想矩阵的迹与矩阵特征值的和是相同的,而特征值是与矩阵相关的1σ 椭圆的半长轴和半短轴,从而协方差矩阵的迹的平方根是一个向量空间中全部误差的一个标量表示。3个曲线对应于3种滤波器:KF、SKF和具有

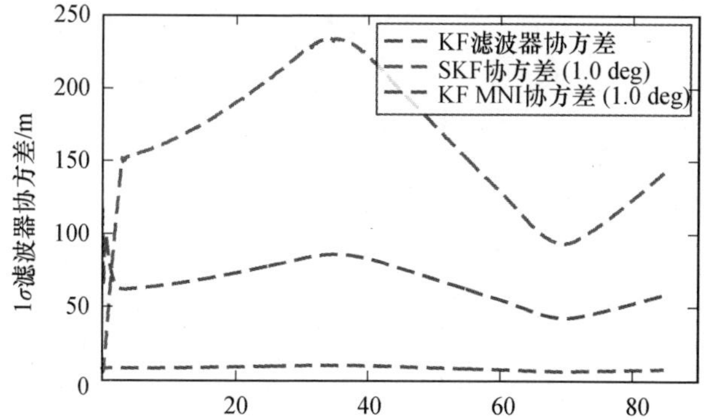

图4.19　三种滤波器的位置估计协方差的比较。1σ 协方差被计算为协方差的位置分量的迹的平方根

夸大的量测噪声(MINI,夸大量为1°或17mrad)的KF。SKF的协方差曲线的峰值和低谷反映了偏差造成的影响。例如,在大约30s时目标轨迹距离传感器最远,由于固定量测偏差和SKF的协方差峰值,同一时刻的位置估计误差也最大。类似地,在大约70s时,对应于1σ曲线的最小值点,目标轨迹距离传感器最近。由于不包含由于偏差造成的误差,KF的1σ曲线是平坦的,而具有夸大的量测噪声的KF则受到一定影响,但影响不如SKF那样大。

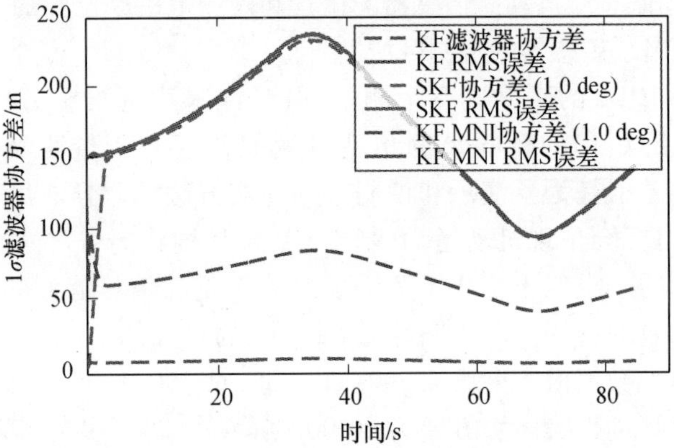

图4.20 位置的均方根估计误差与滤波器计算3个滤波器的协方差的比较

由1000次蒙特卡罗仿真运行结果计算得到的3种滤波器的RMS误差如图4.20所示,同时图中还给出了图4.19中的1σ协方差误差。所有3种滤波器取得了近乎相同的RMS误差。由于主导误差的是量测偏差,所有3种滤波器有着近乎相同的估计误差。忽略量测偏差的KF显然不是要选择的滤波器,因为它对于自身性能过于乐观。采用夸大量测协方差的滤波算法计算获得的误差协方差虽然表现较好,但仍远低于实际的RMS误差。仅有SKF滤波器的计算误差协方差与实际RMS误差可以相比,RMS误差曲线与由SKF计算获得的协方差交叠。

评注

① 实际上这3种方法都未估计偏差。估计偏差的方法都会进行状态扩维,像4.5.1节和4.6节那样。关于状态扩维的一个可能问题就是能观性,即扩维后的状态可能是不可观测的。SKF不估计偏差,它是一种能够适当表示偏差对协方差的影响但同时又不估计偏差的方法。

② SKF要求偏差协方差已知。鼓励读者研究算法对于偏差协方差不确定性的敏感性。当偏差非常大时,SKF将失效。建议读者研究何时SKF将失效,并提出可能的应对方法。

课后习题

1. 采用前两章所构建的工具和仿真,计算并显示 NEES 和 NIS。如果 NEES 和 NIS 非常大或非常小,如何改变它们。

2. 前3章的练习已经介绍了利用过程噪声对滤波器进行调谐的概念,采用针对 CV-CA-CV 轨迹构建的模型,并进行实验。

(1) 选择由滤波器残差过程的变化所驱动的过程噪声。

(2) 选择能适应非预期的模型变化的滤波器记忆长度。

(3) 选择一个指数衰变常数以降低滤波器残差的量测偏差。

(4) 构建一个机动检测器并根据检测判定结果改变滤波模型(在 CV 模型和 CA 模型之间)。

3. 当实际系统模型为 CV 模型、滤波器模型为 CA 模型时,计算式(4.3-14)和式(4.3-15)的误差方程;继而计算际系统模型为 CA 模型、滤波器模型为 CV 模型时的对应结果。解释所得结果。

4. 采用问题3的工具和结果,对所得到的结果进行比较,并在4.3.2节进行讨论。

5. 采用弹道目标运动模型,针对目标所做如下机动,构建一个机动检测器:

(1) 再入大气层。

(2) 遭遇突然的空气动力横向运动。

6. 根据4.9.1小节中对正弦波估计研究的讨论,考察采样方法。得到从低信噪比到高信噪比的对应结果。将所得结果与 CRB 及前面4种估计器的结果进行比较。

7. 类似地,考察经典方法(FFT),比较所有6种方法的结果。

8. 根据4.9.2小节的 SKF 示例。

(1) 当实际偏差和 SKF 的设定偏差协方差集不同时,考察 SKF 的敏感度。

(2) 考察偏差值增大时 SKF 的性能,观察何时 SKF 失效,给出相应解释。研究应对的方法。

参考文献

[1] R. E. Kalman, "A New Approach to Linear Filtering and Prediction Problems," *Transactions of the ASME*, vol. 82, ser. D, pp. 35-45, Mar 1960.

[2] T. S. Lee, K. P. Dunn, and C. B. Chang, "On Observability and Unbiased Estimation of Nonlinear Systems," *System Modeling and Optimization*, *Lecture Notes in Control and Information Sciences*, vol. 39, pp. 259-266, New York: Springer, 1982.

[3] H. L. Van Trees, *Detection, Estimation, and Modulation Theory*, *Part* 1. New York: Wiley, 1968.

[4] H. Cramer, *Mathematical Methods of Statistics*. Princeton, NJ: Princeton University Press, 1946.

[5] T. Kailath, A. H. Sayed, and B. Hassibi, *Linear Estimation*. Englewood Cliff s, NJ: Prentice Hall, 2000.

[6] Y. Bar – Shalom, X. Rong Li, and T. Kirubarajan, *Estimation with Applications to Tracking and Navigation*. New York: Wiley, 2001.

[7] C. B. Chang and K. P. Dunn, "Kalman Filter Compensation for a Special Class of Systems," *IEEE Transactions on Aerospace and Electronic Systems*, vol. AES – 13, pp. 700 – 706, Nov. 1977.

[8] R. J. Fitzgerald, "Divergence of the Kalman Filter," *IEEE Transactions on Automatic Control*, vol. AC – 16, pp. 736 – 747, Dec. 1971.

[9] C. B. Chang and J. A. Tabaczynski, "Application of State Estimation to Target Tracking," *IEEE Transactions on Automatic Control*, vol. AC – 29, pp. 98 – 109, Feb. 1984.

[10] C. B. Chang, R. H. Whiting, and M. Athans, "On the State and Parameter Estimation for Maneuvering Reentry Vehicles," *IEEE Transactions on Automatic Control*, vol. AC – 22, pp. 99 – 105, Feb. 1977.

[11] M. Athans, "The Role and Use of the Stochastic Linear – Quadratic – Gaussian Control Problem in System Design," *IEEE Transactions on Automatic Control*, vol. AC – 16, pp. 529 – 552, Dec. 1971.

[12] A. Gelb (Ed.), *Applied Optimal Estimation*. Cambridge, MA: MIT Press, 1974.

[13] R. Mehra, "On the Identifi cation of Variances and Adaptive Kalman Filtering," *IEEE Transactions on Automatic Control*, vol. AC – 15, pp. 175 – 184, Apr. 1970.

[14] R. K. Mehra, "Approaches to Adaptive Filtering," *IEEE Transactions on Automatic Control*, vol. AC – 17, pp. 693 – 698, Oct. 1971.

[15] B. Carew and P. R. Belanger, "Identifi cation of Optimum Filter Steady State Gain for Systems with Unknown Noise Covariances," *IEEE Transactions on Automatic Control*, vol. AC – 18, pp. 582 – 588, Dec. 1973.

[16] L. Chin, "Advances in Adaptive Filtering," in *Advances in Control and Dynamic Systems*, vol. 15, C. T. Leondes, Ed., New York: Academic Press, 1979.

[17] A. H. Jazwinski, *Stochastic Processes and Filtering Theory*. New York: Academic Press, 1970.

[18] S. L. Fagin, "Recursive Linear Regression Theory, Optimal Filter Theory and Error Analysis of Optimal Systems," *IEEE International Convention Record*, pp. 216 – 240, 1964.

[19] R. W. Miller, "Asymptotic Behavior of the Kalman Filter with Exponential Aging," *AIAA Journal*, vol. 9, pp. 537 – 539, Mar. 1971.

[20] G. Schmidt, "Application of State – Space Methods to Navigation Problems," in *Advances in Control Systems*, vol. 3, pp. 293 – 340, C. Leondes, Ed., New York: Academic Press, 1966.

[21] R. Novoselov, S. M. Herman, S. Gadaleta, and A. B. Poor, "Mitigating the Eff ects of Residual Bias with Schmidt – Kalman Filtering," in *Proceedings of the* 8 *th International Conference on In formation Fusion*, July 2005.

[22] A. E. Bryson and L. J. Henrikson, "Estimation Using Sampled Data Containing Sequentially Correlated Noise," *Journal of Spacecraft and Rockets*, vol. 5, pp. 662 – 665, June 1968.

[23] H. C. Lambert, "Pre – whitening of Colored Measurement Noise," Private communication, June 25, 2008.

[24] P. Mookerjee and F. Reifl er, "Reduced State Estimator for Systems with Parametric Inputs," *IEEE Transactions on Aerospace and Electronics Systems*, vol. AES – 40, pp. 446 – 461, Apr. 2004.

[25] L. F. Urbano, P. Kalata, and M. Kam, "Optimal Tracking Index Relationship for Random and Deterministic Target Maneuvers," in *Proceedings of IEEE Radar Conference*, May 2012.

[26] A. S. Willsky and H. L. Jones, "A Generalized Likelihood Ratio Approach to the Detection and Estimation of Jumps in Linear Systems," *IEEE Transactions on Automatic Control*, vol. AC – 21, pp. 108 –

112, Feb. 1976.

[27] H. L. Jones, "Failure Detection in Linear Systems," PhD. dissertation, Dept. Of Aeronautics and Astronautics, MIT, Cambridge, MA, Sept. 1973.

[28] A. S. Willsky, "A Survey of Design Methods for Failure Detection in Dynamic Systems," *Automatica*, vol. 12, pp. 601 – 611, Nov. 1976.

[29] E. Y. Chow and A. S. Willsky, "Bayesian Design of Detection Rules for Failure Detection," *IEEE Transactions on Aerospace and Electronic Systems*, vol. AES – 20, pp. 761 – 774, Nov. 1984.

[30] R. Bueno, E. Y. Chow, K. P. Dunn, S. B. Gersbwin, and A. S. Willsky, "Status Report on the Generalized Likelihood Ratio Failure Detection Technique, with Application to the F – 8 Aircraft," in *Proceedings of the 14th IEEE Conference on Decision and Control*, Dec. 1976, pp. 38 – 47.

[31] R. J. McAuLay and E. Denlinger, "A Decision – Directed Adaptive Tracker," *IEEE Transactions on Aerospace and Electronic Systems*, vol. AES – 9, pp. 229 – 236, Mar. 1973.

[32] C. B. Chang and K. P. Dunn, "On GLR Detection and Estimation of Unexpected Inputs in Linear Discrete Systems," *IEEE Transactions on Automatic Control*, vol. AC – 24, pp. 499 – 501, June 1979.

[33] C. B. Chang and K. P. Dunn, "A Recursive Generalized Likelihood Ratio Test Algorithm for Detecting Sudden Changes in Linear Discrete Systems," in *Proceedings of 17th IEEE Conference on Decision and Control*, Jan. 1979.

[34] F. Daum and R. Fitzgerald, "Decoupled Kalman Filters for Phased Array Radar Tracking," *IEEE Transactions on Automatic Control*, vol. AC – 28, pp. 269 – 283, Mar. 1983.

[35] H. Lambert and M. Tobias, "False Cross – Range Observability," Private communication, 2008.

第5章　多模型估计算法

5.1　引言

第4章曾经讨论过具有模型不确定性的估计问题。本章则将对模型不确定性被限制为已知模型的有限集合的情形开展研究。一个典型例子就是机动目标跟踪问题。对于直线平飞的目标,可由具有零加速度的运动模型对其建模。当目标开始明显机动时,滤波器必须能够检测到目标机动并对目标加速度进行估计。机动检测算法要求实现一个滤波器数目不断增加的滤波器组,而这可能造成较大计算负荷。同时,由于当机动加速度估计开始时所产生的滤波器瞬变,可能导致机动检测存在延迟。由于机动检测方法只在相关统计信息足够超过特定门限时才判定目标发生机动并切换到基于另一个模型的滤波器,因此属于一种"硬"判决方法。另外一种替代方法则是同时运行两个滤波器,一个滤波器基于机动运动模型,另一个则基于不受扰动的运动模型。两个滤波器的输出进行概率组合以使得模型之间能够平滑切换,这就是"软"判决或者"融合"方法。机动目标跟踪是更一般意义下的多模型估计算法(Multiple Model Estimation Algorithm, MMEA)的一个应用特例[1]。类似于机动目标跟踪问题,4.6节讨论的故障检测问题也是多模型估计算法研究关注的一个主要问题[2]。

5.2节给出了问题定义和相关假设。5.3节提出了适用于具有由未知常量扰动的系统的恒定模型MMEA算法(CM^{2}EA)。对于机动目标或具有未知模型切换参数的系统,5.4节提出了一种切换模型算法(Switching Model MMEA, SM^{2}EA)。SM^{2}EA由呈指数增长的滤波器组组成,其中每个滤波器匹配于一种可能的参数历史(对每一时刻的N个可能参数,则在k时刻可能存在N^k个参数历史分支)。因而,在实践中采用的是有限记忆模型切换,5.5节推导给出了有限记忆模型切换算法。作为一种对单步记忆滤波器的更加高效的近似,5.6节给出了交互多模型算法(Interacting Multiple Model, IMM)。5.7节给出了多模型估计算法的数值仿真示例。

与第4章所用方法类似,本章讨论过程中采用了线性系统的标注习惯。但利用非线性方程的雅可比矩阵替代系统状态转移矩阵和量测矩阵,采用扩展Kalman滤波,本章的研究结果可以很容易地推广到非线性系统。以随机仿真方法解决此类问题,第6章给出了基于蒙特卡罗采样的算法框架。

5.2 定义与假设

正如之前数次表述,所研究的问题是估计如下离散线性系统的状态向量,即

$$\boldsymbol{x}_k = \boldsymbol{\Phi}_{k,k-1}\boldsymbol{x}_{k-1} + \boldsymbol{\mu}_{k-1} \tag{5.2-1}$$

$$\boldsymbol{y}_k = \boldsymbol{H}_k \boldsymbol{x}_k + \boldsymbol{\nu}_k \tag{5.2-2}$$

且有 $\boldsymbol{x}_0: \sim N(\hat{\boldsymbol{x}}_0, \boldsymbol{P}_0)$,$\boldsymbol{\mu}_k: \sim N(\boldsymbol{0}, \boldsymbol{Q}_k)$,$\boldsymbol{\nu}_k: \sim N(\boldsymbol{0}, \boldsymbol{R}_k)$。该问题的求解方法就是著名的 Kalman 滤波器(KF)。在本书第2章中曾采用针对递归估计的贝叶斯定理来推导 KF 滤波算法[3],鉴于其也是推导 MMEA 算法的重要基础,因而这里再次重申该定理,即

$$p(\boldsymbol{x}_k|\boldsymbol{y}_{1:k}) = \frac{p(\boldsymbol{y}_k|\boldsymbol{x}_k)}{p(\boldsymbol{y}_k|\boldsymbol{y}_{1:k-1})}p(\boldsymbol{x}_k|\boldsymbol{y}_{1:k-1}) \tag{5.2-3}$$

和

$$p(\boldsymbol{x}_k \mid \boldsymbol{y}_{1:k-1}) = \int p(\boldsymbol{x}_k \mid \boldsymbol{x}_{k-1}) p(\boldsymbol{x}_{k-1} \mid \boldsymbol{y}_{1:k-1}) \mathrm{d}\boldsymbol{x}_{k-1} \tag{5.2-4}$$

式中:$p(\boldsymbol{x}_k|\boldsymbol{y}_{1:k})$是给定离散时刻1至时刻 k 获得的全部量测条件下关于状态向量$\boldsymbol{x}_k$ 的后验概率密度,$p(\boldsymbol{x}_k|\boldsymbol{y}_{1:k-1})$是给定离散时刻1至时刻$k-1$获得的全部量测条件下关于 $\boldsymbol{x}_k$ 的先验概率密度,$p(\boldsymbol{x}_{k-1}|\boldsymbol{y}_{1:k-1})$是给定离散时刻1至时刻 $k-1$ 获得的全部量测条件下关于$\boldsymbol{x}_{k-1}$的后验概率密度。正如上述积分算式所示,$p(\boldsymbol{x}_{k-1}|\boldsymbol{y}_{1:k-1})$被用于计算关于$\boldsymbol{x}_k$ 的先验概率密度。

假设所考虑的系统包含一个未知的参数向量,可在非常一般的意义下对参数向量建模,参数向量可出现在状态转移矩阵或量测矩阵,或作为其输入向量,或是当做任意噪声过程的均值或协方差的补偿抵消项。该参数向量也能够表征关于模型的有限集合,例如目标机动和非机动的情形。首先考虑未知参数向量为仅能从已知向量集选择的常向量的情形。针对参数向量为常向量的 MMEA 算法,Magill 率先开展了研究[1]。例如,一个目标要么在正常的轨道上行进,要么在特定的时间段内做机动运动。现实中,目标更可能在机动模型和非机动模式之间来回切换,这也使得设计 MMEA 算法以应对参数切换问题成为现实的需求。

许多学者针对参数切换(或者时变参数)问题的 MMEA 算法进行了研究[4-14],其中一些专注于离散切换问题研究[4-5,10-11],一些则对更具理论价值的连续性系统参数切换问题开展了研究[6-7],还有一些研究人员将相关研究结果推广应用至控制系统[2,7,8],也有一些学者为降低计算负荷对算法进行了简化[12-14]。本章所讨论的内容主要源自文献[10,11]有关离散系统多模型估计算法的研究工作。

5.3 常量模型的情形

假设系统存在一个未知的常量参数向量,且该参数向量只能是一个已知的由 N 个参数向量组成的集合$\{\boldsymbol{p}_1,\boldsymbol{p}_2,\cdots,\boldsymbol{p}_N\}$中的某一个。令 θ 为代表 N 个假设$\{\theta^1,\theta^2,\cdots,\theta^N\}$的随机变量,则 $\Pr\{\theta^i\}$ 为 $\theta=\theta^i$ 的概率。定义一个多模型系统,其中第 i 个模型代表着参数向量$\boldsymbol{p}_i$,有

$$\boldsymbol{x}_k=\boldsymbol{\Phi}^i_{k,k-1}\boldsymbol{x}_{k-1}+\boldsymbol{\mu}_{k-1} \tag{5.3-1}$$

$$\boldsymbol{y}_k=\boldsymbol{H}^i_k\boldsymbol{x}_k+\boldsymbol{\nu}_k \tag{5.3-2}$$

为了简单起见,上述两个方程只是明确表示了未知参数向量与$\boldsymbol{\Phi}_{k,k-1}$和(或)$\boldsymbol{H}_k$之间的依赖关系,且这种依赖关系具有相同的噪声统计特征。给定上述条件,即有 θ 的先验概率密度为

$$p(\theta)=\sum_{i=1}^{N}\Pr\{\theta^i\}\delta(\theta-\theta^i) \tag{5.3-3}$$

式中:$\delta(\cdot)$为克罗内克 δ 函数。由于真实的参数只能等于 N 个参数向量$\{\boldsymbol{p}_1,\boldsymbol{p}_2,\cdots,\boldsymbol{p}_N\}$中的某一个,因此针对这个问题的估计算法被称为常量多模型估计算法($\mathrm{CM^2EA}$),具体算法推导过程如下:

根据条件期望的定义,有

$$\hat{\boldsymbol{x}}_{k|k}=E\{\boldsymbol{x}_k\mid\boldsymbol{y}_{1:k}\}=\int\boldsymbol{x}_k p(\boldsymbol{x}_k\mid\boldsymbol{y}_{1:k})\,\mathrm{d}\boldsymbol{x}_k \tag{5.3-4}$$

对于多模型的情形,条件概率密度函数可被写成对应于多个假设的形式,即

$$p(\boldsymbol{x}_k\mid\boldsymbol{y}_{1:k})=\int p(\boldsymbol{x}_k,\theta\mid\boldsymbol{y}_{1:k})\,\mathrm{d}\theta=\int p(\boldsymbol{x}_k\mid\theta,\boldsymbol{y}_{1:k})p(\theta\mid\boldsymbol{y}_{1:k})\,\mathrm{d}\theta$$

将 $p(\theta\mid\boldsymbol{y}_{1:k})=\sum_{i=1}^{N}\Pr\{\theta^i\mid\boldsymbol{y}_{1:k}\}\delta(\theta-\theta^i)$ 代入上式,可得

$$\begin{aligned}p(\boldsymbol{x}_k\mid\boldsymbol{y}_{1:k})&=\int p(\boldsymbol{x}_k\mid\theta,\boldsymbol{y}_{1:k})\sum_{i=1}^{N}\Pr\{\theta^i\mid\boldsymbol{y}_{1:k}\}\delta(\theta-\theta^i)\,\mathrm{d}\theta\\&=\sum_{i=1}^{N}\Pr\{\theta^i\mid\boldsymbol{y}_{1:k}\}p(\boldsymbol{x}_k\mid\theta^i,\boldsymbol{y}_{1:k})\end{aligned} \tag{5.3-5}$$

将上式应用于条件期望估计及其误差协方差的定义,可得到状态估计及其误差协方差,即

$$\begin{aligned}\hat{\boldsymbol{x}}_{k|k}&=\int\boldsymbol{x}_k p(\boldsymbol{x}_k\mid\boldsymbol{y}_{1:k})\,\mathrm{d}\boldsymbol{x}_k=\sum_{i=1}^{N}\Pr\{\theta^i\mid\boldsymbol{y}_{1:k}\}\int\boldsymbol{x}_k p(\boldsymbol{x}_k\mid\theta^i,\boldsymbol{y}_{1:k})\,\mathrm{d}\boldsymbol{x}_k\\&=\sum_{i=1}^{N}\Pr\{\theta^i\mid\boldsymbol{y}_{1:k}\}\hat{\boldsymbol{x}}^i_{k|k}\end{aligned} \tag{5.3-6}$$

$$\begin{aligned}\boldsymbol{P}_{k|k}&=\int[(\boldsymbol{x}_k-\hat{\boldsymbol{x}}_{k|k})(\boldsymbol{x}_k-\hat{\boldsymbol{x}}_{k|k})^{\mathrm{T}}]p(\boldsymbol{x}_k\mid\boldsymbol{y}_{1:k})\,\mathrm{d}\boldsymbol{x}_k\\&=\sum_{i=1}^{N}\Pr\{\theta^i\mid\boldsymbol{y}_{1:k}\}\int[(\boldsymbol{x}_k-\hat{\boldsymbol{x}}_{k|k})(\boldsymbol{x}_k-\hat{\boldsymbol{x}}_{k|k})^{\mathrm{T}}]p(\boldsymbol{x}_k\mid\theta^i,\boldsymbol{y}_{1:k})\,\mathrm{d}\boldsymbol{x}_k\\&=\sum_{i=1}^{N}\Pr\{\theta^i\mid\boldsymbol{y}_{1:k}\}[\boldsymbol{P}^i_{k|k}+(\hat{\boldsymbol{x}}^i_{k|k}-\hat{\boldsymbol{x}}_{k|k})(\hat{\boldsymbol{x}}^i_{k|k}-\hat{\boldsymbol{x}}_{k|k})^{\mathrm{T}}]\end{aligned} \tag{5.3-7}$$

式中：$\hat{\boldsymbol{x}}_{k|k}^i$为由与参数向量$\boldsymbol{p}_i$相匹配的 Kalman 滤波器生成的状态估计；$\boldsymbol{P}_{k|k}^i$为$\hat{\boldsymbol{x}}_{k|k}^i$的估计误差协方差。依据条件期望估计及其误差协方差的定义，有

$$\hat{\boldsymbol{x}}_{k|k}^i = \int \boldsymbol{x}_k p(\boldsymbol{x}_k \mid \theta_i, \boldsymbol{y}_{1:k}) \mathrm{d}\boldsymbol{x}_k \tag{5.3-8}$$

$$\boldsymbol{P}_{k|k}^i = \int [(\boldsymbol{x}_k - \hat{\boldsymbol{x}}_{k|k}^i)(\boldsymbol{x}_k - \hat{\boldsymbol{x}}_{k|k}^i)^{\mathrm{T}}] p(\boldsymbol{x}_k \mid \theta_i, \boldsymbol{y}_{1:k}) \mathrm{d}\boldsymbol{x}_k \tag{5.3-9}$$

上述推导结果表明，多模型估计问题的解可由一组 Kalman 滤波器获得，其中每个滤波器匹配于一个特定的参数向量，最终的估计则是各个滤波器所获估计的加权和。加权权重系数为每个参数向量$\boldsymbol{p}_i$与真实参数向量相匹配的假设概率 $\Pr\{\theta^i|\boldsymbol{y}_{1:k}\}$，$i=1,2,\cdots,N$。接下来，将考虑假设概率的计算问题。将贝叶斯定理应用于假设过程，有

$$p(\theta|\boldsymbol{y}_{1:k}) = \frac{p(\boldsymbol{y}_k|\theta, \boldsymbol{y}_{1:k-1})}{p(\boldsymbol{y}_k|\boldsymbol{y}_{1:k-1})} p(\theta|\boldsymbol{y}_{1:k-1}) \tag{5.3-10}$$

概率密度函数的离散表示形式为

$$p(\theta \mid \boldsymbol{y}_{1:k}) = \sum_{i=1}^{N} \Pr\{\theta^i \mid \boldsymbol{y}_{1:k}\} \delta(\theta - \theta^i) \tag{5.3-11}$$

$$p(\theta \mid \boldsymbol{y}_{1:k-1}) = \sum_{i=1}^{N} \Pr\{\theta^i \mid \boldsymbol{y}_{1:k-1}\} \delta(\theta - \theta^i) \tag{5.3-12}$$

将式(5.3-11)和式(5.3-12)代入式(5.3-10)后，可得到假设概率的递归更新方程为

$$\Pr\{\theta^i|\boldsymbol{y}_{1:k}\} = \frac{p(\boldsymbol{y}_k|\theta^i, \boldsymbol{y}_{1:k-1})}{p(\boldsymbol{y}_k|\boldsymbol{y}_{1:k-1})} \Pr\{\theta^i|\boldsymbol{y}_{1:k-1}\} \tag{5.3-13}$$

式中：$\Pr\{\theta^i|\boldsymbol{y}_{1:k}\}$是$\theta^i$的后验概率；$\Pr\{\theta^i|\boldsymbol{y}_{1:k-1}\}$是先前一轮滤波所得$\theta^i$的后验概率；$p(\boldsymbol{y}_k|\theta^i, \boldsymbol{y}_{1:k-1})$是与参数向量$\boldsymbol{p}_i$相匹配的第$i$个 Kalman 滤波器的滤波残差过程的概率密度函数，有

$$p(\boldsymbol{y}_k|\theta^i, \boldsymbol{y}_{1:k-1}) = \mathrm{C}\exp\left\{ -\frac{1}{2}(\boldsymbol{y}_k - \boldsymbol{H}_k^i \hat{\boldsymbol{x}}_{k|k-1}^i)^{\mathrm{T}} \right.$$
$$\left. [\boldsymbol{H}_k^i \boldsymbol{P}_{k|k-1}^i \boldsymbol{H}_k^{i\,\mathrm{T}} + \boldsymbol{R}_k]^{-1} (\boldsymbol{y}_k - \boldsymbol{H}_k^i \hat{\boldsymbol{x}}_{k|k-1}^i) \right\}$$

式中：C 为高斯概率密度函数的归一化常数，而归一化因子$p(\boldsymbol{y}_k|\boldsymbol{y}_{1:k-1})$依据下式计算获得，

$$\sum_{i=1}^{N} \Pr\{\theta^i \mid \boldsymbol{y}_{1:k-1}\} p(\boldsymbol{y}_k \mid \theta^i, \boldsymbol{y}_{1:k-1})$$

表 5.1 对 $\mathrm{CM^2EA}$ 算法进行了总结。

表 5.1 针对未知常量参数向量的多模型估计算法小结

CM²EA

状态方程和量测方程

系统存在一个未知的常量参数向量,且该参数向量只能是一个已知的由 N 个参数向量组成的集合 $\{\boldsymbol{p}_1,\boldsymbol{p}_2,\cdots,\boldsymbol{p}_N\}$ 中的某一个。令

$$\boldsymbol{x}_k=\boldsymbol{\Phi}^i_{k,k-1}\boldsymbol{x}_{k-1}+\boldsymbol{\mu}_{k-1}$$
$$\boldsymbol{y}_k=\boldsymbol{H}^i_k\boldsymbol{x}_k+\boldsymbol{\nu}_k$$

式中:$\boldsymbol{x}\in\mathbb{R}^n,\boldsymbol{y}\in\mathbb{R}^m,\boldsymbol{x}_0:\sim N(\hat{\boldsymbol{x}}_0,\boldsymbol{P}_0)$;任意给定时刻 k,$\boldsymbol{\mu}_k:\sim N(\boldsymbol{0},\boldsymbol{Q}_k)$ 和 $\boldsymbol{\nu}_k:\sim N(\boldsymbol{0},\boldsymbol{R}_k)$ 之间均统计独立;$\boldsymbol{\Phi}^i_{k,k-1}$ 和 $\boldsymbol{H}^i_k$ 是依据参数 $\boldsymbol{p}_i$ 确定系统状态转移矩阵和量测矩阵。

问题描述

给定参数向量集合 $\{\boldsymbol{p}_1,\boldsymbol{p}_2,\cdots,\boldsymbol{p}_N\}$ 和量测序列 $\boldsymbol{y}_{1:k}=\{\boldsymbol{y}_1,\boldsymbol{y}_2,\cdots,\boldsymbol{y}_k\}$ 的条件下,识别出真实的参数向量 $\boldsymbol{p}_i$ 并获得状态估计 $\hat{\boldsymbol{x}}_{k|k}$ 及其估计误差协方差 $\boldsymbol{P}_{k|k}$。

求解过程

构建由 N 个 Kalman 滤波器组成的滤波器组,其中每个滤波器与 $\boldsymbol{p}\in\{\boldsymbol{p}_1,\boldsymbol{p}_2,\cdots,\boldsymbol{p}_N\}$ 相匹配。以 $\hat{\boldsymbol{x}}^i_{k|k}$ 和 $\boldsymbol{P}^i_{k|k}$ 标识由与参数向量 $\boldsymbol{p}_i$ 相匹配的 Kalman 滤波器获得的状态估计及其误差协方差,则 $\boldsymbol{x}_k$ 的最小方差估计(等同于条件期望估计)$\hat{\boldsymbol{x}}_{k|k}$ 及其误差协方差为

$$\hat{\boldsymbol{x}}_{k|k}=\sum_{i=1}^N\Pr\{\theta^i\mid\boldsymbol{y}_{1:k}\}\hat{\boldsymbol{x}}^i_{k|k}$$

$$P_{k|k}=\sum_{i=1}^N\Pr\{\theta^i\mid\boldsymbol{y}_{1:k}\}[\boldsymbol{P}^i_{k|k}+(\hat{\boldsymbol{x}}^i_{k|k}-\hat{\boldsymbol{x}}_{k|k})(\hat{\boldsymbol{x}}^i_{k|k}-\hat{\boldsymbol{x}}_{k|k})^{\mathrm{T}}]$$

上式中的 θ 是代表 N 个假设 $\{\theta^1,\theta^2,\cdots,\theta^N\}$ 的随机变量,则有 $\Pr\{\theta^i|\boldsymbol{y}_{1:k}\}$ 为给定量测序列 $\boldsymbol{y}_{1:k}$ 的条件下假设 $\theta=\theta^i$ 的概率。假设概率的递归计算方法如下:

$$\Pr\{\theta^i|\boldsymbol{y}_{1:k}\}=\frac{p(\boldsymbol{y}_k|\theta^i,\boldsymbol{y}_{1:k-1})}{p(\boldsymbol{y}_k|\boldsymbol{y}_{1:k-1})}\Pr\{\theta^i|\boldsymbol{y}_{1:k-1}\}$$

而 $p(\boldsymbol{y}_k|\theta^i,\boldsymbol{y}_{1:k-1})$ 则是与参数向量 $\boldsymbol{p}_i$ 相匹配的 Kalman 滤波残差过程的概率密度函数,有

$$p(\boldsymbol{y}_k|\theta^i,\boldsymbol{y}_{1:k-1})=C\exp\left\{-\frac{1}{2}(\boldsymbol{y}_k-\boldsymbol{H}^i_k\hat{\boldsymbol{x}}^i_{k|k-1})^{\mathrm{T}}[\boldsymbol{H}^i_k\boldsymbol{P}^i_{k|k-1}\boldsymbol{H}^{i\,\mathrm{T}}_k+\boldsymbol{R}_k]^{-1}(\boldsymbol{y}_k-\boldsymbol{H}^i_k\hat{\boldsymbol{x}}^i_{k|k-1})\right\}$$

总结和评注

(1)CM²EA 算法是由 N 个 Kalman 滤波器组成的一个滤波器组,其中每个滤波器匹配于参数向量 $\boldsymbol{p}_i\in\{\boldsymbol{p}_1,\boldsymbol{p}_2,\cdots,\boldsymbol{p}_N\}$。

(2)最终的条件期望估计是滤波器组所属各滤波器输出估计的加权和,而权重系数则为关于参数向量假设的后验概率。

(3)参数向量假设后验概率的更新计算依据滤波残差的概率密度函数和此前一轮滤波获得的假设后验概率递归完成。

(4)基于问题定义,仅有一个模型是真实匹配于实际物理过程,也只有基于该模型的 Kalman 滤波器的输出结果是最优的,即估计是无偏的且估计误差协方差也是符合一致性标准的。其他滤波器的估计结果均是有偏的且估计误差协方差也不符合一致性标准。正是由滤波残差过程所体现出的这点特性使得假设概率发挥效用。对应正确模型的假设概率将收敛至 1,其他假设概率将收敛为 0。

(5)有一点很显然,就是当问题假设不正确时,即 CM²EA 算法所采用的模

型中没有一个模型与真实模型相匹配和(或)CM^2EA 算法中的噪声统计特征不正确,那么 CM^2EA 算法的估计性能将变得不可预测。算法的运行结果也许会收敛至错误的模型,也许会在数个不同模型之间来回跳变,以及其他各类结果。这是所有从事实践工作的工程师需要面对的问题。因此滤波器设计需要广泛的以现场测量为支撑的仿真研究。

2. 模型情形下的 CM^2EA 如图 5.1 所示。

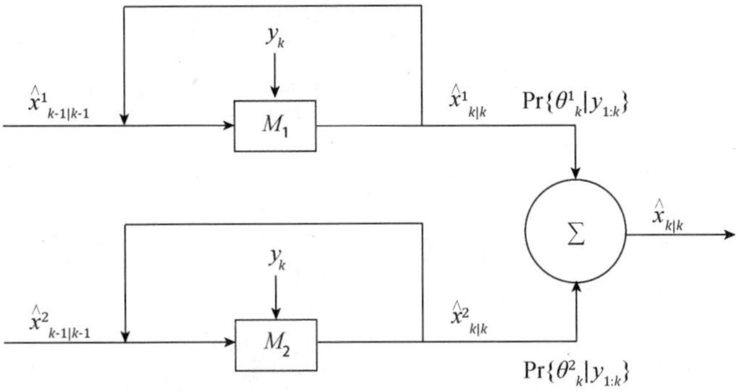

图 5.1 常量多模型估计算法的图示说明

5.4 模型切换的情形

模型切换的情况是指,假设系统存在未知参数向量,该参数向量在不同的时间间隔可选取参数向量集合内不同的参数向量。这也被称为切换多模型估计算法(SM^2EA)。图 5.2 给出了 2 个参数情形下,截止 $k=3$ 时刻的参数随时间演变的所有可能路径。

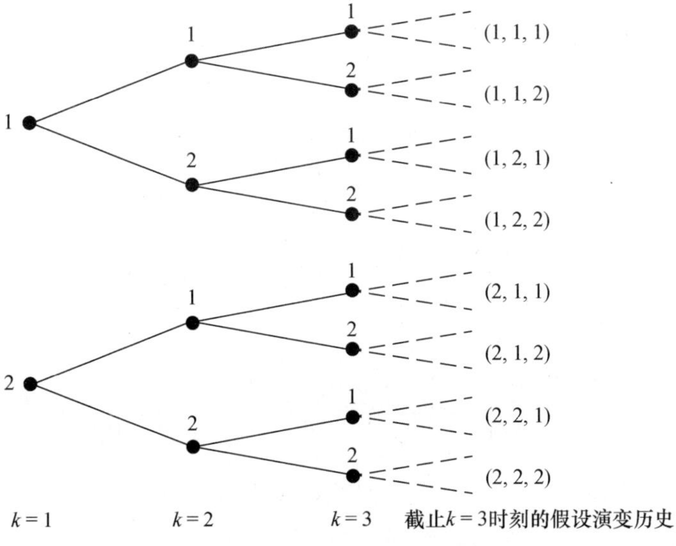

图 5.2 2 模型情形下假设演变,截止 $k=3$ 时刻

考虑如下假设定义：

θ_k^i 是关于在 k 时刻 $\boldsymbol{p}=\boldsymbol{p}_i$ 的假设，也称为局部假设（相对时间而言），$\theta_{1:k}^j$ 是关于从 1 时刻至 k 时刻参数向量序列的假设，因而是全局假设（相对时间而言）。一个全局假设由一组局部假设构成，有 $\theta_{1:k}^j=\{\theta_1^{i_1},\theta_2^{i_2},\cdots,\theta_k^{i_k}\}$，其中，$i_n=1,\cdots,N,j=1,\cdots,N^k$，$\Pr\{\theta_k^i|\boldsymbol{y}_{1:k}\}$ 是 k 时刻局部假设 θ_k^i 为真的概率，而 $\Pr\{\theta_{1:k}^j|\boldsymbol{y}_{1:k}\}$ 是 k 时刻全局假设 $\theta_{1:k}^j=\{\theta_1^{i_1},\theta_2^{i_2},\cdots,\theta_k^{i_k}\}$ 为真的概率。

为实现系统状态向量的估计，现在推导 SM²EA 算法，

$$\begin{aligned}\hat{\boldsymbol{x}}_{k|k} &= \int \boldsymbol{x}_k p(\boldsymbol{x}_k \mid \boldsymbol{y}_{1:k})\mathrm{d}\boldsymbol{x}_k = \iint \boldsymbol{x}_k p(\boldsymbol{x}_k \mid \theta_{1:k},\boldsymbol{y}_{1:k})p(\theta_{1:k}\mid \boldsymbol{y}_{1:k})\mathrm{d}\theta_{1:k}\mathrm{d}\boldsymbol{x}_k\\ &= \iint \boldsymbol{x}_k p(\boldsymbol{x}_k \mid \theta_{1:k},\boldsymbol{y}_{1:k})\sum_{j=1}^{N^k}\Pr\{\theta_{1:k}^j \mid \boldsymbol{y}_{1:k}\}\delta(\theta_{1:k}-\theta_{1:k}^j)\mathrm{d}\theta_{1:k}\mathrm{d}\boldsymbol{x}_k\\ &= \sum_{j=1}^{N^k}\Pr\{\theta_{1:k}^j \mid \boldsymbol{y}_{1:k}\}\int \boldsymbol{x}_k p(\boldsymbol{x}_k \mid \theta_{1:k}^j, y_{1:k})\mathrm{d}\boldsymbol{x}_k\\ &= \sum_{j=1}^{N^k}\Pr\{\theta_{1:k}^j \mid \boldsymbol{y}_{1:k}\}\hat{\boldsymbol{x}}_{k|k}^j \end{aligned} \tag{5.4-1}$$

如同所预期，最终的状态估计 $\hat{\boldsymbol{x}}_{k|k}$ 是与各个可能参数历史相匹配的状态估计 $\hat{\boldsymbol{x}}_{k|k}^j$ 的加权和，$j=1,\cdots,N^k$。关于 $\hat{\boldsymbol{x}}_{k|k}^j$ 估计误差协方差的推导与上述过程类似，详细推导就留给读者自行完成。

$$\begin{aligned}\boldsymbol{P}_{k|k} &= \int[(\boldsymbol{x}_k-\hat{\boldsymbol{x}}_{k|k})(\boldsymbol{x}_k-\hat{\boldsymbol{x}}_{k|k})^{\mathrm{T}}]p(\boldsymbol{x}_k \mid \boldsymbol{y}_{1:k})\mathrm{d}\boldsymbol{x}_k\\ &= \sum_{j=1}^{N^k}\Pr\{\theta_{1:k}^j \mid \boldsymbol{y}_{1:k}\}[\boldsymbol{P}_{k|k}^j+(\hat{\boldsymbol{x}}_{k|k}^j-\hat{\boldsymbol{x}}_{k|k})(\hat{\boldsymbol{x}}_{k|k}^j-\hat{\boldsymbol{x}}_{k|k})^{\mathrm{T}}]\end{aligned} \tag{5.4-2}$$

全局假设后验概率的计算式可利用概率乘积定理推导获得，即

$$p(\theta_{1:k}|\boldsymbol{y}_{1:k})=p(\theta_k|\theta_{1:k-1},\boldsymbol{y}_{1:k})p(\theta_{1:k-1}|\boldsymbol{y}_{1:k})$$

并利用

$$p(\theta_k|\theta_{1:k-1},\boldsymbol{y}_{1:k})=\frac{p(\boldsymbol{y}_k|\theta_k,\theta_{1:k-1},\boldsymbol{y}_{1:k-1})}{p(\boldsymbol{y}_k|\theta_{1:k-1},\boldsymbol{y}_{1:k-1})}p(\theta_k|\theta_{1:k-1},\boldsymbol{y}_{1:k-1})$$

和

$$p(\theta_{1:k-1}|\boldsymbol{y}_{1:k})=\frac{p(\boldsymbol{y}_k|\theta_{1:k-1},\boldsymbol{y}_{1:k-1})}{p(\boldsymbol{y}_k|\boldsymbol{y}_{1:k-1})}p(\theta_{1:k-1}|\boldsymbol{y}_{1:k-1})$$

得

$$p(\theta_{1:k}|\boldsymbol{y}_{1:k})=\frac{p(\boldsymbol{y}_k|\theta_k,\theta_{1:k-1},\boldsymbol{y}_{1:k-1})}{p(\boldsymbol{y}_k|\boldsymbol{y}_{1:k-1})}p(\theta_k|\theta_{1:k-1},\boldsymbol{y}_{1:k-1})p(\theta_{1:k-1}|\boldsymbol{y}_{1:k-1}) \tag{5.4-3}$$

利用如下概率密度函数的离散表示形式，即

$$p(\theta_{1:k} \mid \boldsymbol{y}_{1:k}) = \sum_{j=1}^{N^k}\Pr\{\theta_{1:k}^j \mid \boldsymbol{y}_{1:k}\}\delta(\theta-\theta_{1:k}^j)$$

$$p(\theta_{1:k-1}^i \mid \boldsymbol{y}_{1:k-1}) = \sum_{j=1}^{N^{k-1}}\Pr\{\theta_{1:k-1}^j \mid \boldsymbol{y}_{1:k-1}\}\delta(\theta-\theta_{1:k-1}^i)$$

可得

$$\Pr\{\theta_{1:k}^{j}|\boldsymbol{y}_{1:k}\}=\frac{p(\boldsymbol{y}_k|\theta_k^l,\theta_{1:k-1}^i,\boldsymbol{y}_{1:k-1})}{p(\boldsymbol{y}_k|\boldsymbol{y}_{1:k-1})}\Pr\{\theta_k^l|\theta_{1:k-1}^i,\boldsymbol{y}_{1:k-1}\}\Pr\{\theta_{1:k-1}^{j}|\boldsymbol{y}_{1:k-1}\} \tag{5.4-4}$$

式中：$\theta_{1:k}^j=\{\theta_k^l,\theta_{1:k-1}^i\}$，$i=1,\cdots,N^{k-1}$，$j=1,\cdots,N^k$，$l=1,\cdots,N$。至此就完成了全局假设后验概率的推导。表5.2对算法进行了小结。

总结和评注

(1) SM^2EA 算法是由滤波器数目呈指数增长的一组滤波器组成，其中每个滤波器与一种可能的参数历史值相匹配，在每个量测时刻参数的取值包含 N 种可能。因此在 k 时刻，参数历史的分支数目高达 N^k 个。

(2) 一个关于参数历史值的假设 $\theta_{1:k}^j$（被标识为 $\{\theta_k^l,\theta_{1:k-1}^i\}$）的后验概率等于与 $\{\theta_k^l,\theta_{1:k-1}^i\}$ 相匹配的滤波器残差过程、给定 $\theta_{1:k-1}^i$ 条件下假设转变为 θ_k^l 的转移概率以及假设 $\theta_{1:k-1}^i$ 的后验概率（或者作为假设 $\theta_{1:k}^j$ 的先验概率）三者的乘积。

(3) 由于不存在任何有关的先验知识，给定 $\theta_{1:k-1}^i$ 条件下 k 时刻的假设转变为 θ_k^l 的转移概率未知。算法使用者需要基于特定物理过程的特性来确定该项的值。类似于人工智能领域中所采用的机器学习过程，如果存在能够刻画所建模物理过程的量测数据，该概率项也可能在人工智能中得到。

(4) 类似于 CM^2EA 的情形，如果关于该滤波算法的全部假设均能得到满足，那么在所有 N^k 个参数历史分支中只有一个匹配于真实物理过程。此种情况下，滤波算法将展现出最优的性能，该参数历史分支为真的概率将收敛为1。实践应用过程中，有关假设可能得不到完全满足，往往会产生错误的结果。因此，在实践算法设计过程中，为改善算法性而能对滤波器进行微调以及利用先验知识就显得十分重要。

表5.2 针对常量向量在已知集合内切换的多模型估计算法小结

SM^2EA 系统和参数定义 系统存在一个未知参数向量 $\boldsymbol{p}$，且在不同时刻 $\boldsymbol{p}$ 在参数向量集合 $\{\boldsymbol{p}_1,\boldsymbol{p}_2,\cdots,\boldsymbol{p}_N\}$ 中的取值可能不同。令 $\boldsymbol{x}_k=\boldsymbol{\Phi}_{k,k-1}^i\boldsymbol{x}_{k-1}+\boldsymbol{\mu}_{k-1}$ $\boldsymbol{y}_k=\boldsymbol{H}_k^i\boldsymbol{x}_k+\boldsymbol{\nu}_k$ 上述二式假设系统在 k 时刻的参数向量取值为 $\boldsymbol{p}_i$，$\boldsymbol{x}_0:\sim N(\hat{\boldsymbol{x}}_0,\boldsymbol{P}_0)$，$\boldsymbol{\mu}_k:\sim N(\boldsymbol{0},\boldsymbol{Q}_k)$ 和 $\boldsymbol{\nu}_k:\sim N(\boldsymbol{0},\boldsymbol{R}_k)$ 的统计特性维持不变。 以 θ_k^i 标识 k 时刻系统真实参数向量 $\boldsymbol{p}=\boldsymbol{p}_i$ 的假设，以 $\theta_{1:k}^j$ 标识从1时刻至 k 时刻的系统参数向量序列取值的假设，即有 $\theta_{1:k}^j=\{\theta_1^{i_1},\theta_2^{i_2},\cdots,\theta_k^{i_k}\}$，$i_n=1,\cdots,N$，$j=1,\cdots,N^k$。同时存在定义如下： $\Pr\{\theta_k^i|\boldsymbol{y}_{1:k}\}$ 是关于 k 时刻的系统参数向量的假设 θ_k^i 为真的概率。

续表

$\Pr\{\theta^j_{1:k} \mid \boldsymbol{y}_{1:k}\}$是关于$k$时刻的系统参数向量序列的假设$\theta^j_{1:k}=\{\theta^{j1}_1,\theta^{j2}_2,\cdots,\theta^{jk}_k\}$为真的概率。 $\Pr\{\theta^l_k \mid \theta^i_{1:k-1}\}$是在给定历史参数向量假设$\theta^i_{1:k-1}$的条件下,当前参数向量假设转变为$\theta^l_k$的转移概率。 $\Pr\{\theta^i_k \mid \boldsymbol{y}_{1:k}\}$和$\Pr\{\theta^j_{1:k} \mid \boldsymbol{y}_{1:k}\}$需要计算得出,$\Pr\{\theta^l_k \mid \theta^i_{1:k-1}\}$通常假设已知。 问题描述 给定参数向量集合$\{\boldsymbol{p}_1,\boldsymbol{p}_2,\cdots,\boldsymbol{p}_N\}$、量测序列$\boldsymbol{y}_{1:k}=\{\boldsymbol{y}_1,\boldsymbol{y}_2,\cdots,\boldsymbol{y}_k\}$和参数向量转移概率$\Pr\{\theta^l_k \mid \theta^i_{1:k-1}\}$的条件下,计算获得状态估计$\hat{\boldsymbol{x}}_{k\mid k}$及其估计误差协方差$\boldsymbol{P}_{k\mid k}$。 求解过程 构建一个滤波器数目呈指数增长的滤波器组,其中每个滤波器被称为单元滤波器并与一个可能的参数向量历史相匹配。在k时刻,单元滤波器的总数为N^k。有 $$\hat{\boldsymbol{x}}_{k\mid k}=\sum_{j=1}^{Nk}\Pr\{\theta^j_{1:k} \mid \boldsymbol{y}_{1:k}\}\hat{\boldsymbol{x}}^j_{k\mid k}$$ $$\boldsymbol{P}_{k\mid k}=\sum_{j=1}^{Nk}\Pr\{\theta^j_{1:k} \mid \boldsymbol{y}_{1:k}\}[\boldsymbol{P}^j_{k\mid k}+(\hat{\boldsymbol{x}}^j_{k\mid k}-\hat{\boldsymbol{x}}_{k\mid k})(\hat{\boldsymbol{x}}^j_{k\mid k}-\hat{\boldsymbol{x}}_{k\mid k})^{\mathrm{T}}]$$ $$\Pr\{\theta^j_{1:k} \mid \boldsymbol{y}_{1:k}\}=\frac{p(\boldsymbol{y}_k \mid \theta^l_k,\theta^i_{1:k-1},\boldsymbol{y}_{1:k-1})}{p(\boldsymbol{y}_k \mid \boldsymbol{y}_{1:k-1})}\Pr\{\theta^l_k \mid \theta^i_{1:k-1},\boldsymbol{y}_{1:k-1}\}\Pr\{\theta^i_{1:k-1} \mid \boldsymbol{y}_{1:k-1}\}$$ 式中:$\{\hat{\boldsymbol{x}}^j_{k\mid k},\boldsymbol{P}^j_{k\mid k}\}$,$j=1,\cdots,N^k$,为由与第$j$个历史参数向量假设相匹配的滤波器获得的状态估计及其误差协方差,$p(\boldsymbol{y}_k \mid \theta^l_k,\theta^i_{1:k-1},\boldsymbol{y}_{1:k-1})$为对应滤波过程的残差概率密度。

5.5 有限记忆模型切换的情形

SM^2EA算法中假定关于当前时刻局部参数的假设依赖于参数的全部过往历史取值。但在绝大多数物理过程中,当前时刻的参数值仅受该参数近期取值的影响。如果假定算法所支持的参数历史受限于有限的时段,那么可将超出这个时段的过往历史参数以加权平均的方式组合在一起。由于这个平均的状态估计服从多模式高斯分布,因此将其用于此后的滤波算法的状态更新过程就违背了仅仅利用统计期望和误差协方差来表示状态估计后验概率密度的假设。因而这一步操作也使得后续推导过程具有一定的启发和探试性。然而,就其物理意义而言,这仍然是一种有效的方法,并对解决应用问题具有一定的实用性。

以下将首先针对具有一步记忆的参数过程推导得出相关算法,其次将研究拓展至具有两步记忆能力的参数过程的情形。

5.5.1 一步模型历史

图5.3对两模型条件下的一步记忆模型历史情况进行了图示说明。注意到,在时刻2模型假设分支的数目将增至N^2个,因此将该时刻具有相同局部模型假设的那些分支合并后,则总的假设(或节点)数目将减少为N个。这种合并是以加权组合的方式实现的,具体就是对那些在上一时刻有着不同局部模型假

设的模型历史分支进行平均。

在关于仅具有一步记忆模型历史的前提下,可获得如下关于假设转换概率的关系:

$$\Pr\{\theta_k^i \mid \theta_{1:k-1}^m, \boldsymbol{y}_{1:k-1}\} = \Pr\{\theta_k^i \mid \theta_{k-1}^l, \theta_{1:k-2}^n, \boldsymbol{y}_{1:k-1}\} = \Pr\{\theta_k^i \mid \theta_{k-1}^l\}$$

式中:$i,l=1,\cdots,N$;$m=1,\cdots,N^{k-1}$;$n=1,\cdots,N^{k-2}$。这就是假设转移概率。尽管在每一时

刻只存在 N 个节点,但从 $k-1$ 时刻至 k 时刻的转移关系仍为 N^2 个。因而,所需的算法就是,在给定 $\hat{\boldsymbol{x}}_{k-1|k-1}^l, \boldsymbol{P}_{k-1|k-1}^l, \Pr\{\theta_{k-1}^l \mid \boldsymbol{y}_{1:k-1}\}$ 的条件下,完成关于 $\hat{\boldsymbol{x}}_{k|k}^i, \boldsymbol{P}_{k|k}^i, \Pr\{\theta_k^i \mid \boldsymbol{y}_{1:k}\}$ 的计算,其中 $i,l=1,\cdots,N$。

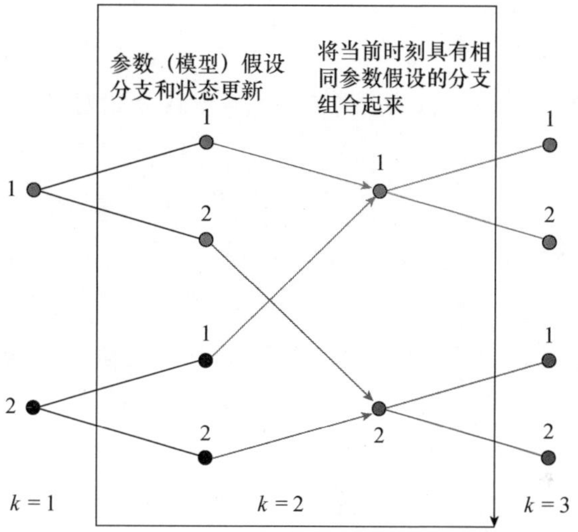

图 5.3 $N=2$ 情形下的一步模型记忆图示说明

定义状态估计和对应的误差协方差:$\hat{\boldsymbol{x}}_{k|k}^{li}$ 为给定 $k-1$ 时刻基于模型 l 获得的状态估计条件下,k 时刻基于模型 i 获得的状态更新估计。$\boldsymbol{P}_{k|k}^{li}$ 为 $\hat{\boldsymbol{x}}_{k|k}^{li}$ 估计的误差协方差。

k 时刻基于模型 i 的状态估计及其误差协方差可通过相对模型 l 的加权平均获得,有

$$\hat{\boldsymbol{x}}_{k|k}^i = \sum_{l=1}^N \hat{\boldsymbol{x}}_{k|k}^{li} \Pr\{\theta_{k-1}^l \mid \theta_k^i, \boldsymbol{y}_{1:k}\} \tag{5.5-1}$$

$$\boldsymbol{P}_{k|k}^i = \sum_{l=1}^N \Pr\{\theta_{k-1}^l \mid \theta_k^i, \boldsymbol{y}_{1:k}\}\left[\boldsymbol{P}_{k|k}^{li} + (\hat{\boldsymbol{x}}_{k|k}^{li} - \hat{\boldsymbol{x}}_{k|k}^i)(\hat{\boldsymbol{x}}_{k|k}^{li} - \hat{\boldsymbol{x}}_{k|k}^i)^{\mathrm{T}}\right] \tag{5.5-2}$$

反向时序的条件假设概率 $\Pr\{\theta_{k-1}^l \mid \theta_k^i, \boldsymbol{y}_{1:k}\}$ 的具体计算方法如下:

$$\Pr\{\theta_{k-1}^l \mid \theta_k^i, \boldsymbol{y}_{1:k}\} = \frac{\Pr\{\theta_{k-1}^l, \theta_k^i \mid \boldsymbol{y}_{1:k}\}}{\Pr\{\theta_k^i \mid \boldsymbol{y}_{1:k}\}}$$

$$\Pr\{\theta_{k-1}^l,\theta_k^i|\boldsymbol{y}_{1:k}\}=\frac{\Pr\{\boldsymbol{y}_k|\theta_{k-1}^l,\theta_k^i,\boldsymbol{y}_{1:k-1}\}}{\Pr\{\boldsymbol{y}_k|\boldsymbol{y}_{1:k-1}\}}\Pr\{\theta_k^i|\theta_{k-1}^l\}\Pr\{\theta_{k-1}^l|\boldsymbol{y}_{1:k-1}\}$$

式中：$\Pr\{\boldsymbol{y}_k|\theta_{k-1}^l,\theta_k^i,\boldsymbol{y}_{1:k-1}\}$是对应于$\hat{\boldsymbol{x}}_{k|k-1}^{li}$和$\boldsymbol{P}_{k|k-1}^{li}$的残差密度。

$$\Pr\{\boldsymbol{y}_k|\theta_{k-1}^l,\theta_k^i,\boldsymbol{y}_{1:k-1}\}=\mathrm{C}\exp\{-\frac{1}{2}(\boldsymbol{y}_k-\boldsymbol{H}_k^i\hat{\boldsymbol{x}}_{k|k-1}^{li})^{\mathrm{T}}[\boldsymbol{H}_k^i\boldsymbol{P}_{k|k-1}^{li}\boldsymbol{H}_k^{i\mathrm{T}}+\boldsymbol{R}_k]^{-1}(\boldsymbol{y}_k-\boldsymbol{H}_k^i\hat{\boldsymbol{x}}_{k|k-1}^{li})\}$$

注意到

$$\Pr\{\theta_k^i\mid\boldsymbol{y}_{1:k}\}=\sum_{l=1}^{N}\Pr\{\theta_k^i,\theta_{k-1}^l\mid\boldsymbol{y}_{1:k}\}$$

将$\Pr\{\theta_{k-1}^l,\theta_k^i|\boldsymbol{y}_{1:k}\}$代入上式，可得假设概率更新的最终计算方法，有

$$\Pr\{\theta_k^i\mid\boldsymbol{y}_{1:k}\}=\sum_{l=1}^{N}\frac{p(\boldsymbol{y}_k\mid\theta_{k-1}^l,\theta_k^i,\boldsymbol{y}_{1:k-1})}{p(\boldsymbol{y}_k\mid\boldsymbol{y}_{1:k-1})}\Pr\{\theta_k^i\mid\theta_{k-1}^l\}\Pr\{\theta_{k-1}^l\mid\boldsymbol{y}_{1:k-1}\}\tag{5.5-3}$$

而最终的状态估计$\hat{\boldsymbol{x}}_{k|k}$及其误差协方差$\boldsymbol{P}_{k|k}$可通过相对模型$i$的加权平均获得，即

$$\hat{\boldsymbol{x}}_{k|k}=\sum_{i=1}^{N}\hat{\boldsymbol{x}}_{k|k}^i\Pr\{\theta_k^i\mid\boldsymbol{y}_{1:k}\}\tag{5.5-4}$$

$$\boldsymbol{P}_{k|k}=\sum_{i=1}^{N}\Pr\{\theta_k^i\mid\boldsymbol{y}_{1:k}\}[\boldsymbol{P}_{k|k}^i+(\hat{\boldsymbol{x}}_{k|k}-\hat{\boldsymbol{x}}_{k|k}^i)(\hat{\boldsymbol{x}}_{k|k}-\hat{\boldsymbol{x}}_{k|k}^i)^{\mathrm{T}}]\tag{5.5-5}$$

由文献[10]提出的该算法，在文献[12]中被称为二阶广义伪贝叶斯估计器。表5.3对该算法进行了总结。

总结和评注

(1)k时刻针对指定局部假设的估计是由对$k-1$时刻全体局部假设的加权平均获得，其合理性源于一步参数历史依赖的假设，算法实现所需的滤波器数目为N^2。

(2)如果实际的参数历史依赖性超过1步，可采用与上述类似的推导方法。5.5.2小节将讨论2步参数历史的相关情况。

(3)模型转移概率$\Pr\{\theta_k^i|\theta_{k-1}^l\}$，$i,l=1,\cdots,N$，取决于实际的物理过程，并假定对于系统设计人员而言是已知的。对于一个实际问题，转移概率通常基于物理过程的代表性特征来确定，如一个目标在下一时刻可能发生机动的概率。如果能够获得大量的测试数据，可通过智能学习方法得到这一概率，其学习过程与人工智能中的机器学习相类似。

(4)由于针对当前时刻每个局部假设的新估计均是通过对前一时刻所有局部假设的加权和(式(5.5-3))计算获得，并被顺序用于下一步的量测更新，使得$\boldsymbol{x}_k$的后验概率分布服从多模式高斯分布。因此，仅仅采用期望估计及其误差协方差$\{\hat{\boldsymbol{x}}_{k|k},\boldsymbol{P}_{k|k}\}$不足以代表全部信息。

表 5.3 当前参数仅依赖于上一时刻的参数取值时的多模型估计算法小结：广义伪贝叶斯算法

具有一步模型历史的 SM^2EA

系统和参数定义

系统存在一个未知参数向量 $\boldsymbol{p}$，且在不同时刻 $\boldsymbol{p}$ 在参数向量集合 $\{\boldsymbol{p}_1,\boldsymbol{p}_2,\cdots,\boldsymbol{p}_N\}$ 中的取值可能不同。令

$$\boldsymbol{x}_k=\boldsymbol{\Phi}_{k,k-1}^i\boldsymbol{x}_{k-1}+\boldsymbol{\mu}_{k-1}$$
$$\boldsymbol{y}_k=\boldsymbol{H}_k^i\boldsymbol{x}_k+\boldsymbol{\nu}_k$$

上述二式假设系统在 k 时刻的参数向量取值为 $\boldsymbol{p}_i$，$\boldsymbol{x}_0:\sim N(\hat{\boldsymbol{x}}_0,\boldsymbol{P}_0)$，$\boldsymbol{\mu}_k:\sim N(\boldsymbol{0},\boldsymbol{Q}_k)$ 和 $\boldsymbol{\nu}_k:\sim N(\boldsymbol{0},\boldsymbol{R}_k)$ 的统计特性维持不变。

这里几乎保留了表 5.2 中所做的全部假设，除去假设参数转移概率仅仅依赖于前一时刻的参数取值，而非全部参数取值历史，有

$$\Pr\{\theta_k^i|\theta_{1:k-1}^m\}=\Pr\{\theta_k^i|\theta_{k-1}^l\}$$

式中，$i,l=1,\cdots,N,m=1,\cdots,N^{k-1}$。

问题描述

给定参数向量集合 $\{\boldsymbol{p}_1,\boldsymbol{p}_2,\cdots,\boldsymbol{p}_N\}$、量测序列 $\boldsymbol{y}_{1:k}=\{\boldsymbol{y}_1,\boldsymbol{y}_2,\cdots,\boldsymbol{y}_k\}$ 和参数向量转移概率 $\Pr\{\theta_k^i|\theta_{k-1}^l\}$ 的条件下，计算获得状态估计 $\hat{\boldsymbol{x}}_{k|k}$ 及其估计误差协方差 $\boldsymbol{P}_{k|k}$。

求解方法

给定 $\hat{\boldsymbol{x}}_{k-1|k-1}^l,\boldsymbol{P}_{k-1|k-1}^l,\Pr\{\theta_{k-1}^l|\boldsymbol{y}_{1:k-1}\}$ 的条件下，计算获得 $\hat{\boldsymbol{x}}_{k|k}^i,\boldsymbol{P}_{k|k}^i,\Pr\{\theta_k^i|\boldsymbol{y}_{1:k}\}$，其中 $i,l=1,\cdots,N$。

求解过程

计算

利用由 N^2 个滤波器组成的滤波器组计算

$\hat{\boldsymbol{x}}_{k|k}^{li}$ 为给定 $k-1$ 时刻基于模型 l 获得的状态估计条件下，k 时刻基于模型 i 获得的状态更新估计。$\boldsymbol{P}_{k|k}^{li}$ 为 $\hat{x}_{k|k}^{li}$ 估计的误差协方差。

计算

构建一个滤波器数目呈指数增长的滤波器组，其中每个滤波器被称为单元滤波器并与一个可能的参数向量历史相匹配。在 k 时刻，单元滤波器的总数为 N^k。有

$$\hat{\boldsymbol{x}}_{k|k}^i=\sum_{l=1}^N\hat{\boldsymbol{x}}_{k|k}^{li}\Pr\{\theta_{k-1}^l|\theta_k^i,\boldsymbol{y}_{1:k}\}$$

和

$$\boldsymbol{P}_{k|k}^i=\sum_{l=1}^N\Pr\{\theta_{k-1}^l|\theta_k^i,\boldsymbol{y}_{1:k}\}[\boldsymbol{P}_{k|k}^{li}+(\hat{\boldsymbol{x}}_{k|k}^{li}-\hat{\boldsymbol{x}}_{k|k}^i)(\hat{\boldsymbol{x}}_{k|k}^{li}-\hat{\boldsymbol{x}}_{k|k}^i)^{\mathrm{T}}]$$

$$\Pr\{\theta_k^i|\boldsymbol{y}_{1:k}\}=\sum_{l=1}^N\frac{\Pr\{\boldsymbol{y}_k|\theta_{k-1}^l,\theta_k^i,\boldsymbol{y}_{1:k-1}\}}{\Pr\{\boldsymbol{y}_k|\boldsymbol{y}_{1:k-1}\}}\Pr\{\theta_k^i|\theta_{k-1}^l\}\Pr\{\theta_{k-1}^l|\boldsymbol{y}_{1:k-1}\}$$

$$\Pr\{\boldsymbol{y}_k|\theta_{k-1}^l,\theta_k^i,\boldsymbol{y}_{1:k-1}\}=\mathrm{C}\exp\left\{-\frac{1}{2}(\boldsymbol{y}_k-\boldsymbol{H}_k^i\hat{\boldsymbol{x}}_{k|k-1}^{li})^{\mathrm{T}}[\boldsymbol{H}_k^i\boldsymbol{P}_{k|k-1}^{li}\boldsymbol{H}_k^{i\,\mathrm{T}}+\boldsymbol{R}_k]^{-1}(\boldsymbol{y}_k-\boldsymbol{H}_k^i\hat{\boldsymbol{x}}_{k|k-1}^{li})\right\}$$

最终解

$$\hat{\boldsymbol{x}}_{k|k}=\sum_{i=1}^N\hat{\boldsymbol{x}}_{k|k}^i\Pr\{\theta_k^i|\boldsymbol{y}_{1:k}\}$$

$$\boldsymbol{P}_{k|k}=\sum_{i=1}^N\Pr\{\theta_k^i|\boldsymbol{y}_{1:k}\}[\boldsymbol{P}_{k|k}^i+(\hat{\boldsymbol{x}}_{k|k}-\hat{\boldsymbol{x}}_{k|k}^i)(\hat{\boldsymbol{x}}_{k|k}-\hat{\boldsymbol{x}}_{k|k}^i)^{\mathrm{T}}]$$

图 5.4 对两模型、单步记忆 MMEA 算法的实现进行了图示说明。

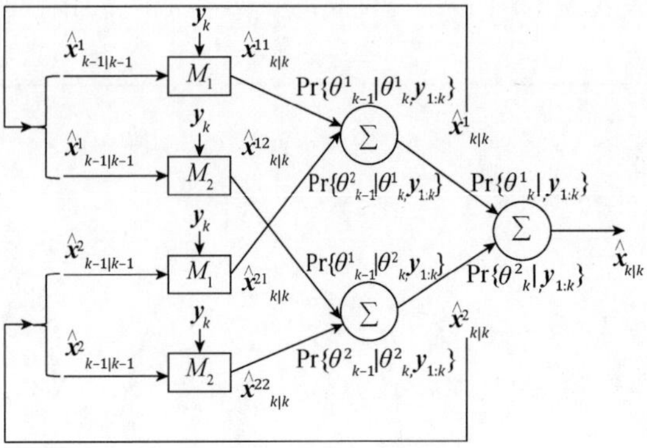

图 5.4　两模型、单步记忆情形下的算法实现图示说明

5.5.2　两步模型历史

此种情形下，在 $k-1$ 时刻已获得

$$\hat{\boldsymbol{x}}^{li}_{k-1|k-1}, \boldsymbol{P}^{li}_{k-1|k-1}, \Pr\{\theta^i_{k-1}, \theta^l_{k-2} | \boldsymbol{y}_{1:k-1}\}, i, l = 1, \cdots, N$$

而在 k 时刻，需要获得

$$\hat{\boldsymbol{x}}^{ij}_{k|k}, \boldsymbol{P}^{ij}_{k|k}, \Pr\{\theta^j_k, \theta^i_{k-1} | \boldsymbol{y}_{1:k}\}, i, l = 1, \cdots, N$$

类似于一步模型历史的情形，首先将 (l,i) 扩展为 (l,i,j)，并由 N^3 个滤波器组成的滤波器组计算获得

$$\hat{\boldsymbol{x}}^{lij}_{k|k}, \boldsymbol{P}^{lij}_{k|k}, \Pr\{\theta^j_k, \theta^i_{k-1}, \theta^l_{k-2} | \boldsymbol{y}_{1:k}\}, j, i, l = 1, \cdots, N$$

继而对 $\hat{\boldsymbol{x}}^{lij}_{k|k}$ 关于参数 l（两时间步之前）进行统计平均，有

$$\begin{aligned}
\hat{\boldsymbol{x}}^{ij}_{k|k} &= \int \boldsymbol{x}_k p(\boldsymbol{x}_k | \theta^j_k, \theta^i_{k-1}, \boldsymbol{y}_{1:k}) \mathrm{d}\boldsymbol{x}_k \\
&= \iint \boldsymbol{x}_k p(\boldsymbol{x}_k | \theta^j_k, \theta^i_{k-1}, \theta^l_{k-2}, \boldsymbol{y}_{1:k}) p(\theta^l_{k-2} | \theta^j_k, \theta^i_{k-1}, \boldsymbol{y}_{1:k}) \mathrm{d}\theta^l_{k-2} \mathrm{d}\boldsymbol{x}_k \\
&= \sum_{l=1}^{N} \hat{\boldsymbol{x}}^{lij}_{k|k} \Pr\{\theta^l_{k-2} | \theta^j_k, \theta^i_{k-1}, \boldsymbol{y}_{1:k}\}
\end{aligned} \tag{5.5-6}$$

类似地可以获得关于 $\boldsymbol{P}^{ij}_{k|k}$ 的计算式（细节滤去）[10]，

$$\boldsymbol{P}^{ij}_{k|k} = \sum_{l=1}^{N} \Pr\{\theta^l_{k-2} | \theta^i_{k-1}, \theta^j_k, \boldsymbol{y}_{1:k}\} [\boldsymbol{P}^{lij}_{k|k} + (\hat{\boldsymbol{x}}^{ij}_{k|k} - \hat{\boldsymbol{x}}^{lij}_{k|k})(\hat{\boldsymbol{x}}^{ij}_{k|k} - \hat{\boldsymbol{x}}^{lij}_{k|k})^{\mathrm{T}}] \tag{5.5-7}$$

上述计算需要利用反向时序假设概率 $\Pr\{\theta^l_{k-2} | \theta^i_{k-1}, \theta^j_k, \boldsymbol{y}_{1:k}\}$。由如下概率关系作为出发点，有

$$\Pr\{\theta^l_{k-2} | \theta^i_{k-1}, \theta^j_k, \boldsymbol{y}_{1:k}\} = \frac{\Pr\{\theta^l_{k-2}, \theta^i_{k-1}, \theta^j_k | \boldsymbol{y}_{1:k}\}}{\Pr\{\theta^i_{k-1}, \theta^j_k | \boldsymbol{y}_{1:k}\}}$$

上式右边两项分别为

$$\Pr\{\theta^l_{k-2}, \theta^i_{k-1}, \theta^j_k | \boldsymbol{y}_{1:k}\} = \frac{p(\boldsymbol{y}_k | \theta^l_{k-2}, \theta^i_{k-1}, \theta^j_k, \boldsymbol{y}_{1:k-1})}{p(\boldsymbol{y}_k | \boldsymbol{y}_{1:k-1})} \Pr\{\theta^j_k | \theta^l_{k-2}, \theta^i_{k-1}\} \Pr$$

$\{\theta_{k-2}^{l},\theta_{k-1}^{i}|\boldsymbol{y}_{1:k-1}\}$

和

$$\begin{aligned}\Pr\{\theta_{k-1}^{i},\theta_{k}^{j}\mid\boldsymbol{y}_{1:k}\}&=\int\Pr\{\theta_{k-2}^{l},\theta_{k-1}^{i},\theta_{k}^{j}\mid\boldsymbol{y}_{1:k}\}p(\theta_{k-2}^{l})\mathrm{d}\theta_{k-2}^{l}\\&=\sum_{l=1}^{N}\Pr\{\theta_{k-2}^{l},\theta_{k-1}^{i},\theta_{k}^{j}\mid\boldsymbol{y}_{1:k}\}\end{aligned}$$

而最终的目标状态估计 $\hat{\boldsymbol{x}}_{k|k}$ 及其估计误差协方差 $\boldsymbol{P}_{k|k}$ 分别由两重求和运算完成,有

$$\hat{\boldsymbol{x}}_{k|k}=\sum_{j=1}^{N}\sum_{i=1}^{N}\hat{\boldsymbol{x}}_{k|k}^{ij}\Pr\{\theta_{k}^{j},\theta_{k-1}^{i}\mid\boldsymbol{y}_{1:k}\}\tag{5.5-8}$$

$$\boldsymbol{P}_{k|k}=\sum_{j=1}^{N}\sum_{i=1}^{N}\Pr\{\theta_{k-1}^{i},\theta_{k}^{j}\mid\boldsymbol{y}_{1:k}\}[\boldsymbol{P}_{k|k}^{ij}+(\hat{\boldsymbol{x}}_{k|k}-\hat{\boldsymbol{x}}_{k|k}^{ij})(\hat{\boldsymbol{x}}_{k|k}-\hat{\boldsymbol{x}}_{k|k}^{ij})^{\mathrm{T}}]\tag{5.5-9}$$

评注

(1)2 步模型历史情形与 1 步模型历史情形的差异在于,相关统计平均运算是在针对过去两个时刻开展的,这也是算法实现需要 N^3 个滤波器的原因所在。

(2)对于所有 $j,i,l=1,\cdots,N$,有关转移概率 $\Pr\{\theta_{k}^{j}|\theta_{k-2}^{l},\theta_{k-1}^{i}\}$ 的评述与 1 步模型历史情形下的相似,同样适用于这里。

(3)同样,$\boldsymbol{x}_k$ 的后验概率分布服从多模式高斯分布,因此所得期望估计及其误差协方差不足以代表 $\boldsymbol{x}_k$ 的全部后验分布信息。

(4)如果实际的参数历史依赖性超过 1 步,可采用与上述类似的推导方法。下一小节将讨论 2 步参数历史的相关情况。

图 5.5 对 2 模型、2 步记忆 MMEA 算法的实现进行了图示说明。

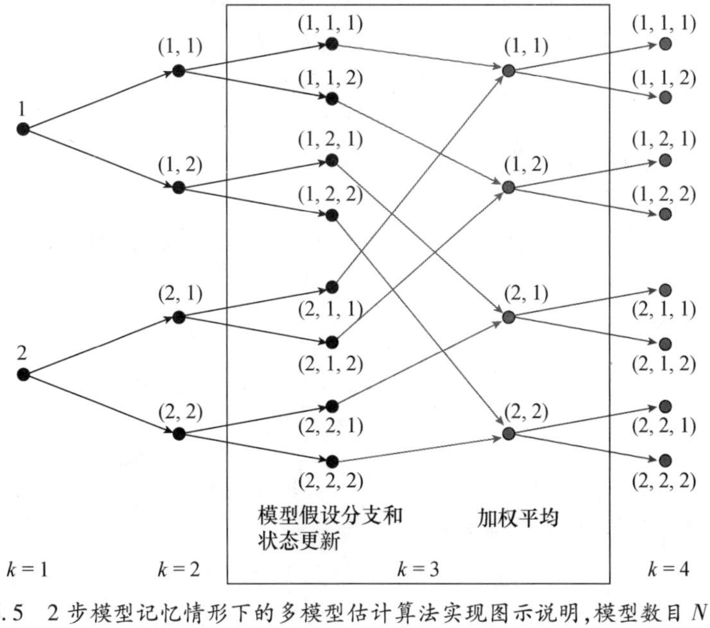

图 5.5 2 步模型记忆情形下的多模型估计算法实现图示说明,模型数目 $N=2$

给出 2 步模型记忆情形下的 MMEA 算法的目的在于展示了算法的可扩展性。由于所需单元滤波器的数目增加为 N^3,算法很快就变得不切实际。也正是由于这个原因,这里并没有像之前那样以表格的形式对该算法进行总结。

5.6 交互多模型算法

如上所展示的,上述算法实现所需滤波器的数目会随着参数历史的增加而呈指数增长。正如 5.5.1 小节所表明,即便是在模型记忆仅为一步这个最为简单的情况下,算法所需滤波器的数目仍为 N^2,其中 N 为系统采用的模型数目。Blom 和 Bar - Shalom 首先提出了一种将实现所需滤波器数目减少为 N 的方法[13],该方法通过在当前时刻滤波器的预测和状态更新步骤前就对前一时刻的所有局部参数假设进行统计平均来实现减少滤波器数的目的。该方法也被称为交互多模型(Interacting Multiple Model,IMM)算法,并在工程实践中得到了广泛的应用。有关 IMM 算法应用的综述可参见文献[12,14]。可以通过将统计平均运算移至滤波器状态更新步骤之前获得 IMM 算法。为比较 IMM 算法与前述算法的差异,可查阅 5.5.1 小节的内容。

继续采用一步模型历史算法中的标注方法,以如下各项作为 IMM 算法的起始点,有

$$\hat{\boldsymbol{x}}^l_{k-1|k-1},\boldsymbol{P}^l_{k-1|k-1},\Pr\{\theta^l_{k-1}|\boldsymbol{y}_{1:k-1}\},l=1,\cdots,N$$

IMM 滤波器利用如下预混合算法生成 $\hat{\boldsymbol{x}}^{0l}_{k-1|k-1},\boldsymbol{P}^{0l}_{k-1|k-1}$,即

$$\hat{\boldsymbol{x}}^{0l}_{k-1|k-1} = \sum_{i=1}^{N}\hat{\boldsymbol{x}}^i_{k-1|k-1}\Pr\{\theta^i_{k-1}\mid\theta^l_k,\boldsymbol{y}_{1:k-1}\}, \tag{5.6-1}$$

$$\boldsymbol{P}^{0l}_{k-1|k-1} = \sum_{i=1}^{N}\Pr\{\theta^i_{k-1}\mid\theta^l_k,\boldsymbol{y}_{1:k-1}\}\left[\boldsymbol{P}^i_{k-1|k-1}+(\hat{\boldsymbol{x}}^{0l}_{k-1|k-1}-\hat{\boldsymbol{x}}^i_{k-1|k-1})(\hat{\boldsymbol{x}}^{0l}_{k-1|k-1}-\hat{\boldsymbol{x}}^i_{k-1|k-1})^{\mathrm{T}}\right] \tag{5.6-2}$$

$\hat{\boldsymbol{x}}^{0l}_{k-1|k-1}$和$\boldsymbol{P}^{0l}_{k-1|k-1}$被作为基于第 l 个模型的 KF 滤波器状态预测和更新过程的先验估计,KF 滤波的目的是为了获得 $\hat{\boldsymbol{x}}^l_{k|k}$ 和 $\boldsymbol{P}^l_{k|k}$。相关图示说明参见图 5.6。假设的反向时序转移概率 $\Pr\{\theta^i_{k-1}|\theta^l_k,\boldsymbol{y}_{1:k-1}\}$ 的计算方法如下:

$$\Pr\{\theta^i_{k-1}|\theta^l_k,\boldsymbol{y}_{1:k-1}\} = \frac{\Pr\{\theta^l_k|\theta^i_{k-1},\boldsymbol{y}_{1:k-1}\}\Pr\{\theta^i_{k-1}|\boldsymbol{y}_{1:k-1}\}}{\Pr\{\theta^l_k|\boldsymbol{y}_{1:k-1}\}}$$

式中:

$$\Pr\{\theta^l_k|\theta^i_{k-1},\boldsymbol{y}_{1:k-1}\} = \Pr\{\theta^l_k|\theta^i_{k-1}\}$$

就是单步参数(模型)转移概率。

接下来,考虑在给定 $\Pr\{\theta^i_{k-1}|\boldsymbol{y}_{1:k-1}\}$、$\boldsymbol{y}_k$ 以及参数(模型)转移概率 $\Pr\{\theta^l_k|\theta^i_{k-1}\}$ 的条件下如何计算 $\Pr\{\theta^l_k|\boldsymbol{y}_{1:k}\}$,基本的概率关系如式(5.5-3),有

$$\Pr\{\theta_k^l \mid \boldsymbol{y}_{1:k}\} = \sum_{i=1}^{N} \frac{p(\boldsymbol{y}_k \mid \theta_k^l, \theta_{k-1}^i, \boldsymbol{y}_{1:k-1})}{p(\boldsymbol{y}_k \mid \boldsymbol{y}_{1:k-1})} \Pr\{\theta_k^l \mid \theta_{k-1}^i\} \Pr\{\theta_{k-1}^i \mid \boldsymbol{y}_{1:k-1}\}$$

由于 IMM 采取这种实现方式的目的是为了减少单元滤波器的数目,残差过程的概率密度 $p(\boldsymbol{y}_k|\theta_k^l,\theta_{k-1}^i,\boldsymbol{y}_{1:k-1})$ 仅能由第 l 个模型的 KF 滤波器的残差概率密度近似,具体如下:

$$p(\boldsymbol{y}_k|\theta_k^l,\theta_{k-1}^i,\boldsymbol{y}_{1:k-1}) \approx C\ \exp\left\{-\frac{1}{2}(\boldsymbol{y}_k - \boldsymbol{H}_k^l\hat{\boldsymbol{x}}_{k|k-1}^{0l})^{\mathrm{T}}[\boldsymbol{H}_k^l\boldsymbol{P}_{k|k-1}^{0l}\boldsymbol{H}_k^{l\,\mathrm{T}} + \boldsymbol{R}_k]^{-1} (\boldsymbol{y}_k - \boldsymbol{H}_k^l\hat{\boldsymbol{x}}_{k|k-1}^{0l})\right\} \tag{5.6-3}$$

上式的近似属性源于其对 θ_{k-1}^i 的依赖性,仅由 $\hat{\boldsymbol{x}}_{k-1|k-1}^{0l}$ 和 $\boldsymbol{P}_{k-1|k-1}^{0l}$ 的计算方式隐含表示,感兴趣的读者可查阅 Bar - Shalom 的专著中的 11.6.6 节[12]。

基于 $\hat{\boldsymbol{x}}_{k|k}^l$ 和 $\boldsymbol{P}_{k|k}^l$,IMM 滤波器关于目标状态的最终估计及其估计误差协方差可分别以与式(5.5-4)和式(5.5-5)相同的方式获得。为了阐述的完整性,再次给出该二式如下:

$$\hat{\boldsymbol{x}}_{k|k} = \sum_{l=1}^{N} \hat{\boldsymbol{x}}_{k|k}^l \Pr\{\theta_k^l \mid \boldsymbol{y}_{1:k}\} \tag{5.6-4}$$

$$\boldsymbol{P}_{k|k} = \sum_{l=1}^{N} \Pr\{\theta_k^l \mid \boldsymbol{y}_{1:k}\}[\boldsymbol{P}_{k|k}^l + (\hat{\boldsymbol{x}}_{k|k} - \hat{\boldsymbol{x}}_{k|k}^l)(\hat{\boldsymbol{x}}_{k|k} - \hat{\boldsymbol{x}}_{k|k}^l)^{\mathrm{T}}] \tag{5.6-5}$$

表 5.4 对 IMM 算法进行了总结。

评注

(1)与 5.5.1 小节中给出的一步模型记忆多模型滤波器相比,IMM 滤波算法的优势在于计算。多位研究人员的研究成果表明[12,14],IMM 算法在明显减小计算量的同时,其性能只是有轻微的降低。

(2)与本章讨论的其他所有 MMEA 算法相似,先验的参数(模型)演变概率对滤波算法的成功应用十分关键。更为深入的研究表明,这些算法的顽健性是有保证的。由于统计平均运算是在滤波算法的状态更新步骤之前,或者是在滤波器有机会得以从最新量测数据中进行学习之前,因而算法的顽健性对于 IMM 滤波器而言就显得尤为特别。

图 5.6 对 $N=2$ 情况下的 IMM 算法实现给出了图示说明

表 5.4　交互多模型滤波器

IMM
系统和参数定义
所有定义和假设和表 5.3 中的相同。
问题描述
同表 5.3。
求解方法

续表

同表5.3。 求解过程 与构建 N^2 个滤波器的方法不同,IMM 滤波器采用预混合算法及反向时序转移概率 $\Pr\{\theta_{k-1}^i \mid \theta_k^l, \boldsymbol{y}_{1:k-1}\}$ 生成 $\hat{\boldsymbol{x}}_{k-1\mid k-1}^{0l}$ 和 $\boldsymbol{P}_{k-1\mid k-1}^{0l}$,有 $$\hat{\boldsymbol{x}}_{k-1\mid k-1}^{0l} = \sum_{i=1}^{N} \hat{\boldsymbol{x}}_{k-1\mid k-1}^{i} \Pr\{\theta_{k-1}^i \mid \theta_k^l, \boldsymbol{y}_{1:k-1}\}$$ $$\boldsymbol{P}_{k-1\mid k-1}^{0l} = \sum_{i=1}^{N} \Pr\{\theta_{k-1}^i \mid \theta_k^l, \boldsymbol{y}_{1:k-1}\}[\boldsymbol{P}_{k-1\mid k-1}^{i} + (\hat{\boldsymbol{x}}_{k-1\mid k-1}^{0l} - \hat{\boldsymbol{x}}_{k-1\mid k-1}^{i})(\hat{\boldsymbol{x}}_{k-1\mid k-1}^{0l} - \hat{\boldsymbol{x}}_{k-1\mid k-1}^{i})^{\mathrm{T}}]$$ 以 $\hat{\boldsymbol{x}}_{k-1\mid k-1}^{0l}$ 和 $\boldsymbol{P}_{k-1\mid k-1}^{0l}$ 作为先验估计及其估计误差协方差,采用与模型 l 相匹配的 KF 滤波器计算出 $\hat{\boldsymbol{x}}_{k\mid k}^{l}$ 和 $\boldsymbol{P}_{k\mid k}^{l}$。 有关模型假设的递归计算式为 $$\Pr\{\theta_k^l \mid \boldsymbol{y}_{1:k}\} = \sum_{i=1}^{N} \frac{p(\boldsymbol{y}_k \mid \theta_k^l, \theta_{k-1}^i, \boldsymbol{y}_{1:k-1})}{p(\boldsymbol{y}_k \mid \boldsymbol{y}_{1:k-1})} \Pr\{\theta_k^l \mid \theta_{k-1}^i\} \Pr\{\theta_{k-1}^i \mid \boldsymbol{y}_{1:k-1}\}$$ 其中,$p(\boldsymbol{y}_k \mid \theta_k^l, \theta_{k-1}^i, \boldsymbol{y}_{1:k-1})$ 可采用如下近似计算方法得到,即 $$C\exp\left\{-\frac{1}{2}(\boldsymbol{y}_k - \boldsymbol{H}_k^l \hat{\boldsymbol{x}}_{k\mid k-1}^{0l})^{\mathrm{T}} [\boldsymbol{H}_k^l \boldsymbol{P}_{k\mid k-1}^{0l} \boldsymbol{H}_k^{l\,\mathrm{T}} + \boldsymbol{R}_k]^{-1} (\boldsymbol{y}_k - \boldsymbol{H}_k^l \hat{\boldsymbol{x}}_{k\mid k-1}^{0l})\right\}$$ 最终解为 $$\hat{\boldsymbol{x}}_{k\mid k} = \sum_{l=1}^{N} \hat{\boldsymbol{x}}_{k\mid k}^{l} \Pr\{\theta_k^l \mid \boldsymbol{y}_{1:k}\}$$ $$\boldsymbol{P}_{k\mid k} = \sum_{l=1}^{N} \Pr\{\theta_k^l \mid \boldsymbol{y}_{1:k}\}[\boldsymbol{P}_{k\mid k}^{l} + (\hat{\boldsymbol{x}}_{k\mid k} - \hat{\boldsymbol{x}}_{k\mid k}^{l})(\hat{\boldsymbol{x}}_{k\mid k} - \hat{\boldsymbol{x}}_{k\mid k}^{l})^{\mathrm{T}}]$$

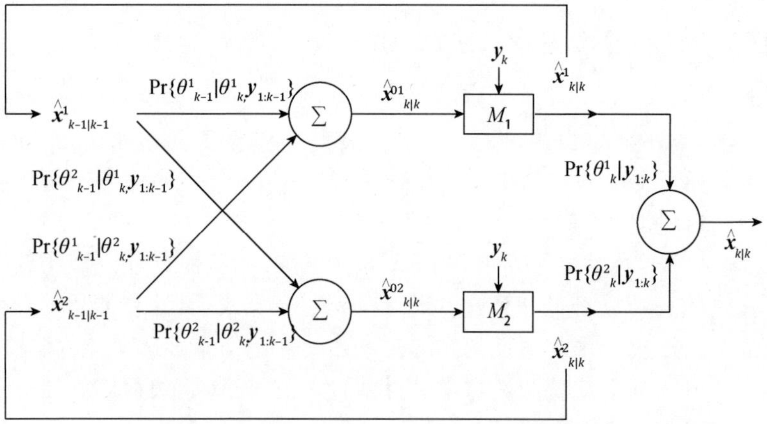

图 5.6 参数(模型)数目等于 2 情形下的 IMM 滤波器实现图示说明

5.7 数值示例

本节将给出 2 个有关线性系统的示例。第 1 个示例采用针对参数为常量情形下的算法,尽管在其中的一次实验中允许真实参数发生切换。第 2 个示例基于 IMM 算法来解决目标轨迹估计问题,其中真实的目标轨迹可在机动与非机动之间切换。

示例1① 考虑如下线性系统：

$$\begin{bmatrix}\dot{x}_1\\ \dot{x}_2\end{bmatrix}=\begin{bmatrix}0 & 1\\ 0 & \gamma\end{bmatrix}\begin{bmatrix}x_1\\ x_2\end{bmatrix}+\begin{bmatrix}0\\ 1\end{bmatrix}\xi+\begin{bmatrix}0\\ 1\end{bmatrix}u,$$

$$y=x_1+v,$$

式中：ξ 和 v 分别是方差为1的过程噪声和量测噪声；u 是系统的控制（激励）输入，其在该示例中的作用将随后讨论；γ 为未知参数，其取值为0、0.5、1的三者之一，分别对应于如下定义的三个假设：

$$H_1:\gamma=0$$

$$H_2:\gamma=0.5$$

$$H_3:\gamma=1$$

目标初始状态为 $x_1=100$，$x_2=50$，采样率为10赫兹。具体开展两个实验。

实验1：3种情形，在不同次情形下 γ 只能被设置为3种可能取值之一，并不发生参数切换。

实验2：真实参数值可根据如下规律发生切换，即

$$\gamma=0,0\leqslant t<2$$

$$\gamma=0.5,2\leqslant t<4$$

$$\gamma=1,4\leqslant t<6$$

实验1的结果由参数假设概率历史来描述，实验2的结果则由参数估计历史来描述，两个实验结果分别由图5.7和图5.8给出。

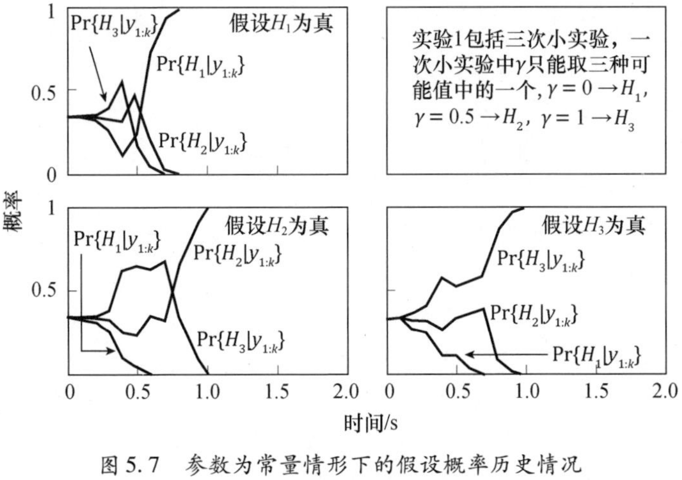

图5.7 参数为常量情形下的假设概率历史情况

① 该示例源自文献[11]。

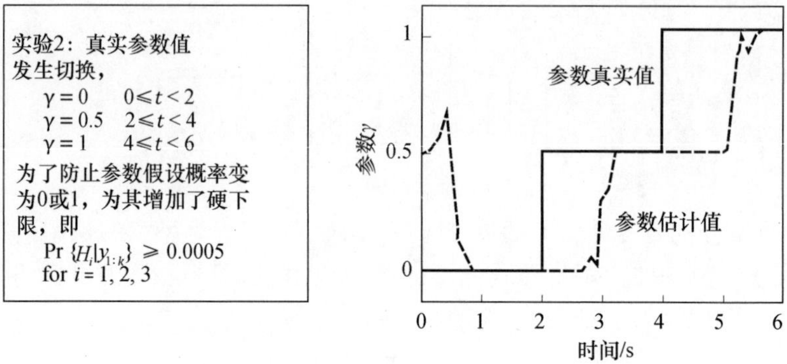

图 5.8　参数切换情形下的参数估计历史

评注

以上给出了一个真实参数或为常量、或在 3 种模型之间切换的示例，实验过程中采用了针对参数为常量情形所设计的算法。之所以针对常量参数情形所设计的算法能够适用于第 2 个实验，是因为对该算法做了两处修改。

(1) 首先，对假设概率的取值设置了强制界限，以防止任何假设概率收敛至 0。即使假设概率真的变为 0，也不可能再变为其他值，因为任何有限数值乘以 0 后还是等于 0。在该实验中，假设概率的取值下限被设置为(一种随意设置) $\Pr\{H_i|y_{1:k}\}\geqslant 0.0005, i=1,2,3$(对于所有的 i)。

其次，尽管在真实系统中不存在过程噪声，但实验的滤波器设计中仍然采用了协方差矩阵为单位阵(也是随意设置的)的过程噪声项，其目的在于防止滤波器对于估计结果过于自信，并使得滤波器很难切换至其他不同的假设。如果没有添加过程噪声，由不匹配滤波器获得的估计结果将与目标真实状态相差甚远。当真实参数跳变为不同的值时，即原来不匹配的滤波器现在变为匹配滤波器后，算法需要很长时间来辨别新的真实系统，并稳定运行于真实系统之上。为滤波器留有一定量级的过程噪声将使得不匹配滤波器的估计结果离目标真实状态更近，从而使得系统参数跳变时算法能够更快地适应这种变化。

(2) 控制变量 u 在此次实验中起着十分关键的作用，它代表着能够探究系统间差异的持续性激励。如果没有它，每个模型对应的状态都将收敛于 0，从而模型之间也就不再存有差异。这也导致了一个很有趣的问题，即如何设计输入(激励)函数才能使得利用 MMEA 能够实现(或加速)系统参数辨识。

(3) 当系统真实参数为常量时，针对常量参数情形所设计的算法是最优的。此例中对该算法所做的修改使得其在参数切换情形下依然能够工作，虽然这种修改是特定的，但也还实用。

示例 2 该例中利用目标机动轨迹来对比 3 种滤波器的性能,所用目标轨迹与 4.9.2 小节中的相同,不同之处在于雷达量测偏差被设置为 0。所比较的 3 种滤波器是基于 CV 模型的 KF、基于 CA 模型的 KF 和分别由基于 CV 模型和 CA 模型的 KF 作为单元滤波器的 IMM 滤波器。目标的真实轨迹与图 4.18 给出的相同,为了方便查阅这里由图 5.9 再次给出。

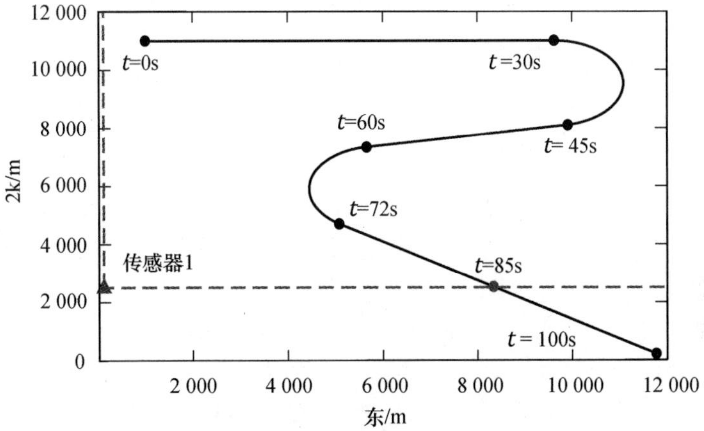

图 5.9 一个机动目标轨迹

根据本书第 3、4 章习题 1 的答案、有关不匹配 KF(及 EKF)滤波器的讨论以及 4.9.2 小节所给示例,读者应当已经清楚这一点,即对于整个目标航迹,还是可以使得基于 CV 或 CA 模型①②设计的滤波器有效工作的。但是,这需要在滤波器的状态预测过程中通过过程噪声协方差对滤波增益进行适当微调。针对 5g 机动的微调参数如下:

CV^H:为对于连续系统,为 $6000m^2/s^3$;对于离散时间系统,为 $60000m^2/s^4$,采样间隔为 0.1s。

CA:对于连续系统,为 $800m^2/s^5$;对于离散时间系统,为 $8000m^2/s^6$,采样间隔为 0.1s。

其中,CV^H 代表基于经过高过程噪声调优的匀速模型所设计的滤波器,这样做的必要性在于,对机动目标而言 CV 模型只是一个降阶状态模型,但却被要求用于估计机动目标的轨迹。由于仅被要求对目标非机动期间的状态进行精确估计,因而 IMM 滤波器中所采用的 CV 模型被以低得多的过程噪声调优,此例

① 关于笛卡儿坐标系下基于 CV 和 CA 模型的线性估计,参见第 2 章中课后问题 1 关于非线性估计中笛卡儿坐标系向雷达量测坐标系的转换,参见第 3 章课后问题 1。

② 在机动目标建模中,Bank to turn(倾斜转弯)与 CA 模型并不相同。采用 CA 模型作为滤波器目标状态模型也只是一种近似,虽然只是一种较为简单的模型,但这里的实验结果表明,基于 CA 模型的滤波器取得了很好的估计性能。

中模型过程噪声设置如下：

CV^L：对于连续系统，为 $0.5m^2/s^3$；对于离散时间系统，为 $5m^2/s^4$，采样间隔为 0.1s。

其中，CV^L 代表 IMM 滤波算法所采用的、基于经过较低过程噪声调优的匀速模型的滤波器。而 IMM 滤波算法所用 CA 模型的过程噪声参数仍然保持不变。3 种滤波器的估计结果如图 5.10 所示。

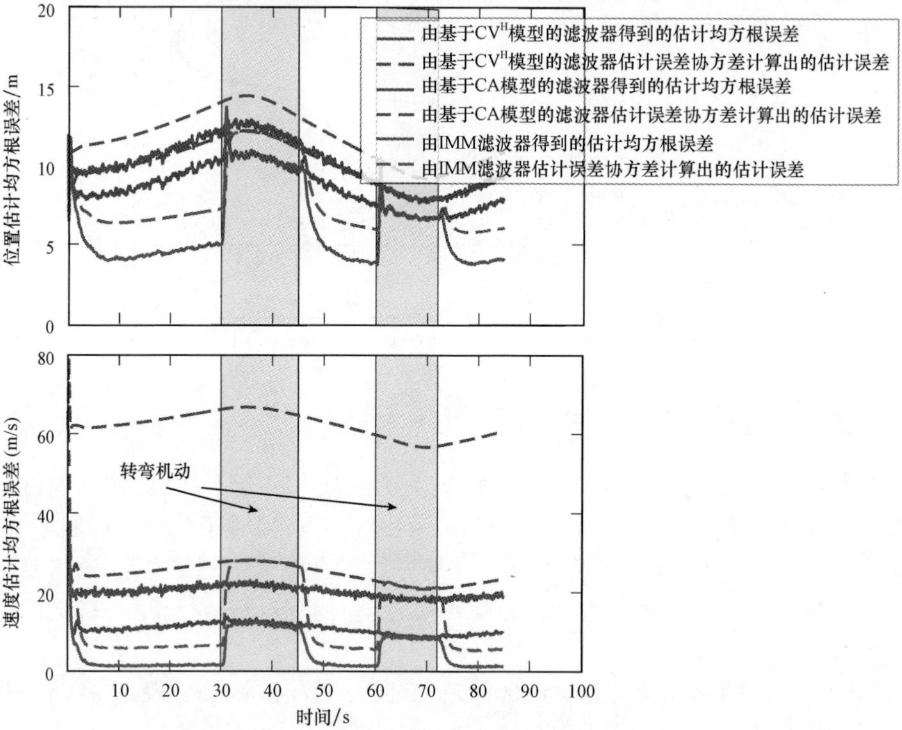

图 5.10　针对图 5.9 所示机动目标轨迹，对由 IMM 滤波器、基于 CV 模型的滤波器和基于 CA 模型的滤波器所得估计 RMS 误差和估计误差协方差进行比较

基于位置和速度估计误差（由 100 次蒙特卡罗仿真获得）和由估计误差协方差矩阵计算而得的对应误差估计，图 5.10 对 3 种滤波器的估计性能进行了比较。其中，均方根误差分别为每个坐标轴方向位置、速度误差的平方求和后再求平方根的平均值（对 100 次蒙特卡罗仿真结果的平均）。而利用误差协方差计算出的估计误差则分别是由滤波算法所得位置、速度误差协方差矩阵的迹的平方根。灰色阴暗区域表示目标正在机动运动。实验结果表明，3 种滤波方法都能实现对目标的跟踪，也就是说实际的位置估计误差均在滤波算法所得估计误差协方差的涵盖范围之内。无论目标机动与否，IMM 算法的估计误差总是最小的，原因就在于

IMM 算法的单元滤波器分别与目标轨迹的两个阶段相匹配。由于具有较小的估计误差和服从一致性标准的误差协方差，人们希望 IMM 算法在多目标且目标密集的场景下依然能够取得较好的估计性能（第 8 章）。本例中的 IMM 算法能够快速切换到机动模式，但当目标重回直线运动模式时，算法却存在 4 ~ 5s 的延迟。由于 CA 模型可以用于跟踪直线运动的目标，也就是说 CV 模型是 CA 模型的一个子模型，因而滤波过程存在切换延迟并不令人感到诧异（参见第 4 章有关不匹配模型的讨论）。图 5.11 给出了基于 1000 次蒙特卡罗仿真结果和式（5.6 - 1）得到的 CV^L 模型和 CA 模型的平均假设概率，该图表明 IMM 滤波过程中的模式切换时间与图 5.10 中误差曲线所示的切换时间非常吻合。

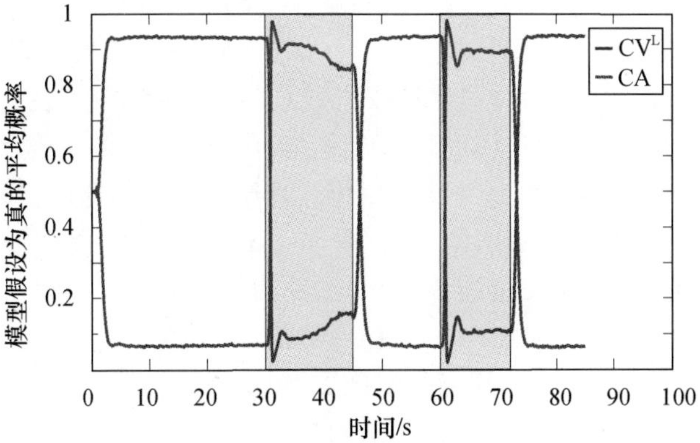

图 5.11　CV^L 和 CA 模型假设为真的平均概率，由式（5.5 - 1）定义

评注

① 上述示例清楚地表明，相较单模型算法，MMEA 算法能以更好的估计精度适应实际系统的模型切换。

② 虽然是一种针对参数（模型）跳变系统状态估计的算法，IMM 仍是一种启发式算法，因而也是次优的，通过上述示例可以发现 IMM 算法比单模型算法表现的更好。

③ 还有很多其他应用实例表明，较之单模型算法，多模型算法可以取得更好的估计性能[13,14]。

④ 虽然 IMM 算法的性能略逊于 5.5.1 小节给出的 GPB2 算法，但较之后者，前者的计算量明显降低[14]。

课后习题

1. 请填充一些推导细节，如式（5.6 - 5）。
2. 请试着推导得出 5.6 节给出的 IMM 算法，并对为什么尽管算法平均步骤(也被称为滤波交互步骤)与滤波残差不直接相关但算法仍能有效工作给出解释。

3. 利用 CA 和 CV 两个模型构建一个常参数滤波器(CM^2EA),以此应对严格依据 CV 或 CA 模型运动的目标。CM^2EA 是由分别基于 CV 模型和 CA 模型的两个滤波器组成的滤波器组,两个滤波器并行运行并无切换。请观察所构建滤波器的性能,并对假设概率的表现作出评述。

4. 考虑一个简单的目标机动情形,目标依次做 CV - CA - CV 运动,且读者已经实现了该机动目标的仿真。采用你所构建的 CM^2EA 滤波器来估计该目标的运动状态。调整滤波器的过程噪声,观察滤波器是否能成功跟踪该目标,并特别留意模型切换时间。将所得结果与第 3 章的课后习题 1 的结果进行对比。

5. 请依据 5.5.1 小节给出的、具有一步参数历史记忆的 MMEA 算法,构建相应的滤波器,并采用该滤波器估计依次做 CV - CA - CV 运动的目标轨迹。观察该滤波器在各飞行阶段和模型切换过程期间的性能。调整模型转移概率 $\Pr\{\theta_k^l | \theta_{k-1}^i\}$ 后,通过实验观察滤波性能变化。将所得结果与课后习题 4 的结果以及在第 3 章课后习题中仅采用调优的 CV 或 CA 模型的滤波结果进行比较。

6. 采用 IMM 算法重复上述步骤,并比较估计结果。

7. 考虑一段从中段到再入段的目标轨迹:

(1)采用基于 CV 或 CA 模型的滤波器,再次回答课后习题 3 - 6。

(2)对于在弹道机动模式和空气动力机动模式(在第 3 章的课后习题 3 中也被称为空气动力机动模型。注意到当机动系数 α_t 和 α_c 均为 0 时,该模型即为弹道目标的运动模型)之间来回切换的目标,再次回答课后习题 3 - 6。

参考文献

[1] D. T. Magill, "Optimal Adaptive Estimation of Sampled Stochastic Processes," *IEEE Trans actions on Automatic Control*, vol. AC - 10, pp. 434 - 439, Oct. 1965.

[2] M. Athans, K. - P. Dunn, C. S. Greene, W. H. Lee, N. R. Sandell, I. Segall, and A. S. Willsky, "The Stochastic Control of the F - 8C Aircraft Using the Multiple Model Adaptive Control (MMAC) Method," in *Proceedings of the* 1975 *IEEE Conference on Decision and Control*, pp. 217 - 228, Dec. 1975.

[3] Y. C. Ho and R. C. K. Lee, "A Bayesian Approach to Problems in Stochastic Estimation and Control," *IEEE Trans actions on Automatic Control*, vol. AC - 9, pp. 333 - 339, Oct. 1964.

[4] G. A. Ackerson and K. S. Fu, "On State Estimation in Switching Environments," *IEEE Trans actions on Automat ic Control*, vol. AC - 15, pp. 10 - 17, Feb. 1970.

[5] J. K. Tugnait and A. H. Haddad, "A Detection - Estimation Scheme for State Estimation in Switching Environments," *Automatica*, vol. 15, pp. 477 - 481, 1979.

[6] D. G. Lainiotis, "Optimal Adaptive Estimation: Structure and Parameter Adaptation," *IEEE Tran sactions on Automatic Control*, vol. AC - 16, pp. 160 - 170, Apr. 1971.

[7] D. G. Lainiotis, "Partitioning: A Unifying Framework for Adaptive Systems. I: Estimation," *Proceedings of*

the IEEE, vol. 64, pp. 1126 – 1143, Aug. 1976.

[8] D. Willner, "Observation and Control of Partially Unknown Systems," Ph. D. Thesis, Department of Electrical Engineering, MIT, Cambridge, MA, and MIT Electronic Systems Lab, Rep. ESL – R – 496, June 1973.

[9] R. Bueno, E. Y. Chow, K. P. Dunn, S. B. Gershwin, and A. S. Willsky, "Status Report on the Generalized Likelihood Ratio Failure Detection Technique, with Application to the F – 8 Aircraft," in *Proceedings of the 1976 IEEE Conference on Decision and Control*, Dec. 1976, pp. 38 – 47.

[10] C. B. Chang and M. Athans, "State Estimation for Discrete Systems with Switching Parameters," *IEEE Transactions on Aerospace and Electronic Systems*, vol. AES – 14, pp. 418 – 425, May 1978.

[11] M. Athans and C. B. Chang, "Adaptive Estimation and Parameter Identifi cation using Multiple Model Estimation Algorithms," MIT Lincoln Lab., Lexington, MA, Rep. TN – 1976 – 28, June 23, 1976.

[12] Y. Bar – Shalom, X. Rong Li, and T. Kirubarajan, *Estimation with Applications to Tracking and Navigation.* New York: Wiley, 2001.

[13] H. A. P. Blom and Y. Bar – Shalom, "The Interacting Multiple Model Algorithm for Systems with Markovian Switching Coefficients," *IEEE Transactions on Automatic Control*, vol. AC – 33, pp. 780 – 783, Aug. 1988.

[14] E. Mazor, A. Averbuch, Y. Bar – Shalom, and J. Dayan, "Interacting Multiple Model Methods in Target Tracking: A Survey," *IEEE Transactions on Aerospace and Electronic Systems*, AES – 34, pp. 103 – 123, Jan. 1998.

第 6 章　状态估计的采样方法

6.1　引言

当系统过程噪声和量测噪声均为高斯噪声时，迄今已经介绍了数种针对非线性系统的滤波器，所有这些滤波器采用泰勒级数展开近似非线性的系统状态方程和量测方程，以获得状态估计的统计特征(均值和协方差)[1]。20 世纪 70 年代提出了其他的近似解决方法，包括高斯和滤波器[2]和二阶扩展卡尔曼滤波器[3](3.7 节给出)，二阶扩展卡尔曼滤波器复杂性的增加限制了其应用。本章介绍了一个不同的概念，即以系统选择的确定性样本或者统计选择的随机样本近似计算条件概率密度函数，然后可通过数值计算方法获得统计特征(均值和协方差)。

1969 年，一个围绕状态空间中感兴趣区域的确定性采样点(或单元)的栅格被用于计算质点滤波器(PMF)的条件密度函数[4]。依据非线性系统状态方程传播这些采样点(或单元)，并计算在当前量测附近的采样的似然函数值，是可以实现对更新的状态条件密度函数的近似。20 世纪 90 年代后期，将无迹变换用于高斯噪声情况下的扩展卡尔曼滤波器框架的一种数值近似技术，也称无迹卡尔曼滤波器(UKF)[5-7]开始流行起来。在该滤波算法中，条件概率密度函数是利用源自 $p(\boldsymbol{x}_{k-1}|\boldsymbol{y}_{k-1})$ 的高斯近似的一组确定性选择点(sigma 点)是近似的。这些点由系统方程和量测方程传播，而均值 $\hat{\boldsymbol{x}}_{k|k}$ 和协方差 $\boldsymbol{P}_{k|k}$ 是由 t 时刻传播的采样点的样本统计特征近似。这种技术旨在更好地近似非线性变换后的均值和协方差[5-8]。

对于许多应用领域，估计问题很可能是非线性和非高斯的，从而很难获得最优解。另一类称为粒子滤波的采样技术，采用随机样本来近似求解估计问题[9]，这种方法采用序贯蒙特卡罗(SMC)方案来产生质点(或“粒子”)，以近似估计问题所涉及的概率密度函数。适用于这些问题的蒙特卡罗采样方法包括数种，如抑制采样、重要性采样和马尔可夫链蒙特卡罗(MCMC)采样[10]。本章重点讨论重要性采样的方法，这是 20 世纪 50 年代统计领域为估计特定分布的特性而引进的方法[11]。20 世纪 60 年代和 70 年代期间，虽然对这些思想在滤波方面的应用进行了一些探索，但由于过高的计算要求和 SMC 方案早期版本存在的问题(如粒子耗尽或退化)使得它们没有流行起来。SMC 能够用于滤波应用的主要推进源于能够得到更快的计算机,以及 SMC 方案中增加了重采样步骤[12]。自此以后,该领域的研究工作显著增加[9,12-14],使得粒子滤波方法上有了许多改进,并在超出本书所讨论的跟踪滤波问题之外、需要计算条件概率密度的其他领域的应用也逐渐增加。

给定含噪量测 $\boldsymbol{y}=\boldsymbol{h}(\boldsymbol{x})+\boldsymbol{\nu}$ 的条件下。6.2 节介绍了数种计算 $\boldsymbol{g}(\boldsymbol{x})$ 的条件期望的技术。针对随机向量 $\boldsymbol{x}$ 和 $\boldsymbol{y}$ 的这些技术涵盖了之前章节所讨论问题的计算策略以及本章将介绍的采样技术。为便于参考,6.3 节回顾了针对非线性系统状态估计的贝叶斯方法。6.4 节和 6.5 节分别推导了两种确定性采样技术,即 UKF 和 PKF。6.6 节介绍了多种基于蒙特卡罗(随机)采样技术的粒子滤波器。在某些情况下,已经证明这些滤波器具有比 EKF、UKF 和交互多模型滤波器(IMM)更好的性能[15,16]。

6.2 条件期望及其近似

大多数参数或状态估计问题会遇到如下积分计算:

$$E\{g(\boldsymbol{x})\mid \boldsymbol{y}p(\boldsymbol{x}\mid \boldsymbol{y})\} = \int g(\boldsymbol{x})p(\boldsymbol{x}\mid \boldsymbol{y})\mathrm{d}\boldsymbol{x} \tag{6.2-1}$$

给定如下量测条件下 $\boldsymbol{g}(\boldsymbol{x})$ 的条件期望,有

$$\boldsymbol{y}=\boldsymbol{h}(\boldsymbol{x})+\boldsymbol{\nu} \tag{6.2-2}$$

其中 $\boldsymbol{x}\in\mathbb{R}^n$ 和 $\boldsymbol{y}\in\mathbb{R}^m$,$\boldsymbol{\nu}\in\mathbb{R}^m$。$\boldsymbol{y}$ 是通过具有与 $\boldsymbol{x}$ 独立的加性随机噪声 $\boldsymbol{\nu}$ 的式(6.2-2)对未知随机向量 $\boldsymbol{x}$ 的量测。注意,式(6.2-1)中的条件期望是给定 $\boldsymbol{y}$ 条件下关于 $\boldsymbol{g}(\boldsymbol{x})$ 的最小范数估计器。条件概率密度函数 $p(\boldsymbol{x}|\boldsymbol{y})$ 代表着 $\boldsymbol{x}$ 和 $\boldsymbol{y}$ 之间的统计关系。以下各节给出了采用解析方法或数值方案精确或近似计算式(6.2-1)的不同情况。

6.2.1 线性高斯情形

首先,考虑线性和高斯情形,

$$\boldsymbol{y}=\boldsymbol{H}\boldsymbol{x}+\boldsymbol{\nu} \tag{6.2-3}$$

式中,$\boldsymbol{x}:\sim N(\bar{\boldsymbol{x}},\boldsymbol{P}_x)\in\mathbb{R}^n$ 和 $\boldsymbol{\nu}:\sim N(0,\boldsymbol{R})\in\mathbb{R}^m$ 是两个独立的高斯随机向量。1.5.4 节(和附录 1.B“线性最小二乘估计器”)已经证明,条件密度函数 $\boldsymbol{p}(\boldsymbol{x}|\boldsymbol{y})$ 也服从高斯分布,其均值和协方差$(\hat{\boldsymbol{x}},\boldsymbol{P})$可以通过如下方式得到:

$$\hat{\boldsymbol{x}}=\bar{\boldsymbol{x}}+\boldsymbol{K}(\boldsymbol{y}-\boldsymbol{H}\bar{\boldsymbol{x}}) \tag{6.2-4}$$

$$\boldsymbol{P}=[\boldsymbol{H}^{\mathrm{T}}\boldsymbol{R}^{-1}\boldsymbol{H}+\boldsymbol{P}_x^{-1}]^{-1} \tag{6.2-5}$$

$$\boldsymbol{K}=\boldsymbol{P}\boldsymbol{H}^{\mathrm{T}}\boldsymbol{R}^{-1} \tag{6.2-6}$$

对于 $\boldsymbol{x}$ 的任意连续函数,$\boldsymbol{g}(\boldsymbol{x})$ 可由 $\mathbf{x}$ 的一个多项式来表示,式(6.2-1)的积分可以做为$(\hat{\boldsymbol{x}},\boldsymbol{P})$的一个函数得到精确计算(高斯随机向量的性质)。

6.2.2 基于泰勒级数展开的近似

当量测是非线性时,有

$$\boldsymbol{y}=\boldsymbol{h}(\boldsymbol{x})+\boldsymbol{\nu}$$

式中:$\boldsymbol{x}: \sim N(\bar{\boldsymbol{x}},\boldsymbol{P}_x)\in\mathbb{R}^n$和$\boldsymbol{\nu}: \sim N(0,\boldsymbol{R})\in\mathbb{R}^m$是两个独立的高斯随机向量。条件密度函数$\boldsymbol{p}(\boldsymbol{x}|\boldsymbol{y})$可由1.6节所示的高斯概率密度函数$N(\hat{\boldsymbol{x}},\boldsymbol{P})$近似,即

$$\hat{\boldsymbol{x}}=\bar{\boldsymbol{x}}+\boldsymbol{K}(\boldsymbol{y}-\boldsymbol{h}(\bar{\boldsymbol{x}})) \tag{6.2-7}$$

$$\boldsymbol{P}=[\boldsymbol{H}_{\bar{x}}^{\mathrm{T}}\boldsymbol{R}^{-1}\boldsymbol{H}_{\bar{x}}+\boldsymbol{P}_x^{-1}]^{-1} \tag{6.2-8}$$

$$\boldsymbol{K}=\boldsymbol{P}\boldsymbol{H}_{\bar{x}}^{\mathrm{T}}\boldsymbol{R}^{-1} \tag{6.2-9}$$

式中:$\boldsymbol{H}_{\bar{x}}=\left[\dfrac{\partial\boldsymbol{h}(\boldsymbol{x})}{\partial\boldsymbol{x}}\right]$是在$\bar{\boldsymbol{x}}$处评估的$\boldsymbol{h}(\boldsymbol{x})$的Jacobian矩阵。注意,密度函数$\boldsymbol{p}(\boldsymbol{x}|\boldsymbol{y})$通常不是高斯型。取决于$\boldsymbol{h}(\cdot)$的非线性程度,采用$N(\hat{\boldsymbol{x}},\boldsymbol{P})$近似式(6.2-1)可能不够精确。可以考虑$\boldsymbol{h}(\cdot)$的更高阶泰勒展开,这将需要计算相关的Jacobian和Hessian矩阵(见3.7节),也使得这种方法不太具有吸引力。$g(\boldsymbol{x})$的一、二阶矩可由下式近似获得:

$$E\{g(\boldsymbol{x})|\boldsymbol{y}\}=g(\hat{\boldsymbol{x}}) \tag{6.2-10}$$

$$E\{(\boldsymbol{g}(\boldsymbol{x})-E\{\boldsymbol{g}(\boldsymbol{x})|\boldsymbol{y}\})(\boldsymbol{g}(\boldsymbol{x})-E\{\boldsymbol{g}(\boldsymbol{x})|\boldsymbol{y}\})^{\mathrm{T}}\}=\boldsymbol{G}_{\hat{x}}\boldsymbol{P}\boldsymbol{G}_{\hat{x}}^{\mathrm{T}} \tag{6.2-11}$$

式中:$\boldsymbol{G}_{\hat{x}}=\left[\dfrac{\partial g}{\partial\boldsymbol{x}}\right]_{\hat{x}}$是在$\bar{\boldsymbol{x}}$处评估的$\boldsymbol{g}(\boldsymbol{x})$的Jacobian矩阵。注意,该变换对于EKF的推导至关重要(见3.4节)。

6.2.3 基于无迹变换的近似

对于$\boldsymbol{x}\in\mathbb{R}^n$和$\boldsymbol{\nu}\in\mathbb{R}^m$是两个独立的高斯随机向量的情况,式(6.2-1)的积分可由无迹变换来近似。这是一种通过对在$\boldsymbol{x}$空间中的精心选择的采样点进行对从$\boldsymbol{x}$到$\boldsymbol{g}(\boldsymbol{x})$的变换,继而通过变换结果平均值计算$\boldsymbol{g}(\boldsymbol{x})$的均值和协方差的方法,且无须计算$\boldsymbol{g}(\boldsymbol{x})$的Jacobian矩阵。首先,选择均值$\bar{\boldsymbol{x}}$和协方差矩阵$\bar{\boldsymbol{P}}$的椭球面上围绕着均值$\bar{\boldsymbol{x}}$分布的$2n$个点①($2n+1$个确定点的定义如下,也可见图6.1)。均值和椭球面上的$2n$个点构成了总共$2n+1$个sigma点,

$$\boldsymbol{x}^0=\bar{\boldsymbol{x}}$$

$$\boldsymbol{x}^i=\bar{\boldsymbol{x}}+\left(\sqrt{(n+\kappa)\bar{\boldsymbol{P}}}\right)_i^{\mathrm{T}}\ \forall i=1,\cdots,n$$

$$\boldsymbol{x}^{n+i}=\bar{\boldsymbol{x}}-\left(\sqrt{(n+\kappa)\bar{\boldsymbol{P}}}\right)_i^{\mathrm{T}}\ \forall i=1,\cdots,n \tag{6.2-12}$$

式中:κ是任意实数,用来精细调优结果以补偿对于非高斯分布未计算较高阶矩

---

① 本章为了表示简化,虽然采样点是确定性的向量,但将采用随机向量的相同的标准字形。

的事实。对于高斯分布，一种有用的启发式选择是 $n+\kappa=3$[6]。符号$(\boldsymbol{A})_j$表示矩阵$\boldsymbol{A}$的第i列，矩阵的平方根由$\boldsymbol{A}=[\sqrt{\boldsymbol{A}}]^{\mathrm{T}}[\sqrt{\boldsymbol{A}}]$定义，可以采用 Matlab 中的 Cholesky 分解计算。令$\boldsymbol{\nu}^i=g(\boldsymbol{x}^i)$表示$\nu$空间对应的 Sigma 点，则$\nu$的均值和协方差可如下计算：

$$\bar{\boldsymbol{\nu}} \approx \sum_{i=0}^{2n} \boldsymbol{w}^i \boldsymbol{\nu}^i \tag{6.2-13}$$

$$\boldsymbol{P}_\nu = \sum_{i=0}^{2n} \boldsymbol{w}^i (\boldsymbol{\nu}^i - \bar{\boldsymbol{\nu}})(\boldsymbol{\nu}^i - \bar{\boldsymbol{\nu}})^{\mathrm{T}} \tag{6.2-14}$$

其中，加权系数的定义如下：

$$w^0=\frac{\kappa}{(n+\kappa)}, \text{且 } w^i=w^{i+n}=\frac{1}{2(n+\kappa)} \forall i=1,\cdots,n \tag{6.2-15}$$

而

$$E\{\boldsymbol{g}(\boldsymbol{x})\} \approx \sum_{i=0}^{2n} w^i g(\boldsymbol{x}^i) \tag{6.2-16}$$

可以证明，当$\boldsymbol{g}(\boldsymbol{x})=\boldsymbol{x}$时，有$\bar{\boldsymbol{\nu}}=\bar{\boldsymbol{x}}, \boldsymbol{P}_v=\bar{\boldsymbol{P}}$。

利用式(6.2-12)到式(6.2-15)的无迹变换，条件密度函数$\boldsymbol{p}(\boldsymbol{x}|\boldsymbol{y})$可近似为一个高斯密度函数$N(\hat{\boldsymbol{x}},\boldsymbol{P})$，得

$$\hat{\boldsymbol{x}}=\bar{\boldsymbol{x}}+\boldsymbol{K}(\boldsymbol{y}-\widehat{\boldsymbol{h}(\boldsymbol{x})}) \tag{6.2-17}$$

$$\boldsymbol{P}=\boldsymbol{P}_x-\boldsymbol{P}_{xy}\boldsymbol{P}_{yy}^{-1}\boldsymbol{P}_{yx} \tag{6.2-18}$$

$$\boldsymbol{K}=\boldsymbol{P}_{xy}\boldsymbol{P}_{yy}^{-1} \tag{6.2-19}$$

式中：

$$\gamma \triangleq \boldsymbol{y}-\widehat{\boldsymbol{h}(\boldsymbol{x})}$$

$$\widehat{\boldsymbol{h}(\boldsymbol{x})} \approx \sum_{i=0}^{2n} w^i \boldsymbol{h}(\boldsymbol{x}^i) \tag{6.2-20}$$

$$\boldsymbol{P}_{yy} = \sum_{i=0}^{2n} w^i (\boldsymbol{h}(\boldsymbol{x}^i)-\widehat{\boldsymbol{h}(\boldsymbol{x})})(\boldsymbol{h}(\boldsymbol{x}^i)-\widehat{\boldsymbol{h}(\boldsymbol{x})})^{\mathrm{T}}+\boldsymbol{R} \tag{6.2-21}$$

$$\boldsymbol{P}_{yx}^{\mathrm{T}} = \boldsymbol{P}_{xy} = \sum_{i=0}^{2n} w^i (\boldsymbol{x}^i-\bar{\boldsymbol{x}})(\boldsymbol{h}(\boldsymbol{x}^i)-\widehat{\boldsymbol{h}(\boldsymbol{x})})^{\mathrm{T}} \tag{6.2-22}$$

参考文献[8]认为基于无迹变换计算的统计特征(均值和协方差)等价于基于泰勒级数展开(到三阶)计算的统计特征，因此提供了一种比式(6.2-7)和式(6.2-8)所用方法更好的近似。无迹变换的示意如图6.1所示(见彩

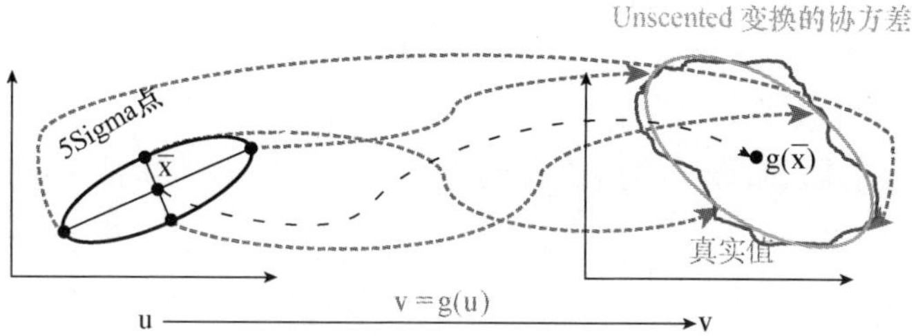

图 6.1　无迹变换示意图

插）。图中椭圆是相关协方差矩阵的 1 - Sigma 椭圆，红色的边界表示由随机采样方法产生的大量的样本获得的实际 1 - Sigma 范围，随机采样方法将在下节予以说明。

文献[8]中给出的无迹变换采用了一种较简单的形式，样本集中不包括均值 $\bar{\boldsymbol{x}}$，可以通过选择 $\kappa=0$ 来简单地得到。文献[8]指出，这种方法较简单，且最终结果也近乎相同。所以给出上述方法主要是出于完整性的考虑。

6.2.4 基于质点积分的近似

对于更加一般的非线性和非高斯的情形，有

$$\boldsymbol{y}=\boldsymbol{h}(\boldsymbol{x})+\boldsymbol{\nu}$$

式中：$\boldsymbol{x}\in\mathbb{R}^n$ 和 $\boldsymbol{\nu}\in\mathbb{R}^m$ 分别是具有已知概率密度函数 $p(\boldsymbol{x})$ 和 $p_\nu(\boldsymbol{\nu})$ 的两个独立随机向量。式(6.2-1)的积分可以采用类似于文献[4,17]中所提出的、针对线积分的高斯求积分法的求和方式，进行数值计算。首先将 $\mathbb{R}^n$ 中的感兴趣区域①划分成 N_s 个等体积的、对应具有确定中心位置 $\{\boldsymbol{x}^i, i=1,\cdots,N_s\}$ 的超立方体。概率密度函数 $p(\boldsymbol{x})$ 可以由如下求和运算近似：

$$p(\boldsymbol{x}) = \sum_{i=1}^{N_s} w_x^i \delta_D(\boldsymbol{x}-\boldsymbol{x}^i) \tag{6.2-23}$$

式中：$\delta_D(\cdot)$ 是 Diracδ 测度，权重系数 $\{\boldsymbol{x}_x^i, i=1,\cdots,N_s\}$ 代表 x 在以 $\boldsymbol{x}$ 为中心的超立方体中的概率，从而有

$$\sum_{i=1}^{N_s} w_x^i = 1$$

利用贝叶斯定理和 $\boldsymbol{\nu}$ 的概率密度函数 $p_v(\boldsymbol{\nu})$，条件概率密度函数 $p(\boldsymbol{x}|\boldsymbol{y})$ 可由中心位置 $\{\boldsymbol{x}_x^i, i=1,\cdots,N_s\}$ 如下近似：

$$p(\boldsymbol{x}\mid\boldsymbol{y}) = \frac{p_{\boldsymbol{\nu}}(\boldsymbol{y}-\boldsymbol{h}(\boldsymbol{x}))\sum_{i=1}^{N_s} w_x^i\delta_D(\boldsymbol{x}-\boldsymbol{x}^i)}{\sum_{i=1}^{N} w_x^i p_{\boldsymbol{\nu}}(\boldsymbol{y}-\boldsymbol{h}(\boldsymbol{x}^i))} = \sum_{i=1}^{N_s} w_x^i\delta_D(\boldsymbol{x}-\boldsymbol{x}^i) \tag{6.2-24}$$

式中：

$$w^i = w_x^i p_{\boldsymbol{\nu}}(\boldsymbol{y}-\boldsymbol{h}(\boldsymbol{x}^i)) / \sum_{j=1}^{N_s} w_x^j p_{\boldsymbol{\nu}}(\boldsymbol{y}-\boldsymbol{h}(\boldsymbol{x}^j)) \tag{6.2-25}$$

且

$$E\{\boldsymbol{g}(\boldsymbol{x})\mid\boldsymbol{y}\} \approx \sum_{i=1}^{N_s} w^i \boldsymbol{g}(\boldsymbol{x}^i) \tag{6.2-26}$$

为了使得近似更加精确，超立方体的数量 N_s 可以非常大。如果有关感兴趣区域的信息可基于 x 和 y 确定，即可利用该信息将样本规模减少一定程度。但随着 x 维度的增加，该技术所需满足的高精度水平的计算要求可能过高。在

① 为了有合理的超立方体数目 N_s，必须事先选择感兴趣的区域，从而能精确且有效地计算近似值。

以下小节中，将介绍一种随机采样技术，该技术利用有关 $\boldsymbol{x}$ 的概率密度函数 $\boldsymbol{p}(\boldsymbol{x})p(x)$ 的知识，使得能够在 x 的更重要位置且数目更少的采样来近似积分，样本 $\{\boldsymbol{x}^i\}$ 生成也更有效。

6.2.5 基于蒙特卡罗采样的近似

利用从具有给定概率密度函数 $\boldsymbol{p}(\boldsymbol{x})$ 的随机向量 x 中生成的随机样本计算式(6.2-1)中的积分值的概念[11]，早在1950年已在高能物理领域提出。如果可以从 $\boldsymbol{p}(\boldsymbol{x})$ 抽取(用 $\boldsymbol{x}^i \approx \boldsymbol{p}(\boldsymbol{x})$ 标识) N_s 个独立同分布($i.i.d$)的随机采样点或者粒子 $\{\boldsymbol{x}^i, i=1,\cdots,N_s\}$，则概率密度函数的近似数值计算方式为

$$p(\boldsymbol{x}) = \frac{1}{N_s}\sum_{i=1}^{N_s}\delta_D(\boldsymbol{x}-\boldsymbol{x}^i) \tag{6.2-27}$$

式中：$\delta_D(\cdot)$ 是 Dirac δ 测度。类似于6.2.4节中的质点近似技术，借助于贝叶斯定理和 $\boldsymbol{\nu}$ 的概率密度函数 $p_\nu(\boldsymbol{\nu})$，条件概率密度函数 $p(\boldsymbol{x}|\boldsymbol{y})$ 可以由 $\{\boldsymbol{x}^i, i=1,\cdots,N_s\}$ 如下计算近似获得，即

$$p(\boldsymbol{x}\mid\boldsymbol{y}) = \frac{p_{\boldsymbol{\nu}}(\boldsymbol{y}-\boldsymbol{h}(\boldsymbol{x}))\dfrac{1}{N_s}\delta_D(\boldsymbol{x}-\boldsymbol{x}^i)}{\dfrac{1}{N_s}\sum_{i=1}^{N_s}p_{\boldsymbol{\nu}}(\boldsymbol{y}-\boldsymbol{h}(\boldsymbol{x}))} = \sum_{i=1}^{N_s}w^i\delta(\boldsymbol{x}-\boldsymbol{x}^i)_D \tag{6.2-28}$$

式中：

$$w^i = \frac{p_{\boldsymbol{\nu}}(\boldsymbol{y}-\boldsymbol{h}(\boldsymbol{x}^i))}{\sum_{j=1}^{N_s}p_{\boldsymbol{\nu}}(\boldsymbol{y}-\boldsymbol{h}(\boldsymbol{x}^j))} \tag{6.2-29}$$

且

$$E\{g(\boldsymbol{x})/\boldsymbol{y}\} = \sum_{i=1}^{N_s}w^i g(x^i) \tag{6.2-30}$$

通常，针对式(6.2-27)直接从 $p(\boldsymbol{x})$ 进行采样可能并不现实，但可以从另一个与 $p(\boldsymbol{x})$ 有相同的支集的概率密度函数 $q(x)$（称为“重要性函数”）采样[10]。假设 $\{\boldsymbol{x}^i, i=1,\cdots,N_s\}$ 是来自 $q(x)$ 而非 $p(x)$ 的 N_s 个独立同分布的随机采样(即 $\boldsymbol{x}^i \sim q(\boldsymbol{x})$)。为了将 $\boldsymbol{x}^i \sim q(\boldsymbol{x})$ 应用于式(6.2-30)，必须采用与 $p(\cdot)/q(\cdot)$ 成正比的重要性权值 $\{\boldsymbol{w}_q^i, i=1,\cdots,N_s\}$ 对式(6.2-28)进行修正，有

$$w_q^i \propto \frac{p(\boldsymbol{x}^i)}{q(\boldsymbol{x}^i)} \tag{6.2-31}$$

对重要性权值进行归一化，以使 $\sum_{i=1}^{N_s}w_q^i = 1$，式(6.2-28)变为如下形式：

$$p(\boldsymbol{x}\mid\boldsymbol{y}) = \sum_{i=1}^{N_s}w^i\delta_D(\boldsymbol{x}-\boldsymbol{x}^i) \tag{6.2-32}$$

式中：

$$w^i = \frac{p_{\boldsymbol{\nu}}(\boldsymbol{y} - \boldsymbol{h}(x^i))\dfrac{p(\boldsymbol{x}^i)}{q(\boldsymbol{x}^i)}}{\sum_{j=1}^{N_s} \dfrac{p_{\boldsymbol{\nu}}(\boldsymbol{y} - \boldsymbol{h}(x^i))p(\boldsymbol{x}^i)}{q(\boldsymbol{x}^i)}} \tag{6.2-33}$$

而且,对于 $\boldsymbol{x}^i \sim q(\boldsymbol{x})$,有

$$E\{g(\boldsymbol{x}) \mid \boldsymbol{y}\} \approx \sum_{i=1}^{N_s} w^i g(\boldsymbol{x}^i) \tag{6.2-34}$$

过去十年间,关于重要密度函数的选择和采样方法的效率有了长足发展[2],但这是超出本书范围的一个全新主题。可以选择采用非均匀加权粒子或者重采样(或在相同的位置增加粒子),以使经过如下流程处理的所有粒子具有统一的权值:

(1) 给定具有权值$\{w^i:i=1,\cdots,N_s\}$的采样样本$\{\boldsymbol{x}^i:i=1,\cdots,N_s\}$,可以消除具有可忽略权值的采样样本,从而得到一个新的样本集$\{\boldsymbol{x}^i:j=1,\cdots,N_T\}$,样本权重为$\{w^j:j=1,\cdots,N_T\}$,$N_T<N_S$。重新归一化权重系数$\{w^j\}$,以使得$\sum_{j=0}^{N_T} w^j = 1$。

(2) 产生具有统一权值$\dfrac{1}{N_s}$的新的样本集$\{\bar{\boldsymbol{x}}^i:i=1,\cdots,N_s\}$,以使得$\bar{\boldsymbol{x}}^i=\boldsymbol{x}^j$的概率为$w^j$。

表6.1对一般的重采样算法进行了总结。

表6.1 重采样算法总结

重采样算法 解决思路 给定从某一概率密度函数中抽取的随机采样样本和权值$\{w^i:i=1,\cdots,N_s\}$,其中有的样本权值可以忽略。算法的目的是消除那些具有可忽略的权值采样,并在与具有较大权值样本的相同位置处增加采样样本数目,以获得一组新的、具有相同权值$1/N_s$的N_s个样本组成的样本集。 给定采样样本及其权值$\{w^i:i=1,\cdots,N_s\}$ 消除具有可忽略权值的采样样本,并创建一个较小的采样集$\{w^j:j=1,\cdots,N_T\}$,$N_T<N_s$。归一化该样本集的权值$\{w^j\}$,以使$\sum_{j=0}^{N_T} w^j = 1$。 重采样$\{\boldsymbol{x}^j,w^j:j=1,\cdots,N_T\}$以获得一个新的样本集$\{\bar{\boldsymbol{x}}^i,\dfrac{1}{N_s},i^j: i=1,\cdots,N_s\}$ 由$\{w^j:j=1,\cdots,N_T\}$构建一个累积分布函数(CDF),c^j,其中$N_T<N_s$。 对于$j=1$,从均匀分布$U[0,1/N_s]$抽取u_1,而且 对于$i=1,\cdots,N_s$,$u^i=u^1+(j-1)/N_s$ $\bar{\boldsymbol{x}}^i=\boldsymbol{x}^j$,$\bar{w}^j=1/N_s$,当$u^i>c^j$时 $j=j+1$,$i=j$,当$u^i\leqslant c^j$时 式中,i^j是将第i个样本$\bar{\boldsymbol{x}}^i$与它的父体,即第i^j个样本$\boldsymbol{x}^{i^j}$联系起来的索引。

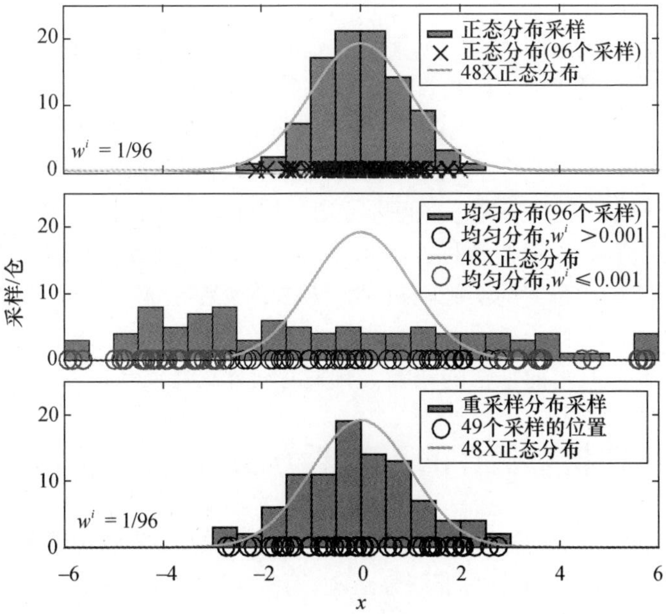

图 6.2 随机采样、重要性采样和重采样

评注:

(1) 图 6.2 说明了随机采样、重要性采样和重采样的概念。注意,当样本是由所建议的重要性函数 $q(x)$ 生成时所带来的缺陷。正如图 6.2 的顶部所示,在 $p(\boldsymbol{x})=N(0,1)$(均值为零、标准差为 1 的高斯分布)的零值附近采样更稠密,而所建议的重要性函数 $q(x)=U[-6,6]$([−6,6]区间上的均匀分布),在这一区间的采样则更均匀。两个分布的直方图代表涉及相关分布的两个样本集合的统计特征。当采样样本数目较大时,直方图会接近于所采样分布的概率密度。为了利用从所建议重要性函数中采样得到的样本,即 $\{\bar{\boldsymbol{x}}^i: i=1,\cdots,N_s\}$,来计算积分式(6.2−1),可以利用式(6.2−34)。注意,在积分计算过程中存在有权值 w^i 可忽略的样本 $p(\boldsymbol{x}^i)\leqslant 0.001$(红色),丢弃这些粒子并不会太多地影响式(6.2−34)的近似。因此,可供利用采样样本较少(96 中有 49 个[黑色],大约占总样本的 50%),称为采样损耗。表 6.1 所给出的重采样方案将通过在相同位置重新多次采样,人为地产生具有统一权值 $w^j=1/N_s$ 的样本以补充样本,具体如图 6.2 的底部所示。尽管两者有着近似相同的积分结果,但与图 6.2 上部所示的原始采样的分布不同。

(2) 尽管对于此处给出的随机向量情形是不必要的,而且重采样会增加估计器的蒙特卡罗波动性,但重采样仍是以下各节所讨论的针对随机过程的蒙特卡罗采样方案的重要步骤,目的是避免由于重要性权值随着时间退化所导致的粒子耗尽现象。

以下各节将介绍基于采样方法的各种滤波器。采样技术的目的在于获得关于非线性系统状态估计均值及其协方差的更好近似,或者直接利用样本近似状态估计的后验概率密度函数。为打好基础,在6.3节首先回顾了状态估计的贝叶斯关系。6.4节介绍了无迹卡尔曼滤波器,这种方法先在先验协方差矩阵附近几个选定的点进行采样,然后利用无迹变换将样本转换至预测和更新空间。6.5节介绍了对整个状态空间进行均匀采样并将采样样本用于滤波器状态预测和更新的PMF。以上两种方法均是确定性地对向量空间进行采样。存在重点关注区域的状态空间实施随机采样方法称为粒子滤波器(PF),6.6节将讨论该滤波器。关于粒子滤波器已经取得了一系列进展,每项进展都致力于改进滤波性能或者克服之前存在的缺陷。有关滤波算法将在6.6节讨论。

6.3 非线性状态估计的贝叶斯方法

与3.2节所采用的标识方法相同,考虑由满足如下非线性关系的状态向量序列$\{\boldsymbol{x}_0,\boldsymbol{x}_1,\cdots,\boldsymbol{x}_k\}$表示目标非线性运动,有

$$\boldsymbol{x}_k=\boldsymbol{f}(\boldsymbol{x}_{k-1})+\boldsymbol{\mu}_{k-1} \tag{6.3-1}$$

式中:$k=1,2,\cdots,K$, $\{\boldsymbol{\mu}_{k-1},k=1,2,\cdots,K\}$是服从$p_{\mu_{k-1}}(\boldsymbol{\mu})$分布、结束时间为$K$的独立同分布过程噪声序列。初始状态$\boldsymbol{x}_0$具有已知分布$p_{x_0}(\boldsymbol{x})$,且与$\{\boldsymbol{\mu}_{k-1},k=1,2,\cdots,K\}$统计无关。估计器由一个计算机实现,且如下表示的量测通常是在离散时间上获取,采用该模型不失一般性,有

$$\boldsymbol{y}_k=\boldsymbol{h}(\boldsymbol{x}_k)+\boldsymbol{\nu}_k \tag{6.3-2}$$

式中:$\{\nu_k,k=1,2\cdots,K\}$具有已知概率密度函数$p_{\nu_k}(\boldsymbol{\nu})$,且与$\boldsymbol{x}_0$和$\{\boldsymbol{\mu}_{k-1},k=1,2,\cdots,K\}$无关的独立同分布量测噪声序列。所要解决的问题是,给定所有量测$\boldsymbol{y}_{1:k}=\{\boldsymbol{y}_1,\boldsymbol{y}_2,\cdots,\boldsymbol{y}_k\}$条件下,递归估计目标状态$\boldsymbol{x}_k$。

通常,给定所有量测$\boldsymbol{y}_{1:k}=\{\boldsymbol{y}_1,\boldsymbol{y}_2,\cdots,\boldsymbol{y}_k\}$条件下的,在最小二乘意义下,关于$\boldsymbol{x}_k$的最优估计是条件均值[1](参见附录1B),有

$$\hat{\boldsymbol{x}}_{k|k}=\int \boldsymbol{x}_k p(\boldsymbol{x}_k\mid \boldsymbol{y}_{1:k})\mathrm{d}\boldsymbol{x}_k \tag{6.3-3}$$

式中,$p(\boldsymbol{x}_k|\boldsymbol{y}_{1:k})$是给定所有量测$\boldsymbol{y}_{1:k}=\{\boldsymbol{y}_1,\boldsymbol{y}_2,\cdots,\boldsymbol{y}_k\}$条件下$\boldsymbol{x}_k$的后验概率密度函数。计算$\hat{\boldsymbol{x}}_{k|k}$所面临的挑战是双重的,首先要确定后验概率密度函数。其次是由式(6.3-3)给出的积分式计算$\hat{\boldsymbol{x}}_{k|k}$(见6.2节)。为计算后验概率密度函数$p(\boldsymbol{x}_k|\boldsymbol{y}_{1:k})$,可以采用以下给出的递归流程:

第一步:给定$p(\boldsymbol{x}_{k-1}|\boldsymbol{y}_{1:k-1})$、$p(\boldsymbol{x}_k|\boldsymbol{y}_{1:k})$和式(6.3-1)的条件下,计算联合密度函数,

$$p(\boldsymbol{x}_k,\boldsymbol{x}_{k-1}|\boldsymbol{y}_{1:k-1})=p(\boldsymbol{x}_k,\boldsymbol{x}_{k-1})p(\boldsymbol{x}_{k-1}|\boldsymbol{y}_{1:k-1}) \tag{6.3-4}$$

第二步:给定$\boldsymbol{y}_{1:k-1}=\{\boldsymbol{y}_1,\boldsymbol{y}_2,\cdots,\boldsymbol{y}_{k-1}\}$的条件下,采用Chapman-Kolmogorov积

分式[1]，计算 $\boldsymbol{x}_k$ 的预测概率密度函数，有

$$p(\boldsymbol{x}_k \mid \boldsymbol{y}_{1:k-1}) = \int p(\boldsymbol{x}_k \mid \boldsymbol{x}_{k-1}) p(\boldsymbol{x}_{k-1} \mid \boldsymbol{y}_{1:k-1}) \mathrm{d}\boldsymbol{x}_{k-1} \tag{6.3-5}$$

第三步：给定 $\boldsymbol{y}_{1,k}$，$p(\boldsymbol{x}_k|\boldsymbol{y}_{1:k})$ 的条件下，利用贝叶斯定理，计算 $\boldsymbol{x}_k$ 的后验概率密度函数，有

$$p(\boldsymbol{x}_k|\boldsymbol{y}_{1:k}) = \frac{p(\boldsymbol{y}_k|\boldsymbol{x}_k)}{p(\boldsymbol{y}_k|\boldsymbol{y}_{1:k-1})} p(\boldsymbol{x}_k|\boldsymbol{y}_{1:k-1}) \tag{6.3-6}$$

式中，$p(\boldsymbol{y}_k|\boldsymbol{x}_k)$ 是似然比函数，归一化常数为

$$p(\boldsymbol{y}_k \mid \boldsymbol{y}_{1:k-1}) = \int p(\boldsymbol{y}_k \mid \boldsymbol{x}_k) p(\boldsymbol{x}_k \mid \boldsymbol{y}_{1:k-1}) \mathrm{d}\boldsymbol{x}_k \tag{6.3-7}$$

以上述递归流程为基础，以下几节可利用 6.2.3 小节到 6.2.5 小节给出的采样方法，推导得出针对式(6.3-1)和式(6.3-2)的非线性状态估计算法。

6.4 无迹卡尔曼滤波器

本节将关注具有如下形式的一类非线性估计问题：

$$\boldsymbol{x}_k = \boldsymbol{f}(\boldsymbol{x}_{k-1}) + \boldsymbol{\mu}_{k-1} \tag{6.4-1}$$

$$\boldsymbol{y}_k = \boldsymbol{h}(\boldsymbol{x}_k) + \boldsymbol{\nu}_k \tag{6.4-2}$$

其中 $\boldsymbol{x}_0: \sim N(\hat{\boldsymbol{x}}_0, P_0)$，$\boldsymbol{\mu}_{k-1}(\boldsymbol{0}, \boldsymbol{Q}_{k-1})$ 和 $\nu_k: \sim N(\boldsymbol{0}, \boldsymbol{R}_k)$ 相互独立，$\boldsymbol{\mu}_{k-1}$ 和 $\boldsymbol{\nu}_k$ 分别是系统(过程)高斯白噪声序列和量测高斯白噪声序列。针对式(6.4-1)和式(6.4-2)描述的非线性系统，6.2.3 节的结果将被用来推导一种不同形式的扩展卡尔曼滤波器。

假设在 $k-1$ 时刻，状态估计可由高斯随机向量 $\hat{\boldsymbol{x}}_{k|k-1}: \sim N(\hat{\boldsymbol{x}}_{k|k-1}, \boldsymbol{P}_{k-1|k-1})$ 近似，首先利用式(6.2-13)和式(6.2-14)给出的无迹变换计算一步预测估计 $\hat{\boldsymbol{x}}_{k|k-1}$ 和 $\boldsymbol{P}_{k|k-1}$。当在 k 时刻获得一个新的量测向量 $\boldsymbol{y}_k$ 时，近似的更新状态估计 $\hat{\boldsymbol{x}}_{k|k}$ 及其估计误差协方差 $\boldsymbol{P}_{k|k}$ 由式(6.2-17)至式(6.2-22)计算获得。

一步预测

依据式(6.2-12)，关于 $\hat{\boldsymbol{x}}_{k|k-1}$ 和 $\boldsymbol{P}_{k|k-1}$ 的 $2n+1$ 个 Sigma 点如下定义①：

$$\boldsymbol{x}^0_{k-1|k-1} = \hat{\boldsymbol{x}}_{k-1|k-1}$$

$$\hat{\boldsymbol{x}}^i_{k-1|k-1} = \hat{\boldsymbol{x}}_{k-1|k-1} + \left(\sqrt{(n+\kappa)\boldsymbol{P}_{k-1|k-1}}\right)^{\mathrm{T}}_i \ \forall i = 1, \cdots, n$$

$$\hat{\boldsymbol{x}}^{n+i}_{k-1|k-1} = \hat{\boldsymbol{x}}_{k-1|k-1} - \left(\sqrt{(n+\kappa)\boldsymbol{P}_{k-1|k-1}}\right)^{\mathrm{T}}_i \ \forall i = 1, \cdots, n \tag{6.4-3}$$

对应的一步预测点为

$$\hat{\boldsymbol{x}}^i_{k|k-1} = \boldsymbol{f}(\hat{\boldsymbol{x}}^i_{k-1|k-1}) + \boldsymbol{\mu}^i_{k-1} \ \forall i = 0, \cdots, 2n \tag{6.4-4}$$

注意，上式通过对已知概率密度函数 $\boldsymbol{\mu}_{k-1}$ 的随机采样 $\boldsymbol{\mu}^i_{k-1}$ 以考量系统噪声的影

---

① 这里所有的采样是确定性的，$\hat{\boldsymbol{x}}^i_{j|k}$ 代表由下标指示的时间步骤上的第 i 个采样。

响。状态预测估计及其协方差即可利用样本点 $\hat{\boldsymbol{x}}^i_{k|k-1}$ 计算得

$$\hat{\boldsymbol{x}}_{k|k-1} = \sum_{i=0}^{2n} w^i \hat{\boldsymbol{x}}^i_{k|k-1} \tag{6.4-5}$$

$$\boldsymbol{P}_{k|k-1} = \sum_{i=0}^{2n} w^i (\hat{\boldsymbol{x}}^i_{k|k-1} - \hat{\boldsymbol{x}}_{k|k-1})(\hat{\boldsymbol{x}}^i_{k|k-1} - \hat{\boldsymbol{x}}_{k|k-1})^{\mathrm{T}} + \boldsymbol{Q}_{k-1} \tag{6.4-6}$$

式中，

$$w^0 = \frac{\kappa}{(n+\kappa)}, \text{且 } w^i = w^{i+n} = \frac{1}{2(n+\kappa)} \forall i = 1, \cdots, n$$

量测更新

为了利用量测 $\boldsymbol{y}_k$ 更新状态估计，利用式(6.2-17)至式(6.2-22)所给的无迹变换公式，即

$$\hat{\boldsymbol{x}}_{k|k} = \hat{\boldsymbol{x}}_{k|k-1} + \boldsymbol{K}_{k|k-1}(\boldsymbol{y}_k - \widehat{\boldsymbol{h}(\boldsymbol{x})}_{k|k-1}) \tag{6.4-7}$$

$$\boldsymbol{P}_{k|k} = \boldsymbol{P}_{k|k-1} - \boldsymbol{K}_k \boldsymbol{P}_{\gamma_k\gamma_k} \boldsymbol{K}_k^{\mathrm{T}} \tag{6.4-8}$$

$$\boldsymbol{K}_k = \boldsymbol{P}_{\tilde{x}_{k|k-1},\gamma_k} \boldsymbol{P}^{-1}_{\gamma_k\gamma_k} \tag{6.4-9}$$

$$\gamma_k = \boldsymbol{y}_k - \widehat{\boldsymbol{h}(\boldsymbol{x})}_{k|k-1} \tag{6.4-10}$$

式中，$\boldsymbol{K}_k$ 为滤波增益，$\widehat{\boldsymbol{h}(\boldsymbol{x})}_{k|k-1}$ 为样本均值，$\boldsymbol{P}_{\gamma_k\gamma_k}$ 和 $\boldsymbol{P}_{\hat{x}_{k|k-1},\gamma_k}$ 是样本误差协方差矩阵，可由 Sigma 点表示为

$$\widehat{\boldsymbol{h}(\boldsymbol{x})}_{k|k-1} = \sum_{i=0}^{2n} w^i \boldsymbol{h}(\hat{\boldsymbol{x}}^i_{k|k-1}) \tag{6.4-11}$$

$$\boldsymbol{P}_{\gamma_k\gamma_k} = \sum_{i=0}^{2n} w^i (\boldsymbol{h}(\hat{\boldsymbol{x}}^i_{k|k-1}) - \widehat{\boldsymbol{h}(\boldsymbol{x})}_{k|k-1})(\boldsymbol{h}(\hat{\boldsymbol{x}}^i_{k|k-1}) - \widehat{\boldsymbol{h}(\boldsymbol{x})}_{k|k-1})^{\mathrm{T}} + \boldsymbol{R}_k \tag{6.4-12}$$

$$\boldsymbol{P}_{x_k|k-1,\gamma_k} = \sum_{i=0}^{2n} w^i (\hat{\boldsymbol{x}}^i_{k|k-1} - \hat{\boldsymbol{x}}_{k|k-1})(\boldsymbol{h}(\hat{\boldsymbol{x}}^i_{k|k-1}) - \widehat{\boldsymbol{h}(\boldsymbol{x})}_{k|k-1})^{\mathrm{T}} \tag{6.4-13}$$

式中，

$$w^0 = \frac{\kappa}{(n+\kappa)}, \text{和 } w^i = w^{i+n} = \frac{1}{2(n+\kappa)} \forall i = 1, \cdots, n$$

表 6.2 归纳了完整的 UKF 算法。

表 6.2　无迹卡尔曼滤波器算法小结

无迹卡尔曼滤波器(UKF)
解决思路
针对非线性系统，利用 Sigma 点计算预测和更新的状态估计及其协方差矩阵
给定 $\hat{\boldsymbol{x}}_{k-1\|k-1}$ 和 $\boldsymbol{P}_{k-1\|k-1}$，利用如下公式获得对应的 $2n+1$ 个 Sigma 点
$\boldsymbol{x}^0_{k-1\|k-1} = \hat{\boldsymbol{x}}_{k-1\|k-1}$
$\hat{\boldsymbol{x}}^i_{k-1\|k-1} = \hat{\boldsymbol{x}}_{k-1\|k-1} + (\sqrt{(n+\kappa)\boldsymbol{P}_{k-1\|k-1}})^{\mathrm{T}}_i \forall i = 1, \cdots, n$
$\hat{\boldsymbol{x}}^{n+i}_{k-1\|k-1} = \hat{\boldsymbol{x}}_{k-1\|k-1} - (\sqrt{(n+\kappa)\boldsymbol{P}_{k-1\|k-1}})^{\mathrm{T}}_i \forall i = 1, \cdots, n$

续表

预测 $$\hat{\boldsymbol{x}}^i_{k\mid k-1}=\boldsymbol{f}(\hat{\boldsymbol{x}}^i_{k-1\mid k-1})+\boldsymbol{\mu}^i_{k-1}\ \forall i=0,\cdots,2n$$ $$\hat{\boldsymbol{x}}_{k\mid k-1}=\sum_{i=0}^{2n}w^i\hat{\boldsymbol{x}}^i_{k\mid k-1}$$ $$\boldsymbol{P}_{k\mid k-1}=\sum_{i=0}^{2n}w^i(\hat{\boldsymbol{x}}^i_{k\mid k-1}-\hat{\boldsymbol{x}}_{k\mid k-1})(\hat{\boldsymbol{x}}^i_{k\mid k-1}-\hat{\boldsymbol{x}}_{k\mid k-1})^{\mathrm{T}}+\boldsymbol{Q}_{k-1}$$ 式中， $$w^0=\frac{\kappa}{(n+\kappa)},\text{且 } w^i=w^{i+n}=\frac{1}{2(n+\kappa)}\ \forall i=1,\cdots,n$$ 更新 计算 $$\widehat{\boldsymbol{h}(\boldsymbol{x})}_{k\mid k-1}=\sum_{i=0}^{2n}w^i\boldsymbol{h}(\hat{\boldsymbol{x}}^i_{k\mid k-1})$$ $$\boldsymbol{P}_{\gamma_k\gamma_k}=\sum_{i=0}^{2n}w^i(\boldsymbol{h}(\hat{\boldsymbol{x}}^i_{k\mid k-1})-\widehat{\boldsymbol{h}(\boldsymbol{x})}_{k\mid k-1})(\boldsymbol{h}(\hat{\boldsymbol{x}}^i_{k\mid k-1}-\widehat{\boldsymbol{h}(\boldsymbol{x})}_{k\mid k-1})^{\mathrm{T}}+\boldsymbol{R}_k$$ $$\boldsymbol{P}_{\hat{x}k\mid k-1,\gamma_k}=\sum_{i=0}^{2n}w^i(\hat{\boldsymbol{x}}^i_{k\mid k-1}-\hat{\boldsymbol{x}}_{k\mid k-1})(\boldsymbol{h}(\hat{\boldsymbol{x}}^i_{k\mid k-1})-\widehat{\boldsymbol{h}(\boldsymbol{x})}_{k\mid k-1})^{\mathrm{T}}$$ 以用于如下状态估计更新计算中，有 $$\hat{\boldsymbol{x}}_{k\mid k}=\hat{\boldsymbol{x}}_{k\mid k-1}+\boldsymbol{K}_k(\boldsymbol{y}_k-\widehat{\boldsymbol{h}(\boldsymbol{x})}_{k\mid k-1})$$ $$\boldsymbol{P}_{k\mid k}=\boldsymbol{P}_{k\mid k-1}-\boldsymbol{K}_k\boldsymbol{P}_{\gamma_k\gamma_k}\boldsymbol{K}_k^{\mathrm{T}}$$ $$\boldsymbol{K}_k=\boldsymbol{P}_{\tilde{x}k\mid k-1,\gamma_k}\boldsymbol{P}^{-1}_{\gamma_k\gamma_k}$$ 式中，$$w^0=\frac{\kappa}{(n+\kappa)},\text{和 } w^i=w^{i+n}=\frac{1}{2(n+\kappa)}\ \forall i=1,\cdots,n$$

评注：

(1)UKF 和 EKF 之间的差异在于协方差的计算，如 6.2.3 节所提，当系统为线性时，UKF 被简化为 KF。UKF 的优点在于采用样本均值 $\widehat{\boldsymbol{h}(\boldsymbol{x})}_{k\mid k-1}$ 而非 $\boldsymbol{h}(\hat{\boldsymbol{x}}_{k\mid k-1})$ 来计算 $E\{\boldsymbol{h}(\boldsymbol{x}_k)\mid \boldsymbol{y}_{1:k-1}\}$，采用样本协方差 $\boldsymbol{P}_{\gamma_k\gamma}$ 与 $\boldsymbol{P}_{\hat{x}_{k\mid k-1},\gamma_k}$ 替代基于 Jacobian 矩阵 $\boldsymbol{H}_{\hat{x}_{k\mid k-1}}=\left[\dfrac{\partial \boldsymbol{h}(\boldsymbol{x}_k)}{\partial \boldsymbol{x}_k}\right]_{\hat{x}_{k\mid k-1}}$ 的协方差矩阵式(6.2-11)。尽管在每个迭代步并不生成 Jacobian 矩阵和(或) Hessian 矩阵，UKF 在计算上和 EKF 一样有效，能够实现和 4.7 节所讨论的二阶 EKF 一样的精度水平，参见文献[5-7]。

(2)通过将扩维的状态向量 $\boldsymbol{z}_k=(\boldsymbol{x}^{\mathrm{T}}_{k-1},\boldsymbol{\mu}^{\mathrm{T}}_{k-1})^{\mathrm{T}}$ 定义为 $\boldsymbol{x}_{k-1}$ 和 $\boldsymbol{\mu}_{k-1}$ 的非线性变换，$\boldsymbol{x}_{k-1}$ 和 $\boldsymbol{\mu}_{k-1}$ 的均值为 $(\hat{\boldsymbol{x}}^{\mathrm{T}}_{k-1},0^{\mathrm{T}})^{\mathrm{T}}$ 和协方差为 $\mathrm{diag}[\boldsymbol{P}_{k-1\mid k-1},\boldsymbol{Q}_{k-1}]$，UKF 可以容易地应用于 $\boldsymbol{x}_k=\boldsymbol{f}(\boldsymbol{x}_{k-1},\boldsymbol{\mu}_{k-1})$ 存在非加性过程噪声的情形①。通过非线性函数 f，无迹变换可应用于随机向量 $\boldsymbol{z}_k$，以得到预测状态的统计[参见式(6.2-12)至式(6.2-16)]。Sigma 点的数目将是 $4n+1$ 而非 $2n+1$。类似的方法可以应用于存在到非加性量测噪声的情形。

---

① $\mathrm{diag}[\boldsymbol{A},\boldsymbol{B}]$ 是矩阵 $\begin{bmatrix}\boldsymbol{A} & \boldsymbol{0}\\ \boldsymbol{0} & \boldsymbol{B}\end{bmatrix}$ 的简化表示。

6.5 质点滤波器

在本节,将关注如下形式的一类非线性估计问题:

$$\boldsymbol{x}_k = \boldsymbol{f}(\boldsymbol{x}_{k-1}) + \boldsymbol{\mu}_{k-1} \tag{6.5-1}$$

$$\boldsymbol{y}_k = \boldsymbol{h}(\boldsymbol{x}_k) + \nu_k \tag{6.5-2}$$

式中:$\boldsymbol{x}_k \in \mathbb{R}^n$,$\boldsymbol{\mu}_{k-1} \in \mathbb{R}^n$和$\boldsymbol{y}_k \in \mathbb{R}^m$,$\nu_k \in \mathbb{R}^m$;$\boldsymbol{x}_0$,$\boldsymbol{\mu}_{k-1}$和$\boldsymbol{\nu}_k$是相互独立的、且已知概率密度函数分别为$p(\boldsymbol{x}_0)$,$p_{\mu_{k-1}}(\mu_{k-1})$和$p_{\nu_k}(\nu_k)$的随机变量。将状态预测和量测更新作为计算过程的两个步骤,并将$\boldsymbol{x}_k$的状态空间分解为具有确定中心$\{\boldsymbol{x}_k^i: i=1,\cdots,N_s\}$的、$N_s$个等体积的超立方体(或单元),利用6.2.4小节所描述的采样方法对感兴趣区域的随机向量进行采样,这就构成了一个PMF(或基于栅格的卡尔曼滤波器和(或)EKF),以近似求解非线性估计问题[4,9,17]。

初始化

$k=0$时,有

$$p(\boldsymbol{x}_0) \approx \sum_{i=1}^{N_s} w_0^i \delta_D(\boldsymbol{x}_0 - \boldsymbol{x}_0^i) \tag{6.5-3}$$

$$\sum_{i=1}^{N_s} w_0^i = 1$$

式中:$\delta_D(\cdot)$是Dirac δ测度。

一步预测

假设$k-1$时刻的后验概率密度函数由下式近似给出,即

$$p(\boldsymbol{x}_{k-1} \mid \boldsymbol{y}_{1:k-1}) \approx \sum_{i=1}^{N_s} w_{k-1|k-1}^i \delta_D(\boldsymbol{x}_{k-1} - \boldsymbol{x}_{k-1}^i) \tag{6.5-4}$$

且

$$\sum_{i=1}^{N_s} w_{k-1|k-1}^i = 1$$

式中,$\delta_D(\cdot)$是Dirac δ测度。那么一步预测估计的概率密度函数密度可如下近似计算,即

$$p(\boldsymbol{x}_k \mid \boldsymbol{y}_{1:k-1}) \approx \sum_{i=1}^{N_s} w_{k|k-1}^i \delta_D(\boldsymbol{x}_k - \boldsymbol{x}_k^i) \tag{6.5-5}$$

式中,

$$w_{k|k-1}^i \triangleq \sum_{j=1}^{N_s} w_{k-1|k-1}^j p_{\mu_{k-1}}(w_k^i - \boldsymbol{f}(w_k^j)) \tag{6.5-6}$$

$$E\{g(\boldsymbol{x}_k) \mid \boldsymbol{y}_{1:k-1}\} \approx \sum_{i=1}^{N_s} w_{k|k-1}^i \boldsymbol{g}(w_{k|}^i) \tag{6.5-7}$$

$p(\boldsymbol{x}_k|\boldsymbol{y}_{1:k-1})$的均值和协方差是$g(\boldsymbol{x}_k)=\boldsymbol{x}_k$、$g(\boldsymbol{x}_k)=(\boldsymbol{x}_k-\hat{\boldsymbol{x}}_{k|k-1})(\boldsymbol{x}_k-\hat{\boldsymbol{x}}_{k|k-1})^{\mathrm{T}}$和$\hat{\boldsymbol{x}}_{k|k-1}=E\{\boldsymbol{x}_k|\boldsymbol{y}_{1:k-1}\}$条件下式(6.5-7)的特例。

量测更新

假设量测噪声V_k的概率密度函数由$p_\nu(\cdot)$给出,则给定量测$\boldsymbol{y}_k$条件下$\boldsymbol{x}_k$的似然函数为$p(\boldsymbol{y}_k|\boldsymbol{x}_k)=p_{\nu_k}(\boldsymbol{y}_k-\boldsymbol{h}(\boldsymbol{x}_k))$。将式(6.5-4)代入式(6.3-6),得

$$p(\boldsymbol{x}_k \mid \boldsymbol{y}_{1:k}) \approx \frac{p_{v_k}(\boldsymbol{y}_k - \boldsymbol{h}(\boldsymbol{x}_k)) \sum_{i=1}^{N_s} w_{k|k-1}^i \delta_D(\boldsymbol{x}_k - \boldsymbol{x}_k^i)}{\sum_{i=1}^{N_s} w_{k|k-1}^i p_{v_k}(\boldsymbol{y}_k - \boldsymbol{h}(\boldsymbol{x}_k))}$$

$$= \sum_{i=1}^{N_s} w_{k|k-1}^i \delta_D(\boldsymbol{x}_k - \boldsymbol{x}_k^i) \tag{6.5-8}$$

$$w_{k|k}^i = w_{k|k-1}^i p_{\nu_k}(\boldsymbol{y}_k - \boldsymbol{h}(\boldsymbol{x}_k^i)) / \sum_{i=1}^{N_s} w_{k|k-1}^i p_{\nu_k}(\boldsymbol{y}_k - \boldsymbol{h}(\boldsymbol{x}_k^i)) \tag{6.5-9}$$

且

$$E\{g(\boldsymbol{x}_k) \mid \boldsymbol{y}_{1:k}\} \approx \sum_{i=1}^{N_s} w_{k|k}^i g(\boldsymbol{x}_k^i) \tag{6.5-10}$$

$\boldsymbol{x}_k^i$ 表示 k 时刻第 i 个单元的中心。栅格必须足够稠密以很好地近似于连续的状态变量 $\boldsymbol{x}_k$。$p(\boldsymbol{x}_k|\boldsymbol{y}_{1:k})$ 的均值和协方差分别为 $g(x_k)=x_k$ 和 $\boldsymbol{g}(\boldsymbol{x}_k)=(\boldsymbol{x}_k-\hat{\boldsymbol{x}}_{k|k})(\boldsymbol{x}_k-\hat{\boldsymbol{x}}_{k|k})^{\mathrm{T}}$,这个在 $\hat{\boldsymbol{x}}_{k|k}=E(\boldsymbol{x}_k|\boldsymbol{y}_{1:k})$ 条件下式(6.5-10)的特例。

表6.3对完整的PMF算法进行了归纳总结。

评注

PMF相对于EKF和UKF的优点是,该算法框架不需要后验概率密度的闭式表达式。但缺点是为了确保状态估计和协方差的精度,当 $\boldsymbol{x}_k$ 的维数大时,该算法的计算量巨大。Ns个中心为 $\{\boldsymbol{x}_k^i: i=1,\cdots,N_s\}$ 的等体积超立方体(或单元)的选择可以通过给出的、时刻 $k-1$ 的统计 $\hat{\boldsymbol{x}}_{k-1|k-1}$ 和 $\boldsymbol{P}_{k-1|k-1}$ 来预测感兴趣区域来实现[17]。文献[18]给出了一种基于Chebychev不等式的自适应算法。

对于更一般的非线性和非高斯问题,需要6.2.5节所讨论的蒙特卡罗采样方法来计算条件均值 $\hat{\boldsymbol{x}}_{k|k}$,因为EKF和(或)UKF不能产生充分的结果,且当 x_k 的维度较大时PMF的计算量也是大的难以承受。这促使我们在下一节引入另一种采样方法。

表6.3 质点滤波器算法总结

质点滤波器(PMF) **解决思路** 采用等体积的超立方体覆盖 $\boldsymbol{x}_k$ 状态空间中的感兴趣区域,其中超立方体的中心点为 $\{\boldsymbol{x}_k^i: i=1,\cdots,N_s\}$,相关的权值正比于立方体的条件概率密度,以计算非线性系统状态预测估计和更新估计的均值和协方差矩阵。 给定 $p(\boldsymbol{x}_{k-1}|\boldsymbol{y}_{1:k-1})$ 及其近似 $p(\boldsymbol{x}_{k-1} \mid \boldsymbol{y}_{1:k-1}) \approx \sum_{i=1}^{N_s} w_{k-1\|k-1}^1 \delta_D(\boldsymbol{x}_{k-1} - \boldsymbol{x}_{k-1}^i)$ 和 $\sum_{i=1}^{N_s} w_{k-1\|k-1}^i = 1$ 式中,$\delta_D(\cdot)$ 是Diracδ 测度。 $k=1$ 时,$p(\boldsymbol{x}_0) = \sum_{i=1}^{N_s} w_{k-1\|k-1}^i \delta_D(\boldsymbol{x}_{k-1} - \boldsymbol{x}_{k-1}^i)$ 和 $\sum_{i=1}^{N_s} w_0^i = 1$。 **预测** $p(\boldsymbol{x}_k \mid \boldsymbol{y}_{1:k-1}) \approx \sum_{i=1}^{N_s} w_{k\|k-1}^i \delta_D(\boldsymbol{x}_k - \boldsymbol{x}_k^i)$ $\hat{\boldsymbol{x}}_{k\|k-1} = \sum_{i=1}^{N_s} w_{k\|k-1}^i \boldsymbol{x}_{k-1}^i$ $\boldsymbol{P}_{k\|k-1} = \sum_{i=1}^{N_s} w_{k\|k-1}^i (\boldsymbol{x}_{k-1}^i - \hat{\boldsymbol{x}}_{k\|k-1})(\boldsymbol{x}_{k-1}^i - \hat{\boldsymbol{x}}_{k\|k-1})^{\mathrm{T}}$

续表

式中， $$w_{k\|k-1}^i \triangleq \sum_{j=1}^{N_s} w_{k-1\|k-1}^j p_{\mu_{k-1}}(\boldsymbol{x}_k^i - \boldsymbol{f}(\boldsymbol{x}_{k-1}^j))$$ **更新** 给定$\boldsymbol{y}_k$条件下，计算更新的权值$\{w_{k\|k}^i : i=1,\cdots,N_s\}$， $$w_{k\|k}^i \triangleq w_{k\|k-1}^i p_{\nu_k}(\boldsymbol{y}_k - \boldsymbol{h}(\boldsymbol{x}_k^i)) / \sum_{j=1}^{N_s} w_{k\|k-1}^j p_{\nu_k}(\boldsymbol{y}_k - \boldsymbol{h}(\boldsymbol{x}_k^j))$$ 计算更新的状态估计和协方差，有 $$\hat{\boldsymbol{x}}_{k\|k} = \sum_{i=1}^{N_s} w_{k\|k}^i \boldsymbol{x}_k^i$$ $$\boldsymbol{P}_{k\|k} = \sum_{i=1}^{N_s} w_{k\|k}^i (\boldsymbol{x}_k^i - \hat{\boldsymbol{x}}_{k\|k})(\boldsymbol{x}_k^i - \hat{\boldsymbol{x}}_{k\|k})^{\mathrm{T}}$$

6.6 粒子滤波方法

考虑两个一般的随机过程，各自截止k时刻的状态序列$\boldsymbol{x}_{0:k}=\{\boldsymbol{x}_j : j=0,\cdots,k\}$和$\boldsymbol{y}_{1:k}=\{\boldsymbol{y}_j : j=0,\cdots,k\}$。假设给定$k-1$时刻后验概率密度函数为$p(\boldsymbol{x}_{0:k-1}|\boldsymbol{y}_{1:k-1})$，而且该概率密度函数可由一个具有权值$\{w_{k-1}^i : i=1,\cdots,N_s\}$的点集$\{\boldsymbol{x}_{0:k-1}^i : i=1,\cdots,N_s\}$近似，有

$$p(\boldsymbol{x}_{0:k-1} \mid \boldsymbol{y}_{1:k-1}) \approx \sum_{i=1}^{N_s} w_{k-1}^i \delta_D(\boldsymbol{x}_{0:k-1} - \boldsymbol{x}_{0:k-1}^i) \tag{6.6-1}$$

式中，$\delta(\cdot)$是Dirac δ测度。为计算

$$\hat{\boldsymbol{x}}_{0:k|1:k} = E\{\boldsymbol{x}_{0:k}|\boldsymbol{y}_{1:k}\}$$

需要采用一个权值$\{w_{k-1}^i : i=1,\cdots,N_s\}$且$\sum_{i=1}^{N_s} w_k^i = 1$的点集$\{\boldsymbol{x}_{0:k-1}^i : i=1,\cdots,N_s\}$近似表示$p(\boldsymbol{x}_{0:k}|\boldsymbol{y}_{1:k})$，有

$$p(\boldsymbol{x}_{0,k} \mid \boldsymbol{y}_{1:k}) \approx \sum_{i=1}^{N_s} w_k^i \delta_D(\boldsymbol{x}_{0,k} - \boldsymbol{x}_{0,k}^i) \tag{6.6-2}$$

给定式(6.6-1)，对于$\boldsymbol{x}_{0,k}^i=\{\boldsymbol{x}_k^i, \boldsymbol{x}_{0,k-1}^i\}$，$i=1,\cdots,N_s$，和$\boldsymbol{y}_{1,k}=\{\boldsymbol{y}_k, \boldsymbol{y}_{1,k-1}\}$，可利用贝叶斯规则，将条件概率密度函数$p(\boldsymbol{x}_{0,k}|\boldsymbol{y}_{1:k})$改写为如下形式：

$$\begin{aligned} p(\boldsymbol{x}_{0,k}|\boldsymbol{y}_{1:k}) &= \frac{p(\boldsymbol{y}_k|\boldsymbol{x}_{0,k}, \boldsymbol{y}_{1:k-1})}{p(\boldsymbol{y}_k|\boldsymbol{y}_{1:k-1})} p(\boldsymbol{x}_{0,k}|\boldsymbol{y}_{1:k-1}) \\ &= \frac{p(\boldsymbol{y}_k|\boldsymbol{x}_{0,k}, \boldsymbol{y}_{1:k-1}) p(\boldsymbol{x}_k|\boldsymbol{x}_{0,k-1}, \boldsymbol{y}_{1:k-1})}{p(\boldsymbol{y}_k|\boldsymbol{y}_{1:k-1})} p(\boldsymbol{x}_{0,k}|\boldsymbol{y}_{1:k-1}) \end{aligned} \tag{6.6-3}$$

通常，对概率密度函数$p(\boldsymbol{x}_{0,k}|\boldsymbol{y}_{1:k})$不能直接抽取随机采样$\{\boldsymbol{x}_{0,k}^i : i=1,\cdots,N_s\}$。基于6.2.5节描述重要性采样方法，采用另一个易于抽取$\{\boldsymbol{x}_{0,k}^i : i=1,\cdots,N_s\}$的概率密度函数$q(\cdot)$。当选择$q(\cdot)$作为$p(\cdot)$的重要性函数时，式(6.6-2)中的相关权值定义如下：

$$w_k^i \propto \frac{p(\boldsymbol{x}_{0,k}^i|\boldsymbol{y}_{1:k})}{q(\boldsymbol{x}_{0,k}^i|\boldsymbol{y}_{1:k})} \tag{6.6-4}$$

令式(6.6-4)中选择的重要性函数,可使其分解为

$$q(\boldsymbol{x}_{0,k}|\boldsymbol{y}_{1:k})=q(\boldsymbol{x}_k|\boldsymbol{x}_{0,k-1},\boldsymbol{y}_{1,k})q(\boldsymbol{x}_{0,k-1}|\boldsymbol{y}_{1:k-1}) \qquad (6.6-5)$$

则可通过传播已有的源自先验分布 $q(\boldsymbol{x}_{0,k-1}|\boldsymbol{y}_{1,k-1})$ 的样本 $\boldsymbol{x}_{0,k-1}^i$ 及其源自 $q(\boldsymbol{x}_{0,k-1}|\boldsymbol{y}_{1,k-1})$ 的新状态采样 $\boldsymbol{x}_k^i$,获得源自概率密度函数 $q(\boldsymbol{x}_{0,k}|\boldsymbol{y}_{1:k})$ 的采样样本 $\boldsymbol{x}_{0,k}^i$。该采样方法被称为序贯重要性采样,是一种适用于任何随机过程 $\boldsymbol{x}_{0:k}$ 和 $\boldsymbol{y}_{1:k}$ 的算法。

本书考虑一类特定的随机过程 $\boldsymbol{x}_{0:k}=\{\boldsymbol{x}_j:j=0,\cdots,k\}$ 和 $\boldsymbol{y}_{1:k}=\{\boldsymbol{y}_j:j=1,\cdots,k\}$,分别满足如下模型:

$$\boldsymbol{x}_k=\boldsymbol{f}(\boldsymbol{x}_{k-1})+\boldsymbol{\mu}_{k-1} \qquad (6.6-6)$$

$$\boldsymbol{y}_k=\boldsymbol{h}(\boldsymbol{x}_k)+\boldsymbol{v}_k \qquad (6.6-7)$$

式中:$\boldsymbol{x}_k\in\mathbb{R}^n$,$\boldsymbol{\mu}_{k-1}\in\mathbb{R}^n$ 和 $\boldsymbol{y}_k\in\mathbb{R}^m$,$\boldsymbol{v}_k\in\mathbb{R}^m$,$\boldsymbol{x}_0$,$\boldsymbol{\mu}_{k-1}$ 和 $\boldsymbol{v}_k$ 是相互独立且概率密度函数分别为 $p(\boldsymbol{x}_0)$,$p_{\mu_{k-1}}(\mu_{k-1})$ 和 $p_{\nu_k}(\nu)$ 的随机向量。由于关于 $\boldsymbol{x}_0$,$\{\boldsymbol{\mu}_k\}$ 和 $\{\boldsymbol{v}_k\}$ 的独立性假设,且 $\{\boldsymbol{x}_k\}$ 具有马尔可夫性,式(6.6-3)中的表达式可简化为

$$\begin{aligned}p(\boldsymbol{x}_k|\boldsymbol{y}_{1:k})&=\frac{p(\boldsymbol{y}_k|\boldsymbol{x}_k)p(\boldsymbol{x}_k|\boldsymbol{x}_{k-1})}{p(\boldsymbol{y}_k|\boldsymbol{y}_{1:k-1})}p(\boldsymbol{x}_{k-1}|\boldsymbol{y}_{1:k-1})\\&\propto p(\boldsymbol{y}_k|\boldsymbol{x}_k)p(\boldsymbol{x}_k|\boldsymbol{x}_{k-1})p(\boldsymbol{x}_{k-1}|\boldsymbol{y}_{1:k-1})\end{aligned} \qquad (6.6-8)$$

式中,

$$p(\boldsymbol{y}_k|\boldsymbol{x}_k)=p_{v_k}(\boldsymbol{y}_k-\boldsymbol{h}(\boldsymbol{x}_k))$$

$$p(\boldsymbol{x}_k|\boldsymbol{x}_{k-1})=p_{\mu_{k-1}}(\boldsymbol{x}_k-\boldsymbol{f}(\boldsymbol{x}_{k-1}))$$

给定的样本及其权值 $\{\boldsymbol{x}_{k-1}^i,w_{k-1}^i:i=1,\cdots,N_s\}$,将式(6.6-8)和式(6.6-5)代入式(6.6-3),则从 $q(\boldsymbol{x}_k|\boldsymbol{x}_{k-1},\boldsymbol{y}_{1:k})$ 抽取对应样本 $\boldsymbol{x}_k^i$ 的权值为

$$\begin{aligned}w_k^i&\propto\frac{p(\boldsymbol{y}_k|\boldsymbol{x}_k^i)p(\boldsymbol{x}_k^i|\boldsymbol{x}_{k-1}^i)p(\boldsymbol{x}_{k-1}^i|\boldsymbol{y}_{1:k-1})}{q(\boldsymbol{x}_k^i|\boldsymbol{x}_{k-1}^i,\boldsymbol{y}_{1:k})q(\boldsymbol{x}_{k-1}^i|\boldsymbol{y}_{1:k})}=w_{k-1}^i\frac{p(\boldsymbol{y}_k|\boldsymbol{x}_k^i)p(\boldsymbol{x}_k^i|\boldsymbol{x}_{k-1}^i)}{q(\boldsymbol{x}_k^i|\boldsymbol{x}_{k-1}^i,\boldsymbol{y}_{1:k})}\\&=w_{k-1}^i\frac{p_{\nu_k}(\boldsymbol{y}_k-\boldsymbol{h}(\boldsymbol{x}_k^i))p_{\mu_{k-1}}(\boldsymbol{x}_k^i-\boldsymbol{f}(\boldsymbol{x}_{k-1}^i))}{q(\boldsymbol{x}_k^i|\boldsymbol{x}_{k-1}^i,\boldsymbol{y}_{1:k})}\end{aligned} \qquad (6.6-9)$$

对于本章所考虑的绝大部分粒子滤波器应用而言,式(6.6-9)是一种有用的形式。特殊情况下,可以选择满足如下约束的重要性概率密度函数:

$$q(\boldsymbol{x}_k|\boldsymbol{x}_{k-1},\boldsymbol{y}_{1:k})=q(\boldsymbol{x}_k|\boldsymbol{x}_{k-1},\boldsymbol{y}_k)$$

即概率密度函数仅取决于之前的目标状态 $\boldsymbol{x}_{k-1}$ 和最新获得的量测 $\boldsymbol{y}_k$。修正后的权重系数为

$$w_k^i\propto w_{k-1}^i\frac{p_{\nu_k}(\boldsymbol{y}_k-\boldsymbol{h}(\boldsymbol{x}_k^i))p_{\mu_{k-1}}(\boldsymbol{x}_k^i-\boldsymbol{f}(\boldsymbol{x}_{k-1}^i))}{q(\boldsymbol{x}_k^i|\boldsymbol{x}_{k-1}^i,\boldsymbol{y}_k)} \qquad (6.6-10)$$

式(6.6-8)中的后验概率密度可如下近似:

$$p(\boldsymbol{x}_k\mid\boldsymbol{y}_{1:k})\approx\sum_{i=1}^{N_s}w_k^i\delta_D(\boldsymbol{x}_k-\boldsymbol{x}_k^i)$$

式中，权重系数由式(6.6-10)定义给出。表6.4对常规粒子滤波算法进行了归纳总结。

表6.4 常规粒子滤波器算法

常规粒子滤波器
解决思路
给定$\{\boldsymbol{x}_{k-1}^i, w_{k-1}^i : i=1,\cdots,N_s\}$和$\boldsymbol{y}_k$，抽取随机样本$\boldsymbol{x}_k^i \sim q(\boldsymbol{x}_k \mid \boldsymbol{x}_{k-1}^i, \boldsymbol{y}_k)$。
为计算更新的状态估计和协方差，获得用于近似$p(\boldsymbol{x}_k \mid \boldsymbol{y}_{1:k})$的$\{w_k^i : i=1,\cdots,N_s\}$。
初始化
对于$k=1$，抽取$\boldsymbol{x}_0^i \sim p(\boldsymbol{x}_0)\ (i=1,\cdots,N_s)$，有
$$p(\boldsymbol{x}_0) \approx \sum_{k=1}^{N_s} w_0^i \delta_D(\boldsymbol{x}_0 - \boldsymbol{x}_0^i)\ 和\ w_0^i = 1/N_s$$
预测
给定近似$p(\boldsymbol{x}_{k-1} \mid \boldsymbol{y}_{1:k-1})$的样本集$\{\boldsymbol{x}_{k-1}^i, w_{k-1}^i : i=1,\cdots,N_s\}$
抽取样本$\boldsymbol{x}_k^i \sim q(\boldsymbol{x}_k \mid \boldsymbol{x}_{k-1}^i, \boldsymbol{y}_k)\ \forall i=1,\cdots,N_s$
更新
给定$\boldsymbol{y}_k$，计算更新的权值$\{w_{k-1}^i : i=1,\cdots,N_s\}$
$$w_k^i = w_{k-1}^i p_{\nu_k}(\boldsymbol{y}_k - \boldsymbol{h}(\boldsymbol{x}_k^i)) p_{\mu_{k-1}}(\boldsymbol{x}_k^i - \boldsymbol{f}(\boldsymbol{x}_{k-1}^i)) / q(\boldsymbol{x}_k^i \mid \boldsymbol{x}_{k-1}^i, \boldsymbol{y}_k)\ \forall i=1,\cdots,N_s$$
归一化$\{w_{k-1}^i : i=1,\cdots,N_s\}$，以使$\sum_{i=1}^{N_s} w_k^i = 1$
计算更新的状态估计和协方差
$$\hat{\boldsymbol{x}}_{k\mid k} = \sum_{i=1}^{N_s} w_k^i \boldsymbol{x}_k^i$$
$$\boldsymbol{P}_{k\mid k} = \sum_{i=1}^{N_s} w_k^i (\boldsymbol{x}_k^i - \hat{\boldsymbol{x}}_{k\mid k})(\boldsymbol{x}_k^i - \hat{\boldsymbol{x}}_{k\mid k})^{\mathrm{T}}$$

粒子滤波器(表6.4)设计的关键步骤是选择重要性密度函数$q(\boldsymbol{x}_k \mid \boldsymbol{x}_{k-1}, \boldsymbol{y}_k)$。选择恰当的重要性函数将使滤波器更快收敛且有更好的性能。以下各节将就此给出一些常用的方法，并简要讨论各自的优缺点。读者应当认识到，如果没有针对问题适当地选择重要性函数，大量采样也不一定能得到具有更好结果的滤波器。

6.6.1 序贯重要性采样滤波器

文献[9,12,13]推荐了多种形式的重要性密度函数。序贯重要性采样(SIS)滤波方法[12-14]的名称有很多种，包括bootstrap滤波[14,19]、紧缩算法[20]、粒子滤波[21]、交互式粒子近似[22,23]和适者生存[24]。其重要性密度函数的特定选择可见参考文献[6,19]，

$$q(\boldsymbol{x}_k \mid \boldsymbol{x}_{k-1}^i, \boldsymbol{y}_k) = p(\boldsymbol{x}_k \mid \boldsymbol{x}_{k-1}^i) = p_{\mu_{k-1}}(\boldsymbol{x}_k - \boldsymbol{f}(\boldsymbol{x}_{k-1}^i)) \tag{6.6-11}$$

因此式(6.6-10)演变为

$$w_k^i \propto w_{k-1}^i p(\boldsymbol{y}_k \mid \boldsymbol{x}_k^i) = w_{k-1}^i p_{\nu_k}(\boldsymbol{y}_k - \boldsymbol{h}(\boldsymbol{x}_k^i)) \tag{6.6-12}$$

表6.5总结了序贯重要性采样SIS，滤波器算法。

SIS滤波器算法的一个常见问题就是退化现象，实践中经常在几次迭代后就显现出来；除去一个粒子外，其他所有粒子的权重系数均可忽略。退化意味

着在更新粒子时浪费了大量的计算工作,这些粒子对 $p(\boldsymbol{x}_k|\boldsymbol{y}_{1:k})$ 和相关蒙特卡罗积分计算的贡献可以忽略不计。文献[12]已经证明,随着迭代次数的增加,重要性权值的方差只能增大,重要性密度函数的最优选择应能使得 $\{w_k^i\}$ 的方差最小化,有

$$q(\boldsymbol{x}_k|\boldsymbol{x}_{k-1}^i,\boldsymbol{y}_k)=p(\boldsymbol{x}_k|\boldsymbol{x}_{k-1}^i,\boldsymbol{y}_k)=\frac{p(\boldsymbol{y}_k|\boldsymbol{x}_k,\boldsymbol{x}_{k-1}^i)p(\boldsymbol{x}_k|\boldsymbol{x}_{k-1}^i)}{p(\boldsymbol{y}_k|\boldsymbol{x}_{k-1}^i)} \tag{6.6-13}$$

将式(6.6-13)代入式(6.6-10),有

$$w_k^i \propto w_{k-1}^i p(\boldsymbol{y}_k \mid \boldsymbol{x}_{k-1}^i)=w_{k-1}^i\int p(\boldsymbol{y}_k\mid \boldsymbol{x}'_k)p(\boldsymbol{x}'_k\mid \boldsymbol{x}_{k-1}^i)\,\mathrm{d}\boldsymbol{x}'_k$$

$$=w_{k-1}^i\int p_{\nu_k}(\boldsymbol{y}_k-\boldsymbol{h}(\boldsymbol{x}'))p_{\mu_{k-1}}(\boldsymbol{x}'_k-\boldsymbol{f}(\boldsymbol{x}_{k-1}^i))\,\mathrm{d}\boldsymbol{x}' \tag{6.6-14}$$

不论从式(6.6-13)所给的 $q(\boldsymbol{x}_k|\boldsymbol{x}_{k-1}^i,\boldsymbol{y}_k)$ 中抽取什么样本,由于对于给定的 $\boldsymbol{x}_{k-1}^i$ 和 $\boldsymbol{y}_k$,w_k^i 是相同的(即 $\mathrm{Var}\{w_k^i\}=0$),因此上述重要性密度的选择是最优的。实践中,上述最优选择的重要性密度的主要缺点是从式(6.6-13)所给的 $p(\boldsymbol{x}_k|\boldsymbol{x}_{k-1}^i,\boldsymbol{y}_k)$ 中抽取样本 $\boldsymbol{x}_k$ 和对式(6.6-14)中积分式进行数值评估的能力。由于样本 $\boldsymbol{x}_k$ 是随机过程 $\boldsymbol{x}_{k-1}^i$ 的函数,需要产生 $\boldsymbol{x}_{k-1}^i$ 的完整轨迹。

表6.5 序贯重要性采样(SIS)滤波器算法总结

序贯重要性采样(SIS)滤波器

解决思路

给定 $\{\boldsymbol{x}_{k-1}^i,w_{k-1}^i:i=1,\cdots,N_s\}$ 和 $\boldsymbol{y}_k$,抽取随机样本 $\boldsymbol{x}_k^i\sim q(\boldsymbol{x}_k|\boldsymbol{x}_{k-1}^i,\boldsymbol{y}_k)$。

其中,

$$q(\boldsymbol{x}_k|\boldsymbol{x}_{k-1}^i,\boldsymbol{y}_k)=p(\boldsymbol{x}_k|\boldsymbol{x}_{k-1}^i)=p_{\mu_{k-1}}(\boldsymbol{x}_k-\boldsymbol{f}(\boldsymbol{x}_{k-1}^i))$$

获得用于近似 $p(\boldsymbol{x}_k|\boldsymbol{y}_{1:k})$ 的 $\{w_k^i:i=1,\cdots,N_s\}$,以便计算更新的状态估计和协方差。

初始化

对于 $k=1$,抽取 $\boldsymbol{x}_0^i\sim p(\boldsymbol{x}_0)\ \forall i=1,\cdots,N_s$,有

$$p(\boldsymbol{x}_0)\approx\sum_{k=1}^{N_s}w_0^i\delta_D(\boldsymbol{x}_0-\boldsymbol{x}_0^i)\ \text{和}\ w_0^i=1/N_s$$

预测

给定近似 $p(\boldsymbol{x}_{k-1}|\boldsymbol{y}_{1:k})$ 的 $\{\boldsymbol{x}_{k-1}^i,w_{k-1}^i:i=1,\cdots,N_s\}$

抽取样本 $\boldsymbol{x}_k^i\sim q(\boldsymbol{x}_k|\boldsymbol{x}_{k-1}^i,\boldsymbol{y}_k)\ \forall i=1,\cdots,N_s$

这等价于抽取样本 $\mu_{k-1}^i\sim p_{\mu_{k-1}}(\mu)$,并计算

$$\boldsymbol{x}_k^i=\boldsymbol{f}(\boldsymbol{x}_{k-1}^i)+\mu_{k-1}^i\ \forall i=1,\cdots,N_s$$

更新

给定 $\boldsymbol{y}_k$,计算更新的权重系数 $\{w_k^i:i=1,\cdots,N_s\}$

$$w_k^i=w_{k-1}^i p_{\nu_k}(\boldsymbol{y}_k-\boldsymbol{h}(\boldsymbol{x}_k^i)),\ \forall i=1,\cdots,N_s$$

归一化 $\{w_k^i:i=1,\cdots,N_s\}$,以使 $\sum_{i=1}^{N_s}w_k^i=1$

计算更新的状态估计和协方差为

续表

$$\hat{\boldsymbol{x}}_{k|k} = \sum_{i=1}^{N_s} w_k^i \boldsymbol{x}_k^i$$

$$\boldsymbol{P}_{k|k} = \sum_{i=1}^{N_s} w_k^i (\boldsymbol{x}_k^i - \hat{\boldsymbol{x}}_{k|k})(\boldsymbol{x}_k^i - \hat{\boldsymbol{x}}_{k|k})^{\mathrm{T}}$$

如文献[9,25]所示,某些情况下可以评估 $p(\boldsymbol{x}_k|\boldsymbol{x}_{k-1}^i,\boldsymbol{y}_k)$,如系统和量测噪声均服从高斯分布且线性量测的情况。

为了检测粒子滤波过程是否发生了显著的退化,测度 N_{eff} 为

$$N_{\mathrm{eff}} = \frac{N_s}{1 + \mathrm{Var}(w_k^{*i})}$$

式中,$w_k^{*i} = p(\boldsymbol{x}_k^i|\boldsymbol{y}_{1:k})/q(\boldsymbol{x}_k^i|\boldsymbol{x}_{k-1}^i,\boldsymbol{y}_k)$ 被当作真正的权重系数值。虽然不能精确地评估 N_{eff},但可由式(6.6-10)计算的归一化 w_k^i 得到如下估计值:

$$\hat{N}_{\mathrm{eff}} = \frac{1}{\sum_{i=1}^{N_s} (w_k^i)^2} \tag{6.6-15}$$

注意,这里 $\hat{N}_{\mathrm{eff}} \leqslant N_s$,当 $\hat{N}_{\mathrm{eff}}$ 低于阈值 $N_{\mathrm{Threshold}}$ 之下时,算法将重新采样。阈值是取决于具体问题的一个设计参数。算法用户必须凭经验确定收敛速度和过早收敛至错误答案之间的平衡。

如表 6.1 所列,存在能够用于降低退化效应的方法,一种常用方法被称为重采样。下一节将介绍该粒子滤波方法。

6.6.2 序贯重要性重采样滤波器

上一节介绍的 SIS 滤波器算法为过往提出的大部分粒子滤波算法奠定了基础[9]。以下介绍另一种相关的可由 SIS 算法导出的粒子滤波器。通过选择状态转移密度函数 $p(\boldsymbol{x}_k|\boldsymbol{x}_{k-1}^i)$ 作为重要性概率密度函数 $q(\boldsymbol{x}_k|\boldsymbol{x}_{k-1},y_k)$,可由 SIS 滤波器算法推导得出序贯重要性重采样滤波器(SIR)[14],如表 6.5 给出的 SIS 滤波器算法一样,得到一组样本和权重系数值 $\{\bar{\boldsymbol{x}}_k^i, w_k^i, i=1,\cdots,N_s\}$。消除具有可忽略权重系数值的样本,并在每一时间步对由未退化样本和权值组成的剩余集合进行重采样(见表 6.1),得到一个新的具有统一权值的样本集 $\{\boldsymbol{x}_k^i, 1/N_s, i^j: i=1,\cdots,N_s\}$,其中 i^j 是 $\boldsymbol{x}_k^i$ 的亲本样本索引,亲本样本即为时间步 $k-1$ 的样本 $\boldsymbol{x}_{k-1}^{i^j}$,且 $\boldsymbol{x}_k^i = \bar{\boldsymbol{x}}_k^{i^j}$。关于 $p(\boldsymbol{x}_k|\boldsymbol{y}_{1:k})$ 的新近似方程演变为

$$p(\boldsymbol{x}_k \mid \boldsymbol{y}_{1:k}) \approx \sum_{i=1}^{N_s} 1/N_s \delta_D(\boldsymbol{x}_k - \boldsymbol{x}_k^i) \tag{6.6-16}$$

有

$$\boldsymbol{x}_k^i = \bar{\boldsymbol{x}}_k^{i^j}$$

式中,$\bar{\boldsymbol{x}}_k^{i^j}$ 的发生概率为 $w_k^{i^j}$,$\boldsymbol{x}_k^i$ 的发生概率为 $1/N_s$。

重采样的基本思路是消除具有可忽略权值的粒子,重点关注具有较大权值的粒子(见表6.1),表6.6对该算法进行了总结。

图6.3给出了关于该算法的图形化示意。

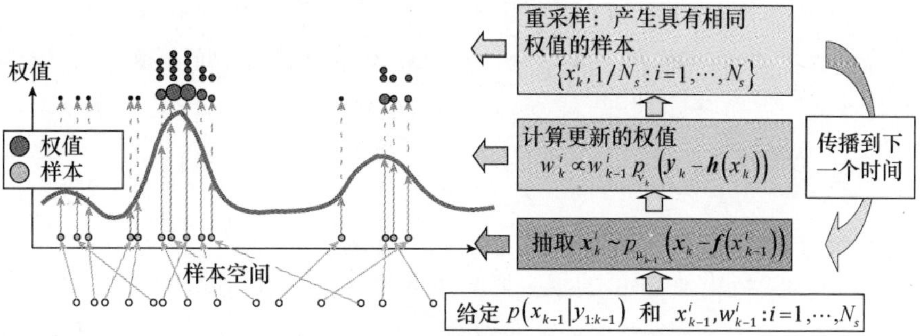

图6.3 序贯重要性重采样(SIR)粒子滤波器示意图

表6.6 序贯重要性重采样滤波器算法

序贯重要性重采样(SIR)滤波器

解决思路

给定$\{x_{k-1}^i, 1/N_s : i=1,\cdots,N_s\}$和$y_k$,抽取随机采样样本$\bar{\boldsymbol{x}}_k^i \sim q(\boldsymbol{x}_k|\boldsymbol{x}_{k-1}^i, \boldsymbol{y}_k)$。

其中,$q(\boldsymbol{x}_k|\boldsymbol{x}_{k-1}^i, \boldsymbol{y}_k) = p(\boldsymbol{x}_k|\boldsymbol{x}_{k-1}^i) = p_{\mu_{k-1}}(\boldsymbol{x}_k - \boldsymbol{f}(\boldsymbol{x}_{k-1}^i))$

获得用于近似$p(\boldsymbol{x}_k|\boldsymbol{y}_{1:k})$的$\{w_k^i : i=1,\cdots,N_s\}$,以便计算更新的状态估计和协方差。在每个更新周期的末期新增添一个重采样步骤(见表6.1中给出的重采样算法),以获得具有统一权重系数值的新样本集$\{\boldsymbol{x}_k^i, 1/N_s, i^j : i=1,\cdots,N_s\}$。

初始化

对于$k=1$,抽取$\boldsymbol{x}_0^i \sim p(\boldsymbol{x}_0)\ \forall i=1,\cdots,N_s$,有

$p(\boldsymbol{x}_0) \approx \sum_{k=1}^{N_s} w_0^i \delta_D(\boldsymbol{x}_0 - \boldsymbol{x}_0^i)$ 和 $w_0^i = 1/N_s$

预测

给定用以近似$p(\boldsymbol{x}_k|\boldsymbol{y}_{1:k})$的$\{\boldsymbol{x}_{k-1}^1, 1/N_s : i=1,\cdots,N_s\}$

抽取样本$\bar{\boldsymbol{x}}_k^i \sim p_{\mu_{k-1}}(\boldsymbol{x}_k - \boldsymbol{f}(\boldsymbol{x}_{k-1}^i))\ \forall i=1,\cdots,N_s$,这等价于抽取样本$\boldsymbol{\mu}_{k-1}^i \sim p_{\boldsymbol{\mu}_{k-1}}(\mu)$,有

$\boldsymbol{x}_k^i = \boldsymbol{f}(\boldsymbol{x}_{k-1}^i) + \boldsymbol{\mu}_{k-1}^i\ \forall i=1,\cdots,N_s$

更新

给定$\boldsymbol{y}_k$,计算更新的权重系数$\{\bar{w}_k^i : i=1,\cdots,N_s\}$,有

$\bar{w}_k^i = p_{v_k}(\boldsymbol{y}_k - \boldsymbol{h}(\bar{\boldsymbol{x}}_k^i)),\ \forall i=1,\cdots,N_s$

归一化$\{\bar{w}_k^i : i=1,\cdots,N_s\}$,以使$\sum_{i=1}^{N_s} \bar{w}_k^i = 1$

计算更新的状态估计和协方差分别为

$$\hat{\boldsymbol{x}}_{k|k} = \sum_{i=1}^{N_s} \bar{w}_k^i \bar{\boldsymbol{x}}_k^i$$

$$\boldsymbol{P}_{k|k} = \sum_{i=1}^{N_s} \bar{w}_k^i (\bar{\boldsymbol{x}}_k^i - \hat{\boldsymbol{x}}_{k|k})(\bar{\boldsymbol{x}}_k^i - \hat{\boldsymbol{x}}_{k|k})^{\mathrm{T}}$$

重采样样本$\{\bar{\boldsymbol{x}}_k^i, \bar{w}_k^i : i=1,\cdots,N_s\}$(见表6.1),以获得具有统一权重系数值的新样本集$\{\boldsymbol{x}_k^i, 1/N_s, i^j : i=1,\cdots,N_s\}$。

评注：

① SIR 滤波器算法的简易性使其非常易于实现，它可应用于任何状态转移密度可采样和似然函数可计算的系统。由于是从与量测$\boldsymbol{y}_k$无关的重要性函数$p(\boldsymbol{x}_k|\boldsymbol{x}_{k-1}^i)$中抽取样本（见图 6.3），因而存在粒子$\{\boldsymbol{x}_k^i\}$多样化程度降低的问题，也称为样本贫化。样本集合$\{\boldsymbol{x}_k^i\}$中具有不可忽略权重系数值$w_k^i \propto p(\boldsymbol{y}_k|\boldsymbol{x}_k^i)$的样本的数量不足够多。因此，样本$\{\boldsymbol{x}_k^i\}$不能探查包含关于量测$\boldsymbol{y}_k$的知识的、$p(\boldsymbol{x}_k|\boldsymbol{x}_{k-1}^i)$的整个状态空间。文献[9]提出了其他重要性函数，在下一节将讨论其中最常用的一种。

② 当过程噪声相对较小时，会经常产生样本贫化问题。通常，当系统方程不存在过程噪声时，采用 SIR 滤波器并不合适。对于这类确定性系统，应当采用其他估计方法，如 3.8 节中的迭代方法。人们提出了解决样本贫化问题的系统性方法，文献[9]对这些方法进行了很好的综述。

③ 对于使退化效应最小化而言，重采样步骤是必须的，这也使得利用并行计算结构的面临更多的挑战。

正如前面提到，SIR 滤波器算法的其他缺点是重采样方案可能导致样本贫化或粒子坍塌，即所有N_s个粒子占据状态空间中相同位置的点，导致对后验密度$p(\boldsymbol{x}_k|\boldsymbol{y}_{1:k})$的较差表示。文献[26]提出了规整化粒子滤波器（RPF）作为该问题的可能解决方案，其主要思想是修改 SIR 滤波器中的重采样步骤，即从后验密度$p(\boldsymbol{x}_k|\boldsymbol{y}_{1:k})$的连续近似，而非式（6.6－16）中的离散近似，抽取中间样本$\{\bar{\boldsymbol{x}}_k^i, i=1,\cdots,N_s\}$。有

$$p(\boldsymbol{x}_k \mid \boldsymbol{y}_{1:k}) \approx \sum_{i=1}^{N_s} \bar{w}_k^i K_h(\boldsymbol{x}_k - \bar{\boldsymbol{x}}_k^i) \tag{6.6-17}$$

式中：

$$K_h(\boldsymbol{x}) = \frac{1}{h^n} K\left(\frac{\boldsymbol{x}}{h}\right) \tag{6.6-18}$$

是重新换算的核密度$K(\cdot)$，$h>0$为核带宽，n是状态向量x的维度，$\{\bar{w}_k^i, i=1,\cdots,N_s\}$是归一化权重系数。核密度是一个均值为零的有界的对称概率密度函数。存在关于核$K_h(\cdot)$和带宽h的最优选择。（文献[26]对该算法进行了详细描述）。其关键步骤是以概率$\bar{w}_k^i$和$w_k^i=1/N_s$及由式（6.6－19）来代替$\boldsymbol{x}_k^i=\bar{\boldsymbol{x}}_k^i$，有

$$\boldsymbol{x}_k^i = \bar{\boldsymbol{x}}_k^i + h\, D_k \varepsilon^i \tag{6.6-19}$$

式中：$\boldsymbol{D}_k \boldsymbol{D}_k^{\mathrm{T}}$是$\{\bar{\boldsymbol{x}}_k^i, \bar{w}_k^i, i=1,\cdots,N_s\}$的样本协方差矩阵，$\varepsilon^i$是从核密度$K_h(\cdot)$中抽取的样本。

评注

① RPF 的缺点是不能保证其采样样本是后验密度 $p(\boldsymbol{x}_k|\boldsymbol{y}_{1:k})$ 的渐进近似样本。

② 另一种改进重采样步骤的方法是文献[27,28]中介绍的 MCMC 移动步骤方法，一种基于 Metropolis - Hastings 算法且关于该步骤的特定实现方法是：仅当 $u<\alpha$ 时，依据式(6.6-19)将重采样的粒子$\bar{\boldsymbol{x}}_k^i$ 移动到$\boldsymbol{x}_k^i$，其中 u 是从[0，1]均匀分布中抽取的样本，α 是 Metropolis - Hastings 接收概率，有

$$\alpha=\min\left\{1,\frac{p(\boldsymbol{y}_k|\bar{\boldsymbol{x}}_k^i)p(\bar{\boldsymbol{x}}_k^i|\boldsymbol{x}_k^i)}{p(\boldsymbol{y}_k|\boldsymbol{x}_k^i)p(\boldsymbol{x}_k^i|\boldsymbol{x}_{k-1}^i)}\right\} \tag{6.6-20}$$

6.6.3 辅助采样重要性重采样滤波器

有几种应对 SIR 算法缺陷的策略，但没有适用于所有情况的良方。文献[9]对该领域研究进行了很好的综述。为克服 SIR 对于后验概率密度 $p(\boldsymbol{x}_k|\boldsymbol{y}_{1:k})$采样方案的缺陷，Pitt 和 Shephard 提出了辅助采样重要性重采样(ASIR)滤波器[30]。SIR 从 $p(\boldsymbol{x}_k|\boldsymbol{x}_{k-1}^i)$中抽取一个中间的样本集$\{\bar{\boldsymbol{x}}_k^i,\bar{w}_k^i,i^j:i=1,\cdots,N_s\}$。并非如 SIR 重复采用从 $p(\boldsymbol{x}_k|\boldsymbol{y}_{1:k})$中抽取，具有较大的权值 $\bar{w}_k^i$ 的相同采样$\bar{\boldsymbol{x}}_k^i$，并希望在下一个预测周期 $k+1$ 内样本集合将扩散，以避免样本贫化。在这种背景下，研究人员提出了替代采样方法。下面介绍的是其中最常见的一种。

利用贝叶斯定理和式(6.6-8)，可得

$$\begin{aligned}p(\boldsymbol{x}_k,i^j|\boldsymbol{y}_{1:k})&\propto p(\boldsymbol{y}_k|\boldsymbol{x}_k)p(\boldsymbol{x}_k,i^j|\boldsymbol{y}_{1:k-1})\\&=p(\boldsymbol{y}_k|\boldsymbol{x}_k)p(\boldsymbol{x}_k|i^j,\boldsymbol{y}_{1:k-1})p(i^j|\boldsymbol{y}_{1:k-1})\\&=p(\boldsymbol{y}_k|\boldsymbol{x}_k)p(\boldsymbol{x}_k|\boldsymbol{x}_{k-1}^{ij})w_{k-1}^{ij}\end{aligned} \tag{6.6-21}$$

式中：i^j 是$\bar{\boldsymbol{x}}_k^i$，$\boldsymbol{x}_{k-1}^{ij}$ 的亲本样本索引，且$\bar{\boldsymbol{x}}_k^i=\boldsymbol{x}_k^{ij}$。可以选择重要性密度 $q(\boldsymbol{x}_k,i|\boldsymbol{y}_k)$，以满足如下比例特性：

$$q(\boldsymbol{x}_k,i^j|\boldsymbol{y}_{1:k})\propto p(y_k|\bar{\boldsymbol{x}}_k^i)p(\boldsymbol{x}_k|\boldsymbol{x}_{k-1}^{i^j})w_{k-1}^{i^j} \tag{6.6-22}$$

这里，对于 ASIR，$\bar{\bar{\boldsymbol{x}}}_k^i$ 是从 $p(\boldsymbol{x}_k|\boldsymbol{x}_{k-1}^i)$中抽取，且$\boldsymbol{x}_{k-1}^i=\boldsymbol{x}_{k-1}^{ij}$。将式(6.6-21)和式(6.6-22)代入式(6.6-9)，则样本集$\{\bar{\bar{\boldsymbol{x}}}_k^i:i=1,\cdots,N_s\}$的样本权重系数值为

$$\bar{\bar{w}}\propto\frac{p(\boldsymbol{x}_k,i^j|\boldsymbol{y}_{1:k})}{q(\boldsymbol{x}_k,i^j|\boldsymbol{y}_{1:k})}=\frac{p(\boldsymbol{y}_k|\bar{\bar{\boldsymbol{x}}}_k^i)}{p(\boldsymbol{y}_k|\bar{\boldsymbol{x}}_k^i)}=\frac{p_{\nu_k}(\boldsymbol{y}_k-\boldsymbol{h}(\bar{\bar{\boldsymbol{x}}}_k^i))}{p_{\nu_k}(\boldsymbol{y}_k-\boldsymbol{h}(\bar{\boldsymbol{x}}_k^i))} \tag{6.6-23}$$

表6.7总结了该算法。

表 6.7 辅助采样重要性重采样滤波器算法

辅助采样重要性重采样(ASIR)滤波器

解决思路

给定$\{\boldsymbol{x}_{k-1}^i, 1/N_s : i=1,\cdots,N_s\}$和$\boldsymbol{y}_k$，利用 SIR 获得$\{\bar{\boldsymbol{x}}_k^i, 1/N_s, i^j : i=1,\cdots,N_s\}$，其中$i^j$是样本$\bar{\boldsymbol{x}}_k^i$的亲本样本索引，$\boldsymbol{x}_{k-1}^i$与较大权重系数值$w_k^j$关联。针对如下重要性密度，重新抽取样本$\bar{\bar{\boldsymbol{x}}}_k^i \sim p(\boldsymbol{x}_k | \boldsymbol{x}_{k-1}^j)$，有

$$q(\boldsymbol{x}_k, i^j | \boldsymbol{y}_k) = p(\boldsymbol{x}_k | \boldsymbol{x}_{k-1}^{i^j}) p(\boldsymbol{y}_k | \bar{\boldsymbol{x}}_k^{i^j})$$

以获得用于非线性估计的近似更新状态估计和协方差的的权重系数值$\{\bar{\bar{w}}_k^i : i=1,\cdots,N_s\}$[式(6.6-23)]。在每个更新周期的末期添加重采样步骤(见表 6.1 中给出的重采样算法)，以获得具有统一权重系数值的新样本集$\{\boldsymbol{x}_k^i, 1/N_s, i^j : i=1,\cdots,N_s\}$。

初始化

$k=1$时，抽取样本$\boldsymbol{x}_0^i \sim p(\boldsymbol{x}_0)\ \forall i=1,\cdots,N_s$，有

$$p(\boldsymbol{x}_0) \approx \sum_{i=1}^{N_s} w_0^i \delta_D(\boldsymbol{x}_0 - \boldsymbol{x}_0^i) \text{ 和 } w_0^i = 1/N_s$$

预测

给定近似$p(\boldsymbol{x}_{k-1} | \boldsymbol{y}_{1:k-1})$的$\{\boldsymbol{x}_{k-1}^i, 1/N_s : i=1,\cdots,N_s\}$

运行 SIR(表 6.6)以获得$\{\boldsymbol{x}_{k-1}^i, 1/N_s : i=1,\cdots,N_s\}$，其中$i^j$是样本$\bar{\boldsymbol{x}}_k^i$的亲本样本索引，亲本样本为与较大权重系数值$w_k^{ij} \propto p_{\nu_k}(\boldsymbol{y}_k - \boldsymbol{h}(\bar{\boldsymbol{x}}_k^i))$关联的$\boldsymbol{x}_{k-1}^j$。

抽取样本$\bar{\bar{\boldsymbol{x}}}_k^i \sim p_{\mu_{k-1}}(\boldsymbol{x}_k - \boldsymbol{f}(\boldsymbol{x}_{k-1}^j))\ \forall i=1,\cdots,N_s$

更新

给定$\boldsymbol{y}_k$，计算更新的权重系数值$\{\bar{\bar{w}}_k^i : i=1,\cdots,N_s\}$

$$\bar{w}_k^i = p_{\nu_k}(\boldsymbol{y}_k - \boldsymbol{h}(\bar{\bar{\boldsymbol{x}}}_k^i)) / p_{\nu_k}(\boldsymbol{y}_k - \boldsymbol{h}(\bar{\boldsymbol{x}}_k^i)),\ \forall i=1,\cdots,N_s$$

归一化$(\bar{\bar{w}}_k^i ; i=1,\cdots,N_s\}$，以使$\sum_{i=1}^{N_s} \bar{\bar{w}}_k^i = 1$。

计算更新的状态估计和协方差

$$\hat{\boldsymbol{x}}_{k|k} = \sum_{i=1}^{N_s} \bar{\bar{w}}_k^i \bar{\bar{\boldsymbol{x}}}_k^i$$

$$\boldsymbol{P}_{k|k} = \sum_{i=1}^{N_s} \bar{\bar{w}}_k^i (\bar{\bar{w}}_k^i - \hat{\boldsymbol{x}}_{k|k})(\bar{\bar{w}}_k^i - \hat{\boldsymbol{x}}_{k|k})^{\mathrm{T}}$$

重采样$\{\bar{\bar{\boldsymbol{x}}}_k^i, \bar{\bar{w}}_k^i, i=1,\cdots,N_s\}$(见表 6.1)，以获得具有统一权重系数值的新样本集。

评注：

(1) ASIR 相对于 SIR 滤波器的优点是，它由在k时刻有样本$\{\boldsymbol{x}_k^i\}$的$k-1$时刻的样本生成各个点，而这些点最可能产生当前的测量$\boldsymbol{y}_k$。

(2) 基于给定当前量测$\boldsymbol{y}_k$和似然函数$p(\boldsymbol{y}_k | \bar{\boldsymbol{x}}_k^i)$条件下最佳表征$p(\boldsymbol{x}_k | \boldsymbol{x}_{k-1}^i)$的一些点估计$\bar{\boldsymbol{x}}_k^i$，ASIR 可被看作在前一时间步骤的重采样。

(3) 如果过程噪声小，则 ASIR 滤波器经常不像 SIR 对非正常值较敏感，但另一方面，过程噪声较大时，单点估计$\bar{\bar{\boldsymbol{x}}}_k^i$不能很好地表征$p(\boldsymbol{x}_k | \boldsymbol{x}_{k-1}^i)$，有时甚至导致性能下降。

6.6.4 基于扩展卡尔曼滤波的辅助采样重要性重采样滤波器

对于辅助重要性采样函数还存在其他流行的选择[19,15]，如对于过程和量测

噪声服从高斯分布 $N(\mathbf{0},\boldsymbol{Q}_{k-1})$ 和 $N(\mathbf{0},\boldsymbol{R}_k)$ 的系统，利用由扩展卡尔曼滤波器[19]和 UKF[15]生成的样本。重要性采样函数表示为

$$q(\boldsymbol{x}_k|\boldsymbol{x}_{k-1}^i,\boldsymbol{y}_k)=\hat{p}(\boldsymbol{x}_k|\boldsymbol{x}_{k-1}^i,\boldsymbol{y}_k) \tag{6.6-24}$$

式中，$\hat{p}(\boldsymbol{x}_k|\boldsymbol{x}_{k-1}^i,\boldsymbol{y}_k)$ 是高斯密度函数，$N(\hat{\boldsymbol{x}}_{k|k}^i,\boldsymbol{P}_{k|k}^i)$ 与针对式(6.6-6)和式(6.6-7)所给非线性系统且有 $\hat{\boldsymbol{x}}_{k-1|k-1}^i=\boldsymbol{x}_{k-1}^i$ 和 $\boldsymbol{P}_{k-1|k-1}^i$ 的 EKF 或 UKF 相关。这里仅给出扩展卡尔曼滤波辅助采样重要性重采样(EKF-ASIR)的推导过程。类似的过程也适用于 UKF 重要性函数[15]。首先生成一个中间样本集 $\{\hat{\boldsymbol{x}}_{k|k}^i,\hat{w}_k^i: i=1,\cdots,N_s\}$，其中，

$$\hat{w}_k^i = p_{\gamma_k^i}(\boldsymbol{y}_k-\boldsymbol{h}(\hat{\boldsymbol{x}}_{k|k-1}^i))\ \forall i=1,\cdots,N_s,\ \sum_{i=1}^{N_s}\hat{w}_k^i=1$$

且 $\hat{\boldsymbol{x}}_{k|k-1}^i$ 为一步预测，γ_k^i 是 $\boldsymbol{x}_{k-1}^i$ 的残差。那么，重新采样 $\{\hat{\boldsymbol{x}}_{k|k}^i,\hat{w}_k^i:i=1,\cdots,N_s\}$，以得到

$\{\hat{\boldsymbol{x}}_k^i,1/N_s,i^j:i=1,\cdots,N_s\}$，其中 $\hat{\boldsymbol{x}}_k^i=\hat{\boldsymbol{x}}_k^{ij}$，$\boldsymbol{P}_k^i=\boldsymbol{P}_{k|k}^{i^j}$。

样本 $\boldsymbol{x}_k^i\sim N(\hat{\boldsymbol{x}}_k^i,\boldsymbol{P}_k^i)$ 且有 $\boldsymbol{P}_{k|k}^i=\boldsymbol{P}_k^i$，与其对应权重系数为

$$\begin{aligned} w_k^i &\propto \frac{p(\boldsymbol{y}_k|\boldsymbol{x}_k^i)p(\boldsymbol{x}_k^i|\boldsymbol{x}_{k-1}^i)}{q(\boldsymbol{x}_k^i|\boldsymbol{x}_{k-1}^i,\boldsymbol{y}_k)}=\frac{p(\boldsymbol{y}_k|\boldsymbol{x}_k^i)}{\hat{p}(\boldsymbol{x}_k^i|\boldsymbol{x}_{k-1}^i,\boldsymbol{y}_k)} \\ &=\frac{p_{\nu_k}(\boldsymbol{y}_k-\boldsymbol{h}(x_k^i))}{p_{\nu_k}(\boldsymbol{y}_k-\boldsymbol{h}(\hat{x}_{k|k-1}^{i^j}))-\boldsymbol{H}_{\hat{x}_{k|k-1}^{i^j}}(\boldsymbol{x}_k^i-\hat{x}_{k|k-1}^{i^j})} \end{aligned} \tag{6.6-25}$$

表 6.8 对该算法进行了总结。

评注

当系统噪声和量测噪声均为高斯噪声时，EKF-ASIR 给出了关于后验密度函数 $p(\boldsymbol{x}_k|\boldsymbol{x}_{k-1}^i)$ 的更精确近似。在某些情况下，当问题高度非线性时，UKF 可能给出更好的结果[15]。UKF-ASIR 算法的推导可采用与 EKF-ASIR 相同的方法。

表 6.8　EKF 辅助采样重要性重采样滤波器算法

EKF 辅助采样重要性重采样（EKF-ASIR）滤波器
解决思路
对于具有加性高斯噪声布 $N(\mathbf{0},\boldsymbol{Q}_{k-1})$ 和 $N(\mathbf{0},\boldsymbol{R}_k)$ 的系统。
给定 $\{\boldsymbol{x}_k^i,\boldsymbol{P}_{k-1\|k-1}^i,1/N_s,i^j:i=1,\cdots,N_s\}$，从重要性函数 $\{\hat{\boldsymbol{x}}_k^i,1/N_s,i^j:i=1,\cdots,N_s\}$ 中抽取随机采样，有
$q(\boldsymbol{x}_k\|\boldsymbol{x}_{k-1}^i,\boldsymbol{y}_k)=\hat{p}(\boldsymbol{x}_k\|\boldsymbol{x}_{k-1}^i,\boldsymbol{y}_k)$
式中，$\hat{p}(\boldsymbol{x}_k\|\boldsymbol{x}_{k-1}^i,\boldsymbol{y}_k)$ 为高斯密度函数，$N(\hat{\boldsymbol{x}}_{k\|k}^i,\boldsymbol{P}_{k\|k}^i)$ 与针对式(6.6-6)和式(6.6-7)给出非线性系统的 EKF 相关，且有 $\hat{\boldsymbol{x}}_{k-1\|k-1}^i=\boldsymbol{x}_{k-1}$ 和 $P_{k-1\|k-1}^i$。获得用于近似更新状态估计和协方差的相关权重系数值 $\{w_k^i:i=1,\cdots,N_s\}$。在每个更新周期的末期添加一个重采样步骤（见表 6.1 中给出的重采样算法），以获得具有统一权重系数值的新样本集 $\{\hat{\boldsymbol{x}}_k^i,1/N_s,i^j:i=1,\cdots,N_s\}$。
初始化
对于 $k=1$，抽取样本 $\boldsymbol{x}_0^i\sim N(\boldsymbol{x}_0,\boldsymbol{P}_0)$，$i=1,\cdots,N_s$，以使得下式成立：

续表

$p(\boldsymbol{x}_0) = N(\boldsymbol{x}_0, \boldsymbol{P}_0) \approx \sum_{i=1}^{N_s} w_0^i \delta_D(\boldsymbol{x}_0 - \boldsymbol{x}_0^i), \boldsymbol{P}_{0\|0}^i = \boldsymbol{P}_0$ 和 $w_0^i = 1/N_s$
预测
给定用以近似 $p(\boldsymbol{x}_{k-1} \| \boldsymbol{y}_{1:k-1})$ 的 $\{\boldsymbol{x}_k^i, \boldsymbol{P}_{k-1\|k-1}^i, 1/N_s, i^j : i = 1, \cdots, N_s\}$
以 $\hat{\boldsymbol{x}}_{k-1\|k-1}^i = \boldsymbol{x}_{k-1}^i$、$\boldsymbol{P}_{k-1\|k-1}^i$ 和 $\boldsymbol{y}_k$ 为条件，运行 EKF(见表 3.1)，以获得 $\{\hat{\boldsymbol{x}}_{k\|k-1}^i, \boldsymbol{H}_{\hat{x}\|k-1}, \gamma_k^i, \boldsymbol{S}_{k\|k}^i, \hat{\boldsymbol{x}}_{k\|k}^i, \boldsymbol{P}_{k\|k}^i\}$。其中，$\boldsymbol{H}_{\hat{x}} = \left[\frac{\partial \boldsymbol{h}(\boldsymbol{x})}{\partial \boldsymbol{x}}\right]_{\hat{x}}$ 是在 $\hat{x}$ 处评估的关于 $\boldsymbol{h}(\boldsymbol{x})$ 的雅可比矩阵，$\boldsymbol{S}_{k\|k}^i$ 是残差 γ_k^i 的协方差。
生成一个样本集 $\{\hat{\boldsymbol{x}}_{k\|k}^i, \hat{w}_k^i, i = 1, \cdots, N_s\}$。其中，$\hat{w}_k^i = p_{\gamma_k^i}(\boldsymbol{y}_k - \boldsymbol{h}(\hat{\boldsymbol{x}}_{k\|k-1}^i))\ \forall i = 1, \cdots, N_s$，归一化 $\hat{w}_k^i$，以使 $\sum_{i=1}^{N_s} \hat{w}_k^i = 1$。
重新采样 $\{\hat{\boldsymbol{x}}_{k\|k}^i, \hat{w}_k^i, i = 1, \cdots, N_s\}$，以获得 $\{\hat{\boldsymbol{x}}_k^i, 1/N_s, i^j : i = 1, \cdots, N_s\}$。其中，$\hat{\boldsymbol{x}}_k^i = \hat{\boldsymbol{x}}_k^{i^j}, \boldsymbol{P}_k^i = \boldsymbol{P}_{k\|k}^{i^j}$。
抽取样本 $\boldsymbol{x}_k^i \sim N(\hat{\boldsymbol{x}}_k^i, \boldsymbol{P}_k^i)$ 和 $\boldsymbol{P}_{k\|k}^i = \boldsymbol{P}_k^i$。
更新
给定 $\boldsymbol{y}_k$，计算更新的权重系数值 $\{w_k^i : i = 1, \cdots, N_s\}$
$w_k^i = p_{\nu_k}(\boldsymbol{y}_k - \boldsymbol{h}(\boldsymbol{x}_k^i)) / p_{\nu_k}(\boldsymbol{y}_k - \boldsymbol{h}(\hat{\boldsymbol{x}}_{k\|k-1}^{i^j}) - \boldsymbol{H}_{\hat{x}_{k\|k-1}^{i^j}}(\boldsymbol{x}_k^i - \hat{\boldsymbol{x}}_{k\|k-1}^{i^j}))\ \forall i = 1, \cdots, N_s$
归一化 $\hat{w}_k^i$，以使 $\sum_{i=1}^{N_s} \hat{w}_k^i = 1$。
计算更新的状态估计和协方差
$\hat{\boldsymbol{x}}_{k\|k} = \sum_{i=1}^{N_s} w_k^i \bar{\boldsymbol{x}}_k^i$
$\boldsymbol{P}_{k\|k} = \sum_{i=1}^{N_s} w_k^i \boldsymbol{P}_{k\|k}^i$
利用表 6.1 中给出的重采样算法重采样 $\{\boldsymbol{x}_k^i, w_k^i, i = 1, \cdots, N_s\}$，以获得具有统一权重系数值的新样本集。
利用表 6.1 中给出的重采样算法重采样 $\{\boldsymbol{x}_k^i, w_k^i, i = 1, \cdots, N_s\}$，以获得具有统一权值的新样本集 $\{\boldsymbol{x}_k^i, \boldsymbol{P}_{k-1\|k-1}^i, 1/N_s, i^j : i = 1, \cdots, N_s\}$。

6.6.5 针对多模型系统的序贯重要性重采样滤波器算法

本节将粒子滤波器采样方法运用于针对非线性系统的多模型估计问题[16,19,31]。第 5 章给出的结果是针对线性系统，可以容易地扩展到非线性系统。这里将概要介绍这些算法。

一个多模型系统可被定义为一个混合随机过程 $\{\boldsymbol{x}_k, \theta_k\}$，其中 $\boldsymbol{x}_k$ 是一个连续随机过程，θ_k 是一个独立于 $\boldsymbol{x}_0$ 的离散随机过程。θ_k 代表 N 个模型假设 $\{\theta^1, \theta^2, \cdots, \theta^N\}$，使得当 $\theta_k = \theta^i$ 时，假设 θ^i 在时刻 k 是真实的，系统和量测模型均服从第 i 个模型，有

$$\boldsymbol{x}_k = \boldsymbol{f}(\boldsymbol{x}_{k-1}) + \boldsymbol{\mu}_{k-1} \tag{6.6-26}$$

$$\boldsymbol{y}_k = \boldsymbol{h}^i(\boldsymbol{x}_k) + \boldsymbol{\nu}_k \tag{6.6-27}$$

式中，$\boldsymbol{x}_0 : \sim N(\hat{\boldsymbol{x}}_0, \boldsymbol{P}_0)$，$\boldsymbol{\mu}_{k-1} : \sim N(\boldsymbol{0}, \boldsymbol{Q}_{k-1})$ 和 $\boldsymbol{\nu}_k : \sim N(\boldsymbol{0}, \boldsymbol{R}_k)$ 是相互独立的，$\boldsymbol{\mu}_{k-1}$ 和 $\boldsymbol{\nu}_k$ 分别为高斯系统(过程)白噪声序列和量测白噪声序列，θ_0 的先验概率为

$$p(\theta_0) = \sum_{i=1}^{N} \Pr\{\theta_0 = \theta^i\} \delta(\theta_0 - \theta^i) \tag{6.6-28}$$

且有 $\sum_{i=1}^{N} \Pr\{\theta_0 = \theta^i\} = 1$。为了在介绍概念时标记简单化，假设所有的模型

关于$\boldsymbol{x}_0,\boldsymbol{\mu}_{k-1}$和$\boldsymbol{\nu}_k$都有着相同的统计特征。令$\theta_k^i$是关于时刻$k$时第$i$个模型为真实模型的局部假设，$\theta_k^i$是代表从时刻1到时刻$k$的假设序列的全局假设，从而就有$\theta_{1:k}^j=\{\theta_1^{i_1},\theta_2^{i_2},\cdots,\theta_k^{i_k}\}$，其中，$i_n=1,\cdots,N$和$j=1,\cdots,N$且$\Pr\{\theta_k^i|y_{1:k}\}$是给定$y_{1:k}$条件下在$k$时刻假设$\theta_k^i$为真的概率，$\Pr\{\theta_{1:k}^j|y_{1:k}\}$是给定$y_{1:k}$条件下在$k$时刻假设序列$\theta_{1:k}^j=\{\theta_1^{i_1},\theta_2^{i_2},\cdots,\theta_k^{i_k}\}$为真的概率。

令$\theta_{1:k}^j=\{\theta_k^l,\theta_{1:k-1}^j\}$，其中$\theta_{1:k-1}^j$是截止时刻$k-1$的、$\theta_{1:k}^j$的参数历史。利用贝叶斯定理，对于式(6.6－26)和式(6.6－27)所描述系统，条件概率密度$p(\boldsymbol{x}_k,\theta_{1:k}^j|\boldsymbol{y}_{1:k})$可表示为

$$p(\boldsymbol{x}_k,\theta_{1:k}^j|\boldsymbol{y}_{1:k})=p(\boldsymbol{x}_k|\theta_{1:k}^j,\boldsymbol{y}_{1:k})\Pr\{\theta_{1:k}^j|\boldsymbol{y}_{1:k}\} \tag{6.6-29}$$

令$P_r\{\theta_k^l|\theta_{1:k-1}^j\}$为给定参数历史$\theta_{1:k-1}^j$条件下$\theta_k^l$为真的转移概率。为标记简单并便于传递概念，采用5.4.1小节中的一步马尔可夫转移模型，有

$$\Pr\{\theta_k^l|\theta_{1:k-1}^j\}=\Pr\{\theta_k^l|\theta_{k-1}^m\} \tag{6.6-30}$$

即转移概率与过去的历史假设$\theta_{1:k-2}^j$无关，θ_{k-1}^m时刻$k-1$的模型假设。将式(6.6－30)代入式(6.6－29)，并以θ_k^l和θ_{k-1}^m作为$\theta_{1:k}^j$的最后的两个假设，有

$$p(\boldsymbol{x}_k,\theta_k^l|\theta_{k-1}^m,\boldsymbol{y}_{1:k})\propto p(\boldsymbol{y}_k|\boldsymbol{x}_k,\theta_k^l)p(\boldsymbol{x}_k|\boldsymbol{x}_{k-1},\theta_k^l,\theta_{k-1}^m)\Pr\{\theta_k^l|\theta_{k-1}^m\} \tag{6.6-31}$$

令重要性函数为

$$q(\boldsymbol{x}_k,\theta_k^l|\theta_{k-1}^m,\boldsymbol{y}_{1:k})\propto p(\boldsymbol{y}_k|\boldsymbol{x}_k,\theta_k^l)p(\boldsymbol{x}_k|\boldsymbol{x}_{k-1},\theta_k^l,\theta_{k-1}^m)\Pr\{\theta_k^l|\theta_{k-1}^m\} \tag{6.6-32}$$

将多模型视为一个混合随机过程。给定样本$\{\boldsymbol{x}_{k-1}^i,\theta_{k-1}^i,1/N_s:i=1,\cdots,N_s\}$和量测$\boldsymbol{y}_k$，针对每个模型假设运行各自的SIR，可得$NN_s$个样本$\{\bar{\boldsymbol{x}}_k^{il},\theta_k^l,\bar{w}_k^{il}:i=1,\cdots,N_s,l=1,\cdots,N\}$，

式中，

$\bar{w}_k^{il}\propto p_{\nu_k}(\boldsymbol{y}_k-\boldsymbol{h}^{\theta_k^l}(\bar{\boldsymbol{x}}_k^{il}))P_r\{\theta_k^l|\theta_{k-1}^i\}$，对于$l=1,\cdots,N$。归一化$\bar{w}_k^{il}$，以使$\sum_{i=1}^{N_s}\sum_{l=1}^{N}\bar{w}_k^{i,l}=1$。

重采样以得到样本$\{\bar{\bar{\boldsymbol{x}}}_k^i,1/N_s,i^j:i=1,\cdots,N_s\}$，其中$i^l$是基于模型$\theta_k^l$的$\bar{\bar{\boldsymbol{x}}}_k^i$的亲本样本$\boldsymbol{x}_{k-1}^{ij}$的索引，$\boldsymbol{x}_{k-1}^{ij}$与大权值$\bar{w}_k^{ijl}$存在关联。针对单个模型，如同ASIR一样重新抽取样本$\boldsymbol{x}_k^i\sim p(\boldsymbol{x}_k|\boldsymbol{x}_{k-1}^{ij},\theta_k^l)$，以得到新的权重系数值$\{w_k^i:i=1,\cdots,N_s\}$，以便得到非线性估计的近似更新状态和协方差。有

$$w_k^i\propto\frac{p(\boldsymbol{x}_k,\theta_k^l|\theta_{k-1}^m,\boldsymbol{y}_{1:k})}{q(\boldsymbol{x}_k,\theta_k^l|\theta_{k-1}^m,\boldsymbol{y}_{1:k})}=\frac{p(\boldsymbol{y}_k|x_k^i,\theta_k^l)}{p(\boldsymbol{y}_k|\bar{\bar{\boldsymbol{x}}}_k^i,\theta_k^l)}=\frac{p_{\nu_k}(\boldsymbol{y}_k-h^{\theta_k^l}(\boldsymbol{x}_k^i))}{p_{\nu_k}(\boldsymbol{y}_k-\boldsymbol{h}^{\theta_k^l}(\bar{\bar{\boldsymbol{x}}}_k^i))} \tag{6.6-33}$$

在每个更新周期的末期添加一个重采样步骤以获得一组新的、具有统一权重系数的样本$\{\boldsymbol{x}_k^i,\theta_k^i,1/N_s:1=1,\cdots,N_s\}$。

表6.9对上述算法进行了总结。

表 6.9 针对多模型系统的 ASIR 滤波器算法

针对多模型系统的 ASIR 滤波算法

解决思路

将多模型系统视为一个混合随机过程$\{\boldsymbol{x}_k,\theta_k\}$。给定$\{\boldsymbol{x}_{k-1}^i,\theta_{k-1}^i,1/N_s:i=1,\cdots,N_s\}$和量测$\boldsymbol{y}_k$，对于每个模型假设运行 SIS，以获得 NN_s 个样本$\{\bar{\boldsymbol{x}}_k^{i,l},\theta_k^l,\bar{w}_k^{i,l}:i=1,\cdots,N_s,l=1,\cdots,N\}$

式中，$\bar{w}_k^{i,l}\propto p_{\nu_k}(\boldsymbol{y}_k-\boldsymbol{h}^{\theta_k^l}(\bar{\boldsymbol{x}}_k^{i,l}))\Pr(\{\theta_k^l\mid\theta_{k-1}^i\}$ 对于 $l=1,\cdots,N$

重采样以获得$\{\bar{\bar{\boldsymbol{x}}}_k^i,1/N_s,i^j,i=1,\cdots,N_s\}$，其中 i^j 是基于模型 θ_k^l 的 $\bar{\bar{\boldsymbol{x}}}_k^i$ 的亲本样本$\boldsymbol{x}_{k-1}^{ij}$的索引，$\boldsymbol{x}_{k-1}^{ij}$与大权值 $\bar{w}_k^{ijl}$ 存在关联。类似单模型 ASIR，重新抽取样本$\boldsymbol{x}_k^i\sim p(\boldsymbol{x}_k\mid\boldsymbol{x}_{k-1}^{ij},\theta_k^i)$，以获得新的权重系数值$\{w_k^i:i=1,\cdots,N_s\}$[式(6.6-33)]，以获得非线性估计的近似状态更新和协方差。在每个更新周期的末期添加一个重采样步骤以获得一组新的、具有统一权重系数的样本集$\{\boldsymbol{x}_k^i,\theta_k^i,1/N_s,i^j:i=1,\cdots,N_s\}$。

初始化

对于 $k=1$，抽取样本$\boldsymbol{x}_0^i,\theta_0^i\sim p(\boldsymbol{x}_0,\theta_0),i=1,\cdots,N_s$，有

$p(\boldsymbol{x}_0,\theta_0)\approx\sum_{i=1}^{N_s}w_0^i\Pr\{\theta_0=\theta_0^i\}\delta_D(\boldsymbol{x}_0-\boldsymbol{x}_0^i)\delta(\theta_0-\theta_0^i)$，且 $w_0^i=1/N_s$。

预测

给定用以近似$p(\boldsymbol{x}_{k-1},\theta_{k-1}\mid\boldsymbol{y}_{1:k-1})$的样本集$\{\boldsymbol{x}_{k-1}^i,\theta_{k-1}^i,1/N_s:i=1,\cdots,N_s\}$。

对于每个模型假设运行 SIS(表 6.5)，以使得$\bar{\boldsymbol{x}}_k^j\sim p(\boldsymbol{x}_k,\theta_k^l\mid\boldsymbol{x}_{k-1}^i,\theta_{k-1}^i),l=1,\cdots,N$，以便获得具有如下权重系数值的$\bar{\boldsymbol{x}}_k^j\sim p(\boldsymbol{x}_k,\theta_k^l\mid\boldsymbol{x}_{k-1}^i,\theta_{k-1}^i)$，有

$\bar{w}_k^{i,l}\propto p_{\nu_k}(\boldsymbol{y}_k-\boldsymbol{h}^{\theta_k^l}(\bar{\boldsymbol{x}}_k^{i,l}))\Pr\{\theta_k^l\mid\theta_{k-1}^i\}$对于 $l=1,\cdots,N$。

归一化 $\bar{w}_k^{i,l}$，以使得 $\sum_{i=1}^{N_s}\sum_{l=1}^{N}\bar{w}_k^{i,l}=1$。重采样$\{\bar{\boldsymbol{x}}_k^{i,l},\theta_k^l,\bar{w}_k^{i,l}:i=1,\cdots,N_s,l=1,\cdots,N\}$

以获得 N_s 个样本$\{\bar{\bar{\boldsymbol{x}}}_k^i,1/N_s,i^j:i=1,\cdots,N_s\}$，其中 i^j 是基于模型 θ_k^l 的 $\bar{\bar{\boldsymbol{x}}}_k^i$ 的亲本样本$\boldsymbol{x}_{k-1}^{i^j}$的索引，$\boldsymbol{x}_{k-1}^{i^j}$与大权值 $\bar{w}_k^{i^jl}$ 存在关联。

类似于单模型 ASIR，重新抽取采样 $\boldsymbol{x}_k^i\sim p(\boldsymbol{x}_k\mid\boldsymbol{x}_{k-1}^{i^j},\theta_k^l)$。

更新

给定$\boldsymbol{y}_k$，计算更新的权重系数值$\{w_k^i:i=1,\cdots,N_s\}$，

$$\boldsymbol{w}_k^l\propto p_{\nu_k}(\boldsymbol{y}_k-\boldsymbol{h}^{\theta_k^l}(\boldsymbol{x}_k^i))/(\boldsymbol{y}_k-\boldsymbol{h}^{\theta_k^l}(\bar{\bar{\boldsymbol{x}}}_k^i))\ \forall i=1,\cdots,N_s$$

归一化$\{w_k^i:i=1,\cdots,N_s\}$，以使得 $\sum_{i=1}^{N_s}w_k^i=1$。

计算更新的状态估计和协方差，有

$$\hat{\boldsymbol{x}}_{k|k}=\sum_{i=1}^{N_s}w_k^i\boldsymbol{x}_k^i,$$

$$\boldsymbol{P}_{k|k}=\sum_{i=1}^{N_s}w_i^k(\boldsymbol{x}_k^i-\hat{\boldsymbol{x}}_{k|k})(\boldsymbol{x}_k^i-\hat{\boldsymbol{x}}_{k|k})^{\mathrm{T}}$$

重采样$\{\boldsymbol{x}_k^i,\theta_k^l,w_k^i:i=1,\cdots,N_s\}$(见表 6.1)，以获得具有统一权重系数值的新样本$\{\boldsymbol{x}_{k-1}^i,\theta_k^i,1/N_s,i^j:i=1,\cdots,N_s\}$。

文献[31]的研究表明，多模型 ASIR 滤波器的性能要优于 EKF 滤波器和 IMM 滤波器。针对多模型系统的 EKF－ASIR 或 UKF－ASIR 的推导过程与多模型 ASIR 滤波器的推导过程非常类似，除去对每个模型的预测和更新步骤都应当按照表 6.8 中的 EKF－ASIR。

6.6.6 针对状态平滑估计的粒子滤波器

本节将粒子滤波框架扩展到非线性系统的平滑问题[32,33]。从原始的滤波

问题开始,有

$$p(\boldsymbol{x}_{0,k} \mid \boldsymbol{y}_{1:k}) \approx \sum_{i=1}^{N_s} w_k^i \delta_D(\boldsymbol{x}_{0,k} - \boldsymbol{x}_{0,k}^i), \sum_{i=1}^{N_s} w_k^i = 1 \qquad (6.6-2)$$

式中,$\hat{\boldsymbol{x}}_{k|k} = E\{\boldsymbol{x}_{0:k} | \boldsymbol{y}_{1:k}\}$。如果为形成粒子滤波器的前向路径而保存了每个粒子$\boldsymbol{x}_{0,K}^i$的整个轨迹(见6.6.2节和6.6.5节;标记简单起见,这里采用SIR滤波器),就可以基于固定间隔平滑器(FIS,见2.9.2小节)获得平滑估计$\hat{\boldsymbol{x}}_{k|K} = E\{\boldsymbol{x}_k | \boldsymbol{y}_{1:K}\}$。对算法进行适当的修正,就可以得到基于2.9节所讨论的各种平滑器变体的粒子滤波算法。

首先,假设已完成$k=1,2,\cdots,K$时刻的粒子滤波过程,粒子和权值$\{\boldsymbol{x}_k^i, w_k^i : i=1,\cdots,N_s\}$已得到保存,有

$$p(\boldsymbol{x}_k \mid \boldsymbol{y}_{1:k}) \approx \sum_{i=1}^{N_s} w_k^i \delta_D(\boldsymbol{x}_k - \boldsymbol{x}_k^i), \sum_{i=1}^{N_s} w_k^i = 1, \forall k = 1,2,\cdots,K$$

由贝叶斯定理可知,

$$p(\boldsymbol{x}_{0:K} | \boldsymbol{y}_{1:K}) = \prod_{k=1}^{K} p(\boldsymbol{x}_k | \boldsymbol{x}_{k+1:K}, \boldsymbol{y}_{1:K})$$

式中,假设$\boldsymbol{x}_k$是一个满足式(6.6-6)的马尔可夫过程,有

$$p(\boldsymbol{x}_k | \boldsymbol{x}_{k+1:K}, \boldsymbol{y}_{1:K}) \propto p(\boldsymbol{x}_k | \boldsymbol{y}_{1:K}) p(\boldsymbol{x}_{k+1} | \boldsymbol{x}_k) \qquad (6.6-34)$$

可以基于对式(6.6-34)按照反向运行的时间索引$k=K,K-1,\cdots,2,1$进行因式分解来构建一个递归算法,具体如下:

(1) 重采样$\{\mathbf{x}_K^i, w_K^i : i=1,\cdots,N_s\}$以获得$\{\bar{\mathbf{x}}_K^i, 1/N_s, i^j : i=1,\cdots,N_s\}$,其中$i^j$是具有较大权重系数值$w_K^{ij}$的$\bar{\boldsymbol{x}}_K^i$的亲本样本索引,且$\bar{\boldsymbol{x}}_{K-1}^i = \boldsymbol{x}_{K-1}^{ij}$。

(2) 在时间步$K-1$,计算$w_{K-1|K}^i \propto w_{K-1}^{ij} p_{\mu_{K-1}}(\bar{\boldsymbol{x}}_K^i - \boldsymbol{f}(\bar{\boldsymbol{x}}_{K-1}^i))$,并归一化$w_{K-1|K}^i$,以使得$\sum_{i=1}^{N_s} w_{K-1|K}^i = 1$。

至此,$p(\boldsymbol{x}_{K-1} | \boldsymbol{y}_{1:K})$的近似演变为

$$p(\boldsymbol{x}_{K-1} \mid \boldsymbol{y}_{1:K}) \approx \sum_{i=1}^{N_s} w_{K-1|K}^i \delta_D(\boldsymbol{x}_{K-1} - \bar{\boldsymbol{x}}_{K-1}^i)$$

平滑的状态估计及其误差协方差有

$$\hat{\boldsymbol{x}}_{K-1|K} = \sum_{i=1}^{N_s} w_{K-1|K}^i \bar{\boldsymbol{x}}_{K-1}^i$$

以及

$$\boldsymbol{P}_{K-1|K} = \sum_{i=1}^{N_s} w_{K-1|K}^i (\bar{\boldsymbol{x}}_{K-1}^i - \hat{\boldsymbol{x}}_{K-1|K})(\bar{\boldsymbol{x}}_{K-1}^i - \hat{x}_{K-1|K})^{\mathrm{T}}$$

(3) 重新将滤波后的样本$\{\boldsymbol{x}_{K-1}^i\}$与$\{\bar{\boldsymbol{x}}_{K-1}^i\}$对准;$\bar{\boldsymbol{x}}_{K-1}^i$的亲本为$\bar{\boldsymbol{x}}_{K-2}^i = \boldsymbol{x}_{K-2}^{ij}$。重采样$\{\bar{\boldsymbol{x}}_{K-1}^i, w_{K-1|K}^i : i=1,\cdots,N\}$以得到$\{\bar{\boldsymbol{x}}_{K-1}^i, 1/N_s, i^j : i=1,\cdots,N_s\}$,其中$i^j$是具有较大权值$w_{K-1|K}^{ij}$的样本$\bar{\boldsymbol{x}}_{K-1}^i$的亲本样本的索引且有$\bar{\boldsymbol{x}}_{K-2}^i = x_{K-2}^{ij}$,以构成$\bar{\boldsymbol{x}}_{K-1:K}^i = \{\bar{\boldsymbol{x}}_{K-1}^i, \bar{\boldsymbol{x}}_K^i\}$,计算$w_{K-1|K}^i$以便如步骤2那样构成$\{\boldsymbol{x}_{K-2}^i, w_{K-2|K}^i : i=1,\cdots,N_s\}$。

(4) 对于$k=K-2,\cdots,2,1$,重复上述过程直至构成关于$p(\boldsymbol{x}_{0:K} | \boldsymbol{y}_{1:K})$的$\boldsymbol{x}_{0:K}$的样本$\bar{\boldsymbol{x}}_{0:K}^i = \{\bar{\boldsymbol{x}}_0^i, \bar{\boldsymbol{x}}_1^i, \bar{\boldsymbol{x}}_2^i, \cdots, \bar{\boldsymbol{x}}_K^i\}$,且$\hat{\boldsymbol{x}}_{k|K} = (1/N_s)\sum_{i=1}^{N_s} \bar{\boldsymbol{x}}_k^i$及

$$\boldsymbol{P}_{k|K}=(1/N_s)\sum_{i=1}^{N_s}(\bar{\boldsymbol{x}}_k^i-\hat{\boldsymbol{x}}_{k:K})(\bar{\boldsymbol{x}}_k^i-\hat{\boldsymbol{x}}_{k:K})^{\mathrm{T}}\ 对于\ k=1,2,\cdots,K$$

表6.10对该算法进行了总结。

表6.10 基于SIR的平滑滤波器算法

基于SIR的平滑滤波算法

解决思路

假设已经对式(6.6-2)和式(6.6-3)所给非线性系统完成了$k=1,\cdots,K$时刻的粒子滤波过程，且保存了粒子和权重系数值$\{\boldsymbol{x}_K^i,w_K^i:i=1,\cdots,N_s\}$。以时间步K的随机采样样本和权重系数值$\{\boldsymbol{x}_K^i,w_K^i:i=1,\cdots,N_s\}$作为起点，利用如下关系：

$$p(\boldsymbol{x}_k|\boldsymbol{x}_{k+1:K},\boldsymbol{y}_{1:K})\propto p(\boldsymbol{x}_k|\boldsymbol{y}_{1:K})p(\boldsymbol{x}_{k+1}|\boldsymbol{x}_k)=p(\boldsymbol{x}_k|\boldsymbol{y}_{1:K})p_{\mu_k}(\boldsymbol{x}_{k+1}-\boldsymbol{f}(\boldsymbol{x}_k))$$

以递归方式获取样本和权值$\{\bar{\boldsymbol{x}}_K^i,w_K^i:i=1,\cdots,N_s\}$，以获得非线性系统的近似平滑状态估计和协方差。

初始化

针对式(6.6-2)和式(6.6-3)描述的非线性系统，从时刻$k=1,\cdots,K$运行粒子滤波，且保存所获粒子和权重系数值$\{\boldsymbol{x}_K^i,w_K^i:i=1,\cdots,N_s\}$。

重采样$\{\boldsymbol{x}_K^i,w_K^i:i=1,\cdots,N_s\}$以获取$\{\bar{\boldsymbol{x}}_{K-1}^i,1/N_s,i^j:i=1,\cdots,N_s\}$，其中$i^j$是样本$\bar{\boldsymbol{x}}_K^i$的亲本样本索引$\bar{\boldsymbol{x}}_{K-1}^i=\boldsymbol{x}_{K-1}^{j}$，且其权重系数值为$w_{K-1}^{j}$。计算$w_{K-1|K}^i\propto w_{K-1}^{j}p_{\mu K-1}(\bar{\boldsymbol{x}}_K^i-\boldsymbol{f}(\bar{\boldsymbol{x}}_{K-1}^i))$，并归一化$w_{K-1|K}^i$，以使得$\sum_{i=1}^{N_s}w_{K-1|K}^i=1$。

在时间步$k+1$

给定粒子滤波器中存储的$\{\boldsymbol{x}_k^i,w_k^i:i=1,\cdots,N_s\}$和$\{\boldsymbol{x}_{k+1}^i,w_{k+1}^i:i=1,\cdots,N_s\}$，将$\{\boldsymbol{x}_{K-1}^i\}$与$\{\bar{\boldsymbol{x}}_{K-1}^i\}$对准。

重采样$\{\bar{\boldsymbol{x}}_{K-1}^i,w_{K-1|K}^i:i=1,\cdots,N\}$以得到$\{\bar{\boldsymbol{x}}_{K-1}^i,1/N_s,i^j:i=1,\cdots,N_s\}$，其中$i^j$是具有权值$w_{K-1|K}^{ij}$的样本$\bar{\boldsymbol{x}}_{K-1}^i$的亲本样本的索引，计算$w_{K-1|K}^i\propto w_{K-1|K}^{ij}p_{\mu K-1}(\bar{\boldsymbol{x}}_K^i-\boldsymbol{f}(\bar{\boldsymbol{x}}_K^i))$，并归一化$w_{K-1|K}^i$，以使得$\sum_{i=1}^{N_s}w_{K-1|K}^i=1$。

关于时间步k的平滑

计算更新的权重系数值$\{w_{k|K}^i:i=1,\cdots,N_s\}$

$$w_{k|K}^i=w_k^{j}p_{\mu_k}(\bar{\boldsymbol{x}}_{k+1}^i-\boldsymbol{f}(\bar{\boldsymbol{x}}_k^i))/\sum_{i=1}^{N_s}w_k^{j}p_{\mu_{k+1}}(\bar{\boldsymbol{x}}_{k+1}^i-\boldsymbol{f}(\bar{\boldsymbol{x}}_k^i)),\forall i=1,\cdots,N_s$$

计算平滑的状态估计和协方差

$$\hat{\boldsymbol{x}}_{k|K}=\sum_{i=1}^{N_s}w_{k|K}^i\bar{\boldsymbol{x}}_k^i$$

$$\boldsymbol{P}_{k|K}=(1/N_s)\sum_{i=1}^{N_s}(\bar{\boldsymbol{x}}_k^i-\hat{\boldsymbol{x}}_{k:K})(\bar{\boldsymbol{x}}_k^i-\hat{\boldsymbol{x}}_{k:K})^{\mathrm{T}}$$

重采样$\{\boldsymbol{x}_K^i,w_K^i:i=1,\cdots,N_s\}$以获取$\{\bar{\boldsymbol{x}}_K^i,1/N_s,i^j:i=1,\cdots,N_s\}$，其中，$i^j$是样本$\bar{\boldsymbol{x}}_K^i$的亲本样本索引，且，$\bar{\boldsymbol{x}}_{K-1}^i=\boldsymbol{x}_{K-1}^{ij}$。

6.7 本章小结

本章介绍了用以近似均值和协方差或计算后验密度函数的采样方法。针对式(6.3-4)至式(6.3-6)所描述的一类具有加性高斯噪声问题的概率密度，前面几章给出了基于高斯概率密度均值和协方差的近似计算步骤。正如第3章所讨论的，由于系统和量测函数的非线性可能导致近似的均值和协方差是非常不准确的，或者在某些情况下高斯分布不是真实分布的良好表示，基于对式

(6.3－4)至式(6.3－6)的高斯近似而计算均值和协方差的方法可能不能很好地工作。6.4节和6.5节介绍了两种确定性采样方法,利用确定性采样计算滤波估计的均值和协方差。在两种采样方法之间,UKF仅适用于加性高斯噪声情形。UKF更加流行,易于实现且计算上是有效的;而PMF受的限制较少,但需要大量的单元(或采样点)来覆盖状态空间中的感兴趣区域。对于高度非线性和非高斯的情形,需要一个更好的、选择近似计算条件密度函数所需重要采样点的策略。

本章介绍了用以解决棘手的非线性和非高斯状态估计问题的蒙特卡罗采样方法。由于式(6.3－4)至式(6.3－6)中的概率密度函数是由6.2.5节中的随机采样近似的,式(6.2－1)中的所有相关的条件期望,例如条件均值$\hat{\boldsymbol{x}}$,可由式(6.2－30)中的蒙特卡罗积分来近似。所面临的挑战是生成能够近似表征式(6.2－28)相关的密度函数的样本。6.5节描述了被称为粒子滤波器的蒙特卡罗方法。常规粒子滤波的两个关键的步骤是(a)序贯重要性采样和(b)重采样。$\{\boldsymbol{x}_k^i,\boldsymbol{x}_{k-1}^i,i=1,\cdots,N_s\}$样本对的生成可以通过利用具有过程噪声$\boldsymbol{\mu}_{k-1}$样本的式(6.3－1)传播$\boldsymbol{x}_{k-1}^i$而实现。然而,针对式(6.3－4)至式(6.3－6)的递归循环并非能轻易实现。利用给定的量测$\boldsymbol{y}_k$,可以评估式(6.3－5)和式(6.3－6)的密度函数,但不能直接从后验概率密度函数$p(\boldsymbol{x}_k|\boldsymbol{y}_{1:k})$中直接抽取样本。重要性采样的概念被用于后验概率密度的采样,但采用次优重要性函数的序贯算法会导致粒子退化非常快。为解决退化问题,粒子滤波算法增加了重采样步骤[14]。这样SIR就成为最流行、简单和直观的粒子滤波器实现。然而SIR滤波器仍然存在缺陷,主要表现在采样多样性差、过于自信以及某些应用下出现的粒子坍塌。针对如何改进从后验密度函数$p(\boldsymbol{x}_k|\boldsymbol{y}_{1:k})$中产生采样的重采样步骤,研究人员开展了大量工作[9,10,12－16,25－33]。6.6节向读者介绍了几种代表性算法。

为提高性能和计算效率,研究人员还提出了其他算法,其中包括那些能够利用部分状态空间并据此可以直接利用卡尔曼滤波器计算或采用EKF或UKF近似计算式(6.3－4)至式(6.3－6)的状态概率密度函数的算法。可以将状态空间分解成可以利用卡尔曼滤波(EKF或UKF)的空间和采用粒子滤波器进行状态估计的其他状态。文献[12,29]中将这类方法称为SIS的Rao－Blackwellization方法。粒子滤波器已经被扩展至多模型问题[16,19,31]和平滑问题[12,32,33]。

由于粒子滤波器对计算能力的要求非常高[34],仅当采用常规的卡尔曼滤波器(和EKF/UKF)解决问题太过困难时,才应采用粒子滤波器。表6.11总结了本书中讨论的所有滤波器算法。就作者所知,粒子滤波器在某些情况下工作良好。

表 6.11 所有的滤波器算法的小结

滤波器	系统	噪声	方法
卡尔曼滤波器	线性	加性高斯	确切的公式
扩展卡尔曼滤波器	非线性	加性高斯	近似公式
无迹卡尔曼滤波器	非线性	加性高斯	$2n+1$ 个确定性采样点(Sigma 点)
质点滤波器	非线性	没有限制	在大量的统一大小的超立方体上采样
粒子滤波器	非线性	没有限制	大量具有统计意义的随机采样

课后习题

1. 考虑非线性情形 $y=\sin(x)+v$ 其中,x: $\sim N(0,\sigma_x^2)$ 和 v: $\sim N(0,\sigma_v^2)$ 是两个独立的高斯随机变量。利用 6.2 节中的方法,通过(1)泰勒级数展开,(2)无迹变换,(3)质点积分和(4)蒙特卡罗采样,针对如下情形,计算近似的条件密度函数 $p(x|y)$ 和 $E\{g(x)|y\}$。

① $g(x)=\dfrac{\lambda}{2}e^{-\lambda|x|}$(拉普拉斯)

② $g(x)=\dfrac{z}{\lambda}e^{-(z/\lambda)^2/2}$(瑞利)

对 x("真值")给定样本,运行 y 的蒙特卡罗采样,并绘出估计 $\hat{x}$ 的样本。计算样本均值和协方差,并与分别采用各种方法近似 $p(x|y)$ 计算的均值和协方差进行比较。将 $E\{g(x)|y\}$ 的样本统计特征与真值进行比较。

2. 考虑第 3 章的课后习题 3,构建一个 UKF,并将滤波结果与 CRB 和 EKF 进行比较。通过给目标轨迹模型中增加更精确的引力模型和增加椭球形的地球、科里奥利力以及向心力,模型会变得更复杂。现在你可对目标真实轨道动力模型和 UKF 中所使用的模型不同的情形开展实验。

3. 考虑具有线性量测的 CV 或 CA 的二维真实轨迹(第 2 章中的习题 1 和习题 2,没有 z 维),并构建粒子滤波器来计算它们的后验密度。你可以看到对于高斯量测噪声这些密度是不是高斯的吗?(暗示:比较采用你的密度估计计算的一阶和二级中心矩和采用卡尔曼滤波器计算的结果)。

4. 对于相同的 CV 或 CA 轨迹,考虑第 3 章的课后习题 1 所定义的非线性量测,构建粒子滤波器并计算目标状态的后验概率密度。计算一阶和二级中心矩,并与由 EKF 获得的结果进行比较。

参考文献

[1] H. Jazwinski, *Stochastic Processes and Filtering Theory*. New York: Academic Press, 1990.

[2] D. L. Alspach and H. W. Sorenson, "Nonlinear Bayesian Estimation using Gaussian Sum Approximation," *IEEE Trans actions on Automatic Control*, vol. 17, pp. 439 – 447, 1972.

[3] R. P. Wishner, J. A. Tabaczynski, and M. Athans, "A Comparison of Three Non – Linear Filters," *Automatica*, vol. 5, pp. 487 – 496, 1969.

[4] R. S. Bucy, "Bayes Theorem and Digital Realization for Nonlinear Filters," *Journal of Astronaut ical Sciences*, vol. 17, pp. 80 – 94, 1969.

[5] S. Julier and J. Uhlmann, "A New Extension of the Kalman Filter to Nonlinear Systems," in *Proceedings of AeroSense: 11th International Symposium on Aerospace/Defense Sensing, Simulation and Controls*, 1997.

[6] S. Julier, J. Uhlmann, and H. F. Durrant – Whyte, "A New Method for the Nonlinear Transformation of Means and Covariances in Filters and Estimators," *IEEE Trans actions on Automat ic Control*, vol. AC – 45, pp. 477 – 482, Mar. 2000.

[7] E. A. Wan and R. van der Merwe, "The Unscented Kalman Filter for Nonlinear Estimation," in *Proceedings of AS – SPCC* 2000, pp. 153 – 158, Oct. 2000.

[8] D. Simon, *Optimal State Estimation*. New York: Wiley, 2006.

[9] S. Arulampalam, S. R. Maskell, N. J. Gordon, and T. Clapp, "A Tutorial on Particle Filters for On – line Nonlinear/Non – Gaussian Bayesian Tracking," *IEEE Trans actions on Signal Processing*, vol. 50, pp. 174 – 188, 2002.

[10] P. Robert and G. Casella, *Monte Carlo Statistical Methods*. New York: Springer – Verlag, 2004.

[11] J. M. Hammersley and K. W. Morton, "Poor Man' s Monte Carlo," *Journal of the Royal Statistical Society B*, vol. 16, pp. 23 – 38, 1954.

[12] A. Doucet, S. Godsill, and C. Andrieu, "On Sequential Monte Carlo Sampling Methods for Bayesian Filtering," *Statistics and Computing*, vol. 10, pp. 197 – 208, 2000.

[13] A. Doucet, N. de Freitas, and N. Gordon (Eds.), *Sequential Monte Carlo Methods in Practice*. New York: Springer – Verlag, 2001.

[14] N. J. Gordon, D. J. Salmond, and A. F. M. Smith, "Novel Approach to Nonlinear/Non – Gaussian Bayesian State Estimation," *IEE E Proceedings*, vol. 140, pp. 107 – 113, 1993.

[15] R. van der Merwe, A. Doucet, N. de Freitas, and E. A. Wan, "The Unscented Particle Filter," in *Proceedings of NIPS* 2000, Dec. 2000.

[16] R. Karlsson and N. Bergman, "Auxiliary Particle Filters for Tracking a Maneuvering Target," *Proceedings of the 39th IEEE Conference on Decision and Control*, pp. 3891 – 3895, Dec. 2000.

[17] R. S. Bucy and K. D. Senne, "Digital Synthesis of Non – Linear Filters," *Automatica*, vol. 7, pp. 287 – 298, 1970.

[18] S. Challa, "Nonlinear State Estimation and Filtering with Applications to Target Tracking Problems," Ph. D. Thesis, Queensland University of Technology, 1998.

[19] S. Challa, M. R. Morelande, D. Musicki, and R. J. Evans, *Fundamentals of Object Tracking*. Cambridge, UK: Cambridge University Press, 2011.

[20] J. MacCormick and A. Blake, "A Probabilistic Exclusion Principle for Tracking Multiple Objects," *Proceedings of the International Journal of Computer Vision*, vol. 39, pp. 57 – 71, Aug. 2000.

[21] J. Carpenter, P. Cliff ord, and P. Fearnhead, "Improved Particle Filter for Nonlinear Problems," *IEEE Proceedings on Radar and Sonar Navigation*, vol. 146, pp. 2 – 7, 1999.

[22] Crisan, P. Del Moral, and T. J. Lyons, "Nonlinear Filtering Using Branching and Interacting Particle Systems," *Markov Processes and Related Fields*, vol. 5, pp. 293 – 319, 1999.

[23] P. Del Moral, "Nonlinear Filtering: Interacting Particle Solution," *Markov Processes and Related Fields*,

vol. 2, pp. 555 – 580, 1996.

[24] K. Kanazawa, D. Koller, and S. J. Russell, "Stochastic Simulation Algorithms for Dynamic Probabilistic Networks," in *Proceedings of the 11th UAI Conference*, pp. 346 – 351, 1995.

[25] A. Doucet, N. Gordon, and V. Krishnamurthy, "Particle Filters for State Estimation of Jump Markov Linear Systems," *IEEE Trans actions on Signal Processing*, vol. 49, pp. 613 – 624, 2001.

[26] C. Musso, N. Oudjane, and F. LeGland, "Improving Regularized Particle Filters," in *Sequential Monte Carlo Methods in Practice*, A. Doucet, J. F. de Freitas, and N. J. Gordon, Eds. New York: Springer – Verlag, 2001.

[27] W. Gilks and C. Berzuini, "Following a Moving Target; Monte Carlo Inference for Dynamic Bayesian Models," *Journal of the Royal Statistical Society*, B, vol. 63, pp. 127 – 146, 2001.

[28] C. Berzuini and W. Gilks, "RESAMPLE – MOVE Filtering with Cross – Model Jumps," in *Sequential Monte Carlo Methods in Pra c tice*, A. Doucet, J. F. de Freitas, and N. J. Gordon, Eds. New York: Springer – Verlag, 2001.

[29] G. Castella and C. Robert, "Rao – Blackwellization of Sampling Scheme," *Biometrika*, vol. 83, pp. 81 – 94, 1996.

[30] M. K. Pitt and N. Shephard, "Filtering via Simulation: Auxiliary Particle Filters," *Journal of the American Statistical Association*, vol. 94 (446), pp. 590 – 591, 1999.

[31] M. F. Bugallo, S. Xu, and P. M. Djuric, "Performance Comparison of EKF and Particle Filtering Methods for Maneuvering Targets," *Digital Signal Processing*, vol. 17, pp. 774 – 786, 2007.

[32] W. Fong, S. Godsill, A. Doucet, and M. West, "Monte Carlo Smoothing with Application to Audio Signal Enhancement," *IEEE Trans actions on Signal Processing*, vol. 50, pp. 438 – 449, 2002.

[33] S. Godsill, A. Doucet, and M. West, "Monte Carlo Smoothing for Nonlinear Time Series," *Journal of the American Statistical Association*, vol. 99 (465), pp. 156 – 168, 2004.

[34] F. Daum and J. Huang, "Curse of Dimensionality and Particle Filters," in *Proceedings of the IEEE Aerospace Conference*, 2003.

第7章　基于多传感器系统的状态估计

7.1　引言

有很多应用采用多个联网的传感器观测和跟踪同一目标集，如利用多部观测区域存在重叠的空中交通管制雷达覆盖关注的地理区域。有一些应用会将雷达或红外传感器部署在水面、空中和太空，以共享监视覆盖。采用多个传感器的理由有很多：通过部署位置的几何分集可以提升系统估计精度；共享监视区域将改善系统覆盖范围，继而将提高系统目标探测概率；针对邻接区域的连续覆盖将改善航迹连续性和目标辨识；以不同视线角和可能不同的频率（不同的传感器工作在不同的波段）观测同一物体，使得我们可以利用各种现象差异来帮助估计物体状态等。有关采用多传感器好处的详细讨论超出了本书的范畴，但利用多传感器改进目标定位精度（继而是估计精度）的主题仍是本章的兴趣所在，图7.1对此进行了图示说明。一部雷达系统的距离量测精度要高于方位角量测精度，从而使得其误差椭圆呈现出宽窄兼具的形状，如图7.1(a)所示。采用两部雷达后，两部雷达的误差椭圆相互交叉会产生一个更小的联合误差椭圆，如图7.1(b)所示。至于所能获得性能改善的精确数值还依赖于传感器的地理位置和雷达参数，可通过误差协方差分析和（或）仿真方法使其具体量化。其后一节将给出一个能够说明利用两个传感器改善估计精度的例子。

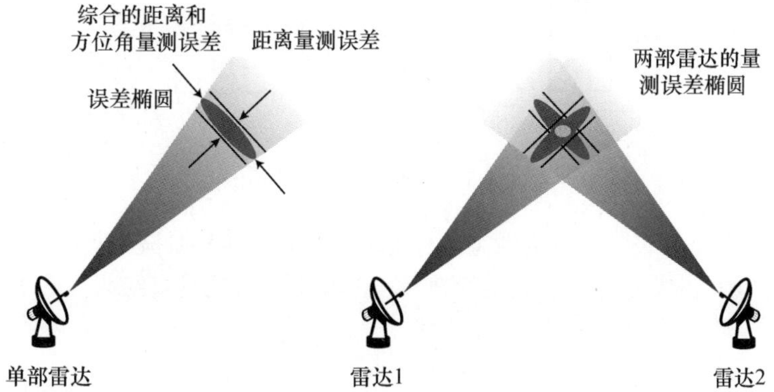

图7.1　利用两个传感器导致估计误差协方差下降的图示说明

在本章中,利用来自单个传感器的量测对目标状态进行估计的基本算法将被推广至量测数据源自多个传感器的情形。且这里只考虑量测、(唯一)航迹关联不存在模糊性的情形,这对应于目标之间的物理间隔相对量测不确定性而言足够大的情形,从而使得新的量测在不存在任何模糊性的前提下分配给已有航迹。为论述清楚起见,这里也只考虑利用多个传感器跟踪单目标的情形。至于可能引起数据关联模糊性的、利用单个或多个传感器跟踪多目标的问题,将在第 8 ~ 10 章中讨论。

综合利用多个传感器的量测来获得目标状态的最终估计也被称为融合。图 7.2 给出了基于多传感器系统实现融合的两种架构。如图 7.2(a)所示,在第一种架构中,传感器量测被直接发送至融合中心并作融合处理,也被称为量测融合。由于由这种方式获得状态估计利用了所有传感器的量测数据,因而所获状态估计也被称为全局估计。在第二种架构中,如图 7.2(b)所示,各个传感器先(依据自身量测)计算状态估计,然后传感器级别的状态估计再被发送至融合中心进行融合处理。这种方式也被称为状态融合。与全局估计不同,由单个传感器获得的状态估计被称为局部估计。可以通过对局部估计的融合获得涵盖全部量测信息的状态估计[图 7.2b 中的联合估计]。依据这种方式获得的联合估计通常是次优的。① 量测融合可以获得最优估计,而估计融合通常则做不到这一点,本章后续部分将就该问题展开讨论。7.2 节和 7.3 节将分别对上述两种融合架构进行讨论。关于多传感器跟踪系统的一般性讨论参见文献[1,第 8 ~9 章]。

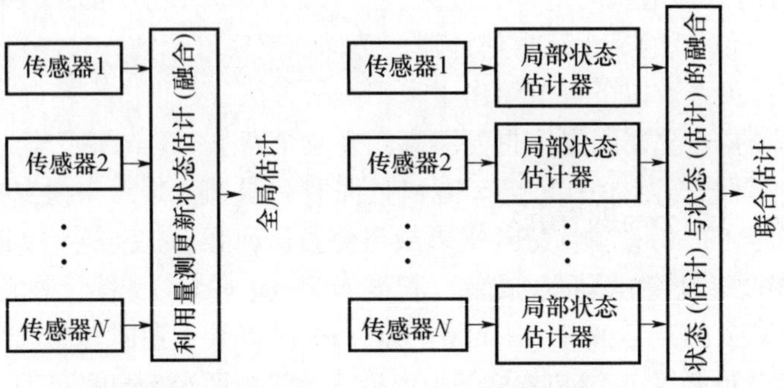

图 7.2　量测融合和状态融合

简单起见,本章仅考虑线性系统的情况。利用 EKF 滤波器,由非线性系统的雅可比矩阵替代系统状态转移矩阵和量测矩阵,相关研究结果可以很容易地推广至非线性系统的情形。

① 本章附录中对此结论给出严谨的证明。

7.2 问题描述

考虑与本书之前曾采用系统相同的离散时间系统,有

$$\boldsymbol{x}_k=\boldsymbol{\Phi}_{k,k-1}\boldsymbol{x}_{k-1}+\boldsymbol{\mu}_{k-1} \tag{7.2-1}$$

式中:$\boldsymbol{\Phi}_{k,k-1}$是状态转移矩阵;$\boldsymbol{\mu}_{k-1}$是系统或过程噪声,代表着真实系统运动中的随机扰动或式(7.2-1)所给状态模型不确定性,通常被假设为0均值、协方差已知的高斯随机变量,即有$\boldsymbol{\mu}_k$: $\sim N(\boldsymbol{0},\boldsymbol{Q}_k)$。由多个传感器获得目标状态$\boldsymbol{x}_k$的量测表示为

$$\boldsymbol{y}_{k_i}^i=\boldsymbol{H}_{k_i}^i\boldsymbol{x}_{k_i}+\boldsymbol{\nu}_{k_i}^i \tag{7.2-2}$$

式中,上式上标、下标中的i标记着单个传感器$i=1,2,\cdots,I$。注意到,各个传感器的类型可能不同(如雷达、红外传感器等)。同时,各个传感器的部署位置也可能不同,因此对于$i\neq j$,其对应的$\boldsymbol{H}_{k_i}^i$和$\boldsymbol{H}_{k_j}^j$也可能不同。需要注意的另外一点是,不同传感器的量测时刻也可能不同,因此为时间标记k添加了下标。采用相同的索引标记方法,量测噪声为0均值、协方差已知的高斯随机变量,即有$\boldsymbol{\nu}_{k_i}^i$: $\sim N(\boldsymbol{0},\boldsymbol{R}_{k_i}^i)$。进一步的,不同传感器获得的量测之间是统计独立的,因此传感器i的量测噪声与传感器j的量测噪声是无关的,即若$i\neq j$,则有$E\{\boldsymbol{\nu}_{k_i}^i\boldsymbol{\nu}_{k_j}^{j\,\mathrm{T}}\}=0$。

7.3 量测融合

考虑两种不同情形下的量测融合。第一种是时间同步量测,即全部传感器系统针对同一目标在同一时间获取量测。这使得对于所有i、j而言,有$k_i=k_j=k$成立。在第二种情形下,每个传感器有自己的时钟,并异步获取目标量测。借助量测外推或内推对时间进行调整可以使得量测同步,这是实践中的通常做法。对传感器量测时间进行同步的原因在于简化量测数据和状态数据之间的关联过程。本书第8章将就数据关联问题进行专题讨论。时间对齐后的量测数据可按照时间同步量测的处理方式进行处理,具体估计算法如下。

7.3.1 同步量测的情形

在量测数据时间同步的情况下,时间标记k就不再需要下标了,即有传感器量测方程变为

$$\boldsymbol{y}_k^i=\boldsymbol{H}_k^i\boldsymbol{x}_k+\boldsymbol{\nu}_k^i\quad i=1,2,\cdots,I \tag{7.3-1}$$

解决同步量测融合问题的方法有3种,即量测向量串联、序贯处理和数据压缩,以下将就这3种方法开展讨论。文献[2,3]的研究结果表明,尽管这3种方法看起来不同,但事实上3种方法在数学上是等价的。选用何种方法取决于

具体实现。

量测向量串联:并行滤波器

由于全部传感器的量测均是在同一时间 k 获取的,因此可将全部$\boldsymbol{y}_k^i$ 串联起来以建立一个单一的、维数更大的量测向量,即

$$\boldsymbol{y}_k = [\boldsymbol{y}_k^{1\mathrm{T}}, \boldsymbol{y}_k^{2\mathrm{T}}, \cdots, \boldsymbol{y}_k^{I\mathrm{T}}]^{\mathrm{T}}$$

与之对应的量测矩阵则变为

$$\boldsymbol{H}_k = [\boldsymbol{H}_k^{1\mathrm{T}}, \boldsymbol{H}_k^{2\mathrm{T}}, \cdots, \boldsymbol{H}_k^{I\mathrm{T}}]^{\mathrm{T}}$$

而高维量测向量$\boldsymbol{y}_k$ 的量测噪声协方差矩阵则变为

$$\boldsymbol{R}_k = \begin{bmatrix} \boldsymbol{R}_k^1 & \cdots & \boldsymbol{0} \\ \vdots & \ddots & \vdots \\ \boldsymbol{0} & \cdots & \boldsymbol{R}_k^I \end{bmatrix}$$

由于全部传感器的量测均在同一时间获取,因而使得量测向量串联可行,其在概念上等同于以并行方式处理所有量测,因此也被称为并行滤波器。注意到,新的量测误差协方差矩阵$\boldsymbol{R}_k$ 是块对角矩阵,从而使得将 KF 滤波器的状态更新方程分解到不同步骤。采用 KF 滤波器处理高维量测向量$\boldsymbol{y}_k$,可得

$$\hat{\boldsymbol{x}}_{k|k} = \hat{\boldsymbol{x}}_{k|k-1} + \boldsymbol{K}_k(\boldsymbol{y}_k - \boldsymbol{H}_k \hat{\boldsymbol{x}}_{k|k-1})$$

$$\boldsymbol{K}_k = \boldsymbol{P}_{k|k}\boldsymbol{H}_k^{\mathrm{T}} \boldsymbol{R}_k^{-1}$$

$$\boldsymbol{P}_{k|k}^{-1} = \boldsymbol{P}_{k|k-1}^{-1} + \boldsymbol{H}_k^{\mathrm{T}} \boldsymbol{R}_k^{-1} \boldsymbol{H}_k$$

将前述有关 $\boldsymbol{y}_k$、$\boldsymbol{H}_k$ 和 $\boldsymbol{R}_k$ 的表示式代入上式,经过一些操作后即可获得如下滤波器状态更新方程:

$$\hat{\boldsymbol{x}}_{k|k} = \hat{\boldsymbol{x}}_{k|k-1} + \sum_{i=1}^{I} \boldsymbol{K}_k^i(\boldsymbol{y}_k^i - \boldsymbol{H}_k^i \hat{\boldsymbol{x}}_{k|k-1}) \tag{7.3-2}$$

$$\boldsymbol{K}_k^i = \boldsymbol{P}_{k|k}\boldsymbol{H}_k^{i\mathrm{T}} \boldsymbol{R}_k^{i-1} \tag{7.3-3}$$

$$\boldsymbol{P}_{k|k}^{-1} = \boldsymbol{P}_{k|k-1}^{-1} + \sum_{i=1}^{I} \boldsymbol{H}_k^{i\mathrm{T}} \boldsymbol{R}_k^{i-1} \boldsymbol{H}_k^i \tag{7.3-4}$$

由于仅有一个状态方程,因此一步预测估计$\hat{\boldsymbol{x}}_{k|k-1}$及其误差协方差的$\boldsymbol{P}_{k|k-1}$计算依然不变。以上采用了 KF 滤波器的协方差逆矩阵形式,可以很容易地证明采用其他滤波增益和协方差的表示形式,可得到相同的结果。时间同步使得并行处理所有量测向量成为可能。并行滤波器概念如图 7.3 所示。

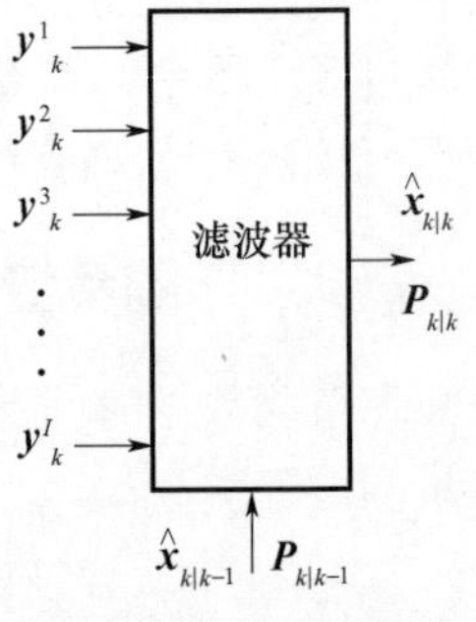

图 7.3 并行滤波器的图示说明

序贯处理

由于全体均取自同一时刻,将每次更新后的状态估计的预测时间设置为 0,可以序贯方式处理这些量测。令$\hat{\boldsymbol{x}}_{k|k-1}$为由$\hat{\boldsymbol{x}}_{k-1|k-1}$获得的一步预测估计,则利用各传感器量测依次序贯更新状态估计及其误差协方差的算

法如下：

$$\hat{\boldsymbol{x}}^{i}_{k|k}=\hat{\boldsymbol{x}}^{i-1}_{k|k}+\boldsymbol{K}^{i}_{k}(\boldsymbol{y}^{i}_{k}-\boldsymbol{H}^{i}_{k}\hat{\boldsymbol{x}}^{i-1}{}_{k|k}) \tag{7.3-5}$$

$$\boldsymbol{K}^{i}_{k}=\boldsymbol{P}^{i}_{k|k}\boldsymbol{H}^{i\mathrm{T}}_{k}\boldsymbol{R}^{i-1}_{k} \tag{7.3-6}$$

$$\boldsymbol{P}^{i-1}_{k|k}=\boldsymbol{P}^{i-1-1}_{k|k}+\boldsymbol{H}^{i\mathrm{T}}_{k}\boldsymbol{R}^{i-1}_{k}\boldsymbol{H}^{i}_{k} \tag{7.3-7}$$

式中：$i=1,2,\cdots,I$. 上述过程起始 $i=1$，同时有

$$\hat{\boldsymbol{x}}^{0}_{k|k}=\hat{\boldsymbol{x}}_{k|k-1}$$

$$\boldsymbol{P}^{0}_{k|k}=\boldsymbol{P}_{k|k-1}$$

当处理完最后一个传感器的量测后，即 $i=I$，有

$$\hat{\boldsymbol{x}}_{k|k}=\hat{\boldsymbol{x}}^{I}_{k|k}$$

$$\boldsymbol{P}_{k|k}=\boldsymbol{P}^{I}_{k|k}$$

序贯滤波器如图 7.4 所示。

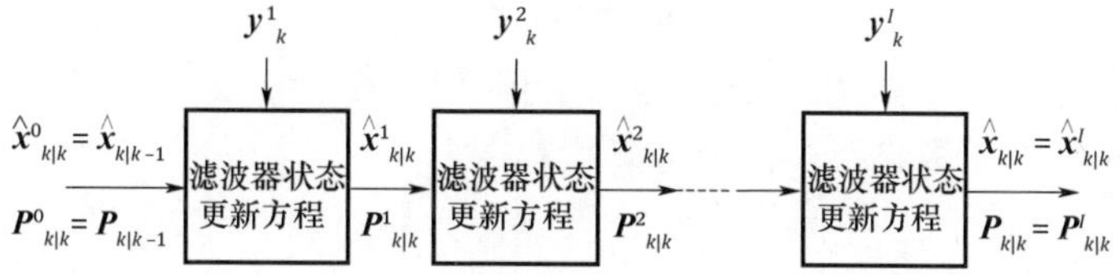

图 7.4 序贯滤波器

关于量测向量串联和序贯处理的评注

考虑一个单传感器系统，其量测向量的全部元素均是统计独立的。这种配置与量测时间同步的多传感器系统相同，多传感器系统量测向量的每个元素都等价于一个独立的传感器系统。滤波器状态更新方程式(7.3-2)至方程式(7.3-4)、方程式(7.3-5)至方程式(7.3-7)可用于实现一次基于一个量测向量元素的 KF 滤波器状态更新。这种方法的意义在于，量测误差协方差矩阵 R 的求逆运算可由对系列标量的倒数进行求和运算替代。由于消除了可能由矩阵求逆运算产生的数值误差，也算是一个重要的发现。

多传感器量测数据压缩

可以对由多个传感器所获量测进行预处理，以获得对全部传感器量测均有效的伪状态估计，所得伪状态估计及其误差协方差即可用于全局估计的更新过程。伪状态估计的计算目标就是寻找使得如下跨多个传感器的加权和算式的值最小化的 $\boldsymbol{x}_k$：

$$J=\sum_{i=1}^{I}(\boldsymbol{y}^{i}_{k}-\boldsymbol{H}^{i}_{k}\boldsymbol{x}_{k})^{\mathrm{T}}\boldsymbol{R}^{i-1}_{k}(\boldsymbol{y}^{i}_{k}-\boldsymbol{H}^{i}_{k}\boldsymbol{x}_{k}) \tag{7.3-8}$$

式中：索引 i 代表第 i 个传感器，下标 k 代表着量测获取时间为 t_k。式(7.3-8)中，针对单一时刻的状态向量估计问题演变为一个参数估计问题。读者现在应该能够很容易求解该问题，并获得如下结果：

$$\hat{\boldsymbol{x}}_k^I = \left[\sum_{i=1}^{I} \boldsymbol{H}_k^{i\,\mathrm{T}} \boldsymbol{R}_k^{i^{-1}} \boldsymbol{H}_k^i\right]^{-1} \left(\sum_{i=1}^{I} \boldsymbol{H}_k^{i\,\mathrm{T}} \boldsymbol{R}_k^{i^{-1}} \boldsymbol{y}_k^i\right) \tag{7.3-9}$$

$$\boldsymbol{P}_k^I = \left[\sum_{i=1}^{I} \boldsymbol{H}_k^{i\,\mathrm{T}} \boldsymbol{R}_k^{i^{-1}} \boldsymbol{H}_k^i\right]^{-1} \tag{7.3-10}$$

$\hat{\boldsymbol{x}}_k^I$ 代表基于 I 个传感器在相同时刻 t_k 获得的全部量测对目标状态 $\boldsymbol{x}_k$ 的估计,$\boldsymbol{P}_k^I$ 为 $\hat{\boldsymbol{x}}_k^I$ 的估计误差协方差。注意,采用这种方法的必要条件就是 $\sum_{i=1}^{I} \boldsymbol{H}_k^{i\,\mathrm{T}} \boldsymbol{R}_k^{i^{-1}} \boldsymbol{H}_k^i$ 是非奇异的。在这种情况下,当量测的数目大于状态的数目时,该必要条件有较大可能得到满足。这种通过综合全部传感器量测以获得给定时刻状态估计的方法,有时也被称为数据压缩、量测预处理或量测压缩。利用 KF 滤波器、压缩数据 $\hat{\boldsymbol{x}}_k^I$ 及其误差协方差 $\boldsymbol{P}_k^I$,最终的状态更新估计及其误差协方差为

$$\hat{\boldsymbol{x}}_{k|k} = \hat{\boldsymbol{x}}_{k|k-1} + \boldsymbol{K}_k(\hat{\boldsymbol{x}}_k^I - \hat{\boldsymbol{x}}_{k|k-1}) \tag{7.3-11}$$

$$\boldsymbol{K}_k = \boldsymbol{P}_{k|k} \boldsymbol{P}_k^{I^{-1}} \tag{7.3-12}$$

$$\boldsymbol{P}_{k|k} = \left[\boldsymbol{P}_{k|k-1}^{-1} + \boldsymbol{P}_k^I\right]^{-1} \tag{7.3-13}$$

图 7.5 给出了数据压缩滤波器的流程图。

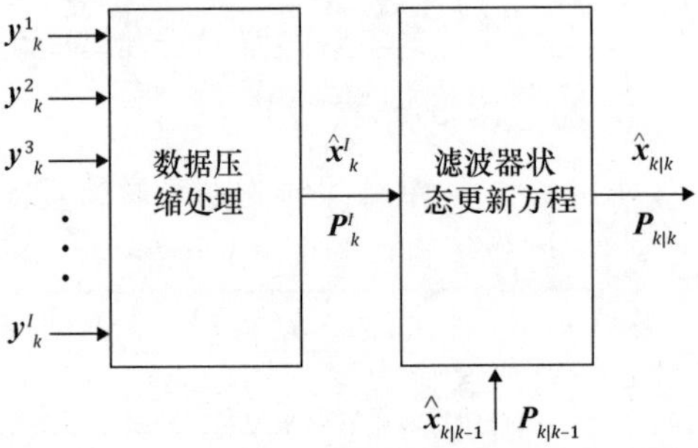

图 7.5 数据压缩滤波器

可以证明,采用上述 3 种方法处理多个传感器在同一时间获取的量测数据得到的结果是相同的。有兴趣的读者可以尝试证明这一点或者参阅文献[2,3]获取更多细节信息。就当前计算机的计算能力,3 种方法计算需求的差异并不明显(文献[2,3]给出了 3 种算法各自所需乘法运算的数目),因而选择何种算法完全取决于具体应用和实现难易程度。

尽管所有传感器的量测数据保持时间同步一般不太现实,但对于有高数据获取率的传感器而言,仍不失是一种较为接近的近似。更何况通过数据外推或内推,可以实现量测数据的时间对齐(或同步)。

7.3.2 异步量测的情形

当传感器网络中的传感器并不在同一时间获取目标量测数据时,被称为异步量测的情形。在实践中,如果系统设计人员选择异步获取目标量测,即可采

用本节提供的算法。假设目标状态方程和量测方程分别为

$$\boldsymbol{x}_k=\boldsymbol{\Phi}_{k,k-1}\boldsymbol{x}_{k-1}+\boldsymbol{\mu}_{k-1} \tag{7.3-14}$$

$$\boldsymbol{y}^i_{k_i}=\boldsymbol{H}^i_{k_i}\boldsymbol{x}_{k_i}+\boldsymbol{\nu}^i_{k_i} \tag{7.3-15}$$

相关的时间索引 k 的定义如下:真实的量测采样时间 t_k 不必是在一个时间段内的均匀分布。由于各传感器不再是在同一时间获取量测信息,因而对于不同的传感器 i 和传感器 j 就有 $k_i\neq k_j$,这里 k_i 和 k_j 分别为传感器 i 和传感器 j 的量测获取时刻(时间步)。为了便于实现,图 7.6 给出了异步量测的时间索引。传感器 1 的量测时刻为 1、3、6、9、12、14 时间步,传感器 2 的量测时刻为 2、5、7、11、15 时间步等。根据这个约定,针对异步量测的 KF 滤波器,只要有新的量测数据即可直接采用 KF 滤波方程,而新的量测可能来自全部 I 个传感器中的任何一个。具体滤波算法由本节中的下一组方程表示。

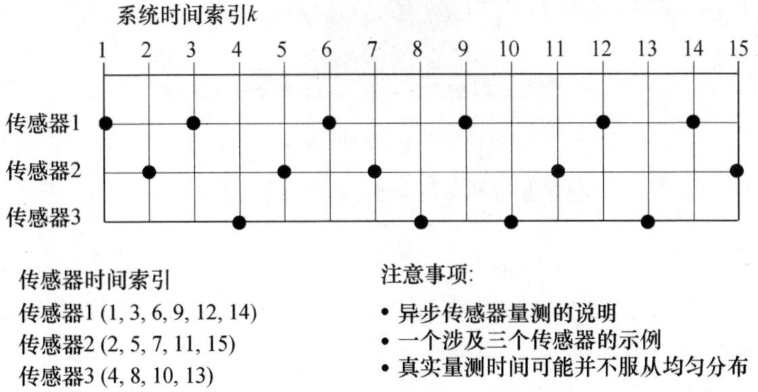

图 7.6 异步量测的时间索引图示说明

序贯更新

依据系统时间索引表,令 $k-1$ 为此前最后一次目标状态更新时刻,并令 k_i 为来自传感器 i 的、可用于滤波器状态更新的量测的获取时刻。利用图 7.6 所给时间索引框架,k_i 即为系统时间索引中的 k 时刻,此种情况下,可利用 KF 滤波器的状态预测方程直接将状态估计及其误差协方差由上一次状态更新的 $k-1$ 时刻扩展至 k_i 时刻,得 $\{\hat{\boldsymbol{x}}_{k_i|k-1},\boldsymbol{P}_{k_i|k-1}\}$;继而利用滤波器状态更新方程和由 $\boldsymbol{y}^i_{k_i}$ 表示的、误差协方差为 $\boldsymbol{R}^i_{k_i}$ 的量测进行目标状态更新,有

$$\hat{\boldsymbol{x}}_{k_i|k_i}=\hat{\boldsymbol{x}}_{k_i|k-1}+\boldsymbol{K}_{k_i}(\boldsymbol{y}^i_{k_i}-\boldsymbol{H}^i_{k_i}\hat{\boldsymbol{x}}_{k_i|k-1}) \tag{7.3-16}$$

$$\boldsymbol{K}_{k_i}=\boldsymbol{P}^i_{k_i|k_i}\boldsymbol{H}^{i\mathrm{T}}_{k_i}\boldsymbol{R}^{i-1}_{k_i} \tag{7.3-17}$$

$$\boldsymbol{P}_{k_i|k_i}{}^{-1}=\boldsymbol{P}_{k_i|k-1}{}^{-1}+\boldsymbol{H}^{i\mathrm{T}}_{k_i}\boldsymbol{R}^{i-1}_{k_i}\boldsymbol{H}^i_{k_i} \tag{7.3-18}$$

例如,由图 7.6 可知,在 $k=1$ 时刻仅有传感器 1 的量测可用于滤波器状态更新,而在 $k=2$ 时刻仅有传感器 2 的量测可用于滤波器状态更新,后续其他时刻情

况也类似。对于由式(7.3-16)至式(7.3-18)给出的、利用$\boldsymbol{y}_{k_i}^i$更新的状态估计和估计误差协方差,可依据系统时间索引 k 将其改写为$\hat{\boldsymbol{x}}_{k|k}$和$\boldsymbol{P}_{k|k}$。

与同步量测的关系

实现上述由式(7.3-16)至式(7.3-18)给出的序贯更新算法的关键在于,正确地管理时间索引 k 和 k_i。一旦组织妥当,时间索引的作用方式与基本 KF 滤波器相同。对于同步量测系统情形下的序贯更新算法也是同样的道理。核心的挑战在于,将各传感器的时间索引整合为完整的系统时间索引。可以证明,当全部的 k_i 均相同时,异步量测情形也就简化为同步量测情形。

7.3.3 针对指定传感器的量测预处理以降低数据交换率

某些传感器的数据率会很高:一部工作在精确跟踪模式的雷达在 1s 内就会获取很多量测。一部红外跟踪传感器的数据采样频率甚至可以达到 20~40Hz,或者甚至更高。一些传感器网络在全部传感器节点之间共享量测数据,从而导致网络需要较高的数据通信带宽。当如此高的速率成为一个问题时,或者当系统本身就不需要很高的航迹状态更新速率时,可以采用量测预处理技术,在保留所获信息的同时降低数据交换率。这种方法不同于 7.3.1 小节中讨论的数据压缩方法,后者是将来自不同传感器的量测数据组合为一个单一的状态向量,并将其用于滤波器的目标状态更新;而这里所讨论的方法则是为了组合同一传感器在某个时间窗内获得的量测,被组合的量测可以源自同步或异步传感器系统,图 7.7 给出了有关概念的说明。基于一个小的时间窗的量测数据获得的状态估计有时也被称为子航迹。

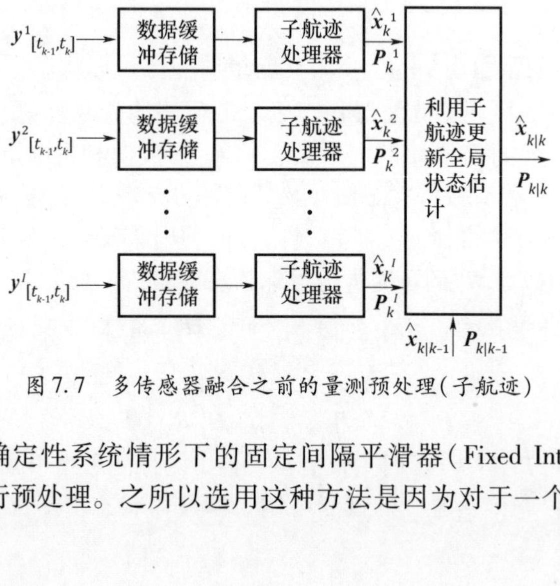

图 7.7 多传感器融合之前的量测预处理(子航迹)

这里采用确定性系统情形下的固定间隔平滑器(Fixed Interval Smoother, FIS)对量测进行预处理。之所以选用这种方法是因为对于一个较短的时间间隔而言,过程噪声的影响较小①。以$[t_{k-1},t_k]$标记一个数据时间间隔,在该时间间隔内的数据将被用来生成传感器 i 在 k 时间步的子航迹。针对确定性系统及传感器 i 的 FIS 平滑算法(2.10.5 小节给出的)可被改写为

$$\hat{\boldsymbol{x}}_k^i = \left[\sum_{k_i=t_{k-1}}^{t_k} \boldsymbol{\Phi}_{k_i,t_k}^{\mathrm{T}} \boldsymbol{H}_k^{i\,\mathrm{T}} \boldsymbol{R}_k^{i^{-1}} \boldsymbol{H}_k^i \boldsymbol{\Phi}_{k_i,t_k}\right]^{-1} \left(\sum_{k_i=t_{k-1}}^{t_k} \boldsymbol{\Phi}_{k_i,t_k}^{\mathrm{T}} \boldsymbol{H}_k^{i\,\mathrm{T}} \boldsymbol{R}_k^{i^{-1}} \boldsymbol{y}_{k_i}^i\right) \tag{7.3-19}$$

$$\boldsymbol{P}_k^i = \left[\sum_{k_i=t_{k-1}}^{t_k} \boldsymbol{\Phi}_{k_i,t_k}^{\mathrm{T}} \boldsymbol{H}_k^{i\,\mathrm{T}} \boldsymbol{R}_k^{i^{-1}} \boldsymbol{H}_k^i \boldsymbol{\Phi}_{k_i,t_k}\right]^{-1} \tag{7.3-20}$$

将上述方程与式(2.9-13)和式(2.9-14)所给确定性系统下的 FIS 方程相比较,注意到此处忽略了初始状态$\hat{\boldsymbol{x}}_0$ 及其误差协方差$\boldsymbol{P}_0$,这是因为基于不同时间窗量测数据获得的状态估计必定是统计独立的。

上述方程适用于所有传感器所需的预处理。在这一过程中,基于有限时间窗量测数据获得的、针对每一时间步 k 的状态估计被用于更新全局状态估计,具体更新算法即为 7.3.1 小节给出的、利用源自各传感器的伪量测更新目标状态的算法,具体更新方式可以是序贯更新,也可以是并行更新。图 7.7 给出了处理架构示意说明。

7.3.4 基于无序量测的目标状态更新

由于通信延迟的原因,一些过往的量测数据可能会在处理节点已经利用时间上更为新近的量测更新状态估计完毕后才到达处理节点。以 t_α 标识延迟量测的对应时刻,t_k 为当前时刻②,那么有 $t_\alpha < t_k$。在 t_α 时刻的量测就被称为一个无序量测(Out-Of-Sequence Measurement,OOSM)。如果在 t_α 的紧接前一时刻的状态估计、估计误差协方差以及 t_α 和 t_k 时刻之间的所有量测数据均已被保留存储,基于延迟量测更新的状态估计可以通过以正确的时序重新处理 t_α 和 t_k 时刻之间的所有量测以及延迟量测的方式获得。

然而,对于很多的实际系统,是无法获得重新处理所需过往的量测和状态估计。因此就需要一种利用 t_α 时刻的延迟量测更新状态估计的算法。以下所给算法源于 Bar-Shalom 的研究工作[4,5]。

为简单起见,以下省略了针对不同传感器的索引项,且假设 $t_{k-1} < t_\alpha < t_k$(一步延迟 OOSM[4])③。如前所定义,$\hat{\boldsymbol{x}}_{k|k-1}$、$\boldsymbol{P}_{k|k-1}$、$\hat{\boldsymbol{x}}_{k|k}$和$\boldsymbol{P}_{k|k}$分别是给定量测序列$\boldsymbol{y}_{1:k}=[\boldsymbol{y}_1,\boldsymbol{y}_2,\cdots,\boldsymbol{y}_k]$且在 t_α 时刻不存在无序量测条件下、目标在 t_k 时刻状态的预测、更新状态(估计)及其误差协方差。由于 t_α 时刻存在的无序量测$\boldsymbol{y}_\alpha$,引入

---

① 这一概念也可扩展到随机系统的情形,但是在这种情况下 KF 滤波器的构建就会复杂得多。

② 假设所有量测具有时间标签,且 t_α 在时刻被延迟的量测就属于无序量测。

③ 对于多步延迟的 OOSM 问题,即 $t_{k-1} < t_\alpha < t_{k-l+1}$,其算法推到理念与一步延迟 OOSM 的类似,感兴趣的读者可参阅文献[4]。

如下新的标记：

$\hat{\boldsymbol{x}}_{\alpha|k}$：在未利用 y_α 的前提下，基于$\hat{\boldsymbol{x}}_{k|k}$的逆时序预测[①]对$\boldsymbol{x}_\alpha$ 的估计。

$\hat{\boldsymbol{x}}_{k|k,\alpha}$：利用无序量测 y_α 更新关于目标状态$\boldsymbol{x}_k$ 的估计。

估计$\hat{\boldsymbol{x}}_{\alpha|k}$和$\hat{\boldsymbol{x}}_{k|k,\alpha}$的误差协方差分别为$\boldsymbol{P}_{\alpha|k}$和$\boldsymbol{P}_{k|k,\alpha}$。

方法

(1) 利用 $\hat{\boldsymbol{x}}_{k|k}$和 $\boldsymbol{P}_{k|k}$计算 $\hat{\boldsymbol{x}}_{\alpha|k}$和 $\boldsymbol{P}_{\alpha|k}$。

(2) 利用 $\hat{\boldsymbol{x}}_{\alpha|k}$、$\boldsymbol{P}_{\alpha|k}$和 $\boldsymbol{y}_\alpha$ 计算 $\hat{\boldsymbol{x}}_{k|k,\alpha}$和 $\boldsymbol{P}_{k|k,\alpha}$。

算法

反向推理处理

根据式(7.2-1)，t_α 和 t_k 时刻的状态向量服从如下关系，

$$\boldsymbol{x}_k = \boldsymbol{\Phi}_{k,\alpha}\boldsymbol{x}_\alpha + \boldsymbol{\mu}_{k,\alpha} \tag{7.3-21}$$

$$\boldsymbol{y}_\alpha = \boldsymbol{H}_\alpha \boldsymbol{x}_\alpha + \boldsymbol{\nu}_\alpha \tag{7.3-22}$$

式中：$\boldsymbol{\mu}_{k,\alpha}$为 $t_\alpha \sim t_k$ 时间间隔内的过程噪声，并假设其为 0 均值、协方差为$\boldsymbol{Q}_{k,\alpha}$的白噪声；$\boldsymbol{\nu}_\alpha$：$\sim N(\boldsymbol{0},\boldsymbol{R}_\alpha)$为独立于过程噪声和量测噪声的、无序量测的噪声。假定$\boldsymbol{x}_k$ 和$\boldsymbol{y}_\alpha$ 是两个高斯随机向量，给定量测序列$\boldsymbol{y}_{1:k}$且不考虑 t_α 时刻存在的无序量测$\boldsymbol{y}_\alpha$(式(7.3-22))的条件下状态估计分别包括$\boldsymbol{x}_k$、$\boldsymbol{x}_\alpha$ 和过程噪声的条件期望，即$\hat{\boldsymbol{x}}_{k|k} = E\{\boldsymbol{x}_k | \boldsymbol{y}_{1:k}\}$、$\hat{\boldsymbol{x}}_{\alpha|k} = E\{\boldsymbol{x}_\alpha | \boldsymbol{y}_{1:k}\}$和$\hat{\boldsymbol{\mu}}_{\alpha|k} = E\{\boldsymbol{\mu}_{k,\alpha} | \boldsymbol{y}_{1:k}\}$。给定量测序列$\boldsymbol{y}_{1:k}$的条件下，对式(7.3-21)取条件期望，并采用新获得的标记，即

$$\hat{\boldsymbol{x}}_{\alpha|k} = \boldsymbol{\Phi}_{\alpha,k}(\hat{\boldsymbol{x}}_{k|k} - \hat{\boldsymbol{\mu}}_{\alpha|k}) \tag{7.3-23}$$

$$\boldsymbol{P}_{\alpha|k} = \boldsymbol{\Phi}_{\alpha,k}[\boldsymbol{P}_{k|k} + \boldsymbol{P}_{\mu_\alpha} - \boldsymbol{P}_{x_k,\mu_\alpha} - \boldsymbol{P}^{\mathrm{T}}_{x_k,\mu_\alpha}]\boldsymbol{\Phi}^{\mathrm{T}}_{\alpha,k}, \tag{7.3-24}$$

且

$$\hat{\boldsymbol{\mu}}_{\alpha|k} = \boldsymbol{Q}_{k,\alpha}\boldsymbol{H}_k^{\mathrm{T}}\boldsymbol{\Gamma}_k^{-1}\boldsymbol{\gamma}_k \tag{7.3-25}$$

$$\gamma_k = \boldsymbol{y}_k - \boldsymbol{H}_k\hat{\boldsymbol{x}}_{k|k-1} \tag{7.3-26}$$

$$\boldsymbol{\Gamma}_k = \mathrm{Cov}\{\gamma_k\} = \boldsymbol{H}_k\boldsymbol{P}_{k|k-1}\boldsymbol{H}_k^{\mathrm{T}} + \boldsymbol{R}_k \tag{7.3-27}$$

$$\boldsymbol{P}_{\mu_\alpha} = \boldsymbol{Q}_{k,\alpha} - \boldsymbol{Q}_{k,\alpha}\boldsymbol{H}_k^{\mathrm{T}}\boldsymbol{\Gamma}_k^{-1}\boldsymbol{H}_k\boldsymbol{Q}_{k,\alpha} \tag{7.3-28}$$

$$\boldsymbol{P}_{x_k,\mu_\alpha} = \boldsymbol{Q}_{k,\alpha} - \boldsymbol{P}_{k|k-1}\boldsymbol{H}_k^{\mathrm{T}}\boldsymbol{\Gamma}_k^{-1}\boldsymbol{H}_k\boldsymbol{Q}_{k,\alpha} \tag{7.3-29}$$

利用无序量测更新目标状态

依据式(7.3-21)和式(7.3-22)，给定$\boldsymbol{y}_{1:k}$和$\boldsymbol{y}_\alpha$ 的条件下，关于$\hat{\boldsymbol{x}}_{k|k,\alpha}$的线性最小二乘估计器的推导过程如下(参见附录 1B 的命题 3)：

$$\hat{\boldsymbol{x}}_{k|k,\alpha} = \hat{\boldsymbol{x}}_{k|k} + \boldsymbol{P}_{x_k,y_\alpha}\boldsymbol{P}^{-1}_{y_\alpha,y_\alpha}(\boldsymbol{y}_\alpha - \hat{\boldsymbol{y}}_{\alpha|k}) \tag{7.3-30}$$

$$\boldsymbol{P}_{k|k,\alpha} = \boldsymbol{P}_{k|k} - \boldsymbol{P}_{x_k,y_\alpha}\boldsymbol{P}^{-1}_{y_\alpha,y_\alpha}\boldsymbol{P}^{\mathrm{T}}_{x_k,y_\alpha} \tag{7.3-31}$$

式中：$\hat{\boldsymbol{y}}_{\alpha|k}$是逆时序预测的量测，其具体计算方法为

---

① 在文献[4,5]中也被称为反向推理 (Retrodiction)。

$$\hat{\boldsymbol{y}}_{\alpha|k} = \boldsymbol{H}_{\alpha}\boldsymbol{\Phi}_{\alpha,k}(\hat{\boldsymbol{x}}_{k|k} - \boldsymbol{Q}_{k,\alpha}\boldsymbol{H}_{\alpha}^{\mathrm{T}}\boldsymbol{\Gamma}_{\alpha}^{-1}\gamma_k) \tag{7.3-32}$$

$$\boldsymbol{\Gamma}_{\alpha} = \boldsymbol{P}_{\gamma_{\alpha},\gamma_{\alpha}} = \boldsymbol{H}_{\alpha}\boldsymbol{P}_{\alpha|k}\boldsymbol{H}_{\alpha}^{\mathrm{T}} + \boldsymbol{R}_{\alpha} \tag{7.3-33}$$

式(7.3-30)中的互协方差$\boldsymbol{P}_{x_k,y_\alpha}$的计算方法如下：

$$\boldsymbol{P}_{x_k,y_\alpha} = [\boldsymbol{P}_{k|k} - \boldsymbol{P}_{x_k,\mu_\alpha}]\boldsymbol{\Phi}_{\alpha,k}^{\mathrm{T}}\boldsymbol{H}_{\alpha}^{\mathrm{T}} \tag{7.3-34}$$

表7.1对基于无序量测的目标状态更新算法进行了小结。

以上基于无序量测的目标状态更新算法在条件期望的意义下是最优的。文献[4,5]给出了两种简化算法(因而也是次优的)，并通过数值实验对3种算法进行了比较，结果表明其中一种简化算法的性能几乎和最优算法的性能一样。文献[5]将基于无序量测的目标状态更新算法扩展应用到了IMM滤波器。

表7.1　基于无序量测的目标状态更新算法

基于无序量测的目标状态更新算法

问题描述

在t_k时刻，给定状态估计及其误差协方差$\hat{\boldsymbol{x}}_{k|k}$、$\boldsymbol{P}_{k|k}$以及延迟到达的量测$\boldsymbol{y}_\alpha$，其中$t_\alpha < t_k$，要在不重新处理所有过往量测的前提下更新目标状态估计及其误差协方差。

反向推理处理

$$\hat{\boldsymbol{x}}_{\alpha|k} = \boldsymbol{\Phi}_{\alpha,k}(\hat{\boldsymbol{x}}_{k|k} - \hat{\boldsymbol{\mu}}_{\alpha|k})$$

$$\boldsymbol{P}_{\alpha|k} = \boldsymbol{\Phi}_{\alpha,k}[\boldsymbol{P}_{k|k} + \boldsymbol{P}_{\mu_\alpha} - \boldsymbol{P}_{x_k,\mu_\alpha} - \boldsymbol{P}_{x_k,\mu_\alpha}^{\mathrm{T}}]\boldsymbol{\Phi}_{\alpha,k}^{\mathrm{T}}$$

式中：

$$\gamma_k = \boldsymbol{y}_k - \boldsymbol{H}_k\hat{\boldsymbol{x}}_{k|k-1}$$

$$\boldsymbol{\Gamma}_k = \mathrm{Cov}\{\gamma_k\} = \boldsymbol{H}_k\boldsymbol{P}_{k|k-1}\boldsymbol{H}_k^{\mathrm{T}} + \boldsymbol{R}_k$$

$$\boldsymbol{P}_{\mu_\alpha} = \boldsymbol{Q}_{k,\alpha} - \boldsymbol{Q}_{k,\alpha}\boldsymbol{H}_k^{\mathrm{T}}\boldsymbol{\Gamma}_k^{-1}\boldsymbol{H}_k\boldsymbol{Q}_{k,\alpha}$$

$$\boldsymbol{P}_{x_k,\mu_\alpha} = \boldsymbol{Q}_{k,\alpha} - \boldsymbol{P}_{k|k-1}\boldsymbol{H}_k^{\mathrm{T}}\boldsymbol{\Gamma}_k^{-1}\boldsymbol{H}_k\boldsymbol{Q}_{k,\alpha}$$

$\boldsymbol{P}_{k|k-1}$和$\boldsymbol{P}_{k|k}$分别是$\hat{\boldsymbol{x}}_{k|k-1}$和$\hat{\boldsymbol{x}}_{k|k}$的误差协方差，且均是在处理节点收到无序量测之前计算得到。

更新处理

$$\hat{\boldsymbol{x}}_{k|k,\alpha} = \hat{\boldsymbol{x}}_{k|k} + \boldsymbol{K}_\alpha(\boldsymbol{y}_\alpha - \boldsymbol{H}_\alpha\hat{\boldsymbol{x}}_{\alpha|k})$$

$$\boldsymbol{P}_{k|k,\alpha} = \boldsymbol{P}_{k|k} - \boldsymbol{P}_{x_k,y_\alpha}\boldsymbol{\Gamma}_\alpha^{-1}\boldsymbol{P}_{x_k,y_\alpha}^{\mathrm{T}}$$

式中：

$$\boldsymbol{K}_\alpha = \boldsymbol{P}_{x_k,y_\alpha}\boldsymbol{\Gamma}_\alpha^{-1}$$

$$\boldsymbol{P}_{x_k,y_\alpha} = [\boldsymbol{P}_{k|k} - \boldsymbol{P}_{x_k,\mu_\alpha}]\boldsymbol{\Phi}_{\alpha,k}^{\mathrm{T}}\boldsymbol{H}_\alpha^{\mathrm{T}}$$

$$\boldsymbol{\Gamma}_\alpha = \boldsymbol{H}_\alpha\boldsymbol{P}_{\alpha|k}\boldsymbol{H}_\alpha^{\mathrm{T}} + \boldsymbol{R}_\alpha$$

7.4 状态融合

量测融合的一个缺陷就是所有传感器的量测数据必须被传送到一个单一的处理节点，从而导致对通信要求较高。一种替代方式是，首先让各个传感器根据其量测数据计算自身的局部状态估计，其次再将局部状态估计以远低于量测频率的频率发送至中心处理节点。图7.8给出了一种实现上述替代方式的可能架构。在这一架构中,对各目标状态局部估计的融合处理产生了关于目标状态的联合估计,且融合处理的频率要小于单个传感器量测更新的频率(为降低通信带宽,以较低的频率传送局部状态估计是一种可以达成目的的做法)。这种融合架构也还表明,当前时刻的目标状态联合估计不会用于目标此后状态估计的更新过程。其原因就在于,各传感器在其局部状态估计的更新过程中已经利用新的量测。

如图 7.8 所示,以这种方式获得目标状态联合估计包括两个处理步骤:(1)利用传感器的本地量测数据生成目标状态局部估计。(2)对所有局部估计进行融合处理已获得最终的目标状态估计。局部估计可被看作是对一个量测子集的预处理,或者是在获得最终状态估计之前将量测映射至一个不同向量空间的变换。有关利用经过变换后的量测进行目标状态估计的问题将在本章附录 7A 中讨论,并采用算子理论方法对全局估计和联合估计的协方差进行了对比。

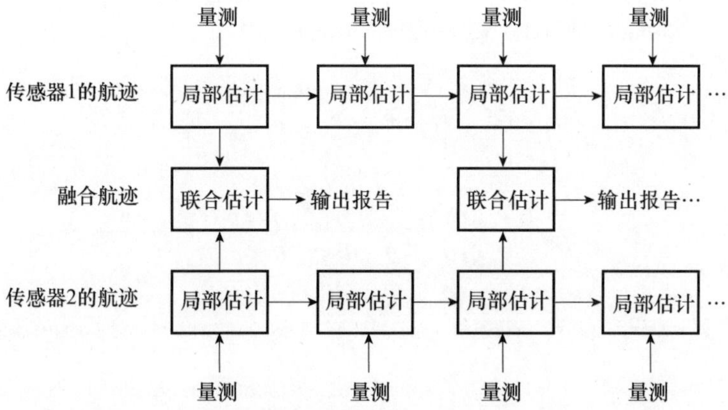

图 7.8 一种状态融合的架构

图 7.8 中所获得的各局部估计之间可能是统计相关的,造成相关性的原因包括(1)目标状态方程中包含相同的过程噪声。(2)所有传感器的初始局部估计服从同一先验分布。假设能够得到各局部估计的误差互协方差,就可推导出最小二乘或极大似然意义下的最优联合估计,7.4.1 小节给出了相关结果。一般而言,联合估计的误差协方差要大于全局估计的误差协方差,参见附录 7A。但是,如果系统是确定性的,则状态融合的结果也是最优的,且与量测融合的结果相同。

7.4.1 基本状态融合算法

以$\hat{\boldsymbol{x}}_{k|k}^{i}$和$\boldsymbol{P}_{k|k}^{i}$标识基于第 i 个传感器的量测$\boldsymbol{y}_{j}^{i}$, $j=1,2,\cdots,k$ 获得的、关于目标状态$\boldsymbol{x}_{k}$ 的估计及其误差协方差。由于仅仅依赖于单一传感器的本地量测信

息，$\hat{\boldsymbol{x}}_{k|k}^{i}$和$\boldsymbol{P}_{k|k}^{i}$也被称为局部估计。局部状态估计可被视为是目标状态$\boldsymbol{x}_k$的量测，且量测误差协方差为$\boldsymbol{P}_{k|k}^{i}$，有

$$\hat{\boldsymbol{x}}_{k|k}^{i}=\boldsymbol{x}_k+\bar{\bar{\boldsymbol{\nu}}}_k^{i}$$

式中：$\bar{\bar{\boldsymbol{\nu}}}_k^{i}:\sim N(\boldsymbol{0},\boldsymbol{P}_{k|k}^{i})$。令$z_k$和$\boldsymbol{\nu}_k$标识分别由全体$\hat{\boldsymbol{x}}_{k|k}^{i}$和全体$\bar{\bar{\boldsymbol{\nu}}}_k^{i}$向量通过串接组成的向量，有

$$z_k=[\hat{\boldsymbol{x}}_{k|k}^{1\mathrm{T}},\hat{\boldsymbol{x}}_{k|k}^{2\mathrm{T}},\cdots,\hat{\boldsymbol{x}}_{k|k}^{I\mathrm{T}}]^{\mathrm{T}}$$
$$\boldsymbol{\nu}_k=[\bar{\bar{\boldsymbol{\nu}}}_k^{1\mathrm{T}},\bar{\bar{\boldsymbol{\nu}}}_k^{2\mathrm{T}},\cdots,\bar{\bar{\boldsymbol{\nu}}}_k^{I\mathrm{T}}]^{\mathrm{T}}$$

且有

$$z_k=\bar{\bar{\boldsymbol{H}}}\boldsymbol{x}_k+\boldsymbol{\nu}_k$$

式中：

$$\bar{\bar{\boldsymbol{H}}}=\begin{bmatrix}\boldsymbol{I}\\ \vdots\\ \boldsymbol{I}\end{bmatrix}$$

$\boldsymbol{I}$是维数为n的单位矩阵，$\boldsymbol{\nu}_k:\sim N(\boldsymbol{0},\bar{\bar{\boldsymbol{R}}}_{k|k})$，且有

$$\bar{\bar{\boldsymbol{R}}}_{k|k}=\begin{bmatrix}\boldsymbol{P}_{k|k}^{1} & \cdots & \boldsymbol{P}_{k|k}^{1,I}\\ \vdots & \ddots & \vdots\\ \boldsymbol{P}_{k|k}^{I,1} & \cdots & \boldsymbol{P}_{k|k}^{I}\end{bmatrix}$$

$\boldsymbol{P}_{k|k}^{i,j}$标记了$\hat{\boldsymbol{x}}_{k|k}^{i}$和$\hat{\boldsymbol{x}}_{k|k}^{j}$之间，或者$\bar{\bar{\boldsymbol{\nu}}}_k^{i}$和$\bar{\bar{\boldsymbol{\nu}}}_k^{j}$之间的误差互协方差。由于协方差矩阵的对称特性，有$\boldsymbol{P}_{k|k}^{i,j}=\boldsymbol{P}_{k|k}^{j,i\mathrm{T}}$。给定$\hat{\boldsymbol{x}}_{k|k}^{i}$和$\boldsymbol{P}_{k|k}^{i}$，$i=1,\cdots,I$，关于目标状态$\boldsymbol{x}_k$的估计$\bar{\bar{\boldsymbol{x}}}_{k|k}$及其误差协方差$\bar{\bar{\boldsymbol{P}}}_{k|k}$可通过第1章推导中给出的加权最小二乘估计算法得出，从而就有下式成立，即

$$[\bar{\bar{\boldsymbol{H}}}^{\mathrm{T}}\bar{\bar{\boldsymbol{R}}}_{k|k}^{-1}\bar{\bar{\boldsymbol{H}}}]\bar{\bar{\boldsymbol{x}}}_{k|k}=\bar{\bar{\boldsymbol{H}}}^{\mathrm{T}}\bar{\bar{\boldsymbol{R}}}_{k|k}^{-1}z_k \tag{7.4-1}$$

或

$$\bar{\bar{\boldsymbol{x}}}_{k|k}=[\bar{\bar{\boldsymbol{H}}}^{\mathrm{T}}\bar{\bar{\boldsymbol{R}}}_{k|k}^{-1}\bar{\bar{\boldsymbol{H}}}]^{-1}\bar{\bar{\boldsymbol{H}}}^{\mathrm{T}}\bar{\bar{\boldsymbol{R}}}_{k|k}^{-1}z_k \tag{7.4-2}$$

而估计的误差协方差为

$$\bar{\bar{\boldsymbol{P}}}_{k|k}=[\bar{\bar{\boldsymbol{H}}}^{\mathrm{T}}\bar{\bar{\boldsymbol{R}}}_{k|k}^{-1}\bar{\bar{\boldsymbol{H}}}]^{-1} \tag{7.4-3}$$

由于（加权最小二乘意义下）综合了所有局部估计，所得$\bar{\bar{\boldsymbol{x}}}_{k|k}$和$\bar{\bar{\boldsymbol{P}}}_{k|k}$也被称为联合估计。这里采用$\bar{\bar{\boldsymbol{x}}}_{k|k}$和$\bar{\bar{\boldsymbol{P}}}_{k|k}$标记联合估计是为与基于量测融合得到的全局估计$\hat{\boldsymbol{x}}_{k|k}$和$\boldsymbol{P}_{k|k}$有所区别。

两个传感器的状态融合方程

考虑仅有两个传感器的情况。分别以$\hat{\boldsymbol{x}}_{k|k}^{1}$、$\boldsymbol{P}_{k|k}^{1}$和$\hat{\boldsymbol{x}}_{k|k}^{2}$、$\boldsymbol{P}_{k|k}^{2}$标识由两个传感器生成的关于目标状态$\boldsymbol{x}_k$的估计及其误差协方差，$\boldsymbol{P}_{k|k}^{1,2}$代表$\hat{\boldsymbol{x}}_{k|k}^{1}$和$\hat{\boldsymbol{x}}_{k|k}^{2}$之间的误差互协方差。此时，式（7.4-1）就变为

$$\left[\begin{bmatrix} I & I \end{bmatrix}\begin{bmatrix} P_{k|k}^{1} & P_{k|k}^{1,2} \\ P_{k|k}^{2,1} & P_{k|k}^{2} \end{bmatrix}^{-1}\begin{bmatrix} I \\ I \end{bmatrix}\right]\bar{\bar{x}}_{k|k} = \begin{bmatrix} I & I \end{bmatrix}\begin{bmatrix} P_{k|k}^{1} & P_{k|k}^{1,2} \\ P_{k|k}^{2,1} & P_{k|k}^{2} \end{bmatrix}^{-1}\begin{bmatrix} \hat{x}_{k|k}^{1} \\ \hat{x}_{k|k}^{2} \end{bmatrix}$$

或者

$$\bar{\bar{x}}_{k|k} = \left[\begin{bmatrix} I & I \end{bmatrix}\begin{bmatrix} P_{k|k}^{1} & P_{k|k}^{1,2} \\ P_{k|k}^{2,1} & P_{k|k}^{2} \end{bmatrix}^{-1}\begin{bmatrix} I \\ I \end{bmatrix}\right]^{-1}\begin{bmatrix} I & I \end{bmatrix}\begin{bmatrix} P_{k|k}^{1} & P_{k|k}^{1,2} \\ P_{k|k}^{2,1} & P_{k|k}^{2} \end{bmatrix}^{-1}\begin{bmatrix} \hat{x}_{k|k}^{1} \\ \hat{x}^{2}{}_{k|k} \end{bmatrix}$$

$$\bar{\bar{P}}_{k|k} = \left[\begin{bmatrix} I & I \end{bmatrix}\begin{bmatrix} P_{k|k}^{1} & P_{k|k}^{1,2} \\ P_{k|k}^{2,1} & P_{k|k}^{2} \end{bmatrix}^{-1}\begin{bmatrix} I \\ I \end{bmatrix}\right]^{-1}$$

利用3.9.2小节给出的块矩阵求逆运算的特性，可获得如下一组方程：

$$\bar{\bar{P}}_{k|k}^{-1}\bar{\bar{x}}_{k|k} = \bar{\bar{P}}_{k|k}^{1\,-1}\hat{x}_{k|k}^{1} + \bar{\bar{P}}_{k|k}^{2\,-1}\hat{x}_{k|k}^{2} \tag{7.4-4}$$

式中：$\bar{\bar{P}}_{k|k}$为$\bar{\bar{x}}_{k|k}$估计的误差协方差，有

$$\bar{\bar{P}}_{k|k} = [\bar{\bar{P}}_{k|k}^{1^{-1}} + \bar{\bar{P}}_{k|k}^{2^{-1}}]^{-1} \tag{7.4-5}$$

而且

$$\bar{\bar{P}}_{k|k}^{1\;-1} = [P_{k|k}^{1} - P_{k|k}^{1,2}P_{k|k}^{2\;-1}P_{k|k}^{2,1}]^{-1} - P_{k|k}^{2\;-1}P_{k|k}^{2,1}[P_{k|k}^{1} - P_{k|k}^{1,2}P_{k|k}^{2\;-1}P_{k|k}^{2,1}]^{-1}$$

$$\bar{\bar{P}}_{k|k}^{2\;-1} = [P_{k|k}^{2} - P_{k|k}^{2,1}P_{k|k}^{1\;-1}P_{k|k}^{1,2}]^{-1} - P_{k|k}^{1\;-1}P_{k|k}^{1,2}[P_{k|k}^{2} - P_{k|k}^{2,1}P_{k|k}^{1\;-1}P_{k|k}^{1,2}]^{-1}$$

类似于KF滤波方程，可以通过应用附录A中的矩阵求逆引理来获得两传感器情形下有关融合后的状态估计$\bar{\bar{x}}_{k|k}$及其误差协方差$\bar{\bar{P}}_{k|k}$的替代计算形式。经过一些繁琐的运算，得

$$\bar{\bar{x}}_{k|k} = \hat{x}_{k|k}^{i} + [P_{k|k}^{i} - P_{k|k}^{i,j}][P_{k|k}^{1} + P_{k|k}^{2} - P_{k|k}^{1,2} - P_{k|k}^{2,1}]^{-1}(\hat{x}_{k|k}^{j} - \hat{x}_{k|k}^{i}) \tag{7.4-6}$$

$$\bar{\bar{P}}_{k|k} = P_{k|k}^{i} - [P_{k|k}^{i} - P_{k|k}^{i,j}][P_{k|k}^{1} + P_{k|k}^{2} - P_{k|k}^{1,2} - P_{k|k}^{2,1}]^{-1}[P_{k|k}^{i} - P_{k|k}^{j,i}] \tag{7.4-7}$$

上述式中，无论是$(i=1,j=2)$还是$(i=2,j=1)$，所得$\bar{\bar{x}}_{k|k}$、$\bar{\bar{P}}_{k|k}$的结果均相同。

式(7.4-6)和式(7.4-7)表明，在状态估计融合过程中，必须将局部估计之间的误差互相关性从局部估计的误差协方差中去除。否则，计算所得的误差协方差将与真实的状态估计误差不一致。

其他的状态融合架构和算法

图7.8给出了基本的状态融合架构。注意到，这是一种前馈架构，融合所得的联合估计并不参与此后时刻融合估计的生成。在给定局部估计的前提下，依据式(7.4-2)和式(7.4-3)所给的融合方程可得到最优的联合估计。实现该算法的主要难点在于，需要对于所有$i,j=1,\cdots,I$计算互相关协方差$P_{k|k}^{i,j}$。由于这是一难点，同时也由于状态融合有时是多传感器系统实现的必然选择，研究人员提出了各种状态融合算法并着重对所提算法的融合性能进行了分析研究[6-16]。文献[12,13]对状态融合的现有架构和算法进行了总结。以下讨论源自文献[12]的内容。

基于信息去相关的状态融合

不失一般性,以下讨论的大部分内容将针对两传感器的情形。简单起见,将省略时间索引 k。分别以$\hat{\boldsymbol{x}}^i$ 和 $\boldsymbol{P}^i$ 标识源自第 i 个传感器的局部状态估计,以 $\boldsymbol{y}^i$ 标识对应的量测向量,$\boldsymbol{H}^i$ 为量测矩阵,量测噪声协方差矩阵为 $\boldsymbol{R}^i$,i 值或者为1、或者为2。假设两个传感器关于 $\boldsymbol{x}$ 具有相同的先验知识,即 $\boldsymbol{x}$ 的先验估计为均值为$\bar{\boldsymbol{x}}$、协方差为$\boldsymbol{P}$ 的高斯分布。同时,进一步假设所有的噪声过程均为高斯随机过程,各噪声过程之间统计独立且与时间无关,由此可利用 KF 滤波器获得最优的局部估计。利用信息滤波器的表示形式(误差协方差矩阵的逆矩阵即为信息矩阵),利用如下表示式获得局部估计$\hat{\boldsymbol{x}}^i$ 及其估计误差协方差 $\boldsymbol{P}^i$,其中 i 值要么为1、要么为2,有

$$\boldsymbol{P}^{i^{-1}}\hat{\boldsymbol{x}}^i = \bar{\boldsymbol{P}}^{-1}\bar{\boldsymbol{x}} + \boldsymbol{H}^{i\mathrm{T}}\boldsymbol{R}^{i^{-1}}\boldsymbol{y}^i \tag{7.4-8}$$

$$\boldsymbol{P}^{i^{-1}} = \bar{\boldsymbol{P}}^{-1} + \boldsymbol{H}^{i\mathrm{T}}\boldsymbol{R}^{i^{-1}}\boldsymbol{H}^i \tag{7.4-9}$$

利用两个传感器的量测向量$\boldsymbol{y}^1$ 和$\boldsymbol{y}^2$,可基于量测融合的序贯更新算法获得融合估计 $\hat{\boldsymbol{x}}$ 及其误差协方差 $\boldsymbol{P}$。

$$\boldsymbol{P}^{-1}\hat{\boldsymbol{x}} = \bar{\boldsymbol{P}}^{-1}\bar{\boldsymbol{x}} + \boldsymbol{H}^{1\mathrm{T}}\boldsymbol{R}^{1^{-1}}\boldsymbol{y}^1 + \boldsymbol{H}^{2\mathrm{T}}\boldsymbol{R}^{2^{-1}}\boldsymbol{y}^2 \tag{7.4-10}$$

$$\boldsymbol{P}^{-1} = \bar{\boldsymbol{P}}^{-1} + \boldsymbol{H}^{1\mathrm{T}}\boldsymbol{R}^{1^{-1}}\boldsymbol{H}^1 + \boldsymbol{H}^{2\mathrm{T}}\boldsymbol{R}^{2^{-1}}\boldsymbol{H}^2 \tag{7.4-11}$$

分别将式(7.4-8)代入式(7.4-10)、将式(7.4-9)代入式(7.4-11),得

$$\boldsymbol{P}^{-1}\hat{\boldsymbol{x}} = \boldsymbol{P}^{1^{-1}}\hat{\boldsymbol{x}}^1 + \boldsymbol{P}^{2^{-1}}\hat{\boldsymbol{x}}^2 - \bar{\boldsymbol{P}}^{-1}\bar{\boldsymbol{x}} \tag{7.4-12}$$

$$\boldsymbol{P}^{-1} = \boldsymbol{P}^{1^{-1}} + \boldsymbol{P}^{2^{-1}} - \bar{\boldsymbol{P}}^{-1} \tag{7.4-13}$$

由于融合处理过程中去除了先验估计及其误差协方差,式(7.4-12)和式(7.4-13)也被称为基于信息去相关的状态(估计)融合算法。上述推导遵循了文献[12]的研究成果,该文献首先利用贝叶斯概率理论推导的出了基于贝叶斯的分布式融合算法。信息去相关融合是接下来要讨论的数种状态融合架构的前提和基础。

分层架构

图7.9描绘了一种文献[12]中给出的、两传感器情形下的分层融合架构。图中,实心方框代表传感器量测节点,空心方框代表处理节点。上层的流程是关于传感器1,底层的流程则是关于传感器2,中间一排的流程是关于两个传感器的融合处理。除去局部估计的融合之外,中间一排的流程也还负责融合估计

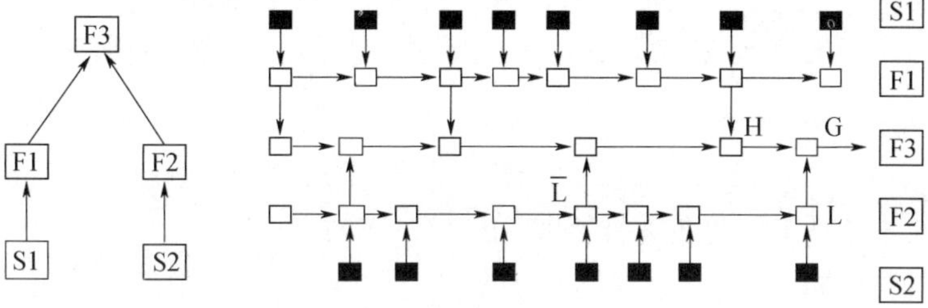

图7.9 状态融合的分层架构

和局部估计的传播，以便在异步量测情形下对参与融合的量进行时间对齐。

考虑节点 G 的融合过程，在该节点中，此前在节点 H 融合获得的状态向量将与在节点 L 生成的、新的局部估计进行融合。此前，节点 H 对传感器 1 的局部估计和早前节点 $\bar{L}$ 获得的融合信息进行了融合处理。因而，节点 $\bar{L}$ 的信息就成为节点 G 融合过程的先验信息。此种情形下的状态融合方程如下：

$$\boldsymbol{P}^{G^{-1}}\hat{\boldsymbol{x}}=\boldsymbol{P}^{H^{-1}}\hat{\boldsymbol{x}}^{H}+\boldsymbol{P}^{L^{-1}}\hat{\boldsymbol{x}}^{L}-\boldsymbol{P}^{\bar{L}^{-1}}\boldsymbol{x}^{\bar{L}} \tag{7.4-14}$$

$$\boldsymbol{P}^{G^{-1}}=\boldsymbol{P}^{H^{-1}}+\boldsymbol{P}^{L^{-1}}-\boldsymbol{P}^{\bar{L}^{-1}} \tag{7.4-15}$$

循环架构

现在考虑一种包含 3 个传感器的更为复杂的融合架构，这种架构也被称为循环架构，具体如图 7.10 所示。其中每条从左至右的数据处理流程代表一个传感器。在循环融合架构中，每个传感器将其局部估计和融合估计发送给它的邻接节点，这一过程由十字箭头所标识，并由图 7.10 左边的子图给出了相关示意说明。融合处理节点与传感器处理节点处于同一条水平线上，并由位于处理局部量测的传感器处理节点之前的白色盒子符号所标识。

考虑源自节点 B 和 C 的信息将在节点 A 进行融合的情况。节点 D、E 和 H 的状态估计和误差协方差信息被发送至节点 B 和 C，构成了节点 B 和 C 的共同先验信息，因而必须被去除。这也导致了如下融合方程：

$$\boldsymbol{P}^{A^{-1}}\hat{\boldsymbol{x}}=\boldsymbol{P}^{B^{-1}}\hat{\boldsymbol{x}}^{B}+\boldsymbol{P}^{C^{-1}}\hat{\boldsymbol{x}}^{C}-\boldsymbol{P}^{H^{-1}}\hat{\boldsymbol{x}}^{H}-\boldsymbol{P}^{D^{-1}}\hat{\boldsymbol{x}}^{D}-\boldsymbol{P}^{E^{-1}}\hat{\boldsymbol{x}}^{E} \tag{7.4-16}$$

$$\boldsymbol{P}^{A^{-1}}=\boldsymbol{P}^{B^{-1}}+\boldsymbol{P}^{C^{-1}}-\boldsymbol{P}^{H^{-1}}-\boldsymbol{P}^{D^{-1}}-\boldsymbol{P}^{E^{-1}} \tag{7.4-17}$$

注意到在这两种融合架构中，特别是循环架构，必须要保存之前相关的融合信息，以便在其后的融合过程中使用。当这在管理上太难和（或）太复杂时，实际系统就会采用一些次优的算法，本章将对其中的一些算法进行简单的介绍，但并不会去推导。有兴趣的读者可以参阅文献[12,13]以及两篇文献中引用的文献。

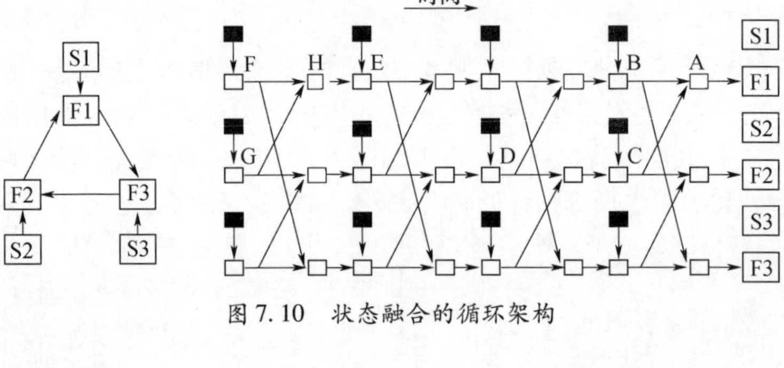

图 7.10　状态融合的循环架构

次优融合算法

1. 幼稚融合

这种融合算法忽略了先验信息，使得融合方程变为如下形式：

$$\boldsymbol{P}^{-1}\hat{\boldsymbol{x}}=\boldsymbol{P}^{1^{-1}}\hat{\boldsymbol{x}}^{1}+\boldsymbol{P}^{2^{-1}}\hat{\boldsymbol{x}}^{2} \quad (7.4-18)$$

$$\boldsymbol{P}^{-1}=\boldsymbol{P}^{1^{-1}}+\boldsymbol{P}^{2^{-1}} \quad (7.4-19)$$

正如之前提到,忽略先验信息(忽略误差互协方差也是同样)将使得融合后的误差协方差不能代表真实的估计误差(如融合估计可能是有偏的)。所谓的协方差膨胀方法有时被用于解释这种额外的误差。

2. 通道滤波器融合

由于假设最具意义的信息是源自最近的过往时刻,通道滤波器是信息去相关滤波器的一阶近似,从而在融合过程中仅有一项先验信息被去除。对于前述循环融合架构的示例而言,融合方程也就演变为

$$\boldsymbol{P}^{A^{-1}}\hat{\boldsymbol{x}}=\boldsymbol{P}^{B^{-1}}\hat{\boldsymbol{x}}^{B}+\boldsymbol{P}^{C^{-1}}\hat{\boldsymbol{x}}^{C}-\boldsymbol{P}^{D^{-1}}\hat{\boldsymbol{x}}^{D} \quad (7.4-20)$$

$$\boldsymbol{P}^{A^{-1}}=\boldsymbol{P}^{B^{-1}}+\boldsymbol{P}^{C^{-1}}-\boldsymbol{P}^{D^{-1}} \quad (7.4-21)$$

这是因为节点 D 是节点 A、B 和 C 的直接过往的融合节点。

3. Chernoff 融合

Chernoff 融合就是带有权重系数的幼稚融合,有

$$\boldsymbol{P}^{-1}\hat{\boldsymbol{x}}=w\,\boldsymbol{P}^{1^{-1}}\hat{\boldsymbol{x}}^{1}+(1-w)\boldsymbol{P}^{2^{-1}}\hat{\boldsymbol{x}}^{2} \quad (7.4-22)$$

$$\boldsymbol{P}^{-1}=w\,\boldsymbol{P}^{1^{-1}}+(1-w)\boldsymbol{P}^{2^{-1}} \quad (7.4-23)$$

式中:$w\in[0,1]$。关于 w 值的确定并不存在已建立的规则。在设计实际系统时,工程师们通常通过研究和试验来找寻最优的 w 值。

4. Bhattacharyya 融合

这是一种 Chernoff 融合的特例,其权重系数固定为 $w=0.5$。由于可通过两个概率乘积的平方根推导得出,类似于 Bhattacharyya 界值的推导,该算法也被称为 Bhattacharyya 融合。该算法的融合方程如下:

$$\boldsymbol{P}^{-1}\hat{\boldsymbol{x}}=\frac{1}{2}(\boldsymbol{P}^{1^{-1}}\hat{\boldsymbol{x}}^{1}+\boldsymbol{P}^{2^{-1}}\hat{\boldsymbol{x}}^{2}) \quad (7.4-24)$$

$$\boldsymbol{P}^{-1}=\frac{1}{2}(\boldsymbol{P}^{1^{-1}}+\boldsymbol{P}^{2^{-1}}) \quad (7.4-25)$$

依据上述公式,融合后的信息就是平均的局部信息。Chernoff 融合和 Bhattacharyya 融合均试图减少融合所得信息,因而这两种融合方法也都属于协方差膨胀的范畴。

总结

(1)量测融合的结果是最优的。不考虑(或选择)量测融合的原因在于它需要将所有的量测数据及其误差协方差发送至中心处理节点。当这一点不构成是什么约束时,通常会选择采用量测融合。

(2)状态融合通常会些许降低融合结果的精确度,或者是具有较高的误差协方差。给定局部状态估计时,基于加权最小二乘估计器的状态融合结果是最

优的，但是该方法需要获得各局部估计之间的误差互协方差。如果忽略误差互协方差，则所得联合估计就是次优的。文献[8]通过一个数值示例来量化评估忽略误差互协方差所造成的影响。

(3)当系统是确定性时，状态估计融合的结果与量测融合的相同。空间目标的轨迹估计是一个这样的例子，这是因为穿越太空飞行的目标的运动过程具有可以忽略的误差。

(4)研究人员提出了一系列状态估计融合算法，并对这些算法的性能进行了比较，参见文献[6－16]以及其中所引用的文献。本节对这些方法进行了简要的总结，其内容主要遵循了文献[12,13]所给的研究结果。

7.5 Cramer－Rao 界值

证明多传感器情形下的 Cramer－Rao 界值(Cramer－Rao bound，CRB)与3.9.2 小节所给 CRB 的一般形式相同，是一个很简单的练习。利用针对异步量测的序贯更新方法，来自不同传感器的量测仅存在坐标系的不同，那么就可依据下式直接利用 CRB 方程：

$$\mathrm{Cov}\{\hat{\boldsymbol{x}}_{k|k}\} = [\boldsymbol{P}_{k|k-1}^{-1} + \boldsymbol{H}_{x_k}^{\mathrm{T}}\boldsymbol{R}_k^{-1}\boldsymbol{H}_{x_k}]^{-1} \tag{7.5-1}$$

其中，不同坐标系之间的转换由$\boldsymbol{H}_{x_k}$表征，$\boldsymbol{P}_{k|k-1}$由$\boldsymbol{P}_{k-1|k-1}$利用式(3.5－3)计算获得。在此条件下，针对多传感器和非线性系统的 CRB 与基于多传感器的 EKF 滤波器的协方差计算方法相同。

7.6 数值示例

这里采用与4.9.2 小节相同的目标轨迹，并如图7.11 所示增加了第二个传感器。两个传感器的方位角观测范围部分重叠，这样做的目的是展示在重叠区域内估计精度的改善。所采用 IMM 滤波器的两个单元滤波器分别是基于低噪声 CV 模型(CV^{L})和基于 CA 模型的滤波器(参见 5.7 节的示例 2)。

实验结果如图7.12 所示。针对5.6 节中第二个示例的、有关滤波器性能对比的全部讨论依旧在这里展开。只是这里仍需额外观察传感器重叠区域(时间为 10 ~ 85s)，在重叠区域的边界处估计误差将发生较大变化。估计性能的改进主要源于以下几个原因，(1)增加的数据率(这是因为采用两个传感器)。(2)多样的几何视角。重要且需要强调的是，估计精度的改善将随着未知且无法解释的传感器之间的偏差的出现而消失。本例中，这种偏差已知，并通过统计方法对其建模，如具有已知均值和协方差的高斯分布。可采用 Schmidt－Kalman 滤波器(SKF，4.5.2 小节给出，其数值示例在4.9.2 小节给出)以确保滤波器的一致性(即由滤波器计算的误差与实际统计误差相匹配)。在本章课后习题中,请读者将本例的研究扩展至存在传感器间偏差的情形,并采用 SKF 开展实验研究。

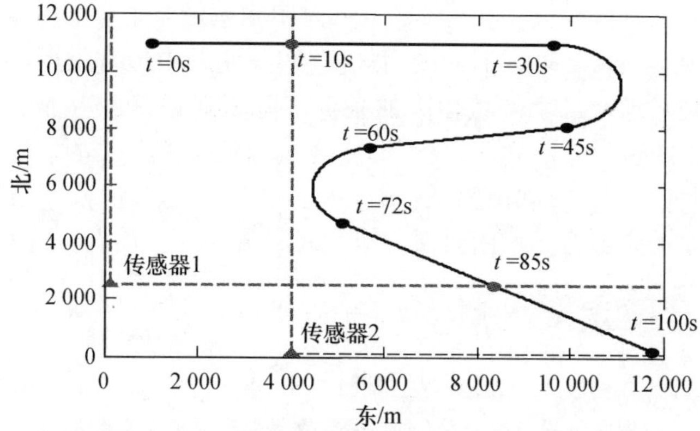

图 7.11　与图 5.9 所给相同的目标轨迹,但增加了第二个传感器(蓝色)(见彩插)

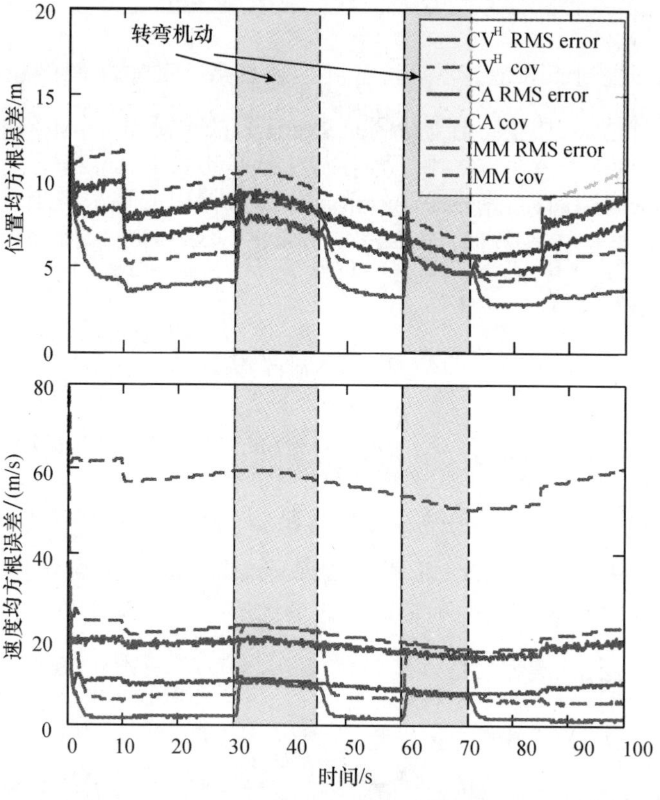

图 7.12　针对图 7.11 所示机动目标轨迹,IMM 滤波器、基于 CV 模型的滤波器和基于 CA 模型的滤波器的估计均方根误差与协方差的比较

附录 7A 基于变换量测的估计

为了减少所必须处理数据的庞大规模,实际问题中经常采用数据预处理方法。其目的是在承受最小信息损失的条件下降低对通信和存储的要求。状态估计融合的思想也有着同样的目标,即在降低通信带宽需求的同时平衡估计性能。本附录的目的是采用算子理论方法来证明联合估计的误差协方差要大于全局估计的误差协方差。本附录所提供的材料源于文献[17]的研究成果。

7A.1 问题定义

令 $\boldsymbol{y}$ 为未知参数向量 $\boldsymbol{x}$ 的量测向量,有

$$\boldsymbol{y}=\boldsymbol{H}\boldsymbol{x}+\boldsymbol{\nu}$$

式中,$\boldsymbol{\nu}=N(\boldsymbol{0},\boldsymbol{R})$。$\boldsymbol{x}$ 的加权最小二乘估计为①

$$\hat{\boldsymbol{x}}=[\boldsymbol{H}^*\boldsymbol{R}^{-1}\boldsymbol{H}]^{-1}(\boldsymbol{H}^*\boldsymbol{R}^{-1}\boldsymbol{y})$$

估计误差协方差为

$$\boldsymbol{P}=[\boldsymbol{H}^*\boldsymbol{R}^{-1}\boldsymbol{H}]^{-1}$$

考虑这样一种情形,在该情形下量测向量 y 首先被转换至一个不同的空间,有

$$z=\boldsymbol{T}\boldsymbol{y}=\boldsymbol{T}\boldsymbol{H}\boldsymbol{x}+\boldsymbol{T}\boldsymbol{\nu}$$

给定 z 条件下对 $\boldsymbol{x}$ 的估计为

$$\tilde{\boldsymbol{x}}=[\boldsymbol{H}^*\boldsymbol{T}^*[\boldsymbol{T}\boldsymbol{R}\boldsymbol{T}^*]^{-1}\boldsymbol{T}\boldsymbol{H}]^{-1}(\boldsymbol{H}^*\boldsymbol{T}^*[\boldsymbol{T}\boldsymbol{R}\boldsymbol{T}^*]^{-1}z)$$

估计误差协方差为

$$\tilde{\boldsymbol{P}}=[\boldsymbol{H}^*\boldsymbol{T}^*[\boldsymbol{T}\boldsymbol{R}\boldsymbol{T}^*]^{-1}\boldsymbol{T}\boldsymbol{H}]^{-1}$$

总结

鉴于利用 $\boldsymbol{y}$ 计算出的 $\hat{\boldsymbol{x}}$ 是最优的,任何对 $\boldsymbol{y}$ 的预处理(经由变换 $\boldsymbol{T}$)均会导致信息丢失,即 $\tilde{\boldsymbol{x}}$ 不如 $\hat{\boldsymbol{x}}$ 精准或者 $\tilde{\boldsymbol{P}}$ 要大于 $\boldsymbol{P}$。那么就产生了两个问题,(1)是否能够证明 $\tilde{\boldsymbol{P}}\geqslant\boldsymbol{P}$ 在一般意义下成立?(2)如果成立的话,在何种条件下两者相等?问题答案将由如下定理给出。

7A.2 基本定理

定理 7.A.1(关于基于变换量测的估计的定理):令

$$\boldsymbol{H}:\mathbb{R}^n\to\mathbb{R}^m,\boldsymbol{T}:\mathbb{R}^m\to\mathbb{R}^p$$

---

① 一个变换的上标 * 代表一个伴随算子,在有限维线性向量空间,该算子的作用与中矩阵转置相同。这里之所以采用更为通用的标记是为了扩展其后的研究结果。

其中，$m \geqslant p \geqslant n$，$\mathrm{Rank}(\boldsymbol{T})=p$，$\boldsymbol{R}$ 是 $\mathbb{R}^m$ 空间的一个维数为 $m \times m$ 的正定对称矩阵。那么对于所有 $\boldsymbol{x} \in \mathbb{R}^n$，有

(a) $\langle \boldsymbol{R}^{-1}\boldsymbol{Hx}, \boldsymbol{Hx} \rangle \geqslant \langle [\boldsymbol{TRT}^*]^{-1}\boldsymbol{THx}, \boldsymbol{THx} \rangle$。

(b) 对于所有 $\boldsymbol{x}$，当且仅当 $\mathcal{N}(\boldsymbol{T}) \subset \mathcal{N}(\boldsymbol{H}^*\boldsymbol{R}^{-1})$ 时，(a)中的等式成立。

(c) 条件(b)等价于 $\boldsymbol{H}^*\boldsymbol{R}^{-1}\boldsymbol{H}=\boldsymbol{H}^*\boldsymbol{T}^*[\boldsymbol{TRT}^*]^{-1}\boldsymbol{TH}$。

式中，$\langle \cdot , \cdot \rangle$ 代表封闭向量的内积，$\mathcal{N}(\cdot)$ 代表闭式算子的零空间。

3 个向量空间之间的关系如图 7.13 所示。$\boldsymbol{T}^\dagger$ 代表从 $\mathbb{R}^p$ 至 $\mathbb{R}^m$ 空间的伪逆算子。从 $\mathbb{R}^n$ 空间到 $\mathbb{R}^m$ 空间以及从 $\mathbb{R}^m$ 空间到 $\mathbb{R}^p$ 空间的变换均为无先验信息的加权最小二乘估计器。

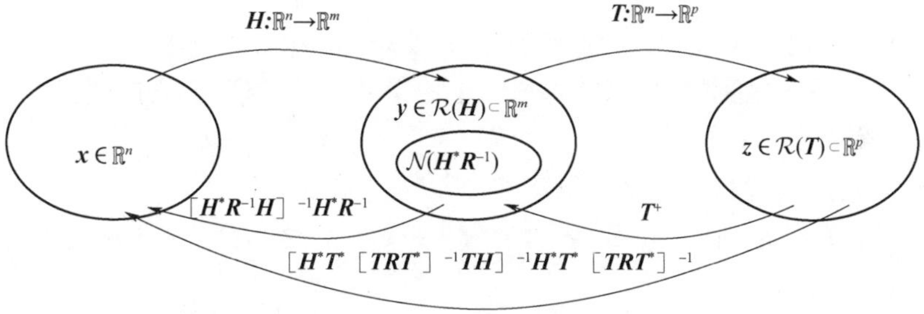

图 7.13 关于向量空间之间变换的示意说明

证明：令 $\boldsymbol{w}$ 和 $\boldsymbol{y}$ 为 $\mathbb{R}^m$ 空间的两个向量。定义一个新的内积为

$$[\boldsymbol{w}, \boldsymbol{y}] \triangleq \langle \boldsymbol{R}^{-1}\boldsymbol{w}, \boldsymbol{y} \rangle$$

令 $\boldsymbol{T}^\dagger$ 为相对于 $[\cdot , \cdot]$ 的、$\boldsymbol{T}$ 的伪逆算子。可以证明在 $\mathbb{R}^m$ 空间给出最小范式解的伪逆算子为①：

$$\boldsymbol{T}^\dagger = \boldsymbol{R}\boldsymbol{T}^*[\boldsymbol{TRT}^*]^{-1}$$

式中：$\boldsymbol{T}^\dagger$ 满足 $\boldsymbol{TT}^\dagger\boldsymbol{T}=\boldsymbol{T}$ 和 $\boldsymbol{T}^\dagger\boldsymbol{TT}^\dagger=\boldsymbol{T}^\dagger$ 的条件，$\boldsymbol{TT}^\dagger$ 则代表了到以 $\mathcal{R}(\boldsymbol{T}) \subset \mathbb{R}^p$ 标识的、$\boldsymbol{T}$ 变换值域的投射，$\boldsymbol{T}^\dagger\boldsymbol{T}$ 则代表了到以 $\mathcal{N}^\perp(\boldsymbol{T})$ 标识的、垂直于 $\mathcal{N}(\boldsymbol{T}) \subset \mathbb{R}^m$ 的子空间的投射。

为了证明(a)，对于所有 $\boldsymbol{y} \in \mathcal{R}(\boldsymbol{H}) \subset \mathbb{R}^m$ 以及 $[\boldsymbol{y},\boldsymbol{y}] \geqslant [\boldsymbol{T}^\dagger\boldsymbol{Ty},\boldsymbol{y}]$、$\langle \boldsymbol{R}^{-1}\boldsymbol{y},\boldsymbol{y} \rangle \triangleq [\boldsymbol{y},\boldsymbol{y}] \geqslant [\boldsymbol{T}^\dagger\boldsymbol{Ty},\boldsymbol{y}] \triangleq \langle \boldsymbol{R}^{-1}\boldsymbol{T}^\dagger\boldsymbol{Ty},\boldsymbol{y} \rangle$ 的事实。

将关于 $\boldsymbol{T}^\dagger$ 的表示式及 $\boldsymbol{y}=\boldsymbol{Hx}$ 代入不等式的两边，有

$$\begin{aligned}\langle \boldsymbol{R}^{-1}\boldsymbol{TTy},\boldsymbol{y} \rangle &= \langle \boldsymbol{R}^{-1}\boldsymbol{R}\boldsymbol{T}^*[\boldsymbol{TR}\boldsymbol{T}^*]^{-1}\boldsymbol{THx},\boldsymbol{Hx} \rangle \\ &= \langle \boldsymbol{T}^*[\boldsymbol{TR}\boldsymbol{T}^*]^{-1}\boldsymbol{THx},\boldsymbol{Hx} \rangle \\ &= \langle [\boldsymbol{TR}\boldsymbol{T}^*]^{-1}\boldsymbol{THx},\boldsymbol{THx} \rangle\end{aligned}$$

和

$$\langle \boldsymbol{R}^{-1}\boldsymbol{Hx},\boldsymbol{Hx} \rangle \geqslant \langle [\boldsymbol{TR}\boldsymbol{T}^*]^{-1}\boldsymbol{THx},\boldsymbol{THx} \rangle$$

① 关于向量空间之间常规内积的伪逆算子理论可参见文献[18]的 165 页。

这实际上就是命题(a)了。

为了证明命题(b)，就必须找到相对于[·,·]所有$\boldsymbol{y}\in\mathcal{R}(\boldsymbol{H})\subset\mathbb{R}^m$的充分和必要条件，其中$\boldsymbol{T}^\dagger\boldsymbol{T}$所返回的所有$\boldsymbol{y}\in\mathcal{R}(\boldsymbol{H})$。这与要求$\boldsymbol{y}\in\mathcal{R}(\boldsymbol{H})\subset\mathcal{R}(\boldsymbol{T}^\dagger\boldsymbol{T})$是相同的。这等价于存在一种变换$\boldsymbol{B}:\mathbb{R}^n\to\mathbb{R}^m$以使得$\boldsymbol{H}=\boldsymbol{T}^\dagger\boldsymbol{T}\boldsymbol{B}$成立，那么有

$$\boldsymbol{H}=\boldsymbol{R}\boldsymbol{T}^*[\boldsymbol{T}\boldsymbol{R}\boldsymbol{T}^*]^{-1}\boldsymbol{T}\boldsymbol{B}$$

或

$$\boldsymbol{H}^*=\boldsymbol{B}^*\boldsymbol{T}^*[\boldsymbol{T}\boldsymbol{R}\boldsymbol{T}^*]^{-1}\boldsymbol{T}\boldsymbol{R}$$

将$\boldsymbol{R}$移动到上式左边，有

$$\boldsymbol{H}^*\boldsymbol{R}^{-1}=\boldsymbol{B}^*\boldsymbol{T}^*[\boldsymbol{T}\boldsymbol{R}\boldsymbol{T}^*]^{-1}\boldsymbol{T}$$

这就证明了$\mathcal{N}(\boldsymbol{T})\subset\mathcal{N}(\boldsymbol{H}^*\boldsymbol{R}^{-1})$是必要条件。

现在假设这是真的，那么就存在一个使得$\boldsymbol{H}^*\boldsymbol{R}^{-1}=\boldsymbol{C}\boldsymbol{T}$成立的变换$\boldsymbol{C}:\mathbb{R}^p\to\mathbb{R}^n$。这就引出了$\boldsymbol{H}^*=\boldsymbol{C}\boldsymbol{T}\boldsymbol{R}$或$\boldsymbol{H}=\boldsymbol{R}\boldsymbol{T}^*\boldsymbol{C}^*$。令$\boldsymbol{y}=\boldsymbol{y}_1+\boldsymbol{y}_0$，其中$\boldsymbol{y}_1\in\mathcal{R}(\boldsymbol{H})$、$\boldsymbol{y}_0\in\mathcal{N}(\boldsymbol{T})$，那么就有$\boldsymbol{y}_1=\boldsymbol{H}\boldsymbol{x}=\boldsymbol{R}\boldsymbol{T}^*\boldsymbol{C}^*\boldsymbol{x}$以及下式成立：

$$[\boldsymbol{y}_1,\boldsymbol{y}_0]=\langle\boldsymbol{R}^{-1}\boldsymbol{y}_1,\boldsymbol{y}_0\rangle=\langle\boldsymbol{R}^{-1}\boldsymbol{R}\boldsymbol{T}^*\boldsymbol{C}^*\boldsymbol{x},\boldsymbol{y}_0\rangle=\langle\boldsymbol{T}^*\boldsymbol{C}^*\boldsymbol{x},\boldsymbol{y}_0\rangle=\langle\boldsymbol{C}^*\boldsymbol{x},\boldsymbol{T}\boldsymbol{y}_0\rangle=\langle\boldsymbol{C}^*\boldsymbol{x},0\rangle=0$$

这就证明了$\mathcal{N}(\boldsymbol{T})\subset\mathcal{N}(\boldsymbol{H}^*\boldsymbol{R}^{-1})$是充分条件。

为了证明命题(c)，回顾7A.1小节曾讨论的最优估计的误差协方差$\boldsymbol{P}=[\boldsymbol{H}^*\boldsymbol{R}^{-1}\boldsymbol{H}]^{-1}$和基于量测变换的估计的误差协方差$\widetilde{\boldsymbol{P}}=[\boldsymbol{H}^*\boldsymbol{T}^*[\boldsymbol{T}\boldsymbol{R}\boldsymbol{T}^*]^{-1}\boldsymbol{T}\boldsymbol{H}]^{-1}$，可以证明命题(c)成立。证毕。

评注

(1)采用算子形式描述上述定理，是因为在算子理论背景下，这样做可以获得更好的一般性。在矩阵运算的背景下，上述定理对于估计问题的意义不言而喻。

(2)对于命题(a)中等式成立的条件，以下给出一些示例

① $\boldsymbol{T}$为单位矩阵。

② $\boldsymbol{T}^{-1}$是唯一的且有$\boldsymbol{T}^{-1}\boldsymbol{T}=\boldsymbol{T}\boldsymbol{T}^{-1}=\boldsymbol{I}$。

③ $\boldsymbol{T}$是最优估计器，即$[\boldsymbol{H}^*\boldsymbol{R}^{-1}\boldsymbol{H}]^{-1}(\boldsymbol{H}^*\boldsymbol{R}^{-1})$。

利用代数运算可以很容易地证明上述任一条件均可实现利用$\boldsymbol{z}$获得最优估计$\hat{\boldsymbol{x}}$。

(3)量测融合的结果是最优的。不考虑(或选择)量测融合的原因在于它需要将所有的量测数据及其误差协方差发送至中心处理节点。当这一点不构成是什么约束时，通常会选择采用量测融合。

(4)状态融合通常会些许降低融合结果的精确度，或者是具有较高的误差协方差。给定局部状态估计时，基于加权最小二乘估计器的状态融合结果是最

优的,但是该方法需要获得各局部估计之间的误差互协方差。如果忽略误差互协方差,则所得联合估计就是次优的。文献[8]通过一个数值示例来量化评估忽略误差互协方差所造成的影响。

定理 7A.1 的一个示例

令 $\boldsymbol{y}=(y_1,y_2,y_3)$ 标识关于标量 x 的 3 个独立量测,量测噪声服从高斯分布 $N(0,1)$。这意味着 $x\in\mathbb{R}^1$、$\boldsymbol{y}\in\mathbb{R}^3$。利用 $\boldsymbol{y}$ 所得关于 x 的加权最小二乘估计为 $\hat{x}=\frac{1}{3}(y_1+y_2+y_3)$,估计误差协方差为$\frac{1}{3}$。令 $\hat{x}^{1,3}$ 和 $\hat{x}^{2,3}$ 分别标识基于(y_1,y_3)和(y_2,y_3)获得的 x 的估计,其中 $\hat{x}^{1,3}=\frac{1}{2}(y_1+y_3)$、$\hat{x}^{2,3}=\frac{1}{2}(y_2+y_3)$。$\hat{x}^{1,3}$ 和 $\hat{x}^{2,3}$组成了$\mathbb{R}^2$空间的 $\boldsymbol{z}$ 向量,即 $\boldsymbol{z}=(\hat{x}^{1,3},\hat{x}^{2,3})^{\mathrm{T}}$。$\boldsymbol{z}$ 的误差协方差为

$$\mathrm{Cov}\{\boldsymbol{z}\}=\begin{bmatrix}\frac{1}{2} & \frac{1}{4}\\ \frac{1}{4} & \frac{1}{2}\end{bmatrix}$$

令 $\tilde{x}$ 利用 $\hat{x}^{1,3}$ 和 $\hat{x}^{2,3}$获得的 x 的加权最小二乘估计,$\tilde{x}$ 的估计误差方差为$\frac{3}{8}$,比 $\hat{x}$ 的估计误差方差$\frac{1}{3}$要大。事实上,仅仅基于 $\hat{x}^{1,3}$ 和 $\hat{x}^{2,3}$,采用任何估计算法都无法获得 $\hat{x}$。

现在将上述定理用于本示例,这可以通过选择一个属于$\mathbb{R}^3$空间且不满足条件(b)的向量来实现。x、$\boldsymbol{y}$ 和 $\boldsymbol{z}$ 之间的关系给出了变换 $\boldsymbol{T}$ 的定义:

$$\boldsymbol{T}=\begin{bmatrix}\frac{1}{2} & 0 & \frac{1}{2}\\ 0 & \frac{1}{2} & \frac{1}{2}\end{bmatrix}$$

和$\boldsymbol{H}^*\boldsymbol{R}^{-1}=[1,1,1]$。令 $\boldsymbol{u}=[1,1,-1]^{\mathrm{T}}$ 为$\mathbb{R}^3$空间的一个向量。那么就有 $\boldsymbol{Tu}=[0,0]^{\mathrm{T}}$ 但$\boldsymbol{H}^*\boldsymbol{R}^{-1}\boldsymbol{u}=1$。很显然,$\boldsymbol{u}\in\mathcal{N}(\boldsymbol{T})$但 $\boldsymbol{u}\notin\mathcal{N}(\boldsymbol{H}^*\boldsymbol{R}^{-1})$,这违背了条件(b),因此就有 $\mathrm{Cov}\{\tilde{x}\}>\mathrm{Cov}\{\hat{x}\}$。事实上,仅由 $\hat{x}^{1,3}$ 和 $\hat{x}^{2,3}$,采用任何估计算法都是无法获得 $\hat{x}$ 的。如果利用了其他额外信息,如除去 $\boldsymbol{z}$ 向量之外还利用了 $\boldsymbol{y}$ 的一些元素,是有可能获得 $\hat{x}$ 的。在这一条件下,就定义了一个新的变换$\boldsymbol{T}^N$。只要$\boldsymbol{T}^N$ 的逆变换是唯一的,即可利用以上讨论的定理获得 $\hat{x}$。有关这一问题的细节就作为留给读者的一道课后习题。

评注

上述定理和示例表明,数据预处理可能会导致信息丢失。例如,如果预处理涉及重叠时间窗区域内的初步估计,那么采用初步估计获得的最终估计的误

差会更大。

7A.3 量测融合与状态融合对比的延伸思考

推论 7A.1(关于基于变换量测的估计的定理的推论):令$\boldsymbol{P}_{k|k}=\mathrm{Cov}\{\hat{\boldsymbol{x}}_{k|k}\}$及$\widetilde{\boldsymbol{P}}_{k|k}=\mathrm{Cov}\{\widetilde{\boldsymbol{x}}_{k|k}\}$,那么有

$$\boldsymbol{P}_{k|k}\leqslant\widetilde{\boldsymbol{P}}_{k|k}$$

且当对于所有 k 均有 $\mu_k=0$ 及对于所有 i 和 j 均有$\hat{\boldsymbol{x}}^i_{0|0}$和$\hat{\boldsymbol{x}}^j_{0|0}$是统计无关时,上式为等式。

证明:考虑两个传感器的情形,假设两个传感器的初始估计均为$\hat{\boldsymbol{x}}_{0|0}$,两个传感器在 $k=1$ 时刻的量测分别为$\boldsymbol{y}_1^1$ 和$\boldsymbol{y}_1^2$。可以证明基于量测融合获得的全局估计$\hat{\boldsymbol{x}}_{1|1}$(由 KF 滤波器获得)为

$$\hat{\boldsymbol{x}}_{1|1}=[\boldsymbol{I}-\boldsymbol{K}^1\boldsymbol{H}^1-\boldsymbol{K}^2\boldsymbol{H}^2]\hat{\boldsymbol{x}}_{1|0}+\boldsymbol{K}^1\boldsymbol{y}_1^1+\boldsymbol{K}^2\boldsymbol{y}_1^2$$

而局部估计

$$\hat{\boldsymbol{x}}^1_{1|1}=[\boldsymbol{I}-\boldsymbol{K}^1\boldsymbol{H}^1]\hat{\boldsymbol{x}}_{1|0}+\boldsymbol{K}^1\boldsymbol{y}_1^1$$
$$\hat{\boldsymbol{x}}^2_{1|1}=[\boldsymbol{I}-\boldsymbol{K}^2\boldsymbol{H}^2]\hat{\boldsymbol{x}}_{1|0}+\boldsymbol{K}^2\boldsymbol{y}_1^2$$

很显然,

$$\boldsymbol{T}=\begin{bmatrix}\boldsymbol{I}-\boldsymbol{K}^1\boldsymbol{H}^1 & \boldsymbol{K}^1 & 0\\ \boldsymbol{I}-\boldsymbol{K}^2\boldsymbol{H}^2 & 0 & \boldsymbol{K}^2\end{bmatrix}$$

利用定理 7A.1,可证明$\boldsymbol{P}_{1|1}\leqslant\widetilde{\boldsymbol{P}}_{1|1}$。采用同样的方法可以讲上述结论从 k 时刻扩展至 $k+1$ 时刻。至此,上述推论即可由数学推导完成证明。详细证明过程将作为课后习题课后习题 7 留给读者完成。

课后习题

1. 依照 7.5 节中示例,将仿真工作扩展到两部雷达。采用自选的目标轨迹,而且传感器的位置是可移动的。

(1) 观察采用两部传感器是否能改善估计性能;

(2) 将其中一部传感器移动到数个不同位置,考察传感器位置变化后的估计误差协方差是否发生改变,并给出原因;

(3) 给其中一部传感器增加量测偏差。采用以下两种方法之一构建滤波器。

① 增加量测误差协方差以补偿已知大小的量测偏差,或者

② 采用 SKF 滤波器(4.5.2 小节)。

2. 请以解析方式证明,7.3.1 节给出的并行滤波器、序贯滤波器和数据压

缩滤波器在数学上是等价的。

3. 请推导得出式(7.3－1)和式(7.3－1)。

4. 请计算得出你所构建的两部雷达场景的 CRB,并对仿真结果与 CRB 进行比较。

5. 请推导得出 $\boldsymbol{T}$ 相对于[·,·]的伪逆算子 $\boldsymbol{T}^{\dagger}$ 的表达式,即 $\boldsymbol{T}^{\dagger}=\boldsymbol{R}\boldsymbol{T}^{*}[\boldsymbol{T}\boldsymbol{R}\boldsymbol{T}^{*}]^{-1}$。

6. 以更一般的矩阵方程扩展定理7A.1 演示示例。考虑一个包含3个传感器的情形,令 $\hat{\boldsymbol{x}}$ 为基于三个向量($\boldsymbol{y}_1,\boldsymbol{y}_2,\boldsymbol{y}_3$)获得的加权最小二乘估计,$\hat{\boldsymbol{x}}^{12}$ 和 $\hat{\boldsymbol{x}}^{23}$ 则是分别基于($\boldsymbol{y}_1,\boldsymbol{y}_2$)和($\boldsymbol{y}_2,\boldsymbol{y}_3$)获得的状态估计。

(1) 推导矩阵方程以证明基于 $\hat{\boldsymbol{x}}^{12}$ 和 $\hat{\boldsymbol{x}}^{23}$ 获得的估计 $\tilde{\boldsymbol{x}}$ 较 $\hat{\boldsymbol{x}}$ 有着更大的估计误差协方差;

(2) 假设三个 $\boldsymbol{y}$ 向量中的任何一个可与 $\hat{\boldsymbol{x}}^{12}$ 和 $\hat{\boldsymbol{x}}^{23}$ 一起用于估计 $\tilde{\boldsymbol{x}}$,请证明此时 $\tilde{\boldsymbol{x}}$ 和 $\hat{\boldsymbol{x}}$ 相同。

7. 关于附录7A.3 中得出的推论7A.1:

(1) 识别3个向量空间和 $\boldsymbol{H}^{*}\boldsymbol{R}^{-1}$。

(2) 证明它们不满足定理7A.1 中的条件(b)。

(3) 推导得出状态融合方程(联合估计)。

(4) 当目标系统为确定性系统时(过程噪声为0),证明等式成立。

参考文献

[1] S. Blackman and R. Popoli, *Design and Analysis of Modern Tracking Systems*. Norwood, MA: Artech House, 1999.

[2] D. Willner, C. B. Chang, and K. P. Dunn, "Kalman Filter Algorithms for a Multi－Sensor System," in *Proceedings of* 1976 *IEEE Conference on Decision and Control*, pp. 570－574, Dec. 1976.

[3] D. Willner, C. B. Chang, and K. P. Dunn, "Kalman Filter Configuration for a Multiple Radar System," MIT Lincoln Laboratory Technical Note TN－1976－21, April 14 1976.

[4] Y. Bar－Shalom, "Update with Out－of－Sequence Measurements in Tracking, Exact Solution," *IEEE Transactions on Aerospace Electronic Systems*, vol. AES－38, pp. 769－778, July 2002.

[5] Y. Bar－Shalom, P. K. Willett, and X. Tian, *Tracking and Data Fusion: A Hand Book of Algorithms*. Storrs, CT, YBS Publishing, 2011.

[6] C. Y Chong, S. Mori, W. Parker, and K. C. Chang, "Architecture and Algorithm for Track Association and Fusion," *IEEE AES Systems Magazine*, Jan. 2000.

[7] Y. Bar－Shalom, "On the Track－to－Track Correlation Problem," *IEEE Transactions on Automatic Control*, vol. AC－26, pp. 571－572, April 1981.

[8] Y. Bar－Shalom and L. Campo, "The Eff ect of the Common Process Noise on the Two－Sensor Fused Track Covariance," *IEEE Transactions on Aerospace Electronic Systems*, vol. AES－22, pp. 803－805, Nov. 1986.

[9] K. C. Chang, R. K. Saha, and Y. Bar - Shalom, "On Optimal Track - to - Track Fusion," *IEEE Transactions on Aerospace Electronic Systems*, vol. AES - 33, pp. 1271 - 1276, Oct. 1997.

[10] C. Y. Chong, "Hierarchical Estimation," in *Proceedings of MIT/ONR Workshop on C3*, 1979.

[11] C. Y. Chong, S. Mori, and K. C. Chang, "Information Fusion in Distributed Sensor Networks," in *Proceedings of the* 1985 *American Control Conference*, pp. 830 - 835, June 1985.

[12] C. Y. Chong, K. C. Chang, and S. Mori, "Fundamentals of distributed estimation," in *Distributed Data Fusion for Network - Centric Operations*, D. L. Hall, C. - Y. Chong, J. Llinas, and M. Liggins, II, Eds., Boca Raton: CRC Press, pp. 95 - 124, 2012.

[13] S. Mori, K. C. Chang, and C. Y. Chong, "Essence of Distributed Target Tracking; Track Fusion and Track Association," in *Distributed Data Fusion for Network - Centric Operations*, D. L. Hall, C. - Y. Chong, J. Llinas, and M. Liggins, II, Eds., CRC Press, pp. 125 - 160, 2012.

[14] S. Mori, W. H. Barker, C. - Y. Chong, K. C. and Chang, "Track Association and Track Fusion with Non - deterministic Target Dynamics," *IEEE Transactions on Aerospace and Electronic Systems*, vol. 38, pp. 659 - 668, 2002.

[15] K. C. Chang, T. Zhi, S. Mori, and C. - Y. Chong, "Performance Evaluation for MAP State Estimate Fusion," *IEEE Transactions on Aerospace and Electronic Systems*, vol. AES - 40, pp. 706 - 714, 2004.

[16] K. C. Chang, Z. Tian, and R. K. Saha, "Performance Evaluation of Track Fusion with Information Matrix Filter," *IEEE Transactions on Aerospace and Electronic Systems*, vol. AES - 38, pp. 455 - 466, 2002.

[17] C. B. Chang and R. B. Holmes, "On Linear Estimation with Transformed Measurements," *IEEE Transactions on Automatic Control*, vol. AC - 28, pp. 242 - 244, Feb. 1983.

[18] D. G. Luenberger, *Optimization by Vector Space Methods*. New York: Wiley, 1966.

第 8 章 量测来源不确定条件下的估计和关联

8.1 引言

从本章开始，本书的讨论内容将聚焦目标跟踪。附录 C 回顾了目标跟踪领域所用到的专用术语。为实现目标跟踪，就需要对量测和航迹的关联关系做出决策。一个航迹由一组过往量测以及基于这些量测获得的状态估计和协方差组成。之所以产生量测和航迹关联的不确定性，是由于多个目标会产生出多个量测并由此导致多个航迹。这里所讨论的技术均适用于单传感器或多传感器系统。

第 7 章给出了关于估计问题的基本理论和算法，并且无论在何种情况下，假设一个估计器所处理的量测集合中的所有量测均源自同一物体或目标。但是也确实存在这样一种情况，即当多个物体在空间上呈现密集分布时，则时序量测均源自同一目标的假设则不会再以足够的置信度判定成立。当目标的空间密集程度超过了估计和量测的不确定程度时，就会引发航迹模糊问题。判定一个量测序列是否源自同一目标的过程被称为关联(Association)。而判定来自不同传感器的航迹或量测是否源自同一目标的过程被称为相关(Correlation)[①]。而量测可能源自不同物体的情况就被称为量测来源不确定性问题。当估计算法所处理的量测并非源自同一目标时，就会产生错误的结果。同样，正确实现关联或相关的能力也依赖于状态估计的精度和一致性。估计问题和关联(相关)问题两者之间存在着本质的不同。估计问题是解析的并可采用经典算式进行处理，主要是采用经过优化的、传统数学方法。类似于经典的信号检测问题，关联或相关问题有时被作为一个二元问题来处理，相关决策也是在二选一逻辑的基础上做出的，这也被称为硬决策。而利用所有量测的混合来更新航迹状态的方法被称为软决策。本章后续部分将对这两类方法进行讨论。当量测—航迹关联或航迹—航迹相关不能以较高的置信度唯一确定时，就称之为航迹存在模糊性。解决航迹模糊性问题的技术是多目标跟踪(Multiple Target Tracking,

---

① 跟踪领域普遍采纳由这两句话所描述的“关联”和“相关”的含义，通过其后的讨论，会发现用于解决这两类问题的数学方法是相同的。

MTT)研究的主要课题,也是本书接下来3章内容所研究的主题。关于该问题研究的文献资料也相当丰富,可参见参考文献[1-21]。

由于问题构成、航迹模糊性和求解目标存在的差异,人们提出了多种不同的MTT算法,有的算法仅仅考虑单个扫描周期所获量测与单个航迹(与存在的其他航迹无关)的关联问题,如最近邻(Nearest Neighbor,NN)关联算法[16,20];有的算法允许航迹分裂[16,18-19];有的算法混合所有量测来实施关联,如概率数据关联滤波器(Probabilistic Data Association Filter,PDAF)[3,5,17]。有些算法对多个航迹进行联合处理,如全局最近邻(Global Nearest Neighbor,GNN)[16,20]和联合概率数据关联滤波器(Joint Probabilistic Data Association Filter,JPDAF)[3,17];还有一些其他算法利用多个扫描周期的量测数据对多个航迹进行联合处理,如多假设跟踪器(Multiple Hypothesis Tracker,MHT)[1,7,9,10,13,16]。8.3节将讨论MTT算法的分类,并对各种方法进行简要介绍。

正如在本书之前部分所指出,在后续推导过程中,无论何时总是假设目标状态和量测系统为线性、高斯系统,而系统过程噪声和量测噪声是统计无关并且也与时间统计无关。在这一假设下,KF滤波器将会被作为基本滤波器。通过采用EKF滤波器作为近似,我们所做的绝大多数分析均可适用非线性系统的情形。

8.1.1 关于航迹模糊的图示说明

图8.1给出了一个航迹模糊的示例。当量测—航迹关联不存在混淆时,如对于仅有一个目标且仅有一个量测出现在量测预测的不缺性区域内时①,如图8.1(a)所示,关于量测—航迹关联不存在模糊性。当存在多个新量测落入初始时并不存在模糊性航迹的量测预测不缺性区域内时,就可能会产生航迹模糊性,如图8.1(b)所示。另一种情形是,当两个初始并不存在模糊性的航迹,若量测预测不确定性区域存在重叠且有多个量测落入该重叠区域的内部和外部时,也会导致航迹模糊性,如图8.1(c)所示。这种量测预测不确定性区域存在重叠的情况可能会持续多个扫描周期,如图8.1(d)所示。当航迹不存在关联模糊性时,可直接采用第7章介绍的估计算法。解决航迹模糊性问题的技术是多目标跟踪研究的主要课题,是本书接下来3章内容所研究的主题,关于这方面研究有着较为丰富的文献资料[1-21]。

8.1.2 接受波门

给定这样一个事实,即传感器具有较宽广的观测视野,同时目标也可能分布于范围较大的地理区域,因此并非所有量测都能够和已有的各航迹相关联

① 也被称为接受波门(AG),8.1.2小节将对其进行讨论。

的。图8.1中围绕量测预测位置所画的椭圆为展示这样一个区域，落入该区域的量测是与该航迹关联的候选量测。该区域也被称为接受波门（Acceptance Gate，AG）。因而AG就是MTT处理的第一步。AG也被称为有效区域（Valid Region，VR）。落入一个航迹波门的所有量测均为该航迹的候选关联量测。以$\hat{\boldsymbol{y}}_{k|k-1} \triangleq \boldsymbol{H}_k \hat{\boldsymbol{x}}_{k|k-1}$标识关于量测$\boldsymbol{y}_k$的预测，向量$\boldsymbol{\gamma}_k = \boldsymbol{y}_k - \hat{\boldsymbol{y}}_{k|k-1}$为滤波残差过程，其误差协方差为$\boldsymbol{\Gamma}_k = [\boldsymbol{H}_k \boldsymbol{P}_{k|k-1} \boldsymbol{H}_k^{\mathrm{T}} + \boldsymbol{R}_k]$①。定义为$\lambda = \frac{1}{m}\gamma_k^{\mathrm{T}} \boldsymbol{\Gamma}_k^{-1} \gamma_k$的随机变量$\lambda$服从归一化的$\chi^2$分布②，其中$m$为向量$\gamma_k$的维数。基于上述公式，$\lambda$是$\boldsymbol{y}_k$和$\hat{\boldsymbol{y}}_{k|k-1}$之间加权距离的平方，也被称为Mahalanobis距离。当$\boldsymbol{y}_k$与之前用于计算$\hat{\boldsymbol{x}}_{k|k-1}$的所有量测均源自同一目标时，即$\{\boldsymbol{y}_1, \boldsymbol{y}_2, \cdots, \boldsymbol{y}_k\}$均源自同一目标时，$\lambda$才具备服从$\chi^2$分布的特性，并被用于定义可能与该航迹关联的候选量测。假设在t_k时刻存在N个量测，这些量测分别被标识为$\boldsymbol{y}_k^i$，$i = 1, \cdots, N$。全部N个Mahalanobis距离为

$$\lambda_i = (\boldsymbol{y}_k^i - \hat{\boldsymbol{y}}_{k|k-1})^{\mathrm{T}} \boldsymbol{\Gamma}_k^{-1} (\boldsymbol{y}_k^i - \hat{\boldsymbol{y}}_{k|k-1}) \tag{8.1-1}$$

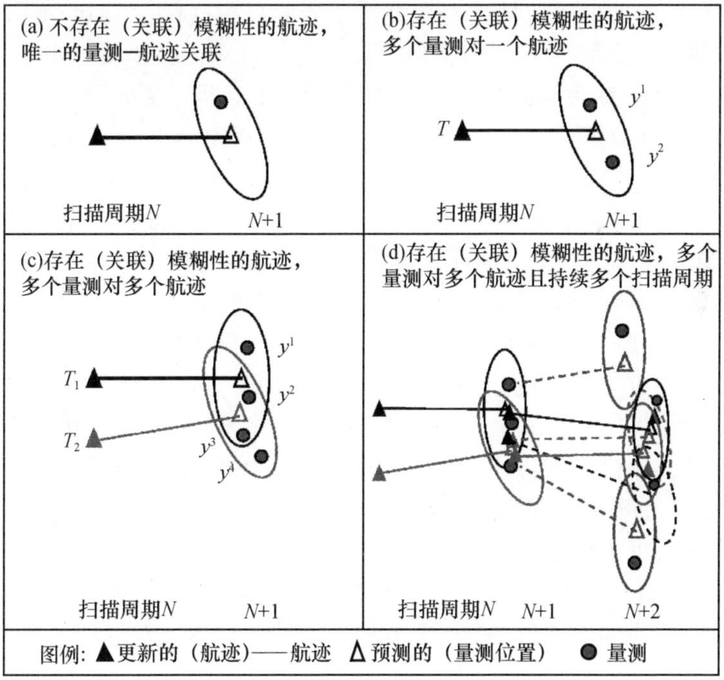

图8.1　航迹（关联）不存在模糊性和存在模糊性的图示说明

---

① 参见2.6节的评注3。

② 参见任何有关概率统计的标准教材，如参考文献[22]。

那些 λ_i 值小于阈值 $\mathcal{T}$ 的量测即被宣布为由 $\hat{\boldsymbol{y}}_{k|k-1}$ 代表的航迹的候选关联量测，即选出那些 $\lambda_{\hat{i}} \leqslant \mathcal{T}$ 的量测，其中 $\hat{i}$ 为 $i=1,\cdots,N$ 中满足阈值 $\mathcal{T}$ 的子集。阈值 $\mathcal{T}$ 的选择应能使得源自目标的量测落入 AG 的概率为 P_G，P_G 也被称为波门概率。

8.2 多目标跟踪问题的图示说明

现在考虑传感器已经获得了 k 个扫描周期的量测数据。传感器在第 k 个扫描周期共获得了 N_k 个不同的量测，并用 $\boldsymbol{y}_k^{n_k}$ 来标识这些量测，其中 n_k 为第 k 个扫描周期探测到的量测的索引。第 k 个扫描周期的所获全体量测的集合采用如下方式标识：

$$\boldsymbol{Y}_k = \{\boldsymbol{y}_k^1, \boldsymbol{y}_k^2, \boldsymbol{y}_k^3, \cdots, \boldsymbol{y}_k^{N_k}\} \tag{8.2-1}$$

以 $\boldsymbol{Y}_{1:k}$ 从第一个扫描周期到第 k 个扫描周期获得的量测集合，有

$$\boldsymbol{Y}_{1:k} = \{\boldsymbol{Y}_1, \boldsymbol{Y}_2, \boldsymbol{Y}_3, \cdots, \boldsymbol{Y}_k\} \tag{8.2-2}$$

由此，$\boldsymbol{Y}_{1:k}$ 就包含 $N_1+N_2+N_3+\cdots+N_k$ 个量测向量。造成各扫描周期所获量测的数目不尽相同的原因包括：(a)探测到了新的目标；(b)目标运动的位置已经超出了传感器的探测距离或探测范围，使得有些目标无法被探测到；(c)由于信噪比较低，造成一些目标漏探测；(d)由于量测传感器无法分别部分目标，造成一个量测可能包含不止一个目标的情况；(e)由虚警产生一些探测。

无论造成各扫描周期探测数目不同的原因是什么，问题的核心是在各个扫描周期获得的量测中，判定哪些量测构成了目标航迹（或者源自同一目标）。图 8.2 采用一维方式表示量测，展示了 MTT 的概念。在该图中，横坐标轴代表离散时间或扫描周期编号，纵坐标轴代表的量测。由线段连接的不同扫描周期的探测构成了可能的航迹。在无约束的条件下，各扫描周期的所有探测均可连接成为潜在的航迹，如图 8.2 中的蓝色线段所示。理想情况下，所有目标均能被传感器探测并分辨，也不存在虚警，有 $P_d=1$ 和 $P_{fa}=0$；潜在航迹的最大数目就为乘积式 $N_1N_2N_3\cdots N_k$，当每个扫描周期获取的量测数目较高时，潜在航迹的数目就变得很大，以至无法接受①。图 8.2 中用红色线段连接的探测代表较为可能的航迹，这些航迹的选择是在限定目标以近似直线方式运动的同时出于量测不确定性和可能的目标机动的考量也允许目标做确定曲线运动的基础上做出的。8.7 节中给出的跟踪算法对这一概念做了进一步的说明。

---

① 可用于抑制航迹数目大量增加的设计因素包括：(a)仅考虑落入 AG 波门内的那些探测。(b)目标运动一定会遵循特定的物理约束。(c)限制判决时采用的扫描周期数目，也就是说，选择一个较小的 k 值并采用滑窗技术等。

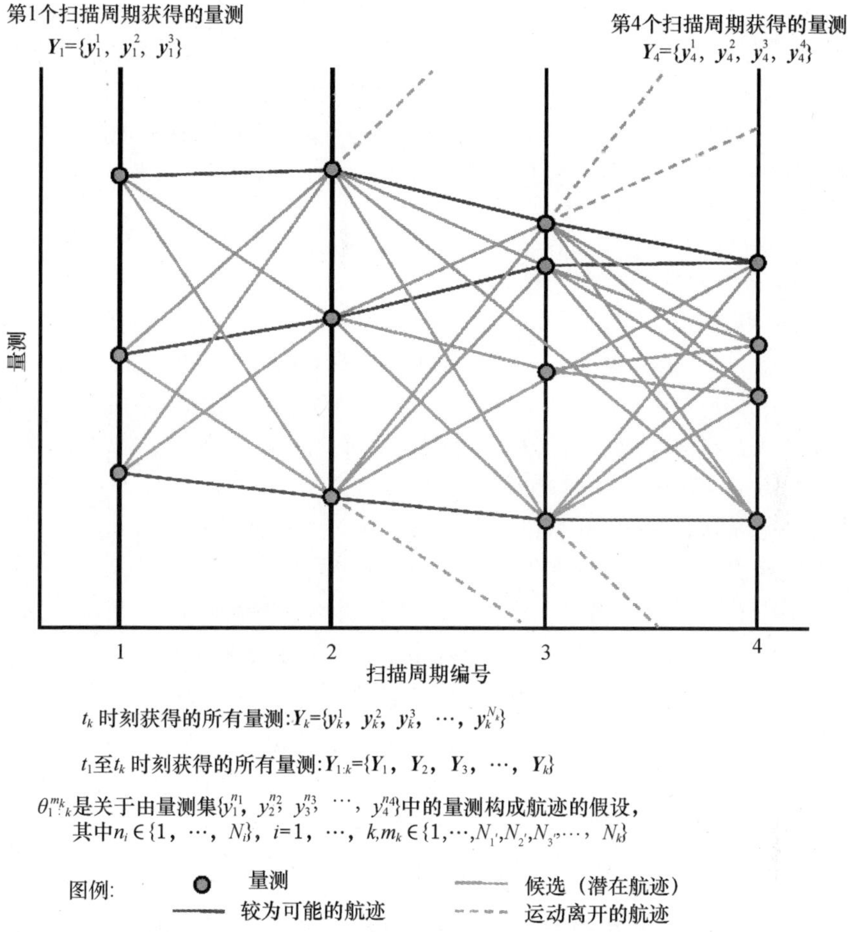

图 8.2　多目标跟踪的图示说明(见彩插)

将每个可能的量测组合都标记为一个航迹$\boldsymbol{y}_{1:k}^{m_k}$,$\boldsymbol{y}_{1:k}^{m_k}$所包含的量测向量如下:

$$\boldsymbol{y}_{1:k}^{m_k} \triangleq \{\boldsymbol{y}_1^{n_1}, \boldsymbol{y}_2^{n_2}, \boldsymbol{y}_3^{n_3}, \cdots, \boldsymbol{y}_k^{n_k}\} \in \boldsymbol{Y}_{1:k} \tag{8.2-3}$$

而

$$\theta_{1:k}^{m_k} \triangleq \{\boldsymbol{y}_{1:k}^{m_k}\text{是一个真实航迹}\} \tag{8.2-4}$$

式中:对于 $i=1,\cdots,k,n_i\in\{1,\cdots,N_i\},m_k\in\{1,\cdots,N_1N_2N_3\cdots N_k\}$①。当每个量测序列由一个滤波器处理时,由给定假设 $\theta_{1:k}^{m_k}$成立条件下$\boldsymbol{y}_{1:k}^{m_k}$的概率可采用递归计算为

$$\Lambda(\theta_{1:k}^{m_k}) \triangleq p(\boldsymbol{y}_{1:k}^{m_k} \mid \theta_{1:k}^{m_k}) = p(\boldsymbol{y}_k^{n_k} \mid \boldsymbol{y}_{1:k-1}^{m_{k-1}}, \theta_{1:k}^{m_k})p(\boldsymbol{y}_{1:k-1}^{m_{k-1}} \mid \theta_{1:k}^{m_k}) = \prod_{j=1}^{k} p(\boldsymbol{y}_j^{n_j} \mid$$

① 为了演示说明起见,当所有扫描周期获得的量测向量数目相同且均为 N 时,有 $m_k\in\{1,\cdots,N^k\}$,其中 N^k 代表 N 的 k 次方。

$$\boldsymbol{y}_{1:j-1}^{m_{j-1}},\theta_{1:k}^{m_k}) \tag{8.2-5}$$

式中，$p(\boldsymbol{y}_k^{n_k}|\boldsymbol{y}_{1:k-1}^{m_{k-1}},\theta_{1:k}^{m_k})$是量测向量$\boldsymbol{y}_k^{n_k}$对应于匹配于$\boldsymbol{y}_{1:k-1}^{m_{k-1}}$的滤波器的残差概率密度。为了遍历从$m_{k-1}$到$m_k$的增长，需要所有可能的$n_k\in\{1,\cdots,N_k\}$。式(8.2-5)的复杂性在于“Book-Keeping”，或者说能够对所有可能的组合给出正确的解释。注意，这一公式与第5章讨论的参数切换多模型估计算法(MMEA)具有相似性。

评注

(1)$p(\boldsymbol{y}_k^{n_k}|\boldsymbol{y}_{1:k-1}^{m_{k-1}},\theta_{1:k}^{m_k})$是量测$\boldsymbol{y}_k^{n_k}$源自由$\theta_{1:k}^{m_k}$所代表的历史量测组成的航迹的似然函数，该函数对于航迹质量监测和航迹裁剪而言十分重要。

(2)潜在航迹的总数可能会很大。假设每个扫描周期的候选关联量测的数目是相同的且在一个扫描周期每个量测仅能被使用一次，则单个扫描周期的可能组合的数目就为$N!$。当真实的目标数目为N时，则也应只有N个航迹。可以很容易地证明，当所有量测在空间上呈现很好的分散时①，以至于每个AG波门仅有一个探测时，那么就将仅有N个航迹②。

(3)$\theta_{1:k}^{m_k}$的总数为$N_1N_2N_3\cdots N_k$；当各扫描周期的量测数目均为N时，$\theta_{1:k}^{m_k}$的总数为N^k。以$\mathbb{F}$标识一组航迹，其中每个量测也仅能使用一次。$\mathbb{F}$中的项代表可行的量测分派集合，则当各扫描周期的量测数目均为N时，$\mathbb{F}$中的航迹总数为$N!$，虽然仍很大，但却小于N^k。而当真实的目标数目为N时，则也应只有N个航迹。一种可能的航迹选择解决方案就是，按照航迹假设概率之和最大的原则，在$\mathbb{F}$中寻找由N个航迹构成的子集，有

$$\mathrm{Max}_{\theta_{1:k}^l}\left\{\sum\nolimits_{\theta_{1:k}^l\in\mathbb{F}}\Pr(\theta_{1:k}^l\mid \boldsymbol{Y}_{1:k})\right\}$$

上式构成了一个k维分派问题，有时也被称为多目标跟踪的多维分派方法(Multiimensional Assignment，MDA)[16]。显然，当N和k较大时，上式导致计算符合还是较大的。正如将在8.4节给出的那样，当$k=2$时，即仅考虑两个扫描周期的量测时，问题的解与给定扫描周期下的航迹—量测分派问题的解相同。

8.3 多目标跟踪方法的类别

8.2节中的讨论阐释了MTT涉及的基本问题和解决思想。表8.1对MTT

① 很好的分散意味着量测之间的距离大于量测残差过程的误差协方差与一个系数(为系统设计参数)的乘积。

② 对于实际的MTT(原著疑有错MHT)算法推导而言，由于虚警和漏探测的存在，这一简单的概念不再成立。这里之所以仍然采用这一概念，是为了说明即便是在具有理想的传感器和较为合作的外部环境的条件下MTT问题仍然十分复杂。

问题的解决方法进行了概述、总结和分类。表中第一列所述第1类和第2类方法仅考虑一次处理只使用一个量测周期的量测数据的方法。表中第二列,第3类和第4类方法考虑多个量测周期的量测数据。表中第一行由第1类和第3类方法组成,在这两类方法中,即便有量测落入各航迹接受波门的重叠区域,各个航迹的处理过程相互之间是独立的。上述方法中的绝大多数也仅适用于同步量测的情况,然而即便是对于单个传感器,关于多个目标的量测也并非在相同时获得。因此,为了应用上述MTT算法,有必要利用外推或内推方法实现量测之间的时间对齐。以下将对组成上述4类方法的各算法进行简要介绍,相关详细讨论见本章后面各节内容。

表8.1 多目标跟踪算法的类别

扫描周期 / 多个航迹	单个扫描周期	多个扫描周期
独立处理多个航迹	第1类 1. 量测—航迹的最近邻(NN)分派; 2. 概率数据关联滤波器(PDAF)算法	第3类 采用 m/n 航迹起始方法,并且独立处理每一个初始探测; 当利用落入AG波门的多个量测时,采用航迹分裂技术;当一个航迹的似然函数值低于阈值时,就删除该航迹
联合处理多个航迹	第2类 1. 多量测—多航迹的全局最近邻(GNN)分派; 2. 联合概率数据关联滤波器(JPDAF)算法	第4类 MHT算法 1. 面向量测的MHT算法(Reid); 2. 面向航迹的MHT算法(Kurien)

最近邻(NN)关联

当目标密度较高时,可能会有多个量测落入AG波门内。如果仅能选择一个量测,那么就选择具有最小 λ_i 值(参见式(8.1-1))的量测 $\boldsymbol{y}_k^i$ 作为目标航迹的量测,也被称为最近邻(NN)关联。依据NN关联算法,图8.1(b)中靠近量测预测位置的红色圆点所代表的量测将被分派给该航迹。

航迹分裂

鉴于目标可能机动以及量测是有噪声的事实,最靠近(加权意义下的)目标量测预测位置的量测可能并非正确的选择。如果我们的目的是将漏失目标降到最低且允许较高数量的虚警,那么所有落入AG波门内的量测均应被接受并用于航迹状态更新。体现这一思想的一种可选方案是航迹分裂。当有多个量测落入一个航迹的AG波门时,该航迹就会分裂为多个航迹,每个分裂航迹采用一个量测进行航迹状态更新。在此情况下,由图8.1(b)所示情形将会产生两个航迹,其中每个航迹将用相互分离的红色圆点代表的两个量测之一进行航迹状态更新。航迹分裂方法适用于协同的和非协同的航迹处理。协同的航迹分裂方法被应用于 MHT 算法。非协同的航迹分裂方法,每个航迹独立处理就好像其他航迹不存在一样,也就是表 8.1 中的第 3 类方法。当目标密度适中时,该方法简单且有效。采用航迹分裂方法将会导致航迹数目增加,其中一些航迹属于虚假航迹。经过一些扫描周期之后,仅有这些航迹中的一个子集能够继续,因为在这些航迹中仅有一个是真实目标航迹,其他航迹则是在空间上与真实目标航迹紧密相邻的虚假航迹,也只有这样才能维持较小的航迹误差。由于可能不再有量测落入 AG 波门,一个虚假航迹最终将被丢弃。那些具有较差航迹精度的、飘忽游走的航迹将被删除,而航迹精度则可由航迹似然函数值来度量。

概率数据关联滤波器(PDAF)

一种航迹分裂的替代方法是利用 AG 波门内的所有量测更新给定航迹的状态。该算法以某一后验概率作为加权因子,对所有量测加权求和,再以加权求和得到的量测更新航迹状态,其中加权因子的计算过程考虑了漏探测和虚警的概率。这就是 PDAF 算法。

全局最近邻(GNN)关联

存在这种可能性,位于一个 AG 波门的量测可能同时位于相邻航迹的 AG 波门内,这构成了一个多量测对多航迹的分派问题。如果按照将距离某个航迹最近的量测首先分配给该航迹的原则依顺序进行关联分派,这就是对上述说明的最近邻关联算法的一种扩展,被称为贪婪算法。一种在最小化分派错误概率意义下更好的算法是,采取联合分派方法,从而使得所有分派的加权距离的总和最小化。这就是 GNN 关联。无论是 NN 还是 GNN,都属于 8.1.1 所提的硬判决方法。

联合概率数据关联滤波器(JPDAF)

与 GNN 算法是 NN 算法的扩展这一事实类似,JPDAF 算法也是 PDAF 算法的扩展,该算法对具有共享量测的全体航迹采取联合处理的方法。JPDAF 算法和 PDAF 算法均属于 8.1.1 所提的软判决方法。

多假设跟踪(MHT)算法

MTT 领域的一项众所周知技术就是 MHT 算法。在 Reid 于 1977 年在 IEEE 上发表论文正式提出 MHT 算法之前[9],其算法理念形成已有一段时间了。Reid 所提算法也被称为面向量测的 MHT 算法,其复杂性主要表现在数据文档的管理。此后,归功于 Kurien[10] 所提的简化方法,就有了面向航迹的 MHT 算法。对于传统 MHT 而言,假设被定义为航迹的一个可能组合,其中每个航迹由独一无二的量测集合组成且一个量测在一个假设中仅能被使用一次。在 MHT

算法推导过程中,每个新量测可被看作是:(a)一个已有航迹的延续。(b)一个新航迹的起始。或者(c)一个虚警。一个已有航迹可以通过新的量测来延续,或者由于该航迹的期待量测被漏探测(量测未在 AG 波门内或传感器没有探测到该目标)使得该航迹只能没有新量测这种形式来延续。在考虑所有这些情况的前提下,即便是对于如图 8.1(a)所示最为简单、最不模糊的情形也会产生大量的假设和航迹,(更多细节参见 9.2 节)。在 Reid 的论文之前和之后发表的许多论文根据应用对算法进行了改进,其中也并非全部都严格遵循 MHT 的算法框架,参见文献[1-8,10-17]以及其中引用的文献。MHT 联合处理多个扫描周期的量测和多个航迹的理念在图 8.1(d)中得到说明。

研究人员设计了许多种 MTT 算法并将其用于解决现实世界中的问题。一个实用算法通常是由上述算法和由工程师的判断产生的算法变体组合而来。图 8.1 所给的算法分类代表了系统设计人员的菜单选项。此后将会对这些技术给出进一步的解释。有关第 1、2、3 类算法的主题讨论将在本章进行。基于文献[18-21],8.7 节将讨论一个采用上述部分技术的、代表作者在 MTT 算法设计领域多年积累的实用算法。第 9 章将讨论第 4 类算法,即 MHT 算法。

8.4 航迹分裂

考虑式(8.2-5)中的 $p(\boldsymbol{y}_k^{n_k}|\boldsymbol{y}_{1:k-1}^{m_{k-1}},\theta_{1:k}^{m_k})$,该项是量测$\boldsymbol{y}_k^{n_k}$ 源自于产生出由历史量测$\boldsymbol{y}_{1:k-1}^{m_{k-1}}$所代表航迹的目标的似然函数。采用 $\Lambda(\theta_{1:k}^{m_k})$ 标记如下似然函数:

$$\Lambda(\theta_{1:k}^{m_k}) \triangleq p(\boldsymbol{y}_{1:k}^{m_k}|\theta_{1:k}^{m_k})$$

利用概率的链式法则,由式(8.2-5)可以进一步得

$$\Lambda(\theta_{1:k}^{m_k}) \triangleq \prod_{j=1}^{k} p(\boldsymbol{y}_j^{n_j} \mid \boldsymbol{y}_{1:j-1}^{m_{j-1}},\theta_{1:k}^{m_k})$$

式中:对于 $i=1,\cdots,k,n_i\in\{1,\cdots,N_i\}$;对于$\boldsymbol{Y}_{1:k}$种给定的量测序列,有 $m_k\in\{1,\cdots,N_1N_2N_3\cdots N_k\}$,从而有

$$\boldsymbol{y}_{1:k}^{m_k} \triangleq \{\boldsymbol{y}_1^{n_1},\boldsymbol{y}_2^{n_2},\boldsymbol{y}_3^{n_3},\cdots,\boldsymbol{y}_k^{n_k}\}$$

由于 $p(\boldsymbol{y}_k^{n_k}|\boldsymbol{y}_{1:k-1}^{m_{k-1}},\theta_{1:k}^{m_k})$ 是与 $\theta_{1:k-1}^{m_{k-1}}$ 相匹配的滤波器中关于量测向量$\boldsymbol{y}_k^{n_k}$ 的残差密度,就可进一步得

$$p(\boldsymbol{y}_k^{n_k}|\boldsymbol{y}_{1:k-1}^{m_{k-1}},\theta_{1:k}^{m_k}) = c_{m_k}\times\exp\left\{-\frac{1}{2}(\boldsymbol{y}_k^{n_k}-\hat{\boldsymbol{y}}_{k|k-1}^{m_{k-1}})^{\mathrm{T}}\boldsymbol{\Gamma}_{\theta_{1:k}^{m_k}}^{-1}(\boldsymbol{y}_k^{n_k}-\hat{\boldsymbol{y}}_{k|k-1}^{m_{k-1}})\right\} \tag{8.4-1}$$

式中:$\hat{\boldsymbol{y}}_{k|k-1}^{m_{k-1}}$是基于由采用$y_{1:k-1}^{m_{k-1}}$所形成航迹的量测预测,$c_{m_k}$是相对于 $\theta_{1:k}^{m_k}$的归一化因子。为了简化起见,不失一般性,以下将采用不再清晰标识量测在一个扫描周期内的索引的标注:$\boldsymbol{\gamma}_k=\boldsymbol{y}_k^{n_k}-\hat{\boldsymbol{y}}_{k|k-1}^{m_{k-1}}$ 和 $\boldsymbol{\Gamma}_k=\mathrm{Cov}\{\boldsymbol{\gamma}_k\}$。利用这一简化,可如下获得式(8.2-5)的对数似然函数:

$$-\ln\Lambda(\theta_{1:k}^{m_k}) = \sum_{i=1}^{k}\gamma_i^T\Gamma_i^{-1}\gamma_i + \text{const} = \sum_{i=1}^{k}\lambda_i + \text{const} \quad (8.4-2)$$

式中：λ_i 是由式(8.1-1)定义的 Mahalanobis 距离。式(8.4-2)为一个航迹的残差之和再加上一个常数。这是一个非常重要的公式，因为它为一个航迹的质量检查提供了方法。如果一个航迹的所有量测均源自同一目标，式(8.4-2)将服从自由度为 km 的 χ^2 分布，其中 k 为扫描周期索引、m 为量测向量 $\boldsymbol{y}$ 的维数。如果有部分量测不是源自同一目标，那么由式(8.4-2)计算得到值将不再服从 χ^2 分布，从而该航迹也将成为删除或裁剪的候选对象。基于式(8.4-2)中的常数项并不依赖于量测和量测预测向量，简单起见，该常数项可以忽略不计。对于非线性系统而言，这一结论通常不成立。其原因在于，式(8.4-2)所示的对数似然函数将会有不同的常数项且该常数项是一个关于 $\theta_{1:k}^{m_k}$ 的函数，此时仅仅采用 Mahalanobis 距离将不足以实现航迹分派。

该公式也是 MHT 算法中的航迹评分方法的组成部分，MHT 算法将在下一章讨论。图 8.3 给出了有关航迹分裂和最近邻概念的图示说明。

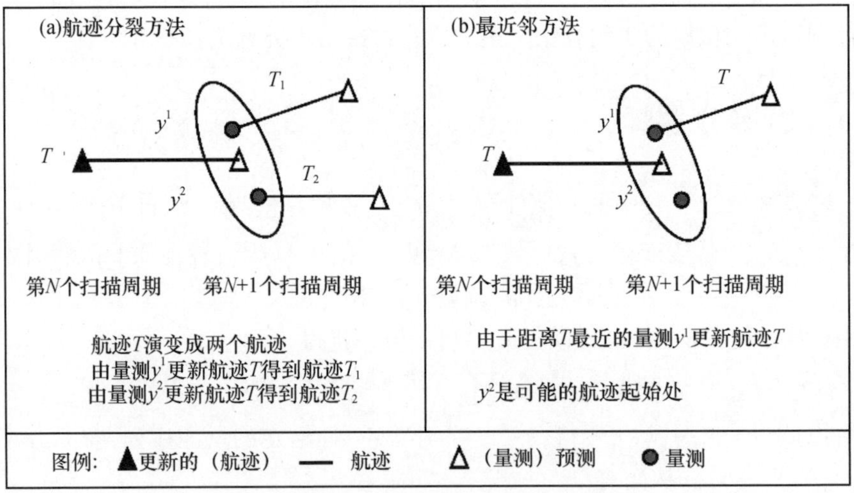

图 8.3 航迹分裂和最近邻方法的图示说明

8.5 最近邻和全局最近邻关联方法

考虑将 N_1 个量测与 N_2 个航迹关联的情况，可能的量测—航迹配对关联总数为 N_1N_2。确定唯一的量测—航迹关联方案类似于运筹学中的分派问题，如将 n 个工作分派给 m 个个体。以 $\lambda_{i,j}$ 标识将工作 j 分派给人员 i 的成本①。这种多

① 或者是性能的逆。

对多分派的目标是使得总的分派成本最小化，从而形成如下求解方法：

$$\mathrm{Min}_{i,j}\sum_{i,j}\boldsymbol{\lambda}_{i,j} \tag{8.5-1}$$

式中：$\boldsymbol{\lambda}_{i,j}$仅能被使用一次，这对应于每个人仅能被分派一项工作的假设，因而是分派的一个可行集合。注意，n 和 m 无须相等，这对应于工作比人员多或者相反的情况。这就构成了一个优化问题，其中最优的分派集合就是使得总的分派成本最小化的那个。这类似于将多个量测分派给多个航迹的问题，在这一问题中一个航迹（或一个量测）受到仅能接受一个量测（或航迹）的约束。①

对于目标跟踪问题，可如下形成量测—航迹分派问题的解决方法：以$\hat{\boldsymbol{y}}^j_{k|k-1}$标识总共 n 个航迹中的第 j 个航迹的量测预测，其对应的预测误差协方差为$\boldsymbol{P}^j_{\hat{y},k|k-1}=\boldsymbol{H}^j_k\boldsymbol{P}^j_{k|k-1}\boldsymbol{H}^{j\mathrm{T}}_k$，$\boldsymbol{y}^i_k$ 为公共 m 个量测中的第 i 个量测，其量测误差协方差为$\boldsymbol{R}^i_k$，所有变量均是关于时间 k。遵循式（8.1-1）所采用的标注方法，加权距离可被用于度量分派问题的代价，有

$$\boldsymbol{\lambda}_{i,j}=(\boldsymbol{y}^i_k-\hat{\boldsymbol{y}}^j_{k|k-1})^{\mathrm{T}}[\boldsymbol{H}^j_k\boldsymbol{P}^j_{k|k-1}\boldsymbol{H}^{j\mathrm{T}}_k+\boldsymbol{R}^i_k]^{-1}(\boldsymbol{y}^i_k-\hat{\boldsymbol{y}}^j_{k|k-1}) \tag{8.5-2}$$

式中：$\boldsymbol{\lambda}_{i,j}$为$\hat{\boldsymbol{y}}^j_{k|k-1}$和$\boldsymbol{y}^i_k$之间的 Mahalanobis 距离，也代表着将第 i 个量测分派给第 j 个量测预测的代价（由图 8.4 描绘的）。② 最优的分派，应是在图 8.4 中每一行（列）仅能被分派给某一列（行）一次的前提下，选择使得 $\mathrm{Min}_{i,j}\sum_{i,j}\boldsymbol{\lambda}_{i,j}$ 成立的

量测预测

量测	$\hat{\boldsymbol{y}}^1_{k\|k-1}$	$\hat{\boldsymbol{y}}^2_{k\|k-1}$	$\hat{\boldsymbol{y}}^3_{k\|k-1}$	$\cdots$	$\hat{\boldsymbol{y}}^n_{k\|k-1}$
$\boldsymbol{y}^1_k$	$\lambda_{1,1}$	$\lambda_{1,2}$	$\lambda_{1,3}$	$\cdots$	$\lambda_{1,n}$
$\boldsymbol{y}^2_k$	$\lambda_{2,1}$	$\lambda_{2,2}$	$\lambda_{2,3}$	$\cdots$	$\lambda_{2,n}$
$\boldsymbol{y}^3_k$	$\lambda_{3,1}$	$\lambda_{3,2}$	$\lambda_{3,3}$	$\cdots$	$\lambda_{3,n}$
.	$\vdots$	$\vdots$	$\vdots$	$\ddots$	$\vdots$
.	$\vdots$	$\vdots$	$\vdots$		$\vdots$
$\boldsymbol{y}^m_k$	$\lambda_{m,1}$	$\lambda_{m,2}$	$\lambda_{m,3}$	$\cdots$	$\lambda_{m,n}$

$\lambda_{i,j}=(\boldsymbol{y}^i_k-\hat{\boldsymbol{y}}^j_{k|k-1})^{\mathrm{T}}[\boldsymbol{H}\hat{x}_{k|k}\ \boldsymbol{P}^j_{k|k-1}\boldsymbol{H}^{\mathrm{T}}\hat{x}_{k|k-1}+\boldsymbol{R}^i_k]^{-1}(\boldsymbol{y}^i_k-\hat{\boldsymbol{y}}^j_{k|k-1})$

$\lambda_{i,j}$也可以是一个关于$\hat{\boldsymbol{y}}^j_{k|k-1}$和$\boldsymbol{y}^i_k$的对数似然函数

图 8.4 分派矩阵：将量测 i 分派给量测预测 j 的代价

① 由于量测传感器不尽完美，例如目标探测概率 P_d 小于1、虚警概率 P_{fa} 大于零且传感器分辨率有限。所以对于实际系统而言，文中所提约束有可能并不严格遵守。

② 更准确地讲，代价函数应为分派所确定的对数似然函数，如式（8.4-2）所给出的。

那些项。这样的约束时常也被称为可行集合。可以证明,当误差协方差$\boldsymbol{P}^j_{k|k-1}$的行列式值不依赖于$\hat{\boldsymbol{y}}^j_{k|k-1}$和$\boldsymbol{y}^i_k$时,$\hat{\boldsymbol{y}}^j_{k|k-1}$和$\boldsymbol{y}^i_k$之间的 Mahalanobis 距离是针对量测—航迹分派问题的、具有极大似然函数值的解的充分统计量。这一结论仅适用于线性系统。

最近邻(NN)

对于不存在有多个量测落入多个航迹的 AG 波门的重叠区域的情况,只需要为一个航迹选择一个量测(多个量测对一个航迹,即仅考虑一个$\hat{\boldsymbol{y}}_{k|k-1}$)最近邻关联算法就是选择距离$\hat{\boldsymbol{y}}_{k|k-1}$最近的量测$\boldsymbol{y}^i_k$,图 8.3(b)对此进行了说明。对于多个量测落入多个航迹 AG 波门的重叠区域的情况,如图 8.4 所示,通过一次处理一列并在第j列中选择距离$\hat{\boldsymbol{y}}^j_{k|k-1}$的量测$\boldsymbol{y}^i_k$,最近邻关联算法仍可适用于此种情况。只是在选择量测时要限制一个量测仅能被分派给一个航迹。① 由此,在开始下一列(航迹)的量测分派过程之前,应将已经被(其他航迹)选择的量测$\boldsymbol{y}^i_k$从分派矩阵中删除。这一方法也被称为贪婪算法。通过从剩余的分派矩阵中选择对应于最小分派代价的行和列,确保了基于贪婪算法所获解的唯一性。

全局最近邻(GNN)

如图 8.4 所示的那样,将多对多问题和量测—航迹分派问题一并考虑时,由$\mathrm{Min}_{i,j}\sum_{i,j}\lambda_{i,j}$获得的解是广义似然比检验意义下的解,也被称为全局最近邻解。解决这一优化问题的一种强力方法,就是遍历所有可能的组合然后选择具有最小和的那一个组合。当$n\geqslant m$时,强力方法共需$n!/(n-m)!$次运算;当$m\geqslant n$时,则共需$m!/(m-n)!$次运算。Kuhn 首先提出解决这一问题的一种有效算法[23-24],该算法也被称为匈牙利(Hungarian)算法,因为该算法很大程度上基于两位匈牙利数学家 Konig 和 Egervary 的研究成果得出。1957 年,Munkres 提出了一种改进算法[25],当$n=m$时,其最大运算次数为$(11n^3+12n^2+31n)/6$;对于取值较大的n,该算法大大降低了计算量。该算法也被称为 Kuhn - Munkres 算法或者 Munkres 分派算法。有兴趣的读者可参考引用文献,获得该算法的详细信息。

以上所定义的单扫描周期分派问题的最优解被称为即时解或基于单个扫描周期量测数据的决策。在第 9 章讨论的 MHT 算法推理过程中,由分派矩阵得出的每一个选择都代表一个航迹。因而,正如第 9 章所表明的,MHT 算法在单个扫描周期内可能组合的总数要远大于$n!/(n-m)!$(当$n\geqslant m$时)或$m!/(m-n)!$(当$m\geqslant n$时)。当如此大量的航迹被延续至下一个扫描周期并与该扫描周期内的量测关联时,航迹数目会呈现组合式的增长。维持大量航迹

---

① 如果不这样限制,就可能导致一个量测被分派至多个航迹。

的原因在于，任何单个扫描周期内的最优分派不一定是正确的选择。即时解决方法和多扫描周期解决方法分别类似于状态估计中的滤波和平滑。

8.6 概率数据关联滤波器(PDAF)算法和联合概率数据关联滤波器(JPDAF)算法

PDAF 和 JPDAF 这两种算法均由 Bar - Shalom 等人提出[3,5,16,17]。文献[17]新近对这两种算法进行了综述，也是一篇很好的学习指南。图 8.5 对 PDAF 和 JPDAF 的核心概念进行了图示说明。

概率数据关联滤波器(PDAF)算法

PDAF 算法所需的假设如下列数：

假设：

(1) 独立处理每个航迹(即便存在共享量测的情况，无视其它航迹的存在)。

(2) 在航迹 AG 波门内仅有一个探测是源于与$\hat{\boldsymbol{y}}_{k|k-1}$相关的真实目标，所有其他探测源于接收器噪声或杂波。①以 N_g 标识落入 AG 波门的探测的数目，由于目标探测概率 $P_d<1$、虚警概率 $P_{fa}>0$，所以无法辨别哪一个探测是真实的目标探测，因而利用 AG 波门内的全体探测完成滤波状态更新；

(3) 假设源自杂波的量测(虚警(FA))是独立同分布，每个杂波在空间上服从均匀分布。虚警探测的数目可被描述为：(a)一个密度 λ 已知的泊松分布；或者(b)扩散先验值等于 AG 波门的探测的数目减一后再除以 AG 波门体积的扩散先验分布。无论是何种情形，均用 δ_{FT}标识杂波数目。

(4) 假设过往的航迹可由一个关于当前扫描周期的近似充分统计量来总结代表，也被称为一阶广义伪贝叶斯(GPB1)，也就是说该充分统计量仅仅取决于一个量测周期的量测。正如在 8.1.2 小节所指出的，残差过程是一个高斯随机过程$\boldsymbol{\gamma}_k$：$\sim N(\boldsymbol{0},\boldsymbol{\Gamma}_k)$，其中$\boldsymbol{\gamma}_k=\boldsymbol{y}_k-\hat{\boldsymbol{y}}_{k|k-1}$，误差协方差$\boldsymbol{\Gamma}_k=[\boldsymbol{H}_k\boldsymbol{P}_{k|k-1}\boldsymbol{H}_k^{\mathrm{T}}+\boldsymbol{R}_k]$。由式(8.1-1)所定义的条件适用于所有落入 AG 波门的量测。

在描述 PDAF 算法之前，首先定义一些项和关系。给定第 k 个扫描周期落入 AG 波门的全部量测的集合$\boldsymbol{Y}_k$，令$\hat{\boldsymbol{x}}_{k|k-1}$和$\hat{\boldsymbol{y}}_{k|k-1}$分别标识第 k 个扫描周期的状态预测和量测预测。采用与式(8.2-1)相同的标注习惯，$\boldsymbol{Y}_k$ 中的量测可被标记为$\{\boldsymbol{y}_k^1,\boldsymbol{y}_k^2,\cdots,\boldsymbol{y}_k^{N_g}\}$。每个$\boldsymbol{y}_k^i$ 对应的残差过程为$\boldsymbol{\gamma}_k^i=\boldsymbol{y}_k^i-\hat{\boldsymbol{y}}_{k|k-1}$，而其误差协方

---

① 杂波是指由于波浪、树木、建筑物等环境因素的影响而产生的额外探测。杂波也可能是源自同一目标的探测。Athans 等人研究了目标尾流可产生多个探测的现象，其中所有的探测均与所关注的目标相关，他们也采用 PDAF 算法跟踪目标。这一现象类似于目标的物理尺寸要大于传感器的分辨率的情形，这会导致同一目标产生多个量测。

差为$\boldsymbol{\Gamma}_k$。由$\boldsymbol{\gamma}_k^i$更新获得的状态估计被标识为$\hat{\boldsymbol{x}}_{k|k}$，而估计的误差协方差为$\boldsymbol{P}_{k|k}^i = \boldsymbol{P}_{k|k-1} - \boldsymbol{P}_{k|k-1}\boldsymbol{H}_k^{\mathrm{T}}\boldsymbol{\Gamma}_k^{-1}\boldsymbol{H}_k\boldsymbol{P}_{k|k-1}$。以$A_i$标识事件：量测$y_k^i$与量测预测$\hat{\boldsymbol{y}}_{k|k-1}$相关联，以$A_0$标识事件：没有一个AG波门内的量测源自目标，以$A$标识所有与$\hat{\boldsymbol{y}}_{k|k-1}$有关的关联事件。在给定第$k$个扫描周期所有量测的条件下，以$\beta_k^i$标识事件$A_i$的概率，即有$\beta_k^i \triangleq \Pr(A_i | \boldsymbol{Y}_k)$。那么，利用AG波门内的所有量测获得$\boldsymbol{x}_k$的条件均值状态估计为

$$
\begin{aligned}
\hat{\boldsymbol{x}}_{k|k} &= E\{\boldsymbol{x}_k \mid \boldsymbol{Y}_k\} = E\{E\{\boldsymbol{x}_k \mid \boldsymbol{Y}_k, A\} \mid \boldsymbol{Y}_k\} \\
&= \sum_{A_i \in A} E\{x_k \mid \boldsymbol{Y}_k, A_i\} \Pr\{A_i \mid \boldsymbol{Y}_k\} = \sum_{i=0}^{N_g} \beta_k^i \hat{\boldsymbol{x}}_{k|k}^i
\end{aligned}
\tag{8.6-1}
$$

式中：$\hat{\boldsymbol{x}}_{k|k}^0 = \hat{\boldsymbol{x}}_{k|k-1}$。$\hat{\boldsymbol{x}}_{k|k}$的估计误差协方差为

$$
\boldsymbol{P}_{k|k} = \sum_{i=0}^{N_g} \beta_k^i [\boldsymbol{P}_{k|k}^i + (\hat{\boldsymbol{x}}_{k|k}^i - \hat{\boldsymbol{x}}_{k|k})(\hat{\boldsymbol{x}}_{k|k}^i - \hat{\boldsymbol{x}}_{k|k})^{\mathrm{T}}] \tag{8.6-2}
$$

值得注意的是，上述公式与常量模型情形下MMEA算法存在一定的相似性。

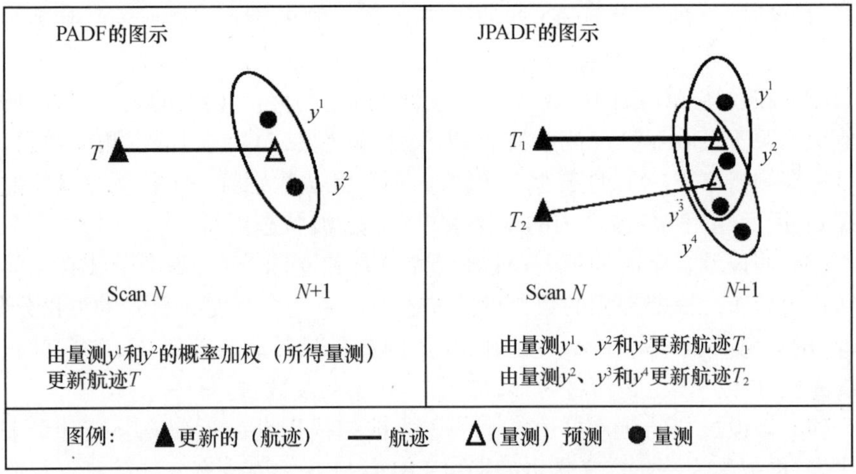

图8.5 关于PDAF和JPDAF的图示说明

数据关联概率

关联概率被用作滤波状态更新中权重值。除去残差过程（或量测似然函数）之外，关联概率计算过程中还利用了目标探测概率和虚警概率。假设如8.1.2小节所定义的，AG波门内存在N_g个量测。同时，将AG波门的阈值设置为T以确保真实目标量测落入AG波门的概率为波门概率P_G。各量测的关联概率β_k^i为

$$
\beta_k^i = \frac{\Lambda^i}{1 - P_d P_G + \sum_{j=1}^{n} \Lambda^j}, i = 1, \cdots, N_g \tag{8.6-3}
$$

和

$$\beta_k^0 = \frac{1 - P_d P_G}{1 - P_d P_G + \sum_{j=1}^{n} \Lambda^j}$$

式中:β_k^0 是真实目标量测未落入 AG 波门的概率。注意到当 $P_d = P_G = 1$ 时,有 $\beta_k^0 = 0$,这意味着量测集合中未包含真实目标量测是不可能的。第 i 个量测是真实目标量测的假设与该量测为虚警的假设的似然比 Λ^i 为

$$\Lambda^i = \frac{f(\gamma_k^i) P_d}{\delta_{\mathrm{FT}}} \tag{8.6-4}$$

式中:$f(\gamma_k^i) = \frac{1}{c|\boldsymbol{\Gamma}_k|}\exp\{-\frac{1}{2}\gamma_k^{iT}\boldsymbol{\Gamma}_k^{i-1}\gamma_k^i\}$ 为残差过程$\boldsymbol{\gamma}_k^i$ 的概率密度函数,δ_{FT}为虚警的密度,后者是所假设的泊松过程的密度或者是 AG 波门内量测总数减去 1 后再除以波门的体积。当 P_d 和 P_G 的值接近于1 时,它们二者对$\boldsymbol{\beta}_k^i$ 值变化的影响较小。相关推导见参考文献[16,17]。

概率数据关联滤波器(PDAF)算法

PDAF 算法的预测方程与标准 KF 和 EKF 算法的预测方程并无差别。基于式(8.6-1)和式(8.6-2),经过一些代数运算后,即可推到得到算法的状态更新方程。以下给出参考文献[16,17]中得出的最终算法。

状态更新方程为

$$\hat{\boldsymbol{x}}_{k|k} = \hat{\boldsymbol{x}}_{k|k-1} + \boldsymbol{K}_k \boldsymbol{\gamma}_k \tag{8.6-5}$$

其中利用了残差的加权和,即

$$\gamma_k = \sum_{i=1}^{N_g} \beta_k^i (\boldsymbol{y}_k^i - \hat{\boldsymbol{y}}_{k|k-1}) \tag{8.6-6}$$

滤波增益 $\boldsymbol{K}_k$ 与所利用的量测无关,有

$$\boldsymbol{K}_k = \boldsymbol{P}_{k|k-1}\boldsymbol{H}_k^{\mathrm{T}}\boldsymbol{\Gamma}_k^{-1} \tag{8.6-7}$$

而状态更新估计的误差协方差则为

$$\boldsymbol{P}_{k|k} = \beta_k^0 \boldsymbol{P}_{k|k-1} + (1-\beta_k^0)\boldsymbol{P}_{k|k}^c + \widetilde{\boldsymbol{P}}_{k|k} \tag{8.6-8}$$

式中:

$$\boldsymbol{P}_{k|k}^c = \boldsymbol{P}_{k|k-1} - \boldsymbol{P}_{k|k-1}\boldsymbol{H}_k^{\mathrm{T}}\boldsymbol{\Gamma}_k^{-1}\boldsymbol{H}_k\boldsymbol{P}_{k|k-1} \tag{8.6-9}$$

而

$$\widetilde{\boldsymbol{P}}_{k|k} = \boldsymbol{K}_k\left[\left[\sum_{i=1}^{N_g}\beta_k^i\boldsymbol{\gamma}_k^i\boldsymbol{\gamma}_k^{i\mathrm{T}}\right] - \boldsymbol{\gamma}_k\boldsymbol{\gamma}_k^{\mathrm{T}}\right]\boldsymbol{K}_k^{\mathrm{T}} \tag{8.6-10}$$

PDAF 的状态估计误差协方差可由式(8.6-8)计算得到。注意到,没有任何一个量测是真实目标量测的事件概率由 β_k^0 标识,该事件对估计误差协方差的贡献即为由该概率值加权的估计预测误差协方差;当采用了对应的量测后,其对估计误差协方差的贡献为由 $1-\beta_k^0$ 加权后的、正常 KF 滤波器状态更新估计的误差协方差;$\widetilde{\boldsymbol{P}}_{k|k}$代表样本数据误差协方差。由于没有一个 AG 波门内的量

测被丢弃不用,状态更新的方式就像是利用真实目标量测更新目标状态一样。采用所有量测会增大状态更新估计的误差协方差,式(8.6-8)力求使得估计误差协方差尽可能地域真实、误差相一致。

联合概率关联滤波器(JPDAF)

JPDAF 是 AG 波门重叠区域内存在多个量测情形下对 PDAF 的扩展。在 JPDAF 中,将对共享量测的多个航迹采取联合处理的方式,如图 8.5(b)所示。为了标注简单起见,以下讨论中将省略时间索引 k。

关于 JPDAF 的假设

除去关于 PDAF 所做的假设外,关于 JPDAF 还需做出如下假设:

(1) 源自一个目标的量测可能落于相邻目标的 AG 波门内。

(2) 量测—目标的关联概率是通过涵盖所有目标的联合计算获得。

(3) 如同 PDAF 算法中的做法,状态估计要么针对每个目标,以解耦方式的分开进行,从而产生了 JPDAF 算法;要么是采用基于堆叠状态向量的耦合方式,即联合概率数据关联耦合算法(Joint Probabilistic Data Association Coupled Filter,JPDACF)。这里只讨论 JPDAF。

联合关联事件

采用交集运算符∩,如下定义一个联合关联事件 A:

$$A = \cap_{j=1}^{m} A^{j,t_j} \tag{8.6-11}$$

式中:A^{j,t_j}代表着量测 j 源于目标 t 的关联事件,$j=1,\cdots,m,t=0,\cdots,n$,这里 $t=0$ 代表没有任何目标;t_j 是关联事件 A^{j,t_j}中量测 j 所关联目标的索引;目标的总数为 n。换个角度讲,有 $A^{j,t_j} = \cup_{A^{j,t_j} \in A} A$。

定义一个事件矩阵 $\boldsymbol{\Omega} = [\omega_{j,t}]$,$j=1,\cdots,m,t=0,1,\cdots,n$,其中 $\omega_{j,t}=1$ 代表 $A^{j,t}$是一个合理事件,$\omega_{j,t}=0$ 时则反之。在给定场景下,并非每个事件矩阵都是合理的。$\boldsymbol{\Omega} = [\omega_{j,t}]$也被称为合理矩阵。考虑图 8.5(b)所示包含 2 个航迹和 4 个量测的情形,其中有 2 个量测位于 2 个航迹 AG 波门的重叠区域。在此情形下,$m=4,n=2$,其合理事件矩阵如下:

$$\boldsymbol{\Omega} = \begin{bmatrix} 1 & 1 & 0 \\ 1 & 1 & 1 \\ 1 & 1 & 1 \\ 1 & 0 & 1 \end{bmatrix}$$

该矩阵的每一列代表一个目标,第一列对应于 $t=0$ 的情况,意味着没有目标与量测关联(即所有量测均为杂波),从而使得该列元素的值均为 1。

进一步定义一个可行事件矩阵 $\hat{\boldsymbol{\Omega}}$(原文似有错误,已更正),有

$$\hat{\boldsymbol{\Omega}}(A) = [\hat{\omega}_{j,t}(A)]$$

式中：若 $A^{j,t_j} \in A$，$\hat{\omega}_{j,t}(A) = 1$；反之，$\hat{\omega}_{j,t}(A) = 0$；同时，该矩阵还必须满足如下约束条件：

（1）一个量测仅能有一个来源，也就是说，对于每个量测而言，其关于各个目标（包括 $t = 0$）的 $\hat{\omega}_{j,t}(A)$ 的和等于1（即每行仅允许有一个元素的值等于1）；

（2）一个目标至多产生一个量测，也就是说，对于每个航迹而言，其关于各个量测的 $\hat{\omega}_{j,t}(A)$ 的和小于或等于1。

对于每个目标而言，该矩阵中对应列的元素值的和被称为该目标的探测指示器，有

$$\delta_t(A) \triangleq \sum_{j=1}^{m} \hat{\omega}_{j,t}(A)$$

与其对应的量测关联指示器为

$$\tau_j(A) \triangleq \sum_{t=1}^{n} \hat{\omega}_{j,t}(A)$$

基于该定义，在联合关联事件 A 中虚警量测（即那些未被关联的量测）的总数为

$$\phi(A) = \sum_{j=1}^{m} (1 - \tau_j(A))$$

可行事件矩阵 $\hat{\boldsymbol{\Omega}}(A) = [\hat{\omega}_{j,t}(A)]$ 与8.2节中定义的、并在8.5节采用的可行分派的含义相同。$\hat{\boldsymbol{\Omega}}(A) = [\hat{\omega}_{j,t}(A)]$ 中的元素值为0或1、且每行和每列元素仅能有一个元素的值1，这意味着在可行分派中每个量测只能被分派给1个目标。

关联概率

给定目标 t 及其AG波门内的所有量测，则该目标的关联概率 $\beta^{j,t}$ 为

$$\beta^{j,t} \triangleq \Pr\{A^{j,t} \mid \boldsymbol{Y}_k\} = \sum_{A} \Pr\{A \mid \boldsymbol{Y}_k\} \hat{\omega}_{j,t} \tag{8.6-12}$$

$\Pr\{A^{j,t} \mid \boldsymbol{Y}_k\}$ 的计算涉及利用落入目标 tAG 波门内的所有量测的残差密度、传感器的目标探测概率 P_d 和未被探测概率 $(1 - P_d)$ 关于探测数目的幂，以及虚警探测的组合。类似于PDAF，关于虚警量测也存在两种模型。假设虚警的数目 ϕ 服从如下泊松分布：

$$\mu_F(\phi) = e^{-\lambda V} \frac{(\lambda V)^{\phi}}{\phi!}$$

式中：λ 是虚警的空间密度，V 是AG波门的体积。依据文献[16]中的推导，可获得如下表示式，

$$\Pr\{A \mid \boldsymbol{Y}_k\} = \frac{1}{c_p} \prod_j \{\lambda^{-1} f(\gamma^{j,t_j})\}^{\tau_j} \prod_t P_d^{\ \delta_t} (1 - P_d)^{1-\delta_t} \tag{8.6-13}$$

式中：$f(\gamma^{j,t_j}) \propto \exp\left\{ -\frac{1}{2} (\boldsymbol{y}_k^j - \boldsymbol{y}_{k|k-1}^t)^{\mathrm{T}} \boldsymbol{\Gamma}_k^{j,t^{-1}} (\boldsymbol{y}_k^j - \boldsymbol{y}_{k|k-1}^t) \right\}$ 为一个高斯概率密度函数；c_p 是该泊松模型的归一化常数。针对AG波门体积中的虚警数目 ϕ，当虚警被表述为扩散先验分布时，上述公式可被修改为

$$\Pr\{A \mid \boldsymbol{Y}_k\} = \frac{1}{c_d} \phi! \prod_j \{V f(\gamma^{j,t_j})\}^{\tau_j} \prod_t P_d^{\ \delta_t} (1 - P_d)^{1-\delta_t} \tag{8.6-14}$$

式中:c_d 是该扩散先验分布的归一化常数。无论是采用式(8.6-13)还是式(8.6-14),$\Pr\{A|\boldsymbol{Y}_k\}$ 被用于关于 $\beta^{j,t}$ 计算的式(8.6-12)中。

对于给定目标 t,$\beta^{j,t}$ 将被用于计算更新的状态估计和估计误差协方差,其计算方式与式(8.6-5)~式(8.6-10)给出的相同。因而这里也就不再重复。

JPDAF 算法流程总结如下:

(1) 针对给定的场景,构建合理事件矩阵 $\boldsymbol{\Omega}=[\omega_{j,t}]$。

(2) 基于 $\boldsymbol{\Omega}$ 遍历所有可行关联事件。对于每个可行关联事件 A,存在一个可行事件矩阵 $\hat{\boldsymbol{\Omega}}(A)=[\hat{\omega}_{j,t}(A)]$。

(3) 对于每个可行关联事件,利用式(8.6-13)或式(8.6-14)计算 $\Pr\{A|\boldsymbol{Y}_k\}$。

(4) 对于每个关联配对(j,t),将 $\hat{\omega}_{j,t}(A)=1$ 关联事件的 $\Pr\{A|\boldsymbol{Y}_k\}$ 相加,得到 $\beta^{j,t}$。

(5) 对于给定目标 t,可利用 $\beta^{j,t}$ 计算更新的状态估计和估计误差协方差,其计算方式与式(8.6-5)~式(8.6-10)给出的相同。

$\beta^{j,t}$ 计算的图示说明:

(1) 针对图 8.5 (b)所示情形的合理事件矩阵 $\Omega=\begin{bmatrix}1&1&0\\1&1&1\\1&1&1\\1&0&1\end{bmatrix}$。

(2)包含量测 1 与目标 1 关联的可行关联事件包括:

$$\begin{bmatrix}0&1&0\\0&0&1\\1&0&0\\1&0&0\end{bmatrix},\begin{bmatrix}0&1&0\\1&0&0\\0&0&1\\1&0&0\end{bmatrix},\begin{bmatrix}0&1&0\\1&0&0\\1&0&0\\0&0&1\end{bmatrix},\begin{bmatrix}0&1&0\\1&0&0\\1&0&0\\1&0&0\end{bmatrix}。$$

(3) 为上述所列的每个可行关联事件计算 $\Pr\{A|\boldsymbol{Y}_k\}$,所得各 $\Pr\{A|\boldsymbol{Y}_k\}$ 的和为 $\beta^{1,1}$。

(4) 按照同样的流程计算其他 $\beta^{j,t}$。

评注

1. PDAF 和 JPDAF 均将额外的量测视为“杂波”,这与多个密集目标环境情形下所做的假设不一样。

2. PDAF 和 JPDAF 为更新目标状态估计利用了 AG 波门内的全部量测,这也阻止了利用 AG 波门内的量测来初始化目标航迹;

3. 可行关联事件与 8.5 节中定义的分派问题的可行解完全一致;

(a) 在分派问题中,仅能选择一个可行解,因而属于“硬”判决;

(b) 而 PDAF 和 JPDAF 则生成所有可行关联事件,并将关联事件概率用于更新状态估计和估计误差协方差，因而属于“软”判决；

4. 第9章探讨的MHT算法也会遍历所有的解。JPDAF算法假设额外的量测为杂波（虚警），而MHT而将所有量测视为航迹延续，或者新探测的目标，或者虚警；

5. MHT算法并不会对落入AAG波门的量测进行加权组合。

8.7 实用算法集

本节将总结给出关于MTT问题的一些工程化解决方法。这些方法将以方法或算法集合的形式呈现给读者，代表着作者有关解决MTT实践问题的经验的荟萃[18-21]。其间利用了两个级联过程，即航迹起始和航迹延续。正如两个过程的名字，前者是处理航迹起始的过程，而后者则是维持航迹的过程。以上关于这两个过程的划分有些随意。本书中将采用如下关于（航迹）起始过程和延续过程的定义：

航迹起始过程：一个快速的、利用简单状态模型将连续的多个扫描周期内的量测连接起来的过程，为起始航迹。在任何可能的时候，该过程总是采用一个关于量测空间的线性目标运动模型。该过程的实现目标是，以较高的虚假航迹率为代价，使得丢失的目标航迹最小化。

航迹延续过程：采用更为精准的状态模型和更复杂的滤波算法延续前一时刻形成的航迹。航迹延续的目标是在保持较低航迹丢失和虚假航迹率的同时，获得更为精确的目标状态估计。更为精准的状态模型将使得目标状态估计的精度更高（更小的估计误差协方差，或AG波门），同时降低错误关联的概率。

8.7.1 航迹起始过程

考虑一个航迹初始过程，也就是一个启动过程，在这一过程中可能传感器第一次开机并且（或者）当有新目标进入传感器的观测视野，或者该目标成为传感器可探测的目标。这一过程通常采用简单的目标运动模型，如量测的（一阶或二阶）多项式拟合。特定的应用，依据传感器量测精度和目标密度，将决定这一过程在切换至延续（航机维持模式）过程之前的收敛时间。例如，考虑一种 N 取 M 的方法，在该方法中如果在 N 个扫描周期中一个航迹的持续时间大于或等于 M 个扫描周期，则航迹初始化过程完成并准备进入航迹延续阶段。这里所建议的方法更多的是一种工程化的方法，而非严谨的数学方法，体现了作者面对实践应用解决相似问题的经验。以下示例将对这一过程进行说明：

过程说明

这里所采用的航迹初始化过程示例中，$N=7$，$M=6$；并通过一组图片来说明整个过程。图 8.6 给出了 1 维量测(位置)空间(竖轴)与时间(横轴)之间的对应关系。黑色点状符号代表量测,平行的垂直线段代表量测扫描时间,这里仅给出了两个扫描周期的量测。

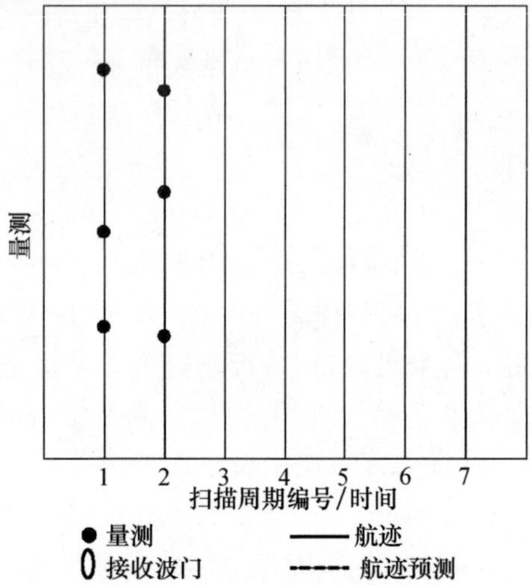

图 8.6　前两个扫描周期的量测

第一步是在最大速度限制的约束下将第一个扫描周期内的所有量测与第二扫描周期的量测连接起来,如图 8.7 所示。图中的实线,从左至右、沿时间推进方向,将与一个潜在、可行航迹关联的量测连接起来。注意,假设目标在一个扫描周期内只能运动有限的距离,第一个扫描周期的每个量测会与第二个扫描周期中距离其最近的两个量测相连接。

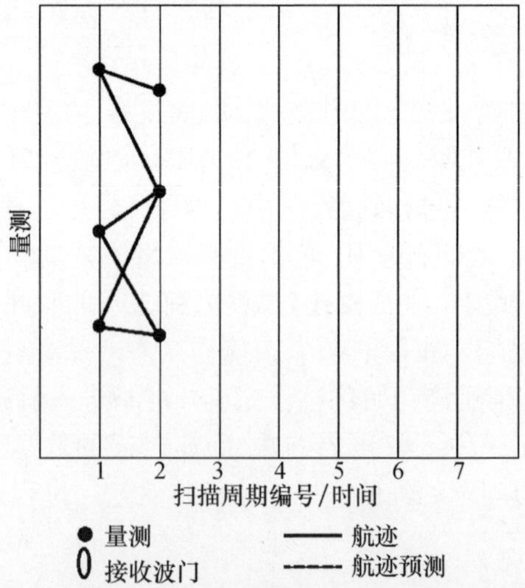

图 8.7　前两个扫描周期的可能关联

由图 8.8 可见,虚线代表潜在的航迹。在航迹初始化的这一阶段,将为(在特定约束条件下形成的)所有可能的量测—量测连接生成航迹,这些航迹也被称为临时航迹。可采用状态模型,如匀速运动模型(CV)计算预测的量测位置。量测预测的误差协方差采用同一模型计算获得(参见第 1 章课后习题 15,针对多项式模型,推导估计及其误差协方差)。附录 8A 针对 Dish – Radar 坐标和雷达中心笛卡儿状态坐标给出了特定算式。采用狭窄的椭圆标识新量测的接受波门(或区域)。8.1.2 小节曾讨论过利用量测预测误差协方差构建接受波门。如图 8.8 所示,共有 6 个存在部分重叠区域的接受波门。显然,这一过程要遍历计算的可能性的数目要多于目标数目,所以有些波门可能不存在任何新的量测,如图 8.9 所示。由图 8.10 可见,第 3 个扫描周期共发现有 3 个新量测,且仅有一个新量测无歧义地位于一个接受波门之内,其他量测则不得不由 2 个航迹共享。

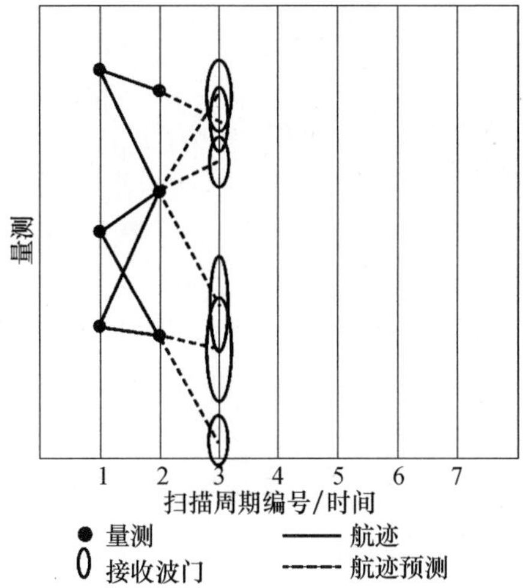

图 8.8 针对第 3 个扫描周期(量测)的预测

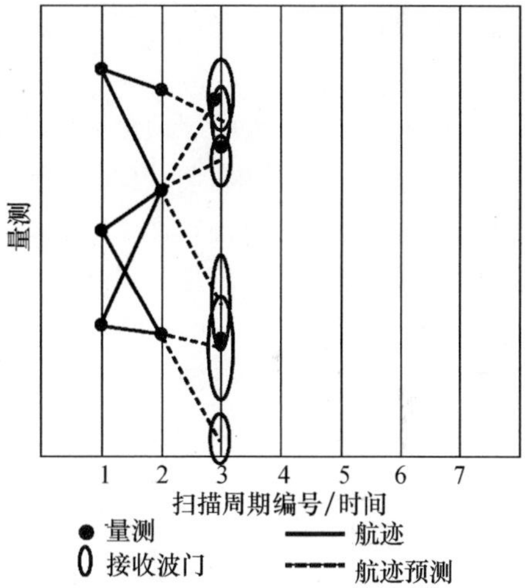

图 8.9 第 3 个扫描周期的量测

如图 8.11 所示,第 4 个扫描周期将重复与上述同样的过程。第 4 个扫描周期也存在 3 个量测,其中一个量测位于所有接受波门之外,该量测成为候选的新航迹。有一个量测再次由 2 个航迹所共享,因而这 2 个航迹将由同一量测所延续(航迹分裂)。有一个向上运动的航迹,没有任何量测位于该航迹的波门之内。类似这样的航迹将被保持并延续至下一扫描周期,以便应对可能发生的目标漏探测。注意,向下运动的航迹正在移出传感器的量测观测视野,考虑到传感器的职责,这种情况下就不再延续该航迹。图 8.12 展示了所得航迹及其在第 5 个扫描周期的对应量测预测。该图中也还给出了该扫描周期获得的量测。

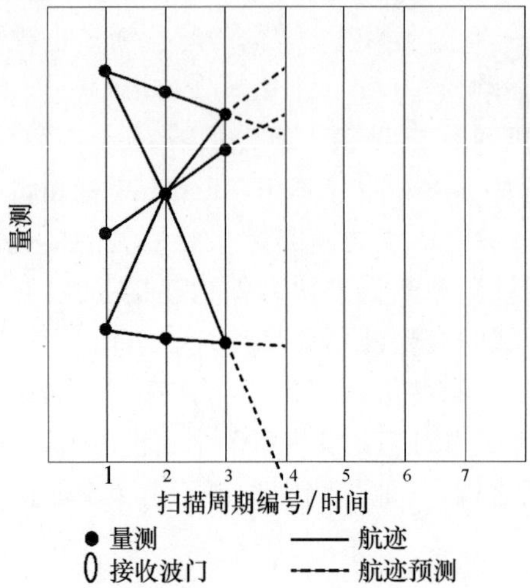

图 8.10 接受量测,并考虑了共享量测

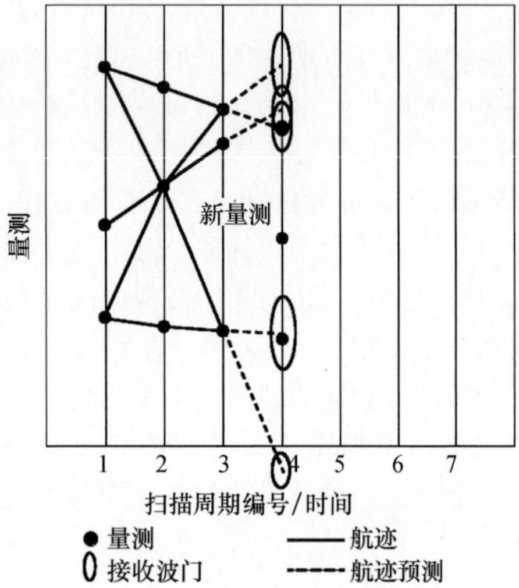

图 8.11 移动至第 4 个扫描周期

如图 8.12 所示,由于预测时间更长,丢失量测的那个航迹的波门区域也会更大。在第 5 个扫描周期,有 2 个航迹的接受波门内不包含任何目标。连续 2 次丢失量测的那个航迹(即向上运动的那个航迹)将被丢弃。该扫描周期未落入任何航迹波门的量测将与第 4 个扫描周期发现的新量测连接起来。

如图 8.13 所示,这一过程将持续至第 6 个扫描周期。注意到,在前一扫描周期丢失量测的航迹的波门会较大。在该扫描周期中,各个新量测均无歧义地落入各不同波门。由此,航迹将继续延续至第 7 扫描周期,如图 8.14 所示。

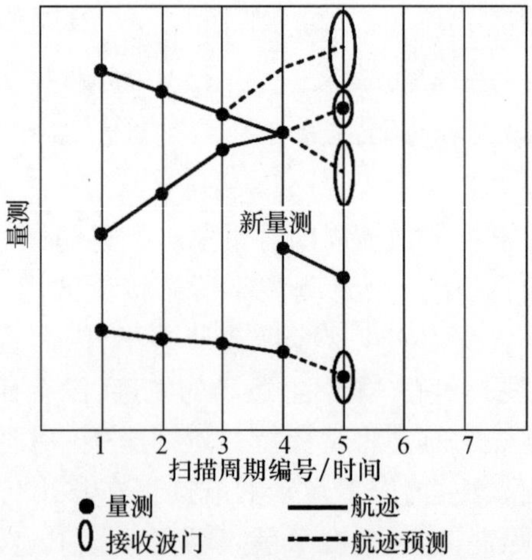

图 8.12 延续至第 5 个扫描周期,考虑了量测丢失以及基于前一扫描周期所获新量测形成新航迹的可能

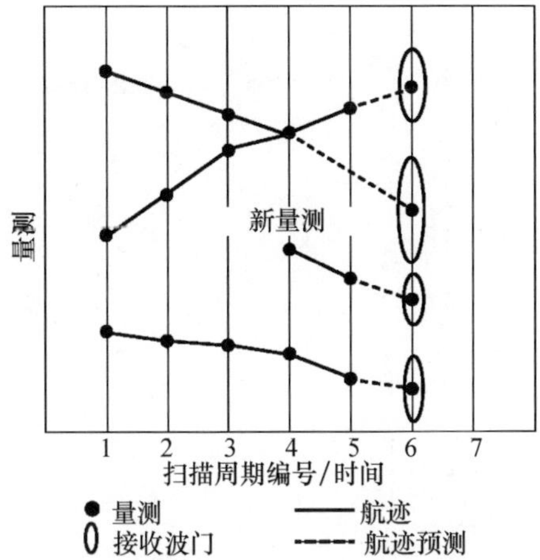

图 8.13 移动至第 6 个扫描周期

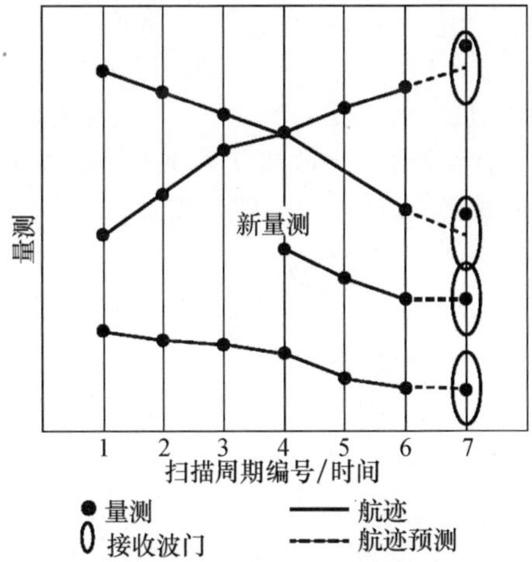

图 8.14 对于 7 取 6 的航迹初始化过程，至此就完成了部分目标的航迹初始化

图 8.15 以流程图的形式对由图 8.6 至图 8.14 描绘的初始化过程进行了总结。图中前 2 个方框代表着由前 2 个扫描周期量测数据形成的临时航迹。第 3 个方框及其右侧的决策框展示了有关是否有任何量测落入波门区域内的决策。如果有量测落入航迹波门区域内，则将更新该航迹状态。如果没有量测落入航迹波门区域内且是连续丢失量测，则将丢弃该航迹。

对于非连续的航迹量测丢失，该航迹将重新经历另一轮预测和检查过程。如果一个航迹能够在 N 个扫描周期中持续 M 个扫描周期，则该航迹的处理过程将移至下一阶段，即航迹延续。当新量测均落于所有航迹波门之外时，这些

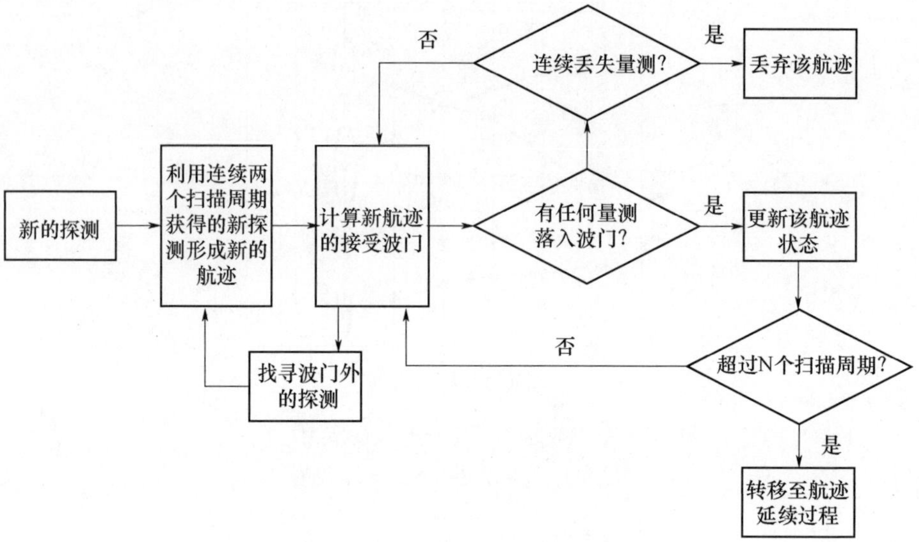

图 8.15 航迹初始化过程的流程图

新量测被作为候选新航迹。

附录 8A 给出了一个清晰的、针对具有多项式状态模型的状态估计算式集。这些算式可用于计算滤波器的初始化条件。当航迹初始化过程完成后,量测空间的航迹状态将被变换至以雷达为坐标原点的笛卡儿坐标系中。附录 8A 给出了有关变换方程。估计误差协方差将被用于计算接受波门区域,8.1.2 小节已就此问题进行了讨论。

8.7.2 航迹延续过程

在初始化过程中,已经达到 N 取 M 标准的航迹将准备进入航迹延续过程。由于 N 和 M 的值取决于具体问题,因此显然地,航迹初始化过程和航迹延续过程之间不存在明显的界线。进入延续过程的航迹将采用更精准的状态模型和更复杂的滤波算法,因而由航迹延续过程产生的航迹状态将更精确、估计误差协方差也会更小,由此也使得量测与其它目标关联的概率会更低。

图 8.16 展示一个无关联歧义航迹的演进过程,其中实三角形代表量测空间中的一个更新的航迹状态。通过将其推进至下一个扫描周期($N+1$),可得到由空心三角形代表的量测的预测位置。航迹的接受波门(或范围)由以量测预测(空心三角形)为中心的椭圆来表示。红色圆点符号代表着落入波门内的一个新量测。8.1.2 小节推导得出的、有关航迹接受波门的数学公式被用于测试量测是否可被用于航迹延续处理过程。式(8.1-1)所描述的接受波门由估计误差协方差和量测误差协方差共同决定,出于该图示更易被读者阅读的目的,图中并未清晰给出波门的确定过程。由于此例中,每个波门内仅有一个新

量测，量测—航迹的关联是无歧义的，新量测将被用于更新滤波器状态。如图所示，这一过程将持续进行。由于该例中不存在相互竞争的航迹或量测，这是一种最简单的航迹延续情况，也被称为一个无歧义航迹。以下各节中，将通过一系列的图片来说明量测关联的机理以及当源自多个目标的探测落入同一波门时对关联歧义的解决方法。

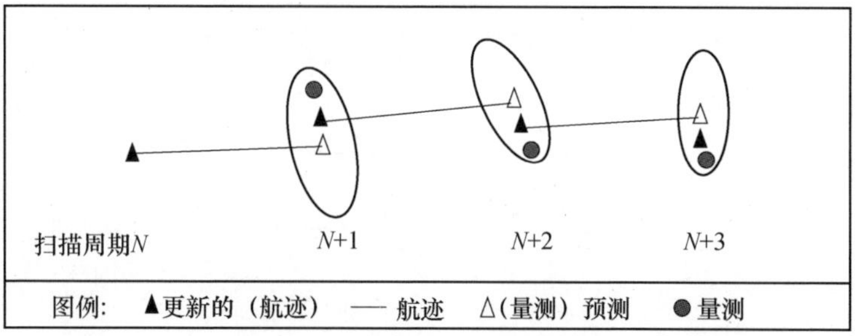

图 8.16 一个无关联歧义的航迹(见彩插)

航迹分裂

接下来考虑多个量测落入波门区域的情况，如图 8.17 所示。在第 $N+2$ 个扫描周期，波门区域内存在 2 个量测。此时，一种处理选择是将每个量测与航迹关联，并为每个新量测独立传播各自的航迹文档，这种处理方法也被称为航迹分裂。如果新量测的间距相对小于传感器的分辨率，采用航迹分裂可能是一种合理的选择。在此情形下，这些新量测可能源自前一扫描周期未被分辨的 2 个目标。例如，2 个目标可能以特定编队形式运动且两者的间距小于传感器的分辨率，在这一时期传感器仅能探测到 1 个目标。当 2 个目标开始分开时，其运动轨迹也各自离开，传感器也能够分辨 2 个目标，从而得到多个量测。航迹分裂逻辑能很好地匹配和说明这样一种情形。

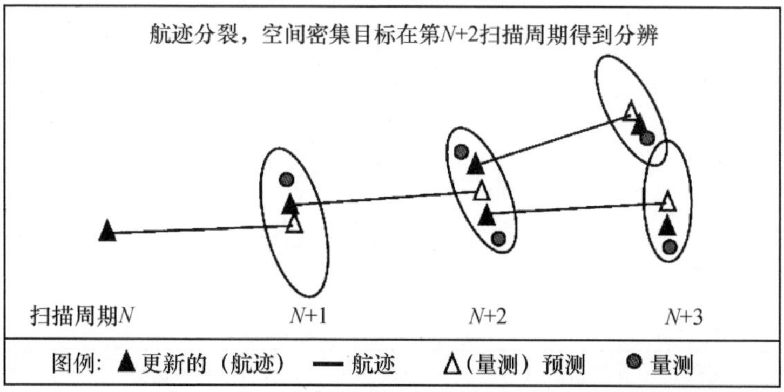

图 8.17 航迹分裂

针对该情形的另一种处理方法如图 8.18 所示。如果一个目标航迹仅能接受 1 个量测,那么就可采用 8.5 节讨论的 NN 关联算法。当 1 个量测被选择更新航迹状态时,额外的另一个量测将被作为候选的航迹起始(参见 8.3.1 小节),该量测将与下一个扫描周期未被关联的量测连接起来,以生成 1 个新航迹。

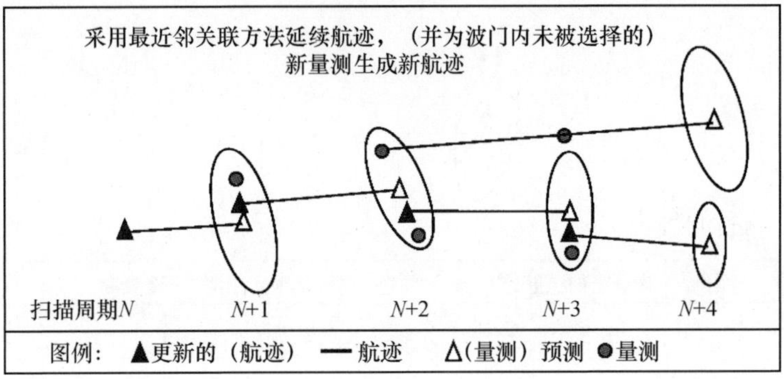

图 8.18 采用最近邻关联,并为波门内未被选择的量测生成新航迹

关联歧义的解决(分辨)

现在考虑多个航迹竞争多个量测的情形。如图 8.19 所示,在第 $N+1$ 个扫描周期,2 个航迹的预测波门相互重叠,并且 2 个新量测落入 2 个波门的交叉区域,从而导致一种具有歧义的关联形势。如果必须要在当前扫描周期解决关联歧义,即被称为一个即时解决(分辨)。如果这种解决决策可被推迟,在当前扫描周期就会产生航迹分裂(也就是说会产生多个临时分派),这也被称为延迟解决(分辨)。延迟解决允许临时错误航迹的存在,并试图利用目标状态模型及其后的量测联合解决(分辨)发生在前一扫描周期的关联歧义,图 8.20 对此进行

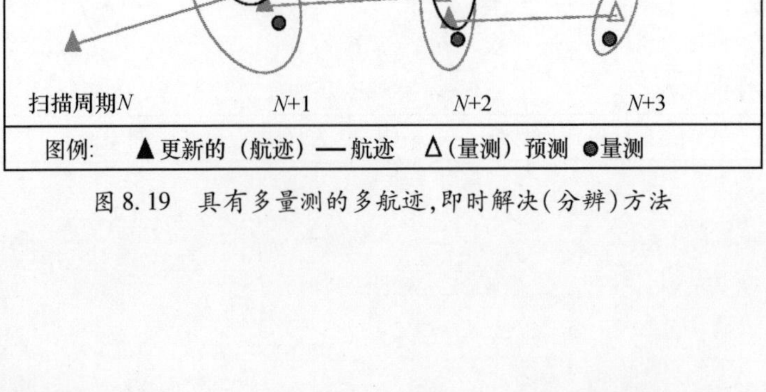

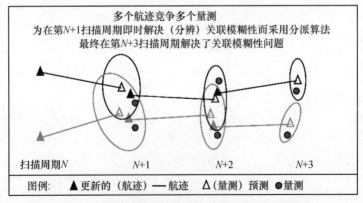

图 8.19 具有多量测的多航迹,即时解决(分辨)方法

了说明。延迟解决(分辨)方法类似于针对基于3个扫描周期量测分辨的多假设决策情形。即时解决(分辨)方法与基于2个扫描周期的量测分辨相同。比较而言,由于遍历了更多可能性,延迟解决(分辨)方法包含正确解的可能性更大。延迟解决(分辨)的缺陷在于,对于实际系统应用而言,其响应时间更慢,且因要处理多个航迹假设,计算负荷也较高。

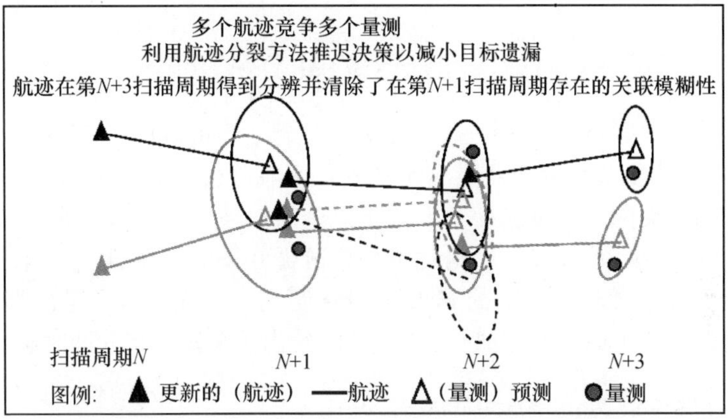

图 8.20 具有多量测的多航迹,延迟解决(分辨)方法

图 8.21 对上述讨论的关联逻辑进行了总结。注意:(1)只有 1 个航迹且仅有 1 个量测位于该航迹波门区域内的、无关联歧义情形是最为简单的情形;

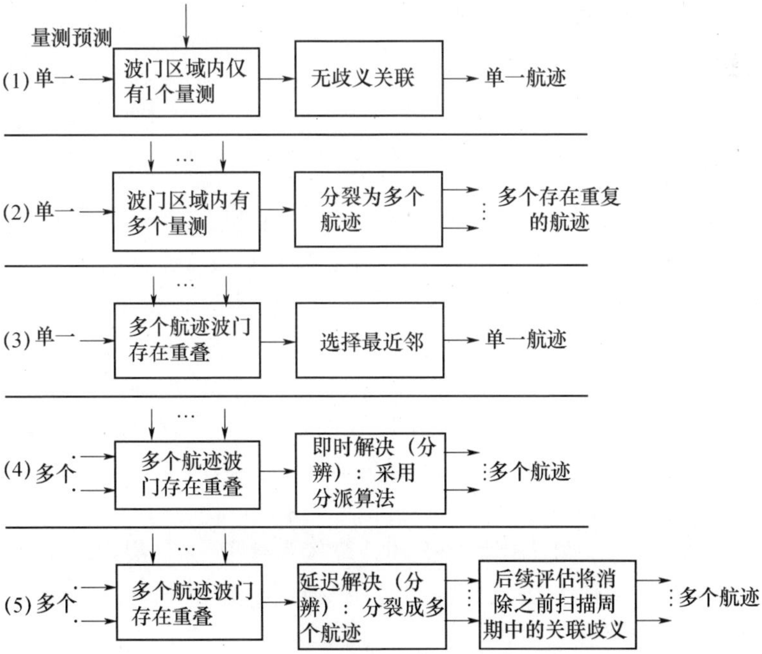

图 8.21 关联逻辑的选择单

(2)针对多个量测与1个航迹关联的情况,采用航迹分裂方法;(3)则属于针对单一航迹的即时解决(分辨)情况,利用NN关联方法,迫使该航迹从多个相关量测中选择1个量测;(4)则属于针对具有多个量测的多个航迹的即时解决(分辨)情况,并采用全局最近邻方法(也就是实现量测—航迹唯一分派的分派算法);(5)描述了针对具有多个量测的多个航迹情形下的延迟解决(分辨)方法。

8.7.3 关于即时解决和延迟解决(分辨)的说明

本节将对关联歧义解决(分辨)方法进行进一步的说明[18]。在图8.22中,基于前 $N-1$ 个扫描周期所获量测建立的2个航迹被延展至第 N 个扫描周期,并且该扫描周期的2个量测 a 和 b 位于2个航迹波门的交叉区域。如图8.22所示,为即时解决该关联歧义,构建了一个分派矩阵。图中,$D_{1,a}$ 为第一个航迹量测预测位置与量测 a 之间的Mahalanobis距离。最优分派则是由那些 $D_{i,j}$ 之和最小化的那些关联配对组成,式(8.5-1)给出了关联歧义的即时解决。

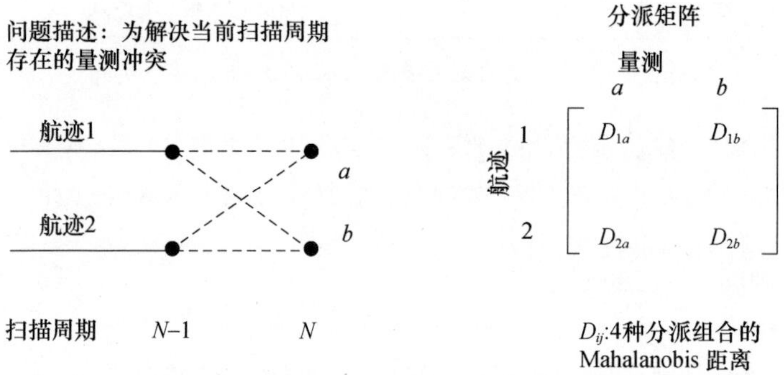

图8.22 关于(关联歧义)即时解决的说明

图8.23对只是简单地分裂2个航迹并将它们延展至第 $N+1$ 个扫描周期的情况进行了图示说明。如果在第 $N+1$ 个扫描周期有2个新量测 c 和 d 落入了所有航迹波门的交叉区域内,虽然总共有8个可能的航迹,但也只能选择其中的2个。基于2个扫描周期量测的最优分派就是要构造1个关于后验假设概率的、维数为 $2\times2\times2$ 的2层矩阵组成,将式(8.5-1)扩展到三维环境。所得优化问题现在是式(8.5-1)的三维版本。该问题的最优解由那些使得矩阵各项和最小化的那些可行关联配对(1个量测在1个扫描周期内仅能和1个航迹关联)组成。当航迹和量测数目较大时,由于在扫描周期数目较大的背景下寻找扩展的式(8.5-1)的最小化解所需的计算较为繁琐,人们提出了1种针对3个扫描周期问题的替代方法,也被称为一扫描周期延迟解决(分辨)技术,图8.23对此进行了说明。

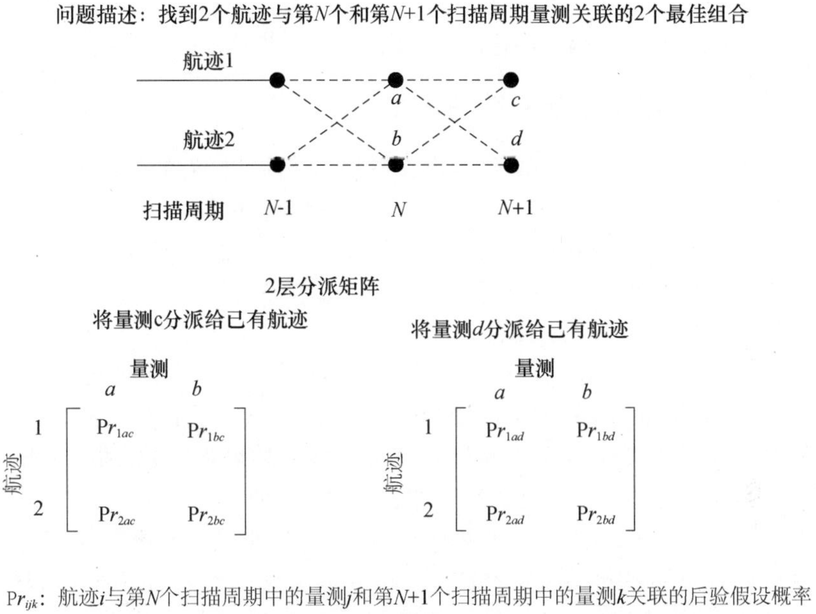

图 8.23　利用 2 个扫描周期的量测解决关联歧义的说明

包含航迹 1 和第 N 个扫描周期中量测 a 的可能航迹共有 2 个，分别是$(1,a,c)$和$(1,a,d)$，而被选择的将是具有较小残差（或较大后验概率）的那个航迹。针对第 N 个扫描周期的所有量测和航迹，重复进行这一过程。需要注意的是，为了图示说明，图 8.24 选择的航迹分别是$(1,a,c)$、$(1,b,d)$、$(2,a,c)$和$(2,b,d)$。这 4 个航迹的残差就是右边分派矩阵中各项元素的值，而最终选择的航迹集合就是那些使得残差值的和最小化的可行关联配对。

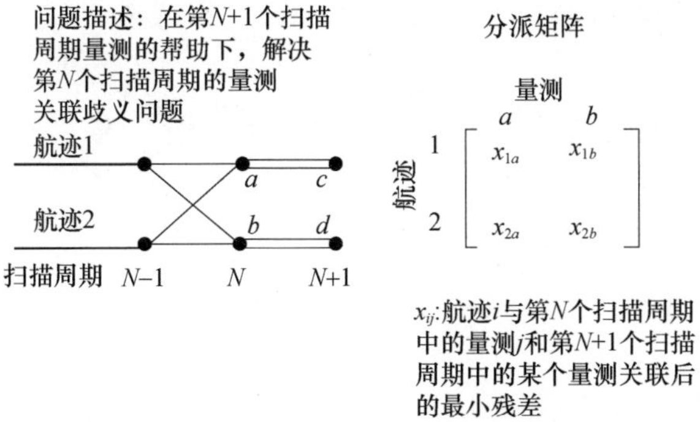

图 8.24　一扫描周期延迟解决（分辨）的图示说明

解决一扫描周期延迟的目的在于，将三个扫描周期分派问题降解为二维分派问题。正如由下一节的数值示例所标明的，所提方法虽是次优的，但在计算上较为简单,同时性能也较即时解决方法有所提升。一扫描周期延迟解决的情形在概念上类似于估计领域中基于固定滞后的、一步滞后平滑算法。

8.7.4 联合多扫描周期估计和判决

如果为实现重新量测分派而可以获得过往扫描周期的量测,且所关注的实际应用问题能够承受得起由利用过往数据所产生的时间延迟,那么就可以考虑重新处理和重新选择过往量测,以改善航迹文档的准确性(也就是说,增加构成航迹的量测源自同一目标的比例)。这一方法类似于状态估计领域所采用的固定间隔平滑算法(Fixed - Interval Smoother,FIS)。图 8.25 所给出了实现这一理念的一种迭代过程,即联合多扫描周期估计和判决算法(Joint Multiscan Estimation and Decision Algorithm,JMSEDA)。在该算法流程中,首先会基于 8.7.1 节至 8.7.3 节中建议的算法获得初始航迹文档中的量测,继而采用批处理滤波算法(要么是加权最小二乘 WLS,要么是 FIS,见第 2 章)对这些量测进行进一步的处理,以获得改善的、具有较小估计误差协方差的平滑状态估计。在此过程中,一些之前曾被接受的量测如今可能不能达到(更小的)n - 误差协方差标准,其中 n 是算法设计人员针对特定应用所选择的参数。这部分量测就可能会被拒绝,同时会从存储的量测数据重新选择新的量测,直到在 n - 误差协方差标准所确定区域内不再存在量测。该算法被用于本章后续的一个数值示例中,实验结果表明,该算法能够进一步减小关联误差。如同任何利用过往历史数据获得最终判决的多假设算法,该算法的一个缺陷就是判决结果是延时的。至于到底选择何种算法取决于具体应用和系统设计人员的决策。

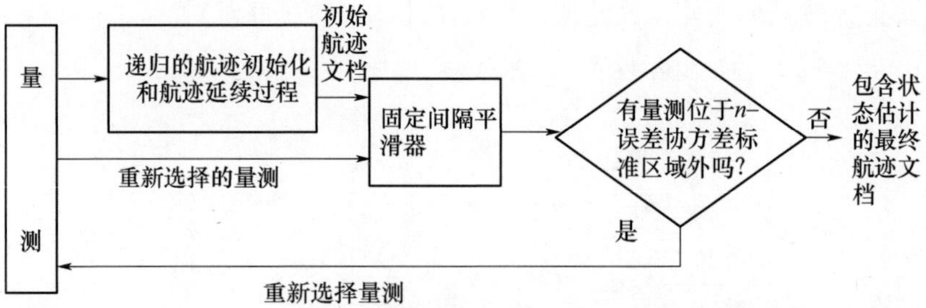

图 8.25 一种基于批处理的联合估计与相关迭代算法

评注

JMSEDA 算法是 8.2 节所提的 MDA 方法的近似,目的为改善状态估计和正确关联率。如果时间延迟不是关注的重点,JMSEDA 算法也是值得推荐的方法。

8.8 数值示例

本节将通过两个示例来说明和展示上述算法的性能。

示例 1

本示例[18]的目的在于，说明和展示 8.7 节所述 3 种(关联)歧义解决方法带来的循序渐进的改善，这 3 种方法分别是即时解决、一扫描周期延迟解决和 JMSEDA(简称为批处理方式)。本示例采用一个多目标轨迹仿真和跟踪程序来比较算法性能，该跟踪程序实现了上述全部 3 种歧义解决方法，且基于相同的实验数据集分别运行这 3 种方法。在一个密集目标环境下，传感器经常不能分辨其观测视野中的目标，这类目标也被称为密集空间目标(Closely Spaced Objects，CSOs)。这里，采用一个能够描述 CSO 问题并对其进行仿真的功能模型来对不能分辨目标的情形建模。通过仿真大量目标在空间运动(采用一种大气层外的运动模型)的航迹，并由 1 个传感器对这些航迹进行持续多个扫描周期的观测。同时，8.7.1 节和 8.7.2 节讨论的航迹初始和航迹延续过程被用于生成航迹文档。

将要讨论的针对仿真研究的评分方法，常被用于设计过程中的算法比较。由于仿真过程中的真实情况是已知的，因而这种评分方法并不适用于真实情况通常未知的实时应用。

图 8.26 给出的是运用多目标仿真和跟踪程序后得到的 1 个航迹文档子集，表中的各项为真实目标识别编号(Identification Number，ID)，表中顶部 1 行为量测扫描周期编号、左边 1 列为航迹文档(Track File，TF)识别编号。该表仅显示了 12 个扫描周期的内相关情况。如图 8.26 所示，TF 100 在 12 个扫描周期均包含目标 20。由于航迹文档中所有的项均源自同一目标，该航迹的评分结果为 100% 的一致性。TF 101 包含的是目标 22，该航迹起始自第 4 扫描周期、结束于第 12 扫描周期，且在第 7 扫描周期曾丢失过量测。即便如此，该航迹文档仍然具有 100% 的一致性。TF 102 和 TF 103 将一并检查，可以看出，目标 31 和目标 32 在第 1、2、3、4、7 扫描周期内构成了一个无法分辨的、密集空间目标簇。当这两个目标在第 5、6 扫描周期及其第 7 扫描周期之后的时间内得以分辨时，TF 102 和 TF 103 就能成功地跟踪它们。TF 104 和 TF 105 的情况类似，除去航迹文档在 CSO 中的 2 个目标得以分辨后的一致性稍差之外(见第 8 个及其之后的扫描周期)。在仿真得到的传感器数据中甚至能发现包含超过 2 个未分辨目标的量测(图中未显示)。

基于上述观察，可以定义 1 个面向目标的评分(性能评估)框架。所有包含同一目标的航迹文档均已被标识。依据图 8.26，目标 31 被包含在 TF 102 和 TF 103 中。但通常会指定包含某个目标次数最多的航迹文档来代表该目标，此例中 TF 102 将被选择代表目标 31。据此逻辑，TF 100、101、102、103、104 和 105 将会被分别指定代表目标 20、22、31、32、26 和 27。可以利用指定的航迹文档来评估各个目标跟踪的性能，因此目标 20、22、31、32、26 和 27 各自的性能评分分别为 100%、100%、100%、100%、83.33% 和 83.33%。以目标 26 为例，该目标共在 12 个扫描周期出现过，但在指定代表该目标的航迹文档 TF 105 中，该目标只在 10 个扫描周期出现过，这意味着目标 26 的跟踪性能为 10/12 = 83.33%。

将上述评分框架应用于全部数据集合，所得结果如图 8.27 所示。图中，横坐标轴代表上述给出的性能标准，纵坐标轴代表目标满足给定性能标准的百分比。参与对比的是 8.7 节给出的 3 种（关联）歧义解决方法，分别是即时解决、一扫描周期延迟解决和批处理方法。为了进一步说明问题，检查图 8.26 中的数据，可以发现，在 6 个目标中有 4 个目标达到 100% 的性能标准且所有目标均达到 80% 的性能标准。

航迹文档编号	扫描周期编号											
	1	2	3	4	5	6	7	8	9	10	11	12
100	20	20	20	20	20	20	20	20	20	20	20	20*
101	0	0	0	22	22	22	0	22	22	22	22	22
102	31 32	31 32	31 32	31 32	31	31	31 32	31	31	31	31	31
103	31 32	31 32	31 32	31 32	32	32	31 32	32	32	32	32	32
104	26 27	26 27	26 27	26 27	26	26	26 27	27	27	27	27	27
105	26 27	26 27	26 27	26 27	27	27	26 27	26	26	26	26	26

* 表中的各项为真实目标ID，多个ID意味着来自编队目标的未分辨的量测。

图 8.26 典型航迹文档的图示说明

通过图 8.27 可以看出，即时解决方法代表着一个快速而粗糙的判决过程，也能在一定程度上达到性能标准。较之即时解决方法，一扫描周期延迟解决方法的性能有了一些改善。很显然，利用所有数据的批处理方法的性能最优，但这是以更多处理计算和判决延迟为代价的。同样值得注意的是，采用复杂算法获得的最大增益是在100%性能标准级别的。原因就在于，通过利用由前一算法产生的航迹文档，开启了目标轨迹状态的精准估计。为了使得这一精准估计能够持续，需要初始航迹文档具有相当的一致性。此外，由于受到传感器分辨能力的限制，批处理方法的性能也受到一定限制。当传感器无法分辨某些目标时，没有任何处理技术能够完全成功地对目标进行辨识和分类。

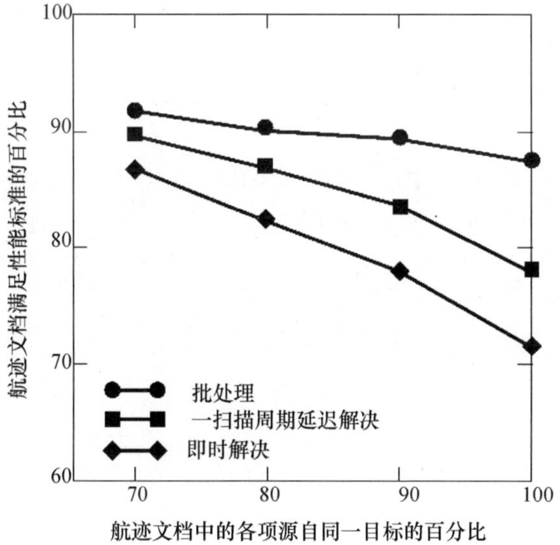

图 8.27　3 种(关联)歧义解决方法的性能比较

示例 2

本示例的目的在于说明这样一个论断，即跟踪性能是关于传感器量测精度和分辨能力的函数。与示例 1 类似，本示例也是通过仿真生成大量空间目标的运动轨迹，且也是采用前述 3 种算法对相关量测进行处理。

由于存在空间密集的、不能分辨的目标，就需要仔细考虑跟踪性能的评分标准。参考文献[18,19]采用了 2 种评分标准。参考文献[18]中采用的是面向目标的评分框架。示例 1 中采用的就是该框架，即为每个目标指定一个包含最多源自该目标的量测的航迹文档。然后，基于该目标在整个航迹存在过程中出现的次数来评估该航迹文档。当与特定目标类型相关的跟踪性能十分重要时，采用该评分框架还是非常有益的。本示例将采用另一种复杂度较低的评分框架，面向文档的评分框架[19]，并据此给出实验结果。面向文档的评分框架给每个航迹文档分派一个性能值，

$$x = M_T / M_{TF}$$

式中：M_T 为航迹文档中源自同一目标的量测的最大数目；M_{TF}则为航迹文档中

的量测总数。

利用跟踪算法得到的结果由 2 个统计量表征，即基于性能值大于或等于 x 的航迹文档数目的正确相关百分比 $P_c(x)$ 和错误相关百分比 $P_f(x)$，有

$$P_c(x)=N_c(x)/N_T$$

和

$$P_f(x)=1-N_c(x)/N_{TF}$$

式中：$N_c(x)$ 是性能值大于或等于 x 的航迹文档的数目；x 是由 M_T/M_{TF} 定义的航迹文档性能值；N_T 为观测范围内的目标数目；N_{TF} 为航迹文档的数目。

图 8.28 给出了本示例中所使用的传感器参数集。其中，σ_θ 为传感器量测精度，Δ_θ 为传感器量测偏差。

图 8.28 中各项是以不同的传感器量测精度和分辨率参数构成的测试用例。其中，测试用例 A 是作为基线（最优的）用例，其他测试用例则分别是基线用例不同级别的退化。传感器量测由仿真过程生成，并由跟踪算法对量测进行处理。

归一化的传感器参数	测试用例				
	A	B	C	D	E
σ_0	1	1	1	2	3
Δ_0	1	1.75	2.5	1.75	1.75

图 8.28 测试用例是关于传感器量测精度和分辨率的函数

图 8.29 和图 8.30 给出了一些实验的中间结果，分别是不同扫描周期数目下的目标场景和目标统计总结的变化。采用跟踪算法所得结果如图 8.31 所示。对于一个固定传感器而言，当传感器角量测分辨率下降时，其角量测精度

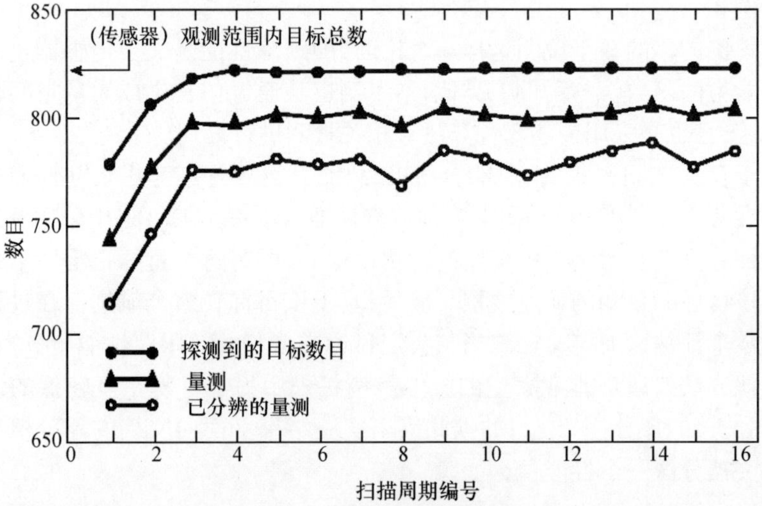

图 8.29 目标/量测的统计量

性能也会降低。对于固定传感器角量测分辨率,也有相同的趋势。当性能值(横坐标轴)增加时,满足该标准的航迹数目越来越少,有关正确相关和错误相关百分比的性能也就会下降。

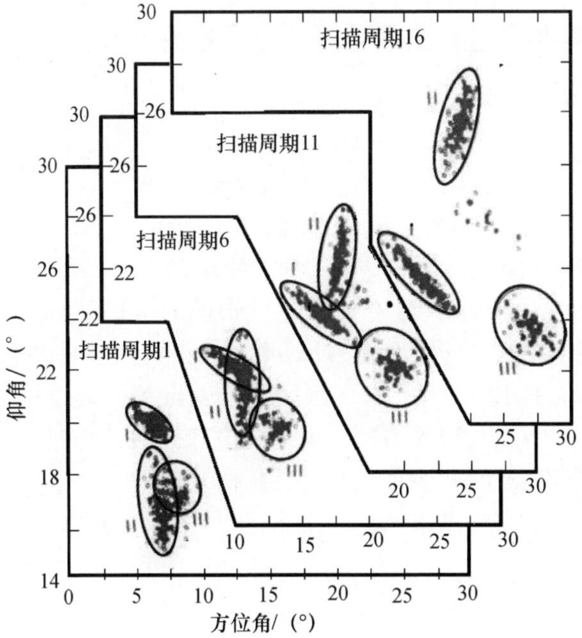

图 8.30 不同扫描周期的目标场景

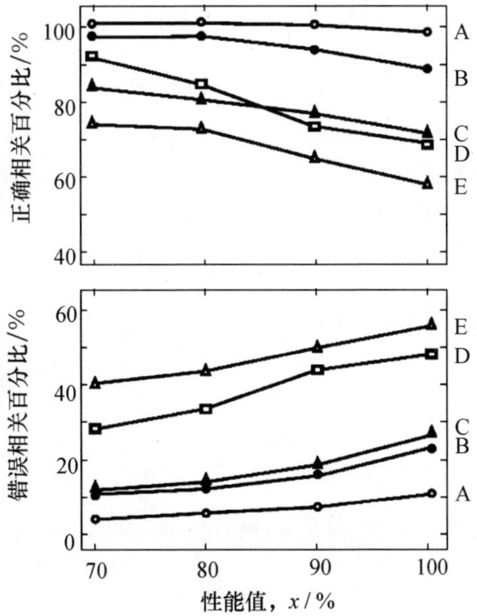

图 8.31 不同传感器量测精度和分辨率情况下给定航迹文档性能值的正确相关和错误相关百分比

附录8A 航迹初始计算示例

8A.1 利用固定间隔平滑算法计算初始条件

考虑一个离散线性系统，

$$\boldsymbol{x}_k = \boldsymbol{\Phi}_{k,k-1}\boldsymbol{x}_{k-1} + \boldsymbol{\mu}_{k-1}$$

$$\boldsymbol{y}_k = \boldsymbol{H}_k\boldsymbol{x}_k + \boldsymbol{v}_k$$

式中：$\boldsymbol{x}$ 和 $\boldsymbol{\mu} \in \mathbb{R}^n$，$\boldsymbol{y}$ 和 $\boldsymbol{v} \in \mathbb{R}^m$，$\boldsymbol{\Phi}_{k,k-1}$ 和 $\boldsymbol{H}_k$ 是已知矩阵，$\boldsymbol{x}_0: \sim N(\hat{\boldsymbol{x}}_0, \boldsymbol{P}_0)$，$\mu_k: \sim N(\boldsymbol{0}, \boldsymbol{Q}_k)$ 和 $\boldsymbol{v}_k: \sim N(\boldsymbol{0}, \boldsymbol{R}_k)$ 之间是统计独立的。

考虑关于目标初始状态没有任何先验知识的情形，即 $\hat{\boldsymbol{x}}_0$ 和 $\boldsymbol{P}_0$ 是未知的。因此，必须利用量测 $\boldsymbol{y}_k$，$k=1,\cdots,K$，计算得出 $\hat{\boldsymbol{x}}_0$ 和 $\boldsymbol{P}_0$。考虑2.9.5小节给出的针对确定性系统的FIS算法，该算法实为针对无噪声系统的加权最小二乘（WLS）估计器。当用于WLS的数据窗口长度较短时，有关确定性系统的假设是有效的。设置 $\boldsymbol{P}_0^{-1} = \boldsymbol{0}$（代表无先验信息），由式（2.9－13）和式（2.9－14）得

$$\hat{\boldsymbol{x}}_{k|1:K} = \left[\sum_{i=1}^{K} \boldsymbol{\Phi}_{i.k}^{\mathrm{T}}\boldsymbol{H}^{\mathrm{T}}\boldsymbol{R}_i^{-1}\boldsymbol{H}\boldsymbol{\Phi}_{i.k}\right]^{-1}\left(\sum_{i=1}^{K} \boldsymbol{\Phi}_{i.k}^{\mathrm{T}}\boldsymbol{H}^{\mathrm{T}}R_i^{-1}y_i\right) \quad (8.\mathrm{A}-1)$$

而估计的误差协方差则为

$$P_{k|1:K} = \left[\sum_{i=1}^{K} \boldsymbol{\Phi}_{i.k}^{\mathrm{T}}\boldsymbol{H}^{\mathrm{T}}\boldsymbol{R}_i^{-1}\boldsymbol{H}\boldsymbol{\Phi}_{i.k}\right]^{-1} \quad (8.\mathrm{A}-2)$$

为使系统为确定性系统的假设成立，数据窗口的长度 K 应该取得尽量短。例如，对于 $\boldsymbol{x} \in \mathbb{R}^n$ 和 $\boldsymbol{y} \in \mathbb{R}^m$，$K$ 可设置为 $\mathrm{int}\left(\frac{n}{m}\right)+1$，其中 $\mathrm{int}\left(\frac{n}{m}\right)$ 代表分式 $\frac{n}{m}$ 中的整数部分。所得 $\hat{\boldsymbol{x}}_{k|1:K}$ 和 $\boldsymbol{P}_{k|1:K}$ 可被用于以初试时间 K 来初始化KF滤波器。

虽然这里介绍的确定性系统FIS算法是针对线性系统的，但也适用于非线性系统。对于非线性系统而言，上述系统状态（转移）矩阵和量测矩阵将被对应的雅可比矩阵（一阶导数）替代。为了获得更为精确的估计，可采用第3章有关非线性估计部分中讨论的一种针对非线性系统状态估计的迭代算法。

8A.2 采用一阶多项式平滑算法[①]处理雷达量测以获得笛卡儿坐标系下跟踪滤波器的初始状态估计和估计误差协方差

考虑一个雷达量测，其中径向距离（斜距）量测为 r、方位角量测为 a 、高低角量测为 e。对于该初始化过程，假设目标所做的CV运动是独立于3个坐标轴方向 (r,a,e) 中的每一个。这就如同利用一阶多项式来表示目标运动方程。给定一批量测，可在3个坐标轴方向 (r,a,e) 中的每一个上独立计算目标的位置

---

① 多项式建模是第1章的课后问题15讨论的主题。

和速度估计。

令

$$
\begin{aligned}
&r_i, i=1,\cdots,N\\
&a_i, i=1,\cdots,N\\
&e_i, i=1,\cdots,N
\end{aligned}
\tag{8. A－3}
$$

标识由 N 个雷达量测组成的量测集合,且各量测的采样时间间隔为 T,就有量测数据对应的总的时间间隔为 $(N-1)T$。那么即可利用一阶多项式(直线)模型①获得对应于数据时间间隔中心位置的状态估计 $r,\dot{r},a,\dot{a},e,\dot{e}$。由于关于 r,a,e 的量测之间是相互独立的,因此可以分开处理。对距离 r 及其变化率 $\dot{r}$ 进行估计如下:

$$
\begin{bmatrix}\hat{r}\\ \hat{\dot{r}}\end{bmatrix}=\begin{bmatrix}\sum_{i=1}^{N} r_i\\ \sum_{i=1}^{N} T\left(i-1-\dfrac{(N-1)}{2}\right)r_i\end{bmatrix}
\tag{8. A－4}
$$

估计的误差协方差则为

$$
\boldsymbol{P}_r=\sigma_r^2\begin{bmatrix}1/N & 0\\ 0 & \dfrac{12}{T^2(N-1)N(N+1)}\end{bmatrix}
\tag{8. A－5}
$$

利用相同的方式可获得对应于 $a,\dot{a},e,\dot{e}$ 的估计及其估计误差协方差。以 $\hat{z}_0$ 标识经过多项式平滑后的雷达量测,其下标对应于数据窗口的中心位置。

$$
\hat{z}_0=\begin{bmatrix}\hat{r}\\ \hat{a}\\ \hat{e}\\ \hat{\dot{r}}\\ \hat{\dot{a}}\\ \hat{\dot{e}}\end{bmatrix}=\begin{bmatrix}\sum_{i=1}^{N} r_i\\ \sum_{i=1}^{N} a_i\\ \sum_{i=1}^{N} e_i\\ \sum_{i=1}^{N} T\left(i-1-\dfrac{(N-1)}{2}\right)r_i\\ \sum_{i=1}^{N} T\left(i-1-\dfrac{(N-1)}{2}\right)a_i\\ \sum_{i=1}^{N} T\left(i-1-\dfrac{(N-1)}{2}\right)e_i\end{bmatrix}
\tag{8. A－6}
$$

而估计误差协方差 $\boldsymbol{P}_{z_0}$ 为

① 第1章的课后问题15以针对一阶和二阶多项式建模的特定方程为多项式建模构建了一个通用关系集合。

$$\boldsymbol{P}_{z_0}=\begin{bmatrix} c_1\sigma_r^2 & 0 & 0 & 0 & 0 & 0 \\ 0 & c_1\sigma_a^2 & 0 & 0 & 0 & 0 \\ 0 & 0 & c_1\sigma_e^2 & 0 & 0 & 0 \\ 0 & 0 & 0 & c_2\sigma_r^2 & 0 & 0 \\ 0 & 0 & 0 & 0 & c_2\sigma_a^2 & 0 \\ 0 & 0 & 0 & 0 & 0 & c_2\sigma_e^2 \end{bmatrix} \tag{8.A-7}$$

式中：$c_1=1/N, c_2=12/T^2(N-1)N(N+1)$。在向状态坐标系统转换前，首先需将$\hat{z}_0$和$P_{z_0}$扩展至需要的时间点上（以$t$标识），以匹配滤波器状态更新过程中新量测的时间。利用转换矩阵有

$$\hat{z}_t=\boldsymbol{\Phi}_{t,0}\hat{z}_0 \tag{8.A-8}$$

式中：

$$\boldsymbol{\Phi}_{t,0}=\begin{bmatrix} 1 & 0 & 0 & t-(N-1)T/2 & 0 & 0 \\ 0 & 1 & 0 & 0 & t-(N-1)T/2 & 0 \\ 0 & 0 & 1 & 0 & 0 & t-(N-1)T/2 \\ 0 & 0 & 0 & 1 & 0 & 0 \\ 0 & 0 & 0 & 0 & 1 & 0 \\ 0 & 0 & 0 & 0 & 0 & 1 \end{bmatrix} \tag{8.A-9}$$

一旦获得了关于r,a,e的初始估计及其估计误差协方差，可将其转换至笛卡儿坐标系下。对于在以雷达为中心原点的笛卡儿坐标系中建立跟踪滤波器的情形而言，即x轴为正东方向、y轴为正北方向、z轴为垂直向上方向，那么状态向量$\boldsymbol{x}=(x,y,z,\dot{x},\dot{y},\dot{z})^{\mathrm{T}}$与雷达量

评注：两拍初始化

如果仅有2个量测完用于航迹初始化，即$N=2$，那么对于这一最简单的情形就有

$$\hat{r}=(r_2+r_1)/2, \sigma_{\hat{r}}^2=\sigma_r^2/2$$
$$\hat{\dot{r}}=(r_2-r_1)/2, \sigma_{\hat{\dot{r}}}^2=2\sigma_r^2/T$$
$$\hat{a}=(a_2+a_1)/2, \sigma_{\hat{a}}^2=\sigma_a^2/2$$
$$\hat{\dot{a}}=(a_2-a_1)/2, \sigma_{\hat{\dot{a}}}^2=2\sigma_a^2/T$$
$$\hat{e}=(e_2+e_1)/2, \sigma_{\hat{e}}^2=\sigma_e^2/2$$
$$\hat{\dot{e}}=(e_2-e_1)/2, \sigma_{\hat{\dot{e}}}^2=2\sigma_e^2/T$$

这有时也被称为两拍初始化。虽然方法简单直接，但受噪声影响最大。至于如何精确地选择N的值，则是要权衡精度和初始化过程的收敛时间。

测变量之间存在如下关系：

$$
\begin{aligned}
x &= r\cos(e)\sin(a) \\
y &= r\cos(e)\cos(a) \\
z &= r\sin(e)
\end{aligned}
\tag{8. A - 10}
$$

对上述变量相对于时间求一阶偏导，可得

$$
\begin{aligned}
\dot{x} &= \dot{r}\cos(e)\sin(a) - r\sin(e)\sin(a)\dot{e} + r\cos(e)\cos(a)\dot{a} \\
\dot{y} &= \dot{r}\cos(e)\cos(a) - r\sin(e)\cos(a)\dot{e} - r\cos(e)\sin(a)\dot{a} \\
\dot{z} &= \dot{r}\sin(e) + r\cos(e)\dot{e}
\end{aligned}
\tag{8. A - 11}
$$

以 $\boldsymbol{x}$ 标识笛卡儿坐标系下的目标状态向量，并令

$$\boldsymbol{x} = \boldsymbol{g}(z)$$

这里 $z = (r, a, e, \dot{r}, \dot{a}, \dot{e})^{\mathrm{T}}$。

特定非线性函数 $\boldsymbol{g}(\cdot)$ 的定义由式(8. A - 10)和(8. A - 11)给出。如第3章所表明，当非线性变换被定义后，即可由雅可比矩阵计算转换后向量的误差协方差矩阵的一阶近似。由 $\boldsymbol{G}$ 标识非线性函数 $\boldsymbol{g}(\cdot)$ 对应的雅可比矩阵，即有

$$\boldsymbol{G} = \left[\frac{\partial \boldsymbol{g}(\boldsymbol{z})}{\partial \boldsymbol{z}}\right]_z$$

在此例中，$\boldsymbol{G}$ 为 6×6 的矩阵。$\boldsymbol{x}$ 的估计误差协方差 $\boldsymbol{P}_x$ 为

$$\boldsymbol{P}_x = \boldsymbol{G}\boldsymbol{P}_z\boldsymbol{G}^{\mathrm{T}} \tag{8. A - 12}$$

扩展卡尔曼滤波器(EKF)的初始估计及其估计误差协分别为 $\hat{\boldsymbol{x}}_{t_0}$ 和 $\boldsymbol{P}_{\hat{x}_{t_0}}$，其中时刻 t_0 为数据窗口时间间隔的结束点，有 $t_0 = (N-1)T/2$。

以下给出关于非线性变换 $\boldsymbol{g}(\cdot)$ 和矩阵 $\boldsymbol{G}$ 的细节信息：

$$\boldsymbol{x} = \boldsymbol{g}(\boldsymbol{z})$$

$$\boldsymbol{z} = \begin{bmatrix} r \\ a \\ e \\ \dot{r} \\ \dot{a} \\ \dot{e} \end{bmatrix}$$

$$\boldsymbol{x} = \begin{bmatrix} x \\ y \\ z \\ \dot{x} \\ \dot{y} \\ \dot{z} \end{bmatrix} = \boldsymbol{g}(\boldsymbol{z})$$

$$x = r\cos(e)\sin(a)$$
$$y = r\cos(e)\cos(a)$$
$$z = r\sin(e)$$
$$\dot{x} = \dot{r}\cos(e)\sin(a) - r\sin(e)\sin(a)\dot{e} + r\cos(e)\cos(a)\dot{a}$$
$$\dot{y} = \dot{r}\cos(e)\cos(a) - r\sin(e)\cos(a)\dot{e} - r\cos(e)\sin(a)\dot{a}$$
$$\dot{z} = \dot{r}\sin(e) + r\cos(e)\dot{e}$$

$$\boldsymbol{G} = \frac{\partial \boldsymbol{g}(z)}{\partial z} = \begin{bmatrix} \frac{\partial x}{\partial r} & \frac{\partial x}{\partial a} & \frac{\partial x}{\partial e} & \frac{\partial x}{\partial \dot{r}} & \frac{\partial x}{\partial \dot{a}} & \frac{\partial x}{\partial \dot{e}} \\ \frac{\partial y}{\partial r} & \frac{\partial y}{\partial a} & \frac{\partial y}{\partial e} & \frac{\partial y}{\partial \dot{r}} & \frac{\partial y}{\partial \dot{a}} & \frac{\partial y}{\partial \dot{e}} \\ \frac{\partial z}{\partial r} & \frac{\partial z}{\partial a} & \frac{\partial z}{\partial e} & \frac{\partial z}{\partial \dot{r}} & \frac{\partial z}{\partial \dot{a}} & \frac{\partial z}{\partial \dot{e}} \\ \frac{\partial \dot{x}}{\partial r} & \frac{\partial \dot{x}}{\partial a} & \frac{\partial \dot{x}}{\partial e} & \frac{\partial \dot{x}}{\partial \dot{r}} & \frac{\partial \dot{x}}{\partial \dot{a}} & \frac{\partial \dot{x}}{\partial \dot{e}} \\ \frac{\partial \dot{y}}{\partial r} & \frac{\partial \dot{y}}{\partial a} & \frac{\partial \dot{y}}{\partial e} & \frac{\partial \dot{y}}{\partial \dot{r}} & \frac{\partial \dot{y}}{\partial \dot{a}} & \frac{\partial \dot{y}}{\partial \dot{e}} \\ \frac{\partial \dot{z}}{\partial r} & \frac{\partial \dot{z}}{\partial a} & \frac{\partial \dot{z}}{\partial e} & \frac{\partial \dot{z}}{\partial \dot{r}} & \frac{\partial \dot{z}}{\partial \dot{a}} & \frac{\partial \dot{z}}{\partial \dot{e}} \end{bmatrix}$$

$$\frac{\partial x}{\partial r} = \cos(e)\sin(a)$$

$$\frac{\partial x}{\partial a} = r\cos(e)\cos(a)$$

$$\frac{\partial x}{\partial e} = -r\sin(e)\cos(a)$$

$$\frac{\partial x}{\partial \dot{r}} = \frac{\partial x}{\partial \dot{a}} = \frac{\partial x}{\partial \dot{e}} = 0$$

$$\frac{\partial y}{\partial r} = \cos(e)\cos(a)$$

$$\frac{\partial y}{\partial a} = -r\cos(e)\sin(a)$$

$$\frac{\partial y}{\partial e} = -r\sin(e)\cos(a)$$

$$\frac{\partial y}{\partial \dot{r}} = \frac{\partial y}{\partial \dot{a}} = \frac{\partial y}{\partial \dot{e}} = 0$$

$$\frac{\partial z}{\partial r} = \sin(e)$$

$$\frac{\partial z}{\partial a}=0$$

$$\frac{\partial z}{\partial e}=r\cos(e)$$

$$\frac{\partial z}{\partial \dot{r}}=\frac{\partial z}{\partial \dot{a}}=\frac{\partial z}{\partial \dot{e}}=0$$

$$\frac{\partial \dot{x}}{\partial r}=-\sin(e)\sin(a)\dot{e}+\cos(e)\cos(a)\dot{a}$$

$$\frac{\partial \dot{x}}{\partial a}=\dot{r}\cos(e)\cos(a)-r\sin(e)\cos(a)\dot{e}-r\cos(e)\sin(a)\dot{a}$$

$$\frac{\partial \dot{x}}{\partial e}=-\dot{r}\sin(e)\sin(a)-r\cos(e)\sin(a)\dot{e}-r\sin(e)\cos(a)\dot{a}$$

$$\frac{\partial \dot{x}}{\partial \dot{r}}=\cos(e)\sin(a)$$

$$\frac{\partial \dot{x}}{\partial \dot{a}}=r\cos(e)\cos(a)$$

$$\frac{\partial \dot{x}}{\partial \dot{e}}=-r\sin(e)\sin(a)$$

$$\frac{\partial \dot{y}}{\partial r}=-\sin(e)\cos(a)\dot{e}-\cos(e)\sin(a)\dot{a}$$

$$\frac{\partial \dot{y}}{\partial a}=-\dot{r}\cos(e)\sin(a)+r\sin(e)\sin(a)\dot{e}-r\cos(e)\cos(a)\dot{a}$$

$$\frac{\partial \dot{y}}{\partial e}=-\dot{r}\sin(e)\cos(a)-r\cos(e)\cos(a)\dot{e}+r\sin(e)\sin(a)\dot{a}$$

$$\frac{\partial \dot{y}}{\partial \dot{r}}=\cos(e)\cos(a)$$

$$\frac{\partial \dot{y}}{\partial \dot{a}}=-r\cos(e)\sin(a)$$

$$\frac{\partial \dot{y}}{\partial \dot{e}}=-r\sin(e)\cos(a)$$

$$\frac{\partial \dot{z}}{\partial r}=\cos(e)\dot{e}$$

$$\frac{\partial \dot{z}}{\partial a}=0$$

$$\frac{\partial \dot{z}}{\partial e}=\dot{r}\cos(e)-r\sin(e)\dot{e}$$

$$\frac{\partial \dot{z}}{\partial \dot{r}}=\sin(e)$$

$$\frac{\partial \dot{z}}{\partial \dot{a}} = 0$$

$$\frac{\partial \dot{z}}{\partial \dot{e}} = r\cos(e)$$

课后习题

1. 将第 3 章的课后习题 1 扩展到多目标情形。基于 8.4 节介绍的方法构建一个 MTT 跟踪滤波器。创造性地对算法进行精细调优,确保其在目标状态呈现不同概率密度分布(变化的参数)的情况下仍能稳健运行。所考虑的目标集合应包括:

(a) 所有直线和平行运动;

(b) 所有直线和具有可变交汇角的交叉运动;

(c) 直线和机动运动相混合的目标。机动运动的形式可以是圆圈转弯、也可以是织动运动,或者两者兼具。

2. 将所设计的算法应用于空间目标轨迹。构建图 8.25 所示算法。

(a) 当将空间目标轨迹对应的系统限制于确定性系统时,这也是 FIS 能够有效工作的前提条件;

(b) 将量测之间的时间间隔延长至 5 至 10s。对于具有较长观测时间窗的传感器而言,这将降低传感器关于每个目标轨迹的量测总数。这一条件将使得我们在获得较好的目标状态估计的同时,将计算时间保持在一个合理的水平。

参考文献

[1] R. W. Sittler, "An Optimal Data Association Problem in Surveillance Theory," *IEEE Transactions on Military Electronics*, vol. MIL-8, pp. 125-139, Apr. 1964.

[2] R. A. Singer, R. G. Sea, and K. B. Housewright, "Derivation and Evaluation of Improved Tracking Filters for Use in Dense Multi-Target Environments," *IEEE Transactions on Information Theory*, vol. IT-20, pp. 423-432, July 1974.

[3] Y. Bar-Shalom, "Extension of the Probabilistic Data Association Filter in Multiple-Target Tracking," in *Proceedings of the 5th Symposium on Nonlinear Estimation*, pp. 16-21, Sept. 1974.

[4] D. L. Alspach, "A Gaussian Sum Approach to the Multi-Target Identification-Tracking Problem," *Automatica*, vol. 11, pp. 285-296, 1975.

[5] Y. Bar-Shalom and E. Tse, "Tracking in a Cluttered Environment with Probabilistic Data Association," *Automatica*, vol. 11, pp. 451-460, 1975.

[6] M. Athans, R. H. Whiting, and M. Gruber, "A Suboptimal Estimation Algorithm with Probabilistic Editing for False Measurements with Applications to Target Tracking with Wake Phenomena," *IEEE Transactions on Automatic Control*, vol. AC-22, 372-385, June 1977.

[7] C. L. Morefield, "Application of 0 – 1 Integer Programming to Multi – Target Tracking Problem," *IEEE Transactions on Automatic Control*, vol. AC – 22, 302 – 312, June 1977.

[8] Y. Bar – Shalom, "Tracking Methods in a Multi – Target Environment," *IEEE Transactions on Automatic Control*, vol. AC – 23, pp. 618 – 626, Aug. 1978.

[9] D. B. Reid, "An Algorithm for Tracking Multiple Targets," *IEEE Transactions on Automatic Control*, vol. AC – 24, pp. 843 – 854, Dec. 1979.

[10] T. Kurien, "Issues in the Design of Practical Multi – Target Tracking Algorithms," in *Multitarget Multisensor Tracking: Advanced Applications*, Y. Bar – Shalom, Ed., pp. 43 – 83, Norwood, MA: Artech House, 1990.

[11] M. K. Chu, "Target Breakup Detection in the Multiple Hypothesis Tracking Formulation," M. E. thesis, MIT, 1996.

[12] S. S. Blackman, "Multiple Hypothesis Tracking for Multiple Target Tracking," *IEEE Transactions on Aerospace and Electronic Systems Magazine*, vol. 19, pp. 5 – 18, Jan. 2004.

[13] S. S. Blackman, *Multiple – Target Tracking with Radar Applications*. Norwood, MA: Artech House, 1986.

[14] S. S. Blackman and R. Popoli, *Design and Analysis of Modern Tracking Systems*. Norwood, MA: Artech House, 1999.

[15] Y. Bar – Shalom, X. Rong Li, and T. Kirubarajan, *Estimation with Applications to Tracking and Navigation*. New York: Wiley, 2001.

[16] Y. Bar – Shalom, P. Willett, and X. Tian, *Tracking and Data Fusion: A Handbook of Algorithms*. Storrs, CT: YBS Publishing, 2011.

[17] Y. Bar – Shalom, F. Daum, and J. Huang, "The Probabilistic Data Association Filter," *IEEE Control System Magazine*, Dec. 2009.

[18] C. B. Chang and L. C. Youens, "An Algorithm for Multiple Target Tracking and Data Correlation," MIT Lincoln Laboratory Technical Report TR – 643, June 1983.

[19] C. B. Chang, K. P. Dunn, and L. C. Youens, "A Tracking Algorithm for Dense Target Environment," in *Proceedings of the* 1984 *American Control Conference*, pp. 613 – 618, June 1984.

[20] C. B. Chang and L. C. Youens, "Measurement Correlation for Multiple Sensor Tracking in a Dense Target Environment," *IEEE Transactions on Automatic Control*, vol. AC – 27, pp. 1250 – 1252, Dec. 1982.

[21] M. J. Tsai, L. C. Youens, and K. P. Dunn, "Track Initiation in a Dense Target Environment Using Multiple Sensors," in *Proceedings of the* 1989 *SPIE: Signal and Data Processing of Small Targets*, pp. 144 – 151, Mar. 1989.

[22] J. A. Gubner, *Probability and Random Processes for Electrical and Computer Engineers*. Cambridge, UK: Cambridge University Press, 2006.

[23] H. W. Kuhn, "The Hungarian Method for the Assignment Problem," *Naval Research Logistics Quarterly*, vol. 2, pp. 83 – 97, 1955.

[24] H. W. Kuhn, "Variants of the Hungarian Method for Assignment Problems," *Naval Research Logistics Quarterly*, vol. 3, pp. 253 – 258, 1956.

[25] J. Munkres, "Algorithms for the Assignment and Transportation Problems," *Journal of the Society for Industrial and Applied Mathematics*, vol. 5, pp. 32 – 38, Mar. 1957.

[26] C. B. Chang and K. P. Dunn, "A Functional Model for the Closely Spaced Object Resolution Process," MIT Lincoln Laboratory Technical Report TR – 611, May 1982.

第 9 章　多假设跟踪算法

9.1　引言

据表 8.1 所给多目标跟踪问题(MTT)解决方法的分类,第 8 章介绍了 5 种多目标跟踪问题的解决方法。最近邻(Nearest Neighbor,NN)方法和全局最近邻(Global Nearest Neighbor,GNN)方法均属于分派方法类别,该类方法在单个扫描周期内将量测分派给航迹。前面章节已证明,单扫描周期分派方法是 8.2 节所给多扫描周期分派方法的简化。由于已广泛应用于实际 MTT 算法中,单扫描周期分派方法的意义和重要性不言而喻。概率数据关联滤波器(Probabilistic Data Association Filter,PDAF)和联合概率数据关联滤波器(Joint Probabilistic Data Association Filter,JPDAF)均属于面向目标的方法,该类方法利用所有落入目标接收波门(Acceptance Gate,AG)的所有量测更新目标航迹。这类方法有一个特征,量测来源的不确定性将导致估计误差协方差增大。当连续数个扫描周期内均有多个量测落入波门时,由于较大的误差协方差使得数据关联问题进一步恶化,因而滤波器性能也会迅速下降。由于所有落入波门的量测均用于更新已有目标航迹,新航迹只能由那些位于所有波门之外的量测进行初始化。虽然航迹分裂方法是次优的,但该方法简单易行并在目标密度适中的环境下具有良好的性能。本章后半部分提出了一种实用算法,该算法结合了航迹分裂和多扫描周期分派两种方法。对于碟形雷达观测区域内由东 - 北 - 上(East - North - Up)笛卡儿坐标系刻画的状态向量,相关滤波器初始条件的计算由附录 8.A 给出。

一项解决 MTT 问题的众所周知的技术就是多假设跟踪(Multiple Hypothesis Tracker,MHT),这也是本章讨论的主题。MHT 主要考虑量测序列的关联,并采用航迹/假设的概率对其评分。MHT 持续关注不同时刻量测的多个可能组合。一个 MHT 假设就是基于截止当前扫描周期获得的所有量测①得出的一个可能的数据关联。假设构造时需服从如下约束:一个量测仅能用于一个航迹,从而使得同一假设中的不同航迹不可能共享任何量测。对于每一个新获得的量测,总是需要考虑 3 种可能性:①该量测是已有航迹的继续;②该量测是一个新目标航迹的起始点;或者③该量测是一个虚警。基于上述可能性,总存在一个没

① 简化问题起见,仅对共享接收波门的航迹采取 MHT 技术进行联合处理。

有新量测更新的目标航迹假设。由于遍历了所有可能性,MHT 原则上被认为是针对 MTT 问题的最优解决方法,因而真实的目标轨迹集合一定被包含在某个假设之中。正如其后所展示的,穷举遍历法的使用有着实际限制①,从而使得可实现的 MHT 算法仍是次优的。由于 MHT 关注不同时刻的量测并允许关联撤销,也就等价于状态估计中的平滑。

MHT 的概念在 Reid 于 1977 年在 IEEE 上发表论文[1]正式确立之前已提出了一段时间。在该论文发表之前和之后的很多文献提出了不同算法和应用。并非所有的方法遵循 MHT 的框架[参见文献[2-16]及其所引用的文献]。Reid 所提的方法被称为面向量测的 MHT。其实现是一个数据文件管理问题,实现难度在于假设数目快速增长的前提下的假设遍历(参见后面的示例)。面向量测 MHT 的一种替代算法就是面向航迹的 MHT,参见 Kurien 的文献[8]。9.2 节通过示例描述了这两种算法。正如图 8.1(a)所示,即便是最简单的问题或者最不模糊的情况,也会存在多个假设和航迹。更多细节信息参见 9.2 节的示例。

本章内容组织如下。9.2 节将介绍 MHT 的概念,通过示例来说明面向量测和面向航迹的 MHT 方法,并推导得出对应假设概率的计算方法,简要讨论了以降低算法计算负荷[9-12]为目标的 2 种实现方法。对于文献[14]给出的关于假设评分和裁剪的基本算式,9.3 节以数值示例的方式对其做了解释。MHT 的实现要求穷举所有可能性。一种称为 Nassi - Shneiderman 表的方法可用于 MHT 的实现[17,18],9.4 节简介了这种方法。

9.2 多假设跟踪示例

为对比起见,图 9.1 给出了一个简单情形,该图实际上就是本书第 8 章中

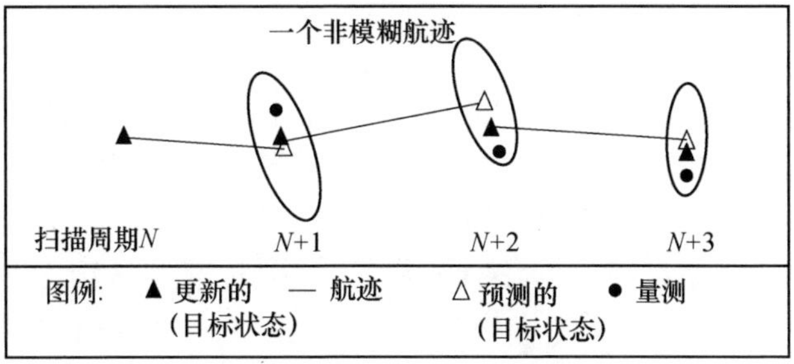

图 9.1 一个非模糊航迹,每个扫描周期只有一个量测,并假设目标探测概率为 1、虚警概率为 0

① 此类离散规划问题的计算负荷之大也使得该类问题被称为 NP 困难问题。

图 8.16 描述的非模糊航迹情形的再现。该情形下,在 4 个扫描周期中每一个均只有 1 个量测落入波门。假设传感器的目标探测概率为 1($P_d=1$),虚警和新出现目标的概率均为 0($P_{fa}=P_{NT}=0$),那么就如图 9.1 所示,仅有 1 个目标航迹。但是,当理想的探测环境不复存在后(就 P_d、P_{fa} 和 P_{NT} 而言),利用 MHT 实现航迹推理就变得更加复杂,具体如下①:

9.2.1 面向量测的 MHT

在面向量测的 MHT 算法中,对于每个量测而言,其任何可能的航迹都被列表记录。每个量测可被视为①一个关于新目标的探测信息;②已有航迹的后续量测;或者③一个虚警。生成新的假设时必须涵盖所有这些可能。

图 9.2 给出了一个非常高层级的 MHT 算法处理流程。预测的量测位置及其依据之前更新航迹的不确定性被用于建立波门,落入波门的量测被用于构建分派矩阵。形成新的假设时假设概率也一并计算得出,航迹由这些假设构成。具有较低概率的假设将会被裁剪,剩余的假设将被用于航迹报告和下一量测扫描周期的处理过程。

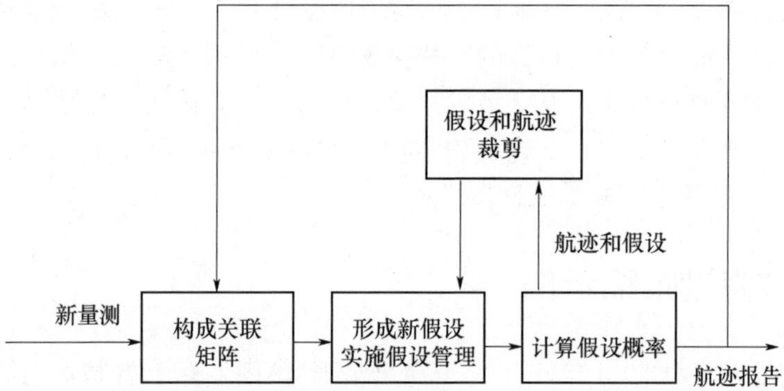

图 9.2 面向量测的 MHT 算法流程框图

图 9.3 示出 3 个扫描周期情况下假设树的演化情况,每个扫描周期有一个单一的量测,这种情况与图 9.1 具有相同的场景。假设树顶部的黑色方框代表假设树演变的起点。第一个扫描周期获得了 1 个量测,该量测可被当作虚警②或新目标航迹的起始点(参见标签 FA 和 T_1,分别对应假设 H_1 和 H_2)。由于第 2 个扫描周期获得的量测不被看作是前一扫描周期所获探测的继续(即有 T_1、T_2 和 T_3),文献[3]、[14]中说明的假设遍历方法利用 2 个扫描周期来起始一个新航迹,因此第 2 个扫描周期的检测不能被记为前一个扫描的继续。基于这一

① 系统设计工程师需要权衡 P_d 近乎为 1、P_{fa} 和 P_{NT} 近似为 0 时的 MHT 计算复杂度。

② 一个被认定为虚警的量测将不会成为任何目标航迹的组成部分。

航迹初始规则,假设树在第2个扫描周期增加至4个节点。如图9.3所示,FA假设分支继续维持先前的假设认定,同时也增加了H_3和H_4两个假设。现在前往第3扫描周期,以已有的4个节点为出发点,假设树会继续增长,新的量测可被视为虚警、之前航迹的继续或者一个新的目标航迹,这将生成总共12个假设。

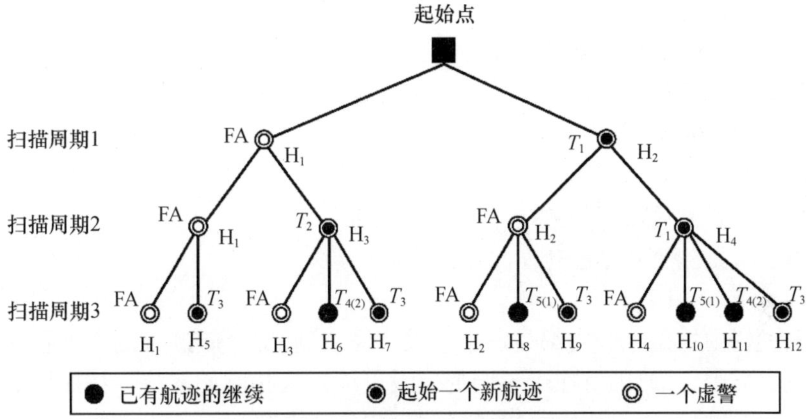

图9.3 每个扫描周期只有1个量测条件下,
面向量测MHT算法的3个扫描周期的假设演变

以下进一步解释MHT的演化。考虑以T_i为标记的航迹文件$T_i=(i_1,i_2,\cdots,i_k)$,其中i_k表示在第k个扫描周期(存在)的、序号为i_k的量测,而$i_k=0$则表示在第k个扫描周期没有任何量测属于航迹T_i。例如,$T_i=(0,1)$就意味着航迹T_i在第2个扫描周期有量测,而在第1个扫描周期没有任何量测。$T_0=(0,0,\cdots,0)$则表示航迹不包含任何量测,所以将T_0作为航迹文件主要是出于完整性的考量。

为了更详细展示面向量测MHT算法的假设演变情况,基于上述标记,以下列出了全部3个扫描周期的假设和航迹。

在第2个扫描周期后,可获得如下结果,

H_1:(0,0)　　T_0

H_2:(1,0)　　T_1

H_3:(0,1)　　T_2

H_4:(0,1)和(1,0)　　T_1和T_2

到了第3个扫描周期,假设树的分支各自不同增长,图9.3中从左至右依次为,

1. 从根(FA,H_1)增长出2个分支,即

(1) FA

(2) 新航迹(T_3)

2. 从根(T_2,H_3)增长出 3 个分支,即

(1) FA

(2) 该量测更新了航迹 T_2,变成了航迹 T_4

(3) 新航迹(T_3)

3. 从根(FA,H_2)增长出 3 个分支,即

(1) FA

(2) 该量测更新了航迹 T_1,变成了航迹 T_5

(3) 新航迹(T_3)

4. 从 T_2 和 H_4 增长出 4 个分支,即

(1) FA

(2) 该量测更新了航迹 T_1,变成了航迹 T_5

(3) 该量测更新了航迹 T_2,变成了航迹 T_4

(4) 新航迹(T_3)

假设树中的每个分支都是一个假设。注意到,部分航迹可能会被包含在多个假设分支中,其原因就在于不同的假设可能包含相同的航迹。按照图 9.3 中从左至右的顺序,以下依次给出各个假设的具体内容。

H_1:(0,0,0)	T_0
H_5:(0,0,1)	T_3
H_3:(0,1,0)	T_2
H_6:(0,1,1)	T_4
H_7:(0,1,0);(0,0,1)	T_2,T_3
H_2:(1,0,0)	T_1
H_8:(1,0,1)	T_5
H_9:(1,0,0);(0,0,1)	T_1,T_3
H_4:(1,0,0);(0,1,0)	T_1,T_2
H_{10}:(1,0,1);(0,1,0)	T_5,T_2
H_{11}:(1,0,0);(0,1,1)	T_1,T_4
H_{12}:(1,0,0);(0,1,0);(0,0,1)	T_1,T_2,T_3

由于在 3 个扫描周期的每个扫描周期中仅有 1 个量测,以上只是一个非常简单的示例。经历了 3 个扫描周期后,假设数目增加到 12 个。包括虚警航迹(0,0,0)在内的航迹数目也增加到了 6 个。对于传感器性能表现完美的情况,如图 9.1 所示,应该就只有(1,1,1)这 1 个航迹。选择这个示例是为了表明,当传感器探测性能不完美以及存在虚警时的 MHT 的复杂性。如同实际问题中正常情形一样,当 1 个扫描周期存在多个量测时,假设的数目就可能会快速增长并一发而不可收拾。这里给出的示例是针对 1 个扫描周期仅有 1 个量测的情形,文献[14]中给出的是 1 个扫描周期存在 2 个量测的示例。在该示例中,2 个扫

描周期后的假设数目已经增加到 34 个,3 个扫描周期后的假设数目已经超过 500 个[14,p290]。尽管 MHT 算法构想和设计十分先进,但除非对其做简化,否则应用该算法解决实际问题还是存在严格限制的。

面向量测的 MHT 算法推导

本节的推导过程将遵循 Reid 在文献[1]中的推导过程。

标记

考虑 1 个传感器已经收到 k 个扫描周期的量测数据,其中传感器在第 k 个扫描周期检测到 N_k 个不同的量测,每个量测由向量$\boldsymbol{y}_k^{n_k}$ 表示,其中 n_k 为第 k 个扫描周期所获量测的索引。第 k 个扫描周期所获量测的集合则如下标识:

$$\boldsymbol{Y}_k=\{\boldsymbol{y}_k^1,\boldsymbol{y}_k^2,\cdots,\boldsymbol{y}_k^{N_k}\}\cup\varnothing^{①}$$

以$\boldsymbol{Y}_{1:k}$标识从第 1 个扫描周期到第 k 个扫描周期所获量测的集合,有

$$\boldsymbol{Y}_{1:k}=\{\boldsymbol{Y}_1,\boldsymbol{Y}_2,\boldsymbol{Y}_3,\cdots,\boldsymbol{Y}_k\}$$

关于假设,如下定义相关标识:

以$\boldsymbol{\theta}_k\triangleq\{\theta_k^1,\theta_k^2,\theta_k^3,\cdots,\theta_k^{M_k}\}$标识第 k 个扫描周期生成的假设的集合。其中,每个假设均为由量测集合$\boldsymbol{Y}_{1:k}$中所发现航迹组成的集合,M_k 为之前示出的面向量测 MHT 算法假设树演变过程中所生成假设的总数。例如,对于图 9.1 所给示例,就有 $k=3$ 时的 $M_k=12$。

评注

(1)尽管$\boldsymbol{\theta}_k$ 看上去类似于第 5 章针对 MMEA 算法所定义的全局假设,但两者存在很大不同。例如,这里不像 MMEA 算法,没有对应的局部假设的概念。

(2)$\boldsymbol{\theta}_k$ 是假设集合$\{\theta_k^1,\theta_k^2,\theta_k^3,\cdots,\theta_k^{M_k}\}$,而 θ_k^i 是由相关航迹组成的集合,是$\boldsymbol{\theta}_k$ 中的 1 个假设。

(3)$\boldsymbol{\theta}_k$ 和 $\boldsymbol{\theta}_k^i$ 均与 8.2 节所定义的 $\theta_{1:k}^{m_k}$不同,$\theta_{1:k}^{m_k}$是仅包含一个航迹$\boldsymbol{y}_{1:k}^{m_k}$的假设,$\boldsymbol{y}_{1:k}^{m_k}$所包含的量测为$\{\boldsymbol{y}_1^{n_1},\boldsymbol{y}_2^{n_2},\boldsymbol{y}_3^{n_3},\cdots,\boldsymbol{y}_k^{n_k}\}$.

假设演变

当在第 $k+1$ 个扫描周期收到新的量测集合$\boldsymbol{Y}_{k+1}=\{\boldsymbol{y}_{k+1}^1,\boldsymbol{y}_{k+1}^2,\cdots,\boldsymbol{y}_{k+1}^{N_{k+1}}\}$时,可依据如下流程生成一个新的假设集合:

(1)令$\bar{\boldsymbol{\theta}}_{k+1}^0=\boldsymbol{\theta}_k$;

(2)对于$\bar{\boldsymbol{\theta}}_{k+1\,k}^{n-1}$ 中的每个先验假设,利用$\boldsymbol{Y}_{k+1}$中的每一个量测向量$\boldsymbol{y}_{k+1}^n$,重复生成新的假设集合$\bar{\boldsymbol{\theta}}_{k+1}^n$;

---

① $\varnothing$代表一个空集,以表示第 k 个扫描周期没有使用$\{\boldsymbol{y}_k^1,\boldsymbol{y}_k^2,\cdots,\boldsymbol{y}_k^{N_k}\}$集合中的量测的情形。

(3)一旦$\boldsymbol{Y}_{k+1}$集合中的每个量测都处理完毕后,有$\boldsymbol{\theta}_{k+1}=\overline{\boldsymbol{\theta}}_{k+1}^{N_{k+1}}$。

假设概率计算

以下将推导得出由 Reid[1] 提出的假设概率计算方法。所得结果适用于 1 型传感器[1],该型传感器能够提供量测类型(一个已有航迹的继续、一个虚警或一个新航迹)的数目,且可获得所有量测一并予以处理。

给定 k 个扫描周期获得的全部量测的前提下,以 $\Pr\{\theta_k^i|\boldsymbol{Y}_{1:k}\}$ 标识假设 θ_k^i 成立的概率。针对假设 θ_k^i,以 A_g^i 标识第在 k 个扫描周期落入波门内的所有量测的关联事件(每个量测需与一种量测类型相关联),而第 k 个扫描周期的波门是与第 $k-1$ 个扫描周期的第 j 个假设 θ_{k-1}^j 有关系的。假设 θ_k^i 等价于 $\theta_{k-1}^j\cap A_g^i$,利用贝叶斯定理即可获得如下概率关系:

$$\begin{aligned}\Pr\{\theta_k^i|\boldsymbol{Y}_k,\boldsymbol{Y}_{1:k-1}\}&=\Pr\{\theta_{k-1}^j\cap A_g^i|\boldsymbol{Y}_k,\boldsymbol{Y}_{1:k-1}\}\\&=\frac{1}{c}p(\boldsymbol{Y}_k|\theta_{k-1}^j,A_g^i,\boldsymbol{Y}_{1:k-1})\Pr\{A_g^i|\theta_{k-1}^j,\boldsymbol{Y}_{1:k-1}\}\cdot\\&\qquad\Pr\{\theta_{k-1}^j|\boldsymbol{Y}_{1:k-1}\}\end{aligned}\tag{9.2-1}$$

式中:c 为归一化常数。上式右边为 3 项的乘积,第 1 项为 A_g^i 中标出的那些量测的概率密度,第 2 项为 A_g^i 在大小为 V 的观测空间中标出的量测类型,第 3 项为先验概率。

$p(\boldsymbol{Y}_k|\theta_{k-1}^j,A_g^i,\boldsymbol{Y}_{1:k-1})$等于对应于那些被指定为 1 个已有航迹的继续的量测残差概率密度及与那些在大小为 V 的观测空间中被指定为虚警或 1 个新目标航迹的量测的概率的乘积,有

$$p(\boldsymbol{Y}_k|\theta_{k-1}^j,A_g^i,\boldsymbol{Y}_{1:k-1})=\prod_{n=1}^{N_k}f(\boldsymbol{y}_k^n)\tag{9.2-2}$$

式中:$f(\boldsymbol{y}_k^n)=1/V$,如果第 n 个量测是虚警或一个新目标航迹;$f(\boldsymbol{y}_k^n)=N(\boldsymbol{y}_k^n-\hat{\boldsymbol{y}}_{k|k-1},\Gamma_{k|k-1})$,如果$\boldsymbol{y}_k^n$ 是源自一个由协方差为 $\Gamma_{k|k-1}$的估计量$\hat{\boldsymbol{y}}_{k|k-1}$代表的确认航迹。

$\Pr\{A_g^i|\theta_{k-1}^j,\boldsymbol{Y}_{1:k-1}\}$是针对给定的 A_g^i 计算虚警和新航迹发生的概率,有

$$\begin{aligned}\Pr\{A_g^i|\theta_{k-1}^j,\boldsymbol{Y}_{1:k-1}\}&=\Pr\{N_{\mathrm{DT}},N_{\mathrm{FT}},N_{\mathrm{NT}}|\theta_{k-1}^j,\boldsymbol{Y}_{1:k-1}\}\\&\quad\times\Pr\{\text{配置}|N_{\mathrm{DT}},N_{\mathrm{FT}},N_{\mathrm{NT}}\}\times\Pr\{\text{分派}|\text{配置}\}\end{aligned}\tag{9.2-3}$$

定义式(9.2-3)右边各概率项所需变量的列表如下:

P_d 传感器目标探测概率

N_{TGT}　目标的数目

N_{k}　量测(或传感器报告)的数目

N_{DT}　探测到的目标数目

N_{FT}　虚假目标的数目

N_{NT}　新目标的数目

β_{FT}　虚假目标的空间密度

β_{NT} 新目标的空间密度

$F_N(\lambda)$ 事件的平均发生率为 λ 时,发生 N 个事件的泊松概率,有

$$F_N(\lambda)=\lambda^N/N!$$

给定探测到的目标数目、虚假目标数目以及新目标数目,则全部量测的数目为

$$N_k=N_{DT}+N_{FT}+N_{NT}$$

给定 θ_{k-1}^j 和 $\boldsymbol{Y}_{1:k-1}$ 的前提下,关于由 N_{DT}、N_{FT} 和 N_{NT} 组成集合的取值的概率如下给出,

$$\Pr\{N_{DT},N_{FT},N_{NT}\mid\theta_{k-1}^j,Y_{1:k-1}\}=\binom{N_{TGT}}{N_{DT}}P_d^{\ N_{DT}}(1-P_d)^{N_{TGT}-N_{DT}}F_{N_{FT}}(\beta_{FT}V)F_{N_{NT}}(\beta_{NT}V)\tag{9.2-4}$$

这里,$\binom{N_{TGT}}{N_{DT}}=\dfrac{N_{TGT}!}{N_{DT}!\ (N_{TGT}-N_{DT})!}$标识了有目标数目 N_{TGT} 的前提下探测到 N_{DT} 个目标的组合数目。将 $\binom{N_{TGT}}{N_{DT}}$ 乘以 $P_d^{\ N_{DT}}(1-P_d)^{N_{TGT}-N_{DT}}$ 就得到了探测到 N_{DT} 个目标的概率。后两项给出的是虚警和新目标的概率。

在量测总数为 N_k 情况下,关于 N_{DT}、N_{FT} 及 N_{NT} 组合的数目如下:

$$\binom{N_k}{N_{DT}}\binom{N_k-N_{DT}}{N_{FT}}\binom{N_k-N_{DT}-N_{FT}}{N_{NT}}=\frac{N_k!}{N_{DT}!\ N_{FT}!\ N_{NT}!}$$

则特定配置的概率就为 1 与配置(1 种 N_{DT}、N_{FT} 及 N_{NT} 的组合)总数的比值,有

$$\Pr\{配置\mid N_{DT},N_{FT},N_{NT}\}=\frac{N_{DT}!\ N_{FT}!\ N_{NT}!}{N_k!}\tag{9.2-5}$$

将 N_{DT} 个探测到的目标分派给 N_{TGT} 个目标会得$\dfrac{N_{TGT}!}{(N_{TGT}-N_{DT})!}$种分派可能,由此就有,给定配置条件下的 1 种分派的概率为

$$\Pr\{分派\mid配置\}=\frac{(N_{TGT}-N_{DT})!}{N_{TGT}!}\tag{9.2-6}$$

将式(9.2-4)~式(9.2-6)代入式(9.2-3),得

$$\Pr\{A_g^i\mid\theta_{k-1}^j,Y_{1:k-1}\}=\frac{N_{FT}!\ N_{NT}!}{N_k!}P_d^{\ N_{DT}}(1-P_d)^{N_{TGT}-N_{DT}}F_{N_{FT}}(\beta_{FT}V)F_{N_{NT}}(\beta_{NT}V)\tag{9.2-7}$$

关联事件 A_g^i 的假设概率更新算式

将式(9.2-2)和式(9.2-7)代入式(9.2-1),得

$$\Pr\{\theta_{k-1}^j\cap A_g^i\mid\boldsymbol{Y}_k,\boldsymbol{Y}_{1:k-1}\}=\frac{1}{c}P_d^{\ N_{DT}}(1-P_d)^{N_{TGT}-N_{DT}}\beta_{FT}^{N_{FT}}\beta_{NT}^{N_{NT}}$$

$$\prod_{n=1}^{N_{DT}} N(y_k^n - \hat{y}_{k|k-1}, \Gamma_{k|k-1}) \Pr\{\theta_{k-1}^j \mid Y_{1:k-1}\}$$

(9.2-8)

式中,c 为归一化常数。注意,上式中包含了高斯分布概率密度函数 $N(\boldsymbol{y}_k^n - \hat{\boldsymbol{y}}_{k|k-1}, \Gamma_{k|k-1})$ 的标识。泊松分布概率 $F_{N_{\text{type}}}(\beta_{\text{type}}V)$ 与针对虚假目标和新目标的概率密度函数 $f(\boldsymbol{y}_k^n)$ 相结合后变成了 $\beta_{\text{type}}^{N_{\text{type}}}$,从而使得上式不再依赖于观测空间的体积 V。

评注

(1) 式(9.2-8)是 Reid 对针对 1 型传感器的 MHT 算法的主要贡献;

(2) 参考文献[1]中定义的 2 型传感器不发送目标量测类型信息的数目。1 次也只能处理 1 个新得到的量测,且新目标的概率密度在每次量测报告后并不发生改变。有关处理结果相似,而给定目标类型数目条件下的量测似然函数计算取决于目标探测、虚警和新目标的平均(期望)数目。这里不再对其进行进一步的讨论;

(3) 上述定义的 MHT 算法依赖于传感器探测能力(探测到的目标数目、虚假目标的数目)、杂波分布特性(虚假目标的数目)及真实目标场景(新目标的数目)的特定模型。当有关利用 P_d、β_{FT}、β_{NT} 和 N_{TGT} 的参数模型和泊松分布的假设成立时,基于 MHT 的 MTT 性能良好。在实践中,这些参数值的选择是门艺术,而不是一门科学。

(4) 性能测度中最重要的部分是 $\prod_{n=1}^{N_{DT}} N(\boldsymbol{y}_k^n - \hat{\boldsymbol{y}}_{k|k-1}, \Gamma_{k|k-1})$,这是一种有助于全部假设性能度量的测度精度。该测度与式(8.4-2)所给的对航迹归一化残差求和的方式相同。该性能测度的重要性在于它不依赖于前述第 3 点提及的参数模型,是对航迹(假设)评分值的一种更现实的刻画;

(5) 面向量测的 MHT 算法较为复杂,Kurien 对其进行了简化,提出了面向航迹的 MHT[8]。随后将对该算法进行讨论。

9.2.2 面向航迹的 MHT

在面向航迹的方法中,每条航迹会列出关于其的任意一个可能的量测。参考文献[8]中给出的、面向航迹 MHT 的基本策略就是航迹分裂。该算法同样假设 1 个量测可能源自 1 个航迹的继续、1 个虚假目标或者 1 个新目标。根据文献[8]中的讨论,面向航迹的方法为每个目标构建 1 个目标树。每个目标树的顶部代表目标的出现,树的各个分支则代表目标可能采用的不同运动状态模型,以及在后续扫描周期可与目标相关联的各个量测报告。从树顶到树叶的连续分支的踪迹就代表 1 条可能的目标轨迹。一般而言,面向航迹的 MHT 算法生成的假设要少于面向量测的 MHT 算法生成的假设。

面向航迹的 MHT 算法在允许跟踪树的增长的同时，将假设数目控制在一个更加便于管理的水平。根据文献[2]中的评注，面向航迹的 MHT 算法的计算量也更易控制。采用何种算法的决策更多取决于实践应用，也是从事实践工作的工程师考虑的问题。

面向航迹的 MHT 算法的另一个重要特征是，不同的目标运动状态模型（如机动或非机动）是形成多个航迹的组成部分。这是非常有用的特征。那种包含这一特征的同时还能将算法计算量维持在可控级别的方法，是当前研究的议题。

图 9.4 对面向航迹 MHT 的概念予以说明。1 条已有航迹的状态可被分裂为 3 种不同预测：目标是非机动的、目标是机动的或目标运动已终止。利用位于波门内的量测，根据量测可能是已有航迹的继续、漏探测或初始新航迹的不同假设，目标航迹会进一步分裂。

每个目标树包含关于该目标航迹的多个假设。全局假设是由来自不同目标树的航迹假设形成，每个目标树最多只能抽取 1 个航迹假设，如图 9.5 所示。

图 9.6 给出了一个面向航迹的 MHT 示例，该示例的场景与图 9.1 给出的面向量测的 MHT 的相同。为了说明简单起见，该模型不包含目标终止运动、也未采用多个运动状态模型。

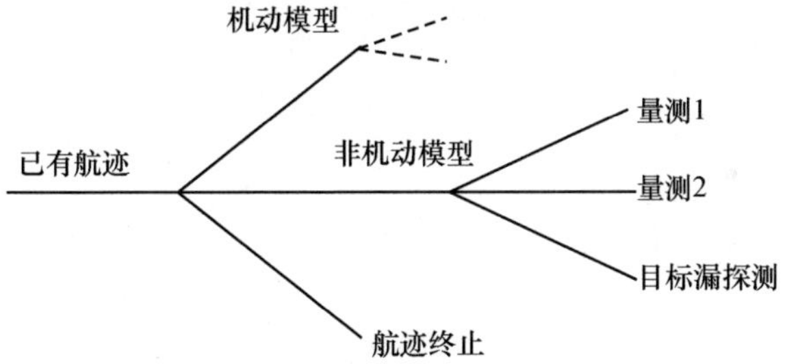

图 9.4　面向航迹的 MHT 概念说明

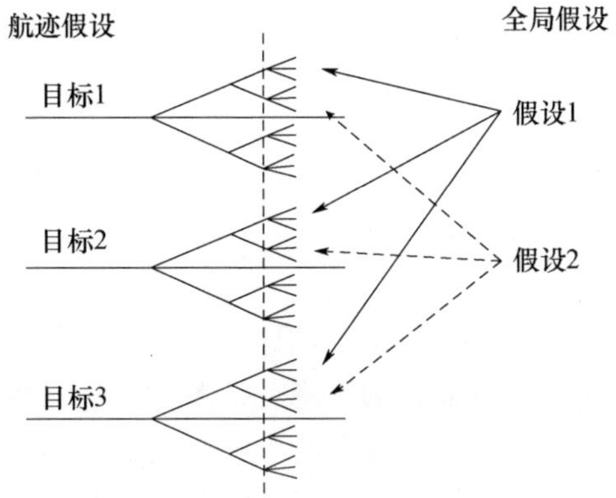

图 9.5　航迹和全局假设的说明

图9.6中第1扫描周期至第4扫描周期列出的内容是航迹指示器文件。例如，(m,n,o,p)分别利用0或1表示所含各项对应量测的缺失或存在。所有可能的航迹被罗列为航迹数目的函数。第1列中的项代表包含1个量测的已有航迹，该航迹被标识为(1)。在第2个扫描周期，获得了1个新的量测。关于这个新量测存在3种可能性：(1)它可能不会被分派给1个已有航迹，即(1,0)；(2)它可能是1个已有航迹的继续，即(1,1)；(3)它可能源自1个新目标航迹，即(0,1)。基于这一逻辑，图9.6中第3扫描周期的前3个航迹是来自第2扫描周期且在第3扫描周期未被分派新的量测的航迹，航迹4至航迹6则是被分派新的量测的航迹，航迹7代表由新量测起始的1个新航迹。读者可以继续航迹形成过程以生成在第4扫描周期出现的所有航迹。采用面向航迹的MHT算法，在每个扫描周期仅有1个量测的情形下，由单个目标生成的可能航迹的数目为2^K-1，即随着K的增加而呈指数增长，K为当前扫描周期编号。

扫描周期编号	1	2	3	4
量测数目	1个已有航迹	1	1	1
航迹指示文档中的内容：$(m, n, o, p\ldots)$ m：第1个扫描周期的量测指示 n：第2个扫描周期的量测指示 … 0：不包含任何量测 1：对应量测周期存在1个量测	(1)	(1, 0) (1, 1) (0, 1)	(1, 0, 0) (1, 1, 0) (0, 1, 0) (1, 0, 1) (1, 1, 1) (0, 1, 1) (0, 0, 1)	(1, 0, 0, 0) (1, 1, 0, 0) (0, 1, 0, 0) (1, 0, 1, 0) (1, 1, 1, 0) (0, 1, 1, 0) (0, 0, 1, 0) (1, 0, 0, 1) (1, 1, 0, 1) (0, 1, 0, 1) (1, 0, 1, 1) (1, 1, 1, 1) (0, 1, 1, 1) (0, 0, 1, 1) (0, 0, 0, 1)
航迹数目	1	3	7	15

图9.6　面向航迹的MHT算法演示说明，4个扫描周期、每个扫描周期仅有1个量测，且初始仅有1个航迹的情形

现在讨论图9.6中定义的扫描周期编号与图9.1中的扫描周期编号之间的关系，图9.6中第1个扫描周期的量测就是图9.1中第N个扫描周期中的已有航迹，图9.6中第2至第4扫描周期的量测对应于图9.1中第$N+1$、$N+2$和$N+3$个扫描周期中的量测。图9.6中第4扫描周期的航迹数目为2^4-1或15。式2^K-1中的-1是源于如下事实，即航迹生成过程起始于第1个扫描周期（或

者第 N 个扫描周期)的 1 个已有航迹,K 为扫描周期索引。图 9.1 中航迹数目仍然为 1,即为图 9.6 中的航迹(1,1,1,1),这也是仅将新量测看作是已有航迹继续的情形。

接下来,利用图 9.6 所给示例来讨论假设生成方法,在该示例中单一的初始航迹由每个扫描周期仅有的 1 个量测来维系。图 9.7 对该方法进行了说明。如图 9.7(b)所示,仅当航迹未被分派 1 个新的量测时,航迹编号将保持不变,如 T_1。当 1 个新的量测被分派给某个航迹时,该航迹将被赋予一个新的编号,如图 9.7(b)中的 T_2。考虑在第 1 个扫描周期仅有 1 个航迹的情形,该航迹的标识为 T_1。

(1) 第 2 个扫描周期获得了 1 个新的量测$\boldsymbol{y}_2^1$,如图 9.7(a)所示,这也是该扫描周期的第一个量测。关于初始航迹,存在 3 种可能的结果,如图 9.7(b)所示。

① T_1:(1,0)初始航迹的继续,但未给该航迹分派新的量测;

② T_2:(1,1) 初始航迹的继续,新的量测$\boldsymbol{y}_2^1$ 被分派给该航迹;

③ T_3:(0,1)以新量测$\boldsymbol{y}_2^1$ 起始 1 个新航迹。

如图 9.7(c)所示,以上结果可被归纳为两个假设。

① H_1:T_1,T_3;

② H_2:T_2。

1 个假设可能包含多个航迹,并且必须能对所有历史和当前的量测做出解释。对于 1 个假设,1 个量测只能被使用 1 次。就此例而言,有 1 个初始航迹 T_1,且在当前(第 2)扫描周期存在 1 个量测$\boldsymbol{y}_2^1$。第 1 个假设 H_1 由在当前扫描周期没有分派量测的航迹 T_1 和仅由新量测$\boldsymbol{y}_2^1$ 初始化的新航迹 T_3 组成。第 2 个假设 H_2 由航迹 T_2 组成,该航迹是初始航迹 T_1 在被分派量测$\boldsymbol{y}_2^1$ 后的继续。两个假设均包含历史量测和新量测。注意,图 9.7(c)中用于辨别 H_1 和 H_2 的方框只是为了便于说明问题,没有其他意义。

(2) 第 3 个扫描周期获得了 1 个新的量测$\boldsymbol{y}_3^1$,航迹数目增加到 7 个。航迹演变过程如下:

① T_1:(1,0,0)航迹 T_1 的继续,但未给该航迹分派新的量测;

② T_2:(1,1,0)航迹 T_2 的继续,但未给该航迹分派新的量测;

③ T_3:(0,1,0)航迹 T_3 的继续,但未给该航迹分派新的量测;

④ T_4:(1,0,1)量测$\boldsymbol{y}_3^1$ 被分派给了航迹 T_1;

⑤ T_5:(1,1,1)量测$\boldsymbol{y}_3^1$ 被分派给了航迹 T_2;

⑥ T_6:(0,1,1)量测$\boldsymbol{y}_3^1$ 被分派给了航迹 T_3;

⑦ T_7:(0,0,1)量测$\boldsymbol{y}_3^1$ 起始了 1 个新航迹。

以上结果可被划分为 5 个假设。即

① $H_1: T_1, T_3, T_7$;

② $H_2: T_2, T_7$;

③ $H_3: T_3, T_4$;

④ $H_4: T_1, T_6$;

⑤ $H_5: T_5$。

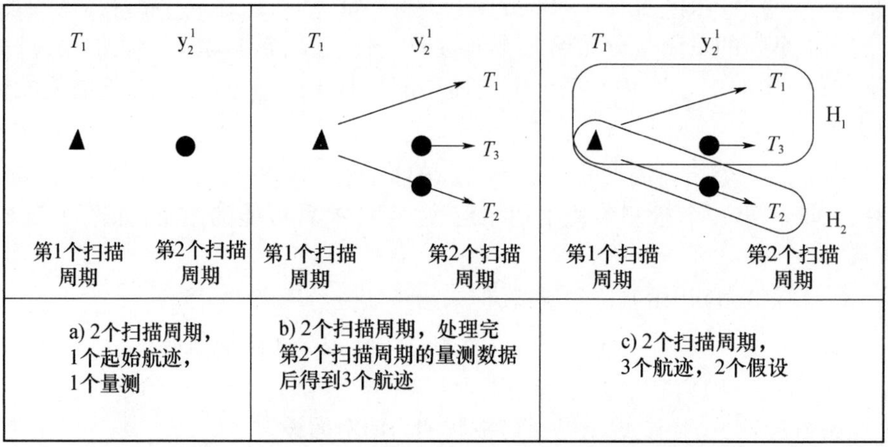

图 9.7　航迹和假设的演变，2 个扫描周期、1 个起始航迹、1 个量测的情形

类似于前一步，1 个假设可能包含多个航迹。这些航迹必须能对所有历史和当前量测做出解释。1 个量测只能被用于 1 个假设。航迹 $T_1 \sim T_3$ 是相同航迹未被分派量测情形下的延续，航迹 T_4、T_5 和 T_6 是将量测 $\boldsymbol{y}_3^1$ 分别分派给前一扫描周期的航迹 T_1、T_2 和 T_3 之后形成的航迹，航迹 T_7 是以量测 $\boldsymbol{y}_3^1$ 初始化的新航迹。每个假设包含一组航迹，这组航迹能对 3 个扫描周期的量测做出解释，且 1 个量测在这组航迹中仅能被使用 1 次。

基于这些观察，可将航迹和假设生成的逻辑总结如下：

1. 航迹编号规则

（1）那些在当前扫描周期没有被分派量测的航迹的编号将保持不变；

（2）那些在当前扫描周期被分派有量测的航迹将被赋予新的航迹编号；

（3）当前扫描周期的每 1 个新量测都将被用于起始 1 个新航迹。

2. 假设编号规则

（1）包含最多数目航迹的假设编号最小；

（2）包含各种航迹组合的假设依照航迹数目降序编号；

（3）最后 1 个（编号最大的）假设应包含由所有扫描周期的所有量测组成的航迹（以上述为例，由于每个量测周期仅有 1 个量测，因而该假设也仅包含 1 个这样的航迹）。

有关第4扫描周期的航迹和假设生成留给读者作为课后练习。

评注

对于具有低虚警率和高探测概率的传感器而言，有关真实航迹的答案显然的，即在第2扫描周期的 T_2 和第3扫描周期的 T_5，因而在截止对应时刻这两个航迹包含了所有的量测。1个航迹的评分将至少依赖于以下4个方面因素：①状态估计的进度；②航迹状态，例如新航迹、在一定数目的扫描周期内未被分派量测的航迹等；③传感器的探测概率及④新目标的密度。有关这些因素以及它们是如何用于航迹评分的讨论将在后续部分讨论。

面向航迹 MHT 的概率计算

根据文献[8]，给定全部量测数据 $\boldsymbol{Y}_{1:k}$ 条件下，全局假设 $\theta_k^i \in \boldsymbol{\theta}_k$ 的概率可利用贝叶斯定理如下递归计算获得：

$$\Pr\{\theta_k^i | \boldsymbol{Y}_k, \boldsymbol{Y}_{1:k-1}\} = \frac{1}{c} p(\boldsymbol{Y}_k | \theta_{k-1}^j, A_g^i, \boldsymbol{Y}_{1:k-1}) \Pr\{A_g^i | \theta_{k-1}^j, \boldsymbol{Y}_{1:k-1}\} \cdot \Pr\{\theta_{k-1}^j | \boldsymbol{Y}_{1:k-1}\}$$

类似于9.2.1节中的推导，上式右边也为3项的乘积，第1项由残差概率密度函数、传感器探测概率、漏探测概率和虚警概率组成，第2项由目标和量测类型的组合（即关联事件）构成，第3项则是先验概率。最终算式的推导类似于9.2.2节，这里不再重复相关细节。在给出最终的假设概率计算公式之前，先定义如下关键变量。

面向航迹的MHT算法考虑了额外的目标特征，即目标终止运动、多种目标运动模式等。它们也被包含进了假设概率计算公式。展开的变量列表如下：

P_d　传感器目标探测概率
P_{T}　目标终止运动的概率
P_{M}　目标机动运动的概率
N_{k}　量测（传感器报告）的数目
N_{TGT}　目标的数目
N_{DT}　探测到目标数目
N_{E}　已存在目标的数目（由前一扫描周期延续至今）
N_{T}　终止运动的目标的数目
N_{M}　机动运动的目标的数目
N_{FT}　虚假目标的数目
N_{NT}　新目标的数目
β_{FT}　虚假目标的空间密度
β_{NT}　新目标的空间密度
$F_N(\lambda)$　事件的平均发生率为 λ 时，发生 N 个事件的泊松概率即

$F_N(\lambda)=\lambda^N/N!$

λ_{FA}　　虚假目标在空间上的平均发生率密度

λ_{NT}　　新目标出现的平均发生率

上式右边第2项考虑了各种条件的组合学情况,共需要如下6个变量:

N_1　　N_{TGT}个目标中选出 N_T 个终止目标的组合数目

N_2　　N_{TGT}个目标中选出 N_{DT}个被探测目标的组合数目

N_3　　N_{DT}个被探测目标中选出 N_M 个机动目标的组合数目

N_4　　N_{DT}个被探测目标中选出 N_E 个延续自前一扫描周期的目标的组合数目

N_5　　N_k-N_E 个目标中选出 N_{NT}个新目标的组合数目

N_6　　N_k 个目标中选出 N_{DT}个被探测目标的组合数目

最终的假设概率计算公式可被写为5项的乘积,其中第5项为先验概率,即

$$\Pr\{\theta_k^i \mid \boldsymbol{Y}_k,\boldsymbol{Y}_{1:k-1}\}=\frac{1}{c}P_1P_2P_3P_4\Pr\{\theta_{k-1}^j \mid \boldsymbol{Y}_{1:k-1}\}$$

$P_1\sim P_4$ 代表了由目标类型数目(P_1)以及机动目标(P_2)、非机动目标(P_3)和新目标(P_4)的残差概率密度函数引起的组合分析,具体表示[8]如下:

$$P_1=P_T^{N_T}\left((1-P_T)(1-P_d)(1-P_M)\right)^{N_{TGT}-N_{DT}-N_M}$$

$$P_2=\prod_{i\in J_M}\frac{(1-P_T)P_dP_Mp_T(\boldsymbol{y}_k^i \mid \theta_{k-1}^j,\boldsymbol{Y}_{1:k-1})}{\lambda_{FA}p_{FT}(\boldsymbol{y}_k^i \mid \theta_{k-1}^j,\boldsymbol{Y}_{1:k-1})}$$

$$P_3=\prod_{i\in J_{NonM}}\frac{(1-P_T)P_d(1-P_M)p_T(\boldsymbol{y}_k^i \mid \theta_{k-1}^j,\boldsymbol{Y}_{1:k-1})}{\lambda_{FA}p_{FT}(\boldsymbol{y}_k^i \mid \theta_{k-1}^j,\boldsymbol{Y}_{1:k-1})}$$

$$P_4=\prod_{i\in J_{NT}}\frac{\lambda_{NT}p_{NT}(\boldsymbol{y}_k^i \mid \theta_{k-1}^j,\boldsymbol{Y}_{1:k-1})}{\lambda_{FA}p_{FT}(\boldsymbol{y}_k^i \mid \theta_{k-1}^j,\boldsymbol{Y}_{1:k-1})}$$

式中:J_M、J_{NonM}和 J_{NT}分别为机动目标、非机动目标和新目标集合的索引。而概率密度函数 $p_T(\boldsymbol{y}_k^i|\theta_{k-1}^j,\boldsymbol{Y}_{1:k-1})$、$p_{FT}(\boldsymbol{y}_k^i|\theta_{k-1}^j,\boldsymbol{Y}_{1:k-1})$和 $p_{NT}(\boldsymbol{y}_k^i|\theta_{k-1}^j,\boldsymbol{Y}_{1:k-1})$分别为对应于目标、虚假目标和新目标的残差的概率密度函数。

9.2.3 多目标情形下的航迹和假设生成示例

考虑2个航迹的波门存在重叠区域的情形,如图9.8(a)所示。如同之前一样,目标终止运动和多个目标运动模型不在此示例的考虑范围之内。当前扫描周期共探测到3个量测,其中2个量测位于波门重叠区域内,另一个位于航迹 T_1 的波门内。图9.8(b)展示了1个分派矩阵。该矩阵类似于图8.4中给出的,但也有一些扩展,下面会对该矩阵给出解释。该分派矩阵中包含分别标识为A、B、C和D的4个区域。如图9.8(a)所示,除去由于$\boldsymbol{y}_{N+1}^1$未能落入 T_2 的波门使得(T_2,$\boldsymbol{y}_{N+1}^1$)被标识为∞外,区域A中的 $\boldsymbol{\lambda}_{i,j}$与8.5节中定义的一样。区域

B 标识漏探测。区域 C 标识新航迹。区域 D 代表了这样一个区域,即其中的任何关联配对都不会对任何决策造成影响,区域中的各项目的值均为 0。值为∞的项目代表不可能的关联配对。

分别定义 β_{NT}为新目标的空间密度,β_{FT}为虚假目标的空间密度。η 和 κ 分别为代表漏探测和新目标的常量,其定义由下面两个式子给出[14]。

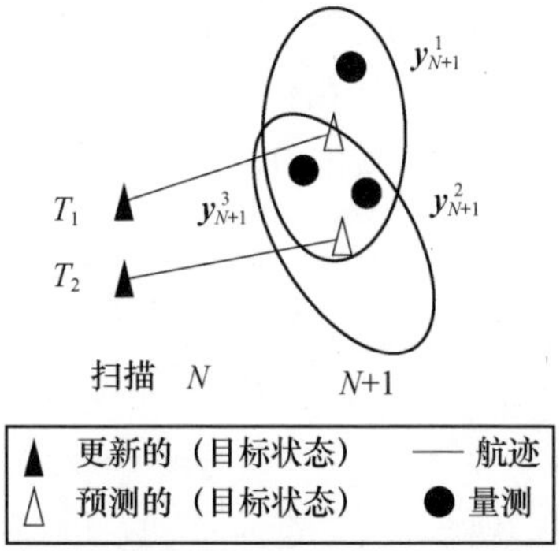

(a) 2个航迹,3个量测,其中有2个量测位于波门重叠区域内

	y_{N+1}^1	y_{N+1}^2	y_{N+1}^3	MD_1	MD_2
T_1	$\lambda_{1,1}$	$\lambda_{1,2}$	$\lambda_{1,3}$	η	∞
T_2	∞	$\lambda_{2,2}$	$\lambda_{2,3}$ A	B ∞	η
NT_1	κ	∞	∞ C	D 0	0
NT_2	∞	κ	∞	0	0
NT_3	∞	∞	κ	0	0

(b) 关联矩阵

	y_{N+1}^1	y_{N+1}^2	y_{N+1}^3	MD_1	MD_2
T_1	T_3	T_4	T_5	T_1	∞
T_2	∞	T_6	T_7 A	B ∞	T_2
NT_1	T_8	∞	∞ C	D 0	0
NT_2	∞	T_9	∞	0	0
NT_3	∞	∞	T_{10}	0	0

(c) 所得航迹

图 9.8 具有多量测的多个航迹情形

$\eta = -\ln(1-P_d)$,针对漏探测(Missed Detection,MD)

$\kappa = -\ln(\beta_{\mathrm{NT}}/\beta_{\mathrm{FT}})$,针对新目标(New Target,NT)

式中,P_d 为传感器的目标探测概率。对于一部具有较高目标探测概率的雷达而言,例如 $P_d=0.99$,$\eta=4.6$;对于 $P_d=0.5$ 的、探测性能较差的雷达,$\eta=0.69$。可以利用 $\lambda_{i,j}$对上述值进行评估,当分派的目标、量测关联配对涉及同一目标时,就有 $\lambda_{i,j}$服从归一化的χ^2 分布概率密度函数。也可以对代表新目标空间密度和虚警空间密度的 κ 实施类似的观察。

采用与 9.2.2 小节相同的标记约定,在考虑新量测后,可获得如下航迹:

T_1:(T_1,0)T_1 航迹的继续,但未给该航迹分派新的量测①;

T_2:(T_2,0)T_2 航迹的继续,但未给该航迹分派新的量测;

T_3:(T_1,1)量测$\boldsymbol{y}_{N+1}^1$被分派 T_1 航迹;

T_4:(T_1,2)量测$\boldsymbol{y}_{N+1}^2$被分派 T_1 航迹;

① 正如之前所定义的,T_1 被用于代表(T_1,0),因为它是没有增加量测情况下的 T_1 航迹的延续。

T_5:$(T_1,3)$量测$\boldsymbol{y}_{N+1}^3$被分派 T_1 航迹；

T_6:$(T_2,2)$量测$\boldsymbol{y}_{N+1}^2$被分派 T_2 航迹；

T_7:$(T_2,3)$量测$\boldsymbol{y}_{N+1}^3$被分派 T_2 航迹；

T_8:$(0,1)$由量测$\boldsymbol{y}_{N+1}^1$初始化的新航迹；

T_9:$(0,2)$由量测$\boldsymbol{y}_{N+1}^2$初始化的新航迹；

T_{10}:$(0,3)$由量测$\boldsymbol{y}_{N+1}^3$初始化的新航迹；

注意，由于$\boldsymbol{y}_{N+1}^1$不在 T_2 的波门区域内，$\boldsymbol{y}_{N+1}^1$也就不能被分派给 T_2 航迹。基于这些航迹，可形成10个假设；在每个量测在1个假设中只能被使用1次的约束条件下，这些假设分别是是图9.8(c)中所给航迹的、独一无二的组合：

(1) $\mathrm{H}_1:T_1,T_2,T_8,T_9,T_{10}$；

(2) $\mathrm{H}_2:T_1,T_6,T_8,T_{10}$；

(3) $\mathrm{H}_3:T_1,T_7,T_8,T_9$；

(4) $\mathrm{H}_4:T_2,T_3,T_9,T_{10}$；

(5) $\mathrm{H}_5:T_2,T_4,T_8,T_{10}$；

(6) $\mathrm{H}_6:T_2,T_5,T_8,T_9$；

(7) $\mathrm{H}_7:T_3,T_6,T_{10}$；

(8) $\mathrm{H}_8:T_3,T_7,T_9$；

(9) $\mathrm{H}_9:T_4,T_7,T_8$；

(10) $\mathrm{H}_{10}:T_5,T_6,T_8$。

每个假设包含关于已有航迹和新量测的完整集合。就 N 个航迹和 M 个量测的关联问题而言，当全部 M 个量测均落入 N 个航迹的波门交叉区域时，其航迹数目为$(N\times M+N+M)$。读者可以证明假设数目与全部量测和航迹的、独一无二的组合数目相等。上述列出的假设与8.6节给出的可行关联事件相同。

很显然，上述示例只是对单一扫描周期的航迹扩展和假设构想进行了说明。关于航迹的历史提供了历经时间的连接关系。假设是从航迹中提取出的，并且每个假设包含一个关于历史量测的、独一无二的组合。它为关联问题提供了多个可能的解，因此与8.5节所给在一个特定扫描周期选择一个单一分派集合并不同。

9.2.4 其他实现方法

完全实现MHT算法会产生较高的计算负荷。在计算机能力范围之内实现该算法的各种方式是研究的热点。以下简要介绍引起广泛关注的两种实现方案，即 m - best[9,10]方法和拉格朗日松弛(Lagrangian Relaxation)方法[11,12]。

Reid 所提算法的 m - best 实现

如9.2.2小节所述，Reid的算法会迅速生成大量假设。每个假设的品质由其对应的假设概率来描述。当假设数目增大时,除去一些占主导地位的假设外,其余假设的概率值都非常小。因而,能够以排序方式生成假设的方法令人期待。Murty 在期刊 Operations Research 发表论文,提出了一种依照问题解决代价增大的顺序对所有分派进行排序的算法[9],被称为 Murty 的算法。Cox 和 Hingorani 利用 Murty 的算法以获得关于 MHT 的 m 个最好假设[10]。m 值的选择取决于具体应用,属于系统设计人员的决策范畴。

有关 Murty 的算法细节信息超出了本书的范畴。与 Munkre 的算法相似,Murty 的算法是生成多个假设的有效方法,有助于解决分派问题。

求解多维分派问题的拉格朗日松弛方法

8.2 节已经证明,MTT 问题可被归结为一个多维分派(Multidimensional Assignment,MDA)问题。作为解的最优航迹集合,是使得后验概率之和最大的航迹集合。采用穷举搜索方法的计算负荷太大,根本无法实现。Deb 和 Poor 以及他们的同事通过独立研究[11-12],认识到拉格朗日松弛方法可被用于搜索最为可能的假设或者 m 个最好假设。

该算法以一个航迹集合以及对应航迹的评分作为输入。这些航迹必须是相互兼容的,航迹的兼容性被定义为一种约束,即一个假设中的各个航迹不能共用同一个量测(可行集合)。拉格朗日松弛方法的基本原理是,在目标函数(是航迹评分的累加和)中以拉格朗日乘子替换约束项。此方法的实际实现取决于正确选择拉格朗日乘子,只有这样才能确保最终解接近于最优解。

该方法的实际细节十分复杂,超出了本书的范畴。有兴趣的读者可参阅文献[11-12]以及其中所引用的文献。有关该方法的应用,可参见文献[2]。

评注

(1)MHT 背后的理念是,在给定时间历史和类型的前提下,寻找所有可能的量测组合,以使得真实的量测组合一定被某个假设所包含。由于属于一个离散遍历问题,认为这是可能的。

(2)面向量测的 MHT 和面向航迹的 MHT 的不同之处在于,构建假设和航迹的方法以及遍历所有可能的方式。面向量测的 MHT 由构建假设开始,而面向航迹的 MHT 则由构建航迹开始。由于计算负荷较小,直觉上,面向航迹的 MHT 算法更具吸引力。

(3)MHT 算法不仅要遍历历史时间段内所有的量测组合,还需能应对非合作环境(由杂波引起的虚假探测以及新目标的出现)中存在缺陷的传感器(目标漏探测)。当传感器虚警和新目标的统计特征被假设为参数模型时,假设或航迹概率的置信度就依赖于假设的有效程度。

(4)性能度量中最重要的部分就是测度的精度,并由假设概率计算式中的残差密度函数来体现。这一度量并不依赖于前条评注中提到的、有关参数模型的假设。

9.3 航迹、假设的评分和裁剪

在 MHT 的实际实现中,每个航迹都会被赋予 1 个分值。1 个假设的分值就是该假设所包含全体航迹的分值的和。这里介绍的分值计算公式源于文献[14],其方法虽然与 9.2 节给出的概率计算公式类似,但也有着明显的偏差;文献[14]中的方法对虚假目标和新目标的密度做出了假设,但并不依赖于有关目标类型的假设(有关目标类型的定义参见 9.2.1 和 9.2.2 小节)。该分值计算公式还引入了诸如航迹状态、航迹长度这样额外的项,以应对多目标跟踪中实践考量。航迹和假设的分值被用于航迹和假设裁剪,以将航迹和假设总数保持在一个可控的规模。

航迹裁剪

各航迹分值间可能有不同数量级的差异。例如,1 个多次错失量测的航迹的分值会呈指数规律下降。包含源自不同目标的量测的航迹可能会导致航迹的效能测度较差(较大的 $\lambda_{i,j}$ 值),从而其分值也较低。具有极低分值的航迹可以被删除,删除门限是通过与具有最高分值的航迹比较来获得,其具体设置是工程师基于系统应用来判断决策。

假设裁剪

假设的分值用于裁剪,并且业已提出了两种方法。

(1) 对假设分值采用预先选定的门限;

(2) 保留 K_H 个最好的假设(K_H 个具有最高分值的假设)。

采用第一种方法可能会得到非常少量或非常大量的保留假设,两者都不是理想的结果,必须将假设的数目保持在一个合理的水平,以便在保持 MHT 的根本收益的同时不至于产生过量的计算负荷。第二种方法的目的在于维持固定数目的假设。在某些情况下,只有数个假设具有较高分值,而其余假设的分值会下降到一个较低的水平且其分值近乎相同。此种情况下,K_H 值的选择就变得很重要。裁剪假设会导致航迹被删除;而那些仅出现在被裁剪假设中的航迹必定会被删除。

假设合并

假设合并基于 N - scan 标准实施,在对最近 N 个扫描周期的航迹进行裁剪后,任意 2 个或多个包含相同航迹的假设将被合并。

9.3.1 航迹状态的定义

将航迹生命划分为周期不同阶段有助于航迹评分,Blackman 给出了航迹生命各阶段的定义;在对其内容进行了必要的增加和修改后,以下将探讨相关问题[14]PP:262。

潜在航迹

1个潜在航迹是1个单点航迹。在MHT算法中,所有的量测,无论是位于波门之内还是波门之外,都可以构成新的航迹。且作为MHT算法的一部分,所有的航迹在未被分派新的量测的条件下也可以继续得到延续。1个新的、潜在航迹的初始评分值由新目标和虚假目标的空间密度,即β_{NT}和β_{FT},以及传感器探测概率所决定。但当一个潜在轨迹未被分派一个新量测时,其分值会随着漏探测数目的增加呈指数规律下降。

临时航迹

1个临时航迹是由2个或更多的量测初始化的集合,由该量测集合可计算出目标状态向量但估计精度很差,航迹所包含的量测也较少。

确认航迹

1个确认航迹是包含足够多数目量测的航迹,且其估计精度(或航迹分值)也已达到一定门限。航迹长度(即航迹包含量测的数目)和估计精度(航迹分值)的阈值均是由系统工程师依据应用来设置。

删除航迹

当1个航迹在特定数目的扫描周期内没有收到任何量测和(或)航迹分值已经低于阈值时,该航迹会被删除。这里,允许临时航迹丢失量测的扫描周期数目要小于允许确认航迹丢失量测的扫描周期数目。当1个潜在或临时航迹被删除时,它被认作是1个虚假航迹。而当1个确认航迹被删除时,会被认为是航迹丢失或者目标已经不在观测区域内运动。

9.3.2 航迹和假设评分

假设1个跟踪传感器已经接收了K个扫描周期的量测数据$\boldsymbol{Y}_{1:K}$,有

$$\boldsymbol{Y}_{1:K}=\{\boldsymbol{Y}_1,\boldsymbol{Y}_2,\boldsymbol{Y}_3,\cdots,\boldsymbol{Y}_K\}$$

式中:$\boldsymbol{Y}_k=\{\boldsymbol{y}_k^1,\boldsymbol{y}_k^2,\boldsymbol{y}_k^3,\cdots,\boldsymbol{y}_k^{N_k}\}\cup\varnothing$,$\boldsymbol{y}_k^{i_k}$是第$k$个扫描周期量测集合中的第$i_k$个量测。

以T_i标识假设θ_K^j中第i个航迹的航迹数据指示器,有

$$T_i=(i_1,i_2,\cdots,i_K)$$

式中:$i_k=1$代表在第k个扫描周期,$\boldsymbol{y}_k^{i_k}$是属于T_i中的量测向量;$i_k=0$则表示在第k个扫描周期没有量测属于T_i。令ℓ_i为T_i的长度,即T_i所代表的扫描周期的总数,此例中$\ell_i=K$。以N_{d_i}标识T_i中探测到的量测的数目(即T_i中非0项的总数),通常有$N_{d_i}\leqslant\ell_i$,在没有量测丢失的情况下有$N_{d_i}=\ell_i$。

以下给出Blackman提出的航迹评分方法[14]。

潜在航迹

1 个潜在航迹是单个量测组成，其概率(P_{PT})为虚假航迹概率(P_{FT})和新目标航迹概率(P_{NT})之和，有

$$P_{\mathrm{PT}}=P_{\mathrm{FT}}+P_{\mathrm{NT}}=\beta_{\mathrm{FT}}+\beta_{\mathrm{NT}}(1-P_d)^{N_m}=\beta_{\mathrm{FT}}\left(1+\frac{\beta_{\mathrm{NT}}}{\beta_{\mathrm{FT}}}(1-P_d)^{N_m}\right)$$

式中：β_{NT}和β_{FT}分别是新目标和虚假目标的空间密度，P_d 为传感器探测概率，N_m 为其后传感器未检测到目标的次数。

给定上述表示式，Blackman 定义 1 个潜在航迹的评分值如下：

$$L_{\mathrm{PT}}=\ln\left[\frac{\beta_{\mathrm{NT}}}{\beta_{\mathrm{FT}}}(1-P_d)^{N_m}\right]=\ln\left(\frac{\beta_{\mathrm{NT}}}{\beta_{\mathrm{FT}}}\right)+N_m\ln(1-P_d)$$

临时航迹和确认航迹

临时航迹与确认航迹都是那些收到超过 1 个量测从而使得可以计算目标的状态估计的航迹。两者的不同之处在于，确认航迹的长度已经超过了 1 个确定的航迹长度(航迹所含量测的数目)门限。临时航迹和确认航迹的概念反映了源自 8.7 节的航迹初始化和航迹持续的概念。虽然航迹长度门限的选择多少有点武断，但也还有一定意义。确认航迹已经收到了多个扫描周期的量测，也不大可能是虚假探测的结果。假设 θ_K^j 所含的第 i 个航迹 $T_i=(i_1,i_2,\cdots,i_K)$ 的分值 $L_{T_i}^j$可依据下式计算获得：

$$L_{T_i}^j=\ln\left(\frac{\beta_{\mathrm{NT}}}{\beta_{\mathrm{FT}}}\right)+N_m\ln(1-P_d)+\sum_{k=1}^{K}\left[\ln\left(\frac{P_d}{\beta_{\mathrm{FT}}(2\pi)^{\frac{m}{2}}\,|\,S_{i,k}\,|^{\frac{1}{2}}}\right)-\frac{\lambda_{i,k}}{2}\right]$$

式中：$\boldsymbol{\lambda}_{i,k}$是归一化的量测残差，有

$$\boldsymbol{\lambda}_{i,k}=(\boldsymbol{y}_k^{i_k}-\hat{\boldsymbol{y}}_{k|k-1}^i)^{\mathrm{T}}[\boldsymbol{S}_{i,k}]^{-1}(\boldsymbol{y}_k^{i_k}-\hat{\boldsymbol{y}}_{k|k-1}^i)$$

$\boldsymbol{S}_{i,k}$为$\boldsymbol{y}_k^{i_k}-\hat{\boldsymbol{y}}_{k|k-1}^i$的误差协方差，即

$$\boldsymbol{S}_{i,k}=\boldsymbol{H}_{\hat{x}_{k|k-1}^i}\boldsymbol{P}_{k|k-1}^i\boldsymbol{H}_{\hat{x}_{k|k-1}^i}^{\mathrm{T}}+\boldsymbol{R}_k^{i_k}$$

式中：$\hat{\boldsymbol{x}}_{k|k-1}^i$、$\boldsymbol{P}_{k|k-1}^i$、$\hat{\boldsymbol{y}}_{k|k-1}^i$和$\boldsymbol{S}_{i,k}$是基于截至 $k-1$ 时刻的 T_i 所包含的量测对航迹状态的预测统计，而$\boldsymbol{y}_k^{i_k}$ 则是 T_i 在 k 时刻所包含的量测向量。

因此，假设 θ_K^j 的分值就是该假设所包含全部航迹的分值的总和，有

$$L^j=\sum_{T_i\in\theta_K^j}L_{T_i}^j$$

表 9.1 对上式进行了小结，并给出了一些评论。

在有些应用中，1 个航迹可能演变为多个航迹，文献[3]将此称之为航迹分裂，从而就需要对 MHT 的评分方法进行修改以应对航迹复杂性问题，这就等同于由于模型复杂性问题的存在而需要对进行模型辨识。航迹评分由测度质量

$$\sum_{k=1}^{K}\left[\ln\left(\frac{P_d}{\beta_{\mathrm{FT}}(2\pi)^{\frac{m}{2}}\,|\,\boldsymbol{S}_{i,k}\,|^{\frac{1}{2}}}\right)-\frac{\lambda_{i,k}}{2}\right]$$

和包含关于航迹分裂、航迹丢失、虚假航迹、航迹丢失量测及其它因素的模型的航迹复杂性组成。文献[3]采用 Akaike 标准以在两种趋势间取得平衡,这种趋势分别是将量测数据过度拟合于大量新目标的产生(对应于更为复杂的高阶模型)和将量测数据过度拟合于已有航迹的分裂(对应于简单的低阶模型)。有兴趣的读者可参阅文献[3]以获取更多相关细节信息。

表 9.1　航迹评分

定　义	分值计算公式	评　注
潜在航迹	$\ln\left(\frac{\beta_{\mathrm{NT}}}{\beta_{\mathrm{FT}}}\right)$	新航迹的起始取决于新目标和虚假目标的空间密度
航迹丢失目标量测	$(\ell_i - N_{d_i})\ln(1 - P_d)$	是一个负数,其绝对值的大小随着探测数目 N_{d_i} 的下降而增加,从而导致航迹分值下降
航迹 T_i 的(测度)质量	$\sum_{k=1}^{K}\left[\ln\left(\frac{P_d}{\beta_{\mathrm{FT}}(2\pi)^{\frac{m}{2}}\mid S_{i,k}\mid^{\frac{1}{2}}}\right)-\frac{\lambda_{i,k}}{2}\right]$ $\boldsymbol{\lambda}_{i,k}=(\boldsymbol{y}_k^{i_k}-\hat{\boldsymbol{y}}_{k\mid k-1}^{i})^{\mathrm{T}}[\boldsymbol{S}_{i,k}]^{-1}(\boldsymbol{y}_k^{i_k}-\hat{\boldsymbol{y}}_{k\mid k-1}^{i})$ $\boldsymbol{S}_{i,k}=\boldsymbol{H}_{\hat{x}_{k\mid k-1}^{i}}\boldsymbol{P}_{k\mid k-1}^{i}\boldsymbol{H}_{\hat{x}_{k\mid k-1}^{i}}^{\mathrm{T}}+\boldsymbol{R}_k^{i_k}$ 其中 $\hat{\boldsymbol{x}}_{k\mid k-1}^{i}$、$\boldsymbol{P}_{k\mid k-1}^{i}$、$\hat{\boldsymbol{y}}_{k\mid k-1}^{i}$ 和 $\boldsymbol{S}_{i,k}$ 是基于截止 $k-1$ 时刻的 T_i 所包含的量测对航迹状态的预测统计,$\boldsymbol{y}_k^{i_k}$ 则是 T_i 在 k 时刻所包含的量测向量	$\lambda_{i,k}$ 是归一化的滤波残差,即量测与量测预测之间的 Mahalanobis 距离。航迹质量越差,$\lambda_{i,k}$ 的值就越大,导致航迹分值的下降

9.3.3　航迹评分示例

本小节给出了 1 个航迹评分的示例。简单起见,假设量测噪声为 0,因此分值中的航迹测度质量部分可忽略不计。在此例中,结果强调目标量测丢失造成的影响。将此例扩展至非零量测噪声情形是直接但复杂的,所以复杂是因为此时必须要引入目标运动模型。该示例采用了最简单的航迹演变情形,即只有 1 个初始航迹、在 5 个扫描周期(比图 9.6 所示多了 1 个扫描周期)的任意一个扫描周期都仅有 1 个量测。将该示例扩展至多目标的情形,虽然较为繁琐,但也还容易。在此示例中,1 个航迹在连续 4 个扫描周期均接收到量测数据后,该航迹即可迅速由临时航迹演变为确认航迹;而当 1 个临时航迹在 3 个扫描周期内丢失目标量测(3 个扫描周期不必是连续的),该临时航迹将演变为 1 个虚假航迹。

图 9.9 给出了相关实验结果,其中对应的航迹文件和航迹分值分别用不同

的颜色标识,应该很容易辨认。这里,关于航迹文件的约定与图 9.6 中的相同。例如,在图 9.9(a)中,(1,1,1,1,1)表示 5 个扫描周期均有量测,(0,1,1,1,1)表示第 1 个扫描周期丢失了目标量测,(0,0,1,1,1)则表示第 1 个和第 2 个扫描周期均丢失了目标量测;3 个航迹的分值分别由对应的 3 个平行线段给出,也反映出 3 个航迹的起始时刻之间存在 1 个扫描周期的延迟。图 9.9(b)表明,当航迹在最后 1 个扫描周期丢失量测时,航迹分值会呈线性下降趋势;而当航迹在 3 个扫描周期丢失量测时,该航迹的分值将为 0。图 9.9(c)表明,航迹丢失量测时,其分值也会下降;但在获得新的量测后,其分值就会反弹上升。图9.9(d)所示结果则表明,无论航迹所含量测和丢失量测的时间分布如何,具有同等数目的量测和丢失量测的航迹的分值就是相同的,见图中蓝色和绿色航迹。

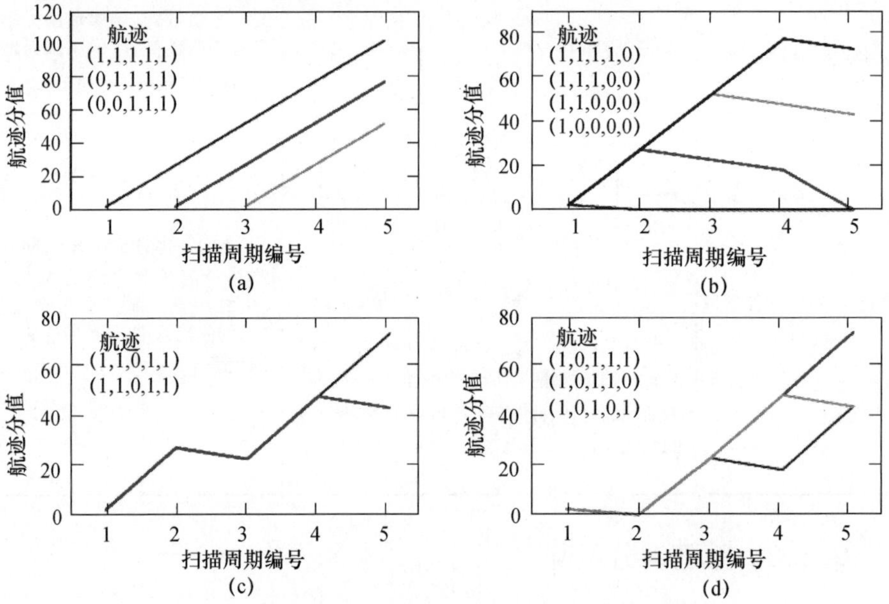

图 9.9 航迹文件及航迹分值示例(见彩插)

9.4 利用 Nassi - Shneiderman 图表实现多假设跟踪器

在功能层面,图 9.2 以流程图的形式描述了 MHT 的核心概念。在每个新的传感器扫描时刻,已有航迹被外推至获得新量测的预期时刻,并计算对应的关联波门。当在新的扫描时刻获得了新量测后,就要判定已有航迹和新量测之间的关联情况,继而生成假设和航迹。在完成航迹和假设裁剪后,该扫描周期的处理任务即告完成。其后每个新扫描周期均会重复这一处理过程。

针对递归处理流程,一种便利的、结构化设计工具就是 Nassi - Shneiderman

图表[17,18]。这里说明其在 MHT 算法实现上的应用①。

在假设生成过程中,航迹与假设相关联,假设也与航迹相关联。假设生成子程序 MakeHypotheses 的输入包括航迹结构的列表、列表的编号以及迄今为止获得量测的数目。针对 MakeHypotheses,图 9.10 给出了对应的 Nassi - Shneiderman 图表。

假设生成子程序
输入:#TrackSoFar,Track,UniverseMsetIDs
输出:#Hypos,Hypo,Track
清除所有假设
清除航迹中的所有假设相关域
For StartIndex=1:#TracksSoFar
初始化将被关联的航迹列表，关联后的航迹将组成一个单一假设
CumTrackIDSequence=StartIndex
针对该假设，初始化关联航迹的量测列表
CumMsmtSequence=Track(StartIndex).msmtID
调用GetNextTrack子程序

图 9.10 Nassi - Shneiderman 图表:假设生成的过程驱动

由列表中的第一个候选航迹开始,将调用由图 9.11 给出的子程序 GetNext-Track,该子程序将检查列表中的下一个航迹是否存在同一量测。如果不存在同一量测,则将再次递归调用 GetNextTrack,递归将进行多次,直至目前获得的所有量测都能得到合理的解释。对于不同航迹不存在同一量测的情况,如果不是所有量测都能得到合理解释,该潜在的假设就是不成立的,即可退出递归循环;如果此时所有的量测都能得到合理解释,那么即可生成一个合理的假设,该假设的分值即为构成该假设的所有航迹的分值之和。在这两种情况下,程序都将返回到 GetNextTrack。

列表中的第二个候选航迹继续调用 GetNextTrack,重复上述过程。

在子程序 MakeHypotheses 中,其余的每个候选航迹也都会调用 GetNextTrack。

MakeHypotheses 的输出包括一个关于假设结构的列表、假设结构的编号以及航迹结构中更新过的该航迹所属假设的编号域。

这里给出的是基本的设计实现,并未利用前一扫描周期的假设生成信息。更进一步,该实现并未考虑可能发生的量测共享情形,而这在航迹交叉或密集目标(Closely - Spaced Object,CSO)环境以及假设合并时是可能的。这里给出基于 Nassi - Shneiderman 图表的跟踪器实现方法只是想强调一个事实,即软件

---

① 基于 Nassi - Shneiderman 图表的跟踪器实现方法所以引起作者的关注,是由于麻省理工学院林肯实验室的 Fannie Rogal。她提供了本节的相关材料以及 9.3.3 小节中的航迹评分示例。

工程工具可被用于处理复杂的遍历问题,如 MHT。

Routine GetNextTrack

输入:#TrackSoFar,Track,StartIndex,#Hypos,Hypo,UniverseMsmtIDS,CumTrackIDSequence,CumMsmtSequence

输出:#Hypos,Hypo,Track,CumTrackIDSequence,CumMsmtSequence

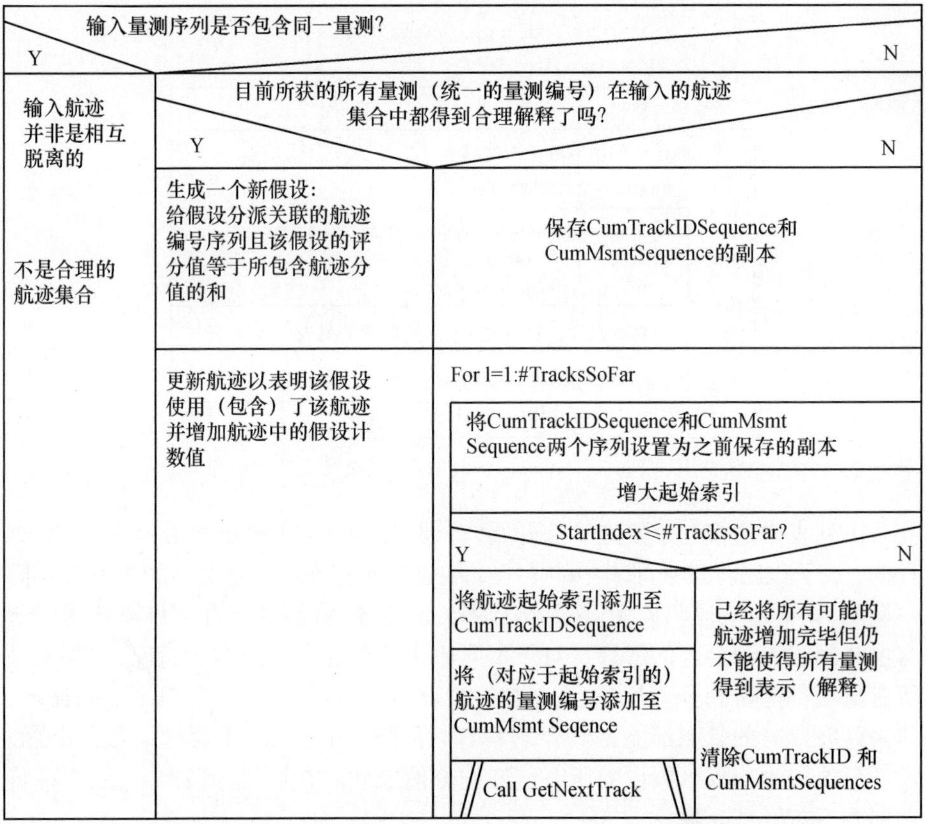

图 9.11 Nassi - Shneiderman 图表:输入航迹与假设关联的过程

9.5 利用量测融合扩展至多传感器

依照第 7 章有关多传感器状态估计的研究成果,将 MHT 算法扩展至多个传感器较为简单直接。如 7.2.1 小节(原文查无此小节)所给出的,当不同传感器的量测被直接用于更新状态估计时,唯一一件需要搞清楚的事情就是,在状态坐标系与量测坐标系之间进行转换的不同之处,式(7.2 - 1) ~ 式(7.2 - 5)(原文查无此两式)。图 9.2 所给流程框图仍适用于这里,只是当计算量测预测和波门时,必须检查对应各自的传感器是否处于同一坐标系下。

9.6 总结和评注

本章介绍了 MHT 的实质和精髓,目的在于帮助读者掌握 MHT 的基本原理。MHT 穷尽遍历所有可能的量测组合,并且具备利用后续量测来修正之前量测分派的能力。因此,较之传统方法,可以预期 MHT 产生的错误会更少,但是这是以较大的计算负荷为代价的。至于正确地选择问题解决方法则是取决于具体应用。

很显然,即便是对于目标总数目较少的情况,MHT 算法的也能迅速扩张生成大量的航迹和假设。因此,对于跨越较大地理区域运功的目标和沿不同方向运动的目标,无须采用 MHT 算法进行联合处理,例如一个空中流量管制系统可能仅会对靠近机场的一组目标采用 MHT 算法进行处理,并且这组目标也不必一定要和仅是穿越同一空管控制区域、仍在飞行途中的目标联合处理。在这种情况下,可以将目标预先分组(群),从而可对同一组中的目标采用 MHT 算法;采用这一做法对于降低计算时间而言是很有必要的,并且在有关 MHT 算法的文献中也是这样建议的[1,2]。

历经严格的数学推导而得出的 MHT 算法被认为是解决 MTT 问题的最优技术。关于实际应用问题的 MHT 算法实现仍然不时出现在新出版的文献中,我们鼓励有兴趣的读者继续就 MHT 开展更深入的研究。

课后习题

(1) 9.2 节中图 9.3 给出了截止第 3 扫描周期的航迹和假设,采用同样的方法完成截止第 4 扫描周期的航迹和假设;

(2) N 行 M 列的矩阵共有 $N\times M$ 项,当 $N\geqslant M$ 时,可供选择的非模糊分派集合数目为 $N!/(N-M+1)!$。根据图 9.9 的指导,推导得出存在 N 个已有航迹与 M 个新量测关联时产生的航迹和假设的数目;

(3) 将图 9.9 所给关联矩阵方法应用于 9.2 节的假设评估示例,证明无论采用两种方法中的任何一种,所获结果都是相同的。画出流程图以说明,如何利用分派矩阵中的各项推断得出新航迹?以及如何基于矩阵各项的组合推断得出新假设?

(4) 利用 MHT 算法求解第 8 章的第一个课后问题,并从如下指标出发对比两种方法获得的结果:

① 航迹纯度;

② 虚假航迹率;

③ 航迹一致率;

④ 计算运行时间。

参考文献

[1] D. B. Reid, "An Algorithm for Tracking Multiple Targets," *IEEE Transactions on Automatic Control*, vol. AC-24, pp. 843-854, Dec. 1979.

[2] S. S. Blackman, "Multiple Hypothesis Tracking for Multiple Target Tracking," *IEEE Transactions on Aerospace and Electronic Systems Magazine*, vol. 19, pp. 5-18, Jan. 2004.

[3] M. K. Chu, "Target Breakup Detection in the Multiple Hypothesis Tracking Formulation," M. E. thesis, MIT, 1996.

[4] R. W. Sittler, "An Optimal Data Association Problem in Surveillance Theory," *IEEE Transactions on Military Electronics*, vol. MIL-8, pp. 125-139, Apr. 1964.

[5] R. A. Singer, R. G. Sea, and K. B. Housewright, "Derivation and Evaluation of Improved Tracking Filters for Use in Dense Multi-Target Environments," *IEEE Transactions on Information Theory*, vol. IT-20, pp. 423-432, July 1974.

[6] C. L. Morefield, "Application of 0-1 Integer Programming to Multi-Target Tracking Problem," *IEEE Transactions on Automatic Control*, vol. AC-22, vol. 302-312, June 1977.

[7] Y. Bar-Shalom, "Tracking Methods in a Multi-Target Environment," *IEEE Transactions on Automatic Control*, vol. AC-23, pp. 618-626, Aug. 1978.

[8] T. Kurien, "Issues in the Design of Practical Multi-Target Tracking Algorithms," in *Multitarget Multisensor Tracking: Advanced Applications*, Y. Bar-Shalom, Ed., pp. 43-83, Norwood, MA: Artech House, 1990.

[9] K. G. Murty, "An Algorithm for Ranking All the Assignments in Order of Increasing Cost," *Operations Research*, 16, 682-687, 1968.

[10] I. J. Cox and S. L. Hingorani, "An Efficient Implementation of Reid's Multiple Hypotheses Tracking Algorithm and Its Evaluation for the Purposes of Visual Tracking," *IEEE Transactions on Pattern Analysis and Machine Intelligence*, vol. 18, pp. 138-150. Feb. 1996.

[11] S. Deb, M. Yeddanapudi, K. Pattipati, and Y. Bar-Shalom, "A Generalized S-D Assignment Algorithm for Multi-Sensor-Multi State Estimation," *IEEE Transactions on Aerospace and Electronic Systems*, vol. AES-33, 523-537, April 1997.

[12] A. B. Poore and A. J. Robertson, "A New Lagrangian Relaxation Based Algorithm for a Class of Multidimensional Assignment Problems," *Computational Optimization and Applications*, vol. 8, pp. 129-150, Sept. 1997.

[13] S. S. Blackman and R. Popoli, *Design and Analysis of Modern Tracking Systems.* Norwood MA: Artech House, 1999.

[14] S. S. Blackman, *Multiple-Target Tracking with Radar Applications.* Norwood, MA: Artech House, 1986.

[15] Y. Bar-Shalom, X. Rong Li, and T. Kirubarajan, *Estimation with Applications to Tracking and Navigation.* New York: Wiley, 2001.

[16] Y. Bar-Shalom, P. Willett, and X. Tian, *Tracking and Data Fusion: A Handbook of Algorithms.* Storrs, CT: YBS Publishing, 2011.

[17] I. Nassi and B. Shneiderman, "Flowchart Techniques for Structured Programming," *ACM SIGPLAN Notices*, vol. 8, pp. 12-26, Aug. 1973.

[18] C. M. Yoder and M. L. Schrag, "Nassi-Shneiderman Charts; An Alternative to Flowcharts for Design," in *Proceedings of ACM SIGSOFT/BIGMETRICS Software and Assurance Workshop*, pp. 386-393, Nov. 1978.

第 10 章　有偏量测条件下的多传感器相关和融合

10.1　引言

第 7 章介绍了适用于多传感器系统的估计算法，讨论了量测融合结构和状态融合结构。量测融合结构能实现最优状态估计，且算法更为简单和直接；另一方面，状态融合结构是次优的，但如果本地估计的分发频率较传感器量测的小，状态融合结构所需的通信带宽会较低。针对两种融合结构，也讨论了几种降低数据通信率的方法。

采用多传感器系统有许多优势，第 7 章曾提及了其中的一些，如通过观测地理位置的几何多样性改进航迹精度、共享的监视区域扩大了目标监测范围，从而提高了目标检测概率、跨相邻监视区域的连续观测覆盖实现了更好的航迹连续性和目标识别能力、能够采用不同的频率（不同的传感器工作在不同的波段）、以不同的观测角观察同一目标群能得到更丰富的观测集合，从而可以更稳健地利用现象差异以及改进目标识别并有可能解决航迹的模糊性。特别是在本书涉及范围内，关注的重点是改进估计精度。实现这些优势的能力至少取决于两个因素：

（1）处理航迹模糊性的能力，这是一个关于相关和关联的问题。

（2）估计和消减传感器偏差的能力，这是本章的主题。

关联和相关分别是本书第 8 章和第 9 章的主题，并详细讨论了几种方法，具体见有关多目标跟踪分类的表 8.1。本章将讨论传感器存在量测偏差①时的多传感器估计和相关问题，目的是同时估计状态和偏差。

10.2 节比较了利用传感器量测对状态和偏差进行联合估计的两种方法，这两种联合状态和偏差估计方法均属于第 7 章定义的量测融合类别，并假设已经实现了量测与状态关联。针对该问题的量测与状态关联方法与第 8 章和第 9 章中所讨论方法相同，这里不再重复。研究聚焦于联合偏差和状态估计。文献[1 - 5]讨论了几种解决该问题的方法。本节介绍了基于

---

① 在第 4 章中介绍的 Schemidt - Kalman 滤波器的设计中考虑了残余偏差，这是在偏差估计和修正后剩余的，估计的偏差被用作 SKF 的输入，SKF 的目的是维持协方差与实际的误差一致。

状态增广的针对空间轨迹的联合偏差和状态估计方法，并给出了其 Cramer - Rao 界。

10.3 节讨论了联合偏差估计和状态 - 状态相关问题。一个单独的传感器虽然可以估计多个目标的状态，但当其忽略传感器量测偏差的存在时，将导致有偏状态估计。利用来自多个传感器的状态估计进行偏差估计时，相关和偏差估计就变成了一个联合问题，这类方法是第 7 章讨论的状态融合方法。基于有偏量测的状态融合已经引起了人们的关注[6-20]。

10.2 由传感器量测直接获得的偏差估计

本节将利用数值示例对两种联合偏差和状态估计方法进行比较，这两种方法的数学原理简单而直接，但关于两种方法的一般结论却不同并富有启发性。本节的内容是对 Corwin 等人所发表的论文[1]的修正。鼓励读者构建计算机模型以理解结果并给出自己的解释。

10.2.1 问题描述

考虑一个由以下的确定性微分方程描述的空间运动轨迹：

$$\boldsymbol{x}_k = \boldsymbol{f}(\boldsymbol{x}_{k-1}, t_k) \tag{10.2-1}$$

第 4 章的课后习题中曾给出了一个采用球形地球模型的简单的空间轨迹，对更详细的空间轨迹动力学感兴趣的读者可参阅 Bate 等人发表的文献[21]。需要强调的是，一个更详细的轨迹模型并不会改变联合偏差和状态估计的结论，即简单的模型能给出和较高拟真度的模型相同的定性结论。

两部雷达在离散时刻 t_k 获得关于 x_k 的量测，可表示为

$$\boldsymbol{y}_k^1 = \boldsymbol{h}^1(\boldsymbol{x}_k) + \boldsymbol{b}_k^1 + \boldsymbol{v}_k^1 \tag{10.2-2}$$

$$\boldsymbol{y}_k^2 = \boldsymbol{h}^2(\boldsymbol{x}_k) + \boldsymbol{b}_k^2 + \boldsymbol{v}_k^2 \tag{10.2-3}$$

式中，$\boldsymbol{\nu}_k^1$ 和 $\boldsymbol{\nu}_k^2$ 是有具有已知协方差的量测噪声，$\boldsymbol{b}_k^1$ 和$\boldsymbol{b}_k^1 \in \mathbb{R}^m$分别为两个传感器的量测偏差。假设两个量测偏差均为未知常量。在第 3 章的课后习题 1 中可以找到简化的雷达量测方程。

该示例的量测几何关系如图 10.1 所示，两部雷达依据如下指标①独立对目标轨迹展开测量。

① 这些选择是任意的，欢迎读者做出自己的选择，这里的目的是采用一个例子来得出定量的结论。

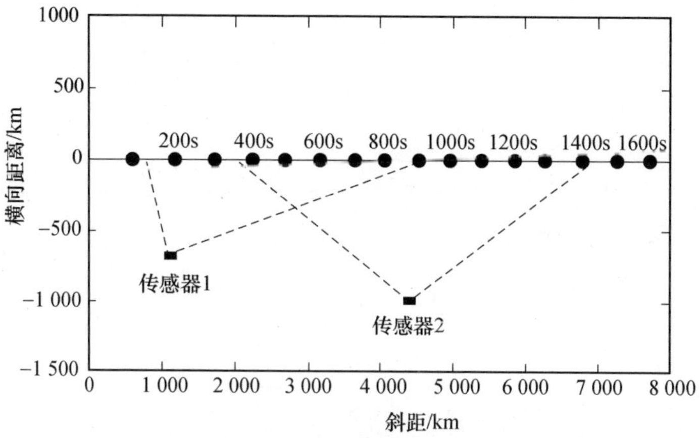

图 10.1 目标估计和两部雷达的几何关系

传感器 1	
位置	径向距离 1100km,横向距离 -700km
更新率	10Hz
量测噪声标准差	距离 10m,方位/俯仰 0.5mrad
偏差	方位 5mrad,俯仰 0.2mrad
传感器 2	
位置	径向距离 4400km,横向距离 1000km
更新率	10Hz
量测噪声标准差	距离 10m,方位/俯仰 0.5mrad
偏差	方位 -0.3mrad,俯仰 -0.8mrad

10.2.2 两种偏差估计方法的比较

本节给出的所有情况下,假设已经实现了量测-状态关联,例如采用第 8、9 章中的方法。想要深入了解联合关联和偏差估计的读者可以参考文献[3-5]。

现在比较两种状态和偏差估计方法:

(1) 基于单传感器的偏差和状态联合估计,

(2) 基于两个传感器数据的偏差和状态联合估计。

两种方法采用 10.2.1 节中描述的空间弹道和雷达指标。

本地传感器的状态和偏差估计

在这种方法中,每个传感器独立地工作,偏差估计是通过将偏差增加之状态向量的一部分来得到的(见第 4 章)。令 $\boldsymbol{x}_k^1$ 和 $\boldsymbol{x}_k^2$ 分别标识针对第一、二部雷达的增广后状态向量,则,对于 $l=1,2$,$\boldsymbol{x}_k^l=[\boldsymbol{x}_k^{\mathrm{T}},\boldsymbol{b}_k^{l\mathrm{T}}]^{\mathrm{T}}$。式(10.2-1)可修正为

$$\boldsymbol{x}_k^l=\begin{bmatrix}\boldsymbol{f}(\boldsymbol{x}_{k-1},\boldsymbol{t}_k)\\\boldsymbol{b}_{k-1}^l\end{bmatrix}\tag{10.2-4}$$

$$\boldsymbol{y}_k^l=h^l(\boldsymbol{x}_k)+\boldsymbol{b}_k^l+v_k^l\tag{10.2-5}$$

采用这一模型,如图 10.2 所示,每个传感器可单独得到状态和偏差估计。值得注意,此方法并不融合由各单传感器获得的估计。

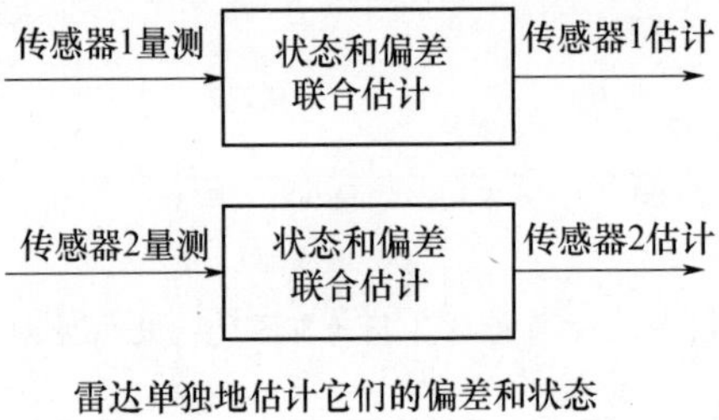

图 10.2　每个传感器估计其本身的偏差和状态

多传感器联合状态和偏差估计

第二种方法利用来自两个传感器的量测,以及包含两个传感器的偏差在内的增广状态向量,对状态和偏差进行联合估计。假设$\boldsymbol{x}_k^a$ 表示包含两个传感器偏差的增广状态向量,即$\boldsymbol{x}_k^a=[\boldsymbol{x}_k^{\mathrm{T}},\boldsymbol{b}_k^{1\mathrm{T}}\ \boldsymbol{b}^{\mathrm{T}}{}_k]^{\mathrm{T}}$,由此得到如下状态和量测方程:

$$\boldsymbol{x}_k^a=\begin{bmatrix}\boldsymbol{x}_k\\\boldsymbol{b}_{k-1}^1\\\boldsymbol{b}_k^2\end{bmatrix}=\begin{bmatrix}\boldsymbol{f}[\boldsymbol{x}_{k-1},t_k]\\\boldsymbol{b}_{k-1}^1\\\boldsymbol{b}_{k-1}^2\end{bmatrix}\tag{10.2-6}$$

$$\boldsymbol{y}_k^a=\begin{bmatrix}\boldsymbol{y}_k^1\\\boldsymbol{y}_k^2\end{bmatrix}=\begin{bmatrix}\boldsymbol{h}^1(\boldsymbol{x}_k)+\boldsymbol{b}_k^1\\\boldsymbol{h}^2(\boldsymbol{x}_k)+\boldsymbol{b}_k^2\end{bmatrix}+\begin{bmatrix}v_k^1\\v_k^2\end{bmatrix}\tag{10.2-7}$$

注意:联合增广状态向量比单个传感器的增广状态向量的维数更大。基于联合增广状态向量所得状态估计是融合的状态估计,该方法的框图如图 10.3 所示。

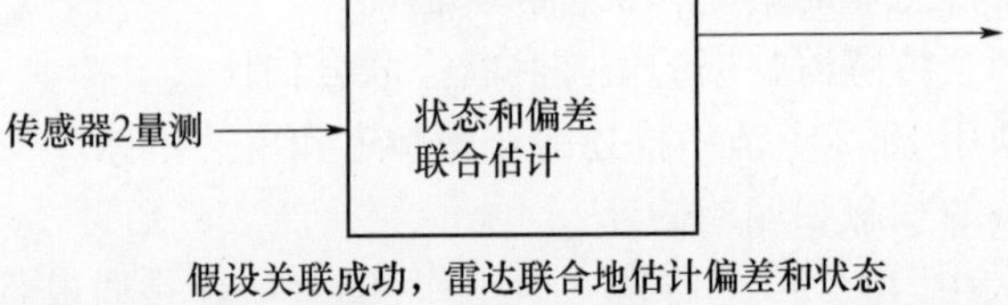

图 10.3　多传感器偏差和状态联合估计(量测融合)

对结果的比较

图 10.4 比较了偏差估计误差协方差的 CRB。蓝色和绿色曲线分别为仅采用传感器 1 和传感器 2 的结果。图中的垂直下降对应于两个传感器的起始时刻(10.2.1 节)。

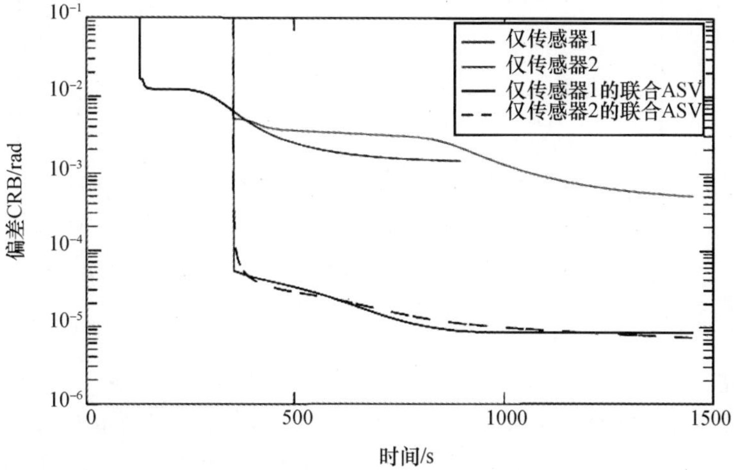

图 10.4 偏差估计误差的 Cramer－Rao 界(见彩插)

CRB 中对应于偏差分量的初始条件被设置得非常大,这意味着几乎没有先验信息。由 CRB 表示的单个传感器的估计误差在 2mrad 处达到一个瓶颈,然后非常缓慢地下降;在传感器 1 观测覆盖区域的结束处,传感器 1 的估计误差大约为 1.5mrad,传感器 2 的估计误差大约为 0.5mrad。这些值与偏差的幅度是相当的。当采用两个传感器的数据进行联合估计时,在约 270s 时传感器 2 开始有所贡献,偏差估计误差近乎垂直地下降。传感器 1 和传感器 2 的偏差估计误差分别用黑色实线和黑色虚线给出。注意,在传感器 2 开始工作之前,传感器 1 的偏差估计误差与传感器 1 单独工作时一样,和预期一致。有意思的是,注意到当目标离开传感器 1 的覆盖范围时(约 900s 时),传感器 1 的偏差估计误差保持恒定,但传感器 2 的偏差估计误差仍然在改进(尽管只是略微的改进)。此刻的偏差估计误差大约为 0.008 ~0.009mrad。基于这些观察,可以得出如下结论,即采用单部雷达时角偏差是不可测的,但采用两个传感器的数据实施联合估计时,两部雷达(部署位置不同)角偏差是可测的。

图 10.5 给出了位置估计误差的 CRB。正如前述章节中的示例所表明的,对应于位置估计误差的 CRB 是作为 CRB 的标量值计算得出,具体由对应于向量各分量的对角项累加和的平方根给出。对于图 10.4 有关偏差估计误差的观察和结论可以与依据 CRB 得到位置估计误差相同的方式定性做出。单传感器情形下偏差估计误差瓶颈为千米量级,而对联合估计情形则降低到米量级。

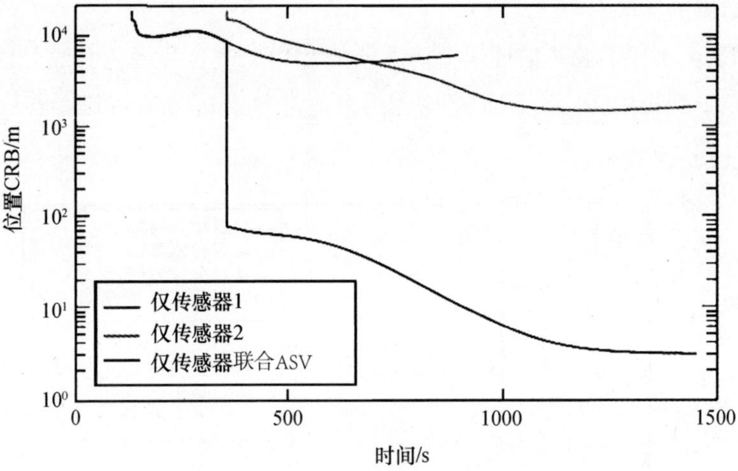

图 10.5 位置估计误差的 Cramer – Rao 界

评注

传感器偏差估计是实践中的一个重要问题。传感器必须能够估计其偏差，并在与其他传感器共享其量测时能刻画和描述其偏差估计误差。基于上面所讨论的例子，可以得到以下结论：

(1)由于利用单传感器的量测时包含单个偏差的增广状态向量是不可观的，因此当传感器单独工作时，利用增广的状态也不能成功估计量测偏差。

(2)当多个处于不同的位置的传感器对相同的物体联合采用时，可以采用状态增广成功地估计偏差，因为对于两个偏差联合的增广状态是能观测的。

(3)当所跟踪的目标沿着确定的、完全已知的轨迹(如在空间运动的目标)时，上述结论是成立的。由于目标机动或者大气湍流造成的轨迹不确定性将降低偏差估计的精度。在这种情况下，可以考虑估计相对偏差，亦即，一对传感器之间的偏差。

(4)建议读者将该示例扩展到两个或更多的目标，以便分析是否能得出相同的结论。

建议读者构建一个轨迹仿真和估计器，并与 CRB 的结果进行比较。

10.3 状态 – 状态相关和偏差估计

考虑分别跟踪 N 个和 M 个目标的两个传感器系统，其中$\hat{\boldsymbol{x}}_{k|k}^{1,i}$和$\boldsymbol{P}_{k|k}^{1,i}$是第一个传感器的状态估计和协方差，$i=1,\cdots,N$，$\hat{\boldsymbol{x}}_{k|k}^{2,i}$和$\boldsymbol{P}_{k|k}^{2,i}$是第二个传感器的状态估计和协方差，$j=1,\cdots,M$。只有目标集合的一个子集可被两个传感器同时观测到。目的是找到同一目标的状态估计并进行相关。这就构成了一个状态 – 状

态相关问题。当没有量测偏差时，状态估计$\hat{\boldsymbol{x}}_{k|k}^{1,i}$和$\hat{\boldsymbol{x}}_{k|k}^{2,i}$均是无偏的，所需的决策信息包含于状态估计及其误差协方差中。对这一问题的求解在数学上等同于在8.5节所讨论的量测与量测预测之间关联问题。当量测是有偏的且估计器不包括偏差估计时，最终的状态估计也是有偏的。在估计有偏的情况下，8.5节中构成的优化问题必须重新公式化为一个联合偏差估计和分派问题。10.3.1小节首先将8.5节的研究内容扩展到无偏差的状态－状态相关，10.3.2节将给定相关关系下的偏差估计作为一个参数估计问题给出。联合相关和偏差估计问题是一个难得多的问题，10.3.3节给出相关形式化的表示，并给出了两个建议的解决方案。

联合相关和偏差估计已引起了相当多的关注[6-20]。与多目标跟踪问题的解决方法相似，存在传感器偏差情形下的多目标多传感器相关问题可以被归结为一个单扫描周期决策问题或多扫描周期决策问题，例如多维分派和(或)多假设相关。本节仅给出了单扫描周期相关方法。为进一步研究多扫描周期的情况，有兴趣的读者可以参阅文献[16-20]。

10.3.1 无偏差情形下状态相关基本方法综述

两个传感器的状态－状态相关问题类似于两扫描周期的关联问题，后者在8.5节中被归结为一个分派问题。在此类问题中，如果$\boldsymbol{\lambda}_{i,j}$被用来标识将工作j分配给人员i的代价，则多对多分配的目标是使得总的代价最小(或者反过来，使总的性能最大)，这可以表述为求解如下最小化问题：

$$\mathrm{Min}_{i,j}\sum_{i,j}\boldsymbol{\lambda}_{i,j} \tag{10.3-1}$$

式中，对应于一个人仅能被分配给一项工作的假设，每个$\boldsymbol{\lambda}_{i,j}$仅可使用一次。注意，$n$和$m$不必是相等的。这对应于工作比人要多或者相反的情况。这构成了一个优化问题，其最好分派集就是使得总的代价最小的那个。

令$\boldsymbol{\theta}$是第一个传感器的第i个航迹($\hat{\boldsymbol{x}}_{k|k}^{1,i}$,$\boldsymbol{P}_{k|k}^{1,i}$)与第二个传感器的第$j$个航迹($\hat{\boldsymbol{x}}_{k|k}^{2,i}$,$\boldsymbol{P}_{k|k}^{2,i}$)属于同一目标的假设。类似于针对量测－航迹关联问题的式(8.4-1)，给定$\boldsymbol{\theta}$条件下$\hat{\boldsymbol{x}}_{k|k}^{1,i}$和$\hat{\boldsymbol{x}}_{k|k}^{2,i}$的似然函数如下：

$$\Lambda_{i,j}\triangleq p(\hat{\boldsymbol{x}}_{k|k}^{1,i},\hat{\boldsymbol{x}}_{k|k}^{2,j}|\boldsymbol{\theta})=\frac{1}{((2\pi)^{2n}|\boldsymbol{P}_{k|k}^{1,i}||\boldsymbol{P}_{k|k}^{2,j}|)}\exp\left\{-\frac{1}{2}\lambda_{i,j}\right\} \tag{10.3-2}$$

和

$$\ln\Lambda_{i,j}=-\frac{1}{2}\lambda_{i,j}+\mathrm{constant} \tag{10.3-3}$$

式中，

$$\boldsymbol{\lambda}_{i,j}=(\hat{\boldsymbol{x}}_{k|k}^{1,i}-\hat{\boldsymbol{x}}_{k|k}^{2,i})^{\mathrm{T}}[\boldsymbol{P}_{k|k}^{1,i}+\boldsymbol{P}_{k|k}^{2,j}]^{-1}(\hat{\boldsymbol{x}}_{k|k}^{1,i}-\hat{\boldsymbol{x}}_{k|k}^{2,i}) \tag{10.3-4}$$

$|A|$代表矩阵A的行列式。

对于跟踪问题，$\boldsymbol{\lambda}_{i,j}$被推导归结为第一个传感器的第$i$个航迹与第二个传感

传感器1的状态估计

传感器2的状态估计

	$\hat{x}_{k\mid k}^{1,1}$	$\hat{x}_{k\mid k}^{1,2}$	$\hat{x}_{k\mid k}^{1,3}$		$\hat{x}_{k\mid k}^{1,n}$
$\hat{x}_{k\mid k}^{2,1}$	$\lambda_{1,1}$	$\lambda_{1,2}$	$\lambda_{1,3}$	$\cdots$	$\lambda_{1,n}$
$\hat{x}_{k\mid k}^{2,2}$	$\lambda_{2,1}$	$\lambda_{2,2}$	$\lambda_{2,3}$	$\cdots$	$\lambda_{2,n}$
$\hat{x}_{k\mid k}^{2,3}$	$\lambda_{3,1}$	$\lambda_{3,2}$	$\lambda_{3,3}$	$\cdots$	$\lambda_{3,n}$
$\vdots$	$\cdots$	$\vdots$	$\vdots$	$\ddots$	$\vdots$
$\hat{x}_{k\mid k}^{2,m}$	$\lambda_{m,1}$	$\lambda_{m,2}$	$\lambda_{m,3}$	$\cdots$	$\lambda_{m,n}$

$$\lambda_{i,j}=(\hat{x}_{k\mid k}^{1,i}-\hat{x}_{k\mid k}^{2,j})^{T}[\boldsymbol{P}_{k\mid k}^{1,i}+\boldsymbol{P}_{k\mid k}^{2,j}]^{-1}(\hat{x}_{k\mid k}^{1,i}-\hat{x}_{k\mid k}^{2,j})$$

$\lambda_{i,j}$也可以是$\hat{x}_{k\mid k}^{1,i}$和$\hat{x}_{k\mid k}^{2,j}$的对数似然比。

图 10.6 相关矩阵：将航迹 i 分配给航迹 j 的代价

器的第j个航迹关联的代价①。按照 8.5 节中的推导，可以证明 $\lambda_{i,j}$是状态估计和协方差对$(\hat{\boldsymbol{x}}_{k\mid k}^{1,i},\boldsymbol{P}_{k\mid k}^{1,i})$和$(\hat{\boldsymbol{x}}_{k\mid k}^{2,i},\boldsymbol{P}_{k\mid k}^{2,i})$之间的 Mahalanobis 距离。如图 10.6 所示，$\lambda_{i,j}$构成了相关矩阵。最优关联是，在每一行（列）仅可被分配给某一列（行）一次的约束下，选择使得 $\mathrm{Min}_{i,j}\sum_{i,j}\lambda_{i,j}$ 的那些项，这种约束有时被称为可行集。当式（10.3－2）中的行列式不依赖于状态估计时，采用 Mahalanobis 距离求解关联关系是适当；当不是这样时，就不能使用 Mahalanobis 距离，必须借助于式（10.3－2）给出的似然函数来得到最优解。以下的推导过程中假设采用 $\lambda_{i,j}$就已足够。

类似于 8.5 节中的讨论，以可行集中使得 $\mathrm{Min}_{i,j}\sum_{i,j}\lambda_{i,j}$ 的(i,j)作为最优解是符合全局最近邻（GNN）准则的解。一种行列排除求解（贪婪方法）被称为最近邻（NN）法是次优的，即并不总能找到最小值解。可以采用 Munkres 算法得到 GNN 解。对于 $N\geqslant M$ 的情况，全体可行相关解的数目是 $N!/(N-M)!$；对于 $M\geqslant N$ 的情况，全体可行相关解的数目是 $M!/(M-N)!$。类似于 MHT，多假设关联（MHC）维持多个可能的选择，以待利用其后的数据得到解。

10.3.2 偏差估计

考虑两个传感器系统，每个传感器分别跟踪 N 个和 M 个目标，其中$\hat{\boldsymbol{x}}_{k\mid k}^{1,i}$和$\boldsymbol{P}_{k\mid k}^{1,i}$是第一个传感器的状态估计及其误差协方差，$\hat{\boldsymbol{x}}_{k\mid k}^{2,j}$和$\boldsymbol{P}_{k\mid k}^{2,j}$是第二个传感器的

---

① 更精确地，代价函数应该是式（10.3－3）中的分派对数似然比。

状态估计及其误差协方差。此处和 10.3.1 之间的差别是$\hat{\boldsymbol{x}}_{k|k}^{1,i}$和$\boldsymbol{P}_{k|k}^{2,j}$是$x_k$ 的有偏估计。绝对偏差和相对偏差的定义如下，其中$\boldsymbol{b}^l \in \mathbb{R}^n, l=1,2$。注意，这里的传感器偏差是在状态空间$\mathbb{R}^n$中定义的，这与 10.2.1 中在量测空间$\mathbb{R}^m$中的定义不同。

绝对偏差

绝对偏差意味着在惯性空间中量测每个传感器的偏差，这样每个偏差向量是彼此独立的。第一个和第二个传感器的偏差将分别由$\boldsymbol{b}^1$ 和$\boldsymbol{b}^2$ 表示。

相对偏差

对于相对偏差，估计是针对相对于其它传感器偏差的传感器偏差，即估计$\boldsymbol{b}=\boldsymbol{b}_1-\boldsymbol{b}_2$。

接着将考虑在给定分派配的条件下估计两种类型的偏差。

绝对偏差估计

鉴于单个状态估计中存在的偏差，式(10.3-4)中的 Mahalanobis 距离被修正为，

$$\lambda_{i,j}=(\hat{\boldsymbol{x}}_{k|k}^{1,i}-\hat{\boldsymbol{x}}_{k|k}^{2,j}+\boldsymbol{b}^1-\boldsymbol{b}^2)^{\mathrm{T}}[\boldsymbol{P}_{k|k}^{1,i}+\boldsymbol{P}_{k|k}^{2,j}](\hat{\boldsymbol{x}}_{k|k}^{1,i}-\hat{\boldsymbol{x}}_{k|k}^{2,j}+\boldsymbol{b}^1-b^2) \tag{10.3-5}$$

某些情况下可能存在关于未知偏差的先验分布。假设$\boldsymbol{b}^l$ 的先验分布为零均值和已知协方差$\boldsymbol{S}^l$ 的高斯分布，即$\boldsymbol{b}^l:\sim N(0,\boldsymbol{S}^l)$，其中 $l=1,2$。利用 1.7.2 小节中的加权最小二乘参数估计器，将得到如下针对给定相关配对(i,j)的最小化问题：

$$J_{(i,j)}(\boldsymbol{b}^1,\boldsymbol{b}^2)=(\hat{\boldsymbol{x}}_{k|k}^{1,i}-\hat{\boldsymbol{x}}_{k|k}^{2,j}+\boldsymbol{b}^1-\boldsymbol{b}^2)^{\mathrm{T}}[\boldsymbol{P}_{k|k}^{1,i}+\boldsymbol{P}_{k|k}^{2,j}](\hat{\boldsymbol{x}}_{k|k}^{1,i}-\hat{\boldsymbol{x}}_{k|k}^{2,j}+\boldsymbol{b}^1-\boldsymbol{b}^2) + \boldsymbol{b}^{1\mathrm{T}}S^{1^{-1}}\boldsymbol{b}^1+\boldsymbol{b}^{2\mathrm{T}}S^{2^{-1}}\boldsymbol{b}^2 \tag{10.3-6}$$

绝对偏差估计$\hat{\boldsymbol{b}}^1$ 和$\hat{\boldsymbol{b}}^2$ 是式(10.3-6)中使 $J_{(i,j)}(\boldsymbol{b}^1,\boldsymbol{b}^2)$最小化的$\boldsymbol{b}^1$ 和$\boldsymbol{b}^2$ 值。将 $J_{(i,j)}(\boldsymbol{b}^1,\boldsymbol{b}^2)$相对于$\boldsymbol{b}^1$ 和$\boldsymbol{b}^2$ 求导数，在经过一些运算后，可得到$\hat{\boldsymbol{b}}^1$ 和$\hat{\boldsymbol{b}}^2$ 的解，即

$$\hat{\boldsymbol{b}}^1=[[\boldsymbol{P}_{k|k}^{1,i}+\boldsymbol{P}_{k|k}^{2,j}]^{-1}+S^{1^{-1}}]^{-1}([\boldsymbol{P}_{k|k}^{1,i}+\boldsymbol{P}_{k|k}^{2,j}]^{-1}(\hat{\boldsymbol{x}}_{k|k}^{2,i}-\hat{\boldsymbol{x}}_{k|k}^{1,j})) \tag{10.3-7}$$

$$\hat{\boldsymbol{b}}^2=[[\boldsymbol{P}_{k|k}^{1,i}+\boldsymbol{P}_{k|k}^{2,j}]^{-1}+S^{2^{-1}}]^{-1}([\boldsymbol{P}_{k|k}^{1,i}+\boldsymbol{P}_{k|k}^{2,j}]^{-1}(\hat{\boldsymbol{x}}_{k|k}^{1,j}-\hat{\boldsymbol{x}}_{k|k}^{2,i})) \tag{10.3-8}$$

其中，协方差为

$$\mathrm{Cov}\{\hat{\boldsymbol{b}}^l\}=[[\boldsymbol{P}_{k|k}^{1,i}+\boldsymbol{P}_{k|k}^{2,j}]^{-1}+S^{l^{-1}}],(l=1,2) \tag{10.3-9}$$

评注

(1)上述结果表明两个偏差估计$\hat{\boldsymbol{b}}^1$ 和$\hat{\boldsymbol{b}}^2$ 由于先验分布不同而不同，在这种情况下，其各自的协方差分别$\boldsymbol{S}^1$ 为和$\boldsymbol{S}^2$，计$\hat{\boldsymbol{b}}^1$ 和$\hat{\boldsymbol{b}}^2$ 在符号上是相反的，幅度

则由航迹协方差和 $\boldsymbol{S}^1$ 和 $\boldsymbol{S}^2$ 进行加权。

(2) 当不存在先验知识时，即 $\boldsymbol{S}^{1^{-1}}=\boldsymbol{S}^{2^{-1}}=0$（没有信息），则有 $\hat{\boldsymbol{b}}^1=\hat{\boldsymbol{b}}^2=\hat{\boldsymbol{x}}_{k|k}^{2,j}-\hat{\boldsymbol{x}}_{k|k}^{1,j}$ 给出，即是两个状态估计的简单差，估计误差协方差则为 $\boldsymbol{P}_{k|k}^{1,j}+\boldsymbol{P}_{k|k}^{2,j}$。这表明这些传感器的绝对偏差并不是独立的，因此不能单独观测，这类似于 10.2.2 小节中的结论。因此，以下对状态 - 状态关联的讨论将仅关注相对偏差估计，即 $\boldsymbol{b}=\boldsymbol{b}_1-\boldsymbol{b}_2$。

相对偏差估计

对于相对偏差估计，给定先验分布 $\boldsymbol{b}:\sim N(0,\boldsymbol{S})$，式(10.3-6)的性能指标被更新为如下形式：

$$J_{(i,j)}(\boldsymbol{b}^1,\boldsymbol{b}^2)=(\hat{\boldsymbol{x}}_{k|k}^{1,i}-\hat{\boldsymbol{x}}_{k|k}^{2,j}+\boldsymbol{b})^{\mathrm{T}}[\boldsymbol{P}_{k|k}^{1,i}+\boldsymbol{P}_{k|k}^{2,j}](\hat{\boldsymbol{x}}_{k|k}^{1,i}-\hat{\boldsymbol{x}}_{k|k}^{2,j}+\boldsymbol{b})+\boldsymbol{b}^{\mathrm{T}}S^{-1}\boldsymbol{b} \tag{10.3-10}$$

注意，在式(10.3-10)中给出的问题定义假设偏差不变，即对于所有的状态估计，偏差都是相同的。式(10.3-10)的解为

$$\hat{\boldsymbol{b}}=[[\boldsymbol{P}_{k|k}^{1,i}+\boldsymbol{P}_{k|k}^{2,j}]^{-1}+S^{-1}][\boldsymbol{P}_{k|k}^{1,i}+\boldsymbol{P}_{k|k}^{2,j}]^{-1}(\hat{\boldsymbol{x}}_{k|k}^{2,i}-\hat{\boldsymbol{x}}_{k|k}^{1,j}) \tag{10.3-11}$$

协方差为

$$\mathrm{Cov}\{\hat{\boldsymbol{b}}\}=[[\boldsymbol{P}_{k|k}^{1,i}+\boldsymbol{P}_{k|k}^{2,j}]^{-1}+S^{-1}]^{-1} \tag{10.3-12}$$

类似地，当$\boldsymbol{S}^{-1}=\boldsymbol{0}$ 时，$\hat{\boldsymbol{b}}=(\hat{\boldsymbol{x}}_{k|k}^{2,i}-\hat{\boldsymbol{x}}_{k|k}^{1,j})$，其误差协方差为$\boldsymbol{P}_{k|k}^{1,i}+\boldsymbol{P}_{k|k}^{2,j}$。接下来考虑，给定关联集条件下的的相对偏差估计。类似于 10.2.2 节所做的观察，绝对偏差是不可观测的，仅有相对偏差的估计是可能的。令 C 标识传感器 1 和传感器 2 的所有关联航迹对(i,j)的集合。不考虑联合偏差估计情况下获得的 C 不是最优，但出于当前推导的目的，假设已经给出。Mori 和 Chong[6]综述了包含航迹 - 航迹关联的偏差消除方法。给定 C，偏差估计是使下式值最小化的 b 为

$$J_C(\boldsymbol{b})=\sum_{(i,j\in C)}(\hat{\boldsymbol{x}}_{k|k}^{1,i}-\hat{\boldsymbol{x}}_{k|k}^{2,j}+\boldsymbol{b})^{\mathrm{T}}[\boldsymbol{P}_{k|k}^{1,i}+\boldsymbol{P}_{k|k}^{2,j}](\hat{\boldsymbol{x}}_{k|k}^{1,i}-\hat{\boldsymbol{x}}_{k|k}^{2,j}+\boldsymbol{b})+\boldsymbol{b}^{\mathrm{T}}\boldsymbol{S}^{-1}\boldsymbol{b} \tag{10.3-13}$$

其解为

$$\hat{\boldsymbol{b}}_C=[\sum_{(i,j)\in C}[\boldsymbol{P}_{k|k}^{1,i}+\boldsymbol{P}_{k|k}^{2,j}]+\boldsymbol{S}^{-1}](\sum_{(i,j)\in C}[\boldsymbol{P}_{k|k}^{1,i}+\boldsymbol{P}_{k|k}^{2,j}](\hat{\boldsymbol{x}}_{k|k}^{2,i}-\hat{\boldsymbol{x}}_{k|k}^{1,j})) \tag{10.3-14}$$

协方差为

$$\mathrm{Cov}\{\hat{\boldsymbol{b}}_C\}=[\sum_{(i,j)\in C}[\boldsymbol{P}_{k|k}^{1,i}+\boldsymbol{P}_{k|k}^{2,j}]+\boldsymbol{S}^{-1}]^{-1} \tag{10.3-15}$$

当没有先验知识时，可以设置式(10.3-14)和(10.3-15)中的$\boldsymbol{S}^{-1}=\boldsymbol{0}$。注意，在这种情况下，偏差估计是所有相关状态的成对差的加权平均。

10.3.3 联合相关和偏差估计

联合相关和偏差估计已经引起了技术界的极大兴趣。在文献[6-16]中可

以得到很多针对这一问题领域的方法。本节将给出这一问题的数学表述，并提出了两种求解算法。

联合偏差估计和相关问题要寻找关于(i,j)的可行集和使下列代价函数最小的向量$\boldsymbol{b}$，

$$J = \mathrm{Min}_{(i,j),b}\left\{ \sum_{(i,j)} (\hat{\boldsymbol{x}}_{k|k}^{1,i} - \hat{\boldsymbol{x}}_{k|k}^{2,j} + \boldsymbol{b})^{\mathrm{T}} [\boldsymbol{P}_{k|k}^{1,i} + \boldsymbol{P}_{k|k}^{2,j}]^{-1} \cdot (\hat{\boldsymbol{x}}_{k|k}^{1,i} - \hat{\boldsymbol{x}}_{k|k}^{2,j} + \boldsymbol{b}) + \boldsymbol{b}\boldsymbol{S}^{-1}\boldsymbol{b} \right\} \tag{10.3-16}$$

这是一个棘手的联合优化问题，因为它是一个关于解析和整数规划问题的组合。以下建议两种求解方法，这两种方法分别称为穷举搜索算法和迭代优化算法。

穷举搜索

假设偏差不变性，所有相关状态对之间的偏差是相同的，穷举搜索流程可如下描述：

(1) 选择$\hat{\boldsymbol{x}}_{k|k}^{1,i}$和$\hat{\boldsymbol{x}}_{k|k}^{2,j}$作为关联时，则初始的偏差估计为$\hat{\boldsymbol{b}}^{(i,j)} = \hat{\boldsymbol{x}}_{k|k}^{1,i} - \hat{\boldsymbol{x}}_{k|k}^{2,j}$。

(2) 将$\tilde{\boldsymbol{b}}^{(i,j)}$应用于全体状态估计以构成纠偏的关联状态估计。

(3) 利用纠偏状态估计寻找最好的分派集合(如GNN解)。

(4) 对不同的(i,j)对重复上述步骤1～步骤3，共重复$N \times M$次，这是可能配对的总数。对于每一配对，对应存在有各自的总分配代价。最优的相关解是使得总的分配代价最小的解。

(5) 利用“最优的”相关解，由式(10.3-14)计算最终的偏差估计。

评注

(1)由于是一种穷举搜索方法，预期GNN算法能得到接近于事实的解。但当目标间距与估计误差相当或更小时会有例外。

(2)对这种方法一种关注是当N和M增大时，计算负荷可能是非常大。

一种迭代方法

本节提出了一种迭代方法，其目的是降低穷举搜索算法的计算负荷。

令$\mathcal{C}$标识传感器1和传感器2的所有相关航迹(i,j)对的集合。迭代方法将式(10.3-12)提出的最小化问题分解成两步。

步骤1：对于给定的$\hat{\boldsymbol{b}}$(初始设定为一些工程猜测值)，获得$\mathcal{C}$。

步骤2：对步骤1获得的$\mathcal{C}$，求解$\hat{\boldsymbol{b}}_{\mathcal{C}}$。

重复步骤1和步骤2，直到收敛(有关收敛的讨论，参见本节结束时的评注)。该算法具体描述如下：

初始化：

步骤1：设定式(10.3－16)中的 $\boldsymbol{b}=\boldsymbol{0}$[①] 并求解满足下式标准的GNN解为

$$J=\underset{(i,j)}{\text{Min}}\sum_{(i,j)}(\hat{\boldsymbol{x}}_{k|k}^{1,i}-\hat{\boldsymbol{x}}_{k|k}^{2,j})^{\mathrm{T}}[\boldsymbol{P}_{k|k}^{1,i}+\boldsymbol{P}_{k|k}^{2,j}+\boldsymbol{S}^{0}]^{-1}(\hat{\boldsymbol{x}}_{k|k}^{1,i}-\hat{\boldsymbol{x}}_{k|k}^{2,j})$$

(10.3－17)

式中：$\boldsymbol{S}^0$ 为残余偏差的协方差。注意，与最小化式(10.3－16)中的加性项相反，它被插入到式(10.3－17)中的状态估计协方差项中。这种方法代表用于求解相关的协方差放大方法。假设状态相关的解由 C_0 表示，则余下需要求解的最小化算式为

$$\text{Min}_b\{\hat{J}=\sum_{(i,j\in C_0)}(\hat{\boldsymbol{x}}_{k|k}^{1,i}-\hat{\boldsymbol{x}}_{k|k}^{2,j}+\boldsymbol{b})^{\mathrm{T}}[\boldsymbol{P}_{k|k}^{1,i}+\boldsymbol{P}_{k|k}^{2,j}+\boldsymbol{S}^{0}]^{-1}(\hat{\boldsymbol{x}}_{k|k}^{1,i}-\hat{\boldsymbol{x}}_{k|k}^{2,j}+\boldsymbol{b})\}$$

(10.3－18)

步骤2：对 $\hat{J}$ 相对于b求导，并将求导结果设置为0，以得到 $\hat{\boldsymbol{b}}$ 即

$$\sum_{(i,j)\in C_0}[\boldsymbol{P}_{k|k}^{1,i}+\boldsymbol{P}_{k|k}^{2,j}+\boldsymbol{S}^{0}]^{-1}(\hat{\boldsymbol{x}}_{k|k}^{1,i}-\hat{\boldsymbol{x}}_{k|k}^{2,j}+\boldsymbol{b})$$
$$-[\sum_{(i,j)\in C_0}[\boldsymbol{P}_{k|k}^{1,i}+\boldsymbol{P}_{k|k}^{2,j}+\boldsymbol{S}^{0}]^{-1}]\boldsymbol{b}=\boldsymbol{0}$$

其解为

$$\hat{\boldsymbol{b}}=\boldsymbol{S}^1[\sum_{(i,j)\in C_0}[\boldsymbol{P}_{k|k}^{1,i}+\boldsymbol{P}_{k|k}^{2,j}+\boldsymbol{S}^{0}]^{-1}(\hat{\boldsymbol{x}}_{k|k}^{1,i}-\hat{\boldsymbol{x}}_{k,k}^{2,j})] \quad (10.3-19)$$

将 $\hat{\boldsymbol{b}}^1=\hat{\boldsymbol{b}}$ 设定为第一次迭代中关于 $\boldsymbol{b}$ 的估计，而

$$\boldsymbol{S}^1=[\sum_{(i,j)\in C_0}[\boldsymbol{P}_{k|k}^{1,i}+\boldsymbol{P}_{k|k}^{2,j}+\boldsymbol{S}^{0}]^{-1}]^{-1} \quad (10.3-20)$$

是 $\hat{\boldsymbol{b}}^1$ 的协方差。注意，$\hat{\boldsymbol{b}}$ 的上标被用来表示关于 b 的第一次估计，而非10.3.2节中所代表的第一个传感器的偏差估计。

更新：利用之前的偏差估计获得新的关联和偏差估计解

步骤1：基于给定的 $\hat{\boldsymbol{b}}^1$ 和 $\boldsymbol{S}^1$，对下式采用GNN算法，求得下一个相关解，即

$$J=\min_{(i,j)}(\hat{\boldsymbol{x}}_{k|k}^{1,i}-\hat{\boldsymbol{x}}_{k|k}^{2,j}+\hat{\boldsymbol{b}}^1)^{\mathrm{T}}[\boldsymbol{P}_{k|k}^{1,i}+\boldsymbol{P}_{k|k}^{2,j}+\boldsymbol{S}^{1}]^{-1}(\hat{\boldsymbol{x}}_{k|k}^{1,i}-\hat{\boldsymbol{x}}_{k|k}^{2,j}+\hat{\boldsymbol{b}}^1)$$

(10.3－21)

令 C_1 标识该相关解，得到如下最小化的 J：

$$\hat{J}^1=\sum_{(i,j)\in C_1}(\hat{\boldsymbol{x}}_{k|k}^{1,i}-\hat{\boldsymbol{x}}_{k|k}^{2,j}+\hat{\boldsymbol{b}}^1)^{\mathrm{T}}[\boldsymbol{P}_{k|k}^{1,i}+\boldsymbol{P}_{k|k}^{2,j}+\boldsymbol{S}^{1}]^{-1}(\hat{\boldsymbol{x}}_{k|k}^{1,i}-\hat{\boldsymbol{x}}_{k|k}^{2,j}+\hat{\boldsymbol{b}}^1)$$

(10.3－22)

下一步是获得偏差的更新估计。再次使用最小二乘估计算法以求解使下式最小的 b 的更新估计，即

$$\hat{J}^1=\sum_{(i,j)\in C_1}(\hat{\boldsymbol{x}}_{k|k}^{1,i}-\hat{\boldsymbol{x}}_{k|k}^{2,j}+\boldsymbol{b})^{\mathrm{T}}[\boldsymbol{P}_{k|k}^{1,i}+\boldsymbol{P}_{k|k}^{2,j}+\boldsymbol{S}^{1}]^{-1}(\hat{\boldsymbol{x}}_{k|k}^{1,i}-\hat{\boldsymbol{x}}_{k|k}^{2,j}+\boldsymbol{b})$$

(10.3－23)

---

① 或设定为某些初始的工程猜测，为了便利，将使用0来进行算法描述。

步骤2:对 $\hat{J}^1$ 相对于 b 求导,并将求导结果设置为0,以得到 $\hat{\boldsymbol{b}}$。略去详细的矩阵代数运算,更新的偏差估计$\hat{\boldsymbol{b}}^2$ 和协方差$\boldsymbol{S}^2$ 分别为

$$\hat{\boldsymbol{b}}^2 = \boldsymbol{S}^2\left[\sum_{(i,j)\in C_1}\left[\boldsymbol{P}_{k|k}^{1,i}+\boldsymbol{P}_{k|k}^{2,j}+\boldsymbol{S}^1\right]^{-1}\left(\hat{\boldsymbol{x}}_{k|k}^{1,i}-\hat{\boldsymbol{x}}_{k|k}^{2,j}\right)\right] \quad (10.3-24)$$

$$\boldsymbol{S}^2 = \left[\sum_{(i,j)\in C_1}\left[\boldsymbol{P}_{k|k}^{1,i}+\boldsymbol{P}_{k|k}^{2,j}+\boldsymbol{S}^1\right]^{-1}\right]^{-1} \quad (10.3-25)$$

继续迭代求解过程

步骤 n:采用在前面的步骤所计算的$\hat{\boldsymbol{b}}^n$ 和$\boldsymbol{S}^n$,并对下式运用 GNN 算法,得到 C_n 的更新集合,即

$$J^n = \min_{(i,j)}\left(\hat{\boldsymbol{x}}_{k|k}^{1,i}-\hat{\boldsymbol{x}}_{k|k}^{2,j}+\hat{\boldsymbol{b}}^n\right)^{\mathrm{T}}\left[\boldsymbol{P}_{k|k}^{1,i}+\boldsymbol{P}_{k|k}^{2,j}+\boldsymbol{S}^n\right]^{-1}\left(\hat{\boldsymbol{x}}_{k|k}^{1,i}-\hat{\boldsymbol{x}}_{k|k}^{2,j}+\hat{\boldsymbol{b}}^n\right) \quad (10.3-26)$$

对应的偏差估计是使得$\hat{\boldsymbol{J}}^n$ 最小的 b,有

$$\hat{J}^n = \sum_{(i,j)\in C_1}\left(\hat{\boldsymbol{x}}_{k|k}^{1,i}-\hat{\boldsymbol{x}}_{k|k}^{2,j}+\hat{\boldsymbol{b}}^n\right)^{\mathrm{T}}\left[\boldsymbol{P}_{k|k}^{1,i}+\boldsymbol{P}_{k|k}^{2,j}+\boldsymbol{S}^n\right]^{-1}\left(\hat{\boldsymbol{x}}_{k|k}^{1,i}-\hat{\boldsymbol{x}}_{k|k}^{2,j}+\hat{\boldsymbol{b}}^n\right) \quad (10.3-27)$$

对$\hat{\boldsymbol{J}}^n$ 相对于 b 求导,并将求导结果设置为0,以得到$\hat{\boldsymbol{b}}^{n+1}$,即

$$\hat{\boldsymbol{b}}^{n+1} = \boldsymbol{S}^{n+1}\left[\sum_{(i,j)\in C_n}\left[\boldsymbol{P}_{k|k}^{1,i}+\boldsymbol{P}_{k|k}^{2,j}+\boldsymbol{S}^n\right]^{-1}\left(\hat{\boldsymbol{x}}_{k|k}^{1,i}-\hat{\boldsymbol{x}}_{k|k}^{2,j}\right)\right] \quad (10.3-28)$$

而其协方差为

$$\boldsymbol{S}^{n+1} = \left[\sum_{(i,j)\in C_n}\left[\boldsymbol{P}_{k|k}^{1,i}+\boldsymbol{P}_{k|k}^{2,j}+\boldsymbol{S}^n\right]^{-1}\right]^{-1} \quad (10.3-29)$$

$n=0$ 时是初始步骤,而当满足如下条件时迭代结束,即

$$|\hat{J}^{n+1}-\hat{J}^n|\leqslant\varepsilon_1$$

或加权的 L^2 范数满足:

$$\|(\hat{\boldsymbol{b}}^{n+1}-\hat{\boldsymbol{b}}^n)^{\mathrm{T}}[\boldsymbol{S}^{n+1}+\boldsymbol{S}^n]^{-1}(\hat{\boldsymbol{b}}^{n+1}-\hat{\boldsymbol{b}}^n)\|\leqslant\varepsilon_2$$

或者就是简单的 L^2 范数满足:

$$\|(\hat{\boldsymbol{b}}^{n+1}-\hat{\boldsymbol{b}}^n)^{\mathrm{T}}(\hat{\boldsymbol{b}}^{n+1}-\hat{\boldsymbol{b}}^n)\|\leqslant\varepsilon_2$$

其中,对于 $l=1,2,3$,ε_l 被选择为较小的数值。

评注

(1)上述算法代表着一种对式(10.3-16)所给联合优化问题的分解方法。问题的求解被分解为两个相继的步骤:步骤1为根据 $\hat{\boldsymbol{b}}$(初始设置为0)得到 C;步骤2为针对步骤1得到的 C 的集合求解 $\hat{\boldsymbol{b}}$。重复步骤1和步骤2,直至收敛。

(2)关于该算法的收敛性,仍然缺乏数学证明。人们提出了一种能够有助于收敛的方法,这涉及将式(10.3-28)和式(10.3-29)修改为

$$\hat{\boldsymbol{b}}^{n+1} = \boldsymbol{S}^{n+1}\left[\sum_{(i,j)\in C_n}\left[\boldsymbol{P}_{k|k}^{1,i}+\boldsymbol{P}_{k|k}^{2,j}+\boldsymbol{S}^0\right]^{-1}\left(\hat{\boldsymbol{x}}_{k|k}^{1,i}-\hat{\boldsymbol{x}}_{k|k}^{2,j}\right)\right] \quad (10.3-30)$$

$$\boldsymbol{S}^{n+1} = \left[\sum_{(i,j)\in C_n}\left[\boldsymbol{P}_{k|k}^{1,i}+\boldsymbol{P}_{k|k}^{2,j}+\boldsymbol{S}^0\right]^{-1}\right]^{-1} \quad (10.3-31)$$

注意，上述算法保持 $\boldsymbol{S}$ 如$\boldsymbol{s}^0$ 一样置于算式的右侧，而非迭代的一部分。

(3)在对两种情况都难以证明其收敛性的同时，人们对式(10.3－28)和式(10.3－29)所给算法进行了稳态分析。S 的稳态(收敛)解必须使得式(10.3－29)满足$\boldsymbol{S}^{n+1}=\boldsymbol{S}^n=\boldsymbol{S}$，从而有

$$\boldsymbol{S}=\left[\sum_{(i,j)\in C_n}\left[\boldsymbol{P}_{k|k}^{1,i}+\boldsymbol{P}_{k|k}^{2,j}+\boldsymbol{S}\right]^{-1}\right]^{-1} \quad (10.3-32)$$

进一步假设总共有 N 个航迹且所有的航迹有相同的协方差，对于所有的$(i,j)\in C_n$，有$\boldsymbol{P}_{k|k}^{1,i}=\boldsymbol{P}_{k|k}^{2,j}=\boldsymbol{P}$。将这些简化(假设)代入式(10.3－32)中，有 $\boldsymbol{S}=[N(2\boldsymbol{P}+\boldsymbol{S})^{-1}]^{-1}=\frac{1}{N}(2\boldsymbol{P}+\boldsymbol{S})$。因此，$\boldsymbol{S}$ 的解为

$$\boldsymbol{S}=\frac{2}{N-1}\boldsymbol{P}$$

在这种情况下，$2\boldsymbol{P}$ 是两个相关状态向量之差的协方差，因此是单一样本偏差估计的协方差。源自所有相关航迹的偏差估计的协方差，正如样本估计理论所预期的那样减少了 $N-1$。将 S 代入式(10.3－28)得到 $\hat{\boldsymbol{b}}$ 的稳态解，即

$$\hat{\boldsymbol{b}}=\frac{1}{N}\sum_{i=1}^{N}\boldsymbol{b}_i \quad (10.3-33)$$

式中：$\boldsymbol{b}_i$ 是源自两个传感器的两个相关航迹的差，因此总的偏差估计是全部单个偏差估计的平均。这一分析表明，由式(10.3－28)和式(10.3－29)中给出的算法在直觉和技术上都是有道理的。

(4)关于进一步理解该方法的性能和收敛性，拟作为课后习题 2 留给读者通过进行数值研究来完成。

课后习题

1. 构建计算机模型以证明 10.2 节的结果。

2. 按照 10.2 节的评注，将 10.2 节的结果扩展到两个或更多的目标。

3. 通过计算机仿真研究，定量评定 10.3.3 节中穷举搜索算法和迭代偏差估计和关联相关算法的性能。

设置：

步骤 1：模拟 10.2 节所采用的空间轨迹。

步骤 2：与 10.2 节中一样，设置两部雷达的位置，利用 CRB 生成协方差。雷达灵敏度和量测协方差可以选择设置标定值。选择几个关于距离和角度量测的相对传感器偏差。偏差值应当涵盖相对于 CRB 小的多或大得多的范围。

步骤 3：选择适中的平行飞行的目标数目(10～20)，目标的空间分布应涵盖从远小于 CRB 到远大于 CRB 的范围。

步骤 4：由第一个传感器和第二个传感器所跟踪的目标数目应当是不相等

的，选择被两个传感器共同跟踪的目标子集。

步骤5：产生模拟的状态估计，状态估计的统计误差由CRB表征。状态估计的协方差是CRB。

步骤6：通过重复步骤5的过程，以生成状态估计的蒙特卡罗样本。

研究：

对以上步骤6中产生的数据，利用10.3.3节给出的穷举搜索方法和迭代方法，基于蒙特卡罗仿真运行获得样本统计特征，并采用如下测度对比结果：

（1）正确航迹相关百分比。

（2）错误航迹相关百分比。

（3）迭代方法的收敛速率。

通过改变（1）目标的空间分布，（2）相对偏差的大小，（3）两个传感器共同跟踪的目标数目。

观察：

假设由第1个和第2个传感器跟踪的目标数目分别为N和M。穷举方法的总测试数目为$N \times M$。例如，如果$N = M = 10$，则总测试数目是100。如果迭代方法能收敛到相同的解（统计意义上），且收敛时总的迭代数目远小于$N \times M$，则证明迭代方法是有用的。

参考文献

[1] B. Corwin, D. Choi, K. P. Dunn, and C. B. Chang, "Sensor to Sensor Correlationand Fusion with Biased Measurements," in *Proceedings of MSS NationalSymposium on Sensor and Data Fusion*, 2005.

[2] X. Lin and Y. Bar – Shalom, "Multisensor Bias Estimation with Local Tracks withouta priori Association," in *Proceedings of the* 2003 *SPIE*: *Signal and Data Processingof Small Targets*, vol. 5204, 2003.

[3] D. F. Crouse, Y. Bar – Shalom, and P. Willett, "Sensor Bias Estimation in the Presenceof Data Association Uncertainties," in *Proceedings of the* 2009 *SPIE*: *Signaland Data Processing of Small Targets*, vol. 7445 74450P – 1, 2009.

[4] S. Danford, B. D. Kragel, and A. B. Poore, "Joint MAP Bias Estimation and DataAssociation: Algorithms," in *Proceedings of the SPIE Conference on Signal andData Processing of Small Targets*, Vol. 6699, 2007.

[5] S. Danford, B. D. Kragel, and A. B. Poore, "Joint MAP Bias Estimation and DataAssociation: Simulations," in *Proceedings of the SPIE Conference on Signal andData Processing of Small Targets*, Vol. 6699, 2007.

[6] S. Mori and C. Chong, "Comparison of Bias Removal Algorithms in Track – to – Track Associations," in-*Proceedings of the* 2007 *SPIE*: *Signal and Data Processingof Small Targets*, vol. 6699, 2007.

[7] S. Mori, K. C. Chang, C. Y. Chong, and K. P. Dunn, "Tracking Performance Evaluation," in *Proceedings of the* 1990 *SPIE*: *Signal and Data Processing of SmallTargets*, vol. 1305, 1990.

[8] C. J. Humke, "Bias Removal Techniques for the Target – Object Mapping Problem," MIT Lincoln Laboratory Technical Report 1060, July 2002.

[9] S. Mori and C. Chong, "Eff ects of Unpaired Objects and Sensor Biases on Trackto – Track Association: Problems and Solutions," in *Proceedings of MSS NationalSymposium on Sensor and Data Fusion*, vol. 1,

pp. 137 – 151, June 2000.

[10] L. D. Stone, M. L. Williams, and T. M. Tran, "Track – To – Track Associations andBias Removal," in *Proceedings of the* 2002 *SPIE*: *Signal and Data Processing ofSmall Targets*, vol. 4728, pp. 315 – 329, Apr. 2002.

[11] J. P. Ferry, "Exact Bias Removal for the Track – To – Track Association Problem," in *Proceedings of the* 12*th International Conference on Information Fusion* pp. 1642 – 1649, July 2009.

[12] M. Levedahl, "An Explicit Pattern Matching Assignment Algorithm," in *Proceedingsof the* 2002 *SPIE*: *Signal and Data Processing of Small Targets*, vol. 4728, Apr. 2002.

[13] S. S. Blackman and N. D. Banh, "Track Association Using Correction for Biasand Missing Data," in *Proceedings of* 1994 *SPIE*: *Signal and Data Processing ofSmall Targets*, vol. 2235, pp. 529 – 539, Apr. 1994.

[14] S. M. Herman and A. B. Poore, "Nonlinear Least – Squares Estimation for Sensorand Navigation Biases," in *Proceedings of the* 2006 *SPIE*: *Signal and Data Processingof Small Targets*, vol. 6236, Apr. 2006.

[15] S. Mori and C. Chong, "BMD Mid – Course Object Tracking: Track Fusion underAsymmetric Conditions," in *Proceedings of MSS National Symposium on Sensorand Data Fusion*, June 2001.

[16] S. Herman, J. Johnson, A. Shaver, B. Kragel, S. Miller, G. Norgard, K. Obermeyer, and E. Schmidt, "Multiple Hypothesis Correlation (MHC) Algorithm Description," unpublished report of Numerica Corporation, Ft. Collins, CO, 2014.

[17] B. Kragel, S. Herman, and N. Roseveare, "A Comparison of Methods for EstimatingTrack – to – Track Assignment Probabilities," *IEEE Transactions on Aerospaceand Electronic Systems*, vol. 48, pp. 1870 – 1888, 2012.

[18] A. B. Poore and N. Rijavec, "A Lagrangian Relaxation Algorithm for MultidimensionalAssignment Problems Arising from Multitarget Tracking," *SIAMJournal on Optimization*, Vol. 3, pp. 545 – 563, 1993.

[19] A. B. Poore and A. J. Robertson, III, "A New Class of Lagrangian RelaxationBased Algorithms for a Class of Multidimensional Assignment Problems," *Journalof Computational Optimization and Applications*, Vol. 8, pp. 129 – 150, 1997.

[20] A. B. Poore, "Multidimensional Assignment Formulation of Data AssociationProblems Arising from Multi – Target and Multi – Sensor Tracking," *Computational Optimization and Applications*, vol. 3, pp. 27 – 57, 1994.

[21] R. R. Bate, D. D. Mueller, J. E. White, and W. W. Saylor, *Fundamentals of Astrodynamics*, 2 nded. New York: Dover Books on Physics, 2015.

结束语

几十年来,估计和关联一直是一个重要的研究领域。线性状态估计理论是通过20世纪50年代卡尔曼和卡尔曼与布希(Bucy)所发表的、划时代的论文演化发展起来的,大部分工作是将卡尔曼-布希理论扩展到非线性估计。在20世纪60年代和70年代的出版物包括了其理论和应用成果。尽管估计理论已经得到了很大的发展,有关将其应用到解决实际问题的研究仍在继续进行。

回顾本书的内容,注意到有关状态和估计的主题是按照从理论入手、逐步推进到实际应用的顺序编排的。第1~3章建立了估计理论的基础,并将其应用在参数或状态估计,其应用涉及到线性和非线性系统。第4~7章聚焦于将基本的估计理论应用到解决实际问题,如具有模型不确定性的系统,包括目标机动的情况,并将后验密度函数的演化近似作为一种解决非线性估计问题的方法,提出了针对多传感器系统的估计算法。第8~10章涉及到多目标和具有不确定来源的量测与航迹模糊性,并讨论了存在传感器偏差情形下的多传感器系统多目标估计的融合。

估计和关联领域可概括如下:

估计

估计的重要应用领域包括机动目标跟踪、传感器偏差估计和处理、非线性估计的实现和多传感器系统架构。

存在模型不确定性时的状态估计的解仍可以改进。针对系统不确定性、未预期的系统内部故障或者外部干扰,如何利用滤波器调优、自适应、对快速变化做出响应仍是系统设计师所面临的挑战(第4章)。在20世纪70年代,当滤波器感知到变化时,一类由决策指导的对系统模型进行切换的算法被应用到许多实际问题中,并获得了不同程度的成功。由于这种方法实现了系统的硬切换,有时存在检测延迟和滤波器切变误差。多模型方法能够利用对一组基于不同模型假设的滤波器的输出加权求和(根据后验概率)进行软切换,似乎能够消除硬切换的影响(第5章)。然而,更严格的多模型算法是复杂的或者难以实现的。未来的能提供简化的且对性能有最小的影响的算法的工作将具有重要意义。

在多传感器环境中,传感器存在偏差时的估计仍然是一个挑战性的问题。在某些实际系统中,采用辅助方法来标定传感器并估计其偏差。正如第10章所证明的那样,状态和偏差估计有时是不可分开的,必须同时估计。在已经估计了量测偏差并从量测系统中消除之后,需要适当地考虑剩余偏差的影响(估计的偏差存在非零的协方差)。目前,Schmidt - Kalman 滤波器是一种能够有效地应对剩余偏差且滤波误差协方差仍保持恒定的方法(第 4 章)。

非线性估计可以通过近似后验密度函数以实现最优解(第 3 章和第 6 章),常规的方法是将条件密度近似为具有由泰勒级数展开导出的均值和协方差的高斯分布(给定后验统计时),如扩展卡尔曼滤波器(EKF)。在第 6 章中介绍了两种确定性采样方法,一种常用的方法采用无迹变换来得到后验密度函数的均值和协方差,即无迹变换卡尔曼滤波器。在第 6 章也讨论了实现估计器的一种随机采样方法,称为粒子滤波器。粒子滤波器实现需要大的计算和存储资源。这种方法的一些特性和局限性也使其难以成为一种普遍适用的方法。然而,它在需要估计系统特性的非常精细的细节的领域是有用的,此时常规方法(如 EKF)是无效的。

第 7 章介绍了采用多传感器系统的两种估计架构,对架构选择的权衡涉及到系统复杂性和性能评估,对各个应用领域的系统设计工程师带来了挑战。

作者的目的是让学生在学习了每一章的材料后,他们能够解决估计方面的一般问题。

关联与相关

假设一组量测中的所有的量测来自相同的目标,即可采用一个估计器来处理这组量测。当多个独立目标间距较小时,假设量测时间序列源于相同的目标很大程度上可能不再成立。在连续观测时刻存在的空间密集目标是造成航迹模糊性的主要原因。确定一个量测或者一个量测序列是否源于同一目标的过程被称为关联。确定来自多个传感器的状态估计是否源于同一目标的过程称为相关。业已表明,处理关联和相关问题的基本数学方法是相同的。如果被处理的量测不是源于同一目标,将产生错误的估计结果。类似地,正确实施关联和相关的能力则取决于状态估计的精度和一致性。估计和关联或相关问题在本质上是不同的,估计问题是解析的并利用传统计算方法来处理,即采用优化理论的传统数学方法。关联或相关问题,类似于经典的信号检测问题,通常被当作一个二元判决问题来处理。在关联/相关和估计问题必须同时解决的情况下,求解过程变得复杂化。迄今,关于估计和关联/相关的联合最优解问题仍然没有得到解决。

多假设跟踪(MHT)引起了多目标跟踪领域从业人员的极大关注。在该方法中,航迹是跨整个跟踪时间窗口的量测的集合,总的航迹数目是一段时间内所有可能航迹的组合,允许一次扫描中的一个量测可被多个航迹使用。一个(航迹)假设就是一个航迹集合,且一个量测仅能出现在该假设所包含的一个航迹中。当得到了所有可能的航迹后,真实航迹也就包含其中。随着量测扫描次数的增加,组合的数目变得非常巨大(第 9 章),这是该算法的一个局限性。MHT 计算假设概率(用于给假设和航迹评分)的目的在于裁剪和航迹报告。假设概率计算采用关于传感器特性、环境影响、目标运动、物体数目等的参数化模型,所计算假设概率的有效性取决于参数化模型的有效性。概率计算中的参数选择还不完全是一个已经得到解决的、科学化方法(第 9 章)。针对多传感器系统状态融合的对应方法被称为多假设相关器(MHC)。MHC 和 MHT 在数学上是等价的。

第 8 章介绍了解决多目标跟踪问题的多种可能方法,其中许多与针对性能计算的参数化模型不是紧耦合的。该章还介绍了一种能够终结数种方法的、简单的多目标跟踪器。在该方法中,有关量测 - 状态的关联决策通常是在同一扫描周期内完成。针对延迟决策和航迹文件平滑问题,第 8 章也还提出了对该方法的扩展。该方法是简单的、符合直觉的,且不取决于参数化的性能模型。第 10 章讨论了量测融合和状态融合的示例。由于不存在理论上的正确答案,目标是激发对可能的解决方案的思考。

所有上述方法并非通过对估计和关联的联合优化来求解,这仍然是一个没有得到解决的问题。

如果本书能帮助学生掌握估计和关联/相关的基础方法以使得他们能够做出自己的选择并研究更适合的解决方法,那么作者的目的就达到了。

附录 A　矩阵求逆引理

矩阵的某几个特性对于估计算法推导而言非常有用,这些特性也被称为矩阵求逆引理。这里给出并证明了该引理,作为本书正文有关推导过程的参考资料。

矩阵求逆引理

假设矩阵 $\boldsymbol{A}$ 是维数为(n,n)的非奇异方阵,$\boldsymbol{B}$ 和 $\boldsymbol{C}$ 分别是维数为(n,m)和(m,n)的长方矩阵,并使得$[\boldsymbol{A}+\boldsymbol{B}\boldsymbol{C}^{\mathrm{T}}]$也是非奇异矩阵,那么就有如下性质成立:

$$[\boldsymbol{A}+\boldsymbol{B}\boldsymbol{C}^{\mathrm{T}}]^{-1}=\boldsymbol{A}^{-1}-\boldsymbol{A}^{-1}\boldsymbol{B}[\boldsymbol{I}+\boldsymbol{C}^{\mathrm{T}}\boldsymbol{A}^{-1}\boldsymbol{B}]^{-1}\boldsymbol{C}^{\mathrm{T}}\boldsymbol{A}^{-1} \tag{A.1}$$

上式可以通过矩阵与其逆矩阵相乘后得到的单位矩阵 $\boldsymbol{I}$ 的特性得以证明。给式(A.1)右边左乘以 $\boldsymbol{A}+\boldsymbol{B}\boldsymbol{C}^{\mathrm{T}}$,有

$$\begin{aligned}
&[\boldsymbol{A}+\boldsymbol{B}\boldsymbol{C}^{\mathrm{T}}][\boldsymbol{A}^{-1}-\boldsymbol{A}^{-1}\boldsymbol{B}[\boldsymbol{I}+\boldsymbol{C}^{\mathrm{T}}\boldsymbol{A}^{-1}\boldsymbol{B}]^{-1}\boldsymbol{C}^{\mathrm{T}}\boldsymbol{A}^{-1}]\\
&\quad=\boldsymbol{I}-\boldsymbol{B}[\boldsymbol{I}+\boldsymbol{C}^{\mathrm{T}}\boldsymbol{A}^{-1}\boldsymbol{B}]^{-1}\boldsymbol{C}^{\mathrm{T}}\boldsymbol{A}^{-1}+\boldsymbol{B}\boldsymbol{C}^{\mathrm{T}}\boldsymbol{A}^{-1}\\
&\qquad-\boldsymbol{B}\boldsymbol{C}^{\mathrm{T}}\boldsymbol{A}^{-1}\boldsymbol{B}[\boldsymbol{I}+\boldsymbol{C}^{\mathrm{T}}\boldsymbol{A}^{-1}\boldsymbol{B}]^{-1}\boldsymbol{C}^{\mathrm{T}}\boldsymbol{A}^{-1}\\
&\quad=\boldsymbol{I}-\boldsymbol{B}[\boldsymbol{I}+\boldsymbol{C}^{\mathrm{T}}\boldsymbol{A}^{-1}\boldsymbol{B}]^{-1}\boldsymbol{C}^{\mathrm{T}}\boldsymbol{A}^{-1}+\boldsymbol{B}[\boldsymbol{I}+\boldsymbol{C}^{\mathrm{T}}\boldsymbol{A}^{-1}\boldsymbol{B}][\boldsymbol{I}+\boldsymbol{C}^{\mathrm{T}}\boldsymbol{A}^{-1}\boldsymbol{B}]^{-1}\boldsymbol{C}^{\mathrm{T}}\boldsymbol{A}^{-1}\\
&\qquad-\boldsymbol{B}\boldsymbol{C}^{\mathrm{T}}\boldsymbol{A}^{-1}\boldsymbol{B}[\boldsymbol{I}+\boldsymbol{C}^{\mathrm{T}}\boldsymbol{A}^{-1}\boldsymbol{B}]^{-1}\boldsymbol{C}^{\mathrm{T}}\boldsymbol{A}^{-1}\\
&\quad=\boldsymbol{I}+[-\boldsymbol{B}+\boldsymbol{B}[\boldsymbol{I}+\boldsymbol{C}^{\mathrm{T}}\boldsymbol{A}^{-1}\boldsymbol{B}]-\boldsymbol{B}\boldsymbol{C}^{T}\boldsymbol{A}^{-1}\boldsymbol{B}][\boldsymbol{I}+\boldsymbol{C}^{\mathrm{T}}\boldsymbol{A}^{-1}\boldsymbol{B}]^{-1}\boldsymbol{C}^{T}\boldsymbol{A}^{-1}=\boldsymbol{I}
\end{aligned}$$

这就完成了推导。也可以通过给式(A.1)右边右乘以$[\boldsymbol{A}+\boldsymbol{B}\boldsymbol{C}^{\mathrm{T}}]$来证明该式,这里就略去相关细节。

以上性质就是矩阵求逆引理的一般形式。以下给出关于该性质的两个直接扩展,它们与滤波算法的关系更为明显。

扩展 1

除去关于矩阵 $\boldsymbol{A}$ 和 $\boldsymbol{B}$ 的定义外,定义 $\boldsymbol{D}$ 为维数为(m,m)的非奇异方阵,那么就有如下性质成立:

$$[\boldsymbol{A}^{-1}+\boldsymbol{B}^{\mathrm{T}}\boldsymbol{D}^{-1}\boldsymbol{B}]^{-1}=\boldsymbol{A}-\boldsymbol{A}\boldsymbol{B}^{\mathrm{T}}[\boldsymbol{B}\boldsymbol{A}\boldsymbol{B}^{\mathrm{T}}+\boldsymbol{D}]^{-1}\boldsymbol{B}\boldsymbol{A} \tag{A.2}$$

注意,式(A.2)与式(A.1)存在一定相似性。该性质的证明方式与式(A.1)相同,这里略去证明细节。

扩展 2

基于与上述定义相同的矩阵 $\boldsymbol{A}$、$\boldsymbol{B}$ 和 $\boldsymbol{D}$,有如下性质成立:

$$[\boldsymbol{A}^{-1}+\boldsymbol{B}^{\mathrm{T}}\boldsymbol{D}^{-1}\boldsymbol{B}]^{-1}\boldsymbol{B}^{\mathrm{T}}\boldsymbol{D}^{-1}=\boldsymbol{A}\boldsymbol{B}^{\mathrm{T}}[\boldsymbol{B}\boldsymbol{A}\boldsymbol{B}^{\mathrm{T}}+\boldsymbol{D}]^{-1} \tag{A.3}$$

上式可利用矩阵求逆引理的扩展 1 推导得出。将式(A.2)代入式(A.3)的左边,得

$$\begin{aligned}[\boldsymbol{A}^{-1}+\boldsymbol{B}^{\mathrm{T}}\boldsymbol{D}^{-1}\boldsymbol{B}]^{-1}\boldsymbol{B}^{\mathrm{T}}\boldsymbol{D}^{-1} &= \boldsymbol{A}\boldsymbol{B}^{\mathrm{T}}\boldsymbol{D}^{-1}-\boldsymbol{A}\boldsymbol{B}^{\mathrm{T}}[\boldsymbol{B}\boldsymbol{A}\boldsymbol{B}^{\mathrm{T}}+\boldsymbol{D}]^{-1}\boldsymbol{B}\boldsymbol{A}\boldsymbol{B}^{\mathrm{T}}\boldsymbol{D}^{-1}\\ &= \boldsymbol{A}\boldsymbol{B}^{\mathrm{T}}[\boldsymbol{D}^{-1}-[\boldsymbol{B}\boldsymbol{A}\boldsymbol{B}^{\mathrm{T}}+\boldsymbol{D}]^{-1}\boldsymbol{B}\boldsymbol{A}\boldsymbol{B}^{\mathrm{T}}\boldsymbol{D}^{-1}]\\ &= \boldsymbol{A}\boldsymbol{B}^{\mathrm{T}}[\boldsymbol{B}\boldsymbol{A}\boldsymbol{B}^{\mathrm{T}}+\boldsymbol{D}]^{-1}[[\boldsymbol{B}\boldsymbol{A}\boldsymbol{B}^{\mathrm{T}}+\boldsymbol{D}]\boldsymbol{D}^{-1}-\boldsymbol{B}\boldsymbol{A}\boldsymbol{B}^{\mathrm{T}}\boldsymbol{D}^{-1}]\\ &= \boldsymbol{A}\boldsymbol{B}^{\mathrm{T}}[\boldsymbol{B}\boldsymbol{A}\boldsymbol{B}^{\mathrm{T}}+\boldsymbol{D}]^{-1}\end{aligned}$$

至此就完成了证明。

正如在滤波算法推导过程中所表明的,式(A.2)提供了 2 种误差协方差的更新计算方法,而式(A.3)则给出了 2 种 KF 滤波增益的计算方法。此外,上述性质在滤波方程处理过程中非常有用。

附录 B　符号和变量表

$\boldsymbol{x},\boldsymbol{y}$	粗体小写变量是列向量。
$\boldsymbol{A}_t,\boldsymbol{B}_t,\boldsymbol{H}_k,\boldsymbol{\Phi}_{k,k-1}$	黑体大写变量是矩阵。
x,y	斜体且非黑体的变量用来标记标量、列向量的元素、矩阵的元素等。
$(\cdots)$	由圆括号包括的变量和项为向量。
$[\cdots]$	由方括号包括的变量和项为矩阵。
$[\ \cdot\ ]_{i,j}$	封闭矩阵的第(i,j)个元素。
$\|a\|$	变量 a 的绝对值。
$\|\boldsymbol{A}\|$	矩阵 $\boldsymbol{A}$ 的行列式值。
$a \triangleq b$	a 被定义为 b。
$\ni$	从而使得，连接两个参数的逻辑声明。
$\forall \boldsymbol{a}$	对于所有的 $\boldsymbol{a}$。
$\mathbb{R}^n$	维数为 n 的实数值向量空间。
$\boldsymbol{a} \in \boldsymbol{S}$	$\boldsymbol{a}$ 是集合或向量空间 $\boldsymbol{S}$ 的一个元素。
$\boldsymbol{A} \subset \boldsymbol{B}$	$\boldsymbol{A}$ 是集合或空间 $\boldsymbol{B}$ 的一个子集或子空间。
$\langle \boldsymbol{a},\boldsymbol{b} \rangle$	封闭向量 $\boldsymbol{a},\boldsymbol{b} \in \mathbb{R}^n$的内积。
$\\|\boldsymbol{a}\\|$	封闭向量 $\boldsymbol{a} \in \mathbb{R}^n$的范数，例如 $\\|\boldsymbol{a}\\|^2 = \langle \boldsymbol{a},\boldsymbol{a} \rangle$。
$\boldsymbol{T}$	一个从$\mathbb{R}^n$到$\mathbb{R}^m$的变换，写作 $\boldsymbol{T}:\mathbb{R}^n \to \mathbb{R}^m$。
$\boldsymbol{T}^*$	$\boldsymbol{T}$ 的伴随算子，是一个变换$\boldsymbol{T}^*:\mathbb{R}^m \to \mathbb{R}^n$，从而使得对于$\forall \boldsymbol{a} \in \mathbb{R}^n$和$\forall \boldsymbol{b} \in \mathbb{R}^m$，有$\langle \boldsymbol{Ta},\boldsymbol{b} \rangle = \langle \boldsymbol{a},\boldsymbol{T}^*\boldsymbol{b} \rangle$成立。对于有限维向量空间，$\boldsymbol{T}$ 即为 $m \times n$ 的矩阵，$\boldsymbol{T}^*$ 则为矩阵 $\boldsymbol{T}$ 的转置$\boldsymbol{T}^{\mathrm{T}}$，从而就有$[\boldsymbol{T}^{\mathrm{T}}]_{j,i} = [\boldsymbol{T}]_{i,j}$。
$\mathcal{R}(\boldsymbol{T}) \subset \mathbb{R}^m$	$\mathcal{R}(\boldsymbol{T})$是 $\boldsymbol{T}$ 的距离空间，也是$\mathbb{R}^m$的一个子空间。
$\mathcal{N}(\boldsymbol{T}) \subset \mathbb{R}^n$	$\mathcal{N}(\boldsymbol{T})$是 $\boldsymbol{T}$ 的零空间，属于$\mathbb{R}^n$的一个子空间。
$\mathcal{N}^{\perp}(\boldsymbol{T})$	是正交于 $\mathcal{N}(\boldsymbol{T})$ 的$\mathbb{R}^n$的一个子空间。

$\boldsymbol{T}^{-1}$	是 $\boldsymbol{T}$ 的逆。如果 $\boldsymbol{T}$ 的逆存在,则其是唯一的且有 $\boldsymbol{T}\boldsymbol{T}^{-1}=\boldsymbol{T}^{-1}\boldsymbol{T}=\boldsymbol{I}$。
$\boldsymbol{T}^{\dagger}$	是 $\boldsymbol{T}$ 的伪逆。Moore – Penrose 伪逆满足 $\boldsymbol{T}\boldsymbol{T}^{\dagger}\boldsymbol{T}=\boldsymbol{T}$ 和 $\boldsymbol{T}^{\dagger}\boldsymbol{T}\boldsymbol{T}^{\dagger}=\boldsymbol{T}^{\dagger}$ 的特性。
$\boldsymbol{x}$	时不变情形下的一个参数向量,或者根据状态模型变化时的一个状态向量。
$\boldsymbol{y}$	关于 $\boldsymbol{x}$ 的一个量测向量,$\boldsymbol{y}$ 和 $\boldsymbol{x}$ 的关系可是线性或非线性的。
$p(a)$	随机变量 a 的概率密度函数。
σ_a^2	随机变量 a 的方差。
$p(\boldsymbol{x})$	随机向量 $\boldsymbol{x}$ 的概率密度函数,也被称为先验密度函数。
$\Pr\{A\}$	一个事件 A 或一个集合 $\boldsymbol{A}$ 的概率。
$E_u\{\cdot\}$	封闭变量或函数相对于一个随机变量或向量 $\boldsymbol{u}$ 的期望值。
$\mathrm{Cov}\{\cdot\}$	封闭变量或函数的协方差。
$N(\bar{\boldsymbol{a}},\boldsymbol{P})$	一个均值为 $\bar{\boldsymbol{a}}$、协方差为 $\boldsymbol{P}$ 的高斯分布概率密度函数。
$\boldsymbol{a}:\sim N(\bar{\boldsymbol{a}},\boldsymbol{P})$	随机向量 $\boldsymbol{a}$ 服从高斯概率分布 $N(\bar{\boldsymbol{a}},\boldsymbol{P})$。
$p(\boldsymbol{y};\boldsymbol{x})$	给定参数 $\boldsymbol{x}$ 条件下随机向量 $\boldsymbol{y}$ 的概率密度函数,也被称为似然函数。
$p(\boldsymbol{x}\mid\boldsymbol{y})$	给定随机向量 $\boldsymbol{y}$ 条件下随机向量 $\boldsymbol{x}$ 的条件概率密度函数。本书中,$\boldsymbol{y}$ 是 $\boldsymbol{x}$ 的量测,因而也被称为后验概率密度函数。
$\ln p(\boldsymbol{y};\boldsymbol{x})$ 或 $\ln p(\boldsymbol{y}\mid\boldsymbol{x})$	似然函数的自然对数,也被称为对数似然函数。
$\boldsymbol{J}$	性能索引或代价函数。
$\hat{\boldsymbol{x}}$	$\boldsymbol{x}$ 的估计。
$\boldsymbol{x}_t,\boldsymbol{x}_k$	连续时间 t 或离散时间 k 下的时变状态向量。
$\boldsymbol{y}_k$	在离散时间 k 处获取的 $\boldsymbol{x}_k$ 的量测。本书中,量测向量总是在离散时间框架下取得。
$f(\cdot),\boldsymbol{h}(\cdot)$	列向量,常用语标识非线性的系统、量测关系。
$\boldsymbol{A}_t$	一个线性连续时间系统的系统矩阵。
$\boldsymbol{B}_t$	一个线性连续时间系统的输入分布矩阵。

$\boldsymbol{\Phi}_{k,k-1}$	状态转移矩阵，一个线性连续时间系统$\boldsymbol{A}_t$ 的离散表示。
$\xi_t, \boldsymbol{\mu}_k$	分别为对应于连续时间系统和离散时间系统的系统输入向量，通常用于标识未知的系统扰动或不能特征化的系统模型，也被称为系统噪声或过程噪声，对应的协方差分别为 $\sum_t$和$\boldsymbol{Q}_k$。
$\boldsymbol{v}_k$	协方差为$\boldsymbol{R}_k$ 的量测噪声向量。
$\boldsymbol{y}_{1:k}$	由时刻 1 至时刻 k 的量测组成的量测序列，$\boldsymbol{y}_{1:k}=\{\boldsymbol{y}_1, \boldsymbol{y}_2, \cdots, \boldsymbol{y}_k\}$。
$\hat{\boldsymbol{x}}_{i\|j}$	给定$\boldsymbol{y}_{1:j}$条件下关于$\boldsymbol{x}_i$ 的估计。
$\boldsymbol{P}_{i\|j}$	$\hat{\boldsymbol{x}}_{i\|j}$的估计误差协方差。
$\boldsymbol{P}_{xx}$	向量 $\boldsymbol{x}$ 的误差协方差。
$\boldsymbol{P}_{xy}$	向量 $\boldsymbol{x}$ 和向量 $\boldsymbol{y}$ 的误差互协方差。
$\left[\dfrac{\partial \boldsymbol{f}(\boldsymbol{x})}{\partial \boldsymbol{x}}\right]_{\hat{x}} \triangleq \boldsymbol{F}_{\hat{x}}$	向量值的系统函数$\boldsymbol{f}(\boldsymbol{x})$在 $\boldsymbol{x}=\hat{\boldsymbol{x}}$ 处的雅可比矩阵。
$\left[\dfrac{\partial \boldsymbol{h}(\boldsymbol{x})}{\partial x}\right]_{\hat{x}} \triangleq \boldsymbol{H}_{\hat{x}}$	向量值的量测函数 $\boldsymbol{h}(\boldsymbol{x})$在 $\boldsymbol{x}=\hat{\boldsymbol{x}}$ 处的雅可比矩阵。
$\chi_{k\|k}^{i\ 2}$	第 i 次试验结果在时刻 k 的估计误差$\tilde{\boldsymbol{x}}_{k\|k}$的$\chi^2$ 变量。
$\overline{\chi_{k\|k}^2} \triangleq \dfrac{1}{M}\sum_{i=1}^{M}\chi_{k\|k}^{i\ 2}$	M 次试验结果的平均χ^2值。
$\delta(\cdot)$	Kronecker delta 函数(有限值)。
$\delta_{\mathrm{D}}(\cdot)$	Dirac delta 函数(在 0 处具有无限大值)。
$\Pr(\theta^i)$	假设 θ^i 为真的概率。
θ_k^i	参数向量 $\boldsymbol{p}=\boldsymbol{p}_i$ 为真的假设，在 k 时刻有 $i \in \boldsymbol{I}$。也被称为局部(本地)假设。
$\theta_{1:k}^j$	代表一个从时刻 1 至时刻 k 参数向量的序列，因而也是全局假设。一个全局假设实质上是一个关于局部假设的集合，从而使得 $\theta_{1:k}^j=\{\theta_1^{j_1}, \theta_2^{j_2}, \cdots, \theta_k^{j_k}\}$，$\forall j_1, j_2, \cdots, j_k \in \boldsymbol{I}$。
$\Pr\{\theta_k^i \| \boldsymbol{y}_{1:k}\}$	给定截止时刻 k 的量测序列$\boldsymbol{y}_{1:k}$的条件下，假设 θ_k^i 为真的概率。
$\Pr\{\theta_{1:k}^j \| \boldsymbol{y}_{1:k}\}$	给定截止时刻 k 的量测序列$\boldsymbol{y}_{1:k}$的条件下，$\theta_{1:k}^j=\{\theta_1^{j_1}, \theta_2^{j_2}, \cdots, \theta_k^{j_k}\}$为真的概率。

$\hat{\boldsymbol{x}}_{k\|k}^{l}$	给定$\boldsymbol{y}_{1:k}$条件下,在时刻 k 获得的、针对模型 l 的状态估计更新。
$\boldsymbol{P}_{k\|k}^{l}$	$\hat{\boldsymbol{x}}_{k\|k}^{l}$的估计误差协方差。
$\hat{\boldsymbol{x}}_{k\|k}^{lm}$	给定 $k-1$ 时刻的$\hat{\boldsymbol{x}}_{k-1\|k-1}^{l}$的条件下,在时刻 k 获得的、针对模型 m 的状态估计更新。
$\boldsymbol{P}_{k\|k}^{lm}$	$\hat{\boldsymbol{x}}_{k\|k}^{lm}$的估计误差协方差。
$\boldsymbol{x}^{i} \sim q(\boldsymbol{x})$	从概率密度函数 $q(\boldsymbol{x})$ 抽取的独立同分布采样值。
$\{\hat{\boldsymbol{x}}_{0:k}^{i}: i=1,\cdots,N_s\}$	由随机过程$\boldsymbol{x}_{0:k}=\{\boldsymbol{x}_j: j=0,\cdots,k\}$的 N_s 个采样值组成的一个集合。
$\boldsymbol{Y}_k$	由第 k 个扫描周期获得的所有量测组成的集合,$\{\boldsymbol{y}_k^1,\boldsymbol{y}_k^2,\cdots,\boldsymbol{y}_k^{N_k}\}\cup\varnothing$。$\varnothing$代表一个空集合,用于表示这样一种情形,即在第 k 个扫描周期未使用$\{\boldsymbol{y}_k^1,\boldsymbol{y}_k^2,\cdots,\boldsymbol{y}_k^{N_k}\}$中的任何一个量测。
$\boldsymbol{Y}_{1:k}$	从第 1 个扫描周期至第 k 个扫描周期,各扫描周期所获量测集合的组成的集合,即$\{\boldsymbol{Y}_1,\boldsymbol{Y}_2,\cdots,\boldsymbol{Y}_k\}$。
$\boldsymbol{y}_{1:k}^{m_k}$	由$\{\boldsymbol{y}_1^{n_1},\boldsymbol{y}_2^{n_2},\cdots,\boldsymbol{y}_k^{n_k}\}\in\boldsymbol{Y}_{1:k}$构成的一个航迹。
$\theta_{1:k}^{m_k}$	$\boldsymbol{y}_{1:k}^{m_k}$是一个真实航迹的假设。
$\Lambda(\theta_{1:k}^{m_k})$	给定$\theta_{1:k}^{m_k}$为真的条件下,$\boldsymbol{y}_{1:k}^{m_k}$的似然函数。
$\lambda_{i,j}$	随机向量$\boldsymbol{x}_i$、$\boldsymbol{x}_j$之间的 Mahalanobis 距离。
$A^{j,t}$	一个假设(一个事件),假设量测 j 源于目标 t。
A	一个联合关联事件$\cap_{j=1}^{m}A^{j,t}$, $\forall t$。
$\hat{\boldsymbol{\Omega}}(A)$	事件 A 的关联矩阵,其中,如果 $A^{j,t}\in A$,则矩阵第(j,t)个元素$\hat{\omega}_{j,t}(A)=1$;否则 $\hat{\omega}_{j,t}(A)=0$。给定 t 条件下,对不同量测对应的 $\hat{\omega}_{j,t}(A)$求和,就可得到目标探测指示器,即有 $\delta_t(A)\triangleq\sum_{j=1}^{m}\hat{\omega}_{j,t}(A)$。对应的,量测关联指示器为 $\tau_j(A)\triangleq\sum_{t=1}^{n}\hat{\omega}_{j,t}(A)$。
$\phi(A)$	联合关联事件 A 中虚假(即未被关联的)量测的数目,其值为 $\sum_{j=1}^{m}(1-\tau_j(A))$。
T_i	一个航迹文档$(i_1,i_2,\cdots,i_k)$,其中 i_k 表示第 k 个扫描周期的第 i_k 个量测,$i_k=0$ 则意味着航迹 T_i 在第 k 个扫描周期没有对应的量测。

θ_k	一组假设$\{\theta_k^1,\theta_k^2,\cdots,\theta_k^{M_k}\}$。其中,$\theta_k^i$ 由一组航迹组成,是θ_k 中的一个假设。
A_g^i	由假设 θ_k^i 得出的、对应于第 k 个扫描周期中 AG 波门中各类量测的关联事件。
P_{d}	传感器目标探测概率。
P_{fa}	传感器虚警概率。
P_{T}	目标终止运动的概率。
P_{M}	目标机动运动的概率。
N_{k}	量测(传感器报告)的数目。
N_{TGT}	目标的数目。
N_{DT}	探测到的目标数目。
N_{E}	已存在(由前一扫描周期延续至今)的目标的数目。
N_{T}	终止运动的目标的数目。
N_{M}	机动运动的目标的数目。
N_{FT}	虚假目标的数目。
N_{NT}	新目标的数目。
β_{FT}	虚假目标的空间密度。
β_{NT}	新目标的空间密度。
$F_N(\lambda)$	事件的平均发生率为 λ 时,发生 N 个事件的泊松概率,即 $F_N(\lambda)=\lambda^N/N!$。
λ_{FA}	虚假目标(在空间上的)平均发生率(密度)。
λ_{NT}	新目标数目服从泊松分布时,新目标(在空间上的)平均发生率(密度)。
$\mathcal{C}$	一个由传感器 1 和传感器 2 的全部相关航迹配对(i,j)组成的集合。

附录 C　跟踪领域专业术语

本书第 1 章至第 7 章讨论的主题是,在假设所有量测源于同一目标的前提下,对目标状态进行估计。在此情形下,由于仅有一个目标生成量测,因而不存在量测不属于同一目标的问题。然而情况却并非总是如此,实践中一个传感器通常探测到的目标不止一个且有时还会有虚警。本书第 8 章至第 10 章探讨了量测源自多个目标情况下的目标状态估计问题,此时问题演变为一个关于判决和估计的联合问题。获得属于同一目标的量测序列就是一个判决问题,而且在执行状态估计之前就需要完成量测(探测)与目标的关联。本附录定义给出了跟踪领域的常用专业术语,本书第 8 章至第 10 章采用了这些专业术语。

目标

目标是被关注的实体。这种关注可以是对目标的当前状态进行估计、找出其来自的地方以及预测其未来的去向。在多目标环境下,必须先要辨识出那些源自同一目标的量测,以备估计算法使用这些量测。有时,状态估计和量测分派是交互方式执行的。一个目标可以是一个人、一辆车、一架飞机等。目标通常是指关注的实体,本书原著中交替采用英文单词 Target 和 Object 来指代目标。

已被探测目标的传感器量测

当传感器的信号处理器判定一个信号超过了检测门限时,就能获得能够描述信号特征的各项参数值的一个集合,这也是已被探测目标的量测向量。对于雷达系统而言,量测向量包含信号到达时间(到目标的距离)、信号到达角度(与目标之间的角度)。部分雷达还将信号的多普勒(到目标的距离的变化速率)作为量测向量的额外组成。如果已被探测目标不是一个真实目标,则其对应的传感器量测也被称为虚警。

扫描周期和帧

通常情况下,一个传感器并不会在同一时刻获取关于多个目标的量测,但光学传感器获取一幅场景照片(快照)是个例外。大多数情况下,无论是雷达还是光学传感器,一个传感器系统会在给定的时间窗口内完成对一个特定区域空间的扫描。传感器完成一次扫描的时间被称为帧时间。在一个给定的扫描周期或帧中,存在多个具有不同时间标签的量测。对于多目标跟踪的情形,有时需要将这些量测在时间上对齐。这可以通过利用外推和内推算法(数值积分)

对量测进行预处理来实现。在扫描周期和帧可以交换使用的的认知基础上，本书第 8 章至第 10 章将为分派处理而准备的、一个时间对齐的、量测（状态）集合称为一扫描周期的量测。

航迹和状态

一个航迹就是一个由具有时间标签的量测组成的序列（不要求所有量测必须源自同一目标）。利用这些量测和特定的算法，可获得一个状态估计。在本书中，航迹和状态是可以互换使用的。

接受波门

一个航迹可为下一个量测的预期位置设立一个范围界限。通常情况下，会利用量测预测的误差协方差和量测误差协方差建立起围绕量测预测向量的接受波门（AG），波门的大小正比于量测预测误差协方差与传感器量测误差协方差的和。可以通过选择波门设置使得预期的目标量测能以一定的概率落入波门区域。

单目标航迹

当仅存在一个目标时，可以无歧义地将一个量测分派给一个航迹，该航迹也被称为单目标航迹。即便是在多目标环境下，当目标之间的空间距离大于航迹和量测的不确定性时，就可以独立开展对单个目标的跟踪，从而也都属于单目标航迹的范畴。本书第 1 章至第 7 章所讨论的状态估计问题均属于这一情形。

多目标航迹

当存在多个目标且各目标之间的空间距离小于航迹不确定性和传感器量测误差时，量测 - 航迹的分派就变得充满歧义，这就产生了多目标跟踪（MTT）问题。

假设

一个假设就是对于构建起一个贝叶斯判决问题的特定数据集合所提出的一个解释。

关联和相关

关于关联和相关的概念，跟踪领域普遍接受的定义如下：

关联：将量测分派给航迹。

相关：各传感器所得航迹之间建立起关联关系。

实现关联和相关所采用的数学方法是相同的。本书第 8 章和第 9 章重点关注了关联问题，而第 9 章还对相关问题进行了研究。

航迹模糊性

（1）当量测不能唯一的且以较高置信度的被分派给一个航迹时，则该航迹具有模糊性。

(2) 当一个航迹不能唯一的且以较高置信度的与来自其他传感器的航迹相关时,则该航迹具有模糊性。

(3) 当一个航迹的预测航迹不确定性(意指波门)包含不止一个量测时就会产生航迹模糊性。

(4) 当多个航迹的预测航迹不确定性(意指波门)重叠且包含至少一个共同量测时就会产生航迹模糊性。

量测分类

一个量测可被认为属于以下几种情形之一:①一个已存在航迹的延续;②由一个新目标产生的新航迹的起始点;③一个虚警。对于②和③的情形,即便当一个航迹与该量测关联,该航迹将会继续运动但其状态不会得到更新。基于这一分类规则,一个具有新量测的已存在航迹将演变为3个可能航迹和2个假设。多假设跟踪将采用这一量测分类规则。

量测-航迹分派(关联)

在具有模糊(歧义)性的多目标跟踪问题中,多个航迹可能会竞争多个量测。在单个扫描周期内,将量测分派(关联)至航迹的方法包括:①选择距离航迹最近的量测与其关联(最近邻);②联合选择使得似然函数最大化的量测-航迹集合(全局最近邻)。联合分派方法可被扩展至多扫描周期情形下,从而成为一种多扫描周期的分派方法。

概率数据关联滤波器和联合概率数据关联滤波器

当一个给定航迹的AG内存在多个量测时,概率数据关联滤波器(PDAF)会以各量测对应的残差密度为权重系数,将所有这些量测加权组合为一个单一量测。当多个量测位于多个航迹AG的交叉区域时,联合概率数据关联滤波器(JPDAF)通过组合量测来更新AG交叉区域内每个航迹的状态。

多假设跟踪器

一个多假设跟踪器(MHT)的核心就是一组所有可能假设,每个假设包含有可对截止当前扫描周期获得的所有量测做出合理解释的航迹组成的集合。同一航迹可以出现不同假设中,而一个量测仅能在一个假设中出现一次。一个完全的假设集合是一个关于整个跟踪历史时段内所获量测的、全部可能组合的穷尽列表。多假设跟踪器采用前述的量测分类原则。

存在2种假设形成方法:

(1) 面向量测的多假设跟踪器:为每个量测列出所有可能的航迹。

(2) 面向航迹的多假设跟踪器:为每个航迹列出所有可能的量测。

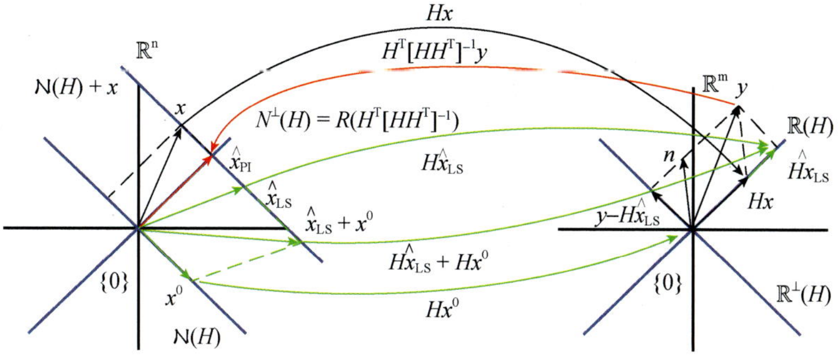

图 1.2　关于线性算子和伪逆的图示说明

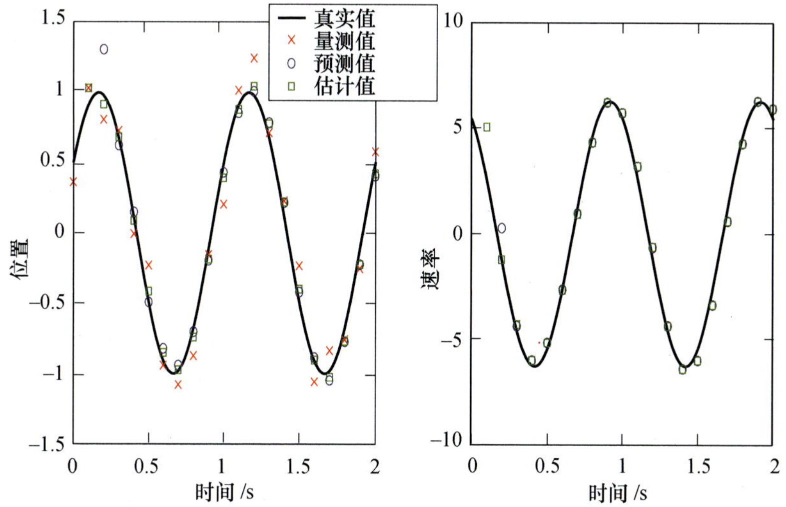

图 1.3　真实的正弦波与估计结果的比较，其中信号幅度和相位角估计基于单次蒙特卡罗仿真获得

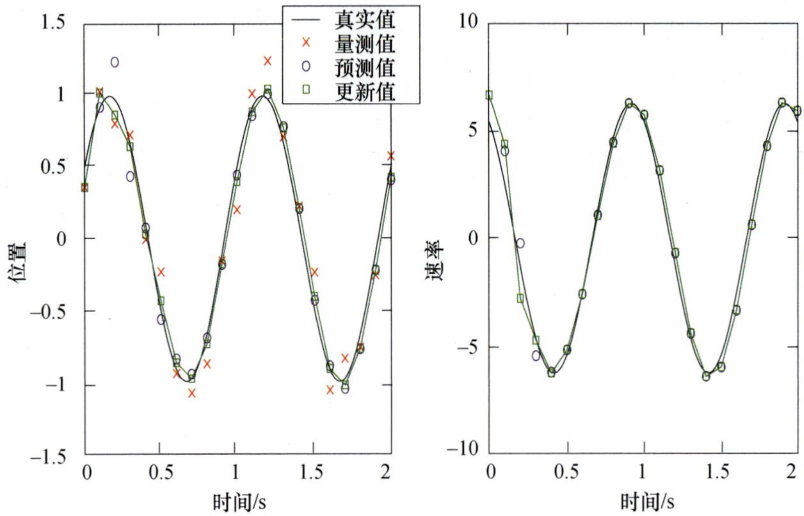

图 2.4　式(2.11－1)的位置(x)和速率($\dot{x}$)估计，$\sigma_q^2=0$

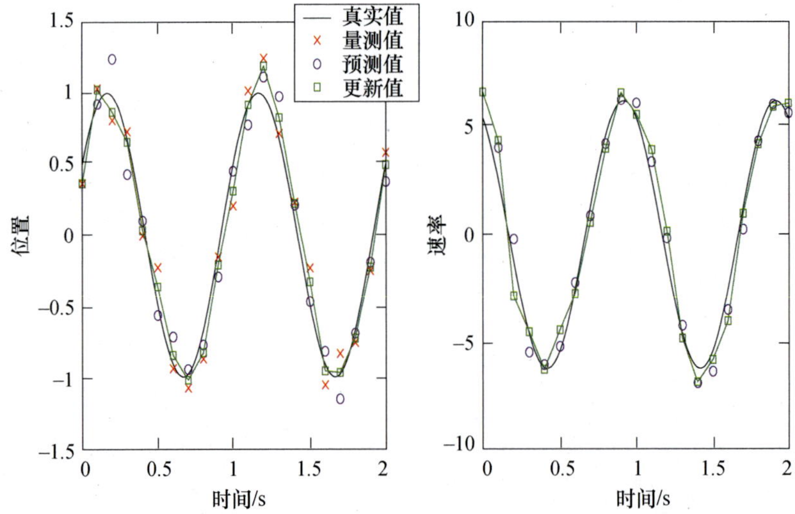

图 2.5　式(2.11－1)的位置(x)和速率($\dot{x}$)估计，$\sigma_q^2=100$

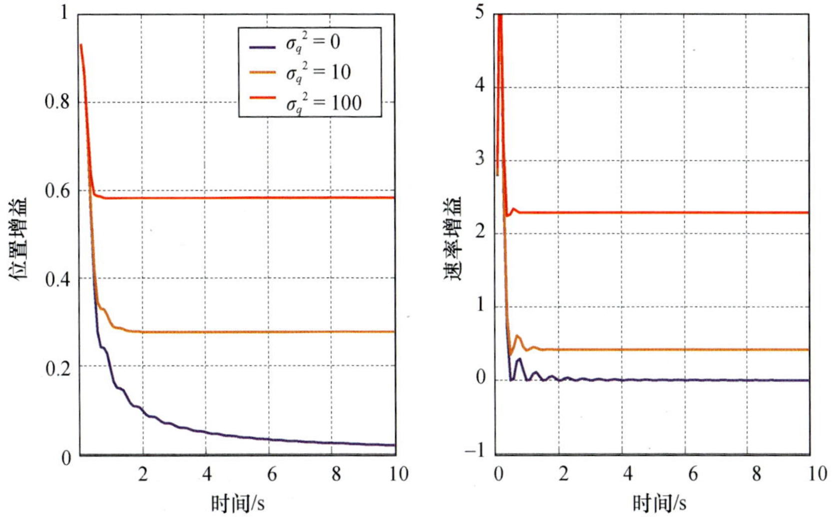

图 2.6　3 种过程噪声协方差级别下滤波器的位置和速率滤波增益的比较

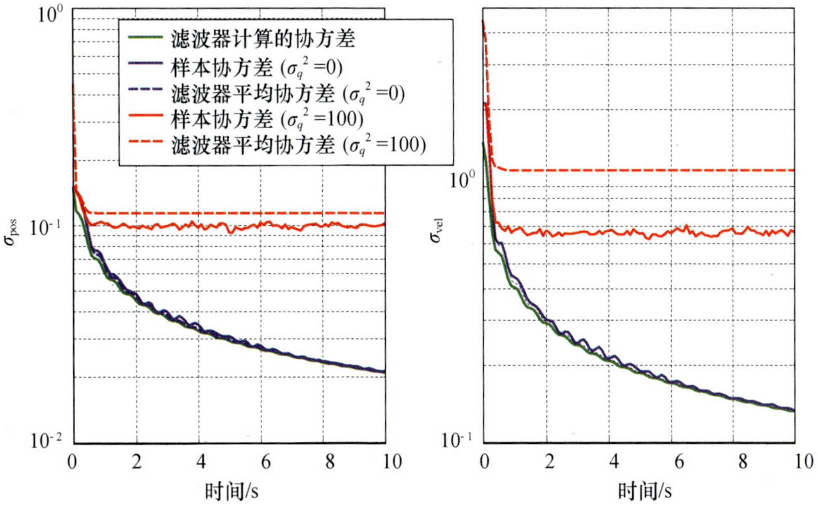

图 2.7　不同过程噪声 $\sigma_q^2=0$ 和 $\sigma_q^2=100$ 时，滤波器位置估计

和速率估计的蒙特卡罗 RMS 误差（红／蓝实线）

和滤波器计算的平均标准差（红／蓝虚线）的比较

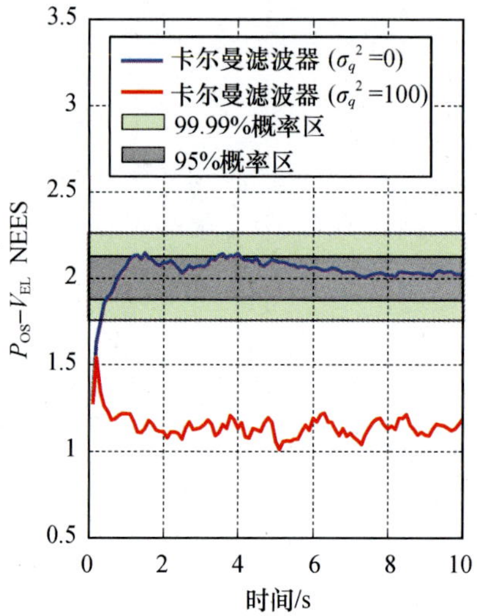

图 2.8　采用滤波器的平均归一化估计误差(NEES)对估计误差协方差的一致性进行检查，滤波器的过程噪声协方差分别为 $\sigma_q^2=0$ 和 $\sigma_q^2=100$

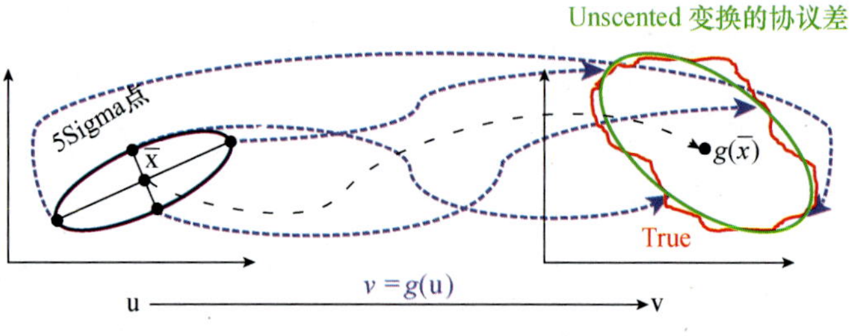

图 6.1　无迹变换示意图

t_k 时刻获得的所有量测：$Y_k = \{y_k^1, y_k^2, \cdots, y_k^{N_k}\}$；

t_1 至 t_k 时刻获得的所有量测：$Y_{1:k} = \{Y_1, Y_2, \cdots, Y_k\}$；

$\theta_{1:k}^{m_k}$ 是关于由量测集 $\{y_1^{n_1}, y_2^{n_2}, \cdots, y_4^{n_4}\}$ 中的量测构成航迹的假设，其中 $n_i \in \{1, 2 \cdots, N_i\}$, $i = 1, 2 \cdots, k$, $m_k \in \{1, 2 \cdots, N_1, N_2, \cdots, N_k\}$。

图例： ● 量测　　── 候选（潜在航迹）
　　　── 较为可能的航迹　---- 运动离开的航迹

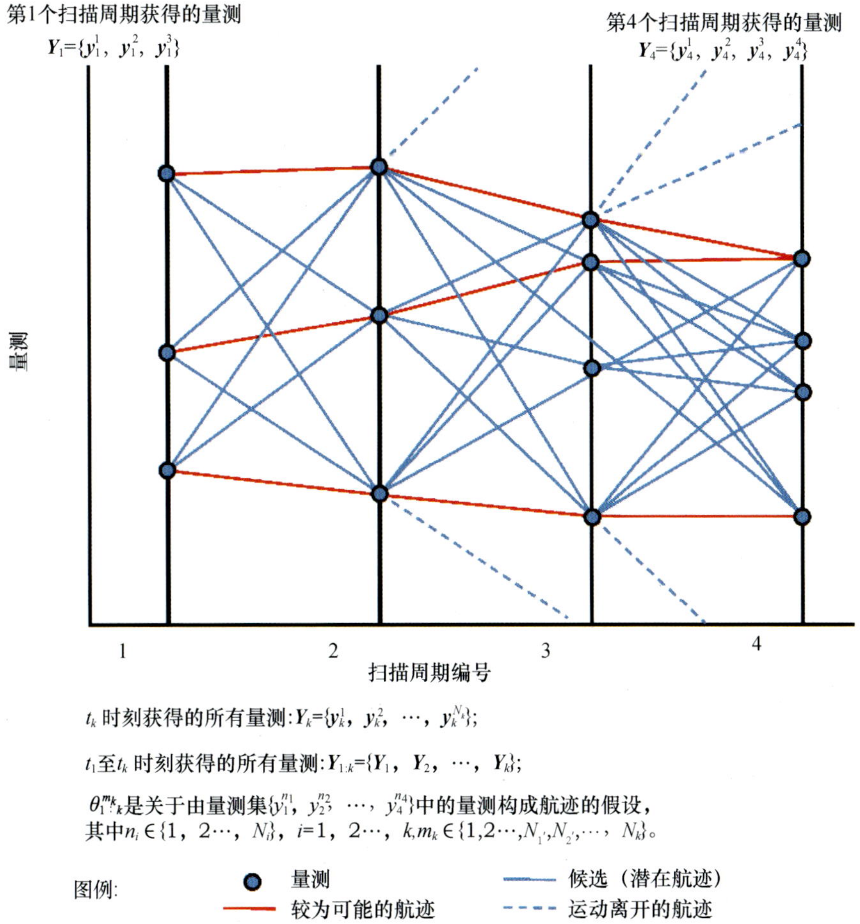

图 8.2　多目标跟踪的图示说明

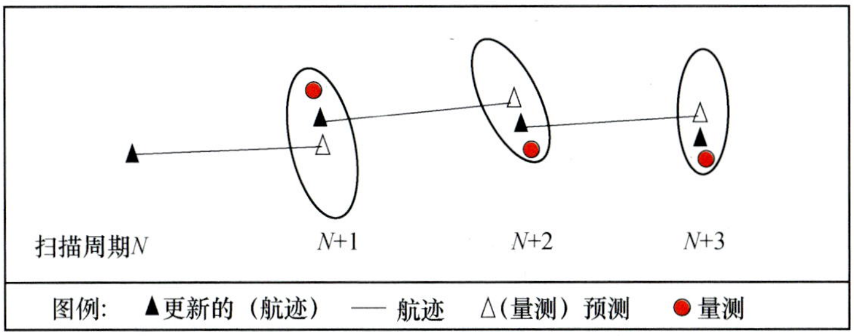

图 8.16　一个无关联歧义的航迹

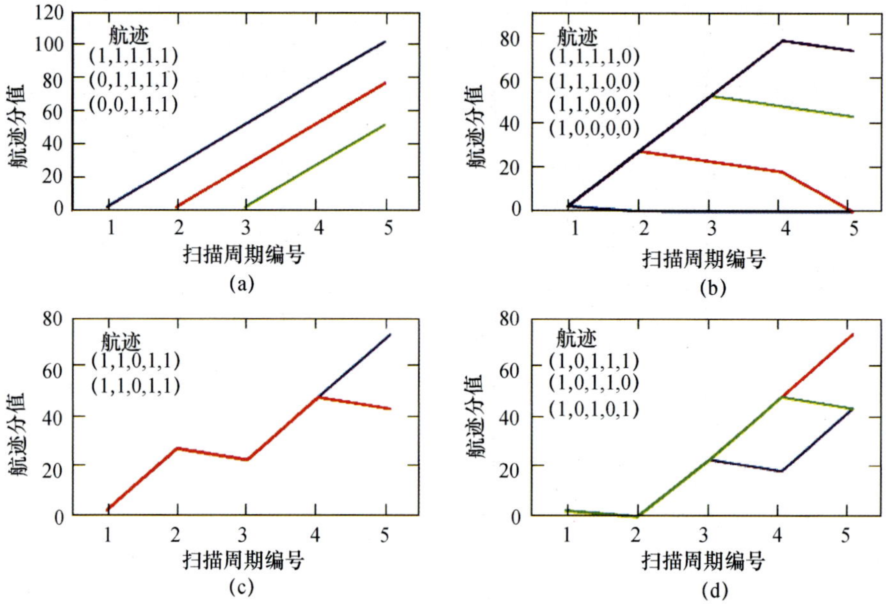

图 9.9　航迹文件及航迹分值示例

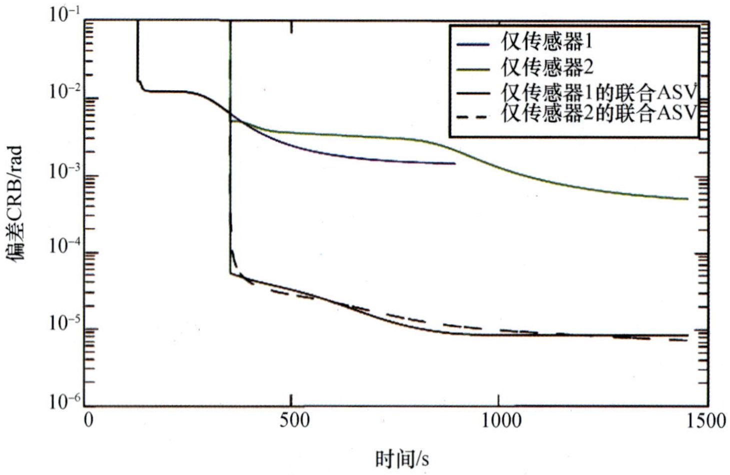

图 10.4　偏差估计误差的 Cramer-Rao 界